智能科学与技术丛书

Machine Learning
A Constraint-Based Approach

机器学习
基于约束的方法

[意大利] 马可·戈里（Marco Gori） ◎ 著

谢宁 罗宇轩 杜云飞 ◎ 等译

机械工业出版社
China Machine Press

图书在版编目（CIP）数据

机器学习：基于约束的方法 /（意）马可·戈里（Marco Gori）著；谢宁等译. —北京：机械工业出版社，2020.7

（智能科学与技术丛书）

书名原文：Machine Learning: A Constraint-Based Approach

ISBN 978-7-111-66000-2

I. 机… II. ① 马… ② 谢… III. 机器学习 IV. TP181

中国版本图书馆 CIP 数据核字（2020）第 118044 号

本书版权登记号：图字 01-2018-4798

Machine Learning: A Constraint-Based Approach
Marco Gori
ISBN: 978-0-08-100659-7
Copyright © 2018 Elsevier Ltd. All rights reserved.
Authorized Chinese translation published by China Machine Press.

《机器学习：基于约束的方法》（谢宁 罗宇轩 杜云飞 等译）
ISBN: 978-7-111-66000-2

Copyright © Elsevier Ltd. and China Machine Press. All rights reserved.

No part of this publication may be reproduced or transmitted in any form or by any means, electronic or mechanical, including photocopying, recording, or any information storage and retrieval system, without permission in writing from Elsevier (Singapore) Pte Ltd. Details on how to seek permission, further information about the Elsevier's permissions policies and arrangements with organizations such as the Copyright Clearance Center and the Copyright Licensing Agency, can be found at our website: www.elsevier.com/permissions.

This book and the individual contributions contained in it are protected under copyright by Elsevier Ltd. and China Machine Press (other than as may be noted herein).

This edition of Machine Learning: A Constraint-Based Approach is published by China Machine Press under arrangement with ELSEVIER LTD.

This edition is authorized for sale in China only, excluding Hong Kong, Macau and Taiwan. Unauthorized export of this edition is a violation of the Copyright Act. Violation of this Law is subject to Civil and Criminal Penalties.

本版由 ELSEVIER LTD. 授权机械工业出版社在中国大陆地区（不包括香港、澳门以及台湾地区）出版发行。

本版仅限在中国大陆地区（不包括香港、澳门以及台湾地区）出版及标价销售。未经许可之出口，视为违反著作权法，将受民事及刑事法律之制裁。

本书封底贴有 Elsevier 防伪标签，无标签者不得销售。

注意

本书涉及领域的知识和实践标准在不断变化。新的研究和经验拓展我们的理解，因此须对研究方法、专业实践或医疗方法作出调整。从业者和研究人员必须始终依靠自身经验和知识来评估和使用本书中提到的所有信息、方法、化合物或本书中描述的实验。在使用这些信息或方法时，他们应注意自身和他人的安全，包括注意他们负有专业责任的当事人的安全。在法律允许的最大范围内，爱思唯尔、译文的原文作者、原文编辑及原文内容提供者均不对因产品责任、疏忽或其他人身或财产伤害及/或损失承担责任，亦不对由于使用或操作文中提到的方法、产品、说明或思想而导致的人身或财产伤害及/或损失承担责任。

出版发行：机械工业出版社（北京市西城区百万庄大街 22 号　邮政编码：100037）
责任编辑：冯秀泳　　　　　　　　　　　　责任校对：李秋荣
印　　刷：三河市宏达印刷有限公司　　　　版　　次：2020 年 8 月第 1 版第 1 次印刷
开　　本：185mm×260mm　1/16　　　　　印　　张：23
书　　号：ISBN 978-7-111-66000-2　　　　定　　价：119.00 元

客服电话：(010) 88361066　88379833　68326294　　　投稿热线：(010) 88379604
华章网站：www.hzbook.com　　　　　　　　　　　　读者信箱：hzjsj@hzbook.com

版权所有·侵权必究
封底无防伪标均为盗版
本书法律顾问：北京大成律师事务所　韩光/邹晓东

译者序
Machine Learning: A Constraint-Based Approach

机器学习是计算机科学的重要分支之一，旨在研究原理、算法以及能够像人类一样学习的系统的应用。同时，其亦是一门交叉学科，涉及概率论、统计学、逼近论、凸分析、算法复杂度理论等多门学科。机器学习作为人工智能的核心部分，是计算机获得智能的根本途径，其应用遍及人工智能的各个领域，发挥着不可替代的重要作用。

本书是锡耶纳大学机器学习领域的领军人物 Marco Gori 的力作。全书致力于讲解机器学习技术的数学背景及多种实用算法，涵盖概念、技术及应用等方面，结构清晰、内容丰富、案例翔实。通过对本书的学习，读者可以了解机器学习的基本概念和知识，同时培养机器学习的基本技能。阅读本书需要了解计算机科学、概率论与统计学等相关基础知识，本书适用于计算机及相关专业本科生、研究生以及相关领域的研究人员和专业技术人员。

本书翻译工作得到了课题组成员的鼎力支持和大力协作。谢宁作为本次翻译活动的倡议者和联络人，负责翻译的统筹工作，并帮助分析、修改翻译中的难点。前言部分由万鑫、蔡羿负责翻译，第 1 章由肖竹负责翻译，第 2 章由王国宇负责翻译，第 3 章由杜云飞负责翻译，第 4、5、6 章由罗宇轩负责翻译，第 7 章由朱可意负责翻译，第 8 章由李康负责翻译，附录部分由周润珂、杜镇江负责翻译。此外，在翻译组内部审校阶段，谢宁担任内部审校总负责人，罗宇轩、杜云飞担任内部审校主要负责人。

本书中文版能够出版发行，首先要感谢本书的作者 Marco Gori，是他为我们奉献了一本好书。其次要感谢机械工业出版社华章公司引进了本书的中文版权，使得我们能够获得翻译此书的机会，并实现将其介绍给国内广大读者的良好愿望。此外特别感谢曲熠编辑以及所有为此书的出版做出贡献的排校人员，是他们的辛勤劳动才使本书能够付梓出版，在此表示衷心的感谢和崇高的敬意。

本书对原著的一些错误做了修正，在难懂或需要提醒的地方添加了一些译者说明。尽管我们在翻译过程中力图做得更好，但因个人的专业水平、英文水平乃至中文文学水平的限制，以及翻译过程中的疏漏，可能使得本书中文版中存在错误、不足和不当之处。热切期望读者对本书提出宝贵意见、建议和勘误，并欢迎与我们联系（seanxiening@gmail.com）。

谢宁
2020 年 4 月

前　言
Machine Learning: A Constraint-Based Approach

　　机器学习代表我们在技术层面对理解人类智能本质的期望。因为在计算机这一领域机器学习无法被完全解释，因此它并不是对人类模式的一种巧妙的仿真。虽然深入了解神经科学的奥秘可能会激发出关于智能背后的计算智能的全新想法，但是现阶段大多数机器学习的进步都依赖根植于数学的模型和相应的计算机实现。尽管脑科学可能会继续朝着与人工计算方案结合的方向前进，但我们依然可以合理地推测，认知产生的基础不一定要在生物解决方案的惊人复杂性中进行探索，而主要是在更高层次的计算规律中探索。支持不同认知形式的生物学方案实际上与支持其他基本生命功能（如新陈代谢、生长、体重调节和压力反应）的平行需求密切相关。然而，无论这种复杂的环境如何，大多数类人类智能的过程都可能出现。人们可能会怀疑这些过程是基于信息认知规律的，而这些规律与生物学并无关系。有明确的证据证明在特定的认知任务中存在这种不变性，但是人工智能的挑战每天都在扩大这些任务的范围。虽然没有人会对数学和逻辑运算中的计算能力感到惊讶，但是外行并不十分清楚这些游戏上的挑战的结果。事实上，它们通常被认为是智能的独特标志。而且很明显的是，游戏已经由计算机程序开始主导。Sam Loyd 的 15 谜问题和魔方是计算机程序在解谜游戏中非常成功的例子。还有最近的国际象棋和围棋，在这些领域机器打破了人类智能的统治地位。不过，对于许多在语言、视觉和运动控制方面的认知能力，现阶段的机器学习仍然很难实现。

　　本书提供了一个统一的学科视图，该学科将环境建模为满足智能体期望的约束条件的集合，将读者带入机器学习的迷人领域。几乎所有在机器学习中面临的任务都可以在这个数学框架下建模。线性和线性阈值机、神经网络和核方法通常被认为是需要软性满足对应于训练集的一组逐点约束的自适应模型。在功能和经验形式中，经典的风险都可以看作软约束系统中最小化的惩罚函数。无监督学习可以给出类似的公式，其中惩罚函数在某种程度上提供了对数据概率分布的解释。基于信息的索引可用于提取无监督的特征，并且可以将它们明确地视为实施软约束的一种方式。然而，智能体可以从在某种逻辑形式主义中给出的抽象知识粒子中获益。虽然人工智能在知识表示和自动推理领域已经很成熟，但是根植于逻辑的基础理论导致模型不能与机器学习紧密结合。将符号知识库作为约束集合的同时，本书开辟了与机器学习深度融合的道路，这种机器学习依赖于采用多值逻辑形式的思想，如模糊系统。值得注意的是，深度学习非常适用于本书中所采用的基于约束的方法。最近深度学习在代表性问题和学习方面的一些基本成就，加上对并行计算的适当利用，已经为世界各地相关领域的高科技公司的发展创造了梦幻般的催化剂。在本书中我尽自己所能，在受约束的环境框架中揭示深度学习的力量及深度学习的解释。在这样做的过程中，我希望能够激发读者去学习适当的背景知识，以便能够快速掌握之后的创新。

　　在整本书中，我希望读者能够充分参与到这门学科中，以便形成自己的观点，而不仅仅是融入他人所提供的框架。本书为机器学习的基本模型和算法提供了一种令人耳目一新的方法，其中对约束的关注很好地模糊了有监督、无监督和半监督学习之间的经典差异。

以下是本书的一些特点：
- 这是一本概述性的书籍，适合所有希望对基本概念有深入理解的读者。
- 本书旨在提出问题并帮助读者逐步学习基本方法，而不仅仅是提供"烹饪食谱"。
- 本书提出采用约束的概念，作为对现今最常见的机器学习方法的真正统一的处理方式，同时结合在 AI 社区中占主导地位的逻辑形式主义的力量。
- 根据 Donald Knuth 难度排名（略微修改），书中包含了很多练习题，并且提供了答案。

本书是为具有数学和计算机科学基础背景的读者准备的。更多更新的主题可参照附录。强烈建议读者用批判性的思维来阅读，并通过练习题来巩固相关概念。建议读者先独立完成这些题目，再查阅书后的"练习答案"。在撰写本书时，我的主要目标是让读者感受到和创造者一样的兴奋，并用这种方式来呈现概念和结果。读者不仅仅是被动阅读，还应该充分参与该学科并积极学习。如今，人们可以快速地学习基础知识，并开始部署常见的机器学习主题，这归功于有着精美插图和精彩模拟的网络资源。这些资源为想要进入该领域的人提供了便捷且有效的支持。这些网络资源爆炸性增长并且可以快速用于应用程序开发，因此一本关于机器学习的书很难与其竞争。但如果你想更深刻地理解该学科，那么必须将注意力转移到基础上，并将更多的时间花在可能适用于实际应用中的许多算法和技术解决方案的基本原则上。撰写本书的重要目标就是提出基本的思想，并提供一个统一的以基于信息的学习法则为中心的观点。本书雏形主要源自在锡耶纳大学的硕士和博士课程中收集的材料，之后用我自己在环境约束的统一概念下的可解释学习的观点逐渐丰富了它。考虑到网络资源如此充足，本书可以作为硕士生学习机器学习知识的教科书，也可以用于补充模式识别、数据挖掘和相关学科的课程。本书的某些部分更适合博士生的课程。另外，一些练习题实际上是对研究问题的认真选择，这些问题对博士生来说是一个挑战。虽然本书主要是为计算机专业的学生设计的，但其整体组织和主题的涵盖方式可能会激发物理和数学专业学生的兴趣。

在撰写本书的过程中，我不断受到激励，因为我对该领域的知识充满渴望，同时也不断面对以统一的方式审视和处理主要原则的挑战。我接触了该领域的大量文献，发现自己曾经忽略了不少非凡的想法和技术进展。我学到了很多，并在反复研究这些想法和成果的过程中感到欣喜。希望读者在阅读本书时能够体验到同样的感受。

致谢

我要感谢在编撰本书的过程中帮助过我的人。感谢所有以不同方式教导我如何找到事物内在原因与逻辑的人。很难将他们的名字列出一份清单，但是他们的教导的确让我越来越渴望理解人工智能并研究和设计智能机器，这份渴望就好比本书的种子。我所写的大部分内容都来自讲授机器学习的硕士和博士课程，以及在过去数十年中与锡耶纳大学人工智能实验室的同事和同学不断推敲的想法和讨论。与 C. Lee Giles、Ah Chung Tsoi、Paolo Frasconi 和 Alessandro Sperduti 的许多有见地的讨论有助于改正我对循环神经网络的看法，例如本书中提出的扩散机。你可以发现我在本书中提到的关于约束学习的观点也已经逐渐被证明，这要感谢与 Marcello Sanguineti、Giorgio Gnecco 和 Luciano Serafini 的合作。对基准的批判，以及众包评价方案的建议，都要归功于 Marcello Pelillo 和 Fabio Roli，他们与我合作组织了一些关于这个主题的项目。我很感激 Patrick Gallinari 邀请我参加 2016 年夏天在巴黎第六大学举办的夏季研讨会，那里的环境极大地激励了我去撰写本书。我在研讨会的后续工作引发了实验室同事和学生的深刻讨论。与 Stefan Knerr 的合作极大地影响了我对机器学习在自然语言处理中的作用的看法。本书中涉及的大多数高级主题都得益于他对机器学习在会话代理中的作用的长期愿景。我还受益于 Beatrice Lazzerini 和 Francesco Giannini 对本书某些部分的准确检查和建议。

Alessandro Betti 的贡献特别值得一提，他细致深入的阅读使这本书发生了翻天覆地的变化。他不仅发现了一些错误，而且还提出了替代演示文稿的一些建议，以及对基本概念的相关解释。本书中包含的许多以研究为导向的练习也经过了长时间的激烈讨论。最后，他对 LATEX 排版的建议和支持也非常有用。

感谢 Lorenzo Menconi 和 Agnese Gori 分别为封面和开篇章节提供的精美图片。最后，感谢 Cecilia、Irene 和 Agnese 在周末工作期间容忍了我随意的想法，以及他们对一个将笔记本电脑随时携带在身边的"半机械人"的容忍。

阅读指南

书中的大部分章节都是自成一体的，因此，你可以在不读前三章的情况下，开始阅读关于核方法的第 4 章或者关于深层结构的第 5 章。尽管第 6 章讨论更高级的主题，但它可以独立于书中其余部分来阅读。第 1 章为读者提供了关于本书主要主题的快速讨论。第 2 章在第一次阅读时也可以被忽略，它提供了关于学习原则的一般框架，这无疑有助于对后续主题进行深入分析。最后，从关于线性和线性阈值机的第 3 章开始阅读可能是学习机器学习基础最简单的方法。第 3 章的内容不仅具有历史意义，而且对深入理解架构和学习问题是非常重要的，这对于其他更复杂的模型来说是很难实现的。书中的高级主题是由"险弯"和"双险弯符号"来表示的：

研究主题将用"在研"符号来表示：

Marco Gori
锡耶纳，2017 年 7 月

练 习 说 明

Machine Learning: A Constraint-Based Approach

在阅读本书时,我们鼓励读者去回顾并重新探索一些主要的原理和结论。为了全面吸收理解新课题,读者需要完成一些章节的补充练习,以构成最终的知识拼图。这些拼图就是每一节最后的练习——既可用于自学,也可作为当堂检测。按照 Donald Knuth 的书本内容组织结构,这种呈现方式源于这种信念:"只有自己探索才能学到精华。"为了预示练习的难度,所有练习都经过适当的分类和评级。本书练习主要分为课后练习题和研究性课题。在整本书中,读者将找到主要用于深入理解主要概念和完善书中提出的观点的练习;同时,本书也提供了许多研究性课题,我认为这些课题很有意思,特别是对于博士生而言。这些课题是根据学科相关性而被精确设计和挑选的,本书对其的论述也表达得恰到好处;原则上,解决其中一个问题相当于一篇研究性论文的目标。

练习题和研究性课题通过以下方案进行评估,该方案主要基于 Donald Knuth 的评级方案[⊖]:

评级	说 明
00	如果理解了该题的文本材料,便可以立即作答的非常简单的练习,这样的练习几乎总能"在脑海里"进行
10	能让你思考刚读过的材料的简单问题,但绝不是困难的。你最多在一分钟内完成这道题,为得到答案你可能会用到笔和纸
20	测试对文本材料的基本理解的中等难度问题,但你可能需要 15~20 分钟才能完整回答
30	中度困难或复杂的问题,可能需要两个多小时才能令人满意地解决,如果边看电视机边作答,则会耗时更多
40	相当困难或冗长的问题,可作为适合课堂的整学期项目。学生应该能够在合理的时间内解决问题,但给出解决方案可能没那么轻松
50	一个尽管很多人都尝试过但尚未得到令人满意的解决方案的研究性课题,至少在撰写本书之时如此。如果你找到了这个问题的答案,应该把它写出来发表;此外,本书的作者希望尽快听到解决方案(前提是它是正确的)

粗略地说,这种评级方案是一种"对数"尺度,因此得分的增量反映出难度的指数式增加。同时,我们也遵守 Knuth 关于所需工作量与解决习题所需创造力之间的平衡的有趣法则。这个法则是,评级数除以 5 的余数表示所需的工作量。"因此,一个评级数为 24 的习题可能比评级数为 25 的习题需要更长的时间来解决,但后者需要更多的创造力。"正如已经说明的那样,研究性课题都是评级数为 50 的。显然,不管我如何努力做到给所有练习一个合适的评级,该评级都可能会在读者中引起争议,但我希望这些数字至少可以为练习的难度提供一个很好的初步印象。考虑到本书的读者可能接受过不同程度的数学和计算

⊖ 评级说明源自文献[198]。

机科学培训，以 M 为前缀的评级表明练习更倾向于具有良好数学背景的学生，尤其是博士生。以 C 为前缀的评级表示练习需要计算机开发。大多数练习可以作为硕士和博士的机器学习课程的学期项目。有些标有▶的练习预计会特别有启发性，因此特别值得推荐。

大多数练习的解决方案在第 8 章中提供。为了接受挑战，读者应该避免使用该章，或者至少在无法想出解决方案的情况下才会查看答案。这样建议的一个原因是，读者可能会提出不同的解决方案，因此可以稍后检查答案并领会其中的差异。

符号总结：

▶	推荐	00	秒做
C	计算机开发	10	简单（一分钟）
M	数学背景	20	中等（一刻钟）
HM	需要"高级数学"	30	比较难
		40	学期项目级别
		50	研究性课题

目录

译者序
前言
练习说明

第1章 整体情况 ... 1
1.1 为什么机器需要学习 ... 1
1.1.1 学习任务 ... 2
1.1.2 环境的符号和子符号表示 ... 5
1.1.3 生物和人工神经网络 ... 6
1.1.4 学习的协议 ... 8
1.1.5 基于约束的学习 ... 12
1.2 原则和实践 ... 17
1.2.1 归纳的令人困惑的本质 ... 17
1.2.2 学习原则 ... 21
1.2.3 时间在学习过程中的作用 ... 22
1.2.4 注意力机制的聚焦 ... 23
1.3 实践经验 ... 24
1.3.1 度量实验的成功 ... 25
1.3.2 手写字符识别 ... 26
1.3.3 建立机器学习实验 ... 27
1.3.4 试验和实验备注 ... 29
1.4 机器学习面临的挑战 ... 32
1.4.1 学习观察 ... 32
1.4.2 语言理解 ... 33
1.4.3 生活在自己环境中的代理 ... 34
1.5 注释 ... 35

第2章 学习原则 ... 39
2.1 环境约束 ... 39
2.1.1 损失函数与风险函数 ... 39
2.1.2 约束引发的风险函数的病态 ... 44
2.1.3 风险最小化 ... 46
2.1.4 偏差——方差困境 ... 49
2.2 统计学习 ... 54
2.2.1 最大似然估计 ... 54
2.2.2 贝叶斯推理 ... 56
2.2.3 贝叶斯学习 ... 57
2.2.4 图形模式 ... 58
2.2.5 频率论和贝叶斯方法 ... 60
2.3 基于信息的学习 ... 62
2.3.1 一个启发性的示例 ... 62
2.3.2 最大熵原理 ... 63
2.3.3 最大相互信息 ... 65
2.4 简约原则下的学习 ... 68
2.4.1 简约原则 ... 68
2.4.2 最小描述长度 ... 69
2.4.3 MDL与正则化 ... 73
2.4.4 正则化的统计解释 ... 74
2.5 注释 ... 75

第3章 线性阈值机 ... 81
3.1 线性机 ... 81
3.1.1 正规方程 ... 85
3.1.2 待定问题和广义逆 ... 86
3.1.3 岭回归 ... 88
3.1.4 原始表示和对偶表示 ... 89
3.2 包含阈值单元的线性机 ... 93
3.2.1 谓词阶数和表示性问题 ... 94
3.2.2 线性可分示例的最优性 ... 99
3.2.3 无法分离的线性可分 ... 101
3.3 统计视图 ... 103
3.3.1 贝叶斯决策和线性判别分析 ... 103
3.3.2 逻辑回归 ... 104
3.3.3 符合贝叶斯决策的独立原则 ... 106

3.3.4 统计框架中的 LMS ……… 106
3.4 算法问题 ……… 107
  3.4.1 梯度下降 ……… 108
  3.4.2 随机梯度下降 ……… 109
  3.4.3 感知机算法 ……… 110
  3.4.4 复杂性问题 ……… 113
3.5 注释 ……… 116

第4章 核方法 ……… 123
4.1 特征空间 ……… 123
  4.1.1 多项式预处理 ……… 123
  4.1.2 布尔富集 ……… 124
  4.1.3 不变的特征匹配 ……… 125
  4.1.4 高维空间中的线性可分性 ……… 125
4.2 最大边际问题 ……… 128
  4.2.1 线性可分下的分类 ……… 128
  4.2.2 处理软约束问题 ……… 131
  4.2.3 回归 ……… 133
4.3 核函数 ……… 136
  4.3.1 相似性与核技巧 ……… 136
  4.3.2 内核表征 ……… 137
  4.3.3 再生核映射 ……… 140
  4.3.4 内核类型 ……… 142
4.4 正则化 ……… 145
  4.4.1 正则化的风险 ……… 146
  4.4.2 在 RKHS 上的正则化 ……… 147
  4.4.3 最小化正则化风险 ……… 148
  4.4.4 正则化算子 ……… 149
4.5 注释 ……… 152

第5章 深层结构 ……… 156
5.1 结构性问题 ……… 156
  5.1.1 有向图及前馈神经网络 ……… 156
  5.1.2 深层路径 ……… 158
  5.1.3 从深层结构到松弛结构 ……… 160
  5.1.4 分类器、回归器和自动编码器 ……… 161
5.2 布尔函数的实现 ……… 162
  5.2.1 "与-或"门的典型实现 ……… 163
  5.2.2 通用的"与非"实现 ……… 165
  5.2.3 浅层与深层实现 ……… 166
  5.2.4 基于 LTU 的实现和复杂性问题 ……… 168
5.3 实值函数实现 ……… 175
  5.3.1 基于几何的计算实现 ……… 175
  5.3.2 通用近似 ……… 178
  5.3.3 解空间及分离表面 ……… 180
  5.3.4 深层网络和表征问题 ……… 183
5.4 卷积网络 ……… 185
  5.4.1 内核、卷积和感受野 ……… 186
  5.4.2 合并不变性 ……… 191
  5.4.3 深度卷积网络 ……… 195
5.5 前馈神经网络上的学习 ……… 197
  5.5.1 监督学习 ……… 197
  5.5.2 反向传播 ……… 197
  5.5.3 符号微分以及自动求导法则 ……… 203
  5.5.4 正则化问题 ……… 205
5.6 复杂度问题 ……… 207
  5.6.1 关于局部最小值的问题 ……… 207
  5.6.2 面临饱和 ……… 212
  5.6.3 复杂性与数值问题 ……… 215
5.7 注释 ……… 216

第6章 约束下的学习与推理 ……… 226
6.1 约束机 ……… 227
  6.1.1 学习和推理 ……… 227
  6.1.2 约束环境的统一视图 ……… 233
  6.1.3 学习任务的函数表示 ……… 238
  6.1.4 约束下的推理 ……… 241
6.2 环境中的逻辑约束 ……… 246
  6.2.1 形式逻辑与推理的复杂度 ……… 247
  6.2.2 含符号和子符号的环境 ……… 249
  6.2.3 t-范数 ……… 254
  6.2.4 Łukasiewicz 命题逻辑 ……… 256
6.3 扩散机 ……… 259

6.3.1 数据模型 ……………… 259
　　6.3.2 时空环境中的扩散 ……… 263
　　6.3.3 循环神经网络 …………… 264
6.4 算法问题 …………………… 266
　　6.4.1 基于内容的逐点约束 …… 267
　　6.4.2 输入空间中的命题约束 … 269
　　6.4.3 线性约束的监督学习 …… 272
　　6.4.4 扩散约束下的学习 ……… 274
6.5 终身学习代理 ……………… 279
　　6.5.1 认知行为及时间流动 …… 280
　　6.5.2 能量平衡 ………………… 283
　　6.5.3 焦点关注、教学及主动
　　　　　学习 ………………………… 284

　　6.5.4 发展学习 ………………… 285
6.6 注释 ………………………… 287

第7章 结语 …………………… 293

第8章 练习答案 ……………… 296

附录A 有限维的约束优化 ………… 338

附录B 正则算子 …………………… 340

附录C 变分计算 …………………… 344

附录D 符号索引 …………………… 352

参考文献(在线)[⊖]

⊖ 可以访问华章图书官网 http://www.hzbook.com，通过注册并登录个人账号下载。——编辑注

第 1 章

Machine Learning: A Constraint-Based Approach

整 体 情 况

本章给出了本书的整体情况。在讨论了原理及其在现实世界中的具体应用之后，提供了对当前机器学习挑战的总体看法。本章介绍引人入胜的归纳问题，展示了它令人困惑的本质，以及它在任何涉及感知信息的任务中的必要性。

1.1 为什么机器需要学习

为什么机器需要学习？难道它们不是运行程序去解决一个给定的问题吗？难道程序不是人类创造力的成果，机器只是简单地执行它们而已？如果不能回答这些问题，那么就不应该开始阅读机器学习书籍。有趣的是，我们的经典思维方式是将计算机编程视为通过语言的语句来表达的算法，而我们的解不足以应对许多具有挑战性的现实问题。因此需要引入一个元级(metalevel)，其中，除了通过程序形式化我们的解决方案之外，还构想了一些算法，其目的是描述机器如何学习执行任务。

例如，考虑一个手写字符识别的例子。为了方便起见，我们假设智能代理需要识别仅由黑白像素生成的字符——如图所示。我们发现，基于对规则的理解，这种简化并不能显著降低算法面对这个问题的难度。我们在早期的时候意识到，基于人的决策过程是很难编码成精确的算法公式的。因此如何提供对字符"2"的正式描述？上图的例子说明了该类试探性算法描述会变得多么脆弱。摆脱这种困难的一种可能的方法是尝试暴力方法，在这种方法中，视网膜上所有可能的具有选定分辨率的图片和相应的类编码一起存储在一个表中。通过逐行扫描图片，上述 8×8 分辨率的字符被转换成 64 位的布尔字符串：

$\sim$ 0001100001001000000010000000100000010100001000111110000000011   (1.1.1)

当然，我们可以构造相似字符串的表格以及相关的类编码。于是，手写字符识别简单地简化为搜索表格的问题。不幸的是，我们面对的是一个包含 $2^{64}=18\ 446\ 744\ 073\ 709\ 551\ 616$ 项的表格，假设每项占用 8 个字节，总共大约 10^{18} 字节，这使得采用这种简单的解决方案是很不合理的。即使是小至 5×6 的分辨率，也需要存储 10 亿条记录，但仅仅增加到 6×7 就需要存储大约 4 万亿条记录！对于上述情况，程序员应该有足够的耐心来完成包含相关类代码的表格。这个简单的例子是一种 2^d 的警告信息(warning message)：随着 d 朝着通常用于视网膜分辨率的值增长时，表格的空间变得过大。此外，我们还默认这些字符是由一个可靠的分割程序提供的，该程序可以从给定的形式中正确地提取它们。虽然这在简单的上下文中可能是合理的，但在其他上下文中，分割字符可能和识别字符一样困难。在视觉和语音识别方面，自然分割是非常困难的。例如，语音话语的分词不能依靠阈值分析来识别低频信号。不幸的是，这些分析注定要失败。"computers are attacking the secret of intelligence"这句话，很快就会被分割如下：

com / pu / tersarea / tta / ckingthesecre / tofin / telligence

在清辅音 p、t、k 爆破之前，几乎为空信号，而由于音素协调作用，连续词之间没有基于频率的分离是可靠的。同样，在视觉中也会发生类似的事情。总的来说，分割是一个真正的认知过程，在大多数有趣的任务中确实是需要理解信息源的。

1.1.1 学习任务

智能代理与环境进行交互，从中学习以解决分配的任务。在许多有趣的现实世界问题中，我们可以合理地假设，智能代理通过与学习环境的不同分割元素 $e \in \mathscr{E}$ 进行交互，以期望它做出决策。我们假设已经解决了分割问题，并且代理只处理环境中的单个元素。因此，代理可以被认为是一个决策结果是 $\mathscr{O}$ 的元素的函数 $\chi: \mathscr{E} \to \mathscr{O}$。例如，当在纯文本中执行光学字符识别时，字符的分割可以通过定位从文本到背景的行/列转换算法实现。只要图像文档中的噪声级别不高，这是非常容易实现的。

通常情况下，代理需要 $\mathscr{E}$ 和 $\mathscr{O}$ 中元素的适当的内部表示，以便我们可以将 χ 看作 $\chi = h \circ f \circ \pi$ 的组成。其中，$\pi: \mathscr{E} \to \mathscr{X}$ 是一个预处理映射，它将环境 e 中的每个元素与输入空间 $\mathscr{X}$ 中的一个点 $x = \pi(e)$ 相关联，$f: \mathscr{X} \to \mathscr{Y}$ 是在 x 上的决策 $y = f(x)$ 的函数，而 $h: \mathscr{Y} \to \mathscr{O}$ 将 y 映射到输出 $o = h(y)$ 上。在上述的手写字符识别任务中，我们假设给出了一个低分辨率的摄像头，这样图片可以被认为是环境空间 $\mathscr{E}$ 中的一个点。这个元素可以表示为公式(1.1.1)——64 维布尔超立方体中的元素（即，$\mathscr{X} \subset \mathbb{R}^{64}$）。基本上，在这种情况下，$\pi$ 通过行扫描简单地将布尔矩阵映射为布尔向量，从而使得 e 传递到 x 时不存在信息损失。另一方面，预处理函数 π 通常返回一个模式表示，它表示相对于初始环境 $e \in \mathscr{E}$ 具有的信息损失。函数 f 将这种表示映射为数字 2 的独热编码(one-hot encoding)，最后，h 将这些编码转换为更适合手头任务的相同数字的表示：

$$\underset{\longrightarrow}{\pi} (0,0,0,1,1,0,0,0,\ldots,0,0,0,0,0,1,1)'$$
$$\underset{\longrightarrow}{f} (0,0,1,0,0,0,0,0,0,0)' \underset{\longrightarrow}{h} 2$$

总的来说，函数 χ 的表现可以很好地表示为 $\chi(\blacksquare) = 2$。在许多学习机器中，输出编码函数 h 起着更重要的作用，它包括将实值表示 $y = f(x) \in \mathbb{R}^{10}$ 转换成相应的独热表示。例如，在这种情况下，可以简单地选择 h 使得 $h_i(y) = \delta_{(i, \arg\max_\kappa y)}$，其中 δ 表示克罗内克函数。这样做时，热位与 y 的最大值位于相同的位置。虽然这很合理，但更仔细的分析表明，这样的编码存在练习 2 中指出的问题。

函数 $\pi(\cdot)$ 和 $h(\cdot)$ 使环境信息和决策适应于代理的内部表示。正如本书所述，根据任务的不同，$\mathscr{E}$ 和 $\mathscr{O}$ 可以是高度结构化的，其内部表示在学习过程中起着至关重要的作用。$\pi(\cdot)$ 的具体作用是将环境信息编码为适当的内部表示。同样，函数 $h(\cdot)$ 可以根据机器的内部状态返回环境上的决策。学习的核心是找到一个合适的 $f(\cdot)$，以遵守环境规定的约束条件。

环境决定的环境条件是什么？自机器学习相关研究开始以来，科学家一直都在遵循样本学习(learning from examples)的原则。在这个框架下期望智能代理通过基于集合 $\mathscr{L} = $

$\{(e_\kappa, o_\kappa), \kappa=1, \cdots, \ell\}$ 的归类来获得概念，其中 oracle 通常被称为监督(superivsor)，将输入 $e_\kappa \in \mathscr{E}$ 和决策值 $o_\kappa \in \mathscr{O}$ 相组合。第一个重要的区别涉及分类(classification)和回归(regression)任务。在第一种情况下，决策需要 $\mathscr{O}$ 的有限性，而在第二种情况下，$\mathscr{O}$ 可以被认为是一个连续集合。

首先关注分类。在最简单的情况下，$\mathscr{O} \subset \mathbb{N}$ 是识别 e 的类的整数的集合。例如，在仅限于数字的手写字符识别问题中，可能有 $|\mathscr{O}|=10$。在这种情况下，我们可以发现区分物理、环境和决策信息相应机器内部表示的重要性。在纯物理层面，手写字符是光反射物理过程的结果。当我们将视网膜 $\mathscr{R}$ 定义为 $\mathbb{R}^2$ 的矩形时可以捕获它，并且通过图像函数 $v: \mathscr{Z} \subset \mathbb{R}^2 \to \mathbb{R}^3$ 解释反射光，其中三维表示(R，G，B)颜色组成。这样处理后，任何像素 $z \in \mathscr{Z}$ 都与亮度值 $v(z)$ 相关联。当对视网膜进行采样时，我们得到矩阵 $\mathscr{R}^\#$——视网膜上的网格。相应的分辨率表征环境信息，即拍摄照片的相机中存储的内容。有趣的是，这不一定是机器用来做出决定的内部信息。出于字符分类的目的，通常存储在相机中的图片的分辨率非常高。正如 1.3.2 节将指出的那样，$\mathscr{R}^\#$ 的一个重要的反样本仍保留分类所需的关键信息。

为了更好地支持子序列决策过程，人们可以执行一个更有野心的任务，而不是对来自相机的图像进行反采样。我们可以从给定模式类别的定性描述中提取特征，因此创建的表示可能对识别有用。这里尝试提供几个有见地的定性描述。字符 0 通常非常平滑，很少出现尖角。基本上，所有点的曲率变化不大。另一方面，在 2、3、4、5、7 等字符中，曲率变化较大。和 7 一样，1 很可能包含一个几乎是线段的部分，8 表示连接字符的两个圆形部分的中心十字的显著特征。为了处理 $\mathscr{R}^\#$ 中的信息以便产生向量 $x \in \mathscr{X}$，其相关的描述可以适当地形式化。这种内部表示法是具体用于做出决策的。因此，在这种情况下，函数 π 执行了旨在组成包含上述特征的内部表示的预处理(preprocessing)过程。很明显，任何形式化此特征提取过程的尝试都需要处理用于报告特征存在的命题的模糊性。这意味着在提取杯状、线、小曲率或高曲率等概念时，存在着相当程度的任意性。这可能导致严重的信息丢失，并导致相应较差的表示结构。

决策的输出编码可以用不同的方式完成。一种可能性是选择函数 $h=\mathrm{id}$(恒等函数)，这推动了 f 在共域 $\mathscr{O}$ 的发展。或者如已知的，可以使用独热编码。显然可以使用更高效的编码：在 $\mathscr{O}=[0..9]$ 的情况下，四比特可以表示十个类。虽然在节省表示决策的空间方面上，这绝对是优选的，但是可能会出现这样的情况，即对于独热而紧凑的编码，这不一定是好的选择。更紧凑的编码可能会导致该类的模糊编码描述，这可能比独热编码更难以学习。基本上，函数 π 和 h 提供了学习任务 χ 的特定视图，并有助于构建学习的内部表示。因此，根据 π 和 h 的选择，学习 f 的复杂性可能会发生明显变化。

在回归任务中，$\mathscr{O}$ 是一个连续集。与分类的本质区别在于，决策通常不需要任何编码，因此 $h=\mathrm{id}$，所以回归由 $\mathscr{Y}=\mathbb{R}^n$ 表征。回归任务的例子可能涉及股票市场、电能消耗、温度和湿度预测以及预期的公司收入。

机器预处理的信息可能具有不同的属性类型，数据本质上是连续的，这就是计算机视觉和语音处理等传统领域的情况。在其他情况下，输入属于有限字母表，即具有真正的离散性质。一个有趣的例子是在 UCI 机器学习库 https://archive.ics.uci.edu/ml/datasets/Car+Evaluation 中提出的汽车评估(car evaluation)人工学习任务。图 1.1 所示的评估是基于从购买价格到技术特征的许多特征的。

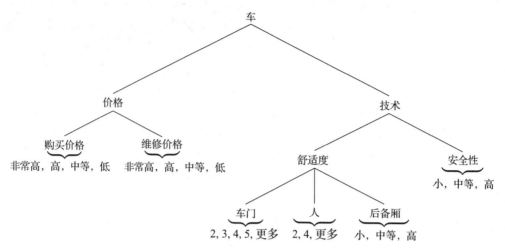

图 1.1　该学习任务在 UCI 机器学习库 https://archive.ics.uci.edu/ml/datasets/Car+Evaluation 中提供

这里车指的是汽车的可接受性，可以看作表征汽车的高阶范畴。其他高阶类别表征价格、技术和舒适度的整体概念。节点价格包含购买价格和维护价格，舒适度根据车门数量、可容纳人数以及后备厢尺寸进行分组。除了舒适度，技术类别中还考虑了汽车的安全性。正如我们所看到的，在涉及连续特征的学习任务方面存在着重要的区别，因为在这种情况下，由于问题的性质，叶子是离散值（discrete value）。当仔细研究这个学习任务时，会产生这样的猜想：通过考虑树所勾画的特征的层次聚合，可能会使决策受益。另一方面，这也可能是有争议的，因为树的所有树叶都可以被认为对决策同等重要。

然而，有些学习任务的决策强烈依赖于真正结构化的对象，比如树和图。例如，定量结构活性关系（QSAR）以量化方式探讨了化学结构与药理活性之间的数学关系。同样，定量结构-性能关系（QSPR）旨在从分子结构中提取一般的物理化学性质。在这些情况下，我们需要从一个输入中做出决定，这个输入提供了结构的相关程度，除了原子之外，还有助于决策过程。图 1.2 中的化学式用图表示，但是在公式表示中的化学式（如苯◎）需要仔细研究 $e \in \mathcal{E}$ 通过函数 π 给出内部表示 $x \in \mathcal{X}$ 的方式。

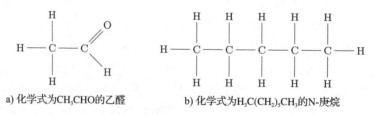

a) 化学式为CH_3CHO的乙醛　　b) 化学式为$H_3C(CH_2)_5CH_3$的N-庚烷

图 1.2　两种化学式

最具挑战性的学习任务不能简化为代理处理单个实体 $e \in \mathcal{E}$ 的假设。例如，语音和图像处理等问题中通常会出现的主要问题是我们不能依赖实体的健壮分割。通常表征人类生活的时空环境提供在空间和时间上传播的信息，而不提供可靠的标记来执行有意义的认知模式的分割。决策的产生是一个复杂的时空沉浸过程。例如，人的视觉也可以涉及像素级的决策、涉及空间规律的上下文以及与连续帧相关的时间结构。在大多数物体识别研究中，这似乎被忽略了。另一方面，从非时间相干视觉流帧的图像中提取符号信息要比我们的视觉体验难得多。显然，这来自基于信息的原则，即在任何混乱帧的世界中，视频存储所需的信息都比相应的时间相干视频流多一个数量级。因此，当打乱帧时，任何识别过程都非常困难，这清楚地表明了保持与学习任务自然相关的时空结构的重要性。当然，这使得制定合理的学习理论变得更加困难。特别是如果我们真的想要完全捕捉时空结构，就必须放弃处理环境中单个元素 $e \in \mathcal{E}$ 的安全模型。虽然对结构化对象的极端解释可能提供了代表视觉环境的可能性（这将主要在第 6 章中展示），但这是一个有争议的问题，必须仔细分析。

某些学习任务的时空性质不仅影响识别过程，而且对行动规划提供强有力的条件。这种情况不仅发生在机器人的运动控制中，还会发生在会话代理中。在会话代理中，需要进行适当的计划才能做出说话的决策。学习环境都会根据采取的行动提供奖励或惩罚。

总的来说，可以将代理与环境的交互看作一种约束满足的过程。本书的一个重要部分是致力于深入描述不同语言形式表达的不同类型的约束。有趣的是，我们可以克服环境约束的统一数学观点，从而使机器学习的一般理论得到连贯发展。

1.1.2 环境的符号和子符号表示

前面关于学习任务的讨论表明，它们大多与信息具有真正子符号（subsymbolic）性质的环境有关。与计算机科学中的许多问题不同，作为本书研究主题的智能代理不能依赖于附加语义的环境输入。不管构思智能程序来玩象棋的困难程度如何，智能机制都可以通过对输入的符号（symbolic）解释来构建，这是一个有趣的例子。棋盘可以由棋子的位置和类型的符号唯一地表示。我们可以通过解释国际象棋的属性来设计策略，这表明我们处在一个有与环境输入相关的语义的任务面前，而手写字符识别任务却不是这种情况。在产生前一节所示表示的简单预处理中，任何模式都是由一串 64 个布尔变量组成的字符串。有趣的是，这看起来与棋盘相似，我们仍然用矩阵表示输入。然而，与棋盘位置不同，视网膜中的单个像素不能被赋予任何附加语义的符号信息。每个像素或真或假，并且不会告诉我们它属于的模式类别。这并不是使用黑白表示的强烈假设的结果，灰度图像在这方面没有帮助！例如，具有给定亮度量化的灰度图像是整数而不是布尔值，但是我们仍然缺少任何语义信息。人们很快意识到，任何旨在解释手写字符的认知过程都必须通过某种整体处理来考虑像素组。与国际象棋不同，这次对这些布尔表达式提供明确描述的尝试都注定会失败。子符号信息具有固有的模糊性，棋盘和视网膜都可以用矩阵表示。然而，在第一种情况下，智能代理可以制定依赖于棋盘单个位置的语义的策略，而在第二种情况下，单个像素并不能提供帮助！机器学习的目的主要是处理具有子符号性质的任务。在这些情况下，传统的基于人类算法策略的构造并没有帮助。

有趣的是，当环境信息以符号形式给出时，基于学习的方法也可能有用。前面讨论的汽车评估（car evaluation）任务表明，在这些情况下，还可以构建自动归纳过程对输入进行语义解释。需要归纳的原因是，与任务相关的概念可能难以用正式的方式来描述。汽车评估很难形式化，因为它甚至是社交互动的结果。虽然不能排除构建返回唯一评估的算法，但是任何这样的尝试都与该算法所特有的设计选择的任意性交织在一起。总而言之，子符号描述可以表征输入表示以及任务本身。

缺乏正式的语言学描述，为对人类自然解决的许多问题的算法从根本上进行反思打开了大门。学习机仍然可以给出算法描述，但在这种情况下，算法规定机器如何学习解决任务，而不是解决问题的方式！因此，机器学习算法并没有将人类的聪明直觉转化为解决给定任务的能力，而是在一个更宏观的元级(metalevel)上进行操作，从例子中进行归纳。

符号/子符号二分法在时空环境中呈现出一种有趣的形式。显然，在视觉中，输入和任务都不能被赋予合理的符号描述，语音理解也是如此。如果我们考虑文本解释，情况显然是不同的。任何一串书面文字都具有明显的符号性质。然而，自然语言任务通常难以描述，这为机器学习方法打开了大门。而且，输入符号描述的丰富性表明，执行归纳的代理可能受益于适当的降维子符号描述。在文本分类任务中，人们可以通过使用词袋(bag of words)表示法来对此概念进行极端解释。其基本思想是，文本表示以关键字为中心，这些关键字是由一个合适的词典初步定义的。然后通过与术语频率相关的坐标以及它们在集合中的稀少性(TF-IDF 文本频率，逆文档频率)，在文档向量空间(document vector space)中恰当地表示出来——参见 1.5 节。

机器学习处于不同学科的交叉路口，它们都有揭示智能秘密的野心。当然，几个世纪以来，这一直吸引着哲学家的好奇心，时至今日，它仍然是认知科学和神经科学的核心兴趣所在。总的来说，机器学习被认为是在人工模型的基础上为给定的学习任务构建智能代理的一种尝试，这些人工模型大多基于计算模型(参见 1.5 节的进一步讨论)，然而基于这些模型的方法却截然不同。该领域的科学家通常来自两种不同的思想流派，这导致他们从不同的角度看待学习任务。一个有影响力的学派源于符号人工智能学派。正如我们将在 1.5 节中概述的那样，可以把学习的计算模型看作假设空间中的搜索。一个相反的方向是关注环境的连续表示，它支持将学习模型构建为优化问题，这就是本书的主要内容。许多有趣的开放问题现在处于这两种方法的边缘。

1.1.3 生物和人工神经网络

人工神经元的最简单模型之一是由加权和来映射输入，加权和随后由一个 sigmoid 非线性函数来转换：

$$a_i = b_i + \sum_{j=1}^{d} w_{i,j} x_j$$
$$y_i = \sigma(a_i) = 1/(1 + e^{-a_i}) \tag{1.1.2}$$

由于当激活函数发散时($a_i \to \pm\infty$)，$y_i \to 1$ 或 $y_i \to 0$，所以挤压函数 $\sigma(\cdot)$ 有利于做出类似决策的行为。在这里，i 表示一个通用神经元，而 $w_{i,j}$ 是与从输入 j 到神经元 i 的连接相关的权重。我们可以使用这个构建块来构建神经网络，通过组合许多神经元来计算复杂的函数。在组合神经元的可能方式中，多层神经网络(multilayered neural network)(MLN)体系结构是最流行的体系结构之一，它已被用于许多不同的应用中。这个想法是神经元被分成不同的层，我们只连接下层和上层的神经元。因此，我们将 j 连接到 i 当且仅当 $l(j) < l(i)$，其中 $l(k)$ 表示通用单元 k 所属的层。我们区分输入层 $\mathscr{I}$、隐藏层 $\mathscr{H}$ 和输出层 $\mathscr{O}$，多

层网络可以有更多的隐藏层。计算根据管道方案进行，输入中可用的数据驱动计算流量。我们考虑用于执行手写字符识别的图 1.3 的 MLP。首先，对隐藏单元进行处理，当激活可用时，它们被传播到输出。神经网络接收预处理模块 $x=\pi(e)\in\mathbb{R}^{25}$ 的输出作为输入。该网络包含 15 个隐藏的神经元和 10 个输出神经元，它的任务是提供一个尽可能接近图中所示目标的输出。正如我们所看到的，当网络接收到输入模式"2"时，预期会返回一个尽可能接近目标的输出，由图 1.3 中神经元 43 顶部的 1 表示。这里假设为单热编码，所以只有对应于类"2"的目标是高的，而其他的都是零。通过对图像进行适当的行扫描，将输入字符呈现给输入层，然后将其转发给隐藏层，在隐藏层中，网络将构建对识别过程有用的特征。所选的 15 个隐藏单元将捕获不同类的独特属性。人类对相似特征的解释导致了几何和拓扑特性的表征。面积、周长以及质量几何特征，有助于区分字符。重心和不同顺序的动量检测出模式的优良属性，但正如已经指出的那样，这些特征也可能与我们对于表征不同类别特征的直觉有关，如圆度和洞的数量提供了额外的线索。还有一些关键点(key point)，如拐角和十字，强烈地表征某一类(例如，类"8"的十字)。有趣的是，人们可以将隐藏层的神经元想象成特征检测器，但很显然，我们面临两个基本问题：我们可以期望 MLP 具有哪些特征检测？假设 MLP 可以提取一组特定的特征，那么我们如何确定这种特征检测的隐藏神经元的权重呢？大多数问题将在第 5 章中讨论，但我们可以开始做一些有趣的评论。首先，这个神经网络的目的是对字符进行分类，所以在 MLP 下提取上述特征不一定是最好的。其次，我们可以立即掌握学习的思想，包括正确地选择权重，这样就可以使相对于目标的误差最小化。因此，一组手写字符以及相应的目标可用于数据拟合。正如在下一节中所示，这实际上是一种从样本方案中学习(learning from example scheme)的特殊方法，它基于被称为监督的 oracle 提供的信息。虽然学习的总体目的是提供适当的分类，但是发现神经元的权重会导致构建模式特征的中间隐藏表示。在图 1.3 中，呈现的模式被正确识别。这是一个代理预期会得到奖励的情况，如果出现错误，代理将会受到惩罚。这个胡萝卜加大棒(carrot and stick)的比喻是大多数机器学习算法的基础。

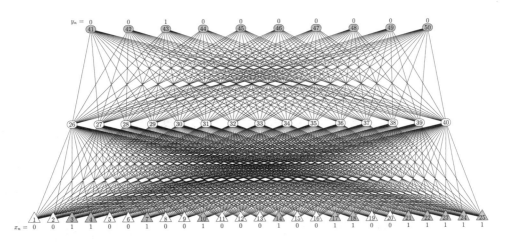

图 1.3　手写字符的识别。输入模式 $x=\pi(\blacksquare)$ 由前馈神经网络处理，其目标仅包括触发神经元 43，对应于类"2"的单热编码

1.1.4 学习的协议

现在该阐明智能代理与环境之间的相互作用实际上定义了学习过程发生的约束条件。自然科学的野心是将机器置于与人类相同的环境中,并期望它们从我们身上获得自己的认知技能。在感官层面,机器可以感知与人类分辨率不同的视觉、声音、触觉、嗅觉和味觉。传感器技术已经在复制人体感官方面取得了成功,特别是照相机和麦克风。显然,语言和视觉任务具有真正的认知性质,这使得它们非常具有挑战性,不是因为获取源的困难,而是因为相应的信号解释。因此,尽管原则上我们可以为机器创造一个真正类似人类的学习环境,但不幸的是,复杂的感知时空结构会导致非常困难的信号解释问题。

自从学习机器出现以后,科学家就分离出一种基于监督对(supervised pairs)获取的简单的与环境交互的协议。例如,在手写字符任务中,环境与代理交换训练集 $\mathscr{L}=\{(e_1, o_1), \cdots, (e_\ell, o_\ell)\}$。我们依赖的原则是,如果代理看到足够多的标记示例,那么它将能够分清任何新的手写字符的类。一种可能的计算方案,假设训练集 $\mathscr{L}$ 作为一个整体来处理,以更新神经网络的权重,这称为批处理模式(batch mode)监督学习。在这个框架内,涉及某个要学习的概念的监督数据被一次性下载。与人类认知的相似之处有助于理解这个尴尬协议的本质:新生儿在出生时并没有接收到他们生命中的所有信息!他们生活在自己的环境中,并随着时间的推移逐渐处理数据。然而,批处理模式非常简单明了,因为它定义了学习代理的目标,它必须最小化在所有训练集中累积的错误。

不使用训练集,我们可以把学习看作一种自适应机制,旨在优化顺序数据流上的行为。在上下文中,给定维度 $\ell=|\mathscr{L}|$ 的训练集 $\mathscr{L}$ 被替换为序列 $\mathscr{L}_t=\{(e_1, o_1), \cdots, (e_t, o_t)\}$,其中下标 t 不一定是上界,即 $t<\infty$。用 $\mathscr{L}_t$ 调整权重的过程称为在线学习(online learning)。一般来说,我们可以很快看到这与批处理模式学习有显著的不同。而在第一种情况下,给定的 ℓ 个样本的集合 $\mathscr{L}$ 是获取概念的所有可用信息,而在在线学习中,传入的监督对数据流从未停止过。这个协议与批处理模式有很大的不同,任何建立概念获取质量的尝试都需要不同的评估。首先考虑一下批处理模式的情况。通过计算

$$E(w) = \sum_{\kappa=1}^{\ell} \sum_{j=1}^{n} (1 - y_{\kappa j} f_j(w, x_\kappa))_+ \tag{1.1.3}$$

可以对训练集的分类质量进行测量,其中 n 是类的数量,而 $f_j(w, x_\kappa)$ 是模式 x_κ 反馈的网络的第 j 个输出。在本书中,我们使用符号 $(\cdot)_+$ 来表示铰链函数(hinge function),定义为 $(z)_+ = z \cdot [z>0]$,其中如果 $z>0$ 则 $[z>0]=1$,否则 $[z>0]=0$。因此,当输出 $f_j(w, x_\kappa)$ 和目标 $y_{\kappa j}$ 之间存在强符号一致时,$(1 - y_{\kappa j} f_j(w, x_\kappa))_+ = 0$ 成立。注意,由于单热编码,索引 $j=1, \cdots, n$ 对应于类索引。现在,$f_j(w, x_\kappa)$ 和 $y_{\kappa j}$ 必须符合符号一致,但分类中的鲁棒性要求使我们得出这样的结论:输出不能太小。由神经网络 $\mathscr{N}$ 和训练集 $\mathscr{L}$ 组成的对 $(\mathscr{N}, \mathscr{L})$ 是构造公式(1.1.3)中的误差函数的组成部分。其一旦最小化,就返回一个适合训练集的神经网络的权重配置。不幸的是,拟合训练集不一定是学习概念的保证。原因很简单:训练集只对概念的概率分布进行抽样,因此它的近似值很大程度上取决于样本的相关性,这与样本集的基数以及样本的难度密切相关。

当使用在线模式时,需要一些关于学习形式的额外想法。从批处理模式的直接扩展,

建议采用在 $\mathscr{L}_t$ 上计算的误差函数 E_t。然而，这是非常棘手的，因为 E_t 随着新的监督样本的出现而变化。而在批处理模式下，学习要找到 $w^* = \arg\min_w E(w)$，在这种情况下，我们必须仔细考虑在步骤 t 处优化的含义。直觉表明我们无须在任何步骤重新优化 E_t。实际上，像梯度下降这样的数值算法可以优化单个模式的误差。虽然这似乎是合理的，但很明显，这种策略可能导致神经网络倾向于"忘记"旧模式的解决方案。因此，当我们通过梯度权重更新进行在线学习时，问题就出现了。

早期与人类认知的联系启发我们探索不受监督的学习过程。事实上，人类的认知是以概念习得过程为特征的，而概念习得过程并不主要是与监督相伴而生的。这表明，虽然监督式学习使我们能够接触环境概念的外部符号解释，但在大多数情况下，人类执行学习计划是为了恰当地聚合显示类似特征的数据。对于玻璃的概念，我们需要对孩子进行多少次的监督？这很难说，但肯定有几个例子可以学习。有趣的是，玻璃概念的获得并不局限于实例的显式关联及其对应的符号描述。人类在一生中使用物体并观察它们，这意味着概念很可能主要通过无监督的方式获得。人们认识玻璃不仅是因为它的形状，还因为它的功能。玻璃是一种液体容器，这种性质可以通过观察填充过程来获得。因此，对人类物体识别过程的实质性支持很可能来自它们的可供性（affordance）——我们可以用它们做什么。显然，对象可供性与相应操作的关联并不一定要求能够表示操作的符号描述。语言标签的依附似乎涉及一项确实需要创造合适的对象内部表征的认知任务，这不仅限于视觉。类似的言论适用于语言习得和其他任何学习任务。这表明由聚合和聚类机制驱动的重要学习过程发生在无监督的层面。无论我们将哪种标签附加到模式上，只要引入适当的相似性度量，就可以将数据聚集起来。通过形式化的描述很难理解相似性的概念。我们能想到与度量空间 $\mathscr{X} \subset \mathbb{R}^d$ 上的欧几里得距离的并行相似性，但是，度量并不一定与相似性对应。在手写字符任务中，相似的含义是什么？让我们把事情简化，把自己限制在黑白图像的情况下。我们很快就会意识到欧几里得度量糟糕地反映了我们对相似性的认知概念。当模式维度增加时，这一点变得很明显。为了把握问题的本质，假设给定的字符出现在两个实例中，其中一个只是另一个的右移实例。显然，由于高维与高分辨率相关联，右移产生了一个向量，其中许多对应于黑色像素的坐标是不同的！然而，类是一样的。当处理高分辨率时，坐标的差异导致同一类中的较大模式距离。基本上，在两个模式实例中，只有很少的像素可能占据相同的位置。更有甚者：这个属性可以适用于任何类别。这就对模式相似性的深层含义和距离在度量空间中的认知意义提出了根本性的问题。欧几里得空间在高维空间表现出令人惊讶的特征，这导致了不可靠的阈值标准。关注将欧几里得度量用作相似性的数学意义，假设我们要根据阈值标准（thresholding criterion）$\|x - \bar{x}\| < \rho$ 来看看哪些模式 $x \in \mathscr{X} \subset \mathbb{R}^d$ 接近 $\bar{x} \in \mathscr{X}$，其中 $\rho \in \mathbb{R}^+$ 表示邻域到 $\bar{x}$ 的距离。当然，较小的 ρ 值定义了非常接近的邻居，这与我们的直觉完美匹配，即 x 和 $\bar{x}$ 由于距离很小而相似。在现实生活中感知的三维欧几里得空间中这是有意义的。但是，邻集 $\mathscr{N}_\rho = \{x \in \mathscr{X} \mid \|x - \bar{x}\| < \rho\}$ 在高维上具有奇怪的属性。它的体积是

$$\mathrm{vol}(\mathscr{N}_\rho) = \frac{(\sqrt{\pi})^d}{\Gamma\left(1 + \dfrac{d}{2}\right)} \rho^d \tag{1.1.4}$$

其中 Γ 是伽马函数（gamma function）。假设我们固定了阈值 ρ，可以证明当 $d \to \infty$ 时，体积接近于零（见练习 5）。而且，被视为橙子的球体与其球壳没有区别！这直接来自先前的

公式。假设考虑一个半径为 $\rho-\varepsilon>0$ 的球 $\mathcal{N}_{\rho-\varepsilon}$，当 $\varepsilon\ll\rho$ 时，集合
$$\mathcal{P}_\varepsilon = \{x\in\mathcal{X} \mid \|x-\overline{x}\|<\rho \quad 且 \quad \|x-\overline{x}\|>\rho-\varepsilon\}$$
是球的球壳（peel）。现在，对于所有 $\varepsilon>0$，当 $d\to\infty$ 时，其体积为

$$\mathrm{vol}(\mathcal{P}_\varepsilon) = \lim_{d\to\infty}\mathrm{vol}(\mathcal{N}_\rho)\left(1-\frac{\mathrm{vol}(\mathcal{N}_\varepsilon)}{\mathrm{vol}(\mathcal{N}_\rho)}\right)$$

$$= \mathrm{vol}(\mathcal{N}_\rho)\left(1-\lim_{d\to\infty}\left(\frac{\rho-\varepsilon}{\rho}\right)^d\right) = \mathrm{vol}(\mathcal{N}_\rho) \tag{1.1.5}$$

因此，用于识别 $\mathcal{P}_\varepsilon$ 的阈值标准符合检查条件 $x\in\mathcal{N}_\rho$。然而上面的几何属性将球缩减到边界，意味着除了一组无效测度之外有 $x\in\mathcal{P}_\varepsilon$。观察 $\mathrm{vol}(\mathcal{N}_\rho)$ 相对于包含所有训练集示例的球体 $\mathcal{S}_M$ 的体积是如何放大的是有启发性的。如果我们用 x_M 表示满足 $\forall x\in\mathcal{X}: \|x\|\leqslant\|x_M\|$ 的点，那么

$$\lim_{d\to\infty}\frac{\mathrm{vol}\mathcal{N}_\rho}{\mathrm{vol}S_M} = \lim_{d\to\infty}\left(\frac{\rho}{\|x_M\|}\right)^d = 0$$

总而言之，在高维情况下，满足相邻条件的可能性消失，从而使得该准则不可用。虽然普通三维欧几里得空间中的相似性与度量存在一定的联系，但随着维度的增加，这种联系逐渐消失。值得一提的是，这种关于高维空间的奇异性的数学讨论依赖于点在空间中均匀分布的假设，这在实际中并不成立。但是，从对手写字符右移的分析中可以看出，在实际问题导致偏置分布的情况下，高维奇异性仍然是一个严重的问题。当将模式相似性的概念解释为欧几里得度量时，这将产生直接的影响。

这一讨论表明，数据的无监督聚合必须考虑到相关的认知意义，因为对模式空间的度量假设可能导致对人类概念的错误解释。正如玻璃例子的讨论所表明的那样，无监督学习在人类生活中至关重要，无论生物学如何，它都很可能是至关重要的。因此，就像人类一样，学习机必须以某种方式捕获不变的特征，这对于聚类过程有很大的帮助。儿童语言习得的经验表明，鹦鹉学舌是一个基本的发展步骤。除了语言习得之外，获得超越语言习得的重要技能，难道不是一项重要的技能吗？图 1.4 显示了在任何模式空间中构建鹦鹉学舌机制的可能方法。

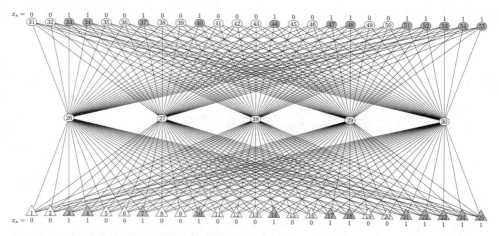

图 1.4 MLP 模式自动编码。以这种方式监督神经网络以再现输出的输入。隐藏层生成压缩的模式表示

给定一个无监督的模式集合 $\mathscr{D}=\{x_1,\cdots,x_\ell\}\subset\mathscr{X}^\ell$，我们定义一个基于数据自动编码的学习协议。这个想法是，最小化表示自动编码原则的代价函数：每个示例 $x_\kappa \in \mathscr{X}$ 被强制重现到输出。因此，我们构建一个无监督的学习过程，其中包括确定

$$w^\star = \arg\min_w \sum_{x_\kappa \in \mathscr{D}} \| f(w, x_\kappa) - x_\kappa \|^2 \tag{1.1.6}$$

这样做，神经网络鹦鹉学舌 x_κ 到 $f(w, x_\kappa) \simeq x_\kappa$。注意，发生在 $\mathscr{D}$ 上的训练会导致隐藏层中所有元素 $x_\kappa \in \mathscr{X}$ 的内部表示的发展。在图 1.4 中，维度 25 的模式被映射到维度 5 的向量。在此过程中，我们希望开发一个低维的内部表示，在低维中可以适当地检测到一些不同的特性。这些特征的内部发现是学习的结果，这使得我们引入了一种度量方法来确定给定的模式 $x \in \mathscr{X}$ 是否属于与样本 $\mathscr{D}$ 相关的概率分布，并由所学习的自动编码器来表征。在考虑相应的权值 $w^\star$ 时，引入相似函数

$$s_\mathscr{D}(x) := \| x - f(w^\star, x) \| \tag{1.1.7}$$

这可以引入阈值标准 $s_\mathscr{D}(x) < \rho$。不像欧几里得距离，我们通过公式(1.1.6)发现 $\hat{w}$，从样本中学习集合 $\mathscr{X}_\mathscr{D}^\rho := \{x \in \mathscr{X} | s_\mathscr{D}(x) < \rho\}$。这样，我们放弃寻找类似相似性的神奇指标，而将注意力集中在学习的重要性上；训练集 $\mathscr{D}$ 定义自动关联点 $\mathscr{X}_\mathscr{D}^\rho \subset \mathscr{X}$ 的类别。回到认知解释，这个集合对应于识别那些机器能够重复的模式。如果由函数 $f(w^\star, \cdot)$ 定义的模型的逼近能力足够强，机器可以高精度地执行鹦鹉学舌，同时拒绝不同类的模式。这将在 5.1 节中得到更好的说明。

现在，假设我们可以依赖于对物体相似程度的测量；如果我们知道给定的图片 A 已经被标记为 glass，并且这张图片与图片 B "相似"，那么我们可以合理地推断出 B 是 glass。这种推理机制在某种程度上架起了监督和非监督学习之间的桥梁。如果我们的学习代理在物体空间中发现了可靠的相似性度量，它就不需要很多玻璃的实例了！只要正确地对其中一些模式进行分类，它们就可能被识别为与传入模式相似的模式，从而获得相同的类标签。这种计算方案被称为半监督学习(semisupervised learning)。这不仅在认知上是合理的，还建立了一个使学习效率更高的自然协议。

半监督学习的概念也可以用于这样的上下文中：其中代理不需要执行归纳，而仅仅是在一个封闭的环境中进行决策，在这个环境中，学习过程中可以访问环境的所有数据。这在一些实际问题中非常重要，特别是在信息检索领域。在这些情况下，智能代理可以访问大量而紧密的文档集合，并要求它们根据整个文档数据库执行决策。只要发生这种情况，代理就会利用所有给定的数据，学习过程被称为转导学习(transductive learning)。

认知的合理性和复杂性问题在主动学习(active learning)的情况下再次相遇。孩子们积极提问以促进习得概念，他们的好奇心和提问能力大大简化了在概念假设空间中的搜索。主动学习可以采取不同的形式。例如，在将示例作为单个实体 $e \in \mathscr{E}$ 提供的环境里执行的分类任务中，可以允许代理就特定的模式向监督提出问题，这超出了基于给定训练集的普通方案。基本假设是存在一串数据流，其中一些数据带有相应的标签，并且代理可以对特定样本提出问题。当然，这是有预算的：代理不能太咄咄逼人，而且应该避免提出太多问题。代理的潜在优势是，它可以选择请求帮助的样本。它把重点放在没有获得足够信心的样本上是有道理的。因此，主动学习确实要求代理能够对其决策做出关键性的判断。可疑

的是那些需要寻求帮助的情况。在与语音理解和计算机视觉等具有挑战性的任务相关的时空环境中，主动学习可以变得更加复杂。在这些情况下，与行为相对应的具体问题是由于复杂的注意力集中机制而产生的。

人类的学习技能强烈地利用时间维度，并具有相关的顺序结构。特别是，人类在环境中采取行动是为了最大化累积回报(cumulative reward)的概念。这些想法也被用于机器学习，这种概念获取方法被称为强化学习(reinforcement learning)。代理被赋予一个特定的目标，比如与客户交互以购买机票或到达迷宫的出口，它接收一些驱动行为的信息。学习过程通常表示为马尔可夫决策过程(MDP)，算法通常使用动态规划技术。在强化学习中，既没有呈现输入/输出对，也没有明确地纠正次优操作。

1.1.5 基于约束的学习

虽然本书介绍了大多数经典的机器学习方法，但重点是依赖于约束(constraint)的统一概念激发读者对学习的更广泛的看法。就像人类一样，智能代理也被期望生活在一个强制约束的环境中。当然，这个概念有非常复杂的社会翻译，很难在智能代理的世界中表达出来。然而，这个比喻简单明了：我们希望机器能够满足它们与环境交互的约束。感知数据及其关系，以及任务上的抽象知识粒度，是我们打算用约束的数学(mathematical)概念来表达的。与用于描述人类交互的一般概念不同，我们需要对约束进行明确的语言描述。

从监督学习开始，它可以被看作一种特殊的逐点约束方式。一旦我们正确地定义了编码函数 π 和解码函数 h，代理就可以满足约束训练集 $\mathscr{L}=\{(x_1,y_1),\cdots,(x_\ell,y_\ell)\}$ 表示的条件。如果要完全满足给定逐点约束，要求我们寻找这样一个函数 f 使得 $\forall\kappa=1,\cdots,\ell$ 有 $f(x_\kappa)=y_\kappa$。然而，从这个意义上来说，分类和回归都不能被严格地视为逐点约束。任何从样本中学习的基本特征是容忍训练集中的错误，因此软实现约束肯定比硬实现更合适。误差函数(1.1.3)是表达软约束的一种可能方式，它基于合理的惩罚函数的最小化。例如，虽然误差函数(1.1.3)足以自然地表达分类任务，但在回归的情况下，人们对满足强符号一致性的函数并不满意。我们想发现 f，它将训练集的点 x_κ 转换为值 $f(x_\kappa)=$ f$(w,x_\kappa)\simeq y_\kappa$。例如，这可以通过选择一个二次损失(quadratic loss)来完成，所以我们想要对于

$$E(w)=\sum_{\kappa=1}^{\ell}(y_\kappa-\mathrm{f}(w,x_\kappa))^2 \tag{1.1.8}$$

得到较小的值，这个逐点项强调了这种约束的本质。机器学习的核心问题是，设计方法来保证在域 $\mathscr{X}$ 的条件下，满足样本 $\mathscr{X}^\#$ 的约束条件，也就是从与 $\mathscr{X}^\#$ 相同的概率分布中得到的新样本。

在一些学习任务中，我们可以依赖于在输入空间 $\mathscr{X}$ 的区间上表达的属性间的抽象知识，而不是向智能代理展示带标签的样本。许多有趣的任务都来自医学，诊断糖尿病的第一种方法是考虑体重指数(body mass index)和血糖(blood glucose)的测量。皮马印第安人糖尿病数据集⊖(Pima Indian Diabetes Dataset)包含一组包括阳性和阴性糖尿病样本的监

⊖ 该学习任务在 https://archive.ics.uci.edu/ml/datasets/Pima+Indians+Diabetes 中描述。这些逻辑表达式是专家可以表达的知识粒度的两个典型示例。

督训练集，其中每个患者由一个包含 8 个输入的向量表示。不单独依赖单个患者的证据，医生可能会建议遵循逻辑规则：

$$（体重 \geqslant 30）\wedge（血糖 \geqslant 126）\Rightarrow 糖尿病$$
$$（体重 \leqslant 25）\wedge（血糖 \leqslant 100）\Rightarrow \neg 糖尿病$$

这些规则代表了在医学诊断过程中专家推理的典型例子。从某种意义上说，这两个规则以某种方式定义了一类糖尿病的训练集，因为这两个公式表达了这个概念的正面和负面的样本。有趣的是，在监督学习方面有所不同：这两个逻辑语句适用于无限虚拟病人对！我们可以考虑将这种基于区间的学习简化为监督学习，方法是简单地网格化由变量体重和血糖定义的域。然而，随着规则开始涉及越来越多的变量，我们遇到了维度灾难(curse of dimensionality)。事实上，网格化空间已经不可行了，我们至多可以想到它的抽样。全空间网格化无法将基于区间的规则精确地转换为监督对。基本上，由于维度灾难，依赖于相似逻辑表达式的知识粒度，识别输入空间 $\mathscr{X}$ 的非零度量子集 $\mathscr{M} \subset \mathscr{X}$，网格化是不合理的。基于区间的规则在预后中也很常见。有以下规则：

$$（大小 \geqslant 4）\wedge（结 \geqslant 5）\Rightarrow 复发$$
$$（大小 \leqslant 1.9）\wedge（结 = 0）\Rightarrow \neg 复发$$

可根据肿瘤的直径（大小）和转移淋巴结（结）的数量绘制肿瘤复发情况。

基于区间的规则可以用于非常不同的领域，再次考虑手写字符识别任务。在 1.1.1 节中，我们已经对这些类进行了定性描述，但是我们最终得出的结论是，它们很难从正式的角度来表达。然而很明显，基于关于模式结构的定性评论，我们可以创建用于分类的非常丰富的特征。从这个角度来看，它取决于预处理函数 π 来提取区分特征。给定任何模式 e，处理模块返回 $x = \pi(e)$，这是用于标准监督学习的模式表示。但是，我们可以提供另一种定性描述，这些描述非常类似于关于糖尿病的诊断和预后的两个学习任务的结构。例如，当查看图 1.5 时，我们意识到"0"类的特征是图中通常不包含 $\mathscr{M}_1 \cup \mathscr{M}_2 \cup \mathscr{M}_3$。同样，任何其他类都是通过表达视网膜的部分来描述的，而给定类的任何模式都不会占用视网膜的部分。这些禁止的部分由适当的掩码表示，掩码表示关于模式结构的先验知识。现在，令 $m^c \in \mathbb{R}^d$ 是来自视网膜行扫描的向量，如果期望索引 i 对应的像素不被占用，则 $m_i^c = 1$，否则 $m_i^c = 0$。设 $\delta > 0$ 为适当的阈值，有

$$\forall x: \frac{x' m^c}{\|x\| \cdot \|m^c\|} > \delta \Rightarrow (h(f(x)) \equiv \neg c) \tag{1.1.9}$$

这个 $f(\cdot)$ 的约束表明，只要模式 x 与类掩码 m^c 的相关性超过阈值 δ，代理就会返回一个与掩码一致的决定，即 $h(f(x)) \equiv \neg c$。注意布尔掩码的扩展解释，图 1.5 中所采用的解释可能会由于公式(1.1.9)以及 x 的单个坐标上的表述，导致相关条件表示的替换。例如，我们可以声明形式为 $x_{m,i} \leqslant x_i \leqslant x_{M,i}$ 的视网膜的通用像素的约束。这样做，我们又面临一个多区间约束(multiinterval constraint)。$x_{m,i}$ 和 $x_{M,i}$ 的值表示在训练集中发现的亮度的最小值和最大值。

关于医学和手写字符识别的学习任务都表明，有必要将监督学习推广到集合学习而不是单点学习。在这个新的框架内，监督对 (x_κ, y_κ) 被替换为 $(\mathscr{X}_\kappa, y_\kappa)$，其中 $\mathscr{X}_\kappa$ 是具有监督 y_κ 的集合。在本书中，这些被称为基于集合的约束(set-based constraint)。

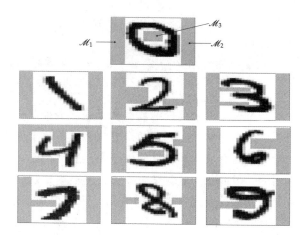

图1.5 基于掩码的类描述。每个类的特征在于相应的掩码,其指示视网膜的可能不被相应图案占据的部分

对稳健可靠的决策的需求也可以通过适当的限制来很好地表达。假设我们想通过函数 π_1 和 π_2 执行两种不同的方案来预处理手写字符。它们返回函数 $f_1: \mathscr{X} \to \{-1, +1\}$ 和 $f_2: \mathscr{X} \to \{-1, +1\}$ 用于分类两种不同的模式 $x_1, x_2 \in \mathbb{R}^d$。内部表示变为 $x := (x_1', x_2')'$ 对由两种不同的模式视图组成。很明显,我们可以通过强制执行该属性来增强分类的健壮性:

$$\forall x = (x_1', x_2')' \in \mathscr{X}: (1 - f_1(x_1)f_2(x_2))_+ = 0$$

注意这个约束不涉及监督,因为它只检查两个函数的决策一致性,而不管它们是如何构造的。我们如何通过普遍量化对所有模式域 $\mathscr{X}$ 施加这样的约束?最简单的解决方案是对 $\mathscr{X}$ 的采样 $\mathscr{X}^\#$ 进行这样的量化,并通过将相应的惩罚函数最小化来放宽约束。惩罚函数为

$$C(f_1, f_2) = \sum_{x \in \mathscr{X}^\#} (1 - f_1(x_1)f_2(x_2))_+ \tag{1.1.10}$$

练习13讨论了当 $f_1: \mathscr{X} \to [0, +1]$ 和 $f_2: \mathscr{X} \to [0, +1]$ 时惩罚项的形式,而练习14在回归的情况下处理了联合决策的新问题。在分类和回归中,只要决策是由两个或两个以上不同的函数共同做出的,我们就称其为委员会机器(committee machines)。其基本思想是,共同参与预测的多个机器可能比单个机器更有效,因为每个机器都可以更好地捕捉特定的线索。然而最后,决策需要一种机制来平衡它们的特定质量。如果机器能够提供一个可靠的评分,显示它们在决策中的不确定性程度,我们就可以使用这些评分来组合决策。在分类方面,我们也可以使用社会启发式解决方案,如基于大多数投票决策的方案。公式(1.1.10)和连贯决策约束背后的方法通常是强制单个机器做出一个共同的决策。在第6章将会更加清楚,由此产生的学习算法让机器在开始时自由地表达它们的决定,同时强制执行渐进的一致性。

尽管所讨论的委员会机器方法处理的是一致的决策,但在其他情况下,多个决策的可用性可能需要满足对整体决策产生重要影响的额外约束。例如,考虑与资产组合管理相关的资产分配问题。假设给了我们用于投资的一定数量的资金 T,以欧元和美元进行适当的现金、债券和股票余额投资。代理通过用 $\pi(\cdot)$ 预处理的分割对象 e 来感知环境,以便返回 $x = \pi(e)$。这里 x 编码对决策有用的总体财务信息,例如股票投资和股票系列的最近收

益结果。整体决策基于 $x \in \mathscr{X}$，并且涉及函数 f_c^d、f_b^d、f_s^d 分别返还以现金、债券和股票形式分配的资金。这个函数的分配涉及美元，而函数 f_c^e、f_b^e、f_s^e 用欧元执行同样的决策。另外两个函数 t_d 和 t_e 分别决定美元和欧元的整体分配。由于这是一个回归问题，我们假设对于任何任务 $h(\cdot) = \mathrm{id}(\cdot)$。该资产分配问题的给定公式需要满足以下限制：

$$f_c^d(x) + f_b^d(x) + f_s^d(x) = \frac{t_d(x)}{T}$$

$$f_c^e(x) + f_b^e(x) + f_s^e(x) = \frac{t_e(x)}{T}$$

$$t_d(x) + t_e(x) = T \tag{1.1.11}$$

显然，这些函数的单一决定也被假定为来自其他环境信息。例如，从这些函数中的每一个函数中，我们都可以得到一个训练集，这将导致额外的逐点约束集合。请注意，基于监督学习的决策不能保证上述一致性条件。公式(1.1.11)的实现有助于形成决策，因为上述约束的满足导致反馈信息被纳入所有决策函数。大致来说，通过函数 f_s^d 来分配股票的资金量的预测显然依赖于财务数据 $x \in \mathscr{X}$，但是决策也受到债券和现金的同时投资决策以及适当平衡欧元/美元投资的影响。因此，如果对其他投资有强有力的决策，机器可能会受到激励而不去投资美元股票。虽然人们总是会说，每个函数原则上都可以用一种足够丰富的包含所有资产的信息输入 x 来进行操作，但至关重要的是要注意相应的学习过程可能会有很大的不同。为了强调这个问题，值得一提的是，关于资产配置的决策通常取决于不同的信息，因此相应函数的参数可以适当地不同，并恰当地针对特定的目的进行刻画，这可能会使整个学习过程更加有效。

在分类任务中，多任务环境中约束条件的满足也是至关重要的。让我们考虑一个涉及计算机科学文章的简单文本分类问题。像往常一样，我们简单地假设对文档 $e \in \mathscr{E}$ 进行适当的预处理，产生相应的向量 $x = \pi(e) \in \mathscr{X}$。在信息检索中，这种基于向量的表示法是大多数经典方法的基础。特别是，正如已经注意到的那样，TF-IDF 表征非常受欢迎。习题 16 激发了输出编码的适当函数的定义。假设文章只属于四个类别，分别由函数 f_{na}、f_{nn}、f_{ml} 和 f_{ai} 表示，这四个类别分别是数值分析、神经网络、机器学习和人工智能。我们期望用这些函数表示任意文档 $x \in \mathscr{X}$ 的分类。关于分类涉及的主题的知识自然可以将这个布尔值转化为下列约束条件：

$$\forall x \; f_{na}(x) \wedge f_{nn}(x) \Rightarrow f_{ml}(x)$$

$$\forall x \; f_{ml}(x) \Rightarrow f_{ai}(x) \tag{1.1.12}$$

请注意，与先前约束的区别在于，这些表达式涉及布尔变量和命题逻辑语句。有趣的是，如第 6 章所示，我们可以在连续设置中系统地表达逻辑约束。现在，只要注意到上述任何函数都可以与相应的实值函数相关联就足够了。例如 $f_{na}(\cdot) \rightsquigarrow f_{na}(\cdot)$，其中 $f_{na}: \mathscr{X} \rightarrow [0,1] \subset \mathbb{R}$。直观上，$f_{na}(x) \simeq 1$ 表示真值状态，而 $f_{na}(x) \simeq 0$ 对应于错误状态。我们可以及时看到转化

$$f_{na}(x) \wedge f_{nn}(x) \Rightarrow f_{ml}(x) \rightsquigarrow f_{na}(x) f_{nn}(x)(1 - f_{ml}(x)) = 0$$

达到了目的。好消息是这允许我们使用统一的计算设置，因为虽然这是一种固有的逻辑约束，但它可以与感知约束（如监督学习的约束）配对。

我们可以进一步开始探索具有固有时间性质的学习环境。在迄今为止进行的讨论中，学习任务被定义在特征空间域 $\mathscr{X} \in \mathbb{R}^d$ 上，其中不存在时间。然而，语音和视频理解等具有挑战性的领域随时间交织在一起，这意味着对约束理念的进一步发展。为了深入了解这种统一思维方式，我们考虑计算机视觉中估计光流的问题。它可以表述如下：给定一个视频信号，在一定的时间基础 $\mathscr{T} \in \mathbb{R}$ 和视网膜 $\mathscr{L} \subset \mathbb{R}^2$ 上的 $v: \mathscr{T} \times \mathscr{L} \to \mathbb{R}: (t, z) \to v(t, z)$ 对于任何像素 z 确定了速度场 $\dot{z}$。为了统一符号，我们设定 $f(t, z) = \dot{z}(t, z)$。经典的解决方案是基于施加亮度不变（brightness invariance）条件。它表示，任何像素 $z \in \mathscr{L}$ 在其所属的对象移动时不改变亮度。因此，对于由 $t \in \mathscr{T}$ 定义的任何帧和给定的视频信号，速度 $\dot{z}$ 必须满足上述约束：

$$\frac{dv(t, z(t))}{dt} = \partial v_t + \dot{z}' \nabla v = \partial v_t + f' \nabla v = 0 \tag{1.1.13}$$

虽然在计算机视觉中，通常不强加额外的逐点约束，但原则上也可以给出一组速度值 $f(t, x)$ 的训练集来帮助计算光流。经典的解决方案是将 $f(t, x)$ 看作仅考虑亮度不变性的值，而不考虑任何假设模型。这是因为它很难收集一组值 $f(t, x)$ 的训练集，尽管它总是可以完成的。练习 17 提出了一个构造速度值训练集的解决方案。在这个框架中，代理被要求学习满足约束的函数 f。但是学习过程不能简单地视为约束满足。这个主题在第 6 章中有详尽的阐述，但本章也给出了关于简约解的重要性的基本思想。

练习

1. [22] 考虑误差函数(1.1.3)。它基于分类任务中代理和监督之间强加上强符号的原则。假设代理只需要决定给定模式 x 是否属于某个类。在这种情况下，函数简化为 $(1 - yf(x))_+$。我们可以用 $(s - yf(x))_+$ 替换它吗？其中 $s \in \mathbb{R}^+$ 是作为阈值的任何正数，是否大的 s 值保证了更强的鲁棒性？阅读完第 4 章后再回到这个练习。

2. [16] 让我们考虑输出编码 $h_i(y) = \delta_{(i, \arg\max y)}$。该编码函数的一个限制是，在存在具有相似值的两个或更多个输出的情况下，该决策采用最大值，而忽略任何鲁棒性问题。如何以这种方式修改编码以避免返回非鲁棒的决策？

3. [M21] 假设有两个不同的输入/输出表示所面临的监督学习任务 χ，因此
$$\chi = h_2 \circ f_2 \circ \pi_2 = h_1 \circ f_1 \circ \pi_1$$
设 π_1 和 h_1 是双射函数。使用两种表示来讨论学习 χ 的不对称性。

4. [18] 让我们考虑基于图 1.1 所示特征的汽车评估学习任务。讨论函数 π 的构造。

5. [M20] 证明公式(1.1.4)给出的 d 维球体积。当 d 增加时会发生什么？讨论并绘制体积的变化，特别注意渐近表现。

6. [19] 让我们考虑一个由布尔向量表示的手写字符数据集，如 1.1 节所示。用于字符识别的可能算法可以基于相似度函数 $s(x, z) = \sum_{i=1}^{d} x_i \equiv z_i$，其中 $\equiv$ 是布尔变量的等价，$\sum_i$ 将布尔项理解为整数。因为我们假设处理黑白图像，这里 $x, z \in \mathbb{R}^d$ 可以与 $x, z \in \{0, 1\}^d$ 互换。基于这个想法编写用于字符识别的算法，并在字符分辨率增加（$d \to \infty$）时讨论其表现。讨论这个想法与练习 5 中发现的结果的关系。

7. [C18] 通过使用练习 6 中定义的相似性，编写程序以识别 MNIST 手写字符[⊖]。然后将相似性修改为

[⊖] 数据集可以在 http://yann.lecun.com/exdb/mnist/ 上下载。

经典欧几里得距离 $s(x, z) = \|x - z\|$。制作关于增长维度的字符预处理实验结果的技术报告。

8. [C16] 使用 MNIST 手写字符数据集，编写一个程序来计算模式之间的欧式距离，并讨论在这种特定情况下球壳中体积缩减的结果。

9. [15] 在手写字符识别的运行示例中，通过池操作对输入进行反采样。由于来自相机的模式已经具有有限的维数（分辨率），为什么我们还要考虑池操作呢？提供一个激励池化的定性答案。

10. [15] 让我们考虑输出编码函数 $h: \mathscr{Y} \to \mathscr{O}: y \mapsto o = h(y)$。在模式分类中，合理方案似乎是选择经典二进制编码来表示必须对某个对象 $e \in \mathscr{E}$ 进行分类的 n 个类。然而图 1.3 显示了基于单热编码的不同解决方案，其在输出数量方面显然更加苛刻。为什么人们不在手写数字识别结构中仅使用四个输出而是使用十个输出？提供与学习任务无关的定性动机分析。

11. [M45] 让我们考虑一下练习 10 的要求。你能否提供正式的命题与证明？

12. [15] 让我们考虑图 1.4 的自动编码器，假设它正在学习由英文字母和数字组成的训练集。证明如果返回的解包含饱和到渐近值的隐藏单元，则任何学习算法都不可能完成学习任务，因此它们可以被视为比特。

13. [17] 假设委员会机器基于 $f_1: \mathscr{X} \to [0, +1]$ 和 $f_2: \mathscr{X} \to [0, +1]$。使用相同的一致决策原则修改惩罚函数 (1.1.10)。

14. [15] 考虑一个回归的委员会机器。选择适当的惩罚，以使两台机器的决策在回归框架内保持一致。

15. [16] 让我们考虑公式 (1.1.9) 所表达的约束。人们可能会发现将其更改为下列函数更为合适：

$$\forall x: \frac{x'm^c}{\|x\| \cdot \|m^c\|} \leqslant \delta \Rightarrow (h(f(x)) \equiv c) \tag{1.1.14}$$

这相当于公式 (1.1.9) 吗？如果不一致，定性地讨论两者之间的差异，以及哪一个更适合模拟约束条件所期望表达的视网膜模式占用的概念。

16. [13] 针对所讨论的计算机科学文献分类问题提出输出函数 $h(\cdot)$。

17. [46] 让我们考虑与光流相关的约束 (1.1.13) 并用卷积亮度不变性 (convolutional brightness invariance) 原理来代替像素亮度不变性 (pixel brightness invariance)，根据该原理不变性涉及

$$u(t, x) = \int_{\mathscr{X}} h(x - z) v(t, z) \mathrm{d}z$$

由 $\mathrm{d}v(t, x(t))/\mathrm{d}t = 0$ 产生的新的卷积亮度不变性是什么？现在，令 $\mathscr{C}_x$ 为半径 ρ 的圆，并假设 $h(u) = [\|u\| < \rho]$，因此 $u(t, x)$ 可以被认为是 $\mathscr{C}_x$ 中的平均亮度。在这种情况下，卷积不变原理的条件是什么？有趣的是，由于 $u(t, x)$ 返回任何像素 x 的小邻域 $\mathscr{C}_x$ 中亮度的平均值，因此相应的速度估计可能更稳健。讨论这个问题和 ρ 的选择。

1.2 原则和实践

机器在环境中的生命是基于遵循 1.1.4 节中描述的协议产生的信息处理。但是是什么驱使它们学习呢？它们如何满足环境约束？即使它们可以做到，谁能确保当前的约束满足得到深刻理解的支持，使它们能够在环境中获得新的经验并获得成功？难道它们不能简单地学习那些预期会被推广到新样本的概念吗？原则如何转化为实践？虽然整本书都是关于解决这些问题的，但在本节中，我们提供的见解有助于推动对后续更多技术问题的理解。

1.2.1 归纳的令人困惑的本质

毋庸置疑，人类和人工学习技能的发展与归纳原则紧密关联，几个世纪以来归纳原理一直是人们研究的主题。尽管归纳法的表现是多方面的，但归纳法的过程却呈现出一种令

人困惑的面貌。序列
$$0, 1, 1, 2, 3, 5, 8, 13, \cdots \tag{1.2.15}$$
可以作为归纳的一个很好的例子。观察上述数字，接下来是什么？已知序列由斐波那契递归规则递归地生成：
$$F_0 = 0, \quad F_1 = 1, \quad F_{n+2} = F_{n+1} + F_n, \quad n \geq 0 \tag{1.2.16}$$
显然，这个论点不是讨论的主题。然而更准确的分析表明上述归纳确实是有争议的！如果我们只能看到部分序列(1.2.15)的八个数字，怎能真正信任上述递归模型？事实上，我们可以得出这样的结论：相反，这个序列的潜在生成规则是
$$F'_0 = 0, \quad F'_1 = 1, \quad F'_2 = 2,$$
$$F'_{n+3} = F'_{n+1} + \lfloor (F'_{n+2} + F'_{n+1} + F'_n)/3 \rfloor, \quad n \geq 0 \tag{1.2.17}$$
其中$\lfloor x \rfloor$运算符表示$x \in \mathbb{R}$的四舍五入。我们可以看到，此规则也提供了对部分序列(1.2.15)的正确解释。那么，哪一个才是正确的呢？当然，这个问题提得不恰当！这两个规则都很好，只有当我们用实际数字替换省略号时才能发现更好地解释序列的规则！如果一个oracle告诉我们序列的第8个值是22，那么只有(1.2.17)仍然完全一致，而(1.2.16)不行，因为它预测$F_8 = 21$。这是两个序列中$n \leq 20$的值；我们可以看到，对于$n > 7$，这两个序列一直发散。

$n = 0\ 1\ 2\ 3\ 4\ 5\ 6\ 7\ 8\ 9\ 10\ 11\ 12\ 13\ 14\ 15\ 16\ 17\ 18\ 19\ 20\cdots$
$F_n = 0\ 1\ 1\ 2\ 3\ 5\ 8\ 13\ 21\ 34\ 55\ 89\ 144\ 233\ 377\ 610\ 987\ 1597\ 2584\ 4181\ 6765\cdots$
$F'_n = 0\ 1\ 1\ 2\ 3\ 5\ 8\ 13\ 22\ 36\ 60\ 99\ 164\ 272\ 450\ 745\ 1234\ 2044\ 3385\ 5606\ 9284\cdots$

每当访问序列的有限部分并且没有其他信息时，我们真的不知道接下来会有哪些数字。这就像抛一枚均匀的硬币或一个均匀的骰子，看来这种预测注定要成为猜测！然而，这种关于随机性的极端观点也可能只是对生成过程缺乏额外基础知识的结果。例如，硬币和骰子的运动没有什么奇怪的，因为它们遵守机械定律。一旦给出初始条件，相应的飞行注定要遵循精确的轨迹，通过忽略空气摩擦也可以很好地预测出精确的轨迹。当硬币或骰子落地时，它们的弹跳服从弹性或非弹性材料模型，这使我们能够预测轨迹如何演变。因此，原则上我们可以利用物理定律来限制硬币和骰子！另一方面，显然真正随机的运动可以从抛硬币的机械模型中得到解释。虽然总的来说，我们没有实现完美的预测，但绝对可以忽略这些事件的概率。因为即使假设投掷硬币和骰子的随机性也是有争议的，但是同样的原理也可以应用于任何归纳问题，包括预测完成部分序列(1.2.15)的数字。因此，只有当我们注定完全无知而没有任何关于潜在生成模型的额外知识时，反对部分序列(1.2.15)的斐波那契循环模型的论点才有意义。然而，我们可能会考虑对给定数据的不同模型进行排序的方法，因为并非所有模型都具有相同的可能性。

处理给定数据的这种并发解释的经典方式是使用简约原则(经济规律)，根据该原则：在相互竞争的假设中，"最简单的"是最好的。我们可以看到公式(1.2.16)比公式(1.2.17)更简单：初始化较少，在循环步骤中涉及的变量较少，并且不需要执行除法也不需要四舍五入。因此，简约原则表明，斐波那契数的经典解释在简单性方面是优选的。如练习2所示，我们也可以很容易地看到
$$F_n = \frac{\sqrt{5}}{5}(\phi_1^n - \phi_2^n) \tag{1.2.18}$$

其中 $\phi_1 = \dfrac{1+\sqrt{5}}{2}$，$\phi_2 = \dfrac{1-\sqrt{5}}{2}$。虽然先前的规则是基于递归解释的，但上述公式基于全局计算方案提供直接解释，就像前面的例子一样，全局计算方案非常紧凑。有趣的是，我们可以看到相同的（斐波那契）生成模型可以通过局部（见公式(1.2.16)）或全局（见公式(1.2.18)）公式给出不同的语言描述。哪一个更简单？局部模型和全局模型之间的巨大差异导致了相应公式结构的显著差异，因此比较它们的复杂性并不像前面的情况那样简单。这表明我们需要一些好的形式来精确定义模型的复杂性。

但是归纳法真的很让人困惑！如果我们用部分序列 0，1，1，2，3，5，…替换原始序列(1.2.15)，那么另一个正确解释这些数据的规则是：

$$F''_0 = 0, \quad F''_1 = 1, \quad F''_{n+2} = F''_{n+1} + \lfloor F''_{n+1} F''_n \rfloor, \quad n \geqslant 0 \quad (1.2.19)$$

然而，对于 $n=6$，有 $F''_6 = 5 + \lfloor \sqrt{5 \times 3} \rfloor = 9$。表示由公式(1.2.19)定义的模型与公式(1.2.16)和(1.2.17)仅当 $n<6$ 时是一致的。在这种情况下，该模型⊖的复杂性与公式(1.2.16)和(1.2.17)定义的模型之间的复杂性相吻合。

现在我们跳到一个看似无关的话题，然而它完全具有序列(1.2.15)中讨论的令人困惑的归纳特性。我们探索一种非常类似于许多 IQ 测试的归纳问题。如图 1.6 所示，我们可以看到一系列风格化的时钟序列。正如在许多相关的 IQ 测试中一样，人们被要求猜测序列的下一个时钟——这与预测序列(1.2.15)中接下来是哪个数字非常相似。然而，这一次事情更加复杂。时钟图不是数字！在这种情况下做出推论需要我们捕捉一些独特的构图元素，以便提供简单而有效的符号描述。这需要获得相当程度的抽象，因为我们需要超越基于像素的表示。通过观察图 1.6，我们认为风格化时钟是由框架和指针组成的实体。此外，框架简单地由两个环组成，可以通过黑色/灰色来识别。请注意，掌握这种抽象能力是计算机视觉中最具挑战性的问题之一，其中结构化对象的感知，就像风格化时钟一样，需要将视网膜上基于像素的信息转换为紧凑的符号描述。

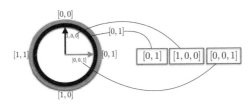

图 1.6 风格化时钟(Stylized Clock)IQ 测试。任何时钟都可以用一个字节表示，其中两个比特用于编码框架，每个指针用三个比特。接下来是哪个时钟？

形式上，风格化时钟可以通过简单的布尔字符串来简练地描述，该字符串定义时钟的框架和指针。框架由比特对 (f_1, f_2) 定义，并且可以是 $\{(0, 0), (0, 1), (1, 0), (1, 1)\}$。

⊖ 练习 1 中提出了序列(1.2.15)的其他有趣的归纳规则。

例如，(0，1)定义了图1.6中第二个时钟的框架，因为它表示框架的外环是灰色的，而内环是黑色的。在这个风格化的时钟世界中，灰色和黑色指针只能位于四个基本位置，因此任何指针配置都可以用三元组(c，p_1，p_2)表示，其中第一个比特用于编码颜色，而其他两个比特用于编码四个可能的位置。总的来说，任何可能的时钟图像都由一个字节定义，其中两个比特用于框架，六个比特用于两个指针的位置。对于集合中的另一个不在序列中的时钟，编码结构如图1.6所示。默认可以区分第一个指针和第二个指针。只要两个指针不在相反方向上，就可以单独⊖完成。在这种情况下，相同的时钟配置可能对应于不同的编码，这些编码对应于交换指针位置上的第一个和第二个三元组。与部分序列(1.2.15)一样，我们希望预测下一个时钟。然而，与公式(1.2.15)不同(其中任何整数都有可能出现)，这里我们事先知道可能的时钟配置的有限空间。现在让我们进入Bob的角度，他是准备这种测试的专家，以便我们能够理解部分序列(1.2.15)背后的基本原理。该结构由一个独特的属性驱动，以便测试归纳能力。不过，这样的属性很容易被混淆的特征隐藏起来，至少从故意的角度来看，这些特征在归纳中没有任何作用。

关键的想法是暴露与指针运动相关的归纳规则：指针刚性连接，并执行四次顺时针运动，直到它们恢复第一种配置。然后相同的序列逆时针继续，依此类推。有趣的是，无论框架如何，都会发生这种情况，这仅仅是为了混淆归纳。虽然指针反映了驱动原理，但框架的环形空间是随机绘制的。因此Bob知道有四个不同的答案由帧中的不同环形组成，每个环形是同样可接受的，其中只有指针的位置是重要的。因此，正确的答案是

$$(\bigcirc, \bigcirc, \bigcirc, \bigcirc, \bigcirc, \bigcirc) \overset{exp}{\rightsquigarrow} \bigcirc \qquad (1.2.20)$$

现在，向Jack提出了IQ测试，希望他能够捕捉Bob在测试中设置的归纳规则。有趣的是，Jack没有将注意力集中在时钟指针上，因为他在给定的六个时钟中找不到任何规律。另一方面，他看着时钟框架试图发现它们的共同点。他发现它们提供的信息比两个指针少，因此他猜测有更多机会发现规律。他立即注意到这些框架可以用图1.6的布尔码表示。他熟悉布尔函数，当查看序列⟨(1, 1), (0, 1), (1, 0), (1, 0), (1, 0), (1, 0)⟩时，他意识到事实上有一个简单的规则可以生成序列的上述六个布尔对(f_1, f_2)。虽然Bob根据之前的钟表对指针位置使用了规则，但Jack注意到

$$(f_1(\kappa+1), f_2(\kappa+1)) = (f_1(\kappa) \oplus f_2(\kappa), f_1(\kappa) \wedge f_2(\kappa)) \qquad (1.2.21)$$

其中⊕是异或(XOR)函数。由于他喜欢风格化时钟，因此超越了上述归纳规则的正式表述。他讲述了这些风格化时钟实际上描绘的是市场上的真实时钟。他喜欢将步骤κ视为与获得客户喜好同步的时间指标。在开始时，$\kappa=1$，框架相当大——基本上是双黑环。客户不喜欢它，所以设计师被迫做出改变。他们还认为客户不仅会欣赏具有最终适当颜色的新框架，还有根据以下规则基于更多步骤的渐进过程：外部环形仅在上一步两个环形区域不同的情况下为黑色，而只有两个环都是黑色，下一步内环才为黑色。最后，Jack做出了他的预测，这与指针的位置无关；在他看来，它们是随机抽取的，没有什么可以归纳的。因此，他最终得出了这个决定：

⊖ 例如，我们可以根据逆时针假设来确定第一根指针。

$$(\bigcirc, \bigcirc, \bigcirc, \bigcirc, \bigcirc, \bigcirc) \stackrel{Jack}{\leadsto} \bigcirc \quad (1.2.22)$$

专家 Bob 纠正了测试答案，否定了 Jack 的回答！毋庸置疑，Jack 非常失望，因为他无法理解出了什么问题。在他提出自己的解释时，Bob 只是确认了他的决定。最后，Jack 并没有真正理解 Bob 的想法，这一消极的结果影响了 Jack 的 IQ 测试结果。这个故事的寓意：根据这个 IQ 测试，有人会说 Jack 不聪明或者行动迟缓！这个故事清楚地显示了归纳的一些谬论和陷阱，它也揭示了一些 IQ 测试的错误。Bob 和 Jack 都对风格化时钟序列提出了合理的解释。像序列 (1.2.15) 中一样，多种解释的确是可能的！恰当的且技术上合理的归纳方案不仅需要发现一致的解释，还必须与排序方法配对以选择哪一个是优选的。有趣的是，通过将不同的东西看作随机项，Bob 和 Jack 解释了不同的规律。因此，人们可能想知道哪种规律性更为可取（如果有的话）以及被忽视的程度是否真正随机。如果我们遵循简约原则，两种规律似乎都很简单。特别是，Bob 的归纳在更大的时钟配置范围内，但仍然非常简单[○]。从某种意义上说，由于选择的归纳范围大于 Jack 的归纳，很明显 Bob 的规律性更难以捕捉。有趣的是，Jack 决定把重点放在最简单的地方，这不一定是缺乏智慧的表现。对于随机性而言，这个问题更加棘手。在 Bob 看来，这些框架看起来是随机的，而在 Jack 看来，时钟的指针没有任何规律性。他们对随机性的不同解释，可能被视为对生成过程缺乏知识的结果。当然，这个例子强调了归纳中一个非常普遍的关键问题，随着认知任务的复杂性增加，这个问题变得越来越重要。

关于归纳的令人费解的本质的这些例子，提出了关于随机性的真实性质的问题。我们注意到，抛硬币和骰子最终并不是我们原先认为的随机过程。现在，让我们强调这个问题，并考虑以下由 $[0..7]$ 中的整数组成的序列

$$\{x_\kappa\}_{\kappa=0}^7 = \{1,4,3,6,5,0,7,2\} \quad (1.2.23)$$

这有规律可循吗？与前面的例子不同，这里我们提供有限序列的所有元素，但后面没有明显的生成规则。这可以在多大程度上得到支持？IQ 测试中的谬论和陷阱表明，我们必须非常谨慎地对待缺乏规律性的陈述，因为我们可能只是忽视了规律性。事实上，上述序列可以由以下公式生成

$$x_{\kappa+1} = (ax_\kappa + c) \mod m \quad (1.2.24)$$

其中，$x_0=1$，$m=8$，$c=7$，$a=5$。可以使用任何 $m\in\mathbb{N}$ 生成类似的序列（有关其他详细信息，见 1.5 节）。这实际上是生成伪随机数的经典算法的基础。最好不要删除属性"伪"！什么比返回数字的计算机程序更有规律呢？这是一个很好的例子，可以强调有争议的随机性概念。当使这个观点更加极端时，可以让人们相信随机性只是无知的简单表现。虽然这很有趣，但很难完全认同这一点，因为它很可能会迅速将我们吸引到科学的外围，当然还有机器学习的外围。

1.2.2 学习原则

到目前为止，我们主要讨论了表征代理的生活和归纳性质的学习环境。虽然相应的约束条件说明了满足这些约束的方案，但是我们还没有讨论推动学习过程的机制。由于归纳

○ 有关 Bob 的基本规则的正式描述，请参阅练习 6。

的令人费解的性质，已经有人指出，这些过程不能简单地成为约束满足的结果。符号/子符号二分法也表明采用了不同的学习原则。在一些学习任务中，我们可以使用符号（例如，见汽车评估任务），而在其他学习任务中主要具有子符号性质。当使用符号时，可以构建基于在假设空间中搜索的学习方案，而在模拟数据的情况下，学习通常被视为优化问题。

满足多重环境约束的经典方法是将学习过程纳入统计框架。样本（训练数据）的收集为在有监督和无监督的水平上进行的推理过程的构建打开了大门。正如将在2.1节中看到的那样，统计机器学习主要依赖于贝叶斯方法，该方法基于相信真实自然状态的默认假设。

尽管基于统计概念，但是最大熵原理（maximum entropy principle）很好地响应了将环境建模为要满足的约束集合的一般视图。在满足约束的所有配置中，选择具有最大熵的配置。在这个框架中，通过输入和我们想要提取的编码表示之间的相互信息的最大化，可以很好地建模无监督数据。

与大多数统计学习方法不同，采用简约原则（parsimony principle）不需要对概率数据分布做出具体假设。它受到奥卡姆剃刀原理（Occam razor principle）的启发，并且依赖于这样的想法：当一组不同的假设满足了给定的一组环境约束时，就选择最简单的假设。正如将在2.4节中所说明的，人们需要可能在不同的上下文中以不同的形式出现的明确简化的含义。

1.2.3 时间在学习过程中的作用

大多数机器学习方法包括设计基于要学习的概念的有限样本集合推理的方法。无论采用何种解决方案，他们都认为智能代理需要根据一次性提供的一批数据来获取概念。这是统计解释的一个非常自然的背景，它提供了大量的方法来根据数据概率分布的样本制定适当的预测。然而，在大多数具有挑战性的学习任务中，这个由完善的统计理论支持的想法可能会失败。为了将事物放在一定的环境中，将我们的学习任务与人们经常面对的学习任务相结合可能会有所帮助。机器学习领域的科学家的目标是提供基本的工具，在机器上复制人类的视觉和语言技能。人们对这些挑战的兴趣日益增加，这表明我们需要将批处理模式方案与人类的模式并行。我们能指望一个孩子从包含他全部生活的可视数据集中以批处理模式学习吗？大多数基于机器学习的计算机视觉方法实际上是基于这一强大的假设，在此基础上，由于处理是在图像级别进行的，我们本质上假设孩子从一组打乱的视频帧中学会了看东西！人类对语言的习得似乎陷入了类似的问题，这表明，批处理模式可能不是解决具有挑战性的类人认知技能的正确方向。

人们可能会错误地推测，在线学习模式方案的制定提供了解决批处理模式固有局限性的一种答案。遗憾的是，正如本书其余部分所示，大多数经典的在线学习方法都是批处理模式的近似，因此它们不一定要捕获学习任务的自然时间结构。时间在认知中起着至关重要的作用。人们可能认为这仅限于人类生活，但更仔细的分析使我们得出结论，时间维度在最具挑战性的认知任务的正确定位中起着至关重要的作用，无论这些任务是由人类还是机器完成的。看起来在忽略了时间的重要作用的同时，一些当前计算机视觉任务的定位比大自然为人类准备的任务更加困难！时间为视觉框架提供了一个顺序，从而大大降低了任何推理过程的复杂性。因此，忽略时间仅对受限制的计算机视觉任务有意义。

1.2.4 注意力机制的聚焦

时间在学习中的关键作用并不局限于施加在感知数据上的结构的重要性。在类似人类的环境中，智能代理的生活确实需要开发聪明的机制来优化学习算法的复杂性。为了理解在代理的生活中节省时间的重要性，让我们考虑当一位少年书呆子进入研究实验室时发生的典型情况。实验室中，一位计算机科学研究人员正在描述他的最后结果，该结果将被列入他将提交给下个顶级会议的论文中。一开始，少年被一些计算机科学关键词强烈吸引，他尽力理解研究的主题，并发现这个主题非常有吸引力。然而，他只需要几分钟就能意识到自己无法真正掌握谈话的精髓，然后便离开了实验室并回到了平凡的社交活动中。当孩子们遇到他们无法掌握的高级主题时，通常会以类似的方式行事：只是逃避复杂的信息来源，并将注意力集中在他们在认知发展的某个阶段可以具体理解的内容上。

当孩子们没有接受教学活动时，他们往往会把注意力集中在愉快的任务上，这是他们最容易面对的任务。虽然他们可以选择参与更复杂的任务，但是如果结果很难获得，他们就会放弃。从某种意义上说，他们遵循容易优先（easy-first）的策略，不仅能感到快乐，还可以顺利获得学习技能，从而有效地利用时间。机器也可以在没有任何人工监督的情况下在环境中这样做。系统地关注简单任务会获取后来使用的概念，通过一种组合机制来掌握更高级的概念。使用容易优先策略的代理不是在同一级别上构建所有概念，而是在开始时忽略复杂性，从而节省宝贵的时间来专注于它可以具体掌握的内容！这种对代理进化的某个阶段的复杂内容的巧妙过滤是学习中最重要的秘诀之一，它可以防止陷入不可避免的死胡同。这似乎反映了发展心理学的研究，清楚地表明逐步获得学习技能的重要性。有趣的是，发展阶段的结构组织很可能与社会互动带来的学习压力相互作用（见 1.5 节的附加说明）。很容易意识到，最先进的人类技能并不是仅仅通过遵循容易优先的策略来获得。虽然这位少年书呆子逃脱了顶级科学研究，但他从其他社交互动中获益匪浅。与其他动物不同，最重要的是，人类体验到教育的益处。有趣的是，通过适当的教学机制很好地整合了容易优先驱动的好奇心，这些机制主要是刺激好奇心并允许人类获得高度结构化的概念。显然，教学策略（teaching policy）在学习成功中起着至关重要的作用。从某种意义上说，注意力和教学策略的重点不应被视为独立的过程。例如，在大多数机器学习方法中，教学行为被简化为提供要学习的概念的监督对。相反，学与教的配对及其相互关系确实需要制定联合策略以实现共同目标。

练习

1. [**M15**] 给定序列 (1.2.15)，除了 1.2.1 节中给出的解释之外，再提供另一种解释。
2. [**M16**] 根据公式 (1.2.16) 给出的递推定义，显式计算 F_n。
3. [**M15**] 证明

$$\begin{bmatrix} 1 & 1 \\ 1 & 0 \end{bmatrix}^n = \begin{bmatrix} F_{n+1} & F_n \\ F_n & F_{n-1} \end{bmatrix}$$

4. [**M17**] （卡西尼同一性 (Cassini's identity)）给定序列 (1.2.15)，证明，如果令 $F_0 = 0$ 且 $F_1 = 1$，则对 $n > 1$，有递推关系 $F_{n+1} = (F_n^2 + (-1)^n)/F_{n-1}$。将此递归方程生成的序列与斐波那契数进行比较。

5. [30] 考虑时钟归纳测试。你能为图1.6的例子找到另一个归纳规则吗?
6. [13] 通过参考用来描述Jack的解释的内容,提供Bob的风格化时钟IQ智能测试的正式描述。
7. [M30] 考虑由递归公式(1.2.24)定义的同余随机生成方案。你能设计一个初始化方法,使数字更容易预测吗?
8. [12] 用一句话来区分基于统计和基于简约的学习算法。
9. [15] 用一句话来说明在线学习算法没有完全反映学习的时间维度的原因。
10. [20] 考虑注意力机制的聚焦中的容易优先政策,你能看出这种方法的缺点吗?
11. [33] 你能提供论据来解释发展学习的出现吗?为什么代理不应该逐渐学习而是经历具有明显质量差异的不同阶段?
12. [29] 讨论容易优先策略与不同教学方案之间的关系。有教师支持的主动学习可以极大地改善学习。有什么能激发主动学习?
13. [20] (监督悖论(supervisor paradox))讨论以下观点:由于在给定任务中执行监督学习的代理最多可以实现近似人类监督的决策,因此代理将永远无法超越人类技能。这可以简单地表述成,学生无法超越老师。这在机器-监督者关系中适用吗?

1.3 实践经验

虽然到目前为止关于学习的计算方面的讨论已经勾画出一些基础性的主题,但现在我们想直接讨论实际问题。事实上,这正是使机器学习在不同的应用环境中如此具有吸引力的原因。虽然一些基础性的话题在20世纪80年代末引起了第一波兴趣,但如今,人们对机器学习的兴趣的复苏似乎主要是由奇妙的软件工具的系统开发推动的,这些软件工具允许人们基于机器学习算法的开发来快速开发应用程序。它们还允许缺乏该学科背景知识的人具体地解决手头的问题,而不必担心复杂的算法问题。当穿上软件工程的外衣时,人们非常喜欢站在坚实的机器学习层上编写软件。这是真实发生的事情!越来越多的软件开发人员可以使用开发框架来极大地简化他们的任务。似乎"那一刻已经见过":低级汇编语言被高级语言取代,高级语言逐渐被构建成面向对象的编程,因此我们不再需要关心复杂的计算机资源。机器学习难道不能进行相同的更新过程吗?如今,人们对TensorFlow等软件开发环境的兴趣激增,这表明已经推出了一种类似的替换趋势!当学习算法已经很好地融入软件开发系统中时,为什么还要继续关注它们的技术细节呢?我认为,虽然类似的环境在特定应用程序的大规模开发中起着至关重要的作用,但该领域的整体进展不能依赖于这些环境。相反,我们仍然需要对基础主题有深入的了解,这些基础主题可能在计算机视觉和自然语言理解等与机器学习密切相关的领域中实现真正的突破。因此,虽然你可以从这些高级软件环境中获得显著的好处,但请继续使用"汇编语言"!

不用说,基于当今机器学习发展环境的实践经验是非常重要的。除了使我们能够快速开发应用程序之外,简单的实验设置可能会激发新的想法来推动基础主题。在这里,我们希望通过关注手写字符的识别,来深入了解可以开发应用程序的软件框架。这些实践指导的目的是激发实验阶段的兴趣,并强调其在学科知识习得方面的重要性。这里有关于设置实验和构建应用程序的详细警告:下面的简短演示不完全涵盖你的技术问题,这是在考虑本书的时候有意做的。事实上我认为,没有比网络资源更好的东西可以满足特定的应用目的。如果你想对这个领域有深入的了解,那就另当别论了,因为这可能是你快速掌握新事物和面对竞争性应用程序的唯一途径。

1.3.1 度量实验的成功

在开始实验之前,我们应该非常了解驱动实际发展的评估方案,这能帮我们得出最终结论,并且让工作正常进行。这是一个经常被忽视的话题,因为科学界通常同意在适当的基准上进行实验评估,这些基准得到了某种"祝福"。由于它们的质量和扩散,其中一些成了"事实上的标准",并强烈地激励科学家展示他们的结果。虽然基准驱动的评估具有坚实的统计基础,但人们不应放弃探索其他评估方案,比如众包,这些方案更好地反映了一些人类技能,如视觉和语言理解(见第7章)。在本节中,我们将重点关注基准测试,其通常收集和组织数据以测试监督学习算法。分类器识别过程的成功需要在测试集上进行适当的评估。当我们想到这样一种评估时,立刻意识到模式可以用自然的方式划分。当聚焦于某一类时,我们可以区分真正类(true positive) $\mathcal{P}_t$、假正类(false positive) $\mathcal{P}_f$、真负类(true negative) $\mathcal{N}_t$ 和假负类(false negative) $\mathcal{N}_f$。真正类模式是那些被正确地分类为某一类成员的模式,而假正类模式是那些没有被正确识别的同一类的模式。在符号 $\mathcal{P}_t$ 和 $\mathcal{P}_f$ 中,下标 t 和 f 指的是关于正模式的决策结果。对于负模式,$\mathcal{N}_t$ 和 $\mathcal{N}_f$ 也是如此。准确度(accuracy)定义为

$$a = \frac{|\mathcal{P}_t| + |\mathcal{N}_t|}{|\mathcal{P}_t| + |\mathcal{N}_t| + |\mathcal{P}_f| + |\mathcal{N}_f|} \quad (1.3.25)$$

结果证明这是一种评估分类器性能的自然方法。它实际上是成功识别模式的数量与决策数量的比率。显然 $0 \leq a \leq 1$,只有在没有错误的情况下,即既没有假正类($|\mathcal{P}_f|=0$)也没有假负类($|\mathcal{N}_f|=0$),$a=1$ 才能实现。当然上述定义也适用于多分类。(见练习8,了解关于单个类准确度关系的有趣讨论。)准确度与损失函数(1.3.29)的值有关,但其中的联系并不简单(见练习9)。

准确度提供了分类器的整体排名。但是人们可能对正样本的精度感兴趣。因此,假设我们想要识别某个类的模式。我们可能会忽略分类器相对于其他类的行为,而只关注单个类。比率

$$p = \frac{|\mathcal{P}_t|}{|\mathcal{P}_t| + |\mathcal{P}_f|} \quad (1.3.26)$$

称为分类器的精度(precision)。我们有 $0 \leq p \leq 1$,并且只有在正样本没有错误的情况下 $p=1$。与准确度相比,由于精度测量不关心负样本的结果,因此精度比准确度更容易达到100%。因此,分类器可以通过非常严格的决策策略轻松实现高精度,该策略仅在非常低的不确定性的情况下说明其中成员。这样做,可能会有大量的假负类 $\mathcal{N}_f$,在某些应用中可能是可以接受的。恢复给定精度定义固有极限的自然方法是引入召回(recall)度量

$$r = \frac{|\mathcal{P}_t|}{|\mathcal{P}_t| + |\mathcal{N}_f|} \quad (1.3.27)$$

同样,$0 \leq r \leq 1$,但这一次 $r=1$ 只出现在 $|\mathcal{N}_f|=0$ 的情况下。因此,只有当分类器收集很少的假负类时才能达到高召回率。召回值对于有许多类的情况和那些不属于被关注的模式的情况来说变得非常重要。

由于精度和召回表示分类器的两个不同的特性,我们经常有兴趣通过一个整体的度量来表征它们的价值。一个常见的选择是考虑

$$F_1 = 2\frac{p \cdot r}{p+r} \tag{1.3.28}$$

请注意，F_1 度量可以被认为是 p 和 r 值的一对并联电阻的等效值的两倍。或者，可以将 F_1 视为几何和算术平均值之间的比率。我们可以很容易地看到 $\min\{p, r\} \leqslant F_1 \leqslant \max\{p, r\}$（见练习 3）。

1.3.2　手写字符识别

手写字符识别是目前最常用的机器学习应用之一。到目前为止所进行的讨论应该有助于将这项任务安排在适当的位置上。首先，它被选为一个任务实例以告诉读者与其解决方案的简单方法相关的棘手问题。此外应该记住，我们正在处理需要适当的基于计算机表示的图像。在实践中，在思考识别过程之前，另一个障碍阻碍了我们的道路。手写字符通常与其他图形和打印文本一起绘制在光学文档中，因此我们需要执行分割过程，以获得适合识别的模式。然而，在许多实际问题中，分割是一项成本很高的任务，特别是在文档包含低噪声的情况下。

一旦字符被分割，我们就可以开始考虑它们的识别。在随后的讨论中，我们考虑了流行的 MNIST 手写识别数据集⊖。它由 28×28 分辨率的灰度图像采样组成。相应的模式是通过扫描图像行获得的 784 维的实数向量。当然，这不一定是用于实验的理想分辨率。正如在书中其他部分可清楚看到的那样，有许多变量影响了这种设计选择。这可能是因为图像的去采样不影响类识别，而输入空间的维数的减少提高了学习和推理的效率。Put 是一个简单的词，它意味着在给定的分辨率下，字符可能包含许多对判别不必要的信息。例如，在其简单性中，手写字符以某种方式也传达了作者的身份，这不是识别的目的。这通常也发生在语音识别中，语音信号也允许我们识别说话者。

形式上，我们给出了一个分段的模式 $e \in \mathscr{E}$，希望找到一个合适的对识别有效的内部表示 $x = \pi(e)$。由于前面的注释，由函数 π 进行的预处理应对 $|\mathscr{E}| > |\mathscr{X}|$ 进行表示。为了减小输入维数，可以对图片进行去采样。可以使用最大池化（max-pooling），它将输入图像划分为一组不重叠的框，并为每个这样的框输出最大值。或者，可以通过平均池化（average pooling）获得去采样，其中对于每个框返回平均值。去采样包括将生成框的灰度设置为池进程返回的值。下面是最大池化和平均池化的例子，在处理类别"2"字符的一个实例时，可以将其视为函数 π 的实现：

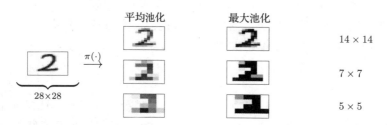

分辨率为 28×28 的原始 MNIST 字符由 $\pi(\cdot)$ 转换，在分辨率为 14×14、7×7 和 5×5 时执

⊖　也可以参考 1.1 节练习 7。

行平均池化和最大池化[1]。两种不同的池化方案的人类感知效果是非常明显的：在低分辨率下，平均值会导致更大的模糊，而最大值会产生一种黑暗效果。我们可以看到两个池化计划的效果，在某些情况下，与其他类别的区别可能变得至关重要。例如，在上面的例子中，人类对类别"2"和类别"3"的感知在执行了分辨率为 5×5 的平均池后产生了非常相似的模式：

$$\pi_{ap}^{5\times 5}\left(\boxed{2}\right) = \boxed{} \simeq \boxed{} = \pi_{ap}^{5\times 5}\left(\boxed{3}\right)$$

类似的定性评论可以提供有关预处理的适当选择的见解。采用最大池化产生

$$\pi_{mp}^{5\times 5}\left(\boxed{2}\right) = \boxed{} \quad ; \quad \pi_{mp}^{5\times 5}\left(\boxed{3}\right) = \boxed{}$$

在判别方面，这似乎略好于平均池化。然而，基于单个实例的决策会显著地影响性能，因此模式分类器的适当设计需要更可靠和系统的实验分析。这种设计选择需要基于书中所涵盖的归纳推理的基础。

1.3.3 建立机器学习实验

现在，让我们看看如何为手写字符识别建立一个机器学习实验。正如已经指出的那样，用于机器学习的软件开发环境——Caffe、TensorTlow、Torch、Matlab——极大地促进了标准机器学习实验的设置。接下来，我们提出了一种实现两层神经网络分类器的可能方法，类似于图 1.3 中的方法，其中包含 100 个隐藏单元。在这个例子中，我们不使用任何额外的预处理，因此输入层由 28×28＝784 个单元组成。

我们选择了 TensorFlow 环境，它附带了一个优秀的 Python 前端。我们还使用 TensorFlow 文档中称为 TensorFlow 核心 API 的内容。首先，我们需要从 Python 访问 TensorFlow 库

```
import tensorflow as tf        # import TensorFlow's methods
```

然后，我们可以直接从 Yann LeCun 的网站下载和读取使用单热编码标签的手写字符，并按照以下说明将它们存储在 mnist 变量中：

```
from tensorflow.examples.tutorials.mnist import input_data
mnist = input_data.read_data_sets("MNIST_data/", one_hot=True)
```

既然已经获得了数据和 TensorFlow 方法，我们就可以实现分类器了。TensorFlow 程序的结构通常如下：首先，我们构建神经网络（称为"计算图"），然后执行训练——误差函数（1.1.3）优化。为了描述网络的结构，TensorFlow 区分了 tf.placeholder 变量和 tf.Variable 变量，tf.placeholder 变量必须在图运行开始提供，tf.variable 变量在训练过程中更新。当然，训练集的点是 tf.placeholder 变量，因此我们定义了输入和输出变

---

[1] 注意，虽然通过创建完美框来获得分辨率 14×14 和 7×7，但分辨率 5×5 必然要求我们在池化过程中使用近似值。

量，这些变量的维度与我们的体系结构选择中已经说明的内容相一致：

```
x = tf.placeholder(tf.float32, [None, 784])   #images are 28x28
y = tf.placeholder(tf.float32, [None, 10])    #10 classes
```

当然，权重是 tf.Variable 变量，分别与隐藏层和输出层相关。定义区分了权重和偏差，而 minval 和 maxval 变量定义了根据统一概率分布随机初始化权重的范围：

```
W1 = tf.Variable(tf.random_uniform([784, 100],minval=-0.1,\
                                                maxval=0.1))
b1 = tf.Variable(tf.random_uniform([100],minval=0,\
                                                maxval=0.1))
W2 = tf.Variable(tf.random_uniform([100, 10],minval=-0.1,\
                                                maxval=0.1))
b2 = tf.Variable(tf.zeros([10]))
```

单个神经元的非线性不是基于如公式(1.1.2)所示的 sigmoid 函数，而是基于由 $r(a)=a \cdot [a>0]$ 定义的整流器或"relu"函数。以下指令计算输出的激活：

```
a1 = tf.matmul(x, W1) +b1               #activation of the input
x2 = tf.nn.relu(a1)   #previously x2 = tf.sigmoid(a1)
a2 = tf.matmul(x2, W2) + b2             #activation of the output
```

对于输出层，我们选择 softmax 激活函数：

$$\underset{i}{\mathrm{softmax}}(a_1,\cdots,a_n) = \frac{\exp(a_i)}{\sum_{j=1}^{n}\exp(a_j)}$$

这种处理输出层的激活函数 $(a_2)_i = \sum_j (W_2)_{ij}(x_2)_j + (b_2)_i$ 的处理几乎强制进行单热编码，因为在 3.2 节中会详细讨论到，softmax 函数在获得最高激活的输出上接近 1。当我们想通过单热编码目标训练网络进行分类时，这种行为尤其适用。

如 1.1.4 节所述，定义学习过程的最后一个缺失要素是衡量分类质量的损失函数。这里我们选择交叉熵函数，对于训练集的任意模式 x_κ，$\kappa=1,\cdots,\ell$ 施加定义为

$$V(x_\kappa, y_\kappa, f(x_\kappa)) = -\sum_{j=1}^{n} y_{\kappa j} \log f_j(x_\kappa) \tag{1.3.29}$$

的输出 $f(x_\kappa)$ 与对应目标 y_κ 的匹配。注意，如果可以确保，当发现输出接近 1 时，其他值必须接近 0，则损失有效，否则如果 $f(x_\kappa)$ 的值接近 1，但与相应的监督值 y_κ（接近 0）不一致，则此函数不会检测到差异！在我们的实验中，f 所需的先前属性实际上是由 softmax 函数来保证的，它强制实现概率归一化。如果没有输出归一化，可以使用损失函数的相关定义（见 2.1.1 节）。

在 TensorFlow 中，存在一个执行 softmax 处理的一体式优化函数，随后计算交叉熵，以便将上述所有讨论转化为 TensorFlow：

```
cross_entropy = tf.reduce_mean(
    tf.nn.softmax_cross_entropy_with_logits(labels=y, logits=a2))
```

我们可以通过比较输出和目标来确定准确度。这可以以非常紧凑的方式完成，因为 TensorFlow 使用的张量简化了类似的操作。特别是指令

```
correct_prediction = tf.equal(tf.argmax(a2, 1), tf.argmax(y, 1))
accuracy = tf.reduce_mean(tf.cast(correct_prediction,\
                                    tf.float32))
```

确定正确响应的次数,然后将该值正确转换为实数以获得准确度。学习过程的激活包括证明执行误差函数优化所需的所有信息,这些误差函数会在所有训练集中累积损失。在这种特定情况下,通过使用经典的梯度下降算法进行优化,这将是本书深入研究的主题:

```
train_step = tf.train.GradientDescentOptimizer(0.5).\
                minimize(cross_entropy)
```

为了启动运行会话,我们使用指令

```
sess = tf.InteractiveSession()
tf.global_variables_initializer().run()
```

以下是我们如何在给定次数的迭代中重复训练步骤:

```
for _ in range(1000):
    batch_X, batch_Y = mnist.train.next_batch(100)
    sess.run(train_step, feed_dict={x: batch_X, y: batch_Y})
```

最后,为了在测试集上打印网络得到的准确度,使用

```
print("Accuracy: %f" % sess.run(accuracy,\
        feed_dict={x: mnist.test.images,y: mnist.test.labels}))
```

在下一节中,我们将对实验问题及其与设计选择的关系进行初步讨论。

1.3.4 试验和实验备注

现在是时候用 TensorFlow 来观察神经网络的工作了。当然,人们可以很容易地用不同的神经网络体系结构进行实验,从而遵循试错法(trail and error)来发现一个理想的解决方案。有许多设计选择可以显著地影响性能。在这里,我们将讨论其中的一些选择,但我们不会对这个关键问题提供详尽的处理。为了建立有意识的设计选择,我们当然可以从对这些主题的深入理解中获益,这些主题可以参考本书的下一章。上一节中定义的神经网络是众所周知的相关实验的结果,但是我们可以挑战这个选择并寻找不同数量的隐藏层和每个隐藏层不同数量的神经元。值得一提的是,如图 1.3 所示,金字塔形网络(朝输出方向单元数减少)是典型的选择,因为它们自然地在整个隐藏层中压缩从输入到输出的人们期望看到的信息。

如果我们继续选择"relu"神经激活函数,那么前一节代码中的重要选择包括优化算法、学习率(梯度下降中的更新程度)和批大小。正式优化应在总体误差函数 $E = \sum_{\kappa=1}^{\ell} V(x_\kappa, y_\kappa, f(x_\kappa))$ 上进行。经典的批处理模式算法使整个训练集的批损失累积起来的 E 最小化。然而人们可以使用在线学习,或者在线和批量模式之间的一些东西。这样,对于每个迭代,随机抽取训练集的一定数量的模式(代码中的 100 个模式),并用于组成最小误差函数,这将误差评估限制为一个小批量(mini-batch)。和在线模式一样,我们没有实现正确的梯度下降,因为我们优化的函数在每次迭代时都会改变。

在下面报告的实验结果中，我们在 TensorFlow 实现的 tf.train.AdamOptimizer 中使用了一种更为复杂的数字算法，称为"Adam"，该算法使用参数 0.003（有关此参数含义的更多详细信息，见 TensorFlow 文档）自动调整学习率。我们使用小批量（如前所述）和批量模式运行实验。一个重要的实验问题涉及我们从整个 MNIST 集合中选择训练数据的方式。

从 55 000 个标记示例的数据库中，我们需要隔离那些用于执行前面讨论过的学习过程的示例。1.2.1 节中讨论的归纳法的含义清楚地表明，一旦我们学习了神经网络的适当权重，就需要了解它如何在不同的手写数字上工作。因此，与训练集一起，我们需要定义一个测试集（test set）去评估性能。

图 1.7 显示了在采用批处理模式后，与 5000 个样本的训练集选择相关的实验结果。图中分别展示了整体误差 E（图 A）和准确度（图 B）的结果。让我们把注意力集中在用"训练"标签标识的曲线上，我们会发现误差几乎单调地减小，相应地准确度会提高。这正是我们对学习代理的期望，在燃烧 CPU 时间的同时强调优化过程。现在，测试集上的误差图给出了一个有点令人吃惊的结果，这意味着不要在某个限制之外继续优化。奇怪的是，测试集上的误差会突然减少，直到达到最小值，从最小值开始，在继续优化训练集的同时，误差会增加。简单来说，"我们越拟合训练集，得到的结果就越差！"这是许多有趣的归纳法中的一个，被称为过拟合（overfitting）——一个应该小心避免的现象。过拟合的原因是什么？在考虑优化过程时，我们可以很快找到答案，这是在训练集上调整的。如果它不能在统计上代表整个概率分布，那么很明显，训练集的完美学习并不一定会产生我们可

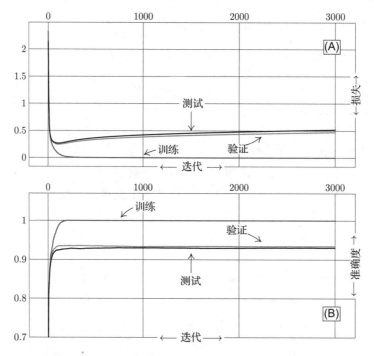

图 1.7 同一实验的损失（A）和准确度（B）与迭代的关系。为了证明过度拟合，对一组只有 5000 个示例的集合以批处理模式进行了训练。我们可以看到在损耗曲线中过度拟合是多么明显，其中测试集上的误差几乎是最小值的两倍，而这种现象在准确度曲线上却不那么明显

以从现实数据中获得的最佳解决方案——测试集的性能。基本上，如果我们"用心学习"一些训练集的例子，很可能会发现一个非常偏颇的解决方案，因此可能是这样的，强调学习不是一个好策略。另一方面，如图 1.7 所示，早停法(early stopping)允许我们在使用通过浪费计算资源获得的渐近解方面获得更好的性能。我们什么时候停止学习？理想情况下，当测试集的性能开始提高时，可以停止。因此，我们可以检查图 1.7 的第一个图，并将算法停止在测试集中误差的最小值，大约为 0.25。

但是，这个解决方案至少有几个问题。首先，如果我们还想避免浪费计算资源，那么检测误差的最小值并不是一个简单的问题。如果我们仅仅通过控制测试中的误差是否在下一步增加来检查最小值，那么很明显我们最终可能会得到次优的解决方案——特别是如果误差曲线非常嘈杂，这一问题稍后会得到更好的理解。其次，更重要的是，在学习算法中，我们决不能使用测试集；其实，早停法实际上是使用不可用的信息。这自然解释了为什么基准数据通常被划分为训练、验证和测试集。在这种情况下，验证集(validation set)是一个用于训练的可访问的数据集，其具体目的是实现早停标准。基本上，验证集只是一个不用于更新权重的可访问测试集，同时，它还用于检测过拟合过程。如图 1.7 所示，验证集上的误差图非常类似于测试集上的误差图，现在我们要讨论执行停止的可靠程序。如果不关心计算资源，我们可以通过检查所有绘图轻松确定验证中的最小误差。然而，如果计算成本是一个问题，那么停止该算法所采用的解决方案就很难被认定为一般解。如果图是多模的，那么就无法检测出最小值。但是即使我们想要一种单峰表现，在某些情况下曲线也相当嘈杂(关于准确度，请参考图 1.8B，这显然会产生类似的误差)。噪声可能足以导致在检测到停止算法的最小值时出现脆弱表现。

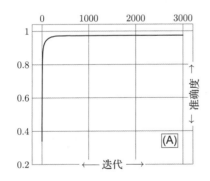 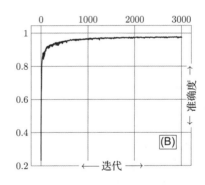

图 1.8　神经网络在迭代过程中获得的测试集准确度图。在图 A 中，我们对整个 mnist.train 数据集使用了批处理模式，最终精度(3000 次迭代后)为 0.9737。在图 B 中，我们使用了 100 个样品的小批量，最终精度达到 0.9736

与其他图不同，图 1.8B 中的准确度图非常嘈杂。为什么？它指的是基于小批量的学习算法，而其他的则使用批处理模式。噪声实际上是由于小批量在不同迭代中的变化引起的，而在使用批处理模式时，用于优化的误差函数明显相同，误差的变化遵循函数的平滑性。值得一提的是，这种平滑度取决于梯度下降算法的适当动态性，而对于依赖于过大梯度的不同类型的噪声则很常见。

对图 1.7 的曲线图的分析表明，训练集的过度拟合对误差和准确度有不同的影响。对于第一个分析来说，这听起来很奇怪，因为，正如我们预期的那样，当误差增加时，准确度会降低。此外，关于出现与分类器性能相关的过拟合的理论，可以通过准确度清楚地表达出来。然而经过仔细观察，我们可以理解，不同表现的原因是用于量化网络输出以执行决策的阈值方案的鲁棒性。即使测试集上的误差开始偏离最小值，准确度也不会改变，直到最终得到一个量化误差。事实上在所说明的实验中，训练集的过度拟合对损失有影响，但对准确度没有显著影响。当然，虽然在其他实验中可能没有观察到这种表现，但是过度拟合对损失和准确度的不同影响通常是成立的。

练习

1. [11] 假设给定某个实验的精度 p 和召回 r。我们能从 p 和 r 的值来确定准确度吗？
2. [17] 让我们同样对负类引入精度和召回的概念。然后证明如果知道 p^+、r^+（与正类相关的精度和召回）和 p^-、r^-（与负类相关的精度和召回），就足以计算出准确度。
3. [16] 证明 $\min\{p, r\} \leqslant F_1 \leqslant \max\{p, r\}$。
4. [13] 讨论选择 softmax 而不是简单的

$$y_i = \frac{a_i}{\sum_{j=1}^{n} a_j}$$

的理由。

5. [15] 提供平均池化和最大池化之间差异的定性描述。
6. [C18] 编写最大池化和平均池化的两个算法，并写下相应的代码。当整数除法不可行时，讨论你的选择。
7. [15] 评论以下命题："分辨率越高，手写字符识别的性能越好。"
8. [17] 建议将准确度定义扩展到 n 个类，并将其与单个类的情况联系起来。
9. [22] 讨论交叉熵损失函数与准确度的关系。
10. [C23] 写一个早停的算法并写下相应的代码。

1.4 机器学习面临的挑战

除了生物学和医学方面的潜在突破之外，机器学习还面临着许多奇妙的科学挑战，这些挑战旨在掌握最深奥的智力秘密。虽然视觉和语言理解已经显著受益于机器学习的进步，但仍然存在一些基本的开放性问题，这些问题在将学科开放到真正具有人类感知特征的时空背景时可能会解决。因此，依靠计算资源的爆炸性增长可能还不够，因为我们可能需要对基础主题进行深入的反思。在人工智能的广泛领域中，这是一种反复发生的情况。看起来像是"那一刻已经见过"，正如马文·明斯基所说：

尽管如此，机器理论并没有像体育比赛、游戏节目、摇滚音乐会或名人私生活的丑闻那样激发公众的想象力。没关系。当我们考虑数学的时候，不需要考虑大多数人意见的权重。

1.4.1 学习观察

视觉技能的获得被视为一个学习过程。监督隐喻要求我们积累大量的图像标签，使复杂的学习和推理模型得以应用，这些模型已经证明了它们在人工智能相关应用领域的有效性。然而到目前为止，对给定视频流像素的语义标记大多是在帧级进行的。这似乎是处理图像的成熟方法的自然结果,当视频上的计算模型由于复杂性问题而被视为不可行时,这种方法就发展起来了。虽然在帧级别运行的算法仍在推动物体识别的最先进水平,但有强有力的理由开始探索人类在自身环境中体验到的更自然的视觉交互。如前所述,人们可能会发现,在一个有着杂乱画面的视觉信息的世界里,人类的生活是什么样的。任何旨在从非时间连贯视觉流框架的图像中提取符号信息的认知过程,都比我们的视觉体验要困难得多。很明显,这源于基于信息的原则,即在任何无序帧的世界中,视频存储所需的信息量要比相应的时间一致的视频流多一个数量级。因此,任何识别过程在混乱帧时都是非常困难的。目前大多数最先进的方法似乎都在解决一个比人类面临的更困难的问题。这使我们相信,是时候对机器学习为图像的语义标记进行深入的反思了。我们可能需要开始面对揭示视觉计算基础的挑战,将其视为一个真正的学习领域,需要受到适当的视觉学习理论的攻击。当目标被转移到不受限制的视觉环境中并且重点从巨大的有标签的数据库转移到一个类似人类的交互模式中时,我们需要超越目前正在试验视觉和机器学习的平静插曲。一个好的理论应该回答的一个基本问题是,为什么孩子们能从一些监督样本中学习识别物体和动作,而现在机器学习方法则仍在努力实现这一任务。尤其是,他们为什么如此渴望监督样本?有趣的是,这种根本性的差异似乎深深植根于不同的交流协议,而这种交流协议的基础是儿童和机器的视觉技能。视频流提供了大量的信息,这些信息来自施加一致的标签,这可能是任何动物所经历的与视觉感知相关的基本信息。粗略地说,一旦标记了一个像素,相干标记的约束实际上会产生大量的其他监督,在大多数机器学习方法中,这些监督在标记图像的大型数据库中基本上是被忽略的。结果表明,大多数执行语义标记的视觉信息来自运动一致性约束,这解释了为什么孩子们从一些监督样本中学习识别对象。把符号附在物体上的语言过程发生在儿童发育的后期,那时他们已经发展出很强的模式规律。运动一致性约束的实现是一个高层次的计算原理,无论在生物学上如何,它都对模式规律的发现起着基础性的作用。一旦得到运动一致性所获得的表示,因为没有内置约束,就当前的蛮力机器学习方法而言,到语言描述的映射就大大简化了。有趣的是,关于跟踪的大量文献可能为设计成功的语义标记方法提供了宝贵的成果。

1.4.2 语言理解

人类最引人注目的能力之一是构建语言结构来表达世界语义的能力。有趣的是,这发生在不同的语言中,这表明世界的表示以及附加的语义独立于语言。虽然有大量的实验支持这样一个原则,即整体语义学是不同感知经验的结果,但语言的独特作用却很难被忽视,因为是它实际上在很大程度上使人类与地球上所有其他生命不同。根据所建构概念不变性的基本原理,可以从语言句子中提取语义。我们开始注意到,倾听机制导致注意力集中在被倾听的部分。一旦我们攻克了单词识别,这种机制就会在单词层面上迁移,并在句子中迁移其相应的含义。

因此,在很大程度上,语义学的建构与词义概念(word concept)的创造相对应。有趣的是,这并不是唯一发生的抽象。表达词义概念之间的关系的需求导致了句子结构的出现。这可能在一定程度上取决于产生语音的脉冲气流的不对称结构[172]。用他们自己的话说:

在脉冲侵入气流时有可能说话,即在呼吸时说话,但这通常效率低得多。这很大程度上是由于声带的形状,它不适合在有气流时有效振动,但也是由于控制来自肺部的气流的习惯模式。

这表明,普通的语言是被呼吸或说话(breathe or talk)的原则所排除的,根据这个原则,我们说话时经常停下来呼吸。由于婴儿开始用简单分离的语言部分进行语言生成实验,这有利于发展不对称的声带。基本上,只有在无休止的话语中才需要对称性,最重要的是,对称性中断可能有利于学习过程。

这种不对称性的结果是在继续之前暂停语音以呼吸的日常口语经验。停在哪里换气的决定多少与语言中的句子概念有关。虽然句子不一定用停顿来分隔,但普通的脉冲气流的持续时间表明,部分语言是由"句子"组成的,以表达更高层次的概念。当语言句子被正确地发现时,除了词的概念外,我们还可以获得一种新的概念,这种概念在某种程度上概括了呼吸暂停时所积累的单词。句子概念表达了与相应的单词集合相关的语义。显然,尽管反映在当前的关注焦点上的词的概念具有地方性,但句子概念表达的意义形式更抽象,当把句子中的所有词放在一起考虑时,这种意义在全球范围内出现。事实证明,单词和句子概念是语言规律的产物,这些规律很可能在学习约束的一般环境中被捕获。

1.4.3 生活在自己环境中的代理

总的来说,在当今机器学习的不同应用中设计的多方面解决方案大多基于实验室训练阶段,这是定义操作阶段参数所必需的。然而,在许多具有挑战性的任务中,情况可能会很快改变。人们期望智能代理生活在自己的环境中,并像人类一样对刺激做出反应。在不受限制的环境中使用可视化服务是非常受欢迎的,但到目前为止,这种技术无法得出非常令人满意的结果。

会话代理提供了一个能够处理代理生活的计算模型的重要性的完美例子。在一个完全动态的环境中,代理的社会交互和主动学习过程的需求得到更好的保持,而不是简单地定义为一个巨大的数据集。学习代理可能从适当的注意力集中机制和适当的发展阶段中受益。教师不能简单地被视为与一系列样本关联的标签上的监督。我们需要巨大的压力来学习只有适当的教学策略才能实施的新概念。

练习

1. [25] 基于时空位置的分割技术注定会在最复杂的语音和视觉理解任务中失败。但是,它们在受限的应用程序任务中很有用——这是它们仍然值得注意的一个很好的原因。语音突发的分割可以基于在给定的话语中检查"沉默"的存在,也就是说,在 $\dot{v}^2(t) \simeq 0$ 时检查。对于视频信号,可以通过检查 $(\nabla_x v(t, x))^2 \simeq 0$ 来驱动一个简单的分割,它聚集了具有统一灰度的区域。对于语音信号,人们可能会想到对偶条件 $\dot{v}^2(t) \simeq 0$。为什么这样的对偶性不适合作为分割方案?

2. [46] 未来机器学习的挑战是设计模式分割方法,使提取对象 $e \in \mathscr{E}$ 成为可能。定性地讨论将模式分割和识别视为一个统一的过程需要面对的主要问题。

3. [22] 机器学习的未来挑战是在不预先定义 π 和 h 的情况下,设计能够直接学习 $\chi = h \circ f \circ \pi$ 的方法。你能解决我们需要面对的主要问题吗?

4. [25] 对从光学文档(如发票)和类似照相机拍摄的普通图片中提取信息的困难性进行定性描述。

5. [26] 在与你可以访问的商业对话代理交流过之后,与人在执行相同任务时相比,列出它们所缺少的相关认知特征。
6. [40] 在与你可以访问的商业对话代理交流过之后,对它们对不同任务的适应能力进行定性描述。为什么它们大部分都失败了?有会话代理参与问答,也有会话代理协助购买机票。它们如何交换工作?为了达到这种认知能力,我们还缺少什么?
7. [20] 写一句话来解释为什么时空学习任务本质上是在公共模式识别模型之外,其中模式由 $x \in \mathbb{R}^d$ 表示。
8. [19] 你认为人工神经网络,特别是本章介绍的多层网络,在多大程度上代表了人类大脑的科学模型?
9. [25] 目前,机器学习的主要方法以及计算机视觉和自然语言处理等相关学科都是基于基准的。然而如 1.3.1 节所述,一个可能的新方向可能涉及基于众包的评估。当考虑到这种方法对机器学习过程可能产生的影响时,根据你自己的观点讨论这种方法的优缺点。

1.5 注释

1.1 节 机器学习是许多学科的交叉,涉及对智能和神经生物学过程的理解。正因为如此,它的起源和历史演变也被这些相关学科的突破显著影响着。

科学家很早就开始怀疑,如果机器想要处理一些具有挑战性的类人任务,它们也需要学习。他们也很早就认识到学习一个概念不仅仅是一个度量问题。通过适当的质心对模式进行建模并根据基于距离的算法确定其成员的这种简单想法注定会失败。这是因为欧几里得和其他高维度量标准的奇异表现(请参考文献[22]了解详细介绍)。例如,在选择欧几里得距离时,不同样本对之间的距离差别不大。多维欧几里得球壳中各点集中度的性质用公式(1.1.5)清楚地表示。描述模式识别中此行为的影响的一种简单方法是考虑 ℓ 个点的集合与给定参考点 x_r 之间的距离。假设它们是随机抽取的,并由 X_m 和 X_M 分别表示与 x_r 距离最小和最大的点的位置的随机变量。可以证明[37]

$$\lim_{d \to \infty} E \frac{\| X_M - x_r \| - \| X_m - x_r \|}{\| X_m - x_r \|} = 0$$

这是另一种说明任何点到参考点 x_r 的距离与最小距离相比变得模糊的方法。因此,在高维上,距离函数在特征比较算法的任何最近邻准则中都失去了实用性。这些消极的结果属于"维度诅咒"的范畴,最近得到了缓解,因为有人认为,当属性相关时数据提供了更高的距离对比度[358]。这使我们回到了对高维手写字符欧几里得距离的讨论;虽然与现有问题相关的特定概率分布产生了属性相关性,但在高维最邻域计算的距离仍然产生了一种几乎不准确的分类方法。属性相关性的存在提供了能够捕获表示模式的真正自由变量的较低的维度表示,这实际上是使用自动编码器实现的。在文献[230]中讨论了高维空间以及复杂的最近邻搜索中出现的奇异几何表现。显然,在 k-最近邻(k-NN)图的构造中,高维性对距离函数的影响更为严重。在高维上,有向图的有向度分布以大量的中心点为特征,即点出现在更多 k-NN 列表中。由于 k-NN 分类器的大量应用,这一现象在机器学习的整个领域和所有相关学科中都有显著的影响[68]。

机器学习的发展与符号和子符号之间的关系以及符号基础意义的深入研究息息相关。根据 Stevan Harnad[168] 的说法,符号为

纸上的一组任意"物理标记"划痕、磁带上的孔、数字计算机中的事件等,它们是基

于同样是物理标记和标记串的"显式规则"被操纵。规则控制的符号标记操作完全基于符号标记的形状(而不是它们的"含义"),也就是说,它是纯语法的,由"规则组合"和重新组合符号标记组成。有原始的原子符号标记和复合符号-标记字符串。整个系统及其所有部分——实际的和可能的原子标记和复合标记、句法操作以及规则——都是"语义上可解释的";句法可以系统地指定一个意义,例如,代表对象,描述事务状态。

关于环境的符号与子符号表示的讨论在机器学习的初期就已经出现了,但它成了神经符号学习与推理系列(http://www.neuric-symbolic.org/)的一个很好的研究课题。

生物与人工神经网络之间的联系已经在不同的环境中进行了探索,科学家概述了自然和人工认知过程之间有趣的类比。在文献[9-10]中有一个非常好的关于这个主题的开创性论文集,读者也可以从中获得一致的历史性观点。

机器学习在我们与智能代理建立的学习协议中找到了根源。尽管监督学习是最直接的协议,在许多不同的环境中被提倡,但 Frank Rosenblatt 的贡献是迄今为止最重要的[291]。强化学习的第一个基础只出现在 20 世纪 80 年代中期神经网络普及时第一波浪潮的兴起中(见 Richard S. Sutton 的博士论文[328])。无监督学习的第一步是随着 James MacQueen[229] 提出的流行的 k-均值算法展开的。该算法是用于监督学习的最近邻分类器的无监督产物。给定一个整数 k,这一次没有确定距离的某类参考向量,而我们要构造 k 个点簇。算法很容易描述。我们开始选择 k 个不同的点(质心),然后对于每个质心,我们确定相对于其他质心的最近邻点。基本上,任何质心都会在特征空间中定义一个簇。现在,对于每个簇,由于初始质心不一定是"最佳表征模式",我们通过对簇的所有点进行平均来更新质心。由于质心的更新,当我们将图案聚合到最近的质心时,可能会修改以前的簇结构。因此,我们重复质心更新的过程,并继续循环,直到簇组成没有变化。除了收敛性和相关问题外,k-均值继承了最近邻算法所讨论的维数问题的所有诅咒。除此之外,Tuevo Kohonen 利用其自组织匹配的概念展开了无监督学习方面的开创性工作[200]。

关于转导推理的研究是在 20 世纪 70 年代中期引入的,但几年后出现了更为可靠的结果(见文献[120])。20 世纪 90 年代中期,半监督学习引入了有趣的贡献,同时在科学界传播了与转导有关的差异(见文献[357, 28])。主动学习这一术语,正如机器学习所预期的那样,是一项引人注目的研究主题,这一研究在文献[308]中得到了很好的总结,而 Dana Angluin 提供了一个关于学习中查询的重要性的清晰图景[11]。

控制智能代理与环境交互的通信协议的丰富性和表现性,严重影响了学习算法的概念以及后来的实际应用。机器学习的传统在某种程度上与描述符号人工智能的知识表示和推理相反。因此,对与环境的相互作用的描述主要归结为示例的呈现,除了已经提到的符号表示和子符号表示之间的关系之外,对图形模型和因果关系的研究也揭示了提供学习和推理过程(见文献[265-266, 194])的统一视图的长期目标。虽然这些研究基本上是为了提供逻辑描述的概率解释,但最近关于约束抽象概念的研究提供了一个相关但不同的观点[144,136]。

1.2 节 归纳法令人费解的本质是哲学家和数学家经常面临的挑战。它像鳗鱼一样滑,一旦拿在手中,它就会溜走!当然,不管我们采用什么方法,这是机器学习中的一个基本问题。这一点很早就在归纳推理(inductive inference)的形式语境中得到了实现,归纳推理很好地在语言识别的极限[232]中表达。当提供了一个特定语言的字符串时，智能代理（学习者）必须发现一个生成的语言描述。人们很早就认识到语法的归纳推理是一个非常困难的计算问题[12]。虽然对归纳法采用真正的统计方法似乎是不可阻挡的方向，但由于典型的人类归纳过程，人们可能会有充分的理由怀疑思考是由不同原则驱动的计算过程。人类提出的推导过程似乎很难被正式表示出来。不用说，它们被视为一种独特的智力标志。Binet 和 Simon 很早就认识到，归纳过程以及人类智力的其他品质确实可以被衡量[50]。正如 1.2.1 节所指出的，虽然它们的规模产生了巨大的影响，但我们必须小心评估归纳质量。人类学习的一个显著区别是，自然的人类环境具有时空维度。此外，注意力机制的聚焦和教学策略在概念的实际获取中起着至关重要的作用。

1.3 节 在使用当前的软件开发支持时，设置机器学习实验非常容易。本章介绍的手写字符识别的运行示例可能是该领域最流行的基准。MNIST 数据库以及模式表示和最新技术的有用信息可在 http://yann.lecun.com/exdb/mnist/上找到。关于体系结构和算法选择的更多细节在第 5 章中给出。

实验结果的评估是基于统计学和相关学科中使用最多的测量方法。注意 F_1 度量是一个特殊的 F_β 度量，定义为

$$F_\beta = (1+\beta)\frac{\beta \cdot r}{\beta^2 p + r} \qquad (1.5.30)$$

这些度量是在信息检索[335]领域引入的。我们可以很容易发现 $\beta<1$ 的值产生的精度大于召回，而对 $\beta>1$ 召回得分大于精度。典型的度量方法是选择 $F_{0.5}$ 以得到大部分精度，而 F_2 用来获得大部分召回。

在获取概念和快速开发应用程序时，令人印象深刻的网络资源的增长，极大地改变了机器学习的思维方式。这就对书籍的作用提出了疑问，尤其是如果人们想快速获取开发简单应用程序所需的专业知识。除此之外，TensorFlow(https://www.tensorflow.org/)、Torch(http://torch.ch/)、Caffe(http://caffe.berkeleyvision.org/)以及 Matlab 提供了非常有效的开发环境，在这些环境中，对软件编码的支持与出色的模拟工具和非常好的教程相结合。大体上，有一种共识认为，20 世纪 80 年代中期对神经网络的兴趣复苏是由平行分布研究小组（PDP）的三本具有开创性的著作[293,235,236]所强烈推动的。除了关于基础的第一本书[293]和关于认知主题的第二本书[235]外，第三本书[236]在传播这一思想方面发挥了至关重要的作用。它提供带有大多数相关 PDP 模型的软件模拟器，这有助于对该主题感兴趣的每个人快速运行实验，并思考新的想法和应用程序。这本书包含了一个代码描述，就像 1.3 节中的草图一样。不用说，类似的书已经没有意义了。然而，上述网络资源提供的教程的质量可能会大大降低学习算法的介绍性描述的重要性。然而，如果没有书籍，可能难以涵盖的是呈统一的方法，从而获得对该领域的深入了解，目的是在应用程序开发中发挥主要作用，并快速拦截新兴的新奇事物。

1.4 节 计算机视觉和自然语言处理的挑战性问题所面临的大多数困难似乎与其固有的时空特性有关，而这些特性尚未在机器学习模型中完全捕获。Jean Piaget[187,271]对儿童进行了深入分析，研究了认知发展阶段的原则，这些原则可能会激发机器学习的重要进步。他指出，我们可以确定儿童学习的四个主要阶段或发展阶段，每个阶段都是独立的，

并建立在前一阶段的基础上。此外，儿童似乎以一种普遍的、固定的顺序经历这些阶段。他们开始发展感觉运动(sensorimotor)和前运算技能(preoperational skill)，其中感知与环境的互动主导学习过程，并通过展示具体(concrete)和正式的操作技能(formal operational skill)来发展，在这些技能中他们开始逻辑思考和发展抽象思想。当在同一个游戏中观察人类和当前的人造思维时，人们很快意识到机器不考虑大多数丰富的人类通信协议。在大多数机器学习的研究中，代理需要从完成特定任务的标记和未标记示例中学习。然而，代理还有许多其他重要的交互作用很少被考虑。人类的学习经历证明了在教学计划下提问和学习的重要性。虽然在许多机器学习模型中都考虑了第一次交互，但除了少数例外情况外，教学计划并没有在学习算法中显著涉及。机器学习中经常被忽视的是，人类最有趣的学习技能在很大程度上是由于相关语义属性及其关系的获得。这使得学习过程远远超出了纯归纳；语义属性归纳提供的证据通常通过形式规则传播到其他属性，从而产生一种强化循环过程。

然而从不同的角度来看，机器学习中的发展问题已经在课程学习研究[35]和基于智能的计算规律的初步研究[143]中得到了讨论。

第 2 章

Machine Learning: A Constraint-Based Approach

学习原则

在本章中，我们将介绍机器学习的基本原则，其中智能代理应该生活在一个以约束满足度描述的环境中。我们通过归纳法提出了不同的方法来捕捉规律并探索它们的关系。本章首先深入讨论智能代理与环境之间的相互作用，然后讨论主要受统计学和信息理论启发的学习方法。

2.1 环境约束

正如 1.1.5 节中所指出的，就像人类一样，智能代理也希望生活在一个强制执行约束的环境中。我们希望机器能够满足环境约束的相应数学概念。大多数机器学习都将注意力集中在特殊情况的监督学习上，但更普遍的观点认为能将其拓展到约束的处理上，它能够解释并利用现有的知识来解决当前问题。

2.1.1 损失函数与风险函数

在本节中，我们将重点放在监督学习（supervised learning）上，开始讨论环境约束。在上一章所示的手写字符识别的运行示例中已经表明，学习算法是由误差函数的特定选择来驱动的，这明显取决于我们对给定目标的误差的表达方式。通常，我们假设智能代理生活在一个由训练数据集 $\mathscr{L}=\{(x_\kappa, y_\kappa)\in \mathscr{X}\times\mathscr{Y}: \kappa=1,\cdots,\ell\}$ 组成的学习环境中，其中 $\mathscr{X}\subset\mathbb{R}^d$ 且 $\mathscr{Y}\subset\mathbb{R}^n$。如果 $\mathscr{Y}\subset\{-1,+1\}^n$ 则将学习任务称为分类任务（classification task），反之如果 $\mathscr{Y}\subset\mathbb{R}^n$ 则称为回归任务（regression task）。很明显，对分类器和回归元的监督学习需要以不同的方式进行处理。直观地说，在回归中，人们通常对保持 $y-f(x)$ 接近于零感兴趣。与预测相关联的经典二次损失函数显然是迫使代理尽可能密切跟随监督的一个好方法。例如，在自动驾驶中，跟踪监督的机器，其操作由在感官条件 x 下的 y 来定义，必须保持 $(y-f(x))^2$ 尽可能小。当然，这种二次损失也适用于分类。然而，强制代理将这种损失最小化对于完美地获得分类技巧而言并不是必要的。这与目标的离散性有关，因此返回 +0.3 或 +1.8 将报告相同的决策！负数也是一样。我们可以立即发现，真正重要的是 $yf(x)$：如果代理返回的输出 $f(x)$ 的符号与 y 的符号一致，那么决策就是正确的。因此，只有当出现符号不一致时，即当 $yf(x)<0$ 时，损失值才必须返回。在有些学习任务中，我们惩罚代理行为的方式与监督有关，可能取决于 x 点本身。回到手写字符的运行示例，$a_c(x)=x'm^c/(\|x\|\cdot\|m^c\|)$ 的值可方便地用于驱动监督的强度。显然，每当 $a_c(x)$ 接近 1 时，便意味着我们正在处理的模式大多是在视网膜区域，通常不会被类别 c 的模式所占据。因此人们可能会认为，对于 $a_c(x)$ 接近 1 的模式 x，其相应的损失应该是较小的。实际上这是奇数模式环境下的情况，也可以决定在构建损失时不考虑它。请注意，这种模式很可能是很罕见的，但它本身并不一定要被惩罚。在实践中，使用不平衡类

的学习环境是很常见的。当然,在这些情况下,将更高损失与罕见的模式联系起来(见练习1)不失为一个好办法。总的来说,除了 y 和 f 之外,损失取决于训练集的特定点 x。

现在让我们以一种更正式的方式来介绍损失的概念。可以假设我们的智能代理是由函数 $f \in H^k(\mathscr{X})$㊀来建模的——对于一些合适的 $k \in \mathbb{N}$,满足 $f: \mathscr{X} \to \mathscr{Y}; x \to f(x)$。给定任意的 $x \in \mathscr{X}$,我们通过与关于 y_κ 的预测 $f(x_\kappa)$ 相关的适当度量(损失)来评估学习过程的质量。正式来讲,任意函数

$$V: \mathscr{X} \times \mathscr{Y} \times H^k(\mathscr{X}) \to \mathbb{R}^+ \cup \{0\} : (x, y, f) \to V(x, y, f) \tag{2.1.1}$$

满足如果 $f(x) = y$,则 $V(x, y, f) = 0$(一致性)被称为损失函数(loss function)。或者,我们可以将损失看作是在相同一致性条件下的图像 $\overline{V}(x, y, f(x))$ 的函数。显然,唯一的区别就是公式(2.1.1)给出的定义强调学习的作用是确定 $f \in H^k(\mathscr{X})$,即问题的函数性质。注意,一致性并不意味着每当 $V(x, y, f) = 0$ 时,必然有 $y = f(x)$。正如分类损失所讨论的那样,人们可以简单地检查符号协议,这样我们就可以在 $yf(x) > 0$ 时定义 $V(x, y, f) = 0$。此外,如练习2所示,损失函数 V 不一定满足对称性 $V(x, y, f) = V(x, f, y)$。现在我们开始考虑分类任务,假设目标满足 $\mathscr{Y} = \{-1, +1\}$,则自然损失为

$$V(x, y, f) = [y \neq f(x)] \tag{2.1.2}$$

这表示每当机器出错时返回错误 $V(x, y, f) = 1$。注意有时会用下式替换上面的公式:

$$V(x, y, f) = \tilde{V}(x)[y \neq f(x)] \tag{2.1.3}$$

其中在错误分类的情况下 $\tilde{V}: \mathscr{X} \to \mathbb{R}^+$ 返回损失,然而那可能取决于被分类的模式(见练习4)。正如早已指出的那样,在分类问题中,比检查 $y = f(x)$ 更令人感兴趣的是检查 $\text{sign}(f(x))$㊁。如果我们假设 $f(x) \in \mathbb{R}$(具有一个输出的学习机器),那么我们可以做出合理的假设:正确的分类可基于 $p(x) = yf(x)$ 的结果来检查,这表示了监督和机器决策之间的符号协议。然而,并不需要花费太多时间即可意识到,我们能做的不止如此。显然,对 $(f(x), y) = (0.01, +1)$ 和 $(f(x), y) = (0.99, +1)$ 并没有反映出相同的分类质量!铰链损失(hinge loss)

$$V(x, y, f) := \sum_{j=1}^{n} (\theta - y_j f_j(x))_+ \tag{2.1.4}$$

解决了强符号协议(strong sign agreement)的要求,因为在决策不够"强"的情况下它仍然会报告错误。在这个公式中,$(\cdot)_+$ 是 $(a)_+ = [a > 0] \cdot a$ 的分量方式的扩展。在单个输出的情况下,我们得到 $V(x, y, f) := (\theta - yf(x))_+$。显然,$\theta > 0$ 引入了损失所需的鲁棒性,在出错的情况下,与 $yf(x)$ 呈线性增长。有趣的是,在强符号协议下,即当 $\theta - yf(x) \geq 0$ 时,损失不会返回任何误差。当使用这种损失时,相应的分类器被称为边缘分类器(margin classifier)。相关损失是其中 $(\theta - yf(x))_+$ 被 $((\theta - yf(x))_+)^2$ 代替,它在任何地方都是可微分的。同样㊂,

$$V(x, y, f) := \log(1 + \exp(\theta - yf(x)) \tag{2.1.5}$$

㊀ 在函数分析 $H^k(\mathscr{X})$ 中遵循经典符号表示 L^2 中的函数的 Sobolev 空间并且允许弱导数直到 k。

㊁ 这里 sign 是分量符号函数。

㊂ 多类扩展很简单。

是标量情况下公式(2.1.4)的另一种平滑估计。如果 $\mathcal{Y}=\{0,+1\}$，则我们需要重新定义公式(2.1.4)和(2.1.5)(见练习6)。

表达分类分歧的另一个好办法就是考虑损失⊖

$$V(x,y,f) := -\frac{1+y}{2}\log\frac{1+f(x)}{2} - \frac{1-y}{2}\log\frac{1-f(x)}{2} \quad (2.1.6)$$

其中我们假设 $-1\leqslant f(x)\leqslant 1$。这被称为相对熵损失(relative entropy loss)，其原因很快就会给出。可以立即看到，如果 $y=-1$，那么 $\lim_{f(x)\to -1}V(x,y,f)=0$，并且，如果 $y=1$，那么 $\lim_{f(x)\to +1}V(x,y,f)=0$，则关于多分类的讨论将在练习7中提出。

在某种程度上，回归可以包含分类。二次损失(quadratic loss)定义为 $V(x,y,f)=\frac{1}{2}(y-f(x))^2$ 的形式，这是一种表达关于目标误差的方式。事实上这是

$$V(x,y,f) = \frac{1}{p}\|y-f(x)\|_p^p \quad (2.1.7)$$

的一个特例，其中 $\|u\|_p := \sqrt[p]{\sum_{i=1}^{d} u_i^p}$。它满足对称性 $V(x,y,f)=v(x,f,y)$ 且相对于 $(y,f(x))$ 对是平移独立的(translation independent)。也就是说，它是由 $V(x,y,f)=\gamma(y-f)$ 定义的损失类的特殊情况，其中损失仅取决于差值 $y-f$。值 $p=2$ 还原二次损失，它并不是唯一值得关注的值；$p=1$ 和 $p=\infty$ 也产生显著的性质⊖。只要 $|y-f(x)|<1$，p 的高值就会返回几乎为零的损失；在极端情况下，当 $p\to\infty$，损失返回 $\max_j|y_j-f_j(x)|$。根据公式(2.1.7)定义的损失函数实现的原理是，除非 $f(x)=y$，否则报告错误。有时这不是很好：因为有时只有当预测超出一定范围时，测试者才会对报告错误感到高兴。这自然是源于公式(2.1.4)的扩展。让我们限制单输出回归量，可以通过选择以下函数来使铰链函数对称：

$$V(x,y,f) = (|y-f(x)|-\epsilon)_+ \quad (2.1.8)$$

这被称为浴盆(bathtub)损失。对多类域的扩展在练习9中提出。

目前为止，我们已经讨论了当机器做出决策或做出受错误影响的预测时如何返回损失。由于监督学习的过程发生在一组受监督的例子上，很明显，智能代理要想学习任务执行得令人满意，所有训练集的错误必须保持很小。假设学习环境可由与对应密度 $p(x,y)$ 相关的概率分布 $P(x,y)$ 通过 $\mathrm{d}P(x,y)=p(x,y)\mathrm{d}x\mathrm{d}y$ 来建模。一旦定义了 f，随机变量 X 和 Y 就会生成随机变量 V，其实例是损失函数 $V(x,y,f)$ 的值。该智能代理的预期行为最终表现为下列方程结果的最小化：

$$E(f) = E_{X,Y}V = \int_{\mathcal{X}\times\mathcal{Y}} V(x,y,f)\mathrm{d}P(x,y) \quad (2.1.9)$$

此为 V 的预期值。这种预期风险，也被称为功能性或结构风险。不幸的是，$E(\cdot)$ 的最小化通常很难，因为 $P(x,y)$ 没有被明确给出。

在考虑对回归和分类问题的建模方式有重大影响的分布 $P(x,y)$ 时，注释是有序的。

⊖ 如果在 $\mathcal{Y}=\{0,+1\}$ 中选择目标，我们可以很容易地看到 $V(x,y,f):=-y\log f(x)-(1-y)\log(1-f(x))$ 扮演同样的角色。

⊖ 请注意，损失函数(2.1.7)也可用于分类。然而，正如将要看到的，有许多论据导致我们更倾向先前指出的损失函数。

在这两种情况下,模式都表现出一种固有的以随机变量 X 为特征的随机性。在分类中,人们还可以将监督者视为在决策过程中不犯错误的圣人。在这种极端情况下,因为可以确定性地表达监督,随机性降低到 $\mathscr{X}$。当然,实际中的监督过程表明,在标记期间可能存在错误,因此 $\mathscr{Y}$ 是一个不能从 $\mathscr{X}$ 中确定的随机变量。在回归任务中,$\mathscr{X}$ 和 $\mathscr{Y}$ 的联合概率分布通常具有不同的风格。这可以通过一个例子来理解:假设我们想要通过从摄像机获取的图像中适当提取的向量 $x \in \mathbb{R}^d$ 输出方向盘的旋转角度 y 来构造支持自主导航的机器。此外,假设人类驾驶员通过报告在他的驾驶课程期间获得的 (x, y) 训练集来充当监督。由于问题的性质,通常在回归任务中共享,监督者通常在由 x 定义的相同图像中报告由 y 角度定义的不同动作。因此,这种联合概率分布与分类中发生的情况有所不同。

在现实问题中,分布 $P(x, y)$ 仅来自训练集 $\mathscr{L}$ 的样本的集合。我们可以将该集合视为分配概率密度 $p(x, y) = \frac{1}{\ell}\sum_{\kappa=1}^{\ell}\delta(x - x_\kappa) \cdot \delta(y - y_\kappa)$ 的方式。这样做的话风险函数(2.1.9)就变成了

$$E(f) = \int_{\mathscr{X} \times \mathscr{Y}} V(x, y, f) \cdot \frac{1}{\ell}\sum_{\kappa=1}^{\ell}\delta(x - x_\kappa) \cdot \delta(y - y_\kappa) dxdy$$

$$= \frac{1}{\ell}\sum_{\kappa=1}^{\ell}\int_{\mathscr{X}}\int_{\mathscr{Y}} V(x, y, f)\delta(x - x_\kappa) \cdot \delta(y - y_k) dxdy$$

$$= \frac{1}{\ell}\sum_{\kappa=1}^{\ell}\int_{\mathscr{Y}}\left(\int_{\mathscr{X}} V(x, y, f)\delta(x - x_\kappa) dx\right)\delta(y - y_\kappa) dy$$

$$= \frac{1}{\ell}\sum_{\kappa=1}^{\ell} V(x_\kappa, y_\kappa, f)$$

与公式(2.1.9)定义的预期风险不同,它在训练集上的近似

$$E_{\text{emp}}(f) = \frac{1}{\ell}\sum_{\kappa=1}^{\ell} V(x_\kappa, y_\kappa, f) \tag{2.1.10}$$

被称为经验风险(empirical risk),这是一种可以直接优化的函数,用于返回由函数 f 定义的智能代理行为。正如我们所看到的,训练集引起的概率分布使得定义 $P(x, y)$ 成为可能,因此可以为任意 f 的选择计算 $E_{\text{emp}}(\cdot)$。当关注这个负载问题(loading problem)(f 的发现)时,不应该忘记经验风险在某种程度上偏离了由预期风险最小化建模的智能代理的理想行为,因为训练集可能不足以代表分布 $P(x, y)$。这个统计学和机器学习中的核心问题,可能是非常病态的。在考虑函数 f 拟合训练集时,我们可以立即意识到我们处于不利位置。基本上,如果 f 是从丰富的函数类中选择的,且它在映射输入 x 时具有较高的自由度,则由几对 (x, y) 组成的训练集对选择最合适的函数 f 仅会有非常小的限制。换句话说,$\mathscr{L}$ 提供的信息不足以发现具有太多自由度的函数 f。因此,如果我们强调优化经验风险的想法,基本上是在井中捞月!这个问题将在本书中以不同的方式解决,其中 3.1.2 节介绍了关于线性机类的第一个完全控制此问题的病态条件的好方法。值得一提的是,大多数机器学习算法都依赖于提供 f 的参数表示的假设。线性机只是一种提供基于适当参数选择的智能代理模型的方式。通常来说,依赖于参数表示的机器学习也可以被视为函数 $f: \mathscr{W} \times \mathscr{X} \rightarrow \mathscr{Y}: x \rightarrow f(w, x)$,其中 $w \in \mathbb{R}^m$。这样,无限维空间中的加载问题被转换为有限维

中的加载问题，即

$$f^\star = \arg\min_{f \in H^k} \frac{1}{\ell} \sum_{\kappa=1}^{\ell} V(x_\kappa, y_\kappa, f) \quad \text{变成} \quad \arg\min_{w \in \mathscr{W}} \frac{1}{\ell} \sum_{\kappa=1}^{\ell} V(x_\kappa, y_\kappa, f(w, x_\kappa)) \tag{2.1.11}$$

注意由于优化空间的基本假设，这两个优化问题存在显著差异。在第一种情况下，我们面临函数优化问题，而在第二种情况下，我们简化为处理有限维优化。

现在让我们对学习进行不同的解释，正如即将展示的那样，它与风险最小化有关。给定任意模式 x，我们可以考虑 $\mathscr{X} \times \mathscr{Y}$ 中的数据的生成模型(generative model)，用 $f: \mathscr{X} \to \mathscr{Y}$ 表示，旨在最大化 $p(y | X = x)$，其中 $y = f(x)$ 且 $f \in \mathscr{F} = H^k$。此模型中，对于 $\forall x \in \mathscr{X}$，返回 $f^\star(x)$ 满足

$$f^\star(x) = \arg\max_{f \in \mathscr{F}} p(y | X = x, f) \tag{2.1.12}$$

假设给定训练集 $\mathscr{L} = \{(x_1, y_1), \cdots, (x_\ell, y_\ell)\}$ 作为概率分布 $P(x, y)$ 的采样。如果假设 X 和 Y 是独立同分布，则有

$$f^\star = \arg\max_{f \in \mathscr{F}} \prod_{\kappa=1}^{\ell} p(y_\kappa | X = x_\kappa, f) = \arg\min_{f \in \mathscr{F}} -\mathcal{L}(f) \tag{2.1.13}$$

其中

$$\mathcal{L}(f) := \sum_{\kappa=1}^{\ell} \ln p(y_k | X = x_\kappa, f) \tag{2.1.14}$$

是与负载问题相关的对数似然(log-likelihood)。请注意，对数似然的最大化可以被认为是经验风险最小化的问题，当我们将损失定义为⊖

$$V(x, y, f) := -\ln p(y | x, f) = -\ln p(y | f(x)) \tag{2.1.15}$$

相应的结构风险为

$$E(f) = E_{X,Y}(-\ln p(y | f(x))) \propto H(Y | f(X)) \tag{2.1.16}$$

这就回到了 $f(X)$ 条件下变量⊖ Y 的条件熵。对条件熵最小化的基于信息的解释是直截了当的：监督学习的目的是当 x 可通过 f 的最佳选择获得时，最小化随机变量 Y 的不确定性，从而得到 $f(X)$ 的预测。最优值与信息缺乏相对应，即 $H(Y | f(X)) = 0$，也就是说，理想情况下智能体总是能预测 Y。

就像基于最小化预期风险学习的一般表述一样，我们不能直接处理这个问题，除非我们知道概率分布，但这在实践中不太可能发生。然而，一旦我们对密度 $p(y | f(x))$ 的结构做出假设，优化问题(2.1.13)就会崩溃到有限维。让我们考虑 $p(y | f(x))$ 正态分布的情况，即

$$p(y | f(x)) = \frac{1}{\det \Sigma_{Y,F}} \exp(-(y - f(x))' \Sigma_{Y,F}^{-1}(y - f(x)))$$

从公式(2.1.16)得知

$$\min_{f \in H^k} E_{X,Y}(-\ln p(y | f(x)))$$

⊖ 此处，我们重载符号 p，它表示两个不同但明显相关的函数。
⊖ 条件熵定义为 $H(Y | f(X)) := E_{X,Y}(-\log p(y | f(x)))$，这明显与 $E(f)$ 成正比，唯一的区别就是对数基数。

$$= \min_{f \in H^k} E_{X,Y}((y - f(x))' \Sigma_{Y,F}^{-1}(y - f(x))) \tag{2.1.17}$$

因此，在正常密度 $p(y|f(x))$ 的情况下，似然性标准会导致基于二次损失的函数风险最小化。

现在考虑分类的情况，其中我们可以直接处理分布 $P(y|f(x))$ 而不是密度 $p(y|f(x))$，因为随机变量 Y 只取值 +1 和 -1。因此，我们只有两个项：$P(Y=+1|f(x))$ 和 $P(Y=-1|f(x))=1-P(Y=+1|f(x))$。因此，单点 x 返回损失

$$V(x,y,f) = -\frac{1+y}{2}\log P(Y=+1|f(x)) - \frac{1-y}{2}\log P(Y=-1|f(x))$$
(2.1.18)

如果

$$P(Y=+1|f(x)) = (1+f(x))/2$$
$$P(Y=-1|f(x)) = (1-f(x))/2 \tag{2.1.19}$$

则能重新获得公式(2.1.6)给出的损失。这里我们假设 $-1 \leqslant f(x) \leqslant 1$，可在构造 $f(x)=\tanh(a(x))$ 时自动获得，其中 $a: \mathbb{R} \to \mathbb{R}$。我们最终得出结论：在分类问题中，一旦我们选择满足概率条件(2.1.19)的函数 $f \in H^k$，与条件熵 $H(Y|f(X))$ 最小化相对应的似然的最大化对应于公式(2.1.6)给出的交叉熵(cross-entropy)的最小化。

我们可以以不同的方式扩展到多分类(multiclassification)。一个直截了当的想法是更新损失函数，以便累积所有类别的误差。学习环境变成

$$\mathscr{L} = \{(x_\kappa, y_\kappa) \in \mathbb{R}^{d+1} \times \mathscr{Y}^n, \kappa = 1, \cdots, \ell\}$$

对于两个类，我们可以将条件概率建模为

$$P(Y=+1|f(x)) = \frac{\exp(f(x))}{1+\exp(f(x))}$$
$$P(Y=-1|f(x)) = \frac{1}{1+\exp(f(x))} \tag{2.1.20}$$

可以证明，这种概率假设可恢复逻辑损失(见练习 11)。多分类的扩展遵循方程组

$$P(Y_i=+1|f_i(x)) = \frac{\exp(f_i(x))}{1+\sum_{j=1}^{n}\exp(f_j(x))}$$
$$P(Y_i=-1|f_i(x)) = \frac{1}{1+\sum_{j=1}^{n}\exp(f_i(x))} \tag{2.1.21}$$

请注意，这与 softmax 类似，但在这里我们更好地模拟了类排斥。对 n 类的扩展会产生在练习 13 中研究的损失函数。

在二次损失的情况下，我们有

$$E(\hat{w}) = \frac{1}{2}\sum_{i=1}^{n}\sum_{\kappa=1}^{\ell}(y_{\kappa,i} - f_i(x_\kappa))^2 \tag{2.1.22}$$

相关的扩展则出现在不同的度量上。

2.1.2 约束引发的风险函数的病态

上一节中关于风险函数的讨论涵盖了大多数经典的监督学习方法。风险来自平均损失

函数 $V(x, y, f)$，其测量给定目标 y 的拟合程度。已经表明，这种学习方法本质上假定使用经验风险进行优化。目标通常来自人工监督，因此我们通常处理有限的监督数据集而不是连续目标 y。然而，正如 1.1.5 节所指出的，当考虑学习任务之间相互的关键作用时，可以在更普遍的框架中制定学习过程。基本上，我们需要在约束条件下通过对任务交互进行建模来超越监督学习的形式化。本书的一个重要部分致力于探索损失函数概念的扩展以及相应的含义。虽然本主题的核心将在第 6 章中介绍，但我们先开始对约束引发的风险 (constraint-induced risk) 进行初步探讨。我们开始注意到 1.1.5 节中讨论的一些案例已经与相应的损失配对。特别是，监督学习被证明是一种特殊的逐点约束形式。然而，在其他情况下，如基于委员会的决策和资产分配，基础模型不断涉及任务之间的环境交互，而不需要人工监督。当将逻辑桥接到实值表示时，也会出现约束，这是第 6 章中将要讨论的重要问题。

总而言之，在考虑基于约束的环境时，由公式 (2.1.1) 定义的损失函数 V 并不总是学习过程构建的充分索引。为了深入了解这一重要问题，在计算机视觉中光流估计的亮度不变性的典型问题（见公式 (1.1.13)）就是一个很好的例子。在这种情况下，学习任务是给定视网膜中的速度场，即 $f = \dot{x}$，其中 x 是通用像素的坐标。然后我们可以将 y 视为与视频信号 $y(t, x) := v(t, x)$ 对应的跟踪函数 (tracking function)，即灰度信息源。现在假设给出了一个概率分布 $P(x, t)$ 来衡量我们在学习过程中的注意力。在最简单的情况下，可以简单地以相同的概率查看所有像素和帧，使得 $P(x, t) \propto dx dt$。所有视网膜 $\mathscr{X} \in \mathbb{R}^2$ 和超过一定时间范围 $\mathscr{T}$ 的约束实现可以转化为公式 (2.1.23) 的最小化。

$$E(f) = \mathrm{E}_{\mathrm{TX}}(\partial_t y + f' \nabla y)^2 = \int_{\mathscr{X} \times \mathscr{T}} (\partial_t y + f' \nabla y)^2 \, dP(x, t) \qquad (2.1.23)$$

假设 $P(x, t) \propto dx dt$ 以及仅附加在视网膜上积分的简化，会对任意 $t \in \mathscr{T}$ 强制进行约束，而帧之间没有任何关系。无论这种简化如何，该示例表明损失标准可能会涉及环境信息，就像视频信号 y 那样，不一定是 f 域的元素。在此学习任务中，从正式角度来看，$f: \mathscr{X} \times \mathscr{T} \to \mathbb{R}$，也就是光流，会在视网膜的时间展开上运作，在那里，域不涉及视频信号。实际上，损失表示的是一个与跟踪函数 y 相关的属性。这种更普遍的学习观点带来了额外的挑战。在监督学习中，$\mathrm{E}_{\mathrm{XY}} V$ 的最小化具有明确的意义，它很好地捕捉到了学习的本质。但在这种情况下同样不成立，因为条件

$$E(f) = \mathrm{E}_{\mathrm{TX}}(\partial_t y + f' \nabla y)^2 = 0$$

不足以正确设定光流估计问题。在考虑静态视觉信息时，我们可以迅速看到差异。在这种情况下，$\partial_t y = 0$，所以任意与 ∇y 正交的光流 f 均可验证上述条件。显然，这种自由是不可接受的！静态视觉意味着没有像素移动，即在所有视网膜上 $f(x) = 0$。如果我们将损失记入概率环境，这也不能使我们摆脱此问题固有的病态。与监督学习的普通损失函数不同，相关预期风险并不能提供适当的学习形式化。由公式 (2.1.23) 的惩罚项表示的约束仅有助于确定光流量，但它需要更多东西！每当我们涉及更加抽象和复杂的基于约束的学习环境描述时，这是很常见的。如果发生光流问题，可以在简约原则的框架下给出适当的学习公式。这样，我们提出了对速度平滑变化的偏好，因此经典的公式最终被最小化为

$$E(f) = \int_{\mathscr{X} \times \mathscr{T}} (\partial_t y + f' \nabla y)^2 \, dx dt + \mu \| f \|^2 \qquad (2.1.24)$$

其中 $\mu>0$ 是一个适当的参数,它衡量了我们想要赋予解决方案中的平滑度的重要性[⊖]。

光流的病态并不是一个病例。每当可用的约束弱表征任务时,它们的满意度可能发生在大的解空间中,因此基于扩展公式(2.1.9)最小化的统计公式是病态的。任意导出的学习算法,如所讨论的光流情况,都是注定要失败的。这清楚地表明,在损失函数不能明确保证良好定位的复杂学习任务中,基于风险的最小化算法可能并不合适。机器学习中基于风险最小化的经典框架依赖于以下原则:每当 $V(x,y,f)=0$ 时,决策(预测)$f(x)$ 对于给定的学习任务而言是令人满意的。虽然上一节中的讨论表明这对于监督学习是有意义的,但当我们将注意力转移到一般类型约束的契合度上时,事实却不一定如此。

将在 2.4 节中详细讨论的简约原则,为解决这种不良状况提供了坚实的技术支持,从而在环境约束的背景下提供了更为通用的学习方法。

2.1.3 风险最小化

我们可以将学习解释为最小化预期风险的结果。在上一节中,我们分析了不同类型的损失函数,用于构建预期和经验风险。在本节中,我们将讨论风险的最小化,其主要目的是了解所选损失在最优解决方案中的作用。一般而言,我们希望最小化公式(2.1.9)定义的预期风险 $E(f)$。这可以通过基于巧妙的变分法分析来执行,该分析在 2.5 节中给出。在这里,我们将精力集中于经验风险(即实际风险)的最小化。有趣的是,关于经验风险的研究能得到最小的功能风险结构。

现在开始讨论回归情况。先考虑由公式(2.1.7)定义的损失函数类。我们讨论了更常用的情况 $p=0,1,2$ 和 ∞。首先假设满足条件 $\forall x: p(x)>0$ 的概率密度,学习过程便转化为最小化

$$E = E_{XY}\|Y-f(X)\|_p^p = \frac{1}{p}\int_{\mathcal{X}\times\mathcal{Y}}|y-f(x)|^p\mathrm{d}P \tag{2.1.25}$$

的问题。现在,这种风险的计算得益于用 $p(y|x)p(x)\mathrm{d}x\mathrm{d}y$ 替换 $\mathrm{d}P=p(x,y)\mathrm{d}x\mathrm{d}y$。这样,我们得到了

$$E = \frac{1}{p}\int_{\mathcal{X}\times\mathcal{Y}}|y-f(x)|^p p(y|x)p(x)\mathrm{d}x\mathrm{d}y$$
$$\propto \int_{\mathcal{X}}\left(\int_{\mathcal{Y}}|y-f(x)|^p p(y|x)\mathrm{d}y\right)p(x)\mathrm{d}x$$

这可以用更紧凑的语句写成

$$E_{XY}|Y-f(X)|^p = E_X E_{Y|X}|Y-f(X)|^p$$

现在最小化的函数具有结构 $\int_{\mathcal{X}}(\cdot)p(x)\mathrm{d}x$ 并且由于 $p(x)>0$,我们有

$$\min_f E_{XY}|Y-f(X)|^p = \min_{f(x)}E_{Y|X}(|Y-f(X)|^p|X=x) \tag{2.1.26}$$

这里提供了一种简便方法来找到最优解,即限制为对任意给定 x 找到其 $f(x)$,而不是 f 上的无限维优化。一旦设置了 $X=x$,我们就必须找到 $f(x)$,使得它根据 $\|\cdot\|_p$ 引起的度量尽可能接近 $Y=y$。令 $\mathcal{N}\subset\mathcal{X}$ 表示 $\mathcal{X}$ 中 $p(x)=0$ 的区域。显然,即使是在 $E_{Y|X}$

[⊖] 请注意,缺少任何时态模型时都可以用 $\mathcal{X}$ 替换 $\mathcal{X}\times\mathcal{T}$。

$(|Y-f(X)|^p | X=x) \neq 0$ 的条件下, 也能满足 $\int_{\mathscr{X}}(\cdot)p(x)dx = 0$。因此, 能看到从公式 (2.1.26)得到的解 f 可以取任意超过 $\mathscr{N}$ 的值。虽然这是非常合理的, 但有些情况还是不可接受的(见练习14)。

现在让我们通过不同的 p 值选择来探索优化, 从案例 $p=2$ 开始, 我们需要找到量 $\arg\min_{f(x)} E_{Y|X}((Y-f(X))^2 | X=x)$。接着将分析限制为单输出函数(见练习12的扩展)。在考虑到相关经验风险时, 解决方案就很容易获得。注意到只有实现特定随机变量 $X=x$ 才能证明其大致的函数风险。因此, 我们可以通过添加公式(2.1.27)来寻找驻点。

$$\frac{d}{df(x)}\sum_{\kappa=1}^{\ell}(y_\kappa-f(x))^2 = -\ell f(x) + \sum_{\kappa=1}^{\ell}y_\kappa = 0 \qquad (2.1.27)$$

其中 $f(x)=\frac{1}{\ell}\sum_{\kappa=1}^{\ell}y_\kappa$ 且对于大的 ℓ (见练习15)有

$$f^\star(x) = E(Y|X=x) \qquad (2.1.28)$$

如果 $p=1$, 则根据公式(2.1.26), 问题被简化为寻找

$$f^\star(x) = \arg\min_{f(x)} E_{Y|X}(|Y-f(X)| | X=x)$$

同样, 我们限制单输出函数并分析相关的经验风险以获得对解决方案的见解。与二次情形不同, 由于函数 $\frac{1}{\ell}\sum_{\kappa=1}^{\ell}|y_\kappa-f(x)|$ 不够常规以至于不能直接搜索由公式(2.1.27)执行的关键点, 因此这种最小化更为复杂。在练习17提出的一个例子中讨论了目标集合的偶数和奇数的基数的情况。然而, 我们可以通过重写损失为下列公式阐明一般解决方案:

$$\sum_{\kappa=1}^{\ell}|y_\kappa-f(x)| = \sum_{\alpha=1}^{m}(y_\alpha-f(x))[y_\alpha-f(x)>0]$$
$$+ \sum_{\alpha=m+1}^{\ell}(f(x)-y_\alpha)[y_\alpha-f(x)<0]$$

这里省略了 $f(x)=y$ 的情况, 因为它没有返回任何损失。当用 $f(x)$ 区分两侧时, 我们得到

$$\frac{d}{df(x)}\sum_{\kappa=1}^{\ell}|y_\kappa-f(x)| = -\sum_{\kappa=1}^{m}[y_\alpha-f(x)>0] + \sum_{\kappa=m+1}^{\ell}[y_\kappa-f(x)<0]$$

在不失一般性的情况下, 我们可以假设样本以目标 y_κ 按降序排序的方式呈现。如果我们选择 $f(x)$ 使得 $y_m > f(x) > y_{m+1}$, 那么我们得到

$$\frac{d}{df(x)}\sum_{\kappa=1}^{\ell}|y_\kappa-f(x)| = \ell - 2m = 0$$

这表明解 $f(x)$ 的定位使得一半目标较低而一半较高。当扩展到函数风险时, 我们可以证明

$$f^\star(x) = \text{med}(Y|X=x) \qquad (2.1.29)$$

为了深入理解证明, 注意上述分析假设 ℓ 是偶数, 因此 $m=\ell/2 \in \mathbb{N}$。需要一段时间才能认识到这个假设是无限制的, 因为根据经验风险来近似地预期风险总是可以通过偶数来得到! 练习18中讨论了证明的细节。

最后，我们考虑 $p=0$ 的情况。从公式(2.1.26)中，我们知道问题被简化到寻找 $\min_{f(x)} E_{Y|X}(|Y-f(X)|^0|X=x)$。这次，相关的经验风险与

$$\sum_{\kappa=1}^{\ell}|y_\kappa-f(x)|^0 = \sum_{\kappa=1}^{\ell}[y_\kappa \neq f(x)] \tag{2.1.30}$$

成正比。$|y_\kappa-f(x)|^0$ 对应于 $0-1$ 损失。如果 $y_\kappa \neq f(x)$ 则 $|y_\kappa-f(x)|^0=1$，而如果 $y_\kappa=f(x)$ 则 $|y_\kappa-f(x)|^0=0$。这与正式采用 $0^0=0$ 相对应。为什么我们可以在 0^0 上做出这样一个明显是一种未确定的形式的任意选择？要回答这个问题，首先我们需要在考虑到 $y_\kappa, f(x) \in \mathbb{R}$ 时明确 $y_\kappa=f(x)$ 的含义。自然界中对这种情况的任何检查都需要将其重述为 $|y_\kappa-f(x)|<\delta$，其中 $\delta>0$ 是一个小到足以声称 $f(x) \simeq y_\kappa$ 的任意阈值。现在 $\forall \varepsilon>0$ 和 $p>0$ 都可以无限地接近 0，如果我们选择则

$$|y_\kappa-f(x)|^p < \delta^p < \varepsilon$$

因此，公式(2.1.30)背后的基本原理是，无论我们选择的 p 有多小，对等式关系 $|y_\kappa-f(x)|<\delta$(δ适当小)的足够强的解释使得 $|y_\kappa-f(x)|^p$ 任意小。这促使了表述

$$f^\star(x) = \arg\min_{f(x)} \sum_{\kappa=1}^{\ell}|y_\kappa-f(x)|^0 = \text{mode}(Y|X) \tag{2.1.31}$$

因为最常见的值(模式)y_κ 是最小化由公式(2.1.30)定义的函数的值。该分析表明模式 $(Y|X)$ 实际上是值 $p \to 0$ 的近似解。值得一提的是，对于 $p=0$，该属性不能被正式声明。事实上，我们已经回到了上面提到的未确定条件 0^0。练习19提出了一种更复杂的方法来逃避 0^0 的陷阱。

最后，假设我们取的 p 值较大，尤其是考虑 $p \to \infty$。在这种情形下

$$f^\star(x) = \arg\min_{f(x)} E_{Y|X}(|Y-f(X)|^p|X=x) \xrightarrow{p=\infty} \arg\min_{f(x)} \max|y-f(x)|$$

总的来说，使用不同指数 p 的分析表明我们可以用不同的方式控制错误。而对于小的 p 值，最优解偏向于条件模式，随着 p 增加，解决方案便采用条件中值和条件平均的形式。有趣的是，当 $p \to \infty$ 时，最优解是忽略分布的解，且只关注最大误差。显然，噪声数据的存在使得高 p 值的选择非常危险，因为一些分布模式与其存在非常强的关联。

以前的分析适用于回归。在分类的情况下，引入不同的损失函数来惩罚错误是恰当的。首先考虑到可以通过不同的方式对模式的类别进行编码。假设我们对 n 个类别使用单热编码，所以给定任意模式 x，决策都是基于 $f(x) \in \mathbb{R}^n$ 的。主要地，我们可以考虑 n 个独立的分类器，每个类别 $i=1,\cdots,n$ 由相应的函数 f_i 建模。我们采用把公式(2.1.25)替换为

$$E = E_{X,Y}V(X,Y,f) = E_X E_{Y|X}V(X,Y,f) = E_X E_{Y_i|X}\sum_{i=1}^{n}V(X,Y_i,f_i)\Pr(Y_i|X)$$

我们可以对 $f(x)$ 进行逐点最小化，这样我们就可以得到

$$f^\star(x) = \arg\min_{f(x)} E_{Y_i|X}\sum_{i=1}^{n}V(X,Y_i,f_i)\Pr(Y_i|X=x)$$

现在我们假设将损失 V 定义为

$$V(x,y_i,f_i) = [f_i(x) \neq y_i]$$

因此，如果 $X=x$，对于随机变量 V，有 $V(X,Y,f_i)|_{X=x}=V(x,y_i,f_i)$。这源于假设：每当随机变量 X 采取特定值 $x \in \mathbb{R}^d$ 时，相关的分类是唯一的，也就是说，我们假设

决策中没有噪声。换句话说，在这种情况下，联合分布 Pr(X，Y)仅由 X 的随机性驱动，因为 Y 具有确定性相关的后续值。因此，有 $\Pr(f_i(X)|X=x)+\Pr(Y_i|X=x)=1$。这源于 $0-1$ 损失的使用，即有 $f_i(x)\neq y_i$ 或 $f_i(x)=y_i$ 是正确的。因此能推出

$$f^\star(x) = \arg\min_{f(x)} \mathrm{E}_{Y_i|X} \sum_{i=1}^n V(X,Y_i,f_i)\Pr(Y_i|X=x)$$

$$= \arg\min_{f(x)} \sum_{i=1}^n [f_i(x) \neq y_i][1 - \Pr(f_i(X)|X=x)]$$

要最小化的函数是 n 个正项的总和，如果 $\forall i=1,\cdots,n$，我们选择 $f_i^\star(x)=\arg\max_{f(x)}\Pr(f_i(X)|X=x)$，函数的最小化就会发生在所有单项都最小化时。因此，我们有

$$f^\star(x) = \arg\max_{f(x)} \Pr(f(X)|X=x) \tag{2.1.32}$$

这是基本的结果。它表明，一旦我们选择 $0-1$ 损失函数，基于风险最小化的最优决策与贝叶斯决策一致。

最后，值得一提的是，本节中进行的分析主要基于标量函数。当损失涉及向量函数时，其结构在学习过程中也起着重要作用。此外，不是简单地将风险视为损失分布的平均值，而是使用不同的策略。例如，循环训练集的学习过程可能会对错误产生不同的权重；它可以在避免为报告小错误的模式更新参数的同时，只关注大错误。关于这个问题的更多细节可以在 2.5 节中找到。

2.1.4　偏差——方差困境

在本节中，我们将讨论在某个训练集上调整的不同参数模型如何接近预期风险。为了能完全捕捉实验结果，这显然是我们想要知道的。通常，在监督学习的框架中操作的学习机器可以视为参数函数

$$f: \mathscr{W} \times \mathscr{X} \to \mathscr{Y}; x \to f(w,x) \tag{2.1.33}$$

例如，神经网络是学习机器，其参数[⊖]是从给定的训练集 $\mathscr{L}$ 中学习的。但是一旦我们选择了由公式(2.1.33)定义的模型类别，就能给出一种典型的学习算法，这种算法会选取更适合训练数据的适当参数 w。例如，在神经网络中，被选中的体系结构对应于定义一种特定的模型 $f(\cdot,\cdot)$，此模型随后会由学习参数进行调整。因此分层结构，或者更一般的连接模式定义了 f，而学习算法发现了 w 值。任何函数 $f(w,\cdot)$ 都呈现出一种固有的模型复杂性(model complexity)，考虑到神经网络的权重数量时，这种复杂性便可以被很直观地理解。很明显，由于其固有的高度复杂性，权重数量大的体系结构可能更适合于训练集。正如将在深度网络的讨论中清楚地看到的那样，模型复杂性涉及很多问题，但其与模型参数数量的直观联系对理解是有帮助的。模型复杂性的表达将在第 4 章的简约原则框架中给出。

在这里，我们将注意力集中在二次损失和标量函数的情况，而其他情况将在 2.5 节中进行简要讨论。我们开始注意到，模式 $x\in\mathbb{R}^d$ 上的代理行为，其表征为依赖于 $w\in\mathscr{W}$ 的特定值的函数 $f(\cdot,x)$，这与最优解 $f^\star(x)=\mathrm{E}_{Y|X}(Y|X=x)$ 不同。任何函数 $f(w,\cdot)$ 都

⊖　神经网络的学习参数通常称为权重。

可以被视为参数函数族的一个元素,其特征是相应的参数 w,它是从相应的训练集 $\mathcal{L}$ 中学习的。现在,为了掌握机器的行为,我们需要考虑对训练集 $\{\mathcal{L}_\alpha\}$ 的训练,这些训练集可以视为随机变量 L 的实例。设 w_α 是从 L 的实现 $\mathcal{L}_\alpha$,$\alpha \in \mathbb{N}$ 中学习到的权重向量,再来考虑对应函数 $f(w_\alpha, \cdot)$。为了方便提供其统计的解释,引入可被视为随机变量(X,L)的函数的随机变量 F(X, L)。随机变量 F 表达了必须与监督者强加的 Y 值进行对比的智能代理决策。这产生了随机变量 $Q^2(f) := E_{Y|X}(Y-F(X,L))^2$ 定义的二元误差。注意,由于 $\mathcal{L}_\alpha$ 和 w_α 之间的对应关系,我们可以得到 $F(X, L=\mathcal{L}_\alpha) = f(w_\alpha, X)$。在所有训练集上,$f(w, \cdot)$ 和 f^* 的不同值由 $E_o := E_X(E_{Y|X}(Y|X) - F(X, L=\mathcal{L}))^2$ 表示。

是什么让 F(X, L) 与 Y 不同?正如已经注意到的 $F(X=x, L=\mathcal{L})$ 偏离了条件均值 $f^*(x) = E_{Y|X}(Y|X=x)$,这实际上使得预期风险最小化。任何 F(X, L) 的实现都会产生不同的结果,因为训练集的实例 $\mathcal{L}_\alpha$ 会影响参数 w_α,而参数 w_α 又使 $f(w_\alpha, \cdot)$ 得以实现。因此,存在取决于实验的特定运行的错误。当比较 F(X, L) 与随机变量 L 上的平均 $E_L F(X, L)$ 时,这可以被很好地解释。显然,$E_L F(X, L)$ 通常也不同于 $E_{Y|X}(Y|X)$。从某种意义上说,虽然 $V^2(f) = (F(X, L) - E_L F(X, L))^2$ 表示不同运行的方差,但误差 $B^2(f) = (E_L F(X, L) - E_{Y|X}(Y|X))^2$ 表示了一种与最优解 $E_{Y|X}(Y|X)$ 相关的预测器偏差。此外,f^* 不一定以完美的方式再现目标,所以还有另一个错误来源。人们不应该混淆具备报告空错误的 $f(w, \cdot)$ 具有最优的事实,此错误是关于由 Y 建模的监督的。通过考虑与预期风险相关的任何经验风险,我们可以了解出现这种错误的原因。假设某个样本 $x_{\bar{\kappa}}$ 包含在两个对 $(x_{\bar{\kappa}}, y_1)$ 和 $(x_{\bar{\kappa}}, y_2)$ 中,其中 $y_1 \neq y_2$。显然,没有函数 $f(w, \cdot)$ 可以完美地拟合这两对监督的例子,这导致总体误差不为零。因此,一般来说,训练数据中可能存在固有的噪声源,这就不可避免地产生由 $N^2 = (Y - E_{Y|X}(Y|X))^2$ 定义的非零误差。正如在上一节中所看到的,这自然会发生在回归任务中,但它也可能出现在分类任务中。现在让我们以更严谨的方式分析问题。假设使用集合 $\mathcal{L}$ 训练我们的智能代理。与实验训练集 $\mathcal{L}$ 相对应的误差是 $E_{XY}(Y-F(X, L=\mathcal{L}))^2$,而 $E_L E_{XY}(Y-F(X, L))^2$ 返回在所有可能训练集上的平均误差。请注意公式[1]

$$E_{XY}(Y - E_{Y|X}(Y|X)) = E_X(Y_{Y|X}(Y|X) - E_{Y|X} E_{Y|X}(Y|X))$$
$$= E_X(E_{Y|X} Y|X) - E_{Y|X}(Y|X)) = 0 \quad (2.1.34)$$

事实上,这是一种来自 f^* 的最优强大属性。即使最优解可能偏离 Y,联合分布的平均值也为空。此外有 $E_{Y|X} F(X, L=\mathcal{L}) = F(X, L=\mathcal{L})$。这是因为函数 $F(X, L=\mathcal{L})$ 通过 X 的特定实现来编码对 Y 的所有可能的依赖性。因此,当使用公式(2.1.34)时得到

$$E_{XY}((Y - E(Y|X))F(X, L=\mathcal{L})) = E_X E_{Y|X}((Y - E_{Y|X}(Y|X))F(X, L=\mathcal{L}))$$
$$= E_X(F(X, L=\mathcal{L})) E_{Y|X}(Y - E_{Y|X}(Y|X)))$$
$$= 0 \quad (2.1.35)$$

我们可以看到与模型相关的误差 $Y - E_{Y|X}(Y|X)$ 和随机变量 $F(X, L=\mathcal{L})$ 是不相关的,这被称为正交原理(orthogonality principle)。根据公式(2.1.34)和(2.1.35)我们立即得出

---

[1] 有关其他证明,请参考练习20。

结论①

$$E_{XY}((Y-E_{Y|X}(Y\mid X)) \cdot (E_{Y|X}(Y\mid X) - F(X, L=\mathscr{L})))$$
$$= E_{XY}((Y-E_{Y|X}(Y\mid X))E_{Y|X}(Y\mid X)) - E_{XY}((Y-E_{Y|X}(Y\mid X))F(X, L=\mathscr{L}))$$
$$= 0 \tag{2.1.36}$$

我们现在准备计算 $E_{XY}(Y-F(X, L=\mathscr{L}))^2$，这使我们能够了解特定代理的行为，其特征是通过在 L 的具体实例 $\mathscr{L}$ 上学习而构成的函数 $f(w, \cdot)$。当使用公式(2.1.36)即正交性原理的直接结果时，整体误差 $E_t := E_{XY}(Y-F(X, L=\mathscr{L}))^2$ 可以分为：

$$E_t = E_{XY}(Y-E_{Y|X}(Y\mid X) + E_{Y|X}(Y\mid X) - F(X, L=\mathscr{L}))^2$$
$$= E_{XY}(Y-E_{Y|X}(Y\mid X))^2 + E_{XY}(E_{Y|X}(Y\mid X) - F(X, L=\mathscr{L}))^2$$
$$\quad + 2E_{XY}((Y-E_{Y|X}(Y\mid X)) \cdot (E_{Y|X}(Y\mid X) - F(X, L=\mathscr{L})))$$
$$= E_{XY}(Y-E_{Y|X}(Y\mid X))^2 + E_X(E_{Y|X}(Y\mid X) - F(X, L=\mathscr{L}))^2 \tag{2.1.37}$$

正如我们所看到的，整体风险 E_t 分为两项：一个是噪声项(noise term) N^2；而另一个是关于最优解 f^* 的误差 E_o。现在，对于任何 L，我们可以通过拆分 E_o 来而更进一步：

$$E_o = E_X(E_{Y|X}(Y\mid X) - E_L F(X, L) + E_L F(X, L) - F(X, L))^2$$
$$= E_X(E_{Y|X}(Y\mid X) - E_L F(X, L))^2 + E_X(E_L F(X, L) - F(X, L))^2$$
$$\quad + 2E_X((E_{Y|X}(Y\mid X) - E_L F(X, L)) \cdot (E_L F(X, L) - F(X, L))) \tag{2.1.38}$$

如果我们将 E_L 算子应用到最后一项的一半，就得到了

$$E_L E_X((E_{Y|X}(Y\mid X) - E_L F(X, L)) \cdot (E_L F(X, L) - F(X, L)))$$
$$= E_X E_L((E_{Y|X}(Y\mid X) - E_L F(X, L)) \cdot (E_L F(X, L) - F(X, L)))$$
$$= E_X((E_{Y|X}(Y\mid X) - E_L F(X, L)) \cdot E_L(E_L F(X, L) - F(X, L)))$$
$$= E_X((E_{Y|X}(Y\mid X) - E_L F(X, L)) \cdot (E_L F(X, L) - E_L F(X, L)))$$
$$= 0 \tag{2.1.39}$$

因此，从公式(2.1.38)~(2.1.39)我们能推出

$$E_L E_X(E_{Y|X}(Y\mid X) - F(X, L))^2$$
$$= E_L E_X(E_{Y|X}(Y\mid X) - E_L F(X, L))^2 + E_L E_X(E_L F(X, L) - F(X, L))^2$$
$$= E_X(E_{Y|X}(Y\mid X) - E_L F(X, L))^2 + E_L E_X(E_L F(X, L) - F(X, L))^2 \tag{2.1.40}$$

如果将公式(2.1.40)给出的 $E_L E_X(E_{Y|X}(Y\mid X) - F(X, L))^2$ 的表达式替换为公式(2.1.37)，在使用 E_L 平均后，可以得到

$$E_L E_{XY}(Y - F(X, L))^2 = E_L E_{XY}(Y - E_{Y|X}(Y\mid X))^2$$
$$\quad + E_L E_X(E_{Y|X}(Y\mid X) - F(X, L))^2$$
$$= E_L E_X(E_{Y|X}(Y\mid X) - E_L F(X, L))^2$$
$$\quad + E_L E_X(E_L F(X, L) - F(X, L))^2$$
$$\quad + E_L E_{XY}(Y - E_{Y|X}(Y\mid X))^2$$

之后又能推出

---

① 这里，正交原理也适用于推断 $E_{XY}((Y-E_{Y|X}(Y\mid X))E_{Y|X}(Y\mid X))$。很容易认识到，就像 $F(X, L=\mathscr{L})$ 一样，它来自 $E_{Y|X}E_{Y|X}(Y\mid X) = E_{Y|X}(Y\mid X)$。

$$E_L E_{XY}(Y - F(X,L))^2 = E_X(E_{Y|X}(Y \mid X) - E_L F(X,L))^2$$
$$+ E_L E_X (F(X,L) - E_L F(X,L))^2$$
$$+ E_{XY}(Y - E_{Y|X}(Y \mid X))^2 \quad (2.1.41)$$

在所有训练集上平均的风险分解与本节开头给出的直观图像一致。噪声项

$$E_{XY}(Y - E_{Y|X}(Y \mid X))^2 = E_L E_X N^2 \quad (2.1.42)$$

的结果是最优解 $E_{Y|X}(Y|X)$ 的方差。正如早已指出的那样，它反映了当前问题的固有随机性，其与实验问题无关。现在另外两个项，

$$E_X(E_{Y|X}(Y \mid X) - E_L F(X,L))^2 = E_L E_X B^2(f) \quad (2.1.43)$$
$$E_L E_X (F(X,L) - E_L F(X,L))^2 = E_L E_X V^2(f) \quad (2.1.44)$$

从另一方面来讲，它们是具体实验选择的结果。

方差项 (2.1.44) 表示每当在 L 的不同实现中学习函数 f 时使用相同模型获得的结果的可变性，它恰好是涉及均值 $E_L F(X,L)$ 的方差。当然，人们非常希望保持这个值尽可能小。上述公式可以用更紧凑的方式重写为

$$E_L E_X Q^2(f) = E_L E_X (B^2(f) + V^2(f) + N^2) \quad (2.1.45)$$

现在，用于训练的函数 f 的选择定义了 $E_L E_X Q^2(f)$ 的值。特别是，实验的输出结果取决于 $f(w, \cdot)$ 的具体选择。因此除了噪声项之外，上述公式表明存在来自平衡偏差和方差的总误差，其通常被称为偏差-方差权衡。一些具有小偏差 $E_L E_X B^2(f)$ 的机器显然是可取的，但是在这种情况下，$E_L E_X Q^2(f)$ 的整体误差很可能变成一个较高值的方差 $E_L E_X V^2$，这清楚地表明某些东西有错误！这种情况下，同一模型的不同运行可能会导致显著不同的结果，这表明我们并没有为新样本提供良好的推广。另一方面，当在大训练集 $\mathcal{L}_a$ 上学习具有一些参数（w 的小维度）的模型时，可以获得小的方差值。不幸的是，w 的小维度可能将所有误差 $E_L E_X Q^2(f)$ 移动到偏置项，因为从计算的观点来看，模型 $f(w, \cdot)$ 的表达力可能不够。

我们处于模型选择的两难境地，通常被称为偏差-方差困境（bias-variance dilemma）。偏差或方差都可以很容易地保持很小，但不幸的是，当保持很小的偏差时，我们可能会得到很高的方差，反之亦然。

值得一提的是，当提到单一模式 x 时，也可以指出偏差-方差困境。在查看由公式 (2.1.38) 表示的项分裂时，可以立即发现这一点。它也适用于我们删除 E_X 算子时的情况，因为得到了

$$(E_{Y|X}(Y \mid X) - F(X,L))^2 = (E_{Y|X}(Y \mid X) - E_L F(X,L) + E_L F(X,L) - F(X,L))^2$$
$$= (E_{Y|X}(Y \mid X) - E_L F(X,L))^2 + (E_L F(X,L) - F(X,L))^2$$
$$+ 2(E_{Y|X}(Y \mid X) - E_L F(X,L)) \cdot (E_L F(X,L) - F(X,L))$$
$$(2.1.46)$$

以及 E_L 的应用产生了

$$E_L(E_{Y|X}(Y \mid X) - F(X,L))^2 = E_L(B^2(f) + V^2(f)) \quad (2.1.47)$$

事实上，这是单一模式的偏差-方差困境的陈述。

练习

1. [12] 假设给定三个类的分类问题，其中每个类的模式数分别为 $n_1 = 10$、$n_2 = 20$ 和 $n_3 = 30$。写出

一个经验风险函数来平衡类中的不同数量。

2. [15] 提供对称性命题 $V(x, y, f) = V(x, f, y)$ 的反例。

3. [M22] 让我们考虑公式(2.1.6)给出的交叉熵损失函数,它通常用于分类。是否有可能将其表达为 $p(x) := yf(x)$ 的函数?

4. [16] 让我们考虑损失函数(2.1.3),其中
$$\tilde{V}(x) = [\|x\| < \rho] \cdot \|x\| + [\|x\| \geq \rho] \cdot \rho^2$$
我们怎样修改这种损失,才能实现不惩罚小幅度 $\|x\|$ 模式的想法?

5. [11] 你能想到打破对称性的损失函数吗?

6. [17] 考虑用 $\mathcal{Y} = \{-1, +1\}$ 定义的铰链和 logistic 损失函数,我们如何将定义扩展到 $\mathcal{Y} = \{0, +1\}$ 的情况?

7. [11] 考虑损失函数(2.1.6)(相对熵),请将定义扩展到多分类。

8. [13] 考虑下列函数
$$V(x, y, f) := 1 - \exp(-\exp(-yf(x))) \quad (2.1.48)$$
证明它是一个在分类任务中的损失函数。为什么此函数对噪声具有良好的鲁棒性?

9. [16] 扩展公式(2.1.8)定义的损失函数到多类域。

10. [14] 讨论公式(2.1.16)规定的条件熵对对数似然的一般解释。

11. [17] 证明对数似然最大化中的概率假设(2.1.20)对应于在 $\theta = 0$ 的情况下具有逻辑损失(2.1.5)的经验风险的最小化。

12. [16] 讨论多输出函数情况的二次优化。

13. [17] 将练习11中给出的结果扩展到多分类,其中概率假设是基于 softmax 的。在这种情况下,损失函数是什么?

14. [15] 是否有这样的情况:存在模式满足 $p(x) = 0$,但机器的响应 $f(x)$ 仍然很重要。

15. [17] 证明,如果对于任何数量的例子,二次经验风险的最优值是条件均值,那么预期风险的最优值仍然是条件均值 $E(Y | X = x)$。

16. [16] 考虑二次风险的解决方案。假设对于任何 $x \in \mathcal{X}$,在 $X = x$ 条件下机器返回的输出是随机变量 Y 的平均值,我们则可以考虑 $f^*(x) = E(Y | X = x)$ 的近似值。它提出了一种直接计算方案,方案基于函数
$$\hat{f}(x) = \frac{1}{m} \sum_{x_\kappa \in \mathcal{N}_m(x)} y_\kappa | x_\kappa \quad (2.1.49)$$
这里 $\mathcal{N}_m(x)$ 是 x 的 m 邻域(m-neighborhood),其通常由规则的几何结构构成,而 $y_\kappa | x_\kappa$ 表示与 x_κ 相关的监督 y_κ。讨论现实问题中的这种近似。

17. [22] 给定数量 $y_\kappa \in \mathbb{R}$ 的有限集合 $\mathcal{Y}$,我们定义集合的中位数(medians of the set),其中一半数字较大而一半较小。直观地说,一组数据的中位数是集合中的最中间数字。中位数也是该集合中间的数字。不失一般性地来讲,将 $\mathcal{Y}$ 视为按升序排序的集合是方便的。因此 med $\mathcal{Y}$ 满足 $y_h \leq$ med $\mathcal{Y} \leq y_\kappa$,其中 $h < [|\mathcal{Y}|/2]$ 且 $\kappa > [|\mathcal{Y}|/2]$。如果 $|\mathcal{Y}|$ 是偶数,然后有两个最中间的数字,med $\mathcal{Y}$ 被定义为两个最中间数字的平均值。设 $s := f(x)$ 并考虑排序(按升序)集合 $\mathcal{Y} := \{y_1, y_2, y_3\}$。现在让我们假设给出由 $v(s) = |y_1 - s| + |y_2 - s| + |y_3 - s|$ 表示的损失 $V(x, y, f) = v(\mathcal{Y}, s)$。证明
$$\text{med } \mathcal{Y} = \min_{s \in \mathbb{R}} v(s)$$
如果 $\mathcal{Y} := \{y_1, y_2, y_3, y_4\}$ 怎么办?两种情况下的解决方案都取决于 y_κ 的具体选择吗?

18. [M25] 证明函数(2.1.29)代表 $p = 1$ 的预期风险的最小值(2.1.25)。

19. [20] 考虑函数 $\delta(x)^{p(x)}$,其中 $\lim_{x \to 0} \delta(x) = 0$ 并且 $\lim_{x \to 0} p(x) = 0$。在什么条件下,$\lim_{x \to 0} \delta(x)^{p(x)} =$

0？在对应于 $p=0$ 的风险最小化的情况下，将该分析与模式的属性相关联。

20. [22] 提供 $\mathbb{E}_{XY}(Y-\mathbb{E}_{Y|X}(Y|X))=0$ 的不同证明。

2.2 统计学习

机器学习与统计学有着相互关联的故事。它们不可能是无关的！统计学家已经在基于数据样本的推理过程中积累了巨量的专业知识，这一主题依赖于已成为当前机器学习方法核心的方法论。

2.2.1 最大似然估计

假设给出了由概率密度 $p_X(\theta, x)$ 定义的参数统计模型。这种模型的似然由与密度相同的公式定义，但数据 x 和参数 θ 的角色互换，因此

$$L_x(\theta) = \pi_\theta(x) := p_X(x, \theta) \tag{2.2.50}$$

因此，概率密度 π_θ 和似然度 L_x 之间存在良好的对偶性。虽然 π_θ 是具有固定 θ 的 x 的函数，但是一旦选择了 x，则似然 L_x 取决于 θ。因此，$L_x(\theta)$ 表示 x 由参数 θ 的基础概率分布解释的似然性。实际上似然性更普遍。如果 h 是任意的正函数，那么函数

$$L_x(\theta) = h(x)\pi_\theta(x) \tag{2.2.51}$$

是与统计模型 π_θ 相关的可能性的一般形式。最大似然法使用最大化似然度 L_x 的点 $\hat{\theta}_x$ 作为未知真实参数值的估计量。因此我们通常会寻找

$$\theta^\star = \arg\max_\theta L_x(\theta) \tag{2.2.52}$$

虽然最大化是很容易想到的方法，但事实上该方法相当模糊。实际上存在似然度 L_x 不需要最大化的情况。此外，如果确实如此，则最大化不必是唯一的。通常使用对数似然 $l_x(\theta) = \ln L_x\theta$，而不是 $L_x(\theta)$。显然，$L_x(\theta)$ 的最大化产生与 $l_x(\theta)$ 相同的估计 $\theta^\star$。在 2.1.1 节中，当提到监督学习的损失函数时，引入了对数似然的概念。然而，最大似然原理更为通用，因为它适用于任何类型的概率分布，因此它也可以应用于无监督学习。还有更多：可以在函数项方面考虑统计模型的似然度，而不是考虑 θ 的参数模型，其中基本模型具有给定的概率结构。假设给出了一概率分布 p_X，它用 $\mathcal{X}=\{x_1, \cdots, x_\ell\}$ 中的值进行采样。我们通过将对数似然定义为下列公式来重载符号 l：

$$l(p_X) := \sum_{\kappa=1}^{\ell} \log p_X(x_\kappa) \tag{2.2.53}$$

对于独立同分布变量则有

$$\max_{p_X} l(p_X) = \max_{p_X} \sum_{\kappa=1}^{\ell} \log p_X(x_\kappa) = \max_{p_X} \prod_{\kappa=1}^{\ell} p_X(x_\kappa) = \max_{p_X} L(p_X)$$

最大似然估计（MLE）原理表明在概率分布 $p_X(\cdot)$ 的 $\mathcal{X}$ 中的样本由特定概率分布解释，该分布为

$$p_X^\star = \arg\max_{p_X} L(p_X) \tag{2.2.54}$$

因此，"似然"变得清晰了，因为分布 $p_X^\star$ 是最可能解释 $\mathcal{X}$ 的分布。对于监督学习，可以通过最小化惩罚函数 $-l$ 来学习 $p_X^\star$。监督学习的对偶性也涉及了病态问题，它有无限多解

的可能。正如公式(2.2.51)所述,处理不适定的经典方法是通过参数概率分布(parametric probability distribution)来确定最大似然问题。

例如,假设 $p_X = \mathcal{N}(\mu, \Sigma)$ 是正态分布。在这种情况下

$$\theta^\star = \begin{pmatrix} \mu^\star \\ \Sigma^\star \end{pmatrix} = \arg\max_\theta \sum_{\kappa=1}^\ell \ln\left(\frac{1}{\sqrt{(2\pi)^d \det \Sigma}} e^{-\frac{1}{2}(x_\kappa - \mu)' \Sigma^{-1}(x_\kappa - \mu)}\right)$$

$$= \arg\max_\theta \left(\ln \det \Sigma + \sum_{\kappa=1}^\ell (x_\kappa - \mu)' \Sigma^{-1}(x_\kappa - \mu)\right)$$

接着让我们考虑 $d=1$ 的情况(单变量分布)⊖。容易发现 $\hat{\mu}$ 和 $\hat{\sigma}^2$ 达到最大值

$$\hat{\mu} = \frac{1}{\ell} \sum_{\kappa=1}^\ell x_\kappa \tag{2.2.55}$$

$$\hat{\sigma}^2 = \frac{1}{\ell} \sum_{\kappa=1}^\ell (x_\kappa - \hat{\mu})^2 \tag{2.2.56}$$

估计 $\hat{\mu} = \overline{x}$ 和 $\hat{\sigma}^2 = \sigma_s^2$ 分别被称为样本均值(sample mean)和样本方差(sample variance)。有趣的是,它们表现出不同的统计行为。当重复基于基数 ℓ 的样本实验时,可能很想知道会发生什么。特别是,分析 $\hat{\mu}$ 和 $\hat{\sigma}^2$ 的预期值是有意义的。有

$$\mathrm{E}\hat{\mu} = \mathrm{E}\frac{1}{\ell}\sum_{\kappa=1}^\ell x_\kappa = \frac{1}{\ell}\sum_{\kappa=1}^\ell \mathrm{E}x_\kappa = \mu$$

其中 $x_1, \cdots, x_\ell$ 被视为随机变量分布 $\mathcal{N}(\mu, \sigma)$。因此,估计量 $\hat{\mu}$ 满足属性 $\mathrm{E}\hat{\mu} = \mu$。每当发生这种情况时,我们都会说估算量无偏(estimator is not biased)。现在计算采样方差的 $\mathrm{E}\hat{\sigma}^2$。我们开始注意到

$$\sum_{\kappa=1}^\ell (x_\kappa - \mu)^2 = \sum_{\kappa=1}^\ell (x_\kappa - \hat{\mu})^2 + \sum_{\kappa=1}^\ell (\hat{\mu} - \mu)^2 + 2\sum_{\kappa=1}^\ell (x_\kappa - \hat{\mu})(\hat{\mu} - \mu)$$

现在有

$$\sum_{\kappa=1}^\ell (x_\kappa - \hat{\mu})(\hat{\mu} - \mu) = \sum_{\kappa=1}^\ell x_\kappa \hat{\mu} - \mu \sum_{\kappa=1}^\ell x_\kappa - \ell \hat{\mu}^2 + \ell \mu \hat{\mu}$$

$$= \ell \hat{\mu}^2 - \ell \mu \hat{\mu} - \ell \hat{\mu}^2 + \ell \mu \hat{\mu} = 0$$

因此

$$\sigma_p^2 = \frac{1}{\ell}\sum_{\kappa=1}^\ell (x_\kappa - \mu)^2 = \sigma_s^2 + (\hat{\mu} - \mu)^2 \tag{2.2.57}$$

其中 σ_p 称为总体方差(population variance)。现在我们发现总体方差是无偏的,因为

$$\mathrm{E}\sigma_p^2 = \mathrm{E}\frac{1}{\ell}\sum_{\kappa=1}^\ell (x_\kappa - \mu)^2 = \frac{1}{\ell}\sum_{\kappa=1}^\ell \mathrm{E}(x_\kappa - \mu)^2 = \frac{1}{\ell}\sum_{\kappa=1}^\ell \sigma^2 = \sigma^2$$

另一方面,从公式(2.2.57)和样本方差中我们得到

$$\mathrm{E}\sigma_s^2 = \mathrm{E}\sigma_p^2 - \mathrm{E}(\hat{\mu} - \mu)^2 = \sigma^2 - \mathrm{E}(\hat{\mu} - \mu)^2 \tag{2.2.58}$$

这表明样本方差实际上是方差的误差估计,并且误差对应于均值 $\hat{\mu}$ 的方差。现在,由于独立同分布为给定条件,均值方差为

⊖ 多变量分布的一般情况在例2中解决。

$$E(\hat{\mu} - \mu)^2 = E\Big(\frac{1}{\ell}\sum_{\kappa=1}^{\ell} x_\kappa - \mu\Big)^2 = \frac{1}{\ell^2} E \sum_{i=1}^{\ell}\sum_{j=1}^{\ell}(x_i - \mu)(x_j - \mu)$$

$$= \frac{1}{\ell^2} E \sum_{\kappa=1}^{\ell}(x_\kappa - \mu)^2 = \frac{1}{\ell^2}\sum_{\kappa=1}^{\ell} E(x_\kappa - \mu)^2 = \frac{\sigma^2}{\ell}$$

最后，从公式(2.2.58)和上述 $\hat{\mu}$ 的方差方程，我们得到

$$E\sigma_s^2 = \frac{\ell - 1}{\ell}\sigma^2 \tag{2.2.59}$$

因此，MLE 原理产生一个有偏估计量，然而，还是会渐近地实现无偏性($\ell \to \infty$)。只要这个属性成立，我们就说估计量是一致的(consistent)。注意，虽然总体方差不能用数值计算，但由于我们不知道 μ 的精确值，可以通过定义以下无偏样本方差(unbiased sample variance)从 σ_s^2 得到无偏估计：

$$s^2 = \frac{\ell}{\ell - 1}\sigma_s^2 = \frac{1}{\ell - 1}\sum_{\kappa=1}^{\ell}(x_\kappa - \hat{\mu})^2 \tag{2.2.60}$$

在这种正态分布的情况下，由于公式(2.2.57)中所述的总体与样本方差之间的关系，对数似然可以简化到

$$l(\mu, \sigma) \to l(\overline{x}, s) = \frac{1}{2}\ln s^2 + \frac{1}{2s^2}\Big(\frac{\ell - 1}{\ell}s^2 + (\mu - \overline{x})^2\Big) \tag{2.2.61}$$

该表达式表明，通常取决于所有样本 $\mathscr{X}$ 的对数似然性，仅取决于 $\overline{x}$ 和 s^2。因此，这两个参数都足以(sufficient)表示似然性。无论何时发生这种情况，我们都说 $\overline{x}$ 和 s^2 是基础参数 μ 和 σ^2 的充分统计量。

2.2.2 贝叶斯推理

现在我们讨论贝叶斯推理方法的根源。读者很快就会了解，虽然与 MLE 有一些有趣的联系，但贝叶斯方法的基本假设，是将假设推断为随机变量本身。

让我们考虑分类的情况，其中智能代理根据输入 $x \in \mathscr{X} \subset \mathbb{R}^d$ 做出决定。该决定由函数 $f_i: \mathscr{X} \to \{0, 1\}$ 表示，其中 $i = 1, \cdots, c$。显然，所有 f_i 都生成一个离散的随机变量 I，它取值为 $1, \cdots, c$。定义 $\square_x = \{y \in \mathbb{R}^d \mid x_i - \Delta/2 \leqslant y_i \leqslant x_i + \Delta/2, i = 1, \cdots, d\}$，则有

$$\Pr(I = i \mid X \in \square_x)\Pr(X \in \square_x) = \Pr(X \in \square_x \text{ and } I = i)$$
$$= \Pr(X \in \square_x \mid I = i)\Pr(I = i)$$

当 $\square$ 的大小 Δ 变为 0 时，我们恢复了通用的贝叶斯规则

$$\Pr(I = i \mid X = x) = \frac{p(x \mid I = i)}{p(x)}\Pr(I = i) \tag{2.2.62}$$

其中 $p(x \mid I = i) = p(x, i)/p_i$。现在基于后验概率(posterior probability) $\Pr(I = i \mid X = x)$ 的最大化来做出决定。给定一个 x，通过计算 $\max_i \Pr(I = i \mid X = x)$ 来决定其类别。有

$$i^\star = \arg\max_i \Pr(I = i \mid X = x) = \arg\max_i \frac{p(x \mid I = i)}{p(x)}\Pr(I = i)$$
$$= \arg\max_i p(x \mid I = i)\Pr(I = i) \tag{2.2.63}$$

所以 $f_i^\star = [i = i^\star]$，当然，其中 $i^\star = \sum_i i[f_i^\star = 1]$。

贝叶斯规则表明,一旦我们知道似然(likelihood)$p(x|I=i)$和先验概率(prior probability)$\Pr(I=i)$,就可以确定后验概率 $\Pr(I=i|X=x)$。显然,该决定与 $p(x)$ 无关,后者为证据。现在将给出如何根据观测数据估计概率 $\Pr(I=i|X=x)$ 的一个想法。设 L 是描述无监督训练集的随机变量,训练集为

$$l = \bigcup_{j=1}^{c} l_j = \bigcup_{j=1}^{c} \{x_{1(j)}, \cdots, x_{\ell(j)}\}$$

公式(2.2.63)可以通过明确支持对学习的依赖以重新表示为

$$\Pr(I=i|X=x \text{ 且 } L_i=l_i) = \frac{p(x|I=i \text{ 且 } L_i=l_i)}{p(x)} \Pr(I=i) \quad (2.2.64)$$

这里,存在潜在的假设,即 $\Pr(I=i)$ 独立于可观察数据外。此外,请注意,我们假设通过使用相关的训练样本对每个类别独立地进行学习,因此对于 $i \neq j$ 来说,类别 $j=1,\cdots,c$ 的分类与 L_i 无关。因此,如果我们删除类别索引 $j=1,\cdots,c$,并重载符号 L 来表示泛型类,则可以简化表示法。因此,$p(x|I=i \text{ 且 } L_i=l_i)$ 简单地重写为 $p(x|L)$。贝叶斯学习的显著特征是概率密度由参数形式 $p(x|\theta)$ 表征,其中参数 θ 可视为随机变量。因此有

$$p(x|L) = \int_{\mathscr{P}} p(x|\theta) p(\theta|L) \mathrm{d}\theta \quad (2.2.65)$$

其中

$$p(\theta|L) = \frac{p(L|\theta) p(\theta)}{\int_{\mathscr{P}} p(L|\theta) p(\theta) \mathrm{d}\theta} \quad (2.2.66)$$

这里概率密度 $p(x|L)$ 是根据随机变量 L 表示的可观察数据估计的,并且涉及后验 $p(\theta|L)$,它由贝叶斯规则用似然性 $p(L|\theta)$、先验 $p(\theta)$ 和 L 表示。当使用经典的独立同分布作为假设时,似然性分解为

$$p(L|\theta) = \prod_{\kappa=1}^{\ell} p(x_\kappa|\theta) \quad (2.2.67)$$

这大大简化了计算。公式(2.2.64)~(2.2.67)定义了贝叶斯学习的基本框架,它们的解通常很难。有趣的是,这与 MLE 有一些联系。假设 $p(L|\theta)$ 在 $\theta=\hat{\theta}$ 处达到尖峰,并且先验 $p(\theta)$ 具有仅在 $\hat{\theta}$ 的邻域中稍微改变的值。那么从方程(2.2.65)我们得到 $p(x|L) \simeq p(x|\hat{\theta})$,它与从 MLE 获得的结果相符合。

2.2.3 贝叶斯学习

一种可行的方法是用递归求解公式(2.2.65)。设 $L_n = \{x_n\} \bigcup L_{n-1}$,则有

$$p(L_n|\theta) = p(x_n|\theta) p(L_{n-1}|\theta) = p(x_n|\theta) \frac{p(\theta|L_{n-1})}{p(\theta)}$$

将这个公式插入(2.2.65),得到递归方程

$$p(\theta|L_n) = \frac{p(x_n|\theta) p(\theta|L_{n-1})}{\int_{\mathscr{P}} p(x_n|\theta) p(\theta|L_{n-1}) \mathrm{d}\theta} \quad (2.2.68)$$

$$p(x|L_n) = \int_{\mathscr{P}} p(x|\theta) p(\theta|L_n) \mathrm{d}\theta \quad (2.2.69)$$

自然初始化是 $p(\theta|L_0) = p(\theta)$,它告诉我们后验概率 $p(\theta|L)$ 简单地对应于学习开始时的

先验 $p(\theta)$。该等式提供计算方案以确定后验 $p(\theta|L_n)$。这是一种在线学习，被称为递归贝叶斯学习（recursive Bayes learning）。但是，有几个重要问题需要考虑。首先，公式(2.2.68)的分母的计算可能代价昂贵。其次，我们应该探究上述递归方案是否收敛，并且在这种情况下，它是否收敛到最优解。关于递归贝叶斯学习的这两个问题可以参见练习 7 和 10，其中我们看到如何通过概率归一化获得公式(2.2.68)的分母，以及 $p(\theta|L)$ 向 delta 分布的收敛过程。

贝叶斯学习的结构给出了探索已经对 MLE 进行了研究的充分统计量的性质的建议（见高斯方程(2.2.61)）。通常，递归贝叶斯学习基于所有先前信息 L_{n-1} 来计算 $p(x|L_n)$。但是有些情况下，充分统计量足以确定 $p(x|L_n)$，2.5 节给出了对此的简要回顾。

贝叶斯递归学习需要在公式(2.2.68)中进行概率归一化，通常这可能代价昂贵，特别是当后验 $p(\theta|L_{n-1})$ 的结构与先验结构不同时（见练习 7）。一种规避这个问题的经典方法是使用共轭先验（conjugate priors）。通常情况是，在当前问题中似然函数的选择比较明朗，而先验分布的选择通常更具主观性和可论证性。但是，一旦采用似然函数，且假设我们选择"正确"先验，就不必担心分母中的积分了。这可以通过引入共轭先验的概念来完成。设 $\mathscr{L}$ 是似然函数族，$\mathscr{P}$ 是先验分布族。如果对于任意的似然 $l\in\mathscr{L}$，我们说 $p\in\mathscr{P}$ 是 $\mathscr{L}$ 共轭先验，相应的后验 q 保持在 $\mathscr{P}$，即 $q\in\mathscr{P}$。在选择这样的先验时，后验属于与先验相同的分布族。有趣的是，练习 10 的解决方案揭示了似然性与先验之间的共轭问题。结果表明，如果我们想要估计正态分布的均值，其中似然和先验都是正态的，那么我们最终得出的结论是后验也是正态的。高斯的情况有点特殊，因为似然和先验之间的共轭也涉及正态分布。然而，在练习 7 中讨论的均匀分布情况下，似然性和先验之间没有共轭，因为后验不均匀！在练习 9 中，讨论了伯努利随机变量的情况，如果我们采用 β 分布（beta distribution）作为先验，则共轭成立。与高斯一样，共轭大大简化了 MAP 估计。

2.2.4 图形模式

所描述的贝叶斯学习的一般框架可能有巨大的计算负担。在许多实词问题中，随机变量具有依赖性网络，其在某种程度上表达了先验知识。贝叶斯机器学习方法演变的一个重要步骤是使用概率图形模型（probabilistic graphical model），这只是表示概率分布族的一种特殊方式。

在该图中，五个随机变量 A、B、C、D 和 E 由 DAG 表示，其中顶点对应于随机变量，并且边表示变量之间的统计依赖性。图形是表示许多变量之间关系的直观方式。其中包括神经网络、飞机连接和不同类型的社交网络。图形允许我们获得与变量间的条件独立性相关的抽象关系。由于依赖关系的表达，我们可以计算变量共存的概率密度，如下所示：

$$p(a,b,c,d,e) = p(e|a,b,c,d) \cdot p(d|a,b,c) \cdot p(c|a,b) \cdot p(b|a)p(a)$$
$$= p(e|c) \cdot p(d|a,c) \cdot p(c|a,b) \cdot p(b) \cdot p(a)$$

在上面公式的第二行中，我们重复使用了上述 DAG 中描述的随机变量之间的条件独立性，例如，$p(e|a,b,c,d) = p(e|c)$，因为 E 的唯一父级是 C。这可以推广到任意的贝叶斯网络 $\mathscr{B}:=\{\mathscr{V},\mathscr{A}\}$，其中 $\mathscr{V}$ 是一组顶点，$\mathscr{A}\subset\mathscr{V}^2$ 是一组弧。现在我们假设任何顶点 $v_i\in\mathscr{V}$

与随机变量 V_i 相关联。有

$$p(v_1,\cdots,v_\ell) = \prod_{i=1}^{\ell} p(v_i|v_{\text{pa}(i)}) \tag{2.2.70}$$

这里 pa(i) 是 i 的父级的集合。前面的图提供了对此分解证明的见解(见练习 11)。此外还能注意到根据经典统计模型生成的一组 ℓ 点,如独立同分布。具有平均值 μ 和标准偏差 σ 的高斯分布可以由贝叶斯网络表示

$$\mathscr{B} = \{(\mathrm{X}_1,\mu),(\mathrm{X}_1,\sigma),\cdots,(\mathrm{X}_\ell,\mu),(\mathrm{X}_\ell,\sigma)\}$$

我们说,只要是在给定另一组变量值的情况下评估一组变量的概率分布,就是在贝叶斯网络中进行推理。例如,仍然参考上面的贝叶斯网络,我们可以在假设变量是布尔值的情况下计算 $p(\mathrm{B}|\mathrm{C}=c)$。有

$$\Pr(\mathrm{BC}=bc) = \sum_{ade=000}^{111} \Pr(\mathrm{ABCDE}=abcde)$$

$$\Pr(\mathrm{C}=c) = \sum_{b=0}^{1} \Pr(\mathrm{BC}=bc)$$

$$\Pr(\mathrm{B}=b|\mathrm{C}=c) = \frac{\Pr(\mathrm{B}=b,\mathrm{C}=c)}{\Pr(\mathrm{C}=c)}$$

其中为了紧凑,我们使用了"随机字符串"ABCDE 和 BC,其范围分别是长度为 4 和 2 的布尔字符串。这个例子立即启发了推理背后的复杂性问题。特别地,这些方程中的第一个要求我们考虑 $8=2^3$ 与所有三元组(A,D,E)相关联的配置,其与用于定义任何(B,C)的两个配置组合。总的来说,有 16 种配置。然而,计算结构表明存在与变量边缘化相关的维数问题。

加速推断的基本步骤是置信传播算法(belief propagation algorithm),该算法依赖于因子图(factor graph)的概念。2.5 节给出了对这些概念的见解。在这种情况下,理论和实验的进展与变量间特殊依赖关系的表达相关联。例如,给定三个变量 x_1、x_2 和 x_3,得到表达式

$$\mathrm{X}_1 \perp (\mathrm{X}_2,\mathrm{X}_3) \Leftrightarrow p(x_1,x_2,x_3) = p(x_1)p(x_2,x_3)$$

贝叶斯网络的网络结构在某种程度上表达了该问题的先验知识。考虑文档分类的经典示例,其中每个文档由向量 $x \in \{0,1\}^d$ 表示。通用组件 x_i 表示文档的给定特征的存在。在最简单的情况下,可以想到将文档表示为一个单词包,以便将 x_i 与文档中所选字典的第 i 个关键字的存在关联起来⊖。如果我们想对文档进行分类,需要一个随机变量 Y 来说明给定文档是否属于某个类 $i=1,\cdots,c$。现在,分类任务可以被解释为对 $d+1$ 个随机变量 $(\mathrm{X}_1,\cdots,\mathrm{X}_d,\mathrm{Y})$ 的推理过程。假设对于 $[1\ldots d] \subset \mathbb{N}$ 中的所有 i 和 j,我们得到 $\mathrm{X}_i \perp \mathrm{X}_j$。然后

$$p(y,x_1,\cdots,x_d) := \Pr(\mathrm{Y}=y,\mathrm{X}_1=x_1,\cdots,\mathrm{X}_d=x_d)$$
$$= q(y) \prod_{i=1}^{d} q_i(x_i|y) \tag{2.2.71}$$

⊖ 事实上这是一个很差的表征。在经典信息检索中,术语频率 tf 与逆文档频率 idf 积分,并且 $x_i = tf \cdot idf$。

其中 $q(y):=\Pr(Y=y)$ 和 $q_i(x|y):=\Pr(X_i=x|Y=y)$。这里 $q(y)$ 是类的先验，一旦我们知道它属于由 $Y=y$ 定义的类，$q_i(x_i|y)$ 就表示特征 i 出现在文档中的概率。现在我们有

$$\arg\max_{y\in\{1,c\}} p(y,x_1,\cdots,x_d) = \arg\max_{y\in\{1,c\}} q(y)\prod_{i=1}^{d} q_i(x_i|y) \qquad (2.2.72)$$

估计 $q(y)$ 和 $q_i(x|y)$ 的一种自然方法是使用频率论方法，这导致我们选择

$$\hat{q}(y) = \frac{1}{\ell}\sum_{\kappa=1}^{\ell}[y_\kappa = y] \qquad (2.2.73)$$

$$\hat{q}_i(x|y) = \frac{\sum_{\kappa=1}^{\ell}[x_{\kappa i}=x]\cdot[y_\kappa = y]}{\sum_{\kappa=1}^{\ell}[y_\kappa = y]} \qquad (2.2.74)$$

有趣的是（见练习 12），使用 MLE 可以得出相同的估计结论。

2.2.5 频率论和贝叶斯方法

频率论和贝叶斯来自不同的学派。贝叶斯推断使用概率来处理假设和数据。此外，推理过程取决于观察数据的先验和似然性。先验的假设是贝叶斯推理的核心，通常被认为是比较主观的。由于集成了许多参数，因此它可能是密集计算型的。

总的来说，对贝叶斯推论的严厉批评，大多都来自先验的主观性！在许多情况下，通常很难选择一个标准去判断先验的合理性。不同的人可能会提出不同的先验，因此，他们可能会得出不同的后验和结论。但更多的是：从哲学的角度来看，将概率分配给假设是不可理喻的。基本上，假设不构成可重复实验的结果，这就是贝叶斯学派与频率论者争论的来源，后者说他们没有办法计算实验验证的长期频率。严格地说，无论是否知道是什么情况，假设都是非真既假。因此，人们可能倾向于拒绝将它们视为随机变量，并因此驳回贝叶斯推断。假设与数据不同！硬币是公平或者不公平，明天也将是阳光明媚、阴沉或者下雨的一天。但我们可以陈述类似的假设吗？

频率推理从未将概率附加到假设上，因此既没有先验概率也没有后验概率。推理过程取决于观察到的和未观察到的数据的似然性，并且它通常比贝叶斯框架更有效。频率论者认为只有数据才能被解释为可重复的随机样本。因此，适当地使用出现频率来为它们的概率提供意义。根据他们的观点，我们不能对这些参数做同样的事情（即设为随机变量），这些参数在可重复的估计过程中是恒定的。

根据贝叶斯观点，参数是未知的并且是概率性描述的。我们可以将贝叶斯方法看作是将概率视为置信度的方法，而不是某些未知过程产生的频率的方法。总而言之，在贝叶斯方法中，我们将概率分配给假设，而频率论观点在没有指定概率的情况下测试假设。

练习

1. [23] 假设给定了无数次重复的实验（"判定"），其中试验是独立的。还假设试验成功发生的（未知）概率 p。假设我们在 m 次试验中取得了 r 次成功，证明下一次试验成功的可能性是

$$\Pr = \frac{r+1}{m+2}$$

假设太阳的年龄是 45 亿年,使用这个结果来预测"太阳明天会升起"的事件。

2. [18] 证明在多元正态分布的情况下,用 MLE 原理能得出

$$\mu = \frac{1}{\ell}\sum_{\kappa=1}^{\ell} z_\kappa \tag{2.2.75}$$

$$\Sigma = \frac{1}{\ell}(z_\kappa - \mu)(z_\kappa - \mu)' \tag{2.2.76}$$

3. [17] 设 $\mathscr{X}^{\sharp} = \{x_1, \cdots, x_\ell\}$ 是 $\mathscr{X}$ 的采样,并假设样本按照如下公式均匀分布:

$$p_X(x) = \frac{[x \in \mathscr{X}]}{\theta}$$

利用 MLE 原理估算 θ。

4. [17] 设 $\mathscr{X}^{\sharp} = \{x_1, \cdots, x_\ell\}$ 是 $\mathscr{X}$ 的采样,并假设样本按照如下公式均匀分布:

$$p_X(x) = \frac{1}{2\sigma} e^{-\frac{|x|}{\sigma}}$$

利用 MLE 原理估算 σ。

5. [17] 设 $\mathscr{X}^{\sharp} = \{x_1, \cdots, x_\ell\}$ 是 $\mathscr{X}$ 的采样,并假设样本按照伯努利分布[⊖]

$$p_X(x) = p^x(1-p)^{1-x}$$

其中 $x \in \{0, 1\}$。利用 MLE 原理估算 $\theta = p$。

6. [18] 假设有一个概率分布,可以表示为高斯混合,根据

$$p(x) = \sum_{j=1}^{2} \alpha_j \frac{1}{\sqrt{(2\pi)^d \det\Sigma}} e^{-\frac{1}{2}(z_\kappa - \mu_j)'\Sigma^{-1}(z_\kappa - \mu)} \tag{2.2.77}$$

这里我们假设这些例子属于与两个高斯相关联的两个类。证明点 x_κ 的类标签 c_κ 的后验概率是

$$\Pr(c = 1 \mid x_\kappa) = \frac{1}{1 + \exp(-\hat{w}'\hat{x})} \tag{2.2.78}$$

$$\Pr(c = 2 \mid x_k) = \frac{1}{1 + \exp(+\hat{w}'\hat{x})} \tag{2.2.79}$$

7. [27] 在认为我们的一维样本来自 $[0, \theta]$ 中的均匀分布的情况下,使用递归贝叶斯学习[⊖]来估计 $p(x|L)$,

$$p(x|\theta) = \frac{[0 \leqslant x \leqslant \theta]}{\theta} \tag{2.2.80}$$

另外假设 $0 \leqslant \theta \leqslant 1$。假设在任何数据获得之前[⊜],我们的先验是 $p(\theta|L_0) = p(\theta) = [0 \leqslant x \leqslant 10]/10$。绘制 $L = \{4, 7, 2, 6\}$ 下的 $p(x|L)$。

8. [18] 给定高斯随机变量 $x_1 \sim \mathcal{N}(\mu_1, \sigma_1^2)$ 和 $x_2 \sim \mathcal{N}(\mu_2, \sigma_2^2)$,证明

$$x_1 + x_2 \sim \mathcal{N}\left(\frac{\sigma_2^2 \mu_1 + \sigma_1^2 \mu_2}{\sigma_1^2 + \sigma_2^2}, \frac{\sigma_1^2 \sigma_2^2}{\sigma_1^2 + \sigma_2^2}\right)$$

$$x_1 * x_2 \sim \mathcal{N}(\mu_1 + \mu_2, \sigma_1^2 + \sigma_2^2)$$

9. [18] 考虑一个伯努利数据分布。证明 β 分布与伯努利似然性共轭。

10. [18] 在认为我们的一维样本来自正态分布的情况下,使用递归贝叶斯学习来估计 $p(x|L)$。特别地,假设给出 σ 并且要估计的唯一参数是 $\theta = u$。我们还假设先验是 $\mathcal{N}(\mu_0, \sigma_0^2)$。最后,将结果扩展为多元高斯。

⊖ 伯努利分布通常与抛掷硬币的过程相关联,随机变量采用 $\{0, 1\}$ 中的值与头部和尾部相关联。
⊖ 这个练习在文献[97]中提出。
⊜ 这里有一个符号 p 的重载,我们应该写成 $p_{\Theta|L}(\theta|L_0) = p_\Theta(\theta)$。

11. [18] 通过对顶点数量的归纳证明公式(2.2.70)。
12. [18] 在对朴素贝叶斯分类器的讨论的基础上,证明使用 MLE 估计 $q(y)$ 和 $q_i(x \mid y)$ 的公式(2.2.73)和公式(2.2.74)。

2.3 基于信息的学习

现在我们介绍基于信息的学习原则。它们受到最大熵原则的启发,该原则返回的决策与来自环境的约束一致,并且尽可能无偏。与统计机器有着有趣的联系,这有助于揭示人类和机器认知过程的出现。

2.3.1 一个启发性的示例

我们从一个在快餐店采用的有启发性的战略计划示例开始⊖。在 Berger 的汉堡店,一家快餐店,使用高科技设备准备餐点以优化服务。提供三种不同的膳食。汉堡套餐1(牛肉)花费 1 美元,可提供 1000 卡路里,上餐时变冷的概率为 0.5。汉堡套餐 2(鸡肉)价值 2 美元,含 600 卡路里,0.2 的概率变冷。汉堡套餐 3(鱼)价值 3 美元,含有 400 卡路里,变冷的概率为 0.1。表 2.1 总结了这一点。

表 2.1 汉堡店的套餐

品名	价格($)	卡路里	热的概率	冷的概率
汉堡套餐 1(牛肉)	1	1000	0.5	0.5
汉堡套餐 2(鸡肉)	2	600	0.8	0.2
汉堡套餐 3(鱼)	3	400	0.9	0.1

可以提出一些问题,这些问题都涉及关于购买习惯的初始假设,即预定这三种膳食的概率 $\Pr(E=b)$,$\Pr(E=c)$ 和 $\Pr(E=f)$⊖。我们怎样才能发现这些概率?在没有任何附加信息的情况下,我们可以合理地猜测 $\Pr(b)=\Pr(c)=\Pr(f)=1/3$,这实际上是最无偏的决定。假设我们被告知一餐的平均价格为 1.75 美元。这显然是偏向于 E 的概率分布。在极端情况下,如果平均价格是 3 美元,则意味着客户几乎都是⊜吃鱼的!因此,关于平均价格的信息必定提供了膳食的概率分布的证据。事实证明上述概率必须满足约束条件:

$$\Pr(b) + \Pr(c) + \Pr(f) = 1$$

$$\Pr(b) + 2\Pr(c) + 3\Pr(f) = \frac{7}{4} \tag{2.3.81}$$

当平均价格的信息不可用时,相等概率的选择对应于随机变量 E(套餐)的熵的最大化,其取得离散值 a、b 和 c。如果我们保持相同的原则,那么从对平均价格的观察来看,我们可以通过在方程(2.3.81)的约束下最大化式子

$$S(E) = -\Pr(b)\log\Pr(b) - \Pr(c)\log\Pr(c) - \Pr(f)\log\Pr(f) \tag{2.3.82}$$

来估计 $\Pr(b)$、$\Pr(c)$ 和 $\Pr(f)$。

⊖ 这个示例已在 Seth Lloyd 和 Paul Penfield, Jr 的"信息、熵和计算"课程的笔记中提出。见 http://www-mtl.mit.edu/Courses/6.050/2014/notes/chapter9.pdf。
⊖ 为简单起见,在下文中我们省略了随机变量 E。
⊜ 形式上,这意味着顾客吃鱼的概率为 1。

如果我们使用拉格朗日方法，我们需要最小化函数

$$\mathcal{L} = \Pr(b)\log\Pr(b) + \Pr(c)\log\Pr(c) + \Pr(f)\log\Pr(f)$$
$$+ \lambda(\Pr(b) + \Pr(c) + \Pr(f) - 1)$$
$$+ \beta(\Pr(b) + 2\Pr(c) + 3\Pr(f) - 7/4) \quad (2.3.83)$$

最小化又会产生

$$\Pr(b) = \frac{e^{-\beta}}{e^{-\beta} + e^{-2\beta} + e^{-3\beta}} \quad (2.3.84)$$

$$\Pr(c) = \frac{e^{-2\beta}}{e^{-\beta} + e^{-2\beta} + e^{-3\beta}} \quad (2.3.85)$$

$$\Pr(f) = \frac{e^{-3\beta}}{e^{-\beta} + e^{-2\beta} + e^{-3\beta}} \quad (2.3.86)$$

其中满足约束条件 $\Pr(b) + 2\Pr(c) + 3\Pr(f) = 7/4$ 使得有可能确定 β 作为公式(2.3.87)的解。

$$-3e^{-\beta} + e^{-2\beta} + 5e^{-3\beta} = 0 \quad (2.3.87)$$

这得到 $\beta = (1 + \sqrt{61})/6$，因此 $\Pr(b) = (19 - \sqrt{61})/24$，$\Pr(c) = (-4 + \sqrt{61})/12$，$\Pr(f) = (13 - \sqrt{61})/24$。结果，熵是 $S(E) \simeq 1.05117$ nats $\simeq 1.51652$ bits。对这些概率的理解使得解决许多有趣的问题成为可能。例如，我们可以计算平均卡路里计数 c，结果证明是

$$c = 1000\Pr(b) + 600\Pr(c) + 400\Pr(f) = \frac{25}{3}(97 - \sqrt{61}) \simeq 743.248$$

同样地，冷餐供应的概率 m_c 是

$$m_c = \frac{1}{2}\Pr(b) + \frac{1}{5}\Pr(c) + \frac{1}{10}\Pr(f) = \frac{46 - \sqrt{61}}{120} \simeq 0.318$$

在平均价格等于 1 或 3 的情况下，问题的解决方案，特别是拉格朗日乘数 β 的值是什么，这在练习 1 中都有所涉及。

2.3.2 最大熵原理

Berger 汉堡问题中概率的估计基于所谓的最大熵原理(Principle of Maximum Entropyt)(MaxEnt)。它基于这样一种观点，即随机变量的概率分布可以通过这种方式进行估算，从而留下与约束条件一致的最大剩余不确定性(即最大熵)。Berger 汉堡问题表明，在一般情况下，环境要求我们强制执行一组 n 个线性约束，这是一个自然的扩展。有趣的是，这个问题在物理学中非常有名！最大熵原理提供了一种经典而优雅的方法将热力学(如温度)的"全局"概念与粒子微观结构的能量联系起来。

让我们用通用状态变量 Y 替换主随机变量 E。在物理学中，我们通常假设 y_κ，$\kappa = 1, \cdots, n$ 是与粒子相关的状态，而 p_κ 和 E_κ 是对应的概率分布和状态 y_κ 的能量。总的来说，热力学系统被认为是具有平均能量

$$E = \sum_{\kappa=1}^{n} p_\kappa E_\kappa \quad (2.3.88)$$

的系统。最大熵原理表明系统将自动调配配置以实现最大化熵

$$S(p) = -\sum_{\kappa=1}^{n} p_\kappa \log p_\kappa \qquad (2.3.89)$$

其中概率满足归一化条件 $\sum_{\kappa=1}^{n} p_\kappa = 1$。在考虑到 Berger 汉堡的例子时，可以很好地捕获与信息熵的有趣联系。如果将粒子的能量与平均膳食价格联系起来，那么我们最终会得到相同的方程式！当使用拉格朗日方法时，则会导致下列式子的最小化：

$$\mathcal{L}(p) = \sum_{\kappa=1}^{n} p_\kappa \log p_\kappa + \beta\left(\sum_{\kappa=1}^{n} p_\kappa E_\kappa - E\right) + \lambda\left(\sum_{\kappa=1}^{n} p_\kappa - 1\right)$$

变量 p_i 的微分产生 $\log p_i + 1 + \beta E_i + \lambda = 0$，从中可以得到

$$p_i = e^{-\lambda-1} e^{-\beta E_i}$$

从概率归一化中我们可以得到

$$e^{-\lambda-1} \sum_{\kappa=1}^{n} e^{-\beta E_\kappa} = 1$$

因此

$$p_i^\star = \frac{e^{-\beta E_i}}{\sum_{\kappa=1}^{n} e^{-\beta E_\kappa}} = \frac{1}{Z} e^{-\beta E_i} \qquad (2.3.90)$$

其中的归一化项为

$$Z = \sum_{\kappa=1}^{n} e^{-\beta E_\kappa} \qquad (2.3.91)$$

这被称为分区函数(partition function)。现在需要确定拉格朗日乘数 β，它可以通过施加另一个约束来获得，即

$$E = \sum_{\kappa=1}^{n} p_\kappa E_\kappa = \frac{1}{Z} \sum_{\kappa=1}^{n} E_\kappa e^{-\beta E_\kappa} \qquad (2.3.92)$$

给定的 E 是 β 中的非线性方程，实际上这只是公式(2.3.87)的推广。拉格朗日乘数 β 具有一个有趣的含义，当我们开始注意到下式时便可以理解：

$$E = -\frac{\partial}{\partial \beta} \log Z \qquad (2.3.93)$$

当将公式(2.3.90)插入到熵定义中时，可以获得熵的最大值，这样我们就可以得到

$$S(p^\star) = -\sum_{\kappa=1}^{n} p_\kappa^\star \log p_\kappa^\star = -\frac{1}{Z} \sum_{\kappa=1}^{n} e^{-\beta E_k} \log \frac{e^{-\beta E_k}}{Z}$$

$$= -\frac{1}{Z} \sum_{\kappa=1}^{n} (-\beta E_\kappa e^{-\beta E_\kappa} - \log Z e^{-\beta E_\kappa}) = (\beta E + \log Z) \qquad (2.3.94)$$

现在令 $T = 1/\beta$，然后定义

$$F := -T \log Z \qquad (2.3.95)$$

然后，根据公式(2.3.94)，可以得到

$$E = ST + F \qquad (2.3.96)$$

此外，还可从公式(2.3.94)和(2.3.93)得到

$$\beta E + \log Z = -\beta \frac{\partial}{\partial \beta} \log Z + \log Z$$

然后就得到

$$S = -\frac{1}{T}\frac{\partial}{\partial T}\log Z \frac{\partial T}{\partial \beta} + \log Z = T\frac{\partial}{\partial T}\log Z + \log Z = \frac{\partial}{\partial T}T\log Z = -\frac{\partial F}{\partial T}$$

该分析将该意义附加到拉格朗日乘数 β，而 β 又被转移到温度 T。

2.3.3 最大相互信息

最大熵的一般框架不足以提供对最有趣的学习任务的适当解释，其中与状态 y_κ 相关联的概率 p_κ 也明确地依赖于感知值 x_κ。熵被定义为离散随机变量 Y，它表示一个紧凑的给定感知数据 $x_\kappa \in \mathscr{X}$ 的符号描述。在机器学习中，我们通常将对随机变量 Y 有监督的情况与没有监督的情况区分开来。

我们开始考虑无监督学习的情况，其中我们可以将 $\mathscr{Y} = \{y_1, \cdots, y_n\}$ 视为具有相应发射概率的向量，与编码函数 $f = (f_1, \cdots, f_n)'$ 相关联。为了强制执行概率归一化，我们使用 softmax 函数，因此对于 $i = 1, \cdots, n$

$$y_i = \Pr(Y = i | x, f) = \frac{e^{f_i(x)}}{\sum_{j=1}^{n} e^{f_j(x)}} \tag{2.3.97}$$

因此，向量

$$y = ([y_1 > 0.5], \cdots, [y_n > 0.5])' \tag{2.3.98}$$

的结果是与输入 x 相关的输出代码。显然，softmax 正在实施会接近单热编码的解。与之前的讨论一样，我们应该对依赖于学习环境的概率表达一系列约束。有趣的是，即使在没有明确约束的情况下，我们也能够实施特殊开发，这会促进最大化输出代码对输入的依赖性的解决方案。我们可以将与 X 相关的 Y(f) 条件熵表示为

$$S(Y|X)(f) = -\mathrm{E}_{XY}(\log p_{Y|X,F}(y|x,f))$$

$$= -\sum_{j=1}^{n} \int_{\mathscr{X}} p_{XY|F}(j,x|f)\log p_{Y|X,F}(j|x,f)\,\mathrm{d}x$$

$$= -\sum_{j=1}^{n} \int_{\mathscr{X}} p_{Y|X,F}(j|x,f))\log p_{Y|X,F}(j|x,f)) \cdot p(x)\,\mathrm{d}x \tag{2.3.99}$$

顺便注意到，由于我们仅对 X 边缘化，因此条件熵 $S(Y|X)(f)$ 可以被视为元素 $f \in \mathscr{F}$ 的函数，其被用于对公式(2.3.97)定义的概率进行建模。$S(Y|X)(f)$ 的最小化对应于随机变量 X 与随机变量 Y 定义的附加符号之间的依赖性实现，其中随机变量 Y 由 $f \in \mathscr{F}$ 给定。极端地说，人们可能愿意强制执行硬约束 $\mathscr{X} = \{x_1, \cdots, x_\ell\}$，但其软满意度在许多实际情况中起着类似的作用。有限的无监督训练集 $\mathscr{X} = \{x_1, \cdots, x_\ell\}$ 的可用性使得用相应的经验近似替换上述条件熵成为可能，经验近似为

$$S(Y|X)(f) = -\frac{1}{\ell}\sum_{j=1}^{n}\sum_{\kappa=1}^{\ell} p_{Y|X,F}(j|x_\kappa,f))\log p_{Y|X,F}(j|x_\kappa,f)) \tag{2.3.100}$$

我们可以很容易地认识到，尽管为了产生强有力的决策，约束 $S(Y|X)(f)$ 的满意度是可取的，但其满意度并不能保证找到适当的解决方案。显然，任何与 X 无关的简单配置，如 $Y = (1, 0, \cdots, 0)$ 都可以满足其约束条件！最大熵原理的应用使得摆脱这些简单的配置成为可能。为了应用最大熵原理，给定 f，我们考虑

$$Y(f) = \mathrm{E}_X(Y(X, F=f)) \simeq 1/\ell \sum_{\kappa=1}^{\ell} p_{Y|X,F}(j|x_\kappa, f)$$

然后我们在约束 $S(Y|X)(f)=0$ 下最大化熵 $S(Y)(f)$。熵 $S(Y)(f)$ 的最大化实际上会产生尽可能无偏差的决策。设 $0 \leqslant \mu \leqslant 1$，约束 $S(Y|X)(f)=0$ 的软解释产生下列公式的最小化：

$$D_\mu(X, Y)(f) := (1-\mu)S(Y|X)(f) - \mu S(Y)(f) \qquad (2.3.101)$$

因此，通过最小化 $D_\mu(X, Y)(f)$，可以将无监督数据的集合聚类成 n 组，其实际上是最大熵原理的软实现。显然，μ 的值可能会显著影响解决方案。$\mu \simeq 1$ 的值强调了强无偏解的发现，然而，这些解都倾向于独立于随机变量 X。另一方面，μ 的值仅强制执行约束 $S(Y|X)(f)=0$。然而，正如已经指出的，最终在普通解决方案中，其再次独立于 X。因此，当 μ 在公式(2.3.101)的两个项之间提供适当平衡时，了解 $D_\mu(X, Y)(f)$ 的更多信息是有益的。当重新排列 D_μ 时，我们可以提供对 $D_\mu(X, Y)(f)$ 的良好解释，如下所示：

$$D_\mu = (1-\mu)S(Y|X)(f) - \mu S(Y)(f)$$

$$= -\frac{1-\mu}{\ell} \sum_{j=1}^{n} \sum_{\kappa=1}^{\ell} p_{Y|X,F}(j|x_\kappa, f)) \log p_{Y|X,F}(j|x_\kappa, f))$$

$$+ \frac{\mu}{\ell} \sum_{j=1}^{n} \sum_{\kappa=1}^{\ell} p_{Y|X,F}(j|x_\kappa, f)) \log\left(\frac{1}{\ell} \sum_{\kappa=1}^{\ell} p_{Y|X,F}(j|x_\kappa, f)\right)$$

$$= -\frac{1}{\ell} \sum_{j=1}^{n} \sum_{\kappa=1}^{\ell} p_{Y|X,F}(j|x_\kappa, f))) \log \frac{p_{Y|X,F}(j|x_\kappa, f))^{1-\mu}}{p_{Y|F}(j, f)^\mu}$$

$$= -\sum_{j=1}^{n} \sum_{\kappa=1}^{\ell} \underbrace{p_{Y|X,F}(j|x_\kappa, f)) \frac{1}{\ell}}_{p_{XY|F}(x_\kappa, j, f)} \cdot \log\left(\frac{p_{Y|X,F}(j|x_\kappa, f))^{1-\mu}}{p_{Y|F}(j, f)^\mu} \cdot \frac{p_{Y|X,F}(j|x_\kappa, f))^\mu}{p_{Y|X,F}(j|x_\kappa, f))^\mu}\right)$$

$$= -\sum_{j=1}^{n} \sum_{\kappa=1}^{\ell} p_{XY|F}(x_{\kappa, f}, j) \log \frac{p_{XY|F}(x_\kappa, j, f) \cdot p_X(x_\kappa)^{-1}}{p_{Y|X,F}(j|x_\kappa, f))^\mu \cdot p_{Y|F}(j, f)^\mu}$$

$$= -D_{KL}(p_{XY|F=f} \| (p_{Y|F=f} p_{Y|X,F=f})^\mu \cdot p_X)$$

这里

$$D_{KL} = D_{KL}(p_{XY|f} \| (p_{Y|f} p_{Y|X,f})^\mu \cdot p_X)$$

是分布 $p_{XY|F}$ 和 $(p_Y p_{Y|X,F})^\mu$ 之间的 Kullback-Leibler 散度[○]。D_{KL} 也称为相对熵，定义和属性在练习 3 中讨论。对 $\mu = \frac{1}{2}$ 我们有

$$D_{KL}(P_{XY|f} \| (p_Y p_{Y|X,f})^{\frac{1}{2}} \cdot p_X) = D_{KL}(p_{XY|f} \| (p_Y p_{Y|X,f} p_X)^{\frac{1}{2}} \cdot p_X^{\frac{1}{2}})$$

$$= D_{KL}(p_{XY|f} \| (p_{Y|f} p_{XY|F} p_X)^{\frac{1}{2}})$$

$$= \frac{1}{2} D_{KL}(p_{XY|f} \| p_{Y|F} p_X) = \frac{1}{2} I(X, Y|f)$$

其中 $I(X, Y|f)$ 是 X 和 Y 之间的相互信息，以随机变量 $F=f$ 为条件。最后，对于 $\mu = 1/2$，

○ 为简单起见，我们用 f 代替 $F=f$。

利用最大熵原理发现
$$f^\star = \arg\max_{f\in\mathscr{F}} I(X,Y\mid f) \quad (2.3.102)$$
这可以给出直接解释，其与 $I(X,F|f)$ 的含义相关。每当随机变量 Y 取决于 X 时，公式 (2.3.102)根据公式(2.3.97)的概率分布规定符号的发布，其中 f 使相互信息 $I(X,Y|f)$ 最大化。

现在让我们考虑监督数据的情况，之前的分析仍然可以进行。在这种情况下我们施加的约束是学习集的监督对的显式转换。因此，与无监督学习一样，我们可以很容易地看到需要对 $S(Y|X)(f):=S(Y|X,F=f)$ 施加软满意度。假设我们处理两个类。在这种情况下，$p_{Y|X}$ 遵循伯努利分布，
$$p(y|x) = f(x)^y(1-f(x))^{1-y} \quad (2.3.103)$$
因此
$$S(Y|X) = -\sum_{\kappa=1}^{\ell} \log p(y_\kappa | x_\kappa)$$
$$= -\sum_{\kappa=1}^{\ell}(y_\kappa \log f(x_\kappa) + (1-y_\kappa)\log(1-f(x_\kappa))) \quad (2.3.104)$$

最大熵原理要求我们在软约束 $S(Y|X)$ 下最大化 $S(Y)$，$S(Y)$ 的最大化会产生尽可能无偏的配置。赋予 $S(Y)$ 和 $-S(Y|X)$ 相同的权重使得 $I(X,Y,f)=S(Y)-S(Y|X,f)$ 最大化。我们最终得到了公式(2.3.102)所述的最大相互信息原则，且已讨论过无监督学习。

该分析与 2.1.1 节中关于监督学习损失函数的讨论有所交叉。特别地，相对熵损失对应于公式(2.3.104)。值得一提的是，虽然相对熵和条件熵在监督学习的情况下产生相同的结果，但 $S(Y|X,f)$ 能得出更一般的结论，因为它也可以用于无监督学习。此外，我们注意到 $S(Y)$ 最大化在监督和无监督学习中的共同作用。然而，在监督学习中，附加到 $S(Y)$ 的权重取决于训练集有效地表示概念的方式。每当它用于捕获潜在的概率分布时，$S(Y)$ 项起着次要的作用。对于无监督学习而言，情况并非如此，其中 $S(Y)$ 确实起着更重要的作用，正如已经注意到的那样，它可以防止创建简单的配置。这个讨论表明，即使 $I(X,Y,f)$ 产生一般的学习标准，但也有基于信息标准的空间，且这些标准恰当地平衡了 $S(Y)$ 和 $S(Y|X,f)$。

练习

1. [17] 在 $E\to 1.00\$$ 或 $E\to 3.00\$$ 的情况下考虑 Berger 汉堡问题。证明 $p\to+\infty$，即 $T=1/\beta\to 0$。提供对这种"冷解"的解释。

2. [20] 考虑一个执行监督学习的线性机。假设我们将其权重视为概率，因此 $b+\sum_{\kappa=1}^{d} w_i = 1$。再将学习表示为最大熵原理，其中熵在训练集施加的约束下最大化。讨论相应的解决方案。

提示：构造的解决方案与稀疏解决方案有些相反。

3. [18] 给定两个概率分布 $p(x)$ 和 $q(x)$，它们的 Kullback-Leibler 距离定义为
$$DL(p,q) := \mathrm{E}\left(p\log\frac{p}{q}\right) \quad (2.3.105)$$
证明 $DL(p,q)\geqslant 0$。假设我们定义对称函数 $S(p,q):=DL(p,q)+DL(q,p)$。这是否能被定

为一个度量？

4. [16] 给定序列[一]

$$x_1 \quad x_2 \quad x_3 \quad x_4 \quad \cdots$$
$$1 \quad 2 \quad 3 \quad 4 \quad \cdots$$

以下两种解释中的哪一种更可取？

- $x_5=5$，因为 $\forall_\kappa=1,\cdots,4:x_\kappa=\kappa$
- $x_5=29$，因为 $x_\kappa=\kappa^4-10\kappa^3+35\kappa^2-49\kappa+24$

5. [19] 假设我们获得了信息源

$$\mathcal{I}=\{(a,0.05),(b,0.05),(c,0.1),(d,0.2),(e,0.3),(f,0.2),(g,0.1)\}$$

让我们考虑相关的霍夫曼树（Huffman tree）。在用于构造代码的算法[二]中扩展上述概述的想法。

6. [18] 给定与练习 5 中相同的信息源，在用于构造代码的算法[三]中扩展上述概述的想法。

2.4 简约原则下的学习

在本节中，我们将介绍简约原则，并根据奥卡姆剃刀呈现其一般的哲学本质。我们将讨论它在科学，尤其是机器学习中的作用和不同的解释。

2.4.1 简约原则

在 1.2.1 节中，我们讨论了归纳的令人费解的性质，它要求对观察到的数据进行适当的解释。简约原则（在拉丁语中是 lex parsimoniae）通常与哲学中的经典奥卡姆剃刀相关联，其表明：实体不应超过必要性。因此，每当我们对观察到的数据有不同的解释时，最简单的一个就是第一选择。显然，这会对正确解释简单性产生重大问题，正如 1.2.1 节指出的那样，这个问题可能会引起争议。对简约性的搜寻是一种遍及任何科学领域的普遍特征。它提供了对许多自然法则的直接解释，并很好地推动了决策过程机制[四]。统一框架是智能代理返回与环境约束兼容的最简单决策的框架，与概率和统计推断不同，这样的智能代理基于适当的简单概念来决定。任何简约定义的任意性似乎需要兼顾优雅和美丽。虽然我们可能很容易就类似特征的选取问题存在分歧，但又往往被实现创立统一解释的雄心所吸引。当正式描述预期智能代理所处的环境时，这尤其有趣。此外，正如下文所示，简约原则与信息理论和统计学共享边界，这使我们能够引入简单的定义，这些定义与这些理论产生的解决方案表现出有趣的一致性。然而，我们运作在一个非常不同的原则下，产生不同的结果，这引出了我们必须遵守的原则问题。初看起来，统计框架正是人们正在寻找的，因为它保证了最佳的泛化行为。不幸的是，如 2.5 节所述，它依赖于对自然真实状态的可论证假设，这在一定程度上对相关推理机制的健全性做出了妥协。另一方面，简约原则并没有因为缺乏与假设的一致性而受到影响，但它会遭受简单形式转化时所表现的任意性的困扰。

[一] Marcus Hutter 幻灯片。
[二] David A. Huffman [186]在麻省理工学院攻读博士学位时发现了构造树的算法和随后的代码提取。
[三] 用于构造树的算法和随后的代码提取归功于 Shannon 和 Fano。
[四] 初步研究请参考 2.5 节。

2.4.2 最小描述长度

使用简约原则的一种非常自然的方式,是就机器学习的大多数统计方法假设一种截然不同的哲学观点。我们开始强调在相互竞争的数据解释中做出决定的重要性。在 1.2.1 节中介绍归纳的一般概念时,我们接触到了一些令人费解的方面,这些方面可能使竞争解释中的决定有些尴尬。例如,为什么我们更喜欢 Bob 对风格化时钟的解释而不是 Jack 的?显然,并不是因为 Bob 实际上是负责处理测试的专家! 显而易见的是,IQ 示例提出了一个非常普遍的问题,这个问题对归纳和统计推断至关重要。解决问题的可能方法是使用最小描述长度(Minimum Description Length,MDL)原则。它基于这样的思想:数据中的任何规律性都可以用于压缩,也就是说,我们可以使用比描述原始源所需的更少的符号。捕获的规律性越多,压缩的数据就越多。1.2.1 节的示例有助于理解捕获规则的深层含义。在某些情况下,它们非常明显,在其他情况下,数据看起来确实是随机的。不考虑与随机性的深层含义相关的棘手问题,学习可以恰当地被视为发现规律性的行为。下面的显式案例,引入了 MDL 后,确实有所帮助。假设在以下序列之前:

$$\begin{array}{cccc} 1 & 2 & \cdots & 1000 \\ 01101 & 01101 & \cdots & 01101 \end{array} \qquad (2.4.106)$$

这是在简单规律下生成的一个明显数据示例。对接下来的比特的预测很容易:实际上存在明显的周期规律性。我们可以通过算法 S 以简单的方式重现序列。

算法 S(周期序列生成器(periodic sequence generator))。打印公式(2.4.106)中的序列。

S1[初始化。]设置 $s \leftarrow 01101$ 和 $k \leftarrow 1$。

S2[打印。]打印 s。如果 $k=1000$,则终止;否则 $k \leftarrow k+1$ 并重复此步骤。

可以立即意识到原始序列的长度与生成它的程序的长度之间存在显著差异。假设这些位实际上被编码为 1 字节的任意字符,则序列(2.4.106)的长度约为 5K 字节。计算上述生成程序的长度需要一些假设。如果我们考虑两个步骤 S1 和 S2 并假设计算组成行的字符以及控制字符,那么我们发现该程序长约 120 个字节。虽然保持生成规则而不是原始序列已经显著节省了空间,但我们可以立即意识到随着序列长度的增加,节省的成本也会大大增加。程序的符号结构不会改变,因为序列的长度仅影响步骤 S2(当我们指定 k 上的界限时),其中周期 T 的大小与 $\log T$ 成比例[⊖]。总之,当序列长度为 $O(T)$ 时,生成程序的长度为 $O(\log(T))$。当然,类似的差异涉及序列长度,因为 $n=5T$,因此我们保持压缩比 $n/\log n$。这种强压缩是一个已经学习过的概念的符号,其中的规律已被充分捕获。类似的分析也可以用于斐波那契序列(1.2.15):同样,它的公式(1.2.18)的计算可以由具有恒定长度的程序编写,因此,当 $n \to \infty$ 时,我们只需要一个空格与 $\log n$ 成比例以存储必须生成的最大数量。有趣的是,请注意,无论这两个示例中涉及的两个程序的语言编码如何,这个比率 $n/\log n$ 都成立。通过相应的生成规则完美捕获序列的情况在数学中非常常见;像 π 这样的先验数和 Neper 数可以表示为表征数字的序列,就像机器学习概念一样。在所

⊖ 这是一般规则的渐近性质,表明存储整数 m 的位数是 $[1+\log m]$。

有这些情况下，压缩序列的程序获得最大压缩比 $n/\log n$。这是一种黄金比例（divine ratio），这在某种程度上推动了我们披露信息来源背后的信息的野心。正如 1.2.1 节所述，随机性的难以捉摸和令人费解的性质使我们只能发现部分隐藏的规律。

现在，为了形式化我们的想法，我们需要构建一种描述方法，即一种表达在数据中捕获的规则的形式语言。在算法 S 中采用的本书中使用的伪代码很好，但是对同一规则显然有无限多的可能不同的描述。例如，可以仅使用一个步骤描述算法 S：

S1′[打印序列。]打印 01101 1000 次。

虽然这个描述比 S 的短，但它们共享相同的渐近属性：长度都是 $O(\log n)$。因此，这种极端压缩不受已使用的两种不同描述的影响。

关于随机性的讨论使我们可以介绍 Kolmogorov 复杂性的基本概念。假设我们处于 1.2.1 节中已广泛讨论的情况，其中 $\{0,1\}^*$ 中的给定字符串由预测序列未来内容的假设来解释。在无数可能的假设中，哪一个应该是首选的？奥卡姆剃刀建议"如无必要，勿增实体"。一旦我们选择了形式语言 L，我们就可以将字符串 x 的 Kolmogorov 复杂度 $C_L(x)$ 定义为输出 x 的最小程序的长度。这个定义的一个问题是复杂度 $C_L(x)$ 不仅是 x 中信息的固有属性，而且还取决于 L 语言。之前关于压缩比渐近行为的研究表明，计算模型可能不会影响定义的深层含义⊖。

可以证明，如果我们限制通用计算机语言之间的讨论，则两种语言 L 和 M 中的字符串 x 的复杂性仅相差常数 c，该常数 c 不取决于 x 的长度而仅取决于 L 和 M：

$$|C_L(x) - C_M(x)| \leqslant c \qquad (2.4.107)$$

出于这个原因，选择任何一种语言作为这种渐近的复杂概念的代表都是有意义的。我们也可以放弃对 L 的依赖，并将算法复杂度（algorithmic complexity）$C(x)$ 称为序列的固有属性。很容易认识到存在一个与 x 无关的常数 c，使得 $C(x) < |x| + c$。

Kolmogorov 复杂性为描述不可压缩字符串的概念提供了一个自然框架，这些字符串是 $C(x) \geqslant |x|$ 的字符串。不可压缩的字符串没有冗余，它们在算法上是随机的。但是不可压缩的字符串存在吗？在 1.2.1 节中，已经表明，显然随机的序列是由简单的生成规则驱动的。查看风格化时钟时，Bob 和 Jack 都错过了一个简单的规则！伪随机生成规则(1.2.24)显然提供了一种随机序列的神圣压缩规则！我们认为的随机，难道不仅仅是我们对数据结构缺乏了解的结果吗？如果我们开始考虑给定长度 n 的字符串集合，并分析它们是否都可以被压缩，我们可以在理解这个问题上迈出实质性的一步。为了使这个问题得到明确定义，假设我们考虑所有 2^n 二进制字符串的集合 $\mathscr{S}$；来看看它们是否总是可以被压缩。让我们假设存在一个压缩程序 p，它可以通过以下方式将 $\mathscr{S}$ 的任何字符串映射到 $m < n$ 的维度之一：我们将 $\mathscr{S}$ 的每个字符串映射到另一个长度严格小于 n 的二进制字符串，这样这种映射就是双射的。但是，任意长度小于 n 的可能的字符串的数量是

$$\sum_{\kappa=0}^{n-1} 2^\kappa = 2^n - 1 < 2^n = |\mathscr{S}|$$

上面的不等式表明，总是存在至少一个不可压缩的字符串！还有更多：我们可以扩展这个

⊖ 这是一个非常复杂的问题，本书未对此进行全面介绍。但是，可以在 2.5 节中找到一些其他细节。

计数参数，以表明绝大多数字符串是不可压缩的。我们的字符串预计会非常大，因此，我们很想知道压缩属性如何扩展。对于某些常数 $c \in \mathbb{N}$，则需考虑满足属性 $|C(x)| \geqslant |x| - c$ 的几乎不可压缩（c-不可压缩）字符串是有意义的。我们已经看到这适用于 $c=1$。这个定义背后的想法是压缩程序 p 只能保存一个常数空间 c，这与长字符串无关。如果我们重复先前的计数论证，我们就有

$$|\overline{\mathscr{S}_c}| \leqslant \sum_{\kappa=0}^{n-c} 2^\kappa = 2^{n-c+1} - 1 < 2^n = |\mathscr{S}|$$

这允许我们计算 c-不可压缩字符串的分数。对于 $c=10$ 我们有

$$\rho = \frac{|\mathscr{S}| - |\overline{\mathscr{S}_c}|}{|\mathscr{S}|} = \frac{2^n - (2^{n-9} - 1)}{2^n} = 1 - \frac{1}{512} + \frac{1}{2^n}$$

显然，这对于大的 n 是有意义的，其中 $p \simeq 0.998$。事实上，$\mathscr{S}$ 的大多数长序列都是 10-不可压缩的！从这个角度来看，规律性的存在可以被解释为例外。只有少数序列存在生成的基本规则；大多数长序列无法有效压缩。请注意，这与单个序列的随机性无关。如前所述，随机性可能是隐藏结构的结果。因此，几乎所有字符串都是随机的，但我们不能任意展示随机的特定字符串。这些关于序列的算法复杂性的属性出现在集合的框架中，我们希望从中获取统一的规则。须注意的是，程序 p 应该在不同的序列上统一运行，就像需要根据输入做出决策的机器学习程序一样。

这种算法复杂性的框架非常通用，但它有一些显著的局限性。首先，可以证明不存在那种程序，它对于每个字符串 x，返回打印 x 的最短程序。也就是说，算法的复杂性是不可计算的！其次，描述方法存在任意性。虽然这个问题是渐近克服的，但在实践中，我们经常处理小数据样本，其中不变性定理不会产生任何有用的信息。此外理想化的 MDL 选择的假设可能对具体例子产生不可忽视的影响。

现在我们将注意力集中在构建发现数据规律性的推理过程。MDL 将学习视为数据压缩：它告诉我们，对于给定的假设 $\mathscr{H}$ 和数据集 $\mathscr{X}$，我们必须找到最能压缩 $\mathscr{X}$ 的假设。这被证明是一种非常通用的归纳推理方案，并且它适用于处理模型选择和过度拟合。

让我们考虑一下拟合图 2.1 所示点集的问题。实验数据来自不同高度的气压测量，根据最小二乘回归使用多项式近似来构造拟合曲线[⊖]。正如我们在图 2.1 中看到的那样，数据拟合的质量逐渐提高，直到度数达到 $m=6$（左）。在右边，很明显，对于 $m=7$，虽然给定数据的拟合非常好，但随着高度增加，近似行为变得非常糟糕！基本上，自然定律表明气压表现出朝向为零的强烈衰减，而多项式很难适合类似的行为。然而，即使在不了解调节物理现象的规律的情况下，对 $m=4$ 特别是 $m=6$ 也都有很好的近似值。当模型的复杂性达到 $m=7$ 时，我们经历了关键数据的过拟合。

这种过拟合行为不是这个问题应有的特征。因此，在实践中使用的模型选择方法需要在拟合优度和所涉及的模型的复杂性之间进行权衡。相比采用"低"或"高"的多项式次数，类似这样的权衡通常导致对测试数据的更好预测。如果我们感兴趣的是确定给定次数的多项式的最优系数，则我们正面临假设选择问题（hypothesis selection problem），而在

⊖ 关于多项式拟合技术的细节可以在 3.1 节中找到。

模型选择问题(model selection problem)中，我们主要感兴趣的是选择度数。

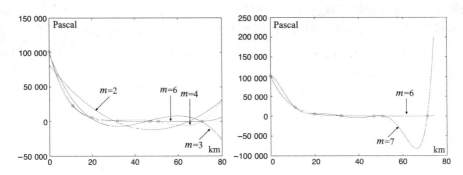

图 2.1　气压与高度的关系。(左)随着多项式的增加，数据拟合质量逐渐提高，直到 $m=6$。(右)虽然从 $m=7$ 开始多项式很好地拟合了实验数据，但其行为在 $60 \sim 80 \mathrm{km}$ 的高度范围内非常糟糕

现在假设给出了一组候选模型 $\mathscr{H} = \{H_1, \cdots, H_h\}$。在先前的多项式数据拟合的情况下，候选模型是一定次数的多项式，其中不同的模型对应于多项式次数的特定选择。在这里，任何假设都应该以某种语言描述，并由相应的程序正确表达。在下面的讨论中，我们可以互换假设和程序。正如已经注意到的，次数的选择在实际数据拟合中起着重要作用。现在我们想要发现能更好地捕获隐藏生成规则的假设 $H \in \mathscr{H}$。首先，它应该尽可能地解释数据，其次，根据奥卡姆剃刀，它也应该尽可能简单。我们可以使用算法复杂度 $C(H)$ 来表示假设的长度，因此我们设置 $L(H) := C(H)$。

假设在数据 $x_1, \cdots, x_\ell$ 上 y 的测量结果由随机变量 $\mathrm{Y} = (\mathrm{Y}_1, \cdots, \mathrm{Y}_\ell)$ 描述；在相同的数据上，我们可以计算随机变量 $\hat{\mathrm{Y}} = (\hat{\mathrm{Y}}_1, \cdots, \hat{\mathrm{Y}}_\ell)$，其随机性由 H 的多个可能选择给出。我们可以说 $\hat{\mathrm{Y}}$ 完全依赖于可能值为 $H_1, \cdots, H_h$ 的离散随机变量 H。现在自然地定义误差 $\Delta_i = \varepsilon(\hat{\mathrm{Y}}_1, \mathrm{Y}_i)$ (自然选择例如，$\varepsilon(\hat{\mathrm{Y}}_i, \mathrm{Y}_i) = |\hat{\mathrm{Y}}_i - \mathrm{Y}_i|$)。给定模型 H 的误差编码，以比特为单位，具有由 $L(\delta)$ 表示的长度，其中 $\delta = (\delta_1, \cdots, \delta_\ell)$，其程度取决于 H 是否正确塑造了 $\hat{\mathrm{Y}}$。注意，$L(H)$ 和 $L(\delta)$ 都是以位表示的长度描述。MDL 原则规定，在 $\mathscr{H}$ 的所有可能的假设中，我们选择

$$\hat{H} = \min_{H_\kappa \in \mathscr{H}} (L(H_\kappa) + L(\delta)) \tag{2.4.108}$$

在多项式数据拟合的问题中，$L(\delta)$ 对给定数据 y 和预测值 $\hat{y}$ 之间的误差进行编码。请注意，高阶多项式的选择有利于减小该长度，甚至可以达到零值⊖。然而，多项式的次数越高，其描述的长度 $L(H)$ 越高。如前所述，模型的拟合度和复杂性之间的良好平衡通常是成功的解决方案的一个重要特征。

为了应用 MDL 原理，根据公式(2.4.108)，我们需要参考 $L(H)$ 和 $L(\delta)$ 的表达。如下所示，相比之下 $L(H)$ 的定义更成问题，而 $L(\delta)$ 在代码理论的框架内找到了良好的解释。为了提供校正码长度 $L(\delta)$ 的合理定义，我们需要假设该原理的应用与 $\Pr(\Delta = \delta)$ 的知

⊖　正如下一章中所示，高阶多项式也会受到病态条件的影响，这只是学习具有太多自由参数的模型的另一个问题。

识相关联。在这种情况下,存在最佳校正码具有长度
$$L(\delta) = -\log \Pr(\Delta = \delta) \tag{2.4.109}$$
这与香农-范诺编码相对应。

2.4.3 MDL 与正则化

现在让我们回到一个变量的函数的多项式拟合,如图 2.1 所示。如果我们想要在训练集的样本 $\mathscr{L}=\{(x_1, y_1), \cdots, (x_\ell, y_\ell)\}$ 的基础上预测函数
$$f(x) = b + w_1 x + w_2 x^2 + \cdots + w_d x^d \tag{2.4.110}$$
函数 f 是由 H 表示的假设。更一般地说,这是基于函数 $f \in \mathscr{F}$ 在 $\mathscr{L}$ 上的回归问题。对 f 结构的特定假设,这允许我们将优化折叠到有限维空间,显然这有利于降低计算复杂性。然而,目前让我们保持更普遍的假设,这种假设自然会产生正则化(regularization)的概念。首先介绍下惩罚指数
$$E(f) = \frac{1}{\ell} \sum_{k=1}^{\ell} (y_\kappa - f(x_\kappa))^2$$
这用于表示数据拟合。根据 MDL 原理,我们需要提供一个校正码来表示任何 $\kappa = 1, \cdots, \ell$,误差 $y_\kappa - f(x_\kappa)$。也就是说,我们需要确定 $\Pr(\Delta = \delta)$,这使得我们能评估相应的代码长度。这里假设 $H = H_\kappa$ 被写为 $F = f$。当然,$\Pr(\Delta = \delta) = \Pr(\hat{Y} = \hat{y}, F = f)$。然后,在高斯概率假设下,有
$$\Pr(\hat{Y} = \hat{y}, F = f) = \frac{1}{(2\pi)^{\ell/2} \sigma^\ell} \prod_{\kappa=1}^{\ell} e^{-\frac{(y_k - f(x_k))^2}{2\sigma^2}} = \frac{1}{(2\pi\sigma^2)^{\ell/2}} e^{-\sum_{\kappa=1}^{\ell} \frac{(y_\kappa - f(x_\kappa))^2}{2\sigma^2}}$$
我们得到
$$L(\delta) = -\log \Pr(\Delta = \delta) = \frac{\ell}{2} \log(2\pi\sigma^2) + \sum_{\kappa=1}^{\ell} \frac{(y_\kappa - f(x_\kappa))^2}{2\sigma^2} \tag{2.4.111}$$
最后,根据公式(2.4.108),MDL 原理的应用最终被转化为优化问题
$$f^\star = \arg\min_{f \in \mathscr{F}} \left(\sum_{\kappa=1}^{\ell} (y_\kappa - f(x_\kappa))^2 + 2\sigma^2 L(f) \right) \tag{2.4.112}$$
该等式提供了由 MDL 驱动的学习解释,其与正则化原理(regularization principle)相对应。在采用正则化框架时,人们寻找由损失函数和正则化项(regularization term)组成的优化指数。公式(2.4.112)可以解释为具有二次损失的正则化问题,并且具有正则化项,该正则化项专门用于发现具有较小长度描述的假设。可以按照 2.1.1 节中的讨论选择损失项。然而,虽然二次选择具有直接的概率解释,但对于其他损失函数,这样的连接不是那么明确。其他连接在 2.4.4 节中建立。在正则化原理中⊖,项 $L(f)$ 表示 f 的平滑性或向量空间 $\mathscr{F}$ 中的适当范数的约束。有趣的是,这两种执行正则化的方式都可以解释为算法复杂性度量。

在多项式的情况下,如果我们假设公式(2.4.110)的每个系数取 B 位(比特),则可能的复杂性度量是

⊖ 关于正则化的这两种不同观点的更多技术细节在第 4 章中给出。

$$L(f) = (d+1)B \tag{2.4.113}$$

因此

$$(b,w_1,\cdots,w_d;d)^{*\prime} = \arg\min\Big(2B\sigma^2(d+1) + \sum_{\kappa=1}^{\ell}(y_\kappa - f(x_\kappa))^2\Big) \tag{2.4.114}$$

对于任何固定的 d，此优化问题与经典的最小二乘问题相对应。假设 d 维变量的联合是一个变量，它提供了优化图 2.1 中概述的过拟合问题的解决方案。

虽然公式(2.4.114)的解依赖于有限维空间中的经典优化，但是更多涉及了用于确定函数空间中的解 f 的一般陈述⊖。公式(2.4.113)的缺点是它是基于假设的直接表示，而忽略了它的真正的复杂性。在某些情况下，具有相同数量权重的两个多项式可以用具有显著不同长度的代码来描述。事实上，人们可以采用元级并将假设 f 视为由 MDL 再次解释的集合 $\{(x_\kappa, f(x_\kappa))\}$。显然，平滑的函数更容易预测，这表明采用了反映此属性的描述长度。对于单维输入，可以将 $L(f)$ 定义为

$$L(f) = \int_{\mathscr{X}} f^{\prime 2}(x)\mathrm{d}x = \|f\|^2 = \langle Df, Df\rangle \tag{2.4.115}$$

这是一个对于平滑功能而言显然很小的半范数⊖。如果 f 是多项式⊜ $f(x) = \sum_{\kappa=0}^{d} w_\kappa x^\kappa$ 则有 $f'(x) = \sum_{\kappa=1}^{d} \kappa w_\kappa x^{\kappa-1}$，因此我们能推出

$$\begin{aligned} L(f) = \int_{\mathscr{X}} (f'(x))^2 \mathrm{d}x &= \sum_{\kappa=1}^{d}\sum_{j=1}^{d} kj w_k w_j \int_{\mathscr{X}} x^{\kappa-1} x^{j-1} \mathrm{d}x \\ &= \sum_{\kappa=1}^{d}\sum_{j=1}^{d} p_{\kappa j} w_\kappa w_j = \|w\|_p^2 \end{aligned} \tag{2.4.116}$$

其中 $p_{\kappa j} := \kappa j \int_{\mathscr{X}} x^{\kappa-1} x^{j-1} \mathrm{d}x$ 是构造的半正定并且 $\|w\|_p^2 := \sum_{\kappa,j} p_{\kappa j} w_\kappa w_j$。根据公式(2.4.116)，每当选择具有小系数的多项式时，发现具有小长度描述的假设使 $L(f) = \|w\|_p^2$ 很小。这种决策简约性的表达方式可以推广，因此我们假设

$$L(f) = \|w\|^p = \Big(\sum_{\kappa=1}^{d}|w_\kappa|^p\Big)^{1/p} \tag{2.4.117}$$

针对 $p=2$ 讨论的 f 的"简约发现"适用于 p 的其他选择，但是现在出现了些新的有趣属性。特别地，当 $p=1$ 时，产生另外的简约发现，导致了学习参数空间中的稀疏性。

2.4.4 正则化的统计解释

假设一个给定训练集 $\mathscr{L} = \{(x_1, y_1), \cdots, (x_\ell, y_\ell)\}$，我们想用函数 $f: \mathscr{X} \to \mathbb{R}$ 来逼近它使得 $y_\kappa = \varepsilon_\kappa + f(x_\kappa)$。$(x_\kappa, y_\kappa)$ 是从已知的概率分布中绘制出来的，因此它们可以被视为随机变量 $L=(X, Y)$ 的实例，其中 X 与 x_κ 相关联，Y 与 y_κ 相关联。函数 f 将随机变

⊖ 将在 4.4.4 节中讨论。
⊖ $\|f\|^2 = 0$ 表示常数函数。
⊜ 这里我们假设 $w_0 := b$。

量 X 映射到 F＝f(X)，尽可能接近 Y。在贝叶斯统计框架中，可以将这些随机变量的依赖关系联系起来。当我们寻找使 Pr(F＝f|L＝ℓ)最大化的函数 f 时，它是给定 L＝(X，Y)的 F＝f(X)的条件概率。这样，我们根据 X 和 Y 之间的依赖关系提供了对随机变量 L 的更好解释。因此，遵循贝叶斯规则，我们有⊖

$$\begin{aligned} f^\star &= \arg\max_{f\in\mathscr{F}} \prod_{\kappa=1}^{\ell} p_F(f(x_\kappa)|(x_\kappa,y_\kappa)) \\ &= \arg\max_{f\in\mathscr{F}} \prod_{\kappa=1}^{\ell} \frac{p_L((x_\kappa,y_\kappa)|f(x_\kappa))p_F(f(x_\kappa))}{p_L(x_\kappa,y_\kappa)} \\ &= \arg\max_{f\in\mathscr{F}} \prod_{\kappa=1}^{\ell} p_L((x_\kappa,y_\kappa)|f(x_\kappa))p_F(f(x_\kappa)) \end{aligned} \quad (2.4.118)$$

现在假设

$$p_L((x_\kappa,y_\kappa)|f(x_\kappa)) \propto \exp\left(-\frac{(y_\kappa-f(x_\kappa))^2}{2\sigma^2}\right) \quad (2.4.119)$$

$$p_F(f(x_\kappa)) \propto \exp(-\gamma L(f)) \quad (2.4.120)$$

第一个假设是从样本 $\varepsilon_\kappa = y_\kappa - f(x_\kappa)$ 可获得的随机变量是正态分布得到的。假设(2.4.120)可以被视为先验知识的模型。有趣的是，当将 $L(f)$ 视为假设 f 的描述长度时，先验与 MDL 一致：小描述产生高先验密度。从公式(2.4.118)我们得到

$$\begin{aligned} f^\star &= \arg\max_{f\in\mathscr{F}} \sum_{\kappa=1}^{\ell} \exp\left(-\frac{(y_\kappa-f(x_\kappa))^2}{2\sigma^2}\right)\exp(-\lambda L(f)) \\ &= \arg\max_{f\in\mathscr{F}} \exp\left(-\lambda\sigma^2 L(f)\right) - \sum_{\kappa=1}^{\ell}(y_\kappa-f(x_\kappa))^2 \\ &= \arg\min_{f\in\mathscr{F}} \left(\lambda\sigma^2 L(f) + \sum_{\kappa=1}^{\ell}(y_\kappa-f(x_\kappa))^2\right) \end{aligned}$$

其中 $\lambda = \gamma\sigma^2$。我们可以通过使用基于损失的一般定义(2.1.1)来扩展公式(2.4.119)，以得到 $p_L((x_\kappa, y_\kappa)|f(x_\kappa)) = \exp(-\lambda V(x_\kappa, y_\kappa, f))$。结果得到了

$$f^\star = \arg\min_{f\in\mathscr{F}}\left(\lambda L(f) + \sum_{\kappa=1}^{\ell} V(x_\kappa,y_\kappa,f)\right) \quad (2.4.121)$$

这很好地说明了贝叶斯决策和正则化之间的联系。

2.5 注释

本书未涉及的一个值得注意的主题是将学习作为一种搜索问题，这在文献[248]中得到了广泛的应用。基于决策树的学习机器[281-282,55]已被广泛应用于实际问题中并取得了显著成就。在这些情况下，我们处理离散的学习空间，其中通过基于信息的标准来帮助对概念的搜索。

2.1 节 每当我们处理数据的函数和时，在统计中，我们都会参考 M 估计量。最小均

⊖ 虽然这与公式(2.2.63)有关，但这里我们并没有将分析局限于分类，而且还在函数空间 $\mathscr{F}$ 中制定了学习问题。

方是 M 估计量的一个特例，但它们已成为统计学中广泛研究的主题[311]。当然，M 估计量作为损失项总和，是任意风险函数的基础。关于损失函数的讨论在文献[289]中给出。

可以使用变分微积分在无限维空间中进行搜索，而不是遵循有限维度中的风险最小化。学习代理的特征为函数 f 满足

$$\delta_f \int_{\mathscr{X} \times \mathscr{Y}} V(x,y,f) p_{X,Y}(x,y) \mathrm{d}x \mathrm{d}y = 0$$

正如已注意到的那样，我们可以很方便地将此公式重写为

$$\int_{\mathscr{X}} \left(\delta_f \int_{\mathscr{Y}} V(x,y,f) p_{Y|X}(y|x) \mathrm{d}y \right) p_X(x) \mathrm{d}x = 0$$

让我们考虑单输出模型的情况。由于 $\forall x \in \mathscr{X}: p_X(x) > 0$，我们有

$$\int_{\mathscr{Y}} \partial_f V(x,y,f) p_{Y|X}(y|x) \mathrm{d}y = 0 \tag{2.5.122}$$

现在，我们再次遵循以更直接的方式发现最优解的路径，以便在 L_2 和 L_1 度量的情况下进行回归。在二次损失 $V(x,y,f) = \frac{1}{2}(y-f(x))^2$ 的情况下，我们得到

$$\int_{\mathscr{Y}} (y - f(x)) p_{Y|X}(y|x) \mathrm{d}y = 0 \Rightarrow f(x) = \int_{\mathscr{Y}} y p_{Y|X}(y|x) \mathrm{d}y = \mathrm{E}_{Y|X}(y|x)$$

对于 L_1 度量，除了 $y - f(x) = 0$ 的奇点之外，我们有

$$\partial_f V(x,y,f) p_{Y|X}(y|x) = -[y - f(x) > 0] + [y - f(x) < 0]$$

最后，根据公式(2.5.122)，我们得到

$$\int_{\mathscr{Y}} [y - f(x) > 0] p_{Y|X}(y|x) \mathrm{d}y = \int_{\mathscr{Y}} [y - f(x) < 0] p_{Y|X}(y|x) \mathrm{d}y$$

其在中位数(2.1.29)的条件下满足。可以针对不同度量指数 p 的值执行相关分析。

2.1.4 节中关于偏差-方差困境的讨论涉及二次损失，与 Stuart Geman 等[124]的开创性论文有关。其他损失函数的研究可以在文献[115]和[199]中找到。

最大似然估计被 Ronald Fisher 发现并广泛推广，但 Carl Friedrich Gauss、Pierre-Simon Laplace、Thorvald N. Thiele 和 Francis Ysidro Edgeworth 的先前研究包含了显著的基本思想痕迹(参考文献[4])。

我们可以通过定义变量将分数与观察 x 相关联：

$$v := \frac{\partial}{\partial \theta} \ln p_X(x, \theta) \tag{2.5.123}$$

可以迅速发现一阶矩 $\mathrm{E}(v|\theta)$ 为空，因此我们有

$$\mathrm{E}\left(\frac{\partial}{\partial \theta} \ln p_X(x,\theta) \Big| \theta\right) = \int_{\mathscr{X}} \frac{1}{p_X(x,\theta)} \frac{\partial p_X(x,\theta)}{\partial \theta} p_X(x,\theta) \mathrm{d}x$$

$$= \int_{\mathscr{X}} \frac{\partial}{\partial \theta} p_X(x,\theta) \mathrm{d}x = \frac{\partial}{\partial \theta} \int_{\mathscr{X}} p_X(x,\theta) \mathrm{d}x = \frac{\partial}{\partial \theta} 1 = 0$$

二阶矩

$$\mathscr{I}(\theta) := \mathrm{E}(v^2|\theta) = \mathrm{E}\left(\frac{\partial}{\partial \theta} \ln p_X(x,\theta)\right)^2 \tag{2.5.124}$$

被称为费希尔信息(Fisher information)。由于 $E_V(v) = 0$，费希尔信息是得分的方差。现在假设 $p_X(x, \theta)$ 相对于 θ 是二次可微分。我们有

$$\frac{\partial^2}{\partial \theta^2} \ln p_X(x,\theta) = \frac{1}{p_X(x,\theta)} \frac{\partial^2}{\partial \theta^2} p_X(x,\theta) - \left(\frac{1}{p_X(x,\theta)} \frac{\partial}{\partial \theta} p_X(x,\theta)\right)^2$$

$$= \frac{1}{p_X(x,\theta)} \frac{\partial^2}{\partial \theta^2} p_X(x,\theta) - \left(\frac{\partial}{\partial \theta} \ln p_X(x,\theta)\right)^2$$

现在有

$$\mathrm{E}\left(\frac{1}{p_X(x,\theta)} \frac{\partial^2}{\partial \theta^2} p_X(x,\theta)\right) = \int_{\mathscr{X}} \frac{1}{p_X(x,\theta)} \frac{\partial^2}{\partial \theta^2} p_X(x,\theta) p_X(x,\theta) \mathrm{d}x$$

$$= \frac{\partial^2}{\partial \theta^2} \int_{\mathscr{X}} p_X(x,\theta) \mathrm{d}x = \frac{\partial^2}{\partial \theta^2} 1 = 0$$

最终，得到

$$\mathscr{I}_X(\theta) := \mathrm{E}\left(\frac{\partial}{\partial \theta} \ln p_X(x,\theta)\right)^2 = -\mathrm{E}\left(\frac{\partial^2}{\partial \theta^2} \ln p_X(x,\theta) | \theta\right) \tag{2.5.125}$$

这是费希尔信息的另一种表达，其是测量可观察随机变量 X 携带的关于未知参数 θ 的信息量的方式。该等式清楚地表明，只要概率分布是凹的且具有高二阶导数，参数 θ 就产生高信息，这与对 θ 变化的高灵敏度相一致。显然，当考虑任意两个独立同分布变量时，费希尔信息是可相加的，即 $\mathscr{I}_{X,Y}(\theta) = \mathscr{I}_X(\theta) + \mathscr{I}_Y(\theta)$。但是，值得一提的是，MLE 以及评分和费希尔信息的相关定义不需要独立同分布的假设。在处理大数据集合时，MLE 是具有平均值 θ(未知真实参数值) 和方差 $\mathscr{I}(\theta)^{-1}$ 的多元正态。注意，在多变量情况下，$\mathscr{I}(\theta)$ 是矩阵，因此逆费希尔信息涉及矩阵求逆。

现在让我们考虑一下信息论的视角。假设目标 $y_\kappa \in \mathscr{Y}$ 和预测值 $f(x_\kappa)$，其中 $x_\kappa \in \mathscr{X}$，$\mathscr{X}$ 和 $\mathscr{Y}$ 是从具有概率分布 $p_Y(\cdot)$ 和 $p_F(\cdot)$ 的随机变量中得出的有限集。可以通过 Kullback 和 Leibler 在文献[207]中引入的 Kullback-Leibler 距离给出合理的差异度量。给定两个概率函数 $\Pr_1$ 和 $\Pr_2$ 以及一个随机变量 X，如果定义 $p(x) = \Pr_1(X=x)$ 和 $q(x) = \Pr_2(X=x)$，那么 p 和 q 之间的 Kullback-Leibler(KL) 距离可以定义为⊖

$$D_{KL}(p \| q) = \sum_x p(x) \log \frac{p(x)}{q(x)}$$

这是评估目标一致性的非常好的方式，因为当且仅当 $p \equiv q$ 时，$D_{KL}(p \| q)$ 是非负的且 $D_{KL}(p \| q) = 0$(见问题 5)。现在让 $\mathscr{Y} = \{0, 1\}$。则离散概率分布仅以 1 或 0 为中心。

然后 KL 距离变为

$$D_{KL}(p \| q) = \sum_{x \in \mathscr{X}} p_Y(x) \log \frac{p_Y(x)}{p_F(x)}$$

$$= \sum_{x \in \mathscr{X}} p_Y(x) \log \frac{p_Y(x)}{p_F(x)} [Y(x) = 0]$$

$$+ \sum_{x \in \mathscr{X}} p_Y(x) \log \frac{p_Y(x)}{p_F(x)} [Y(x) = 1]$$

$$= \sum_{x \in \mathscr{X}} p_0 \log \frac{p_0}{p_F(x)} [Y(x) = 0]$$

⊖ 无限集合 $D(p \| q) := \int_{\mathscr{X}} p(x) \log \frac{p(x)}{q(x)} \mathrm{d}x$。

$$+ \sum_{x \in \mathscr{X}} p_1 \log \frac{p_1}{p_F(x)} [Y(x)=1] \qquad (2.5.126)$$

其中 p_0 和 p_1 分别是 Y 为 0 和 1 的概率。注意，在 $p_0 = p_1 = 1/2$ 的情况下，我们可以进一步将表达式简化为

$$D_{KL}(p_Y \| p_f) = -\frac{1}{2} \sum_{x \in \mathscr{X}} (\log p_F(x) + 1)$$

此外假设 $p_F(x) = f^y (1-f)^{1-y}$，相对熵为

$$-\frac{1}{2} \sum_{x \in \mathscr{X}} (y_x \log f(x) - (1-y_x) \log(1-f(x)) + 1)$$

当目标集为 $\mathscr{Y} = \{-1, 1\}$ 时，可以定义指数（见公式(2.1.6)）。注意，随着 $f(x) \to y_x$，我们有 $E(\hat{w}) \to 0$。此外，每当一个例子被错误分类时，相对熵惩罚就先前引入的二次和铰链函数会产生强有力的惩罚。

读者可以参考约瑟原理[280]，这是关于以信息为基础的学习的原则和技术发展的一个极好的来源。

2.2 节 最大似然估计(MLE)由 Ronald Fisher[4] 引入并广泛推广。当有一个统一的先验时，它可以被认为是最大后验估计(MAP)的特例。贝叶斯推理和学习具有逐步成就的丰富故事，并最终形成了概率推理和贝叶斯网络的框架(例如见文献[265-266])。这本书[194]为建立机器学习社区的主题做出了巨大贡献。对频率论和贝叶斯方法之间相互作用的深入分析可以在文献[25]中找到。

2.3 节 E. T. Jaynes 在 1957 年的两篇开创性论文中引入了最大熵原理[190-191]），在其中他建立了统计力学和信息论之间的自然对应关系。当约束用条件熵表示时，在其软满意度下的熵的优化对应于最大相互信息的原则(见文献[239])。文献[162]广泛涵盖了最小长度描述的原则，以及与统计学习的有趣关系。

2.4 节 奥卡姆剃刀(在拉丁语中是 ltx parsimoniae)是归纳的一般原则，其归功于来自奥卡姆的 William⊖，他指出在竞争假设中，最简单的应该被选中。对简单性的偏好主要基于可证伪性标准(falsifiability criterion)；更简单的理论比更复杂的理论更可取，因为它们更容易测试[277]。虽然从一个重要的观点来看，简单性得到了明确支持，但它并不一定能产生有普遍性的科学原理[77]。对奥卡姆剃刀一词是 William Hamilton 爵士创造的事实，在奥卡姆的 William 死后几个世纪，人们已达成一致意见。不考虑少量的改写，虽然剃刀的想法必定是受到 William 的奥卡姆研究的启发，但是在爱尔兰方济会哲学家 John Punch 于 1639 年制定的著名声明"如无必要，勿增实体"中也很好地表达出来了。然而，在亚里士多德和托勒密的陈述中也发现了这一原理的痕迹[106]。哲学家们参与了剃刀的一些认识论证据。有人认为，自然本身很简单，贴近于自然的更简单的假设更可能是真实的。这有一种美学的味道，且辩护常常来自对本质的表面目的的目的性分析。在机器学习中，奥卡姆剃刀表明，过于复杂的模型很难概括成新的例子，而更简单的模型可能更好地捕捉底层结构，因此可能具有更好的预测性能。在仔细分析剃刀原理时，最终得出的结论

⊖ 奥卡姆的威廉(1287—1347)，也是拉丁语中的奥卡姆或古丽尔穆斯·奥斯卡姆斯，是一位英国方济会修士，学者，哲学家和神学家，据说他出生在萨里的一个小村庄奥卡姆。

是它不是一个原始的推理驱动模型，更像是一个选择最合适的推理的启发式格言！

奥卡姆剃刀也被用作启发式解释自然界的模型。一个显著的早期例子来自分析力学，它基于最小动作的应用，后来扩展到量子力学，包括 R. Feynman[102] 的路径积分的经典概念。根据 James Gleick[132]，第 60-61 页，"牛顿的方法给科学家们一种感觉，最小原则留下了一种神秘感"，这在 David Park 的挑战性问题中得到了很好的强化："球如何知道选择哪条路径？"实验验证是宣称该原则成立的唯一方法。正如已经指出的那样，从美学方面出发的叙述不足以为球或行星遵循预定的路径运动提供证据。当试图捕捉复杂的认知过程或构思决策模型时，这个问题就变得至关重要。我们可以认为遵循一种"认知规律"的认知过程是基于物理学中狄利克雷积分的广义版本的最小化，这在其解决方案中产生简单性。有趣的是，在这种背景下，上述 Park 的关于力学的问题揭示了奥卡姆剃刀的真正归纳性质。

值得一提的是，在物理学中，除最小化动作，我们还要寻找驻点！因此，我们并不完全依赖最小化原则，但我们限制对行动进行的某种局部分析。这适用于其他学科，在这些学科中，为了得出治理规律而提出了"寻求最优性"的相关原则[302]。有趣的是，时间的主要作用是产生行动原则，其中对最优性的追求被默认地转换为对驻点的搜索。

有一种巧妙方式可以形式化简约原则，即将其简化为搜索学习代理的最小描述长度（MDL）表示。一个能立即掌握 MDL 原理本质的好方法是了解与大多数统计机器学习方法的根本区别。用广受认可的 MDL 创始人 Rissanen[288] 的话来说：

我们从不想做出错误的假设，即观察到的数据实际上是由某种类型的分布产生的，比如高斯分析，然后继续分析结果并做出进一步的推论。我们的推论可能是有用的，但与当前的任务即从数据中学习有用的属性无关。

最小描述长度原理总结了数据中的某些规律。但请注意，这些规律存在且有意义，与是否存在真实自然状态（true state of nature）无关。在大多数统计理论中，人们通常假设存在一些能产生数据的概率分布，然后我们将"噪声"视为随机量来解释数据。在 MDL 中，统计中称为"噪声"的实际上是与模型相关的差异，即编码所需的剩余比特数。因此，噪声不是随机变量：它取决于所选模型和观测数据。有趣的是，在 MDL 中，对真实自然状态的引用没有意义，仅仅因为我们只寻找最短的描述长度。重要的是要认识到，在我们使用统计机器学习的许多问题中，我们正在做出强有力的概率假设，这些假设在实践中不太可能得到验证。但由于在新应用程序上取得了许多非常好的成就，我们可以声称：这些模型可能是错误的，但却很有用！然而，由于它们通常远离对真实自然状态的建模，因此应始终注意依赖于可论证假设的推理方法。正如 Peter Grünwald[162] 所指出的那样，

公平地说，作为补充，垃圾邮件过滤和语音识别等领域并不是现代统计学之父在设计程序时所想到的……他们通常会考虑更简单的领域……

值得一提的是，只要知道真正的概率分布，MDL 就能保证一致性。但是，这种一致性只是一种不做任何分布式假设的方法的理想陈述。MDL 哲学对于我们是否选择了代表真实自然状态的正确模型是非常不可知的。

MDL 的一个核心问题是表示编码 $Y|H$，目的是纠正关于假设 H 支持的预测误差。在信息论诞生之初，创始人开始意识到可以为给定的信息源构建编码，这些编码可能比基

于普通二进制编码的平常解决方案更有效。很早就了解到,一旦我们意识到用短编码来编码高频符号,用长编码来保留稀有符号,编码的平均长度就可以显著减少。在练习 5 和练习 6 中报告了基于该原理的两个经典智能编码示例。

Jorma Rissanen 在文献[287]中介绍了 MDL 原理。它源于 Kolmogorov 关于算法复杂性的理论,由 Solomonoff[319] 和 Kolmogorov[202] 于 20 世纪 60 年代开发。Akaike 关于信息标准(AIC)的开创性论文可能是第一个基于信息论思想的模型选择方法,尽管它是在不同的背景和哲学下提出的[2]。机器学习中模型的适当设计选择的结果通常反映在过拟合或欠拟合的相应问题中。在前一种情况下,考虑到学习任务,需要使用更强大的模型来合理地学习训练样本。在第二种情况下,我们需要减少自由参数的数量,但增加数据集和注入噪声也可以帮助解决问题。对于某些机器学习任务,特别是在分类中,创建新的假数据是合理的。噪音注入,是另一个可行的增加训练集的维度的方法,被证明相当于 Tikhonov 正则化[53]。集成方法、装袋和增强[89-90]在改进泛化方面取得了显著成果。

| 第 3 章
Machine Learning: A Constraint-Based Approach

线性阈值机

塑造智能代理和环境的联系的最简单的方法之一就是将它们暴露在一组点态约束中,即创立监督对。本章讲述由处理线性和线性阈值机的假设而产生的机器学习机制。在大多数情况下,其所包含的话题都能很好地对接不同的学科,并且对于更好地掌握许多机器学习的方法非常重要。

3.1 线性机

每个处理过实验问题的人可能都听说过最小均方误差。由于有许多可用的数据,人们通常希望借此得到最适合用来描述所研究过程的模型。主要来说,对一组给定的监督对,我们要对数据进行线性回归,以便能够预测新的点。

表 3.1 中描述了两个例子。第一个示例中,我们想要通过一个成人的身高来预测其体重。此例的目标值只由一种特性(身高)所决定,进行线性回归需在实数集 $\mathbb{R}$ 中找到 w 和 b,并且由此得到尽可能接近目标值 y(代表重量)的预测,即 $f(x)=\omega x+b$。其中一种确保其和真实情况匹配的方法便是叠加所有错误的平方,最小化误差的计算式为

表 3.1 可用数据多于未知数据的预测任务

(a)		(b)			
身高[m]	体重[kg]	类型	重量[kg]	功率[kW]	时间[s]
148	44.5	奥迪 A3 2.0 TDI	1225	135	7.3
154	56.0	宝马一系 118D	1360	105	9.8
164	60.5	菲亚特 500 L Pop Star	1320	77	12.3
174	63.5	福特 福克斯	1276	74	12.5
182	74.5	路虎揽胜 运动版	2183	375	5.3
194	84.5	法拉利 458 S	1505	540	3.5
204	93.5	大众 高尔夫 mpv	1320	63	13.2

注:左侧的(a)表示的是用一个人的身高来预测其体重。而右侧的例子(b)是基于汽车重量和发动机功率,对其达到 100 km/h 所花时间的预测

$$E(w,b) = \sum_{\kappa=1}^{\ell}(y_\kappa - wx_\kappa - b)^2 \quad (3.1.1)$$

其中 ℓ 代表了样本的个数。此式可被更好地改写为

$$E(w,b) = b^2\ell + \sum_{\kappa=1}^{\ell}y_\kappa^2 + w^2\sum_{\kappa=1}^{\ell}x_\kappa^2 - 2w\sum_{\kappa=1}^{\ell}y_\kappa x_\kappa - 2b\sum_{\kappa=1}^{\ell}y_\kappa + 2bw\sum_{\kappa=1}^{\ell}x_\kappa$$

公式(3.1.1)是 w 和 b 的二次式。当梯度为零时,可以计算出任意一个驻点,据此有

$$\frac{\partial E}{\partial w} = 2w\sum_{\kappa=1}^{\ell}x_\kappa^2 - 2\sum_{\kappa=1}^{\ell}y_\kappa x_\kappa + 2b\sum_{\kappa=1}^{\ell}x_\kappa = 0$$

$$\frac{\partial E}{\partial b} = 2\ell b - 2\sum_{\kappa=1}^{\ell} y_\kappa + 2w\sum_{\kappa=1}^{\ell} x_k = 0$$

因而最优解 $w^\star$ 的结果是

$$w^\star = \frac{\begin{vmatrix} \sum_{\kappa=1}^{\ell} x_\kappa y_\kappa & \sum_{\kappa=1}^{\ell} x_\kappa \\ \sum_{\kappa=1}^{\ell} y_\kappa & \ell \end{vmatrix}}{\begin{vmatrix} \sum_{\kappa=1}^{\ell} x_\kappa^2 & \sum_{\kappa=1}^{\ell} x_\kappa \\ \sum_{\kappa=1}^{\ell} x_\kappa & \ell \end{vmatrix}} = \frac{\ell \sum_{\kappa=1}^{\ell} x_\kappa y_\kappa - \sum_{\kappa=1}^{\ell} x_\kappa \sum_{\kappa=1}^{\ell} y_\kappa}{\ell \sum_{\kappa=1}^{\ell} x_\kappa^2 - (\sum_{\kappa=1}^{\ell} x_\kappa)^2} \quad (3.1.2)$$

$$= \frac{\sum_{\kappa=1}^{\ell} x_\kappa y_\kappa / \ell - \overline{x} \cdot \overline{y}}{\sum_{\kappa=1}^{\ell} x_\kappa^2 / \ell - \overline{x}^2} = \frac{\hat{\sigma}_{xy}^2}{\hat{\sigma}_{xx}^2}$$

同理可得

$$b^\star = \overline{y} - \overline{x} w^\star \quad (3.1.3)$$

需要记住的是，根据前人独立观察自变量 x_1，x_2，$\cdots$，x_ℓ 的经验，我们定义以下三式

$$\hat{E} X \equiv \overline{x} := \sum_{\kappa=1}^{\ell} x_\kappa / n$$

$$\sigma_{xx}^2 := \hat{E}((X - \hat{E}X)^2)$$

$$\sigma_{xy} := \hat{E}((X - \hat{E}X)(Y - \hat{E}Y))$$

或者可以写成更清楚的形式

$$\hat{\sigma}_{xx}^2 = \frac{1}{\ell} \sum_{\kappa=1}^{\ell} (x_\kappa - \overline{x})^2, \qquad \hat{\sigma}_{xy}^2 = \frac{1}{\ell} \sum_{\kappa=1}^{\ell} (x_\kappa - \overline{x})(y_\kappa - \overline{y})$$

公式(3.1.2)中最后一步的证明可参照练习3。事实上，大量的数据得出了单一的驻点$(w^\star, b^\star)$。那么这个是否就是全局最小值呢？这个值就是我们真正要的，因为我们希望预测出的返回值尽可能接近目标 y。显而易见，$E(w,b) \geqslant 0$ 和 $\lim\limits_{w \to \infty} E(w,b) = \infty$ 两式是成立的，同理对于 b 的渐近也是如此。

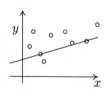

现在函数 E 实际上是一个最小值与顶点对应的抛物面，任何优化算法都会到达它的顶点。这表明我们可以将 E 从原本 (w,b) 的函数改为关于 $(\widetilde{w}, \widetilde{b})$ 的函数。因此公式(3.1.1)可以被更简洁地表达为

$$E(w,b) = \widetilde{E}(\widetilde{w}, \widetilde{b}) = a_w(\widetilde{w} - w^\star)^2 + a_b(\widetilde{b} - b^\star)^2 + c \quad (3.1.4)$$

在练习11中，我们处理参数如何发生变化的问题。通过最小化 E 得到的最佳拟合参数表达式，可以给出一个直观的统计描述。假设 x 和 y 仅仅是略微相关的，因而有理由声

称它们之间存在某种隐藏的关系。这可以从 $\sigma_{xy} \simeq 0$ 反映出来，这意味着两者的最佳拟合返回的是一个常数，即 $f(x) \simeq \overline{y}_p$。这种结果十分合理，因为如果 x 和 y 没有任何关联，最佳拟合便会逼近于 $\overline{y}$。有时类似的情况也适用于数值非常大的 σ_x^2，此时，随着 σ_x 相对于 σ_{xy} 越来越大，x 和 y 的关系逐渐模糊，所以我们回到了相关性稀缺的情况。从另一方面说，我们是否可以在一系列前文所展示的确定性过程之前，判断出 $y_\kappa \simeq wx_\kappa + b$ 的参数情况？如预期的，$\hat{w} \simeq w$ 且 $\hat{b} \simeq b$（见练习 4）。

在研究表 3.1 的第二个例子之前，还必须处理一个问题——人们可能想知道他们所使用的预测公式有多准确。我们将使用一个技巧来充实这个预测公式，其本质上使用的是与处理预测问题相同的思想。然而，这个非常简单的例子揭示了一个经常被忽视的问题：现有的信息是否足以产生一个好的预测？举例来说，很明显，个子较高的人很可能比个子较矮的人更重，但对于更准确的预测，其他输入特征显然也很重要，例如可能在其中扮演重要角色的年龄大小和种族类别。久坐不动的人通常比运动的人更容易超重，与此同时其他特征也可能被用来构建一个良好的特征模式表示。显然，在前文只使用一个身高参数的情况下，我们使用了一个糟糕的模式表示，因此，不应该期望数学和算法会出现奇迹！虽然在这个简单的例子中，这一点很清楚，但是在更复杂的学习任务中，模式表示的适当性是不可能轻易得到的，所使用的机器学习算法的实际能力有争议的应用程序并不少见。

现在让我们来看表 3.1 的第二个例子。它显然可以用同样的方法处理，唯一的区别是预测包含两个输入。也就是说，如果我们用 x_1 表示汽车的重量，用 x_2 代表发动机功率，那么 $f(x_1, x_2)$ 就表示汽车从 0 加速到 100 km/h 所用的时间，并且如果我们将 w_x 替换成 $w_1 x_1 + w_2 x_2 + b$ 或简单地换为 $w'x + b$，上文的二次参数解法仍然可以使用，此时的 x 和 w 都是 $\mathbb{R}^2$ 空间中的向量。显然，向量公式将这两个学习任务统一起来。不幸的是，在这两种情况下，线性模型可能都不够精确，但也因此，人们才会有兴趣探索更丰富的模型。有趣的是，我们将会看到上述线性向量表示可以方便地用于非线性建模。为了更好地概括这个概念，让我们回到预测一个人身高的问题，同样的分析可以拓展到高维输入空间。如果我们选择 $f(x) = w_2 x^2 + w_1 x + b$ 作为二次预测式，根据替换的法则这仍然可以使用线性表示，因为我们有

$$f(x) = w_2 x_2 + w_1 x_1 + b = w'x + b \tag{3.1.5}$$

它和线性预测加速度的模型相同。因此，给定一个低维特征空间中的学习任务（如第一个计算体重的例子），其多项式预测式所导致的非线性与高维空间中的线性预测式（如第二个汽车的例子）在某种程度上对应。虽然这是一种很好的非线性预测方法，但它的具体应用可能会使我们暴露于病态条件引起的危险之中！特别是，当我们开始选择高阶多项式时，会出现数值问题，因为这显著地扩展了所用特征的范围。例如，当对实数 $x_1 = 0.1$ 和 $x_2 = 2$ 取 10 次幂时，我们得到了 $x_1^{10} \simeq 0$ 以及 $x_2^{10} \simeq 1\,000$ 这表示了病态条件是如何产生的（更多细节见练习 33）。综上所述，虽然更多参数所带来的特性丰富性可以非常有效，但是不应该总是期望从这种通用模式表示中出现奇迹⊖。

此外，在两个给定的例子中，尽管这些特征对学习任务不是很重要，但很明显，我们

⊖ 这个问题在第 4 章中会深入讲解，在这种情况下，显然，核的选择十分重要。

缺少相关信息来实现非常准确的预测[○]。当所研究的过程有一个好的模型时，线性预测变得特别有效。例如，假设要预测一辆以给定速度 v 行进的汽车的制动距离，一个好的模型应是假设均匀反向的加速度 a，因此制动距离 $s=v^2/2a$。如果我们使得 $x=v^2$ 且 $w=1/2a$ 这个预测模型就变成更加简单的 $f(x)=wx$，由此我们又回到了上面的线性模型，只不过其中的 $b=0$。如果我们有一组给定的集合 (v_k, s_k)，就可以计算出对于 w 的最小均方差估计(LMS)，也就是对于加速度 a 的估计。但这只是形式上类似于前面的两个例子，因为制动距离的模型在这种情况下，有相应的物理定律作为预测的根基。

综上所述，在向量空间中考虑线性机[○]是非常方便的，因为不同的回归模型可以转换成线性回归模型。这在 3.1.1 节将正式讨论，其中 LMS 问题的通解是用正规方程给出的。虽然在处理向量类的机器学习任务方面没有什么实质性的新内容，但玩数学游戏启发了 LMS 的一些显著特性，而且最重要的是，更好地将线性机与神经网络和核机器学习连接起来。

到目前为止，我们已经考虑了超定问题，即未知数的数量小于或等于样本的数量。显而易见，在相反的情况下我们不能确定未知参数。因而，如果模式满足 $\mathscr{X} \subset \mathbb{R}^d$ 则在 $\ell < 1+d$ 的情况下拟合并不完美。看起来我们需要更多的例子或者不同形式的知识来提供一个技术上合理的学习方案。事实上，这种情况并不仅仅限于 $\ell < 1+d$，即使 $\ell \geqslant 1+d$ 时，使用前面的方法仍然会有麻烦。3.1.2 节将通过对训练数据的频谱分析来讨论这个问题。然而，为了一睹此学习成为病态的原因，我们可以认为数据有些依赖性，所以有不提供额外的信息的例子或最多只能添加一个与之前数据有关的非常小的新东西的例子。

那如何面对一个未知数多于例子的问题呢？什么样的信息可以被用来处理这样一个不适定的问题？简约原则提出了一个经典的通用解决方案：在符合给定数据的解决方案中，我们希望选择一个能以某种方式提供最简单解释的方案。我们可以考虑与所采用的简单性概念相关联的不同的简约标准。假设 $x \in \mathscr{X}$ 是概率分布 $p_X(\cdot)$ 的样本，其简单性与 $f(x) = w'x + b$ 的平滑度相似，那么好的简约指数为

$$P(f) = \int_{\mathscr{X}} p_X(x) \| \nabla f(x) \|^2 dx = w^2 \int_{\mathscr{X}} p_X(x) dx = w^2 \qquad (3.1.6)$$

这里我们使用了 p_X 的概率归一化。因此，简单性就像 f 的平滑度[○]一样，可以发现 $\| w \|$ 较小的解。新的学习准则可以被用于寻找下式的最小值：

$$E(w, b) + \lambda w^2 \qquad (3.1.7)$$

其中正则化参数(regularization parameter) λ 扮演重要角色，比上面来自平滑准则对训练数据的附加信息更重要。一个极致的机器学习公式会严格满足约束条件(完美的数据拟合)，同时最小化 w^2。如 3.1.2 节所示，这相当于解决了矩阵伪逆问题。然而，在 3.1.3 节中，我们有证据证明软约束公式更适合学习任务。

[○] 对于汽车加速度的预测，仍然缺少了重要的信息。例如力矩，它比发动机功率更有价值。
[○] 严格来说，它们是仿射模型。
[○] 虽然平滑度是一个听起来合理的简单原则，但不代表其他原则是不可能的。例如，有人可能想为 w 的不同分量提供选择性权重。当我们使用多项式回归时，这是很自然的，就像公式(3.1.5)一样。在类似的情况下，人们可能更倾向于置二阶单项函数的发展于不利(见练习 35)。

3.1.1 正规方程

给定一个线性图 $f: \mathscr{X} \subset \mathbb{R}^d \to \mathbb{R}: x \to w'x+b$，有两个参数 $w \in \mathbb{R}^d$ 和 $x \in \mathscr{X} \subset \mathbb{R}^d$ 且训练集为 $\mathscr{L} = \{(x_\kappa, y_\kappa) | x_\kappa \in \mathscr{X}, y_\kappa \in \mathbb{R}, \kappa = 1, \cdots, \ell\}$，经验风险为 $E_{emp}(f)$，它用于描述在给定训练集上的匹配度 f。参数对 (v_k, y_k) 包含了第 k 个输入和其所对应的 y 值。目标值 y 被叠加到向量空间 $y \in \mathbb{R}^\ell$ 中。经验风险(empirical risk)可以被表达为

$$E_{emp}(f) = E(w,b) = \frac{1}{2} \sum_{\kappa=1}^{\ell} (y_\kappa - f(x_\kappa))^2 \tag{3.1.8}$$

如果设置 $\hat{x} := (x_1, \cdots, x_d, 1)'$ 且 $\hat{w} := (w_1, \cdots, w_d, b)' \in \mathscr{W} \subset \mathbb{R}^{d+1}$ 则 $f(x) = \sum_{i=1}^{d} w_i x_i + b = \hat{w}' \cdot \hat{x}$ 现在可以介绍相关的符号注解

$$\hat{X} := \begin{bmatrix} \hat{x}'_1 \\ \hat{x}'_2 \\ \vdots \\ \hat{x}'_\ell \end{bmatrix} = \begin{bmatrix} x_{11} & x_{12} & \cdots & x_{1d} & 1 \\ x_{21} & x_{22} & \cdots & x_{2d} & 1 \\ \vdots & \vdots & \ddots & \vdots & \vdots \\ x_{\ell 1} & x_{\ell 2} & \cdots & x_{\ell d} & 1 \end{bmatrix} \in \mathbb{R}^{\ell, d+1}$$

矩阵 $\hat{X}$ 总结了在学习任务中数据的可靠性，这就是所谓的信息矩阵(information matrix)。据此我们可以将公式(3.1.8)重写成更紧凑的形式：

$$E(\hat{w}) \equiv E(w,b) = \frac{1}{2} \| y - \hat{X}\hat{w} \|^2$$
$$= \frac{1}{2} (y - \hat{X}\hat{w})'(y - \hat{X}\hat{w})$$
$$= \frac{1}{2} y'y - y'\hat{X}\hat{w} + \frac{1}{2} \hat{w}'\hat{X}'\hat{X}\hat{w} \tag{3.1.9}$$

现在我们准备把最小均方问题(least mean squares problem)作为一个确定

$$\hat{w}^* = \arg\min_{\hat{w} \in \mathscr{W}} E(\hat{w}) \tag{3.1.10}$$

的问题来描述。当我们只对数据拟合感兴趣时，这可以被视为是监督学习的简单形式。我们可以使用 $\nabla E(\hat{w}^*) = 0$ 来寻找驻点。因而有⊖

$$(\hat{X}'\hat{X})\hat{w}^* = \hat{X}'y \tag{3.1.11}$$

这些被称为正规方程(Normal Equation)。很容易证明任何驻点 $\hat{w}^*$ 必然是绝对极小值(见练习9)。此外，我们也可以证明，$\hat{w}^*$ 不受输入缩放的影响(见练习13)。我们使用 $\hat{X}$ 的秩区分了两种显著不同的情况，判断条件是 $\det(\hat{X}'\hat{X}) = 0$。当 $\operatorname{rank}\hat{X} = r < d+1$ 时，给定的数据没有带来足够的信息来保证唯一性，因为此矩阵是肥胖矩阵(fat matrix)，即行比列多的矩阵，这种情况将在下一节讨论。当 $\operatorname{rank}\hat{X} = r = d+1$ 时，我们能获取至少 $d+1$ 个必定线性独立的样本。这与数据带来足够信息以产生解的唯一性的情况相对应，此时是瘦小矩阵⊖(skinny matrix)，即列比行多的矩阵。在此情况下，正规方程(3.1.11)存在唯一解：

$$\hat{w}^* = (\hat{X}'\hat{X})^{-1}\hat{X}'y \tag{3.1.12}$$

⊖ 见练习1和2。

⊖ 当然，$\operatorname{rank}\hat{X} = d+1$ 的情况也适用于方阵($\ell = d+1$)。

此时矩阵$(\hat{X}'\hat{X})$的逆可由条件 rank $\hat{X}=r=d+1$ 来保证其存在性(即 det $\hat{X}'\hat{X}\neq 0$)。

我们可以通过考虑矩阵$P_\perp^d := \hat{X}(\hat{X}'\hat{X})^{-1}\hat{X}'$来获取一个与正规方程相关的有趣性质。可以发现,这是一个投影矩阵(projection matrix),因此有

$$(P_\perp^d)^2 = \hat{X}(\hat{X}'\hat{X})^{-1}\hat{X}' \cdot \hat{X}(\hat{X}'\hat{X})^{-1}\hat{X}' = P_\perp^d \tag{3.1.13}$$

总的来说,$P_\perp^d$将$y\in \mathscr{Y}\subset \mathbb{R}^\ell$投影到$\mathscr{R}(\hat{X})$,相关的投影属性可由$Q_\perp^d = I - \hat{X}(\hat{X}'\hat{X})^{-1}\hat{X}'$表示,这将$y\in \mathscr{Y}\subset \mathbb{R}^\ell$投影到$\hat{X}'$的零空间。这能从下式中看出来:

$$\hat{X}'Q_\perp^d y = \hat{X}'(I - \hat{X}(\hat{X}'\hat{X})^{-1}\hat{X}')y = 0$$

其中$Q_\perp^d y \in \mathscr{N}(\hat{X}')$。注意因为

$$E(\hat{w}^*) = \|Q_\perp^d y\|^2 \tag{3.1.14}$$

最优解对应的残差主要是由$Q_\perp^d$的谱属性决定的,显而易见$E(\hat{w}^*) \leqslant \|Q_\perp^d\|^2 \|y\|^2$。此外,线性残差(linear residual)$E(\hat{w}^*)$不仅取决于y值,还与$Q_\perp^d$的代数关系有关,因为当$y\in \mathscr{N}(Q_\perp^d)$时残差总为0。

3.1.2 待定问题和广义逆

现在我们考虑 rank $\hat{X}=r<d+1$的情况,此时的问题是不确定的,再假设$\hat{X}$是满秩矩阵,则$r=\ell<d+1$。在实际中,没有"足够"的数据可用以获得唯一的解决方案。基本上,方程

$$\hat{X}\hat{w} = y \tag{3.1.15}$$

允许$\infty^{d+1-\ell}$解,并且对于这些解$\hat{w}^*$的每一个,有$E(\hat{w}^*)=0$。通过考虑摩尔-彭罗斯广义逆(Moore-Penrose pseudoinversion),矩阵取逆的经典概念也可以扩展到包括这种情况(参考3.5节)。总的来说,上述的待定问题可以通过硬约束或软约束(3.1.15)来解决。

在第一种情况下,我们可以及时检查最优解

$$\hat{w}^* = \hat{X}'(\hat{X}\hat{X}')^{-1}y \tag{3.1.16}$$

是否是严格满足约束(3.1.15)的最短长度解(shortest length solution)。为了证明这一属性,我们开始注意到硬约束满意度可以立即检查,如下式:

$$\hat{X}\hat{w}^* = \hat{X}\hat{X}'(\hat{X}\hat{X}')^{-1}y = y$$

现在让我们考虑任何使得$\hat{X}\overline{w}=y$成立的$\overline{w}\neq \hat{w}^*$。当然,我们有$\hat{X}(\overline{w}-\hat{w}^*)=0$。综上,可以列出

$$(\overline{w}-\hat{w}^*)'\hat{w}^* = (\overline{w}-\hat{w}^*)'\hat{X}'(\hat{X}\hat{X}')^{-1}y = ((\hat{X}(\overline{w}-\hat{w}^*))'(\hat{X}\hat{X}')^{-1}y = 0 \tag{3.1.17}$$

最终可以得出

$$\|\overline{w}\|^2 = \|(\overline{w}-\hat{w}^*)+\hat{w}^*\|^2$$
$$= \|\overline{w}-\hat{w}^*\|^2 + \|\hat{w}^*\|^2 + 2(\overline{w}-\hat{w}^*)'\hat{w}^* \geqslant \|\hat{w}^*\|^2$$

不使用取逆的普通表示法,有时表示

⊖ $\mathscr{R}(\hat{X})$表示由$\hat{X}$的列张成的图片空间,$\mathscr{N}(\hat{X}')$则表示矩阵$\hat{X}'$的核。

⊖ 注意我们假设$\hat{X}$是肥胖满秩矩阵,$\hat{X}\hat{X}'$就一定是可逆的。

$$\hat{X}^+ := \hat{X}'(\hat{X}\hat{X}')^{-1} \qquad (3.1.18)$$

更为明显地被用于$\hat{X}$的摩尔-彭罗斯广义逆。有趣的是，所有$\overline{w}$都满足正交性(3.1.17)，这又显示了$\hat{w}^\star = \hat{X}^+ y$的重要性。

它的关联极小性可通过学习$Q_\perp^u := I - P_\perp^u$来掌握，其中$P_\perp^u = \hat{X}'(\hat{X}\hat{X}')^{-1}\hat{X}$，而投影属性，就像公式(3.1.13)中概述的那样，强调了另一个有用的性质——函数f的自由度(degree of freedom)，即$df(f)$，可以证明⊖（见练习10）

$$df(f) = \text{tr}(P_\perp) = \text{rank } \hat{X} \qquad (3.1.19)$$

像之前说明的一样，$Q_\perp^u$给出了$\mathcal{N}(\hat{X})$上的投射。$Q_\perp^u$作为一个投影矩阵，其性质也可立刻被表示出来。对于所有$y \in \mathcal{Y} \subset \mathbb{R}^\ell$都有

$$\begin{aligned}(Q_\perp^u)^2 &= (I - \hat{X}'(\hat{X}\hat{X}')^{-1}\hat{X}) \cdot (I - \hat{X}'(\hat{X}\hat{X}')^{-1}\hat{X}) \\ &= I - 2\hat{X}'(\hat{X}\hat{X}')^{-1}\hat{X} + \hat{X}'(\hat{X}\hat{X}')^{-1}\hat{X} \cdot \hat{X}'(\hat{X}\hat{X}')^{-1}\hat{X} \\ &= Q_\perp^u\end{aligned}$$

在约束优化的框架下提出问题，是获取$\hat{X}^+$的极小性的一种直接方法。在此情况下，给定$\mathcal{W}^+ = \{\hat{w} \mid \hat{X}\hat{w} = y\}$，可以发现：

$$\hat{w}^\star = \min_{\mathcal{W}^+} \|w\|^2$$

如练习23所示，这可以通过使用拉格朗日方法自然地进行求解，该方法直接得出结论$\hat{w}^\star = \hat{X}^+ y$。

确定$\hat{w}$的最小值问题就在于与约束(3.1.15)一致会使得我们不得不面对$\hat{X}$的谱分析，即通过使用奇异值分解。假设$\hat{X} = U\Sigma V'$，其中$U \in \mathbb{R}^{\ell,\ell}$，$\Sigma \in \mathbb{R}^{\ell,d+1}$，$V \in \mathbb{R}^{d+1,d+1}$且

$$\Sigma = \begin{bmatrix} \sigma_1 & & & 0 & \cdots & 0 \\ & \ddots & & & & \\ & & \sigma_r & & & \\ & & & \ddots & & \\ & & & 0 & \cdots & 0 \end{bmatrix}$$

其中$r \leq \ell$，现在令$\xi := V'\hat{w}$，再加上U和V的正交性，可以得出：

$$\begin{aligned}\|y - \hat{X}\hat{w}\|^2 &= \|y - U\Sigma V'\hat{w}\|^2 \\ &= \|U(U'y - \Sigma V'\hat{w})\|^2 \\ &= \|U\|^2 \cdot \|U'y - \Sigma V'\hat{w}\|^2 \\ &= \|U'y - \Sigma\xi\|^2 \\ &= \sum_{i=1}^r (\sigma_i \xi_i - u_i'y)^2 + \sum_{i=r+1}^\ell (u_i'y)^2 \qquad (3.1.20)\end{aligned}$$

其中u_i是U中的第i列。很容易发现对于$i=1, \cdots, r$时的$\hat{\xi}^\star = u_i'y/\sigma_i$满足$\min_{\hat{w}} \|y - \hat{X}\hat{w}\|^2$，而当$i = r+1, \cdots, d+1$时，$\hat{\xi}^\star$的值可以随机选取。使用公式(3.1.20)，这意味着$\min_{\hat{w}} \|y - \hat{X}\hat{w}\|^2 = \sum_{i=r+1}^\ell (u_i'y)^2$。最后，根据定义$V'\hat{w}^\star = \xi$可以得到$\hat{w}^\star = V\xi^\star$，因此

⊖ $P_\perp^d$和$P_\perp^u$都具有这个性质。

$$\hat{w}^{\star} = \sum_{i=1}^{r} \frac{u'_i y}{\sigma_i} v_i \qquad (3.1.21)$$

这个公式告诉我们，最优解$\hat{w}^{\star}$是矩阵V中列v_i的展开，它们与非零奇异值σ_i联系在了一起。这种谱分析(spectral analysis)在揭示了方程的解的结构的同时，也对数值的不稳定性提出了警告。如果原始矩阵有一个零奇异值，则这个值的轻微改变会显著影响矩阵的广义逆，因为公式(3.1.21)需要计算σ_i的倒数，这对于小数字将导致巨大的变化。我们可以利用广义逆的性质得到同样的结论$(U\Sigma V')^+ = V\Sigma^+ U'$（可见练习8），因为将$\Sigma$对角线上的非零$\sigma_i$替换成$1/\sigma_i$可以完成对于$\Sigma^+$的计算。还有很多其他的方法可以计算$\hat{X}^+$（见练习24），但在实际情况中，不稳定是一个相当普遍的问题。例如，广义逆矩阵的表达式(3.1.18)，当$\hat{X}$中存在"近乎独立的行"时，数据也会呈现出病态。与全秩矩阵的经典逆运算一样，广义逆也存在病态性。在下一节中，我们将讨论如何面对这个关键问题。

3.1.3 岭回归

在$\ell < d+1$情况下，有另一种解决学习缺乏独特性的方法，那就是提供约束(3.1.15)的软合并。我们可以把学习定义为指数

$$E_r(\hat{w}) = \frac{1}{2} \| y - \hat{X}\hat{w} \|^2 + \mu w^2 \qquad (3.1.22)$$

的最小化。项μw^2是源于对简约解的寻求（见公式(3.1.7)），基于该指数最小化的预测称为岭回归(ridge regression)。在这种情况下，$E_r(\hat{w})$中的驻点满足

$$-\hat{X}'y + (\hat{X}'\hat{X})\hat{w} + \mu I_d \hat{w} = 0$$

其中的$I_d \in \mathbb{R}^{d+1,d+1}$被定义为

$$(I_d)_{ij} = \delta_{i,j} \frac{i \bmod (d+1)}{i}$$

上式中的$\delta_{i,j}$是克罗内克函数。计算可得

$$(\mu I_d + \hat{X}'\hat{X})\hat{w} = \hat{X}'y \qquad (3.1.23)$$

有趣的是，就像练习26中所证明的一样，$\det(\mu I_d + \hat{X}'\hat{X}) \neq 0$，所以公式(3.1.23)的解为

$$\hat{w} = (\mu I_d + \hat{X}'\hat{X})^{-1} \hat{X}'y \qquad (3.1.24)$$

注意到输入的缩放对解有相关的影响（见练习29）。当然，对于任意的正则化参数λ将得到不同的解。考虑极端情况$\mu \to 0$和$\mu \to \infty$对研究有限行为具有重要的指导意义。

现在来考虑肥胖矩阵。在硬约束的情况下，基于前一节中对它的处理，对$\hat{X}$的谱分析具有指导性作用，清晰地显示了正则化参数的作用。现在有

$$\mu I_d + \hat{X}'\hat{X} = \mu I_d + (U\Sigma V')'U\Sigma V' = \mu I_d + V\Sigma'U'U\Sigma V'$$
$$= \mu V I_d V' + V\Sigma'\Sigma V' = V(\mu I_d + \Sigma'\Sigma)V'$$

被包括在$\hat{X}$的奇异值分解中的矩阵V是$\mu I_d + \hat{X}'\hat{X}$的对角化。从公式(3.1.23)可以推出$V(\mu I_d + \Sigma'\Sigma)V'\hat{w}^{\star} = (U\Sigma V')'y = V\Sigma'U'y$。如果左乘$V' \in \mathbb{R}^{d+1,d+1}$再根据$\xi^{\star} = V'\hat{w}^{\star} \in \mathbb{R}^{d+1}$就可得出

$$(\mu I_d + \Sigma'\Sigma)\xi^{\star} = \Sigma'U'y$$

参照上一节一样的方法可得，当$i = 1, \cdots, r$时$\xi_i^{\star} = \sigma_i u'_i y / (\sigma_i^2 + \mu)$，当$i = r+1, \cdots, d+1$

时，$\xi_i^\star = 0$。根据 V 的正交性，能推出 $\hat{w}^\star = V\xi^\star = \sum_{i=1}^{d+1} \xi_i^\star v_i$，那么

$$\hat{w}^\star = \sum_{i=1}^{r} \frac{\sigma_i^2}{\sigma_i^2 + \mu} \frac{u_i' y}{\sigma_i} \cdot v_i \quad (3.1.25)$$

其中我们很快就能看到沿着 v_i（V 的列）的展开由滤波参数（filtering parameter）$\phi_i(\mu) = (\sigma_i^2/(\sigma_i^2 + \mu))$ 确定权重。事实证明，通过 μ 的适当选择，小的奇异值将被过滤掉，在实践中这是一个理想的结果。最终得到

$$\lim_{\mu \to 0} \hat{w}^\star(\mu) = \lim_{\mu \to 0} \sum_{i=1}^{r} \phi_i(\mu) \frac{u_i' y}{\sigma_i} v_i = \sum_{i=1}^{r} \frac{u_i' y}{\sigma_i} v_i$$

与公式(3.1.21)中在硬约束之下的解有关联。

定义(3.1.19)的解(3.1.23)将自由度的概念通过

$$df(f) = \text{tr}(P_\perp) = \text{tr}(\hat{X}(\mu I_d + \hat{X}' \hat{X})^{-1} \hat{X}')$$

扩展到岭正则化的情况。根据公式(3.1.25)可得

$$P_\perp = \hat{X} \sum_{i=1}^{r} \phi_i \frac{v_i u_i'}{\sigma_i} = U\Sigma V' \sum_{i=1}^{r} \phi_i \frac{v_i u_i'}{\sigma_i} = U\Sigma \sum_{i=1}^{r} \frac{\phi_i (V' v_i) u_i'}{\sigma_i}$$

$$= U \sum_{i=1}^{r} \frac{\phi_i}{\sigma_i} (\Sigma e_i) u_i' = \sum_{i=1}^{r} \phi_i (U e_i u_i') = \sum_{i=1}^{r} \phi_i \cdot u_i u_i' \quad (3.1.26)$$

需要注意的是，$u_i u_i'$ 仅包含了特征值 1，因为 $(u_i u_i') u_i = u_i$。此外，从矩阵的迹是其特征值之和的性质，我们得到

$$df(f) = \text{tr}(P_\perp) = \sum_{i=1}^{r} \frac{\sigma_i^2}{\mu + \sigma_i^2} \quad (3.1.27)$$

当然，随着 $\mu \to 0$，$df(f) \to r$，这和公式(3.1.19)相对应。随着 μ 不断增大，自由度却在不断减小，此时随着 $\mu \to \infty$，$df(f) \to 0$。

3.1.4 原始表示和对偶表示

目前我们所考虑的学习模式，都是基于原始空间（primal space）的 $f(x) = \hat{w}' \hat{x}$ 表示。针对解的存在性和唯一性的讨论得出了一个结论，即为了使机器学习问题在原始状态下能够很好地提出，$d+1 \leqslant \ell$ 是必要条件。有趣的是，我们将会看到在相反的情况下，可以通过改变解的空间来给出一个良好的学习形式，这样未知量的空间就会继承训练集的维数 ℓ（每个点一个变量）。最优解方程 $f^\star(x) = (\hat{w}^\star)' \hat{x}$ 能被函数 $\tilde{f}^\star(\phi(\hat{x}))$ 所表示，其中 $\phi \in \mathbb{R}^\ell$。因此最优问题的解就能通过选择 $\mathbb{R}^\ell$（对偶空间）中的参数 α 找到，而不是去找 $\mathbb{R}^{d+1}$（原始空间）中的最优解 $\hat{w}^\star$。为了建立这种有趣的联系，我们需要关注岭回归方程。因为 $(\mu I_d + \hat{X}' \hat{X})$ 是非奇异性的，能推出

$$\text{rank } \hat{X}' = \text{rank}((\mu I_d + \hat{X}' \hat{X})^{-1} \hat{X}')$$

这等价于这两个矩阵的图像空间是相同的。因此，使用公式(3.1.23)，总结出对于任意 $y \in \mathbb{R}^\ell$ 一定存在 $\alpha \in \mathbb{R}^\ell$ 使得

$$\hat{w} = (\mu I_d + \hat{X}' \hat{X})^{-1} \hat{X}' y = \hat{X}' \alpha$$

即解 $\hat{w}$ 是表示为 $\hat{X}'$ 的列的训练集中样本的一种线性组合。现在令 $G := \hat{X} \hat{X}'$，这被称为与

$\hat{X}$ 相关的格拉姆矩阵。整体误差函数(3.1.22)变为

$$E_r(\hat{w}) = \frac{1}{2}\|y - \hat{X}\hat{w}\|^2 + \mu w^2$$
$$= \frac{1}{2}(y - \hat{X}\hat{X}'\alpha)'(y - \hat{X}\hat{X}'\alpha) + \mu(\hat{X}\alpha)^2$$
$$= \frac{1}{2}y'y - 2y'G\alpha + \alpha'G^2\alpha + \mu\alpha'G\alpha := E_r(\alpha)$$

通过 $\alpha^* = \arg\min E_r(\alpha)$ 可以确定方程的解 $\hat{w}^* = \hat{X}\alpha^*$。根据 $\nabla_\alpha E_r(\alpha) = 0$ 得到

$$G^2\alpha - Gy + \mu G\alpha = G(G\alpha - y + \mu\alpha) = 0$$

因为 $\det G \neq 0$，有

$$(uI + G)\alpha = y \tag{3.1.28}$$

因此，最优解为

$$f(x) = \hat{w}'\hat{x} = \alpha'\hat{X}\hat{x} = y'(uI + G)^{-1}\hat{X}\hat{x}$$
$$= y'(\mu I + G)^{-1}\phi$$

其中 $\phi := \hat{X}\hat{x} \in \mathbb{R}^l$，这就是解的对偶形式(dual form)，它取决于所有训练样本的线性展开式的系数 ϕ。

注意，当 $\mu \to 0$ 时有

$$f(x) = \lim_{\mu \to 0} y'[\mu I + G]\phi = y'(\hat{X}\hat{X}')^{-1}\hat{X}\hat{x} = (X'(\hat{X}\hat{X}')^{-1}\hat{y})'\hat{x} = X^+\hat{x}$$

有趣的是，当 $l < d+1$ 且 X 为满秩矩阵时，相关学习问题在对偶空间(dual space)中可以得到很好的解决，$(\hat{X}\hat{X}')$ 在传统观念之中是可逆的。

练习

1.[M10] 给定 $f(x) = c'x$ 和 $g(x) = x'Ax$，证明 $\nabla f(x) = c$ 且 $\nabla g(x) = (A + A')x$。

2.[25] 让我们考虑有多维输出的线性机的情况，也就是说基于函数 $f(x) = Wx + b$，其中 $W \in \mathbb{R}^{d,n}$ 且 $b \in \mathbb{R}^n$。如何将公式(3.1.8)的表示推广到这个向量函数？在这个扩展情况中，正规方程是什么？

3.[15] 使用 $\hat{\sigma}_{xx}^2$ 和 $\hat{\sigma}_{xy}^2$ 的定义来证明：$\hat{\sigma}_{xx}^2 = \sum_{\kappa=1}^{\ell} x_\kappa^2/\ell - \overline{x}^2$ 且 $\hat{\sigma}_{xy}^2 = \sum_{\kappa=1}^{\ell} x_\kappa y_\kappa/\ell - \overline{x} \cdot \overline{y}$。

4.[18] 假设某训练集的数据是由一个近似于决定论的随机过程生成的，例如，一个线性物理过程的测量满足 $y_\kappa \simeq px_\kappa + q$。使用正规方程来证明 $w^* \simeq p$ 且 $b^* \simeq q$。

5.[M25] 下面的属性出错了。你能找出错误在哪里吗？陈述正确的性质，并解释为什么证明是不正确的。"对于任何正数 a 和 b，以下奇异值分解成立：

$$A = \begin{bmatrix} a & a \\ -b & b \end{bmatrix} = \begin{bmatrix} a & 0 \\ 0 & b \end{bmatrix}\begin{bmatrix} 1 & 1 \\ 1 & -1 \end{bmatrix}$$

证明：为了找到分解 $A = U\Sigma V'$，首先计算

$$A'A = \begin{bmatrix} a & -b \\ a & b \end{bmatrix}\begin{bmatrix} a & a \\ -b & b \end{bmatrix} = \begin{bmatrix} a^2+b^2 & a^2-b^2 \\ a^2-b^2 & a^2+b^2 \end{bmatrix}$$

其中特征向量为 $(1/\sqrt{2})(1,1)'$，对应的特征值是 $2a^2$；另一特征向量是 $(1/\sqrt{2})(1,-1)'$，对应的特征值是 $2b^2$。由于 $A'A = V\Sigma'\Sigma V$ 有

$$V = \frac{1}{\sqrt{2}}\begin{bmatrix} 1 & 1 \\ 1 & -1 \end{bmatrix}, \quad \Sigma = \sqrt{2}\begin{bmatrix} a & 0 \\ 0 & b \end{bmatrix}$$

相似地，计算 $AA' = U\Sigma\Sigma'U'$ 为

$$AA' = \begin{bmatrix} a & a \\ -b & b \end{bmatrix} \begin{bmatrix} a & -b \\ a & b \end{bmatrix} = 2\begin{bmatrix} a^2 & 0 \\ 0 & b^2 \end{bmatrix}$$

我们可以得出结论 $U = I$。证明完成。

6. [M14] 对于具有复杂元素的一般矩阵 A，其广义逆可以定义为满足

$$P(A): \begin{cases} AA^+A = A \\ A^+AA^+ = A^+ \\ (AA^+)^\star = AA^+ \\ (A^+A)^\star = A^+A \end{cases}$$

的矩阵 A^+。证明公式(3.1.18)解决了该问题。

7. [HM26] (Penrose, 1955) 请证明，在练习 6 中定义的问题 $P(A)$ 对于任意 A 有唯一解。

8. [16] 证明，对于任意两个酉矩阵 U 和 V，有 $(UAV)^+ = V^\star A^+ U^\star$。

▶ **9.** [18] 证明

$$\frac{\partial^2 E}{\partial \hat{w}^2} = \hat{X}'\hat{X} \geqslant 0 \tag{3.1.29}$$

其中 $\mathcal{H}(E)$ 是 $E(\hat{w})$ 的黑塞矩阵。接着再讨论 $\mathcal{H}(E) = 0$ 和 $\mathcal{H}(E) > 0$ 的情况。

10. [M22] 给定矩阵 $P_\perp^d = \hat{X}(\hat{X}'\hat{X})^{-1}\hat{X}'$，证明

(i) $\text{eigen}(P_\perp^d) \in \{0, 1\}$

(ii) $\text{rank}(\hat{X}) = \text{tr}(P_\perp^d)$

对于 $Q_\perp^d$ 的谱和秩我们能得到些什么？这个性质是否在 $P_\perp^u$ 和 $Q_\perp^u$ 中也成立呢？

11. [18] 参照公式(3.1.1)，让我们思考如下式改变了坐标的映射 $\mathscr{M}$：

$$\begin{bmatrix} w \\ b \end{bmatrix} \stackrel{\mathscr{M}}{\longmapsto} \begin{bmatrix} \cos\phi & -\sin\phi \\ \sin\phi & \cos\phi \end{bmatrix} \cdot \begin{bmatrix} \tilde{w} \\ \tilde{b} \end{bmatrix}$$

如果我们要把公式(3.1.1)改写成公式(3.1.4)，ϕ 的值应该为多少？如何确定 a_w、b_w 和 c？

▶ **12.** [M22] 假设在给定的参照中我们获取了一个正规方程的解 $\hat{w}$，那么当我们旋转转化此参照时，它将如何变化？

▶ **13.** [M24] 对于一个给定的训练集，使得 $\hat{w}^\star$ 为其正规方程的解。当缩放输入时，它将如何变化？

14. [M20] 非正规方程(Abnormal Equation)——最佳拟合问题可以通过以下参数来解决：给定 $\hat{X}\hat{w} = y$，如果我们在两边都乘以矩阵 $M \in \mathbb{R}^{d+1,\ell}$，就能得到 $M\hat{X}\hat{w} = My$，从中得到

$$\hat{w} = (M\hat{X})^{-1}My$$

任何能使 $(M\hat{X})^{-1}$ 在传统意义上存在的矩阵 M，都会导致这些求解最优拟合问题的"非正规方程"。你能把这个悖论与正规方程调和起来吗？

15. [M28] 对一个给定的训练集，让 $\hat{w}^\star$ 作为其正规方程(3.1.11)的解，当使用预处理映射 $x \to Tx$ 时，其中 $T \in \mathbb{R}^{d,d}$，它是如何变化的？

16. [18] 构造一个对输入线性重标有利的例子，也就是说，找到一种情况使得 $\|Q_\perp^a y\| < \|Q_\perp y\|$。

▶ **17.** [18] 考虑 $d = 1$ 的情况，从正规方程(3.1.11)开始证明

(i) $w^\star = \dfrac{\sigma_{xy}}{\sigma_x^2}$ (3.1.30)

(ii) $q^\star = \bar{y} - w^\star \bar{x}$

其中

$$\bar{x} := \frac{1}{\ell}\sum_{\kappa=1}^{\ell} x_\kappa \tag{3.1.31}$$

$$\overline{y} := \frac{1}{\ell} \sum_{\kappa=1}^{\ell} y_\kappa$$

$$\sigma_{xy} := \frac{1}{\ell} \sum_{\kappa=1}^{\ell} (x_\kappa - \overline{x})(y_\kappa - \overline{y})$$

$$\sigma_x^2 := \frac{1}{\ell} \sum_{\kappa=1}^{\ell} (x_\kappa - \overline{x})^2$$

(提示)对于 $n=1$ 使用正规方程(3.1.11),然后根据定义(3.1.31)将它们重新排列。

18. [16] 考虑训练集 $\mathscr{L} = \{([0,0]',0),([0,1]',1)\}$ 的简单分类问题,分类器是线性 LMS,用正规方程确定解。

19. [18] 考虑简单分类问题,其训练集为
$$\mathscr{L} = \{([0,0]',0),([0,1]',0),([0,\alpha]',1)\}$$
分类器是线性 LMS,用正规方程确定解,并讨论当 $\alpha \in \mathbb{R}$ 时解的变化。

20. [M28] 考虑给定训练集 $\mathscr{L} = \{(x_\kappa, c_\kappa, y_\kappa), \kappa=1, \cdots, \ell\}$,其中 c_κ 是与 x_κ 相关联的重复权重(repeating weight)的回归和分类的 LMS 问题,讨论正规方程解与质量分布重心对应的条件。

▶ 21. [25] (实验组成)假设我们进行了两个涉及相同概率的数据分布的独立实验,实验总结如下(信息矩阵,目标)$\{(X_1, y_1), (X_2, y_2)\}$。每个实验都有误差函数 $E(w_i)$,$i=1,2$。试证明:两个实验组成包括加入相关数据而得到的 $\hat{X} = (\hat{X}_1', \hat{X}_2')'$ 和 $\hat{y} = (\hat{y}_1', \hat{y}_2')'$,且其性质满足

(i) $\hat{X}'\hat{X} = \hat{X}_1'\hat{X}_1 + \hat{X}_2'\hat{X}_2$

(ii) $E(w) = E(w_1) + E(w_2)$

(iii) $\hat{w} = (\hat{X}_1'\hat{X}_1 + \hat{X}_2'\hat{X}_2)^{-1}(\hat{X}_1'\hat{X}_1 \hat{w}_1) + (\hat{X}_1'\hat{X}_2 \hat{w}_2)$

22. [22] (划分和阻碍)令 $q \in \mathbb{N}$,再假设给定了一个信息矩阵 X,其中 $\ell = 2^q$。使用练习 21 中的性质(iii),编写一个递归算法来解决在 rank $X = \ell$ 情况下的 LMS 问题。证明该算法的复杂度是 $O(d^2 \log d)$。将结果扩展到取任意值的秩。我们是否也可以将结果扩展到 rank $X = d+1$?

23. [M20] 考虑确定公式(3.1.15)的最短长度解的问题,并用拉格朗日方法求解。

24. [20] 证明下面的递归方案(Ben-Israel Cohen 方法)形成了 $\hat{X}^\dagger$ 的公式
$$\hat{X}_{i+1}^\dagger = 2\hat{X}_i^\dagger - \hat{X}_i^\dagger \hat{X} \hat{X}_i^\dagger$$
我们必须从 $\hat{X}_o$ 开始满足 $\hat{X}_o \hat{X} = (\hat{X}_o \hat{X})'$。注意一个可能的初始化是 $\hat{X}_o = \alpha \hat{X}'$,但此法太过缓慢,更好的选择是 $\hat{X}_o = (\mu I_d + \hat{X}'\hat{X})^{-1} \hat{X}'$。

25. [18] 考虑 $d+1 \leqslant \ell$ 的瘦小满秩矩阵 $\hat{X}$ 的情况,证明 $P_\perp^d \in \mathscr{R}(\hat{X})$($\hat{X}$ 产生的秩空间)。同样,在一个肥胖满秩矩阵 $\hat{X}$ 的非确定问题中,证明 $P_\perp^u \in \mathscr{R}(\hat{X}')$。

26. [M28] 考虑岭回归的误差函数(3.1.22),证明
$$M = \frac{\partial^2 E}{\partial \hat{w}^2} = \mu I_d + \hat{X}'\hat{X}$$
其中 M 是可逆的。这就是岭回归的原始作用[178](Hoerl 和 Kennard,1970)。

27. [30] 考虑岭回归寻找指数最小化的公式(3.1.22),将 w 替换为 $\hat{w}$ 来实现最小化
$$E_r(\hat{w}) = \frac{1}{2} \| y - \hat{X}\hat{w} \|^2 + \mu \hat{w}^2$$
讨论这一新问题与经典岭回归的关系,证明

(1) 无论 ℓ 和 d 之间的关系,上述指数的最小化和 $\lambda \to 0$ 时的岭回归对应。

(2) 当矩阵为肥胖矩阵 $\hat{X}(d+1>\ell)$ 时,上述指数的最小化和岭回归对应。

最终,请着重讨论当矩阵是瘦小矩阵 $\hat{X}$ 时两个问题的不同之处。

28. [M20] 证明投影矩阵 $P_\perp^d$、$P_\perp^u$、$Q_\perp^d$、$Q_\perp^u$ 的谱是 $\{0, 1\}$。

29. [20] 讨论公式(3.1.24)给出的岭回归的解中，α 缩放的作用。

▶ **30.** [22] 岭回归的另一种表示方法，是在对权值的范数施加严格约束的同时，使相对于目标的误差最小化。给定 $\omega > 0$ 时候，能找到
$$\hat{w} = \arg\min_{\hat{w} \in \mathscr{B}} \| y - \hat{X}\hat{w} \|^2$$
其中
$$\mathscr{B} = \{\hat{w} \in \mathbb{R}^{d+1} : \| \hat{w} \| \leq \omega\}$$
使用拉格朗日方法来解决这个问题。

31. [M19] 证明在 C 类的一般情况下，误差函数(2.1.22)是局部极小的。

▶ **32.** [HM47] 让我们考虑一个单层分类器，其中除了误差函数(2.1.22)，还如岭回归中那样引入一个正则化项，
$$E(\hat{w}) = \underbrace{\frac{1}{2}\sum_{\kappa=1}^{\ell}(y_\kappa - \sigma(\hat{w}'\hat{x}_\kappa))^2}_{\text{惩罚项}} + \underbrace{\mu\omega^2}_{\text{正则化项}} \quad (3.1.32)$$
我们知道惩罚项在线性可分的例子中是局部最小值。引入了正则化项后，$E(\hat{w})$ 是否也具有相同的性质呢？

33. [25] 考虑练习 17 中一维回归情况，假设我们预处理输入 x_κ 从而构造特征空间 $\zeta_{i,\kappa} = x_\kappa^{i-1}$，$\forall i = 1, \cdots, d+1$。用正态方程、广义逆方程和岭回归讨论解。

34. [M20] 在最小化岭回归的复杂性时，讨论下列伍德伯里同一性的可能：
$$\mu(\hat{X}\hat{X}' + \mu I)^{-1} = I - \hat{X}(\mu I + \hat{X}'\hat{X})^{-1}\hat{X}' \quad (3.1.33)$$

35. [18] 考虑公式(3.1.5)所表示的二次回归，用不同的 α_1 和 α_2 所表达的项 $\alpha_1 w_1^2 + \alpha_2 w_2^2$，去替换简约项 $w_1^2 + w_2^2$，对病态条件有什么影响？

3.2 包含阈值单元的线性机

线性机可以用于两种回归，即找到适合某些数据的模型并进行分类，以及构造一个正确分类输入的方法。在阅读本节之前，你可能会疑惑，既然线性机可以用于回归问题，同时它们也可以作为分类问题的模型，那么是否有理由引入线性阈值机的非线性呢？最后读者会很清楚，这是一个十分重要的问题，虽然线性阈值机(linear-threshold machine)的发展与一些历史问题交织在一起，但它仍然发挥着基础性的作用，尤其是在神经网络中。此外，考虑到在处理分类时可能直接希望计算单元返回一个布尔值来表示输入到相关类别的成员关系，这是探索线性阈值单元的一个很好的动机。但是，由于它将在本节的其余部分出现，还有其他一些原因与线性阈值单元和损失函数的联合选择密切相关。

形式上，线性阈值单元是一个函数，它使用下式作为规则，将激活函数(activation) $a = \hat{w}'\hat{x}$ 转换为输出：
$$f(x) = \sigma(a) = \sigma(\hat{w}'\hat{x})$$
其中 σ 值可以由多种方式选择，可能的一些途径如下：

$$\text{(i) } \sigma(a) = \text{sign}(a) \quad \text{(ii) } \sigma(a) = H(a)$$
$$\text{(iii) } \sigma(a) = \tanh(a) \quad \text{(iv) } \sigma(a) = \text{logistic}(a)$$
$$\text{(v) } \sigma(a) = (a)_+ \quad (3.2.34)$$

其中 $H(a) := [a \geq 0]$ 是阶跃函数，而 $\text{logistic}(a) := (1 + \exp(-a))^{-1}$ 是 logistic 函数且 $(a)_+ := a[a \geq 0]$。函数(i)和(ii)返回类布尔(Boolean-like)变量，而其他函数返回实值。显然，对于类布尔变量，基于梯度的算法没有提供任何启示来驱动任何学习过程，而当我

们转向计算的连续设置时,梯度是一种自适应参数的启发式。有趣的是,(iii)和(iv)(挤压函数(squash function))是(i)和(ii)的连续近似,分段线性函数(piecewise linear function)(v)被称为整流器(rectifier),它要么被抑制,要么作为一个线性单元运行。与线性机一样,评估目标误差的一种可能方法是使用二次函数(3.1.22)。然而,其他损失函数似乎也在分类任务中发挥了正确的作用。虽然 f_i 可以被选为公式(3.2.34)给出的线性阈值机之一,但是我们可能需要对输出进行概率归一化(probabilistic normalization)。一种可能性是使用 softmax 函数

$$f_i(x) = \operatorname*{softmax}_i(a_1,\cdots,a_c) := \frac{\exp(a_i)}{\displaystyle\sum_{j=1}^{c} \exp(a_j)} \quad (3.2.35)$$

此函数有着易用的特性——当 $a_i = \max_{1 \leqslant k \leqslant c} a_k$ 时,$\operatorname{softmax}_i \approx 1$(见练习 2)。另一个重要的性质则是,任何发生在其参数上的形如 $a_i \to a_i + \alpha$ 的转变,对输出没有影响,即 $\operatorname*{softmax}_i(a_1+\alpha,\cdots,a_c+\alpha) = \operatorname*{softmax}_i(a_1,\cdots,a_c)$ 对于所有 $i=1,\cdots,c$ 如果不使用 softmax 函数(3.2.35),我们也可以将原式替换为

$$f_i(x) = \frac{a_i}{\displaystyle\sum_{j=1}^{c} a_j}$$

但这样就不能使用上述的 softmax 性质。在此情况下,如果有 $x \to \beta x$ 就能得到不变性。我们可以立即看到 σ 的非线性,就像公式(3.2.35)中的一样,它被反映在上述的误差指标中,因此它的驻点不能再由正规方程表示。显然,根据 σ 的选择,不像用于回归的误差函数,$E(\hat{w})$ 可以有界,但由于其目标值只能渐近,所以最小化只能产生一个近似值。利用数值算法可以求出驻点,在大多数涉及多变量的实际应用中,这样的梯度下降是足够的。

3.2.1 谓词阶数和表示性问题

本节中,我们将深入了解模式识别任务和感知机的表征能力之间的联系。这是一个非常有趣的问题,因为我们需要发掘此种模式所理解的人为过程和感知机中的输入表示之间的联系,这就产生了关于它们的计算能力的基本问题。不用说,抽象模式概念和在输入空间中所继承的几何概念之间有很大的差距,例如,类的可分性,在处理语言和视觉模式以及大多数有趣的学习问题时都是如此。为了了解如何弥补这个差距,以图像为例进行说明。我们对自然图像的探索不感兴趣,因为在黑白图像的情况下,弥补上述差距的本质性困难也能被意识到。总的来说,我们要讨论在视网膜 $\mathscr{R}$ 中拍摄图像 $\mathscr{X}$ 的谓词并构造一个 $\mathscr{X}$ 的给定性质。图像被画在视网膜 $\mathscr{R} \subset \mathbb{R}^2$ 中,一个图像都是一个函数 $z: \mathscr{R} \to \{0, 1\}$,图像 $\mathscr{X} \subset \mathscr{R}$ 被定义为 $\mathscr{X} = \{x \in \mathscr{R} \mid z(x) = 1\}$。例如,一个给定的在视网膜 $\mathscr{R}$ 中的 $\mathscr{X}$ 可能是一个圆,这就是为什么我们热衷于学习谓词比如

[$\mathscr{X}$ 是一个圆]

大多数情况下,考虑离散的视网膜 $\mathscr{R}^\#$ 是更为有用的。与 $\mathscr{X}$ 的定义一致,一个离散的图像 $\mathscr{R}^\#$ 能被看作所有视网膜中使得 $z(x)=1$ 的像素的集合。举例来说,字母"c"在一个 4×4 的视网膜中能由函数 z_c 来代表,这个函数为构建图像 $\mathscr{R}^\#$ 的过程提供了必不可少的信

息，如下所示：

$$\mathscr{R}^{\sharp} = \boxed{} \xrightarrow{z_c} \begin{pmatrix} 0 & 1 & 1 & 0 \\ 1 & 1 & 0 & 0 \\ 1 & 0 & 0 & 0 \\ 1 & 1 & 1 & 0 \end{pmatrix} \equiv z_c(\mathscr{R}^{\sharp}), \qquad \mathscr{X}^{\sharp} = \blacksquare$$

在本节中，我们还将方便地使用视网膜的离散和连续表示。我们感兴趣的是可以达到高度抽象的模式的属性。例如，如果想探索建立一个凸的给定图片是否有可能，也就是说，对于一个给定的图片$[\mathscr{X}$是凸的$]$是真还是假。这种判断能通过检测是否每一个p,q都在$\mathscr{X}$中来决定，且对于任意$\alpha \in [0..1]$，都有

$$r = \alpha p + (1-\alpha)q \in \mathscr{X} \tag{3.2.36}$$

这显然是一个几何性质，看到感知机如何表达这样的属性并不简单。由$[\mathscr{X}$是连通的$]$定义的给定图像的连通性概念，与$[\mathscr{X}$是凸的$]$一样需要克服抽象。但事实将证明，对于这种基于感知机的表示，它要比凸性困难得多。但另一方面，有一些谓词，感知机则可以高效地表达。考虑

$$[p \in \mathscr{X}] \quad 且 \quad [\mathscr{A} \subset \mathscr{X}] \tag{3.2.37}$$

第一种情况，$[p \in \mathscr{X}]$表示两者的隶属关系。在第二种情况中，当且仅当掩模(Mask)$\mathscr{A}$是$\mathscr{X}$的子集时，$[\mathscr{A} \subset \mathscr{X}]$返回一个真值（见图3.1）。谓词$[\mathscr{X}$是凸的$]$的结果，能通过检测更简单的谓词$[p \rightarrowtail q \in \mathscr{X}]$来决定（$p \rightarrowtail q$是$p$和$q$的中点）。对于所有图像中的$p$和$q$，这个谓词的简单性依赖于这样一个事实，即它可以由三个点来决定。

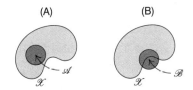

图 3.1　掩模谓词法：(A)$[\mathscr{A} \subset \mathscr{X}]$=T，(B)$[\mathscr{B} \subset \mathscr{X}]$=F

我们可以对谓词的阶数下第一个定义：如果有一个谓词组成的集合$\Phi = \{\varphi_1, \cdots, \varphi_D\}$，使得

$$\psi = \varphi_1 \wedge \varphi_2 \wedge \cdots \wedge \varphi_D = [\varphi_1 + \varphi_2 + \cdots + \varphi_D \geqslant D] \tag{3.2.38}$$

并且每个φ_i都取决于视网膜上的不多于κ个点，就称一个连接局部谓词ψ是κ阶的。举个例子，假设我们考虑一个二维的视网膜，所有在这个视网膜上可能的连接局部谓词是16个有两个变量的布尔函数；从定义理解，AND函数$x_1 \wedge x_2$为一阶，所以$\varphi_1 = x_1$且$\varphi_2 = x_2$，将XOR函数作为另一个例子，它是二阶谓词，因为$x_1 \oplus x_2 = (x_1 \vee x_2) \wedge (\neg x_1 \vee \neg x_2)$，所以我们可以选择$\varphi_1 = (x_1 \vee x_2)$，$\varphi_2 = (\neg x_1 \vee \neg x_2)$。XOR谓词是二阶的这个事实，代表着它无法通过线性可分函数实现，只能计算一阶的检测。

然而这不是一个很好的定义，因为目前它仍然太过依赖于函数$\varphi_1, \cdots, \varphi_D$的特定选择。在接下来的内容中，我们将对所有能用感知机表示的谓词给出一个更好的阶数定义。我们认为一般的感知机ψ是对Φ的一个线性阈值函数，这意味着存在一个数字t和一组权重$w_1, \cdots, w_D$能使得

$$\psi = [w_1\varphi_1 + w_2\varphi_2 + \cdots + w_D\varphi_D \geqslant t] \tag{3.2.39}$$

注意，φ 强调发生在 $\mathscr{X}$ 的奇特的预处理及其拓扑意义。

现在让我们回到在确定的视网膜 $\mathscr{R}$ 上操作的一般感知机谓词 ψ，这里涉及的事情要多得多。问题是我们只得到谓词的抽象含义，而没有得到它的表示，基于 LTU 的表示可能很难捕捉到这些抽象含义。

一个可靠的谓词阶数定义来自谓词的支持（support）概念：事实上，φ 的支持概念是用来获取想法的，一般来说，函数 φ 只取决于视网膜的有限的一部分。如果定义 $\mathscr{S}=\{\mathscr{A}\subset\mathscr{R}\mid\varphi(\mathscr{X}\cap\mathscr{A})=\varphi(\mathscr{X})\}$，则支持就是视网膜的一个子集，满足

$$\mathrm{supp}(\varphi) = \arg\min_{\mathscr{A}\in\mathscr{S}}|\mathscr{A}|$$

据此我们很容易判断出，当 $\mathscr{S}$ 很大时，$\varphi(\mathscr{X}\cap\mathscr{S})=\varphi(\mathscr{X})$ 是很容易成立的，但与此同时，小值 $\mathscr{S}$ 则很难用于判断其是否相等。这里连续视网膜的 $|\cdot|$ 函数必须理解为面积函数。直观上，支持 $\mathrm{supp}(\varphi)$ 给了我们部分与视网膜真正相关的分类。换句话说，支持包含了独特的特性，且其对于表达谓词的复杂度非常重要。事实上，完全把握谓词阶数的概念是有用的。假设我们在 $|\mathrm{supp}(\varphi)|$ 中找到了一个上界，给定谓词 ψ 的阶数就是使 $|\mathrm{supp}(\varphi)|\leqslant\kappa$ 在 $\varphi\in\Phi$ 上恒成立的最小的 κ 值。谓词 ψ 的阶数 $\kappa=\omega(\psi)$ 表明，$\mathscr{X}$ 中的决策没有一个可以被少于 κ 个来自支持 $\mathscr{S}$ 的点包含，这就对应着公式(3.2.38)的定义。能推出的是，ψ 的阶数是它独有的性质，这独立于 Φ 的选择之外。

现在来考虑掩模谓词（mask predicate）$[\mathscr{A}\subset\mathscr{X}]$，它与掩模 $\mathscr{A}$ 相关。谓词阶数的概念带来了关于它的局部性（locality）的思考，也就是说关于构建 $\varphi_i\in\Phi$ 时需要一起考虑的点的个数。很容易就能看出

$$\omega([\mathscr{A}\subset\mathscr{X}]) = 1 \tag{3.2.40}$$

这个证明基于与 $[\mathscr{A}\subset\mathscr{X}]$ 有关的集合 Φ 的构造。如果我们能找到一个谓词的集合 Φ，再通过将 $[\mathscr{A}\subset\mathscr{X}]$ 当作线性阈值函数来表达，进而使 $\mathrm{supp}(\varphi_i)=1$ 对于所有 i 都成立，则公式(3.2.40)就被证明了，因为我们考虑的谓词阶数不能比 1 更小。为了更好地展示，我们假定 $\mathscr{A}^{\#}=\{a_1,a_2,\cdots,a_{|\mathscr{A}^{\#}|}\}$，设置 $\varphi_i\equiv[a_i\in\mathscr{X}^{\#}]$，那么

$$[\mathscr{A}^{\#}\subset\mathscr{X}^{\#}] = [\varphi_1+\varphi_2+\cdots+\varphi_{|\mathscr{A}^{\#}|}\geqslant|\mathscr{A}^{\#}|] \tag{3.2.41}$$

这就说明了当所有掩模 $\mathscr{A}$ 中的点都被包含于 $\mathscr{X}$ 中时，上述的情况都是正确的。因为 φ_i 只依赖于视网膜中的一个点，所以可以确定的是 $|\mathrm{supp}(\varphi_i)|=1$。要注意的是公式(3.2.41)是用于计算掩模谓词的 LTU 的一个可能描述。跟随着引领我们定义阶数的直觉，就可以发现凸（convexity）谓词是一个有限阶数的谓词。现在重新确认公式(3.2.36)中需要三个点 p、q 和 r 的条件让我们转而考虑以下条件：

$$\forall p,q\in\mathscr{X}: p\rightarrowtail q\in\mathscr{X} \tag{3.2.42}$$

显然如果一个图像满足条件(3.2.36)它也一定满足上述条件。严格说反之则不满足。事实上总会选择 $\alpha\in(0..1)$ 满足 $r=\alpha p+(1-\alpha)q\in(\mathbb{R}/\mathbb{Q})^2$。然而，任何这样的点 r 都可以使用二分法

$$r_0 = p$$
$$r_{m+1} = \frac{r+r_m}{2}$$

而被任意逼近，收敛于 r，即 $r_m \xrightarrow{\infty} r$。因此，公式(3.2.42)似乎给出了一个不那么精确的凸性定义，然而相对于我们的目的它是完全可以被接受的。有趣的是，由公式(3.2.42)表示的条件更适合用于考虑基于感知机的表示。事实上我们可以将 $[\mathscr{X}^{\#}$ 是凸的$]$ 表示为

$$[\mathscr{X}^{\#} \text{ 是凸的}] = \left[\sum_{i=1}^{\binom{|\mathscr{X}^{\#}|}{2}} \varphi_i \geq \binom{|\mathscr{X}^{\#}|}{2}\right]$$

其中 i 计算了图像中的散点对 (p_i, q_i)，且 $\varphi_i = [p_i \leftrightarrow q_i \in \mathscr{X}^{\#}]$（当然，此时我们有 $w_i = 1$）。同时支持 $\mathrm{supp}(\varphi)$ 为

$$\mathrm{supp}(\varphi_i) = \{p_i, q_i, p_i \leftrightarrow q_i\}$$

由于 $\varphi_i(\mathscr{X}^{\#} \cap \mathrm{supp}(\varphi_i)) = \varphi_i(\mathscr{X}^{\#})$，意味着对于所有 $i = 1, \cdots, \binom{|\mathscr{X}^{\#}|}{2}$，$|\mathrm{supp}(\varphi_i)| = 3$ 恒成立。因此得到

$$\omega([\mathscr{X}^{\#} \text{ 是凸的}]) = |\mathrm{supp}(\varphi_i)| = 3 \tag{3.2.43}$$

为了掌握感知机模式识别和表示之间的联系，引入连接局部谓词以及相应的谓词阶数概念，对于理解计算问题非常有用。然而，图像的谓词构造表明，在考虑任何特定的特征构造之前，必须要决定使用给定图像的哪一部分来考虑问题。如果我们假设构造是为特定的模式识别问题而精心设计的，那么视觉特征就必须表达局部属性，这样对于任何像素，都可以合理地分离出图像中以像素为中心的部分来用于特征提取。显然，该部分不能太大，否则所涉及的信息量将与决策本身所需的信息量阶数相同！严格地说，如果相关特征已经被学习，这个假设是可以克服的，因为在这种情况下，对像素中心部分的直径限制是相当合理的。在这个假设下运行的感知机称为直径受限感知机 (diameter-limited perceptron)。有趣的是，它将表明对于谓词阶数的概念产生的局部性概念，与其相关的计算限制仍然存在，并且它们只是采用了不同的形式。为了熟悉有限直径感知机所表示的新局部性概念，我们回到 $[\mathscr{X}$ 是凸的$]$。这一次，我们要测试的不是凸性，而是一种近似凸性 (near convexity)。其思想是这样的：假设你想接受凸的也有一个小空心的图形。这可以通过引入长度尺度 r 来实现，r 确定了所接受的凹度。有一种方法可以容忍这种违反规定的做法，定义集合 $p \multimap q$，即与 p 和 q 之间的中点距离小于或等于 r 的点的集合。这样一来，r 自然就代表了一种尺度。有了这个定义，说集合 $\mathscr{C}$ 几乎是凸的就非常合理，如果对于 $\mathscr{C}$ 中的每一个 p 和 q 我们都有

$$p \multimap q \cap \mathscr{C} \text{ 是非空的} \tag{3.2.44}$$

现在让我们看看如何以感知机为工具，并利用几乎连通性来操作谓词。首先请注意，几乎连通性的条件可能并不适用，原因有两个：要么是存在一个比设置的尺度 r 更大的孔，要么是图形由更多被很好地分隔开的部分组成（至少大于 r）。这两种可能性的说明如图 3.2 所示。公式(3.2.44)所表示的条件可以用以下感知机 LTU 重写：

$$[\mathscr{X} \text{ 几乎是凸的}] = \left[\sum_i [|p_i \multimap q_i \cap \mathscr{X}| = 0] < 1\right]$$

其中 i 遍历了图像 $\mathscr{X}$ 中的所有点对。注意此谓词显然是有限阶数，因为 $\varphi_i = [|p_i \multimap q_i \cap \mathscr{X}| = 0]$ 取决于有限数量的点，特别是半径为 r 的圆内的点（当然，现在是用有限分辨率的视网膜来思考）。无论如何，基于连接局部和基于直径受限谓词的局部性分析都可以得到

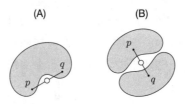

图 3.2　在连通图像(A)和非连通图像(B)中，使用有限直径感知机检测几乎凸性错误

一个关于感知机计算能力的良好的结论。不幸的是，在许多其他任务中，谓词的阶数会爆炸。下面的分析阐明了基于感知机的表示的基本限制。与目前考虑的谓词不同，[$\mathscr{X}$是连接的]并不是任何阶的连接局部谓词。与凸性一样，我们考虑了不那么准的定义，在这种定义中对有限集的性质进行了分析。这个论证是自相矛盾的，是基于考虑此假设：具有连通性的谓词阶数 κ 一定有限。让我们考虑以下三幅图：

$$\mathscr{X}_1^\sharp = \quad \mathscr{X}_2^\sharp = \quad \mathscr{X}_3^\sharp =$$

图像都由有 $\kappa+1$ 个像素的组成。对于前两幅图，[$\mathscr{X}_1^\sharp$ 是连接的]=1 且 [$\mathscr{X}_2^\sharp$ 是连接的]=0。因为[$\mathscr{X}$是连接的]是 κ 阶的连接局部谓词，它可以在其支持由 κ 个点组成的 $\varphi \in \Phi$ 上操作。也就是说，$|\text{supp}(\varphi)| = \kappa$。现在 $\text{supp}(\varphi)$ 上的 κ 个点都必须位于 $\mathscr{X}_1^\sharp$ 的中间行上，这是唯一一个区分前两幅图的方式。因为每行都有 $\kappa+1$ 个像素组成，我们总能从中找到一个不属于 $\text{supp}(\varphi)$ 的像素。标识该像素的列 j 用于构造图像 $\mathscr{X}_3^\sharp$，除去 j 上的新的像素 p_{2j}，$\mathscr{X}_3^\sharp$ 与 $\mathscr{X}_2^\sharp$ 完全相同。当然，因为 $p_{2j} \notin \text{supp}(\varphi)$，我们有[$\mathscr{X}_3^\sharp$ 是连接的]= 0，但这与 $\mathscr{X}_3^\sharp$ 是连接着的这一事实相悖。现在有人可能会怀疑，这个负面的结果是由于与图形的拓扑结构缺乏联系，而有限直径感知机有一个与预期不同的行为所导致的。然而恰好相反，这个消极的结果仍然成立！考虑被期望可以区分给定的图像是否连接的任何有限直径感知机，我们证明了没有这样的感知机是矛盾的。考虑以下四个图像：

$$\mathscr{X}_1 = \quad \mathscr{X}_2 = \quad \mathscr{X}_3 = \quad \mathscr{X}_4 =$$

进一步假设，给定感知机的直径是 $2r$，这些图像的长度至少为 3 个直径。这样每个图上至少可以区分出三个区域：图的左右边缘和图的中心，如图 3.3 所示。现在假设连通性可以通过直径有限的感知机建立，这意味着对于一类图像 $\mathscr{X}$

$$[\mathscr{X} \text{是连接的}] = \left[\sum_i w_i \varphi_i \geq t\right]$$

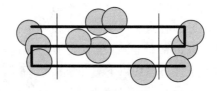

图 3.3　根据如图所示的支持的位置，可以将输入收集到三个组中

或者换句话说，当图像是连接着的时候 $\sum_i w_i \varphi_i - t$ 一定是有意义的，反之则一定是无意义的。这个证明的基本思想就是将上述说明中的对 i 的求和分成三个和的形式：分别在

左侧、中侧、右侧，运行在带支持的感知机的指数集 $\mathscr{J}$、$\mathscr{K}$、$\mathscr{H}$ 上。这样

$$[\mathscr{X} \text{ 是连接的}] = \Big[\sum_{j \in \mathscr{J}} w_j \varphi_j + \sum_{k \in \mathscr{K}} w_k \varphi_k + \sum_{h \in \mathscr{H}} w_h \varphi_h \geq t\Big]$$

因为 $\mathscr{X}_2$ 是连接的但 $\mathscr{X}_1$ 不是，易得 $\sum_i w_i \varphi_i(\mathscr{X}_2) > \sum_i w_i \varphi_i(\mathscr{X}_1)$。

然而，局部的 $\mathscr{X}_1$ 和 $\mathscr{X}_2$ 差异仅在右边，因此我们能总结出

$$\sum_{h \in \mathscr{H}} w_h \varphi_h(\mathscr{X}_2) > \sum_{h \in \mathscr{H}} w_h \varphi_h(\mathscr{X}_1) \tag{3.2.45}$$

同理可以比较 $\mathscr{X}_1$ 和 $\mathscr{X}_3$，得出

$$\sum_{j \in \mathscr{J}} w_j \varphi_j(\mathscr{X}_3) > \sum_{j \in \mathscr{J}} w_j \varphi_j(\mathscr{X}_1) \tag{3.2.46}$$

局部性告诉我们 $\sum_{h \in \mathscr{H}} w_h \varphi_h(\mathscr{X}_3) = \sum_{h \in \mathscr{H}} w_h \varphi_h(\mathscr{X}_1)$，据此可以进一步推出

$$\sum_{h \in \mathscr{H}} w_h \varphi_h(\mathscr{X}_2) > \sum_{h \in \mathscr{H}} w_h \varphi_h(\mathscr{X}_3) \tag{3.2.47}$$

然后将不等式(3.2.45)~(3.2.47)结合起来，得出

$$\sum_{j \in \mathscr{J}} w_j \varphi_j(\mathscr{X}_3) = \sum_{j \in \mathscr{J}} w_j \varphi_j(\mathscr{X}_4) \text{ 且 } \sum_{h \in \mathscr{H}} w_h \varphi_h(\mathscr{X}_2) = \sum_{h \in \mathscr{H}} w_h \varphi_h(\mathscr{X}_4)$$

需注意的是，对于 $\mathscr{K}$ 的求和并不随着图像 $\mathscr{X}_1 - \mathscr{X}_4$ 的变化而改变，所以推出

$$\sum_i w_i \varphi_i(\mathscr{X}_4) = \sum_{j \in \mathscr{J}} w_j \varphi_j(\mathscr{X}_3) + \sum_{k \in \mathscr{K}} w_k \varphi_k(\mathscr{X}_3) + \sum_{h \in \mathscr{H}} w_h \varphi_h(\mathscr{X}_2)$$

$$> \sum_{j \in \mathscr{J}} w_j \varphi_j(\mathscr{X}_3) + \sum_{k \in \mathscr{K}} w_k \varphi_k(\mathscr{X}_3) + \sum_{h \in \mathscr{H}} w_h \varphi_h(\mathscr{X}_2)$$

$$= \sum_i w_i \varphi_i(\mathscr{X}_3)$$

这仍然是自相矛盾的，因为最后一个式子表明了 $\mathscr{X}_4$ 是连接的。这个负面的结果说明直径受限感知机抓取全局特性的时候出现了错误。有时候，大多数这些关键结果所造成的影响被忽略了，因为在大部分情况下，它们的有效性并不局限于单层感知机。例如，关于连通性的结果适用于任何有限直径感知机，也就是说，它也适用于将在第 5 章讨论的多层网络。

3.2.2 线性可分示例的最优性

之前我们失去了正规方程的线性，现在我们在线性可分(linearly separable)的假设下证明，适当结合线性阈值函数和损失函数能较好地学习公式。特别是，我们将看到一些对，它们会导致损失函数，其中没有局部极小值不同于全局极小值！有趣的是，情况并非总是如此，因为其他的对并不共享此属性。这个分析是针对两种类别的，$c=2$，但在一般情况下可以采用相同的方案。基本上在多种类别下($c>2$)，要求每个单元都能从其他类别中区分出一个特定的类别。

现在来确定每个驻点都必须满足的条件，即 $\nabla E = 0$。因为风险函数积累了所有示例中的损失，所以有 $E = \sum_{\kappa} e_{\kappa}$。综上，梯度就能被计算出来

$$\frac{\partial E}{\partial \hat{w}_j} = \sum_{\kappa=1}^{\ell} \frac{\partial e_{\kappa}}{\partial \hat{w}_j} = \sum_{\kappa=1}^{\ell} \frac{\partial e_{\kappa}}{\partial a_{\kappa}} \frac{\partial a_{\kappa}}{\hat{w}_j} = \sum_{\kappa=1}^{\ell} \hat{x}_{\kappa j} \delta_{\kappa}$$

其中 $\delta_\kappa = \partial e_\kappa / \partial a_\kappa$，$a_\kappa = \hat{w}_j \hat{x}_{\kappa j}$。从现在开始对于每个给定示例 x_κ，这被视单元的 delta 误差(delta error)。使用向量符号可表示为

$$\nabla E = \hat{X}' \cdot \Delta \tag{3.2.48}$$

其中 $\Delta := (\delta_1, \cdots, \delta_\ell)'$。当然，这只在存在偏导的点有意义，而 δ_κ 显然是由线性阈值函数和损失函数共同选择。从其中一些选择来看，delta 误差显示了一个很好的符号结构，在接来下非常有用。让我们考虑以下情况：

3.2.2.1 sigmoid 单元和二次损失

如果我们选择一个二次损失

$$e_\kappa = \frac{1}{2}(y_\kappa - \sigma(a_\kappa))^2$$

则立刻就能发现

$$\delta_k = \sigma'(a_\kappa)(\sigma(x_\kappa) - y_\kappa) \tag{3.2.49}$$

因此，Δ 显示了一个只取决于图像类别的符号结构。因为 $\forall a: \sigma'(a) > 0$，这对于对称或者不对称的挤压函数(公式(3.2.34)中的(iii)和(iv))来说都是正确的。

3.2.2.2 线性单元和铰链损失函数

这里我们将线性机(单元)与铰链损失函数耦合，从而有

$$e_\kappa = (1 - a_\kappa y_\kappa)_+$$

如果有强符号约束协议(即，如果 $a_\kappa y_\kappa \geqslant 1$)，则 $e_\kappa \equiv 0$ 且 $\delta_\kappa = 0$，否则 $\delta_\kappa = -y_\kappa$。写得更简洁一些就是 $\delta_\kappa = -y_\kappa[1 - a_\kappa y_\kappa > 0]$。$\Delta$ 再一次显示了一个只取决于图像类别的符号结构。

在情况 A 下我们总能将输入按照 Δ 符号的

$$\text{sign}(\Delta) = (+ \cdots + - \cdots -)' \tag{3.2.50}$$

性质来分类，其中 $\text{sign}(x) = [x > 0] - [x < 0]$。我们假设当上式应用于向量 v 时，符号函数返回一个向量，且此向量维数与 $(\text{sign}(v))_i = \text{sign}(v_i)$ 相同。除了已经有强符号约束协议的例子之外，这对于情况 B 也一样。因为这两种情况都是线性可分的，所以一定存在 $\alpha \in \mathbb{R}^{d+1}$ 使得 $\hat{X}\alpha$ 能获得符号结构

$$\text{sign}(\hat{X}\alpha) = (+ \cdots + - \cdots -)' \tag{3.2.51}$$

注意，任意使 $\alpha'\hat{X}'\Delta = 0$ 的解，同时也是 $\nabla E = \hat{X}'\Delta = 0$ 的解。因此有

$$(\alpha'\hat{X}')\Delta = (\hat{X}\alpha)'\Delta = 0 \Rightarrow \Delta = 0 \tag{3.2.52}$$

在情况 B 时，$\Delta = 0$ 意味着我们已经找到了一个对于所有符号都有强符号约束协议的结构，也就是全局最小值。但紧接着就能发现矛盾，如果没有一个图像 $\overline{\kappa}$ 有这种强符号约束协议，则 $\delta_{\overline{\kappa}} = -y_{\overline{\kappa}} \neq 0$，所以我们就会得到与之矛盾的 $\Delta = 0$。情况 A 则更为复杂，基本上不会达到 $\Delta = 0$，因为项目梯度的消失需要被重写成 $\nabla E \to 0 \Rightarrow \nabla \to 0$。现在 $\delta_\kappa = 0$ 的情况则可以对应两个目标。然而，我们可以证明任何如梯度下降的数值算法都会向下级的 $E = 0$ 偏移，因为 $\partial^2 E / \partial \hat{w}_j^2 < 0$。具体证明过程如下：

$$\frac{\partial^2 E}{\partial \hat{w}_j^2} = \frac{\partial}{\partial \hat{w}_j} \sum_{\kappa=1}^{\ell} x_{\kappa j} \sigma'(a_\kappa)(f(x_\kappa) - y_\kappa)$$

$$= \sum_{\kappa=1}^{\ell} x_{\kappa j}^2 \cdot \sigma''(a_\kappa)(f(x_\kappa) - y_\kappa) + \sigma'^2(a_\kappa) \cdot x_{\kappa j}^2$$

$$= \sum_{\kappa=1}^{\ell} x_{\kappa j}^2 \cdot (\sigma''(a_\kappa)(f(x_\kappa) - y_\kappa) + \sigma'^2(a_\kappa)^2) \qquad (3.2.53)$$

现在再来考虑驻点满足

$$(y_\kappa = 0 \wedge f(x_\kappa) \to 1) \vee (y_\kappa = 1 \wedge f(x_\kappa) \to 0) \qquad (3.2.54)$$

更进一步，如果我们假设在这些结构里 $\sigma'^2/\sigma'' \to 0$，就能总结出

$$\frac{\partial^2 E}{\partial \hat{w}_j^2} \to \sum_{\kappa=1}^{\ell} x_{\kappa j}^2 \cdot \sigma''(a_\kappa)(f(x_\kappa) - y_\kappa) < 0$$

因为 $\sigma''(a_k)$ 和 $f(x_\kappa) - y_\kappa$ 获取了与条件(3.2.54)相关联的结构中的相反符号。

3.2.3 无法分离的线性可分

在本节中，我们讨论了线性阈值单元必须与损失函数正确组合的原因，并证明没有一对是不满足此条件的。如果我们简单地用带有二次损失的线性单元来分类呢？与正规方程的最优性不同，对于分类问题，这样的选择并不一定是充分的。特别地，我们将展示在某些情况下，无法分离线性可分样本的例子！为了理解失败的原因，让我们考虑下面这个反例，它清楚地说明了这段关系的问题所在。

给出四个例子，其中第一个和第四个重复了 m 次。这对应于将误差函数中的权值 m 附加到这些示例。通常，新的误差函数变成

$$E(\hat{w}) = \frac{1}{2} \sum_{\kappa=1}^{\ell} c_\kappa (y_\kappa - \hat{w}' \hat{x}_k)^2 \qquad (3.2.55)$$

其中 c_κ 可以被看成是计算示例 $\hat{x}_\kappa$ 重复次数的变量。就像之后会在练习11中看到的，经过一些修改后，我们仍然可以使用正规方程来计算，其中

$$\hat{X} = \begin{bmatrix} 0 & 0 & m \\ -1 & 1 & 1 \\ 1 & 1 & 1 \\ 0 & 3/2m & m \end{bmatrix}, \quad y = \begin{bmatrix} -m \\ -1 \\ -1 \\ m \end{bmatrix}$$

且

$$\hat{w} = (\hat{X}'\hat{X})^{-1}\hat{X}'y = \frac{2}{9m^2 + 10} \begin{bmatrix} 0 \\ 6m^2 + 4 \\ -\frac{9}{2}m^2 - 9 \end{bmatrix}$$

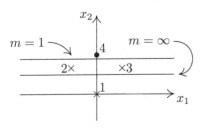

对于 $m=1$ 解为 $\hat{w}' \propto (0, 10, -27/2)'$，这与分离线 $x_2 = 1.35$ 相对应(见左图)，这条线将示例准确地分成了两个部分。当 $m \to \infty$ 时，解为 $\hat{w} \propto (0, 6, -9/2)$，这也和分离线相对应。不像 $m=1$ 的情况，在 $m \to \infty$ 的情况下，最小均方误差算法并不能将分离给定示例。这种不良行为和基于最小均方误差的欧式范数的性质紧密联系。在 $d=1$ 的情况下可以迅速理解这一点，其中分类中类似阈值的方法将需要使用最高范数 $\|\cdot\|_\infty$ 而不是 $\|\cdot\|_2$(更多细节请参考练习17)。

本节中的讨论清楚地表明 LTU 机器需要进行分类。通过正常回归方程获得的理想最优性不能防止分类任务中的虚假解。基本上即使它们对应于误差函数的全局最小值，线性机在分类中也可能产生虚假解。

练习

▸ **1.** [15] $\hat{w}^*$ 是从一个阈值模型中使用强约束函数得到的解，当对输入进行缩放时，它仍然是一个解吗？

2. [15] 求证在公式(3.2.35)中定义的 softmax 函数归一化后是 $1\left(\sum_{i=1}^{c} \text{softmax}_i = 1\right)$，并且它确实含有"softmax 性质"：假设存在一个 a_i，对于每一个 $j \neq i$ 都能使得 $a_i \gg a_j$，且能进一步推出 $\text{softmax}_k \approx [k=i]$。

▸ **3.** [10] 证明 AND 运算和 OR 运算是一阶的。

4. [15] 概括练习 2 的结论，并试着推出任何线性可分的布尔函数 $f(x_1, x_2, \cdots, x_n)$ 都是一阶的。

▸ **5.** [25] 证明二维 XOR 运算是二阶的。

6. [M32] (M. Minsky 和 S. Papert) 给定一个离散的视网膜 $\mathscr{R}^{\#}$，证明它的权值 w_i 和阈值 t (见公式(3.2.39))被限制为只能取整数。

7. [20] 试着拓展练习 6 中的结论：总可以去掉负权值，从而将一般阈值函数 $[w_1 x_1 + w_2 x_2 + \cdots + w_D x_D \geq D]$ 简化为所有权值为正的阈值函数。

8. [M22] (视网膜图(retina graph)) 一种有趣的视网膜图 R_n 能使用 $n \times n$ 的视网膜 $\mathscr{R}^{\#}$ 来建立：在每个像素内绘制一个顶点，并将相邻像素的顶点与边连接。例如，从一个 2×2 的视网膜能获取图像 $R_2 = $ ⋈。

(a) 证明一般的视网膜图中有 n^2 个顶点和 $(n-1)(4n-2)$ 条边。

(b) 证明对于每个 $n \geq 1$ R_n 都是汉密尔顿图。

9. [M30] 如果一个由图像顶点组成的集合 C 对于所有在其中的 u 和 v 满足 $[u..v] \subseteq C$，则这个集合是凸的，其中集合 $[u..v]$ 是 u 和 v 之间的最短路径组成的点的集合。这一定义为扩展离散视网膜 $\mathscr{R}^{\#}$ 上图像的凸性提供了一种方法：如果集合 $\mathscr{R}^{\#}$ 如练习 8 中定义的一样在视网膜图 R_n 上是凸的，则我们就说图像 $\mathscr{X}^{\#}$ 在一个 $n \times n$ 的视网膜空间中是凸的。是否可以通过引入一些离散中点函数(discrete midpoint function) $i \rightarrowtail j$ 来定义与公式(3.2.42)相似的连续情况下的中点的凸性？

▸ **10.** [20] 假设给定一个只有两个点的训练集，x_1 和 x_2，我们考虑一个关于 $y=(1, -1)'$ 的分类问题：

(a) 在简单的 $d=1$ 的情况下，利用正规方程求出线性模式的解的表达式，并证明只有一个解。

(b) 在一般的 $d>1$ 的情况下，假设 $w = \alpha x_1 + \beta x_2$，确定解的表达式，其中 x_1 和 x_2 都不是线性独立的。并证明在额外的 $x_1^2 = x_2^2$ 条件下 $\hat{w}$ 是 $\hat{X}' \hat{X}$ 的特征向量。

▸ **11.** [15] 考虑由公式(3.2.55)中的误差函数定义的加权 LMS 问题。证明在适当重新定义 $\hat{x}$ 和 y 后，该问题的解仍然由公式(3.1.12)给出。

12. [17] 从具有两个扰流器示例的集群模式分布开始，从中选择一个代表性点来构建理想的表示，如下所示：

其中 1～4 四个点的坐标分别为 (0, 1), (1, 0), (1, 1) 和 (0, 1)。为了使计算更简单，假

设 1 和 4 的简并点都是 m 点，这表示对任何有限的 m，通过正规方程得到的分离线可以成功分离我们所获得的数据，而对于 $m=\infty$ 则无法实现分离（像 3.2.3 节中讨论的一样）。当 $m=0$ 时呢？解释其结果。

13. [20] 到目前为止，我们已经看到了两个使用 LMS 解决方案但由于示例的简并性而无法分离的例子（在 3.2.3 节和练习 12 中）。然而请说明即使在这种重复出现的情况下，也有一些示例是能分离的。（提示）考虑一些未知数比例子数量多的情况。

▶ 14. [M30] 让我们考虑一个阈值线性神经元的分类，考虑目标是 $y_\kappa \in \{\underline{d}, \overline{d}\}$ ($\underline{d}>0$ 或 $\overline{d}<1$) 的情况。我们仍然可以说，对于线性可分的例子，误差函数是局部极小的吗？

15. [M30] 让我们考虑一下练习 12 中所定义的学习环境，其中示例展示了一个自然的集群结构。右侧的学习环境提供了一个相关的案例，在这个案例中，我们极大地简化了基本概念且只考虑了四个示例，还使用某种方式来表示集群中心。我们还假设 1 和 4 重复 m 次，其中 m 是两个集群的基数。请利用正规方程证明，此解是 1~3 与 4 之间斜率为正的分割线所表示的。

16. [18] 在 3.2.3 节中，我们讨论了一个示例，在这个示例中，LMS 解决方案不能分离给定的线性可分的示例训练集。这是由于存在一个重复的因素而产生一个不平衡的点的质量。请证明在一些示例中，即使存在这种重复，分离也不会失败。

（提示）考虑一些未知数比例子数量多的情况。

17. [M25] 在 3.2.3 节中，我们讨论了将线性单元与二次误差组合时的分离失败。现在让我们考虑一般的 p-范数

$$E(\hat{w}) = \Big(\sum_{\kappa=1}^{\ell}(y_\kappa - f(x_\kappa))^p\Big)^{1/p}$$

当 $p \to \infty$ 时分离的情况是怎样的？

18. [28] 考虑用于编码 10 位数字的经典七段显示。模式集是线性可分的吗？

3.3 统计视图

本章中，我们为线性机提供了统计设定。在特定的概率分布下，我们会发现，它们都自然地来自贝叶斯决策。之后我们假设数据都来源于一个特定的概率分布，以重新制定 LMS。最后，我们会研究收缩方法（shrinkage method）。

3.3.1 贝叶斯决策和线性判别分析

在 2.1.3 节中，我们已经看到，如果我们选择 0-1 损失函数，对应贝叶斯分类器的最佳决策 $\arg\min_f EL(Y, f(X))$ 就会返回决策 $f=(f_1, \cdots, f_c)$。由于对任意确定的 $i=1, \cdots, c$，概率 $\Pr(I=i|X=x)$ 是一个关于 x 的函数，故两个类别 i 与 j 的分离面由条件 $\Pr(I=i|X=x)=\Pr(I=j|X=x)$ 决定。使用公式 (2.2.63) 并假设多元高斯分布

$$p(x|I=i) = \frac{1}{\sqrt{(2\pi)^d \det\Sigma_i}} e^{-\frac{1}{2}(x-\mu_i)'\Sigma_i^{-1}(x-\mu_i)}$$

分离面由以下公式可得：

$$(x-\mu_i)'\Sigma_i^{-1}(x-\mu_i) - (x-\mu_j)'\Sigma_j^{-1}(x-\mu_j) = \log\Big(\frac{\det\Sigma_j}{\det\Sigma_i}\frac{P^2(I=i)}{P^2(I=j)}\Big)$$

(3.3.56)

因此，一般来说，在高斯假设下的贝叶斯假设是一个在输入空间的二次面。然而，如果 $\Sigma_i = \Sigma_j = \Sigma$，则有

$$2(\mu_j - \mu_i)'\Sigma^{-1}x + \mu_i'\Sigma^{-1}\mu_i - \mu_j'\Sigma^{-1}\mu_j + 2\ln\frac{\Pr(I=j)}{\Pr(I=i)} = 0 \quad (3.3.57)$$

因此，贝叶斯决策是一个线性机的输出，其中

$$w = \Sigma^{-1}(\mu_j - \mu_i)$$
$$b = \frac{1}{2}(\mu_i'\Sigma^{-1}\mu_i - \mu_j'\Sigma^{-1}\mu_j) + \ln\frac{\Pr(I=j)}{\Pr(I=i)} \quad (3.3.58)$$

注意，如果 $\Sigma_i = \text{diag}(\sigma_i)$ 且 $\Sigma_j = \text{diag}(\sigma_j)$，那么分离面总是与连接 μ_i 与 μ_j 的直线垂直。在没有优先条件的情况下，$\Pr(I=i) = \Pr(I=j)$，我们可以发现这个面中存在中点 $x_m = (\mu_i + \mu_j)/2$。正如我们所期望的，如果两个类别中有一个具有更高的优先性，那么中点就会向该类别的中点偏移。

3.3.2 逻辑回归

假设我们将例子以 LTU 单元分成两类，通过确定 $p(y|x)$，$y \in \{0, 1\}$ 来讨论统计解释。我们可以发现

$$p(y|x) = [y=1]\sigma(a(x)) + [y=0](1 - \sigma(a(x)))$$
$$= (\sigma(a(x)))^y(1 - \sigma(a(x)))^{1-y} \quad (3.3.59)$$

它表示一种二项分布⊖，由逻辑假设可得

$$\sigma(a(x)) = \frac{\exp(-a(x))}{1 + \exp(-a(x))} \quad (3.3.60)$$

即产生⊖ $1 - \sigma(a(x)) = 1/(1 + \exp(-a(x)))$。

我们可以将这些公式概括成 $c > 2$ 的情况。在此条件下，softmax 单元适合保证概率归一化。此时，y_i，$i = 1, \cdots, c$ 满足条件 $\sum_{i=1}^{c} y_i = 1$，我们仍有 $y_i \in \{0, 1\}$。我们可以将 $p(y|x)$ 表示为

$$p(y|x) = \prod_{i=1}^{c}[y_i = 1]\sigma(a(x)) = \prod_{i=1}^{c}(\sigma(a(x)))^{y_i} \quad (3.3.61)$$

其中，

$$\sigma(a_i(x)) = \frac{\exp(a_i(x))}{\sum_{j=1}^{c}\exp(a_j(x))} = \frac{\exp(\hat{w}_i'\hat{x})}{\sum_{j=1}^{c}\exp(\hat{w}_j'\hat{x})} \quad (3.3.62)$$

注意，公式(3.3.61)中的 $p(y|x)$ 服从多项式分布，可以发现，由于概率归一化，分类 c 中的项可以被认为是参照，通过这种方式来详细说明 softmax 定义，以保留 c 个权重向量中的一个。使 $i = c$ 作为此分类的索引，我们可以通过以下式子将 w_c 消去：

$$\sigma(a_i(x)) = \frac{[i = c]}{1 + \sum_{j=1}^{c-1}\exp(a_j(x) - a_c(x))} + \frac{[i \neq c]\exp(a_i(x) - a_c(x))}{1 + \sum_{j=1}^{c-1}\exp(a_j(x) - a_c(x))}$$

⊖ 在这种情况下，它退化为伯努利分布。
⊖ 注意，$1 - \sigma(x)$ 是神经网络中使用的经典逻辑函数。

$$= \frac{1}{1+\sum_{j=1}^{c-1}\exp(-\tilde{a}_j(x))}[i=c] + \frac{\exp(-\tilde{a}_i(x))}{1+\sum_{j=1}^{c-1}\exp(-\tilde{a}_j(x))}[i\neq c] \quad (3.3.63)$$

其中，$\tilde{a}_i(x) := a_c(x) - a_i(x) = (\hat{w}_c - \hat{w}_i)\hat{x}$。可证⊖对于 $c=2$ 返回公式(3.3.59)。通过考虑优势对数(log-odds)或逻辑(logit)，可以对分类器做出解释，定义为 $\forall i=1,\cdots,c-1$，

$$o_i(x) := \ln\frac{p(y_i|x)}{p(y_c|x)} = -a_i(x) = -w'_i\hat{x} \quad (3.3.64)$$

它对应第 i 个单元的反转信号输出⊖。

现在用 MLE 讨论参数估计，由多项式分布可得

$$L = \prod_{\kappa=1}^{\ell}\left(1-\sum_{j=1}^{c-1}\sigma(a_j(x_\kappa))\right)^{1-\sum_{j=1}^{c-1}y_{\kappa,i}}\prod_{i=1}^{c-1}\sigma(a_i(x_\kappa))^{y_{\kappa,i}}$$

它的对数似然为

$$l = \sum_{\kappa=1}^{\ell}\sum_{i=1}^{c-1}\ln(\sigma(a_i(x_\kappa)))^{y_{\kappa,i}} + \sum_{\kappa=1}^{\ell}\ln\left(1-\sum_{j=1}^{c-1}\sigma(a_j(x_\kappa))\right)^{1-\sum_{j=1}^{c-1}y_{\kappa,i}}$$

$$= \sum_{\kappa=1}^{\ell}\sum_{i=1}^{c-1}y_{\kappa,i}\ln\sigma(a_i(x_\kappa)) + \sum_{\kappa=1}^{\ell}\left(1-\sum_{j=1}^{c-1}y_{\kappa,i}\right)\ln\left(1-\sum_{j=1}^{c-1}\sigma(a_j(x_\kappa))\right)$$

由公式(3.3.63)可得

$$l = \sum_{\kappa=1}^{\ell}\sum_{i=1}^{c-1}y_{\kappa,i}\ln\frac{\exp(-a_i(x_\kappa))}{1+\sum_{j=1}^{c-1}\exp(-a_j(x_\kappa))}$$

$$+ \sum_{\kappa=1}^{\ell}\left(1-\sum_{j=1}^{c-1}y_{\kappa,i}\right)\ln\frac{1}{1+\sum_{j=1}^{c-1}\exp(-a_j(x_\kappa))}$$

$$= -\sum_{\kappa=1}^{\ell}\sum_{i=1}^{c-1}y_{\kappa,i}\hat{w}'_i x_\kappa - \sum_{\kappa=1}^{\ell}\ln\left(1+\sum_{j=1}^{c-1}\exp(-\hat{w}'_j x_\kappa)\right) \quad (3.3.65)$$

此时，对于 $\forall h=1,\cdots,c-1$，有

$$\nabla_{\hat{w}_h}l = -\sum_{\kappa=1}^{\ell}y_{\kappa,h}\hat{x}_\kappa + \sum_{\kappa=1}^{\ell}\frac{\exp(-\hat{w}_h\hat{x}_\kappa)}{1+\sum_{j=1}^{c-1}\exp(-\hat{w}'_j x_\kappa)}\hat{x}_\kappa$$

$$= -\sum_{\kappa=1}^{\ell}\left\{y_{\kappa,h} - \frac{\exp(-\hat{w}_h\hat{x}_\kappa)}{1+\sum_{j=1}^{c-1}\exp(-\hat{w}'_j x_\kappa)}\right\}\hat{x}_\kappa$$

$$= -\sum_{\kappa=1}^{\ell}(y_{\kappa,h}-\sigma_h(x_\kappa))x_\kappa \quad (3.3.66)$$

这个对于 $\nabla_{\hat{w}_h}$ 的公式可以用于基于梯度的学习算法，不同于线性单元，这里我们只能提供一个数值解。将此式与公式(3.2.49)对比，它解释了二次损失的增量误差。虽然这两个方

⊖ 下文中为了简单起见，我们用 $a_i(x)$ 替换 $\tilde{a}_i(x)$。

⊖ 在文献中通常遇到 $o_i = a_i(x)$，这是由于通常在神经网络中使用的 sigmoid 单元的不同定义。

程具有相同的基本结构，但公式(3.2.49)中的 σ' 表示，当神经元最终处于饱和状态时，它们会在学习过程中出现的显著差异。与二次损失的情况不同，基于可能性最大化的逻辑回归不存在同样的问题。

3.3.3 符合贝叶斯决策的独立原则

前几节中的贝叶斯决策的边缘与分布在中值的点有强相关性。有趣的是，关于岭回归的归一化讨论具有相似的特点。为了深入了解归一化的效果，假设有一组数据分布围绕着两个质心分布。当 $\det\Sigma\to 0$ 时，前一种情况下的高斯分布可作为一例。

为了简化案例，我们假设以下理想情况。该情况下只有两个拥有单个标记的案例的类别，它们分别被标记为 $(x_1, +1)$ 与 $(x_2, -1)$，因此 $y=(-1, +1)'$。它的正态分布为
$$(\lambda I_d + \hat{x}_1\,\hat{x}'_1 + \hat{x}_2\,\hat{x}'_2)\,\hat{w} = (\hat{x}_1, \hat{x}_2)y$$
我们再来讨论没有归一化的情况，即 $\lambda=0$ 的情况。如果 $d=1$，问题有一个解(见练习 10(a))。若 $d>1$，那么问题有多个解。其中一个解是 x_1 与 x_2 的线性组合，记为 $w=\alpha x_1+\beta x_2$，易得(见练习 10(b))

$$\begin{aligned}w &= (2+x_2^2+x'_1 x_2)x_1 - (2+x_1^2+x'_1 x_2)x_2\\ b &= x_2^2 - x_1^2\end{aligned} \quad (3.3.67)$$

注意，如我们所想，若 $x_1^2=x_2^2$，那么 $w \propto x_1-x_2$ 且 $b=0$。可证(见练习 10(b))在此情况下，权重 $\hat{w}$ 亦为 $\hat{X}'\hat{X}$ 的一个特征向量。它明显与公式(3.3.58)的贝叶斯决策有关。

现在我们回到最初的问题，在 μ_i 与 μ_j 周围聚集的点的分布。前一例的奇点是从一个病态的学习任务中得到的。这一临界条件可轻易地从分析矩阵 $\hat{X}'\hat{X}$ 的光谱结构来理解。因为这个强聚集结构，特征向量会变成几乎一样的值来加重病态。

一旦我们用了归一化，$\lambda\neq 0$ 反而决定了解 $\hat{w}^\star=(\lambda I_d+\hat{X}'\hat{X})^{-1}\hat{X}'y$。现在类别 i 与 j 的例子记为 x^i_κ 与 x^j_κ。若两个类别中例子的数量相同，即 $\ell^i=\ell^j$，解可变为

$$\begin{aligned}\hat{w}^\star &= (\lambda I_d+\hat{X}'\hat{X})^{-1}(x_1^i\cdots x_{\ell_i}^i \mid x_1^j\cdots x_{\ell_j}^j)\cdot(+1\cdots+1\mid-1\cdots-1)'\\ &= (\lambda I+\hat{X}'\hat{X})^{-1}\Big(\sum_{\kappa=1}^{\ell_i}x^i_\kappa - \sum_{\kappa=1}^{\ell_j}x^j_\kappa\Big) = (\lambda I_d+\hat{X}'\hat{X})^{-1}(\ell_i\,\overline{x^i}-\ell_j\,\overline{x^j})\\ &\propto (\lambda I_d+\hat{X}'\hat{X})^{-1}(\overline{x^i}-\overline{x^j})\end{aligned}$$

它与在 $P(I=i)=P(I=j)$ 和 $\Sigma_i=\Sigma_j$ 条件下的高斯猜想下的贝叶斯决策相关。随着归一化参数 λ 的增大，病态会消失。当归一化项占主要地位时，即 $[\lambda I_d+\hat{X}'\hat{X}]^{-1}\to\lambda I_d$ 时，分离面变为 $(\overline{x^i}-\overline{x^j})'x=0$。

3.3.4 统计框架中的 LMS

在 3.1.1 节中给出的 LMS 的公式由来自于将线性机与有限的训练数据相结合的最小误差函数组成。理想状态下，不用数据样本，人们倾向于得到基于正式数据分布的解，因此我们将输入和目标视为具有相关分布的随机变量。由于线性机的引入，二次误差可记为⊖

⊖ 我们考虑使用单个输出进行回归的情况，但是对多输出情况的扩展是直接的。

$$\mathrm{E}(Y-f(X))^2 = \int_{\mathscr{X}\times\mathscr{Y}} (y-\hat{w}'\hat{x})^2 p(x,y)\mathrm{d}x\mathrm{d}y$$

我们可以进行一个类似于正态方程的分析。考虑函数风险

$$E(\hat{w}) := \mathrm{E}(Y-f(X))^2 = \int_{\mathscr{X}\times\mathscr{Y}} (y^2 - 2y\hat{x}'\hat{w} + \hat{w}'\hat{x}\hat{x}'\hat{w}) p(x,y)\mathrm{d}x\mathrm{d}y$$

$$= \mathrm{E}(Y^2) - 2\mathrm{E}(XY)\hat{w} + \hat{w}'\mathrm{E}(XX')\hat{w}$$

其中，$\mathrm{E}(Y^2) := \int_{\mathscr{X}\times\mathscr{Y}} y^2 \cdot p(x,y)\mathrm{d}x\mathrm{d}y, \mathrm{E}(XY) := \int_{\mathscr{X}\times\mathscr{Y}} y\hat{x}' \cdot p(x,y)\mathrm{d}x\mathrm{d}y$ 且 $\mathrm{E}(XX') := \int_{\mathscr{X}\times\mathscr{Y}} \hat{x}\hat{x}' \cdot p(x,y)\mathrm{d}x\mathrm{d}y$。最小值在 $\nabla E(\hat{w})=0$ 时取得，即当

$$\mathrm{E}(XX')\hat{w} = \mathrm{E}(XY) \tag{3.3.68}$$

因此，在广义的摩尔-彭罗斯定义下，解被记为 $\hat{w}^\star = \mathrm{E}(XX')^{-1}\mathrm{E}(XY)$。注意上述解是公式(3.1.2)与(3.1.3)在一维情况下的推广。令 $\mu_X = \mathrm{E}X$，$\mu_Y = \mathrm{E}Y$。矩阵 $R_{XX} := \mathrm{E}(XX')$ 和 $R_{XY} := \mathrm{E}(XY)$ 与以下的协方差矩阵(covariance matrix)相关：

$$\Sigma_{XX} := \mathrm{var}(X) = \mathrm{E}((X-\mu_X)(X-\mu_X)') = \mathrm{E}(XX') - \mu_X\mu_X' = R_{XX} - \mu_X\mu_X'$$

$$\Sigma_{XY} := \mathrm{covar}(X,Y) = \mathrm{E}((X-\mu_X)(Y-\mu_Y)') = \mathrm{E}(XY) - \mu_X\mu_Y$$

$$= R_{XY} - \mu_X\mu_Y$$

从操作的角度来看，关于如何计算 R_{XX} 与 R_{XY} 的问题自然而然地产生了。注意，如果我们得到一个由 ℓ 个监督对组成的训练集，那么 R_{XX} 可表示为

$$R_{XX} = \mathrm{E}(XX') = \int_{\mathscr{X}} \hat{x}\hat{x}'p(x)\mathrm{d}x = \int_{\mathscr{X}} \sum_{\kappa=1}^{\ell} \delta(\hat{x}-\hat{x}_\kappa)\hat{x}\hat{x}'\mathrm{d}x = \sum_{\kappa=1}^{\ell}\hat{x}_\kappa\hat{x}_\kappa' = \hat{X}'\hat{X}$$

$$R_{XY} = \mathrm{E}(XY) = \int_{\mathscr{X}\times\mathscr{Y}} \hat{x}yp(x,y)\mathrm{d}x\mathrm{d}y = \int_{\mathscr{X}\times\mathscr{Y}} \sum_{\kappa=1}^{\ell}\delta(\hat{x}-\hat{x}_\kappa, y-y_\kappa)\hat{x}y\mathrm{d}x\mathrm{d}y$$

$$= \sum_{\kappa=1}^{\ell}\hat{x}_\kappa y_\kappa = \hat{X}'y$$

因此，回到了正态方程的用于任何有限集合的样本的基于矩阵的解(3.1.11)。

练习

1. [18] 给定一个高斯概率密度

$$p(x) = \frac{1}{\sqrt{2\pi}\sigma} e^{-\frac{(x-\mu)^2}{2\sigma^2}}$$

和一个量度集合 $\{(x_\kappa, p(x_\kappa)), \kappa \in \mathbb{N}_\ell\}$，用 μ 与 σ 表示 LMS 近似。

2. [15] 设有一个两点训练集且 $d=1$。考虑当 $y=(+1,-1)$ 时的分类问题。通过使用正态方程找出线性机解的表达式，并证明只存在一个解。

3. [16] 在练习 2 的基础上，设 $\mathscr{X} \subset \mathbb{R}^d$，求当 $w = \alpha x_i + \beta x_j$ 时解的表达式。

▶ 4. [16] 证明由两点 $\{(x_i, +1), (x_j, -1)\}$ 构成的学习任务的正态方程的解是 $\hat{X}'\hat{X}$ 的一个特征向量。

▶ 5. [18] 给定两个概率分布 p_Y 与 p_F，证明当且仅当 $p_Y \equiv p_F$ 时，$D(p_Y \| p_F) = 0$。

3.4 算法问题

到目前为止，我们一直关注学习问题的基础和一般原则。本节中，将讨论开发的方法

如何自然地形成学习算法。对算法的关注导致了权重更新方案、表征能力和计算复杂性相关的其他基本原理的出现。已经表明学习本质上可以被视为一种优化过程，但是在认同的同时，我们发现了一种出奇相关的与众不同的方法。可以设想一种计算方案，以实现依赖"胡萝卜加大棒原则"的人性化方法。显然，这与优化并不密切相关，但正如下面说明的那样，实际上存在有趣的联系。

3.4.1 梯度下降

本节将解决与学习 LTU 权重相关的算法问题。纯线性机的情况通过基于特定数值方法的正规方程来求解。由于阈值函数引起的非线性，必须寻找一般的数值优化方法。在大多数有意思的应用中，我们需要处理高维空间，因此梯度下降方法通常优于二阶方法。给定误差函数 E，我们需要发现它的全局最小值，这通常很难！但是，3.2.2 节中讨论的情况表明 LTU 与适当的误差函数的结合可能形成这样的误差函数，其中任何局部最小值都是全局最小的。算法 G 显示了任意梯度下降学习方法的一般结构，其中优化涉及总误差 $E(\cdot)$，其来源于给定的有限学习集 $\mathscr{L}$。

算法 G(梯度下降(gradient descent))。给定训练集 $\mathscr{L}$、误差函数 E 以及一个停止准则 (stopping criterion)C，寻找在 κ 处的学习权重向量$\hat{w}_\kappa$ 以及索引κ。

G1[初始化。]计算初始权重，设定 $\kappa \leftarrow 0$, $\hat{w}_0 \leftarrow w_0^i$, $g_0 \leftarrow 0$, $i \leftarrow 1$。

G2[计算梯度。]设定 $g_\kappa \leftarrow g_\kappa + \nabla e_i(\hat{w}_\kappa)$ 且将 i 增加 1。

G3[更多样本?]如果 $i \neq \ell$ 转至 G2，否则 $i \leftarrow 1$ 且转至 G4。

G4[更新权重。]设定$\hat{w}_{\kappa+1} \leftarrow \hat{w}_\kappa - \eta g_\kappa$。

G5[是否满足 C?]如果满足 C，则终止算法，答案是$(\hat{w}_\kappa, \kappa)$；否则将 κ 增加 1，$g_\kappa \leftarrow 0$，然后转至步骤 G2。

注意，在权重更新的任何步骤 κ，通过考虑训练集的所有 ℓ 个示例来累积梯度(步骤 G2)。然后根据梯度下降启发法更新权重(步骤 G4)，同时通过适当的停止准则检查停止。学习率 η 明确控制权重更新的程度，根据不同的问题它的选择可能确实很重要。停止准则明显影响学习任务。显然，预期代理在训练集上表现得相当好，但正如我们在第 2 章中所见，必须避免过度训练。$\mathscr{L}$ 的所有示例的梯度的累积对应于在任何给定配置$\hat{w}$中$\nabla E(\hat{w})$的正确计算。实际上，步骤 G2 是将梯度算子应用于 $E = \sum_i e_i(\hat{w})$ 的直接结果。基于梯度批次的这种更新被称为批量学习模式(batch learning mode)。

虽然可以通过正规方程直接逼近回归，但在处理 LTU 时，梯度下降确实需要对数值行为进行一些额外的分析。在 3.2.2 节中，我们分析了误差函数的结构，它在某些与训练集的线性可分性大量相关的情况下无局部最小值。现在解决算法 G 的收敛问题，这显然取决于学习速率 η 的选择。很明显，随着 η 增加，我们会错过梯度下降探索！因此，当算法从单个点向下移动时，单个权重更新的步骤不能太大，以免松散梯度探索。显然，我们必须期望 η 的上限依赖于对$(\hat{X}, y)$，因为误差函数继承了训练集的结构。下面考虑线性预测和二次误差函数的情况。在这种情况下，更新步骤 G4 变为

$$\hat{w}_{\kappa+1} \leftarrow \hat{w}_\kappa - \eta \hat{X}'(\hat{X}\hat{w}_\kappa - y) = (I - \eta \hat{X}'\hat{X})\hat{w}_\kappa + \eta y$$

这为权重更新方法提供了一个根据线性系统演变的很好的解释,只要 $I-\eta\hat{X}'\hat{X}$ 的最大特征值的绝对值严格小于 1,它就是渐近稳定的。关注 $\ell \geqslant d+1$ 的情况,其中有理由假设 $\hat{X}'\hat{X}$ 是满秩的。如果使用由矩阵 P 表示的特征变换,得到 $I-\eta\hat{X}'\hat{X}=PIP'-(P\Sigma P')=P(I-\eta\Sigma)P'$。因此可以检查 $I-\eta\Sigma$ 的特征值,并将它们归属于单位圆,即对于每个 $i=1,\cdots,\ell$,加上 $|1-\eta\sigma_i|<1$,其中 $\Sigma=\mathrm{diag}(\sigma_i)$。现在,学习率的上限变为

$$\eta < \frac{2}{\sigma_{\max}} \tag{3.4.69}$$

其中 $\sigma_{\max}=\max_i \sigma_i$。这具有非常直观的意义,并且表明通过选择较小的学习速率或通过适当的数据归一化可以始终实现收敛。但是,如 3.4.4 节所示,虽然这种界限保证了收敛,但计算复杂度明显依赖于 $\hat{X}$ 的整体谱结构,特别是其最小特征值。由于学习过程基于一批数据,我们可能想知道训练集的维度 ℓ 在收敛中起什么作用。公式(3.4.69)表达的条件允许我们将问题重新构建到 $\hat{X}'\hat{X}$ 的谱结构分析中。虽然约束(3.4.69)与 ℓ 相关,但我们不能就这种关系做出任何强有力的陈述。然而当数据明显聚类时,可以通过适当重复聚类在合理的准确度范围内近似学习过程,这产生了对 ℓ 上最大特征值 $\sigma_{\max}$ 的依赖性的边界,注意对学习率边界的分析参考情况 $\ell \geqslant d+1$,情况 $\ell < d+1$ 的扩展在练习 7 中讨论。

3.4.2 随机梯度下降

当数据在线时,可以考虑直接使用与传入示例关联的梯度来更新权重。在上述有限学习集的情况下,可以修改算法 G 以便使学习过程与示例的出现同步。直观地理解,当信息出现时就利用似乎是合理的。注意,一般来说,算法 G′ 的在线学习方案可能会明显区别于梯度下降。

算法 G′——文献中称作随机梯度下降(Stochastic Gradient Descent)——按如下方法从算法 G 获得:

算法 G′(随机梯度下降)。给定训练集 $\mathscr{L}$、误差函数 E 以及一个停止准则 C,寻找在 κ 处的学习权重向量 $\hat{w}_\kappa$ 以及索引 κ。

G1′[初始化。]计算初始权重 $\hat{w}_0^i$,设定 $\kappa \leftarrow 0$,$\hat{w}_0 \leftarrow \hat{w}_0^i$,$i \leftarrow 1$。

G2′[更新权重。]设定 $\hat{w}_{\kappa+1} \leftarrow \hat{w}_\kappa - \eta \nabla e_i(\hat{w}_\kappa)$,$\kappa \leftarrow \kappa+1$ 且将 i 增加 1。

G3′[更多样本?]如果 $i \neq \ell$ 转至 G2′,否则 $i \leftarrow 1$ 且转至 G4′。

G4′[是否满足 C?]如果满足 C,则终止算法,答案是 $(\hat{w}_\kappa, \kappa)$;否则将 κ 增加 1,然后转至步骤 G2′。

驱动在线算法的梯度 ∇e_i 也称为随机梯度(stochastic gradient)。有趣的是,随着 $\eta \to 0$ 和训练集的维数保持较小,随机梯度与任意高度近似逼近真正的批量模式梯度探索。当考虑权重更新步骤 G2′ 时,可以迅速理解这一点。如果两者都很小,则任何 G2′~G3′ 循环更新小值 $\Delta \hat{w}_\kappa$ 和 $\nabla E(\hat{w}_\kappa + \Delta \hat{w}) \simeq \nabla E(\hat{w}_\kappa)$ 的权重。因此,由 G2′~G3′ 引起的权重更新非常接近于批处理模式学习(算法 G)中的线步骤 G4 的权重更新。练习 8 可以帮助了解批处理和学习模式的关系。

即使算法 G′ 在线操作,它也可以在某种程度上被视为批处理模式方案的近似,因为它在有限训练集上运行。一个真正的在线方案有望处理任何序列,并在任何新示例的呈现

中返回权重,这样即使学习集和测试集之间的经典统计区别也不再成立。代理 Γ 描述了如何直接改变先前形式化的策略,以便处理不一定具有周期性结构的无尽序列示例的呈现。

代理 Γ(SGD,无尽序列(endless sequence))。给定无穷(infinite)训练集 $\mathscr{L}$ 和误差函数 E,更新在 κ 处的学习权重向量 $\hat{w}_\kappa$。

Γ1[初始化。]计算初始权重 $\hat{w}_0^i$,设定 $\kappa \leftarrow 0$,$\hat{w}_0 \leftarrow \hat{w}_0^i$。

Γ2[更新权重。]返回 $\hat{w}_\kappa$ 并设定 $\hat{w}_{\kappa+1} \leftarrow \hat{w}_\kappa - \eta \nabla e_i(\hat{w}_\kappa)$。

Γ3[继续。]将 κ 增加 1 且回到 Γ2。

尽管算法 G′ 和代理 Γ 共享结构,没有对输入序列进行周期性假设的学习任务要困难得多。假设监督向代理提供随机数据,这在某种程度上与预测行为基于多次处理同一串数据的周期序列相反。在这种情况下,我们期望代理捕获出现在更复杂的时间结构下的规则性。

在考虑线性单元和二次误差的情况下,算法 Γ 尤其相关。在这种情况下,权重的更新(步骤 Γ2)变成

$$\hat{w}_{\kappa+1} \leftarrow \hat{w}_\kappa + \eta(y_\kappa - \hat{w}_\kappa' \hat{x}_\kappa) \hat{x}_\kappa \tag{3.4.70}$$

为了理解算法的表现及其收敛条件,考虑随机过程 $\{X_\kappa\}$、$\{W_\kappa\}$ 和 $\{Y_\kappa\}$,并假设 $\{X_\kappa\}$ 和 $\{W_\kappa\}$ 是独立的。如果在两边都使用 E,就有

$$\begin{aligned} EW_{\kappa+1} &= EW_\kappa + \eta E((Y_\kappa - W_\kappa' X_\kappa) X_\kappa) \\ &= EW_\kappa + \eta E(X_\kappa Y_\kappa) - \eta E(X_\kappa X_\kappa') \cdot EW_\kappa \\ &= EW_\kappa - \eta(E(X_\kappa X_\kappa') \cdot EW_\kappa - E(X_\kappa Y_\kappa)) \end{aligned}$$

有趣的是,公式(3.3.68)提供了一个极具吸引的联系。有 $EW_{\kappa+1} - EW_\kappa = -\eta \nabla E(\hat{w})$。那么关联 $\hat{w}_\kappa = EW_\kappa$,$\hat{x}_\kappa = EX_\kappa$ 和 $y_\kappa = EY_\kappa$ 产生

$$\hat{w}_{\kappa+1} \leftarrow \hat{w}_\kappa - \eta(\nabla E \hat{w} - y) = \hat{w}_\kappa - \eta(R_{XX} \hat{w}_\kappa - R_{XY}) \tag{3.4.71}$$

这种统计解释可以得出结论:当 $\sigma_{\max} = 2 R_{XX}^{-1}$ 时,公式(3.4.69)中的界限也适用于在线算法 G′ 和 Γ。

3.4.3 感知机算法

到目前为止学习被认为是一个优化问题。现在探索一个不同的可能更直观的学习角度,因为它与"胡萝卜加大棒原则"有某种关系。可以将学习视为一种由奖励和惩罚相结合的过程来诱导正确的行为。骡子向胡萝卜移动,因为它想要获取食物,并且它尽力逃脱棒子以避免受到惩罚。可以使用相同的原理来解决从标记示例 $\mathscr{L}$ 的集合中学习概念所需的抽象。考虑一个在线框架,其中 LTU 在任意示例的表现中更新其权重并继续在 $\mathscr{L}$ 上循环,直到满足停止标准。假设这些点属于半径为 R 的球体,它们由超平面稳健地分离(robustly separated),即 $\forall (x_\kappa, y_\kappa) \in \mathscr{L}$,

$$\begin{aligned} &\text{(i)} \quad \exists R \in \mathbb{R}: \|x_\kappa\| \leqslant R \\ &\text{(ii)} \quad \exists a \in \mathbb{R}^{d+1}, \delta \in \mathbb{R}^+: y_\kappa a' \hat{x}_\kappa > \delta \end{aligned} \tag{3.4.72}$$

注意分离的稳健性由边际值 δ 保证。现在考虑算法 P 它一直运行直到训练集的分类没有错误。

算法 P(感知机算法(perceptron algorithm))。给定一个目标 y_i 取值为 ±1 的训练集,

找出 $\hat{w}$ 和 t 满足垂直于 $\hat{w}$ 的超平面正确地分离示例,并且 t 是更新 $\hat{w}$ 的次数。

P1[初始化。]设定 $\hat{w}_0 \leftarrow 0$,$t \leftarrow 0$,$j \leftarrow 1$ 且 $m \leftarrow 0$。

P2[归一化。]计算 R,对所有的 $i=1,\cdots,\ell$,设定 $\hat{x}_i \leftarrow (x_i, R)'$。

P3[胡萝卜还是大棒?]如果 $y_j \hat{w}' \hat{x}_j \leqslant 0$ 设置 $\hat{w} \leftarrow \hat{w} + \eta y_j \hat{x}_j$,$t \leftarrow t+1$,$m \leftarrow m+1$。

P4[所有的都已测试了吗?]设定 $j \leftarrow j+1$;如果 $j \neq \ell$ 回到步骤 P3。

P5[没有错误?]如果 $m=0$,则终止算法;设定 $\hat{w} \leftarrow (w, b/R)$ 并且返回 $(\hat{w}, t)$。

P6[再试一次。] 设定 $m \leftarrow 0$,$j \leftarrow 1$,并且返回步骤 P3。

处理 ℓ 个例子中的每一个以便应用胡萝卜加大棒原理。步骤 P3 测试未能分离的条件。如果已经导致成功分离,即分类是正确的,则权重没有变化。在相反的情况下,如步骤 P3 中所述,更新权重。权重和输入向量适当地重新排列为

$$\hat{w}_\kappa \equiv (w'_\kappa, b_\kappa/R)'$$
$$\hat{x}_\kappa \equiv (x'_\kappa, R)'$$

其中 $R = \max_i \|x_i\|$,在 $R=1$ 的情况下,它与 3.1.1 节中给出的定义相对应,这允许表示 $f(x) = w'x + b = \hat{w}'\hat{x}$。现在证明如果公式(3.4.72)成立,则算法在有限的足够步骤内停止。该证明通过 a 和 $\hat{w}_\kappa$ 的余弦

$$\varphi_\kappa = \arccos \frac{a' \hat{w}_\kappa}{\|a\| \cdot \|\hat{w}_\kappa\|} \tag{3.4.73}$$

表示它们的角度 ϕ_κ 的演变。我们考虑 $a'\hat{w}_\kappa$ 的变化,显然,它不会改变直到机器在某个例子 x_i 上出错。在这种情况下,根据步骤 P3 进行更新,因此 $a'\hat{w}_{\kappa+1} = a'(\hat{w}_\kappa + \eta y_i \hat{x}_i) = a'\hat{w}_\kappa + \eta y_i a' \hat{x}_i > \eta\delta$,其中最后一个不等式来自线性可分性假设(3.4.72)(ii)。因此,在 t 次错误的分类之后,由于 $w_0 = 0$(步骤 P1),可以通过归纳迅速发现

$$a' \hat{w}_t > t\eta\delta \tag{3.4.74}$$

对于分母,需要通过再次使用强线性分离的假设找到 $\|w_\kappa\|$ 的边界。如果示例 x_i 上发生错误,得到

$$\|\hat{w}_{\kappa+1}\|^2 = \|\hat{w}_\kappa + \eta y_i \hat{x}_i\|^2 = \|\hat{w}_\kappa\|^2 + 2\eta y_i \hat{w}' \hat{x}_i + \eta^2 \|\hat{x}_i\|^2$$
$$\leqslant \|\hat{w}_\kappa\|^2 + \eta^2(\|x_i\|^2 + R^2)$$
$$\leqslant \|\hat{w}_\kappa\|^2 + 2\eta^2 R^2$$

在 t 次错误之后有

$$\|\hat{w}_t\|^2 \leqslant 2\eta^2 R^2 t \tag{3.4.75}$$

现在总假设 $\|a\|=1$,因为对于 $\alpha \in \mathbb{R}$,任何两个向量 a 和 $\check{a}$ 使得 $a = \alpha\check{a}$ 表示相同的超平面。因此,当使用边界(3.4.74)和(3.4.75)时,有

$$\frac{t\eta\delta}{\sqrt{2\eta^2 t R^2}} = \frac{\delta}{R}\sqrt{\frac{t}{2}} \leqslant \cos\varphi_t \leqslant 1$$

最后的不等式使得有可能得出结论,该算法在 t 步之后停止,这是受

$$t \leqslant 2\left(\frac{R}{\delta}\right)^2 \tag{3.4.76}$$

限定的。这个边界告诉我们关于算法表现的很多东西。首先,任意训练集的标度都不会影响边界。事实上,我们可以更多地谈论标度:不仅边界与标度无关,而且当用 αx_i 替换 x_i

时，收敛所需的实际步骤数以及整个算法表现都不会改变。在那种情况下，包含所有示例的球体的半径为 aR，使得先前的标度匹配产生 $\hat{x}_i \to a\hat{x}_i$。因此，算法的步骤 P3 不受影响，这意味着整个算法不会改变。这种标度不变性的特性立即得出结论：学习速率(learning rate) η 也不影响算法表现，因为它与标度参数 a 起到完全相同的作用。显然，这也是从边界的表示得到的结论，它与 η 无关。

如果 $w_0 \neq 0$ 怎么办？之前的分析依赖于假设 $w_0 = 0$ 以便说明边界(3.4.74)和(3.4.75)，但我们可以很容易地证明算法在 $w_0 \neq 0$ 的情况下仍然收敛。练习10提出了一个也包括 w_0 的新的边界。

现在，当查看算法 P 及其收敛的边界时，自然会出现一个问题，特别是如果开始考虑一个真正的在线学习环境：如果代理暴露于无限序列，而后者的唯一属性为原子(示例)是可以线性分离的，该怎么办？注意，我们需要重新考虑给定的算法解，因为无法在无限训练集上循环！可以简单地使用相同的胡萝卜加大棒原则来处理代理 Π 中所示的无限循环。

代理 Π(在线感知机(online perceptron))。给定无限训练集 $\mathscr{L}$ 每次更新时返回 $\hat{w}$ 以及已经发生更新的总数 t。

Π1[初始化。]设定 $\hat{w}_0 \leftarrow 0$，$t \leftarrow 0$ 且 $j \leftarrow 1$。

Π2[归一化。]计算 R 并且对所有 $i=1,\cdots,\ell$ 设定 $\hat{x}_i \leftarrow (x_i, R)'$。

Π3[胡萝卜还是大棒？]如果 $y_j \hat{w}' \hat{x}_j \leq 0$，设定 $\hat{w} \leftarrow \hat{w} + \eta y_j \hat{x}_j$，$t \leftarrow t+1$；设定 $\hat{w} \leftarrow (w, b/R)$ 并且返回 $(\hat{w}, t)$。

Π4[继续。]设定 $j \leftarrow j+1$ 并且返回步骤 Π3。

该算法基本相同，唯一的区别是该原理用于任何不再循环的传入示例。与算法 P 不同，在这种情况下，因为没有停止，权重会在更新时进行调整。此时 $\mathscr{L}$ 不是有限的，因此上述收敛证明不成立。

但我们现在说明 $\mathscr{L}$ 的无限性并非必要，而足以继续要求条件(3.4.72)满足。特别是，在步骤 Π2 中需要(i)，而(ii)提供用于扩展证明的关键信息。强线性分离意味着存在一组有限示例集 $\mathscr{L}_s \subset \mathscr{L}$ 满足 $\forall (\hat{x}_j, y_j) \in \mathscr{L}_s$ 且 $\forall (\hat{x}_i, y_i) \in \mathscr{L}/\mathscr{L}_s$，

$$y_j \hat{w}_j \hat{x}_j \leq y_i \hat{w}_i \hat{x}_i \qquad (3.4.77)$$

这些示例完全定义了分离问题，因此 $\mathscr{L}_s$ 上的任何解也是 $\mathscr{L}$ 上的解。出于这个原因，它们被称为支持向量(support vector)，因为它们在支持决策方面起着至关重要的作用。显然，这也适用于有限训练集 $\mathscr{L}$，但在这种情况下更为复杂，因为我们不提前知道何时支持向量存在。因此很明显没有它们存在的假设，学习环境就不会提供有趣的规律性。

正如练习4和5中讨论的那样，当拥有无限训练集时，线性可分性并不意味着强大的线性可分性。

到目前为止所进行的讨论仅限于线性可分的例子。另一方面，当偏离这个假设时，感知机不能分离正负示例，因此我们面对的是表征问题而不是学习。然而，人们可能很想知道当感知机上先前的学习算法应用于非线性可分离训练集时会发生什么。当然，该算法不能以分离超平面结束，并且权重不会收敛。我们关注算法 P，但是在真正的在线示例的情况下也可以得出相同的结论。通过矛盾假设，存在某个最优值 $\hat{w}^*$ 使得在呈现所有 ℓ 示例之后不发生变化。显然，这只发生在与假设相矛盾的线性可分的例子中(见步骤 P3)。有趣

的是表现是循环(cyclic)的,也就是说,在一定的瞬态之后,权重呈现循环值,因此$\hat{w}_t$是具有周期ℓ的周期函数。

虽然感知机算法对于线性可分的示例表现良好,但是当我们偏离该假设时,循环决策不是非常令人满意。我们希望解在任何情况下尽可能地可分!这可以通过感知机算法的简单改变来实现,假设运行算法,同时保持迄今为止在缓冲区(口袋)中看到的最优解。然后只有在找到更好的权重向量时才实际修改权重,这产生了口袋算法(pocket algorithm)。

3.4.4 复杂性问题

用线性机学习有多复杂?像往常一样,可以从两个方面看待这个问题。首先,可以想到单一算法的复杂性;第二,自然问题出现在学习问题本身有多复杂。旨在理解这些问题的任何分析都不能忽视,虽然算法 P 和代理 Π 执行固有的离散更新方法,但所有基于梯度的算法仅表示权重空间中固有连续轨迹的离散化。

第一种情况下,复杂性分析非常简单,因为在线性可分离模式的情况下,我们已经知道错误数量的每个上界。关注算法 P 并假设 R 和 δ 是对立于 d 和 ℓ 的值。可以立即发现算法是 $O(d \cdot \ell)$,这也是一个下界。因此,感知机算法达到最佳界限 $\Theta(d \cdot \ell)$。这对代理 Π 也满足,它受到错误数量上限的保护。当然,在这两种情况下,最优性来自假设没有示例出现在半径为 R 的有界球体之外或超平面 δ 边缘的内部。

基于梯度的算法的分析涉及更多。与经典算法情况不同,确定数值算法复杂性的技术手段仍处于研究的前沿。然而,在研究线性机时,出现了一些有趣的联系。将分析限制在函数优化的情况下,其中任何局部最小值也是全局的(局部最小自由(local minima free))。当给出适当的公式时,这实际上是线性机对于回归和分类任务的共同点。因此,了解运行算法 G 的成本非常重要。直接的抽象包括处理相关的连续系统

$$\frac{d\hat{w}}{dt} = -\eta \nabla E(\hat{w}) \tag{3.4.78}$$

如果 E 是局部最小自由,则表明该算法属于某个复杂类。然而,一旦选择 $\eta \in \mathbb{R}$,很明显上述动态的速度很大程度上取决于 E 的陡峭程度:虽然平顶的动力速度很慢,但在底谷中很快!能否具体发现一种统一这些动态的方法?假设在梯度下降期间调整 η,使其在小斜率区域增加,在斜率高的区域减小。因此用

$$\frac{d\hat{w}}{dt} = -\eta_0 \frac{\nabla}{\|\nabla E\|^2} \tag{3.4.79}$$

代替公式(3.4.78)。直觉上,这种新的学习速率 $\eta = \eta_0 / \|\nabla E\|^2$ 很好地解决了适应动态速度的需要。但是这种转变会带来一些惊人的结果!分析 $\mathcal{E}(t) \equiv E(\hat{w}(t))$ 的时间变化,有

$$\frac{d\mathcal{E}}{dt} = (\nabla E)' \frac{d\hat{w}}{dt} = -\eta_0 \frac{(\nabla E)' \nabla E}{\|\nabla E\|^2} = -\eta_0$$

总是可以通过归一化函数从相同的初始值 $E_0 = E(\hat{w}_0) = \mathcal{E}(0) = \mathcal{E}_0$ 开始。然后得到 $\mathcal{E}(t) = \mathcal{E}_0 - \eta t$,并且在有限时间

$$\sigma = \frac{\mathcal{E}_0}{\eta_0} \tag{3.4.80}$$

之后达到任何全局最小值($\mathcal{E} = 0$)。得出结论:公式(3.4.79)代表终端吸引动态性。这表明

无论给出了什么局部最小自由误差函数,都可以在相同的有限时间 σ 内达到任意梯度下降。因此确实存在一类以局部最小无误差函数为特征的问题,这些函数也被称为单峰函数(unimodal function)。然而仔细研究会出现一些奇异:σ 的值可以任意选择,因为任何 η_0 值都是允许的。微分方程(3.4.80)在任意有限的时间内终止于终端吸引子(terminal attractor)。σ 的任意定义实际上隐藏了一种复杂性,这种复杂性被这种终端吸引子计算模型所吸收。实际上有一个奇点,它与终端状态完全对应,因为 $\nabla E \to 0$ 导致与 $E \to 0$ 完全相同的爆炸。爆炸见证了终端配置的奇异性,以及任意 σ 值的棘手计算结果。

有趣的是,公式(3.4.80)表示的终端吸引子计算模型可以通过其离散化给出一个很好的解释。考虑 $t_\kappa = \tau_\kappa$ 的权重更新且令

$$g_\kappa = -\nabla E(\hat{w}(t_\kappa)) \tag{3.4.81}$$

那么误差 $\mathcal{E}(t_\kappa) = E(\hat{w}_\kappa) = E_\kappa$ 的变化可以通过使用具有拉格朗日余数的泰勒展开来计算,即,

$$E_{\kappa+1} = E_\kappa + g'_\kappa(\hat{w}_{\kappa+1} - \hat{w}_\kappa) + \frac{1}{2}(\hat{w}_{\kappa+1} - \hat{w}_\kappa)' \frac{\partial^2 E}{\partial \hat{w}^2}(\omega_\kappa)(\hat{w}_{\kappa+1} - \hat{w}_\kappa)$$

其中 ω_κ 属于连接 $\hat{w}_\kappa$ 和 $\hat{w}_{\kappa+1}$ 的线。在考虑终端吸引动态性(3.4.79)时,得到

$$E_{\kappa+1} = E_\kappa - \eta\tau + \frac{1}{2}\left(\eta_0 \frac{g_\kappa \tau}{\|g_\kappa\|^2}\right)' \frac{\partial^2 E}{\partial \hat{w}^2}(\omega_\kappa) \left(\eta_0 \frac{g_\kappa \tau}{\|g_\kappa\|^2}\right)$$

因此,在任何 κ 处,关于连续动态误差可以通过加上

$$|E_{\kappa+1} - E_\kappa| \leqslant \frac{1}{2} \frac{\eta_0^2}{\|g_\kappa\|^4} \left| g'_\kappa \frac{\partial^2 E}{\partial \hat{w}^2}(\omega_\kappa) g_\kappa \tau^2 \right| \leqslant \frac{1}{2} \frac{\tau^2 \eta_0^2}{\|g_\kappa\|^2} \left\| \frac{\partial^2 E}{\partial \hat{w}^2}(\omega_\kappa) \right\|$$

来约束,现在可以通过加上

$$\frac{1}{2} \frac{\tau^2 \eta_0^2}{\|g_\kappa\|^2} \left\| \frac{\partial^2 E}{\partial \hat{w}^2}(\omega_\kappa) \right\| \frac{\sigma}{\tau} < \varepsilon_e \tag{3.4.82}$$

来约束最大误差,这可以用于确定量化步骤以保证误差 ε_e。假设以下边界成立:

$$\|g_\kappa\| \geqslant \varepsilon_g \tag{3.4.83a}$$

$$\left\| \frac{\partial^2 E}{\partial \hat{w}^2}(\omega_\kappa) \right\| \leqslant H \tag{3.4.83b}$$

那么边界(3.4.82)产生 $\tau \eta_0^2 H \sigma / (2\varepsilon_g^2) \leqslant \varepsilon_e$,最终它足以选择

$$\tau = 2\sigma \left[\frac{\varepsilon_e \varepsilon_g^2}{\mathcal{E}_0^2 H} \right] \tag{3.4.84}$$

从这个边界可以计算出达到 ε_e 以下的误差的步数,即,$\kappa^\star = [\mathcal{E}_0^2 H/(2\varepsilon_e \varepsilon_g^2)]$。如果提出 $\rho := \varepsilon_e / \mathcal{E}_0$,那么

$$\kappa^\star = \frac{1}{2} \left[\frac{\mathcal{E}_0 H}{\rho \varepsilon_g^2} \right] \tag{3.4.85}$$

此边界在学习机器中提供相关信息。第一个应用涉及求解正规方程的复杂度,包括引入产生岭回归的归一化的情况。为了解决这些问题,需要知道确定

$$E(\hat{w}) = \frac{1}{2} \| y - \hat{X}\hat{w} \|^2$$

最小值的计算复杂度。现在有

$$\nabla E = -\hat{X}'y + \hat{X}'\hat{X}\hat{w}, \qquad H = \hat{X}'\hat{X} \tag{3.4.86}$$

且假设 $\det(\hat{X}'\hat{X})\neq 0$，为了施加条件(3.4.83a)，将 ∇E 表示为：

$$\|\nabla E\| = \|\hat{X}'\hat{X}\hat{w} - \hat{X}'y\| = \frac{\|(\hat{X}'\hat{X})^{-1}\| \cdot \|\hat{X}'\hat{X}\hat{w} - \hat{X}'y\|}{\|(\hat{X}'\hat{X})^{-1}\|}$$

$$\geq \frac{\|\hat{w} - (\hat{X}'\hat{X})^{-1}\hat{X}'y\|}{\|(\hat{X}'\hat{X})^{-1}\|} = \frac{\varepsilon_w}{\|(\hat{X}'\hat{X})^{-1}\|} = \varepsilon_g$$

当然，w 的误差可能与停止准则 $\|y - \hat{X}\hat{w}\|^2 < \varepsilon_e$ 有关，因为对 $\beta > 0$ 的一个合理的选择有 $\varepsilon_e = \beta \varepsilon_w$。根据公式(3.4.85)得到

$$\kappa^\star = \frac{1}{2}\left[\frac{\mathcal{E}_0 H}{\rho \varepsilon_g^2}\right] = \frac{1}{2}\left[\frac{\mathcal{E}_0}{\rho}\frac{(\|\hat{X}'\hat{X}\| \cdot \|(\hat{X}'\hat{X})^{-1}\|^2)}{\varepsilon_w^2}\right] = \frac{1}{2}\left[\frac{\beta^2}{\rho^2 \varepsilon_e}\mathrm{cond}^2(\hat{X}'\hat{X})\right] \tag{3.4.87}$$

这个公式表达了使用线性机学习复杂性的基本原则！它表明，在二次误差函数的情况下，由离散终端吸引机测量的计算复杂度取决于误差的 Hessian 的条件数。

顺便注意对于二次误差函数，或者 Hessian 矩阵通常为非零的任何其他索引，在铰链函数的情况下，发现的边界是有意义的，用于发现边界的建议分析不能直接使用。注意在这些情况下，无法保证梯度探索，因为如果从饱和配置开始，则无法逃脱。如 3.5 节所示，线性机的学习也可以通过线性规划来制定。这进一步阐明了复杂性问题，因为该领域有大量文献以及软件包。大家还可能提出这样一个问题，即当这样一个通用框架可用时，本章讨论的方法是否值得一提。线性规划的复杂性分析导致了这个问题的明确答案：没有线性规划算法表现出感知机算法的最优复杂性界限。单纯形法通常是有效的，但在最坏的情况下它会爆炸。Karmarkar 算法(Karmarkar algorithm)是多项式的，但它远离最优性。

练习

1. [15] 考虑算法 3.4.3P，并讨论为什么在步骤 P5 中插入了赋值 $\hat{w}_t \leftarrow (w_t, b_t/R)$。特别是，如果直接返回由循环 P3~P4 计算的权重 $\hat{w}_t$，会发生什么？

2. [M15] 如果假设示例 x_i 存在于一般 Hilbert 空间 H 中，并且范数 $\|v\| = \sqrt{(v,v)}$ 由对称内积引出，则公式(3.4.76)中的边界如何变化。

▶ 3. [22] 在没有"归一化"步骤 P2 的情况下考虑算法 3.4.3P 并讨论边界(3.4.76)发生了什么变化。

4. [15] 考虑线性可分的有限学习集 $\mathcal{L}$，能否得出结论：它们也是强可分的，即公式(3.4.72)(ii)是否成立？

▶ 5. [20] 对于无限训练集考虑练习 4 的问题。关于代理 Ⅱ 的融合，你能说些什么？

6. [20] 假设使用阶跃函数将 LTU 的 $a = w'x + b$ 的偏差 b 设定为任何 $b \in \mathbb{R}/\{0\}$。是否总能确定与 b 是自由参数的情况相同的解？感知机算法是否在此限制下分离线性可分集？

7. [M25] 条件(3.4.69)下建立的批处理模式梯度下降的收敛基于假设⊖$\ell \geq 1 + d$。如果违反这种情况怎么办？通过使用 $(\hat{X}'\hat{X})$ 的奇异值分解，提出一个扩展条件(3.4.69)的收敛性分析。

8. [M21] 考虑在线算法 G'。证明当考虑训练集上任何循环的权重更新时，以下属性成立：
   (i) 如果 $|\mathcal{L}| < \infty$ 且 $\eta \to 0$，那么

⊖ 更确切地说，我们还需要 $\mathrm{rank}\,\hat{X} = d + 1$。

$$\lim_{\eta \to 0} \frac{\| \hat{w}_{\kappa+1} - \hat{w}_\kappa \|}{\eta} = \nabla E(\hat{w}_\kappa) \tag{3.4.88}$$

(ii) 对于"大"训练集，公式(3.4.88)近似满足"小" η。

9. [17] 考虑模式排序（pattern sorting）的问题，使用线性机讨论其解。特别是讨论条件 $y \in \mathcal{N}(Q_\perp^u)$。

10. [20] 考虑感知机算法 P，其中从 $\hat{w}_o \neq 0$ 开始。证明算法仍然在分离解时停止并确定错误数量的上限。

11. [17] 考虑线性机和线性阈值机中的预处理问题。α 标度或任意输入线性匹配的作用是什么？使用岭回归时会发生什么？（提示）练习 13、15、16 和 1 已经为深入分析打下了良好的基础。

▶ 12. [C24] 高度-气压依赖性（Height-Air Pressure dependence）。考虑根据海平面高度预测气压的问题。编写程序以执行多项式回归，并讨论更改多项式的次数的结果。

▶ 13. [C20] 假设在充电过程中给出了电容器端上电压的 $\{(t_\kappa, v(t_\kappa), \kappa \in \mathbb{N}_\ell)\}$ 的集合，遵循定律

$$v(t) = E_0(1 - e^{t/\tau})$$

其中 $\tau = RC$ 是电路时间常数，确定 E_0 和 τ 的 LMS 估计。
（提示）对于 $t \geq t_e = 5\tau$ 有 $100(E_0 - v(t))/E_0 < 1$，因此可以通过在 $t > 5\tau$ 之后平均几个样本来给出 E_0 的良好估计。

▶ 14. [C19] 使用阈值线性机识别 MNIST 字符（在 http://yann.lecun.com/exdb/mnist/下载）。

15. [C24] 使用 $\lambda \to 0$ 的岭回归作为练习 3.1-24 中描述的迭代算法的初始化，用于计算 $\hat{X}^+$。

16. [C22] 使用不同多项式在练习 12 中使用岭回归，并在改变 μ 时确定参数的有效数量。

17. [C24] 使用具有正则化的单层阈值线性机绘制练习 14 的 L 曲线。

18. [C19] 在讨论误差函数中的局部最小值的基础上，进行实验分析，通过假设输入在二维空间中绘制单个神经元的误差函数的误差平面以进行分类。

▶ 19. [45] 假设遇到一个分类问题，其中缺少某些模式的特征。然后假设训练集中没有缺少所有特征的模式。基于将输入表示为由适合可用坐标的线性机生成的数据的想法来分析解。

3.5 注释

3.1 节　线性和线性阈值机代表了当前机器学习的基础模型。模型的描述很简单，从而导致了对某些属性更深入的理解，其中的一些属性在一些更复杂的模型中也存在。

最小均方（Least Mean Squares，LMS）法是一种确定超定方程组的近似解的方法，这是每个需要处理实验数据的人的背景知识的一部分。通常我们将 LMS 归功于 Carl Friedrich Gauss，但是高斯的出版物的前身参考非常多，因此这个说法还存在着一定的争议。有证据表明，早期研究已经可以确定平面中一组点的最佳拟合线。Adrien-Marie Legendre 在 1805 年发表了一篇关于最小二乘方法的论文。然而，他并没有用基于概率论的方法进行处理。这也就是高斯在 1809 年的出版物中所做的，高斯假设是服从于正态分布的。20 世纪 50 年代早期出现了大量文献。有关 LMS 发明的深入讨论参见文献[327]。

Fredholm、Hilbert 和许多其他的人对积分和微分算子提出了伪逆的初步概念。然而，关于矩阵伪逆的第一个具体工作可以追溯到 1920 年的摩尔研究[250]。Roger Penrose 在 1955 年的后期分析也引出了使用公理化方法的矩阵伪逆的概念[269]。那时他还是剑桥大学的研究生，并介绍了广义逆算子（generalized inverse operator）的概念 $\mathcal{H}^\#$，满足以下一个或者多个等式：

(i) $\mathcal{H} \mathcal{H}^\# \mathcal{H} = \mathcal{H}$

(ii) $\mathcal{H}^\# \mathcal{H} \mathcal{H}^\# = \mathcal{H}^\#$

$$(\text{iii})(\mathcal{H}\mathcal{H}^{\#})^{\dagger} = \mathcal{H}\mathcal{H}^{\#}$$
$$(\text{iv})(\mathcal{H}^{\#}\mathcal{H})^{\dagger} = \mathcal{H}^{\#}\mathcal{H}$$

如果 $\mathcal{H}$ 满足普通逆矩阵条件，则它满足上述所有的等式。仅满足(i)的运算符，被称为 $\mathcal{H}$ 的 1-逆。满足(i)和(ii)的被称为(1,2)-逆。满足(i)、(ii)和(iii)的被称为(1,2,3)-逆。有趣的是，对于矩阵来说，1-逆总是存在的，并且可以通过高斯消元找到。Moore-Penrose 广义逆矩阵，表示为 $\mathcal{H}^{\dagger}$，满足上述的四个条件。因此，Moore-Penrose 广义逆是(1,2,3,4)-逆，就像经典的逆一样。于是，Moore-Penrose 广义逆相当于由摩尔来定义的。在理论和应用中，使用到广义逆的是文献[29]。Moore-Penrose 广义逆矩阵似乎表明一个好的面对未定的学习任务的方向。伪逆 $\hat{X}^{\dagger}$ 在 $\|\hat{w}\|$ 最小值的情况下产生了 $\hat{X}\hat{w}=y$ 的简约解 $\hat{X}^{\dagger}y$。练习 23 的解提出采用拉格朗日方法，启发了与 $X^{\dagger}y$ 相关的关键问题，使得它在机器学习的框架中显得不那么令人满意。基本上，$\hat{X}^{\dagger}y$ 是一个强约束问题的解，也就意味着 $\hat{X}^{\dagger}y$ 完美解决了 $\hat{X}\hat{w}=y$ 的问题，而无论概率是怎么分布的。因此，简约解决方案的优点在于它能适用于不同的问题。这种完美的适配揭示出 3.1.2 节的分析可能是一种病态的调节⊖。这个问题很有趣，涵盖了许多不同的方面。如同在 3.4.4 节中指出的那样，这种矩阵 $\hat{X}$ 导致了梯度下降算法复杂度的增加。当这种复杂性出现时，看起来会导致我们错过一些相关的问题；但有趣的是，在这种情况下，基于约束的学习方法是错误的！从强约束学习到软约束学习的转变是摆脱病态的正确方向。这种想法的早期思想可以在正则化原则中找到。它的产生是在不同的环境中分别独立发现的。由于 Andrey Tikhonov 的研究[332,333]，这个理论因积分方程的应用而变得广为人知。Arthur E. Hoerl 在统计界推广岭回归方面做出了巨大贡献，参见文献[178]。

在现实的问题中，特别是在某一个模式由许多坐标表示的情况下，其中的一些数据可能会丢失。这在临床检测数据中经常发生：通常在患者身上创建简档，基于很多的特征产生可用的数据。但是，其中一些数据经常丢失，但可能有的时候我们需要这些数据做出决定或者诊断。缺失数据具有的学习是一个活跃的研究课题，我们在过去几年中看到了大量这方面的工作。一种直接的方法是通过简单地用平均值来替换它们的缺失的特征。可以在文献[161]中找到不同方法的丰富材料，其中的完全随机丢失(MCAR)、随机丢失(MAR)、非随机丢失(MNAR)是有区别的。文献[292]是一个比较经典的工作，它认为导致缺失数据的这一个过程在实际的应用中是非常重要的。在文献[125]中，提出了一种更加有趣的方法，这种方法依赖于 EM 算法。在简约原则下的学习框架也可以很好地处理丢失的数据。在 3.4 节中，我们提出了一个比较直接的方法，在练习 19 中阐述了这个想法。在第 6 章中，我们可以对这个想法进行扩展，从而可以使得从环境中获益，以更好地估计缺失的数据。

当依赖简约原则时，参数的选择就尤其重要。事实证明，分析 λ 对正则化和误差项的影响是很有用的。这可以将解(3.1.25)引入 $\|w_{\lambda}\|^{2}$ 和 $\|y-\hat{X}\hat{w}_{\lambda}\|^{2}$。有

$$\|w_{\lambda}\|^{2} = \left\|\sum_{i=1}^{r}\phi_{i}\frac{u_{i}'y}{\sigma_{i}}I_{B}v_{i}\right\|^{2} \tag{3.5.89}$$

⊖ 一种相关形式的病态调节也会影响问题，而不是未知因素。事实上，这与矩阵秩的下降有关。

其中
$$I_B = \begin{bmatrix} 1 & & 0 \\ & \ddots & \vdots \\ & & 1 & 0 \end{bmatrix}$$

现在就有
$$\lim_{\lambda \to 0} \| w_\lambda \|^2 = \left\| \sum_{i=1}^{r} \frac{u'_i y}{\sigma_i} I_B v_i \right\|^2$$
$$\lim_{\lambda \to \infty} \| w_\lambda \|^2 = 0$$

同样，当考虑公式(3.1.26)给出的 $P_\perp$ 的表达式的时候，对于残差有

$$\| y - P_\perp y \|^2 = \left\| y - \sum_{i=1}^{r} \phi_i [u_i u'_i] y \right\|^2 = \left\| y - \sum_{i=1}^{r} u_i \phi_i (u'_i y) \right\|^2$$
$$= \left\| U' \left(y - \sum_{i=1}^{r} u_i \phi_i (u'_i y) \right) \right\|^2 = \left\| U' y - \sum_{i=1}^{r} e_i \phi_i (u'_i y) \right\|^2$$
$$= \left\| \sum_{i=1}^{r} (u'_i y) e_i - \sum_{i=1}^{r} e_i \phi_i (u'_i y) \right\|^2 = \left\| \sum_{i=1}^{r} (u'_i y) e_i (1 - \phi_i) \right\|^2$$
$$= \sum_{i=1}^{r} (u'_i y)^2 (1 - \phi_i)^2 \tag{3.5.90}$$

现在有
$$\lim_{\lambda \to 0} \| y - P_\perp y \|^2 = 0$$
$$\lim_{\lambda \to \infty} \| y - P_\perp y \|^2 = \sum_{i=1}^{r} (u'_i y)^2$$

公式(3.5.90)和(3.5.89)提出了一种估计正则化参数的启发式方法。我们引入 $r(\lambda) := \ln \| w_\lambda \|^2$ 和 $e(\lambda) := \ln(\| y - P_\perp y \|^2)$。它们是 $r-e$ 平面
$$r = L(e)$$
中曲线的参数方程。该曲线看起来像字符"L"，在考虑$[0, \infty)$的极限条件时可以很快看到。此外，有一个属性让我们想起"L"结构，它与高曲率时点的存在有关，在某些情况下甚至可能看起来像一个拐角。让我们考虑根据以下条件定义的拐点(corner point)($e(\lambda^\star), r(\lambda^\star)$)：(i)$\lambda^\star$中的切点斜率为$-1$，即，
$$\frac{dL(e^\star)}{de^\star} = -1$$

(ii)曲线($e(\lambda), r(\lambda)$)在 $\lambda^\star$ 附近是凹的。假设 $e(\lambda)$ 和 $r(\lambda)$ 是可微的。然后证明这些条件与
$$\mathcal{H}(\lambda) = \| y - P_\perp y \|^2 \hat{w}^2$$
的局部最小化相对应。然后有
$$\mathcal{H}(\lambda) = \exp(e(\lambda) + r(\lambda)) = \exp(e(\lambda)) \cdot \exp(r(\lambda))$$
$\mathcal{H}(\lambda)$的任何局部最小值满足
$$\left(\frac{de(\lambda^\star)}{d\lambda^\star} + \frac{dr(\lambda^\star)}{d\lambda^\star} \right) \exp(e(\lambda) + r(\lambda)) = 0$$

即，

$$\frac{\mathrm{d}e(\lambda^\star)}{\mathrm{d}\lambda^\star} + \frac{\mathrm{d}r(\lambda^\star)}{\mathrm{d}\lambda^\star} = 0$$

这对应于条件(i)。如果除了这种平稳性条件之外，我们还会考虑 $\lambda^\star$ 是 $\mathcal{H}(\lambda)$ 的局部最小值的假设，我们得到

$$e(\lambda) + r(\lambda) > e(\lambda^\star) + r(\lambda^\star)$$

满足凹性条件(ii)的曲线($e(\lambda)$, $r(\lambda)$)在 $\lambda^\star$ 的附近。在文献中，这通常被称为 L 曲线。可以在文献[337]找到 L 曲线的良好参考(13.2 节)。

正如在处理内核机器时那样，可以在对偶空间中实现对简约原理的充分利用以及正则化参数的相应适当选择，这实际上是线性的良好结果。在原始或对偶空间中处理线性机的直接比较复杂性分析源于伍德伯里等式(参考练习 34 的公式(3.1.33))。在 3.1.4 节中，已经为线性机显示了对偶形式，但是对于 Rosenblatt 感知机来说，显然也存在对偶形式。我们可以立刻表示这种对偶形式只要注意到算法 P 的更新方程可以更好地重写为

$$\hat{w}_{\kappa+1} \leftarrow \hat{w}_\kappa + \eta y_{i(\kappa)} \hat{x}_{i(\kappa)}$$

其中我们强调感知机出错的例子是 $i(\kappa)$ 索引的例子。根据算法 P 我们可以立即得出结论，在

$$\hat{w}_{\kappa^\star} = \eta \sum_{\kappa=1}^{\kappa^\star} y_{i(\kappa)} \hat{x}_{i(\kappa)} \propto \sum_{\kappa=1}^{\kappa^\star} y_{i(\kappa)} \hat{x}_{i(\kappa)}$$

下算法存在。这实际上是感知机的双重表示(dual representation)，这是作为训练集的扩展来表示的一种解决方案。有趣的是，系数是 1 或 -1，并非所有输入都必须参与解的表示。由于 $\kappa^\star \leqslant 2(R/\delta)$，也可以获得上述扩展中的项数的上限。

3.2 节 构建基于决策的过程需要引入具有阈值单元(LTU)的线性结构。它们的行为是非线性的，并且它们已经在计算几何的框架中进行了大量的研究。1964 年，Thomas M. Cover[78]在斯坦福大学完成了博士学位。他提出了 LTU 容量是输入空间尺寸的两倍这一结果。除此之外，他的早期研究表明，高维空间中的模式分类相较于低维空间而言更可能是线性可分的，4.1 节将介绍这一主题。

然而，Frank Rosenblatt 是无可争辩的感知机之父，感知机是在康奈尔航空实验室工作时构思出来的。尽管 IBM 704 的早期版本软件很快就可以使用了，但感知机的目的是设计成为一种图像识别机器，其权重编码为电动机学习期间更新的电位计。Frank Rosenblatt 的心理学背景显著地反映了他的观点和机器学习研究的前景。1958 年，他发表了一篇关于感知机的最全面的文章[290]，然而，这篇文章阅读起来很困难。他也提出了许多感知机和学习规则相结合的变体，包括经常进行大规模调查的经典结构。后来，他对感知机的范式转变发表了强有力的声明，这引发了对感知机实际能力的争议。

在 Rosenblatt 提出他的发明的几年后，Marvin Minsky 和 Seymour Papert 的开创性著作[247]对感知机中的代表性问题进行了深入的批判性分析，为解决这些有争议的主张奠定了基础。3.2.1 节中进行的分析主要是基于 Marvin Minsky 和 Seymour Papert 将感知机视为抽象计算设备来进行的。引入了顺序概念，以及掩码、凸性和连通性等谓词的例证，揭示了可以合理计算的内容和强学习任务等。有趣的是，大多数预测很难被人类计算，除非我们决定通过耐心地遵循路径来使用顺序方法，这实际上是感知机无法做出意外的事情！

重要的是要认识到 3.2.1 节中关于类似感知机的表示所示例的大多数属性确实适用于许多其他问题。事实上，在看起来非常不同的任务之间存在令人惊讶的联系。图 3.4 提供了奇偶校验和连通性判断式之间有趣链接的很好的示例。在 $\mathscr{X}^\#$ 的有限性假设情况下，由于构造了适当的交换网络结构，这些联系不大的判断式汇集在一起。直观地，由[$\mathscr{X}^\#$ 是连接的]建立的网络中的点的连通情况由开关来适当选择，其由上下状态序列 S 来识别⊖。我们可以看到，如果[S 是偶数] = 1(偶数个向下状态)，那么[$\mathscr{X}^\#$ 是连接的]= 1。这些将计算连通性的难度与计算字符串奇偶校验的难度联系起来！现在我们已经看到，在两个变量的情况下，XOR(通过公式(3.1.4)在 CNF 中的表达式)是 2 阶的判断式，即判断式顺序与输入维相同。它一般都适用吗？可以证明(见文献[247]，p.56-57)奇偶校验确实是|S|阶，即它的支持是整个序列！显然，这与连通性呈现背后的局限性建立了紧密的联系。

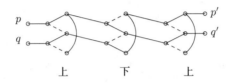

图 3.4　奇偶校验和连通性判断式之间的链接：交换网络中的连通性由判断式[p 连接到 p']表示，如果偶数个开关处于向下位置，则为真。在图中我们有两个开关处于向下位置，因此，[p 连接到 p']=F

Minsky 和 Papert 通过使用最常见的拓扑问题和复杂性分析，从形式的角度分析了感知机。他们证明了判断式顺序的研究在许多其他拓扑判断式中非常典型，例如，计算图孔，人们普遍认为，文献[247]中建立的结果导致人们在 20 世纪 70 年代和 80 年代的一部分时期内将注意力转向人工智能研究中的符号系统。Minsky 和 Papert 在他们的书中增加了一章(结语)，还讨论了他们的研究与并行分布式处理[294]的新兴研究之间的关系，他们声称：

……这是对感知机可能学到的东西的限制，导致了 Minsky 和 Papert(1969)对感知机的悲观评价。不幸的是，该评估错误地玷污了线性阈值和其他非线性单元的更有趣和更强大的网络。正如我们将要看到的，一步感知机的局限性决不会适用于更复杂的网络。

在感知机的书的结尾中回答了未来几年的挑战这一话题：

这些批评性的评论不应被视为我们反对制造可以"学习"的机器的建议。实际情况恰恰相反！但我们确实认为，以显著的速度进行的重要学习需要一些重要的先前结构。当部分函数与任务合理匹配时，基于调整系数的简单学习方案确实可行且更有价值……

对感知机的深入分析表明，学习其权重可能会导致次优解，即使对于线性可分离的任务来说也是如此。Eduardo D. Sontag 和 Héctor J. Sussmann[322]深入讨论了未能将线性可分离的例子分开的问题，他很好地解决了 M. Brady 等给出的一个有趣的反例[59]。然而，它很早就清楚地表明，在这些情况下出现的故障主要是由于结合了神经元和不兼容的误差函数！这导致了伪局部最小值(spurious local minima)的出现，对于给定的神经元，可以

⊖ 在图 3.4 中，我们有 S=(上，下，上)。在这种情况下，[S 是偶数]= 0 并且 p 连接到 q'。

通过适当选择误差函数来避免(见文献[38，45])。

3.3 节　线性和线性阈值机一直是统计学家的战场，多年来这一主题一直主导着研究方向。贝叶斯决策与线性鉴别器之间的重要联系已经在 20 世纪 60 年代早期建立并普及，在经典书籍中得到了很好的解决(参见，例如，文献[97，54])。线性机在统计和简约原则的框架下共同处理问题的达成条件多年来一直是讨论的主要话题点，其结果与线性鉴别器也相关。关于逻辑回归的深入分析可以在文献[182]中找到。关于学习的统计学的解释和基于简约原则的统计解释形成了收缩方法(shrinkage method)，这种方法通过对系数值的约束来改进 LMS 的一般技术，关于这个问题，我们在前一章也已经讨论过了。对于特征收缩，可以在文献[169]中找到比较全面的解释。

3.4 节　与大多数机器学习模型不同，线性和线性阈值机背后的假设可以确定最佳的收敛条件。对于线性机而言，LMS 公式本质上是局部最小值，已经表明 LTU 单元的误差函数的连续优化可能导致错误的解决方案，但是这是可以避免的。当采用在线学习时，出现了一种不同的视角，这是来自 Widrow-Hoff 的算法的结构[343]。在强限制条件下，已经证明感知机需要不同的方法。3.4.3 节中描述的感知机算法的分析由 A. B. Novikoff[258] 给出，他建立了公式(3.4.76)所述的界限。反证法利用分离超平面 a 和 $\hat{w}$ 的法向量的夹角 ϕ 的余弦值不能够任意增加这一原理。证明可以被视为算法的收敛性分析，而本章其余部分给出的学习公式被视为优化过程。然而，我们观察公式(3.4.73)，发现可以采用相同的方法。现在如果我们将 $E(\hat{w}) = -a'\hat{w}/\|\hat{w}\|$ 视为误差函数，则可以将学习视为沿 $E(\cdot)$ 的梯度下降。这样做时，我们回到关于处理复杂性的连续计算时收敛性的讨论。我们可以看到没有错误的最小值，因此局部最小值和全局最小值没有不同。所以，Novikoff 界限不是那么令人感到吃惊。基于界限(3.4.84)的分析导致了和 Novikoff 界限有趣的联系。显然，不能使用基于 $E(\hat{w}) = -a'\hat{w}/\|\hat{w}\|$ 的梯度下降算法，因为 a 是未知的，但是这个分析启发了最优约束。

正样本和负样本的分离也可以自然地表达为线性规划问题。给定数据集
$$\mathscr{L} = \{(x_\kappa, y_\kappa), \kappa = 1, \cdots, \ell\}$$
对于 $\forall \kappa \in \mathbb{N}_\ell$，我们给出匹配
$$\hat{x}_\kappa \to \hat{x}_\kappa [y_\kappa = 1] - \hat{x}_\kappa [y_\kappa \neq 1]$$
在替换之后，分类问题可以紧凑地写成
$$\min_{\hat{w}} 1 \quad \text{其中} \quad \hat{X}\hat{w} > 0 \tag{3.5.91}$$
这是一个线性规划问题，有大量的解决这类问题的算法文献。由于问题可能无法确定，因此可以寻找独特的解决方案以面对不同的问题。因此，这里很自然地想到 Moore-Penrose 逆转换和岭回归中使用的原理，在第 4 章讨论内核方法时将主要讨论这些问题。值得一提的是，简单的方法可能会在某些情况下具有极强的不适应性，即使是多项式时间算法，Karmakar 算法[196] 也没有达到感知机算法的最优复杂性。

学习作为持续优化的这种表述与其他的一些相关性较低的问题有相同的结构。人们可能会怀疑，这种普遍存在的连续优化公式是人类统一的趋势，还是大多数自然问题的固有解决方案。终端吸引子的概念在文献[353-355]中引入，随后在文献[340，39，193]中进行了实验。在文献[39，44，42，142]中已经提出了它用于评估连续和离散计算设置的复

杂性。这个想法也被用于解决一般优化问题[46]。该分析揭示了电路复杂性和条件数的作用，这取决于所需解的精确度。给出了关于设置计算复杂性的一般性说明[56]，它也与文献[142]中给出的一些结果相似。这些研究清楚地说明了用神经网络学习时产生的复杂性。电路的复杂性取决于连接的数量，而在优化平面误差函数时，学习的条件数量可能会产生较高的复杂性。

在连续优化的框架中给定问题的求解通过构造一个函数来进行，该函数一旦被优化就可以确定问题的解决方案。基本上，确定这样的函数似乎与经典离散计算设计中的算法设计创造性过程有关。然而，基于连续优化的解决方案的优雅性和通用性，似乎也代表了处理复杂(complex)问题时通常出现的问题的主要来源。函数优化的过程很困难，因为问题本身就很复杂，或者是要优化的问题在环境中的框架很难更改。数值算法的错误选择也会显著影响计算的复杂性。优化的复杂性可能是由于问题的错误(spurious)表述，但也可能是结构(structural)性质上的问题，因为复杂性可能与问题的本质相关。在后一种情况下，问题引起了一种对在合理的计算约束下发现其解决方案的实际可能性的怀疑(suspiciousness)。虽然大多数实践者可能会接受这种会产生疑惑的实验，并且会对实验的结果感到自豪，但是人们还是会怀疑通过持续优化来解决实际问题。事实上，这些方法的成功和实际的问题有关，因此，对于一类问题，人们可以期待良好的解决方案，但这个方法对其他类问题的有用性的质疑度会上升。

Gori 和 Meer[146] 提出了一个使用连续优化来解决问题的通用框架，并通过将其与计算复杂性理论联系起来，为怀疑的直观概念提供了一些理论基础。他们将动作(action)的概念作为一种在抽象机器上运行的连续算法，称为确定性终端吸引子机器(DTAM)，它在能量上执行终端吸引子梯度下降。这台机器是为运行动作而设计的。对于给定问题的任何实例，相应的动作在 DTAM 上运行，并且只要能量是局部最小值，就保证产生解。在这种情况下，问题称为单峰(unimodal)，并且无须初始化 DTAM。对于复杂的问题，可能需要一个猜测模型(guessing model)来对梯度下降进行适当的初始化。相应的机器被称为非确定性终端吸引子机器(NDTAM)，它建议引入非确定性单峰问题。这些机器的离散对应物使得用问题精度和适当定义的条件数来表示计算复杂性成为可能，条件数表示给定问题的输入变化敏感度。这是 3.4.3 节中对线性电机进行的分析的概括(参考公式(3.4.85)中有关步数的内容)。该方法的一个基本结论是可以设想单峰问题的作用，从而产生关于问题维度的最优算法。给出了求解线性系统和计算几何中线性分离问题的示例，并给出了相应的复杂度评价。由 DTAM 机器确定的复杂度界限的结果表明，给定问题的复杂度下限的知识可以得出关于其可疑性的直接结论。这方面的相关研究见文献[142，43，46]。

第 4 章

Machine Learning: A Constraint-Based Approach

核 方 法

在前一章中,我们讨论了机器学习中的线性方法,展示了岭回归的二次正则化项的基本作用。除此之外,也会出现一些问题:首先,我们如何对复杂的非线性映射或独立的非线性可分离模式进行回归?第二,即使在小训练集情况下,如何泛化到新样本?本章通过引入核方法(kernel machine)来解决这两个基本问题。结果表明,在加入构造非线性机的需要时,需要适当地引入丰富的特征空间,且在正则化的条件下,得到核方法的概念。

4.1 特征空间

在本节中,我们将讨论特征的丰富性在复杂学习问题中的重要性。而这个问题在 3.2.1 节讨论到黑白图片时就已经解决了。本章分析表明了对任何决策过程进行适当的特征选择的重要性。这实际上是机器学习中的一个基本主题,围绕着是否应该正确地选择适当的特性或从样本中学习适当的特性这一永恒话题进行讨论。在这里,我们将介绍第一个案例,它产生了核方法的概念。虽然内核也可以学习,但大多数自然的特征学习都是在连接模型中进行的。通常,特征由特征映射(feature map)来决定,

$$\phi: \mathscr{X} \subset \mathbb{R}^d \to \mathscr{H} \subset \mathbb{R}^D$$
$$x \to \phi(x) \tag{4.1.1}$$

在大多数情况下 $D \geqslant d$,且我们经常想到 $D \gg d$;在极端情况下,我们会看到 ϕ 产生一个无限维的特征空间。在 3.2.1 节中的分析涉及了函数 φ 这个重要特征映射的结构。与上述 ϕ 的定义的不同之处在于 φ 在视网膜上操作,是一种二维结构。但是,可以迅速看到我们总能找到一个双射 γ,使得 $\varphi = \phi \circ \gamma$。

4.1.1 多项式预处理

目前所讨论的线性方法在回归和分类方面都是有限制的。在一些实际的问题中线性假设限制性非常大。此外,LTU 机只能处理线性可分的模式。有趣的是,在这两种情况下,可以通过适当地丰富特征空间(feature space)来扩展线性和 LTU 的理论。我们关注的重点是分类,但是类似的分析也可以用在回归任务上。我们首先通过一个样本来说明线性分离的概念是如何轻易扩展的。

假设我们给出了 $x \in \mathscr{X} \subset \mathbb{R}^2$ 的分类问题,并考虑由映射 $\mathscr{X} \subset \mathbb{R}^2 \xrightarrow{\phi} \mathscr{H} \subset \mathbb{R}^3$ 定义的相关特征空间,使得 $x \to z = (x_1^2, x_1 x_2, x_2^2)'$ 成立。显然,因为在 $\mathscr{H}$ 域的线性可分,可以得到 $\mathscr{X}$ 的二次分离的结果,因此有

$$a_1 z_1 + a_2 z_2 + a_3 z_3 + a_4 = a_1 \cdot x_1^2 + a_2 \cdot x_1 x_2 + a_3 \cdot x_2^2 + a_4 \geqslant 0$$

显然,ϕ 在特征丰富的过程中起着至关重要的作用,例如,在这种情况下,线性可分可转化为二次可分。这个思想可以通过对输入的值进行多项式处理(polynomial processing)而

得到一个简单的泛化。我们考虑一个单项式,这个单项式是输入的坐标和的 p 次幂:

$$(x_1 + x_2 + \cdots + x_d)^p = \sum_{|\alpha|=p} \begin{bmatrix} p \\ \alpha \end{bmatrix} x^\alpha$$

其中 α 是一个多索引,因此特征空间的通用坐标是

$$z_{\alpha,p} = \frac{p!}{\alpha_1! \alpha_2! \cdots \alpha_d!} x_1^{\alpha_1} x_2^{\alpha_2} \cdots x_d^{\alpha_d} \qquad (4.1.2)$$

且 $p = \alpha_1 + \alpha_2 + \cdots + \alpha_d$。任意的 $z_{\alpha,p}$ 都是一个 p 阶的单项式;因此我们可以构建通用的特征表征为 $z = \phi(x) = (z_{\alpha,p})$,其中 $p = 0, \cdots, p_m$,单项式的阶数小于或等于 p_m。然而这个空间显著增大了将给定类分开的机会,其主要问题是特征的数量增长得非常快!如果我们只考虑 p 阶单项式,我们可以得到

$$|\mathscr{H}| = \begin{bmatrix} p + d - 1 \\ p \end{bmatrix} \qquad (4.1.3)$$

这使得高维空间中的计算处理显得不可行。但有趣的是,在 4.3 节中将看到,我们确实有可能设想出机器学习的方案来处理无限维空间!

4.1.2 布尔富集

在实数值输入的情况下,输入的富集取决于输入的乘积,而在布尔值输入的情况,AND 可以取得同样的效果。为了理解这个概念,让我们考虑一下由 XOR 函数定义的布尔映射的分类。该函数为

$$x_1 \oplus x_2 = (\neg x_1 \wedge x_2) \vee (x_1 \wedge \neg x_2) \qquad (4.1.4)$$

很明显,它在空间 (x_1, x_2) 中是线性不可分的。然而,如果通过映射 $x = (x_1, x_2) \to (\neg x_1 \wedge x_2, x_1 \wedge \neg x_2)$ 来丰富特征空间,可以迅速地看到我们获得了线性可分性,因为问题被简化为处理可线性分离的 $\vee$ 函数。有趣的是,这个概念可以扩展到任何布尔函数。泛化涉及第一个规范形式——析取范式(DNF)。给定任何布尔函数,它可以表示为

$$f(x_1, \cdots, x_d) = \bigvee_{j \in \mathscr{F}} \bigwedge_{i=1}^{d} x_i^{\alpha_{i,j}} \qquad (4.1.5)$$

这里假设 $\alpha_{i,j} \in \{-1, +1\}$,于是

$$x^\alpha = [\alpha = 1] x \vee [\alpha = -1] \neg x \qquad (4.1.6)$$

在之前的 XOR 的样本中,$\mathscr{F} = \{1, 2\}$,其中 $\alpha(\text{XOR})$ 可以简化为

$$\alpha(\text{XOR}) = \begin{bmatrix} 1 & -1 \\ -1 & 1 \end{bmatrix}$$

因此,由 $\bigwedge_{i=1}^{d} x_i^{\alpha_{i,j}}$ 提供的布尔富集产生了 f 的自然特征表示,因为"$\vee$"是线性可分的。公式(4.1.2)给出的特征,在多项式预处理的情况下,当选择

$$z_\alpha = \bigwedge_{i=1}^{d} x_i^{\alpha_{i,\alpha}} \qquad (4.1.7)$$

时,对布尔函数有某种对应表示。在这种情况下,特征数量也很容易爆炸。然而,在平滑函数方面存在着一些差异。在这种情况下,特征数量会随着输入 2^d 的维数呈指数增长,而不存在由于幂的无限增长而导致的数量超爆炸。但是,在这种情况下,我们也面临难以处理的问题,4.3 节中引入核函数将很好地解决这些问题。当考虑 CNF 而不是 DNF 时,

出现了不同但等效的特征表示。

4.1.3 不变的特征匹配

多项式和布尔预处理表明，通过适当构造新的特征空间可以克服线性可分性的假设。显然，这些特征映射只是在面对最终学习任务时聪明选择的样本，而这些任务应受益于适当的特征选择。还有更多：多项式和布尔处理都不能解决大多数有趣学习任务中出现的不变性(invariance)的关键问题。例如，手写字符的识别必须独立于平移和旋转，而且它必须是标度不变的。从视觉中提取独特特征的追求带来了更具挑战性的任务。虽然我们仍然在关注独立于上述经典几何变换的特征提取，看起来我们仍然缺少捕捉独特特征的神奇人类技能，以识别熨烫过的或是皱巴巴的衬衫！在我们卷起袖子的情况下保持识别连贯性或者只是将它们卷成扔进洗衣篮中的球来识别衬衫，没有明显的难度。当然，既没有严格的转换，如平移和旋转，也没有比例图将熨烫的衬衫变成扔进洗衣篮的同一件衬衫。正如 5.4 节所指出的，适当地提取独特特征对于视觉任务至关重要。对语音话语的认识和理解也与适当提取独特特征的问题密切相关。这显然要求我们限定在时间转换下不变的特征，从而重新组合手写字符所产生的相关问题，其中我们需要空间（而不是时间）转换不变性。捕获特征不变性的可能方法是引入不变性目标函数。设 $\rho: \mathscr{H} \to \mathscr{H}$ 是一个将模式 x 转换为 $\rho(x)$ 的映射，因此 x 和 $\rho(x)$ 都具有相同的认知特征。在搜索满足

$$\phi \circ \rho = \phi \qquad (4.1.8)$$

的特征 ϕ 时，我们可以合并这样的属性。由于它必须对所有 $x \in \mathbb{R}^d$ 局部保留，因此上述公式相当于

$$J_\phi(x) \cdot \nabla \rho(x) = J_\phi(x) \qquad (4.1.9)$$

如果想要智能代理保持给定为

$$P(\phi) = \int_{\mathscr{X}} (J_\phi(x) \nabla \rho(x) - J_\phi(x))^2 \, \mathrm{d}x \qquad (4.1.10)$$

的较小的惩罚 $P(\phi)$，这是可以软实现的。这种函数很难最小化，主要是因为预期表示不变性的函数 ρ 不一定是已知的。关于计算机视觉中的不变特征，在 5.4 节中讨论卷积网络时，将会发现当我们减少时间流上的不变性时，上述的一般不变条件具有极具表现的计算结构，其中我们基本上都加上了特征运动不变性原理。

4.1.4 高维空间中的线性可分性

线性机和线性阈值机可以处理线性可分离的数据。但这个假设是否现实？要问这个问题，我们必须记住，x 通常被视为物理模式的内部表征。因此，线性可分性取决于模式的具体物理结构，以及其内部表征的选择。虽然第一个依赖会导致学习任务的结构复杂性，但模式表征提供了很大的自由度，可以很容易地将非线性可分性转换为线性可分性。

为了深入了解，考虑图 4.1 中所示的样本，其中给出了在一维和二维空间中表示的三个样本。通过来自二维空间的投影简单地创建到单维空间上的表示。在二维中，所有八个二分法都是线性可分的，而当将这些样本投影到一条线上时，这个属性就会丢失。

有趣的是，这在非常通用的条件下成立：随着空间的维数增加，线性分离的概率增加！

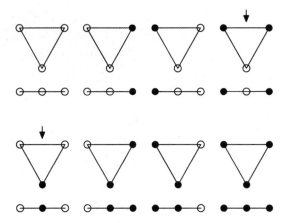

图 4.1 两个（三角形）和一个（线）尺寸空间中的三个点。一维点由投影构成。在二维中，所有点都是线性可分的，当投影到单个维度上时，在两个配置中，由箭头标记，这些点不再是线性可分的

假设给定了标记为正或负的 ℓ 个训练样例。因此，$\mathscr{X} \in \mathbb{R}^d$ 被 $\mathscr{X} = \mathscr{X}^+ \cup \mathscr{X}^-$ 分割，特别地，如果存在权重向量 w 在 $x \in \mathscr{X}^+$ 下使得 $w'x > 0$，在 $x \in \mathscr{X}^-$ 下使得 $w'x < 0$，则 $\{\mathscr{X}^+, \mathscr{X}^-\}$ 是均匀线性可分的（homogeneously linearly separable）。进一步假设训练集 $\mathscr{X}$ 的样本按如下分割，即每个 d 或更少向量的子集都是线性独立的——只要发生这种情况，我们称此模式处于常规位置（general position）。这显然是线性可分离性的必要条件，只要 $\ell \leqslant d$，它就会降低。我们想要确定可以在 d 空间中用 ℓ 个样本建立的均匀线性可分二分法的数量 $c_{\ell d}$，关键想法是通过归纳获得的。假设将一个样本 $x_{\ell+1}$ 添加到一组 ℓ 个样本中，令 D 为通过分离包含新点的超平面创建的线性二分法的数量。如果稍微移动它们，就很容易证明任意这样的二分法都会产生两个新的二分项 $\{x_\ell + 1\} \cup \mathscr{X}^+$ 和 $\{x_{\ell+1}\} \cup \mathscr{X}^-$。设 δ 为最近点与通用二分法的距离。显然，存在这样的运动：当 $x_{\ell+1}$ 不再出现在超平面上时，剩余点的分类不会改变。因此 $c_{(\ell+1)d} = (c_{\ell d} - D) + 2D = c_{\ell d} + D$。现在问题被简化为确定二分法 D 的数量。由于这些二分法是被限制为包含 $x_{\ell+1}$ 的超平面创建的，它们对应着 $c_{\ell(d-1)}$，由于传递 $x_{\ell+1}$ 的约束，在一般位置的模式情况下，会减少一个自由度（见练习 7）。然后有

$$c_{(\ell+1)d} = c_{\ell d} + c_{\ell(d-1)} \tag{4.1.11}$$

如果 $d \leqslant 0$，则该递归方程与初始条件 $c_{1d} = 2$ 和 $c_{\ell d} = 0$ 配对。现在可以通过连续扩展公式（4.1.11）来得到二分法的总数。有

$$\begin{aligned} c_{(\ell+1)d} &= c_{\ell d} + c_{\ell(d-1)} \\ &= c_{(\ell-1)d} + 2c_{(\ell-1)(d-1)} + c_{(\ell-1)(d-2)} \\ &= c_{(\ell-2)d} + 3c_{(\ell-2)(d-1)} + 3c_{(\ell-2)(d-2)} + c_{(\ell-2)(d-3)} \\ &\vdots \\ &= \begin{bmatrix} \ell \\ 0 \end{bmatrix} c_{1d} + \begin{bmatrix} \ell \\ 1 \end{bmatrix} c_{1(d-1)} + \cdots + \begin{bmatrix} \ell \\ \ell \end{bmatrix} c_{1(d-\ell)} = \sum_{i=0}^{\ell} \begin{bmatrix} \ell \\ i \end{bmatrix} c_{1(d-i)} \end{aligned}$$

我们必须要小心整数 i、d 和 ℓ 的相对位置，以便正确使用初始条件。特别是有

$$c_{(\ell+1)d} = \sum_{i=0}^{\ell} \begin{bmatrix} \ell \\ i \end{bmatrix} c_{1(d-i)}[i<d] = 2\sum_{i=0}^{d-1} \begin{bmatrix} \ell \\ i \end{bmatrix}$$

由于当 $d>\ell$ 且 $i\in[\ell+1..d-1]$ 时存在 $\begin{bmatrix} \ell \\ i \end{bmatrix} \equiv 0$，所以发现

$$c_{\ell d} = 2\sum_{i=0}^{d-1} \begin{bmatrix} \ell-1 \\ i \end{bmatrix} = 2^{\ell} - \begin{bmatrix} \ell-1 \\ d \end{bmatrix} F\begin{bmatrix} 1,\ell \\ d+1 \end{bmatrix} \frac{1}{2} \tag{4.1.12}$$

其中 $F\begin{pmatrix} a,b \\ c \end{pmatrix} z$ 是超几何函数（有关形成最后的等式的细节见练习8）。从最后一个表达式中看到，每当 $d \geqslant \ell$ 时，得到 $c_{\ell d}=2^{\ell}$，因为超几何函数前面的系数都为零，所以在其他情况下，均匀可分的二分法的数量小于 2^{ℓ}，因为

$$F\begin{bmatrix} 1,\ell \\ d+1 \end{bmatrix} \frac{1}{2} = \sum_{k\geqslant 0} \frac{\ell^{\bar{k}}}{(d+1)^{\bar{k}}} 2^{-k}$$

是一个正数。现在可以确定所有可能的 2^{ℓ} 点的"＋"和"－"标记产生的情况中线性可分离的分数：

$$p_{\ell d} = \frac{c_{\ell d}}{2^{\ell}} = 1 - \frac{\begin{bmatrix} \ell-1 \\ d \end{bmatrix}}{2^{\ell}} F\begin{bmatrix} 1,\ell \\ d+1 \end{bmatrix} \frac{1}{2} \tag{4.1.13}$$

考虑 $\ell=2d$ 的情况，如练习3所示，有

$$p_{(2d)d} = \frac{1}{2} \tag{4.1.14}$$

因此，当样本的数量不超过维度时，$p_{\ell d}=1$。有趣的是，当将样本的数量增加到临界数 $\ell=d$ 的两倍时，仍然是 $p_{\ell d}=1$，得到 $p_{(2d)d}=0.5$。当 $\ell\to\infty$，线性分离的概率为零（见练习3）。这种讨论自然形成了容量（capacity）的基本概念。令 $\varepsilon \in \mathbb{R}^+$ 且考虑最大数 C 使得如果 $\ell<(1-\varepsilon)C$ 则 $\forall \delta<1$，$\forall \varepsilon>0$ 就存在 ℓ_0，使得对于所有的 $\ell>\ell_0$，这些样本可以用 $P(\ell,d)>1-\delta$ 线性分离。

该值 C 被称为机器的容量。对于足够大的 d，可以证明（见练习9）

$$C \simeq 2d$$

容量定义在 LTU 在高维空间的表现中找到了深层根源，其中 $C=2d$ 的值表征了一些样本数量的截断。在 C 处存在相变，使得超过该值没有线性分离！在练习10中讨论了维度对 $P(\ell,d)$ 的影响。

练习

1. [15] 在练习33(3.1节)中，我们解决了处理高度多项式的问题，已经看到与 Vandermonde 矩阵相关的病态连接——参考2.4节的图2.1。证明与布尔函数的情况不同，一旦选择了多项式的度数，具有输入维度的特征数量的增长不会导致组合爆炸。

▶ **2. [15]** 考虑公式(4.1.7)中用于布尔函数的基于 DNF 的特征表示。使用 CFN 查找相应的基于特征的表示。

3. [12] 考虑在 $\ell=2d$ 情况下对于线性可分性的 Cover 分析，证明公式(4.1.14)及 $\lim_{\ell\to\infty} c_{\ell d}=0$。

4. [10] 不使用公式(4.1.13)证明 $c_{\ell 1}=2d$。

5. [M20] 通过引入 Cover 边界(4.1.13)给出正式证明。

6. [M25] 使用生成函数理论求解公式(4.1.13)中的递归关系。

7. [M30] 假设给定普通位置(general position)的模式。参考递归公式(4.1.11)，证明 $D=c_{\ell(d-1)}$。

8. [M25] 证明公式(4.1.12)的第二个等式。

▶ 9. [25] 证明 $C=2d$。

10. [25] 证明当 $d\to\infty$ 时有 $P(\ell,d)\simeq[\ell<C]$

4.2 最大边际问题

本节中，我们将展示在核方法中丰富的输入特征如何进行优雅稳健的学习表达。形式上，我们通过制定和解决最大边际问题(Maximum Margin Problem，MMP)来引入计算几何框架中的学习。

4.2.1 线性可分下的分类

考虑一下特征空间中的线性机，如前面 4.1 节所述，表示为

$$f(x)=w'\phi(x)+b=\hat{w}'\hat{\phi}(x) \tag{4.2.15}$$

这里 $\hat{\phi}(x):=(\phi_1(x),\cdots,\phi_D(x),1)'$。我们开始考虑一个分类问题，给定一个训练集 $\mathscr{L}=\{(x_\kappa,y_\kappa),\kappa=1,\cdots,\ell\}$ 和 $y_\kappa\in\{-1,+1\}$。此外，假设用以下方式选择特征空间：一旦 $\mathscr{L}$ 的对移动到特征空间，导致相关的训练集 $\mathscr{L}_\phi=\{(\phi(x_\kappa),y_\kappa),\kappa=1,\cdots,\ell\}$，其可线性分离。正如 4.1.4 节所指出的那样，只要 $\ell\ll 2D$，在高维度上就是一个合理的假设。

现在考虑确定 $\hat{w}^*$ 的问题，它满足

$$\hat{w}^\star = \arg\max_{\hat{w}}\left\{\frac{1}{\|w\|}\min_\kappa(y_\kappa\cdot\hat{w}'\hat{\phi}(x_\kappa))\right\} \tag{4.2.16}$$

这个问题在特征空间上有一个有趣的几何解释，因为实数

$$d(\kappa,\hat{w}):=\frac{y_\kappa\cdot\hat{w}'\hat{\phi}(x_\kappa)}{\|w\|}=\frac{|\hat{w}'\hat{\phi}(x_\kappa)|}{\|w\|}$$

是 $\phi(x_\kappa)$ 与由 $\hat{w}$ 定义的超平面的距离(即满足 $\hat{w}'\hat{x}=0$ 的点集 $x\in\mathbb{R}^d$)。现在，对于任何 $\alpha\in\mathbb{R}$，从 $\hat{w}'\hat{\phi}(x_\kappa)=0$ 我们得到 $\alpha\hat{w}'\hat{\phi}(x_\kappa)=0$，这可以解释为由参数为 $\hat{w}_\alpha=\alpha\hat{w}$ 的相同超平面分离的相同点。现在我们总是可以选择 α，使得对于分离超平面的最近点 x_κ^-，有 $y_\kappa\hat{w}_\alpha'\hat{\phi}(x_\kappa^-)=1$。因此，对给定问题的讨论可以等价地用 $\hat{w}_\alpha$ 替换 $\hat{w}$ 来表示，因此为了简单起见，我们从现在开始删除索引 α 并用 w 替换 w_α。基于这些点，我们可以处理一个等效的优化问题，该问题基于从训练集派生的一组约束的简约(parsimonious)实现：

$$\text{最小化} \frac{1}{2}w^2$$
$$\text{约束于} 1-y_\kappa\cdot\hat{w}'\hat{\phi}(x_\kappa)\leqslant 0,\kappa=1,\cdots,\ell \tag{4.2.17}$$

环境约束 $1-y_\kappa\cdot\hat{w}'\hat{\phi}(x_\kappa)\leqslant 0$ 表示监督与智能代理决策之间的强协议，拉格朗日形式可以解决这个问题。从某种意义上说，这个问题提醒了练习 3.1 中提到的 $\hat{w}=\hat{X}^+y$。这两个问题共同的原则是在一组源自训练集的约束条件下发现一个简约的解决方案。然而，在练习 3.1-23 的情况下，与每个监督对 (x_κ,y_κ) 相关的约束是双侧的，而约束(4.2.17)是单侧

的。此外，虽然伪逆矩阵从 $\hat{w}^2$ 的最小化出现，但在最大边际问题中，我们遵循正则化框架，其中要最小化的函数仅涉及 w^2，在练习 11 中提出了对这两个问题之间关系的深入分析。最小化问题(4.2.17)需要我们确定

$$\mathcal{L}(\hat{w},\lambda) = \frac{1}{2}w^2 + \sum_{\kappa=1}^{\ell}\lambda_\kappa(1 - y_\kappa \cdot \hat{w}'\hat{\phi}(x_\kappa)), \text{ 其中 } \lambda \geqslant 0 \quad (4.2.18)$$

的驻点 $(\hat{w}^*, b^*, \lambda^*)'$。如果加上 $\nabla \mathcal{L} = 0$ 有

$$\partial_w \mathcal{L}(\hat{w},\lambda) = w - \sum_{\kappa=1}^{\ell}\lambda_\kappa y_\kappa \phi(x_\kappa) = 0 \quad (4.2.19)$$

$$\partial_b \mathcal{L}(\hat{w},\lambda) = -\sum_{\kappa=1}^{\ell}\lambda_\kappa y_\kappa = 0 \quad (4.2.20)$$

这些方程将权重变量从拉格朗日乘数中分开。特别是由于 $w = \sum_{\kappa=1}^{\ell}\lambda_\kappa y_\kappa \phi(x_\kappa)$，可以将拉格朗日函数重新写为仅是拉格朗日乘数的函数。因此有

$$\begin{aligned}\theta(\lambda) &= \inf_{\hat{w}}\mathcal{L}(\hat{w},\lambda) = \frac{1}{2}\Big(\sum_{h=1}^{\ell}\lambda_h y_h \phi(x_h)\Big)'\sum_{\kappa=1}^{\ell}\lambda_\kappa y_\kappa \phi(x_\kappa) \\ &\quad - \sum_{\kappa=1}^{\ell}\lambda_\kappa y_\kappa \Big(\sum_{h=1}^{\ell}(\lambda_h y_h \phi(x_h))'\phi(x_\kappa) + b\Big) + \sum_{\kappa=1}^{\ell}\lambda_\kappa \\ &= \frac{1}{2}\sum_{h=1}^{\ell}\sum_{\kappa=1}^{\ell}\lambda_h\lambda_\kappa y_h y_\kappa \phi(x_h)'\phi(x_\kappa) - \sum_{h=1}^{\ell}\sum_{\kappa=1}^{\ell}\lambda_h\lambda_\kappa y_h y_\kappa \phi(x_h)'\phi(x_\kappa) \\ &\quad - b\sum_{\kappa=1}^{\ell}\lambda_\kappa y_\kappa + \sum_{\kappa=1}^{\ell}\lambda_\kappa = -\frac{1}{2}\sum_{h=1}^{\ell}\sum_{\kappa=1}^{\ell}\lambda_h\lambda_\kappa y_h y_\kappa \phi(x_h)'\phi(x_\kappa) + \sum_{\kappa=1}^{\ell}\lambda_\kappa\end{aligned}$$

再次用 $\theta(\lambda)$ 代替 $\mathcal{L}(w^*, b^*, \lambda)$ 可以通过问题的特定结构来实现，这使得我们可以完全改变从原始到对偶表示的变量。现在定义

$$k: \mathscr{X} \times \mathscr{X} \to \mathbb{R}: k(x_h, x_\kappa) := \phi'(x_h)\phi(x_\kappa) \quad (4.2.21)$$

它被称为核函数(kernel function)，表示任何一对点 $(x_h, x_\kappa) \in \mathscr{X} \times \mathscr{X}$ 之间的一种相似性。从前面的分析中我们可以看到公式(4.2.17)中表达的最大边际问题等同于对偶优化问题(dual optimization problem)：

$$\text{最大化 } \theta(\lambda) = \sum_{\kappa=1}^{\ell}\lambda_\kappa - \frac{1}{2}\sum_{h=1}^{\ell}\sum_{\kappa=1}^{\ell}k(x_h, x_\kappa)y_h y_\kappa \cdot \lambda_h \lambda_\kappa$$

$$\text{约束于 } \lambda_\kappa \geqslant 0, \kappa = 1, \cdots, \ell$$

$$\sum_{\kappa=1}^{\ell}\lambda_\kappa y_\kappa = 0 \quad (4.2.22)$$

这是一个经典的二次规划(quadratic programming)问题。关于这个问题的技术细节参考 4.5 节，有限维度上约束优化的基本方法的简要说明在附录 A 中给出。拉格朗日乘数可以被认为是对任何单个监督对的约束反馈(constraint reaction)。在这方面，学习可以被视为确定非负约束反馈的问题，其最大化 θ 同时遵守平衡约束 $\sum_{\kappa=1}^{\ell}\lambda_\kappa y_\kappa = 0$。直观来看，$\theta(\lambda)$ 的最大值表示当我们持续最小化关于拉格朗日 $\mathcal{L}(\hat{w}, \lambda) = \theta(\lambda)$ 的 $\hat{w}$ 时，其最小值 (w^*, b^*) 在由 λ 驱动的惩罚项的最差条件下被检测出，因此 $(w^*, b^*, \lambda_\kappa^*)$ 被证明是 $\mathcal{L}(\hat{w}, \lambda)$ 的鞍点。所以最优函数变成

$$f^\star(x) = w^\star \phi(x) + b^\star = \sum_{\kappa=1}^{\ell} (\lambda_\kappa^\star y_\kappa \phi(x_\kappa))' \phi(x) + b^\star$$

$$= \sum_{\kappa=1}^{\ell} y_\kappa \lambda_\kappa^\star k(x_\kappa, x) + b^\star \tag{4.2.23}$$

该公式提供了 MMP 解的对偶表示，依照 3.1.4 节中的讨论。如果定义[⊖] $\hat{\lambda} := (\lambda_1, \cdots, \lambda_\ell, b)'$ 且 $k_i(x) := k(x_i, x)$，则 $f(x) = \hat{\lambda}' k(x)$。因此原始表征和对偶表征 $f(x) = \hat{w}'x = \hat{\lambda}' k(x)$，仅仅是同一函数 f 的不同表示，唯一的区别是它们所处的参数空间。原始($\hat{w}$)和对偶($\hat{\lambda}$)参数以真正互补的方式在决策中发挥自己的作用。原始参数在某些输入的特征空间中稍微选择了最相关的坐标，而对偶参数选择最相关的样本来执行决策。在这方面，对模式 x 的输入的响应取决于模式与训练集的任何样本 x_κ 之间的一种相似性(similarity)，其由 $k(x_\kappa, x)$ 表示。

令 $\mathscr{S}_= := \{x_{\bar{\kappa}} \in \mathscr{X} \mid y_{\bar{\kappa}} \hat{w}' \hat{\phi}(x_{\bar{\kappa}}) = 1\}$ 且 $\mathscr{S}_> := \{x_\kappa \in \mathscr{X} \mid y_\kappa \hat{w}' \hat{\phi}(x_\kappa) > 1\}$，我们考虑问题(4.2.22)的当前解 $\lambda^\star$。线性约束保证了 KKT 条件[⊖]的满足，其与公式(4.2.17)的凸目标函数一起，可以得出结论：没有二元性差距。下面的条件来自互补松弛条件

$$\lambda_\kappa^\star (y_\kappa f^\star(x_\kappa) - 1) = 0, \ell = 1, \cdots, \ell$$

该条件的满足使我们能够区分以下情况：

(i) $\lambda_\kappa^\star = 0$，驻点条件在内部坐标(interior coordinate)上满足。在这种情况下，x_κ 称为 straw 向量(straw vector)且 $y_\kappa f^\star(x_\kappa) > 1$。

(ii) $\lambda_\kappa^\star > 0$，驻点条件在边界上满足。在这种情况下，$x_{\bar{\kappa}}$ 称为支持向量(support vector)且 $y_{\bar{\kappa}} f^\star(x_{\bar{\kappa}}) = 1$。

大家可能想知道是否存在 straw 向量以及在何种情况下存在。首先注意二次规划公式使我们得出结论：学习问题只允许一个解，即原始 $\hat{w}$ 和对偶参数以及分离超平面的最大边距是唯一确定的。在某些情况下(见例如练习 5(Q4))，所有 $|\mathscr{S}_=|$ 方程的显式表达式明确地定义了分离超平面。每当发生这种情况时，我们都有 $|\mathscr{S}_=| \geq D = d$，即至少有 $D = d$ 个支持向量使分离条件失效。当然因为约束在 $x_{\bar{\kappa}}$ 中是有效的，所以 $\lambda_{\bar{\kappa}}^\star > 0$。另一方面，如果 $y_\kappa f(x_\kappa) > 1$，则面对的是显然不影响问题的解的 straw 向量，且其中 $\lambda_\kappa = 0$。另一个极端情况是 $|\mathscr{S}_=| = 2$(最小支持数)，但我们也可以人为构造使支持数量退化为训练样本的数量(见练习 12)。

注意，在生成内核的任何特征空间 $\phi(\mathscr{X})$ 中，可以通过从对偶解到原始解来确定最大边缘超平面，这可以用公式(4.2.19)来完成。

为了确定 $b^\star$，可以简单地认为 $\forall \bar{\kappa} \in \mathscr{S}_=$ 有

$$y_{\bar{\kappa}} \cdot \Big(\sum_{\bar{h} \in \mathscr{S}_=} \lambda_{\bar{h}} y_{\bar{h}} k(x_{\bar{\kappa}}, x_{\bar{h}}) + b^\star \Big) = 1 \tag{4.2.24}$$

从中得到

⊖ 为了不使符号过载，我们放弃 ⋆ 表示最优性。

⊖ KKT 代表库恩塔克条件，在 4.5 节进行了简要的说明。注意，尽管它们足以确定对偶空间中的最优解作为公式(4.2.22)中问题的解，但在某些情况下可能无法验证它们。这意味着存在二元性差距且 $\sup_\lambda \theta(\lambda)$ 不返回最优解(见练习 1 和 2)。

$$b^{\star} = \frac{1 - y_{\bar{\kappa}} \sum_{\bar{h} \in \mathscr{S}_=} \lambda_{\bar{h}} y_{\bar{h}} k(x_{\bar{\kappa}}, x_{\bar{h}})}{y_{\bar{\kappa}}} \tag{4.2.25}$$

该解的问题在于它可能受到数值误差的影响。可以通过公式(4.2.24)的简单阐述说明获得更可靠的解。如果乘以 $y_{\bar{\kappa}}$，得到

$$y_{\bar{\kappa}}^2 \cdot \Big(\sum_{\bar{h} \in \mathscr{S}_=} \lambda_{\bar{h}} y_{\bar{h}} k(x_{\bar{\kappa}}, x_{\bar{h}}) + b^{\star} \Big) = y_{\bar{\kappa}}$$

如果累加所有支持向量，就得到

$$\sum_{\bar{\kappa} \in \mathscr{S}_=} \sum_{\bar{h} \in \mathscr{S}_=} \lambda_{\bar{\kappa}} y_{\bar{h}} k(x_{\bar{\kappa}}, x_{\bar{h}}) + n_s b^{\star} = \sum_{\bar{\kappa} \in \mathscr{S}_=} y_{\bar{\kappa}}$$

其中 $n_s := |\mathscr{S}_=|$，最终通过

$$b^{\star} = \frac{1}{n_s} \sum_{\bar{i} \in \mathscr{S}_=} \Big(y_{\bar{\kappa}} - \sum_{\bar{h} \in \mathscr{S}_=} \lambda_{\bar{\kappa}} y_{\bar{h}} k(x_{\bar{i}}, x_{\bar{h}}) \Big) \tag{4.2.26}$$

确定 b。

4.2.2 处理软约束问题

上一节的 MMP 解提供了一种方法，我们可以使用该方法在与边际最大化相对应的简约标准下完美地满足监督的约束。遗憾的是，它依赖于可以完全满足约束的关键性假设——假设模式是线性可分的。但是这是一个冒险的猜测！我们怎么能真正知道当前问题是否线性可分呢？即使可以扩大输入空间维度的特征也可以得到覆盖定理的表示，但与输入相比其可分离性更高。但我们仍然有可能在一组未经验证的硬约束上使用二次规划。这里，我们研究如何扩展提出的优化框架以放宽约束。

考虑函数

$$E_q = \sum_{\kappa=1}^{\ell} V_q(y_\kappa f_q(x_\kappa) - 1) + \frac{1}{2} w^2 \tag{4.2.27}$$

其中 $V_q(\alpha) = q[\alpha<0]$。我们可以把 MMP 的解看作是当 $q \to \infty$ 时 E_q 的最小化。实际上很容易看出，对任何 $q \in \mathbb{N}$ 都可以得到 MMP 的近似，这是放宽约束 $y_\kappa f(x_\kappa) - 1 \geqslant 0$ 而产生的(见练习21)。

现在不考虑处理宽松约束(4.2.27)，而是讨论一种不同的方法，这种方法从计算的角度来看非常有效。假设对每个样本都引入一个松弛变量(slack variable) ξ_κ，$\kappa = 1, \cdots, \ell$，可以在空间 $\Xi \subset \mathbb{R}^\ell$ 中分组。它们适用于包容违反约束的行为，如下所示：

$$\begin{cases} y_\kappa f(x_\kappa) \geqslant 1 - \xi_\kappa \\ \xi_\kappa \geqslant 0 \end{cases} \tag{4.2.28}$$

很明显，$\xi_\kappa = 0$ 返回之前的 MMP 公式。当 $\xi \in (0..1)$ 时，我们仍然在边缘内(inside the margin)且解仍是正确的，因为与目标符号一致 $y_\kappa f(x_\kappa) > 0$。情况 $\xi = 1$ 对应于 $f(x_\kappa) = 0$，这是不确定决策的确定实例，而 $\xi > 1$ 表示可能导致错误的最强约束松弛。公式(4.2.28)定义的约束帮助我们定义以下优化问题：

$$\begin{aligned} \text{最大化} \quad & \frac{1}{2} w^2 + C \sum_{\kappa=1}^{\ell} \xi_\kappa \\ \text{约束于} \quad & y_\kappa f(x_\kappa) \geqslant 1 - \xi_\kappa, \xi_\kappa \geqslant 0, \kappa = 1, \cdots, \ell \end{aligned} \tag{4.2.29}$$

这里 $C>0$ 表示对应约束满意度的合适参数。有趣的是，虽然我们包容违反约束的行为，但这个新的优化问题在更大的空间中展开，包括松弛变量在内，同时强制完全满足公式(4.2.28)。附加目标函数(4.2.29)的引入是由可以附加到项 $\sum_{\kappa=1}^{l}\xi_\kappa$ 所推动的。正如已经注意到的，如果在 x_κ 上有错误，对于相应的松弛变量 ξ_κ，有 $\xi_\kappa>1$。如果 $\mathscr{E}$ 是机器在其上做出错误决策的一组样本，有

$$\sum_{\kappa=1}^{l}\xi_\kappa \geqslant \sum_{\kappa\in\mathscr{E}}\xi_\kappa > |\mathscr{E}|$$

因此 $\sum_{\kappa=1}^{l}\xi_\kappa$ 是错误数的上边界。就像硬约束的情况一样，我们使用拉格朗日法，因此

$$\mathcal{L}(\hat{w},\xi,\lambda) = \frac{1}{2}w^2 + C\sum_{\kappa=1}^{l}\xi_\kappa - \sum_{\kappa=1}^{l}(y_\kappa f(x_\kappa) - 1 + \xi_\kappa)\lambda_\kappa - \sum_{\kappa=1}^{l}\mu_\kappa\xi_\kappa \quad (4.2.30)$$

其中 $\forall_\kappa = 1, \cdots, l$ 可以与 KKT 条件配对：

$$\lambda_\kappa^\star \geqslant 0, y_\kappa f^\star(x_\kappa) - 1 + \xi_\kappa^\star \geqslant 0, \lambda_\kappa^\star(y_\kappa f^\star(x_\kappa) - 1 + \xi_\kappa^\star) = 0 \\ \mu_\kappa^\star \geqslant 0, \xi_\kappa^\star \geqslant 0, \mu_\kappa^\star \xi_\kappa^\star = 0 \quad (4.2.31)$$

为了传递到对偶空间，我们确定 $\mathcal{L}(\hat{w},\xi,\lambda)$ 的驻点。有

$$\partial_w \mathcal{L} = 0 \Rightarrow w - \nabla_w \sum_{\kappa=1}^{l}\lambda_\kappa(y_\kappa(w'\phi(x_\kappa) + b) - 1 + \xi_\kappa)$$

$$= w - \sum_{\kappa=1}^{l}\lambda_\kappa y_\kappa \phi(x_\kappa) = 0$$

$$\partial_b \mathcal{L} = 0 \Rightarrow \sum_{\kappa=1}^{l}\lambda_\kappa y_\kappa = 0$$

$$\partial_{\xi_\kappa} \mathcal{L} = 0 \Rightarrow C - \lambda_\kappa - \mu_\kappa = 0$$

最后一个条件可以将拉格朗日(4.2.30)重写为

$$\mathcal{L}(\hat{w},\xi,\lambda,\mu) = \frac{1}{2}w^2 - \sum_{\kappa=1}^{l}\lambda_\kappa(y_\kappa \hat{w}'\hat{\phi}(x_\kappa) - 1) + \sum_{\kappa=1}^{l}(C - \lambda_\kappa - \mu_\kappa)\xi_\kappa$$

$$= \frac{1}{2}w^2 - \sum_{\kappa=1}^{l}\lambda_\kappa(y_\kappa \hat{w}'\hat{\phi}(x_\kappa) - 1)$$

有趣的是，在硬约束的情况下，我们得到与 MMP 的原始公式相同的等式。当替换 $\mathcal{L}(\hat{w},\xi,\lambda)$ 中的 $\hat{w}$ 时，它与 ξ 和 μ 无关，我们最终得到以下优化问题：

$$\begin{aligned}\text{最大化} \quad & \theta(\lambda) = \sum_{\kappa=1}^{l}\lambda_\kappa - \frac{1}{2}\sum_{h=1}^{l}\sum_{\kappa=1}^{l}\lambda_h\lambda_\kappa y_h y_\kappa k(x_h, x_\kappa) \\ \text{约束于} \quad & 0 \leqslant \lambda_\kappa \leqslant C, \kappa = 1, \cdots, l \\ & \sum_{\kappa=1}^{l}\lambda_\kappa y_\kappa = 0 \end{aligned} \quad (4.2.32)$$

令人惊讶的是，我们最终得到了一个优化问题，该问题很好地匹配了硬约束的优化问题，唯一的区别是拉格朗日乘数的非负性约束被转化为框式约束 $0 \leqslant \lambda_\kappa \leqslant C$，该域称为 C 框。值得一提的是，当 $C \to \infty$ 时，这个软约束问题变成了相应的硬约束，其中框式约束简单地成为非负性条件 $\lambda_\kappa \geqslant 0$。注意，在对偶空间中不依赖于 μ。在考虑 KKT 条件(4.2.31)时可

以发现每当 $\lambda_\kappa^\star \neq 0$，都存在由

$$\xi_\kappa^\star = 1 - y_\kappa f^\star(x_\kappa) \tag{4.2.33}$$

定义的支持向量。如果 $\xi_\kappa^\star \neq 0$，即如果存在违反相关硬约束的情况，那么有 $\mu_\kappa^\star = 0$。因此在这种情况下，优化会在 Ξ 的内部产生松弛变量，而边界上的解 ($\xi_\kappa^\star = 0$) 使约束条件难以满足。来自对偶空间中的公式化结果提供了在自由空间 $\mathscr{W} = \mathbb{R}^d$ 中的解的有趣解释。原始中的优化解

$$\hat{w}^\star = \arg\min_{\hat{w} \in \mathscr{W}} \left(\frac{1}{2} w^2 + C \sum_{\kappa=1}^{\ell} (1 - y_\kappa f(x_\kappa))_+ \right) \tag{4.2.34}$$

等效于具有松弛变量 $(\hat{w}', \xi')'$ 的受限优化富集空间中的最小化。这是由于公式 (4.2.33) 所述的支持向量的特殊结构，可以看到通用松弛变量 ξ_κ 与相关铰链函数损失值之间的等价性 (详细证明见练习 17)。

4.2.3 回归

在本节中，我们使用前面讨论的基于内核的方法进行回归。像往常一样，我们需要表达这种情况下在追踪任务中的环境限制。基本上，监督提供了配对数据 (x_κ, y_κ)，这里的 $y_\kappa \in \mathbb{R}$。现在我们想知道公式 (4.2.17) 所述的强符号约束的自然转换是什么。设 $\varepsilon > 0$ 并考虑约束 $|y_\kappa - f(x_\kappa)| \leqslant \varepsilon$。显然，对于"小的" ε 来说，这会促进解 $f(x_\kappa) \simeq y_\kappa$ 的发展，这正是回归的目的。约束更多时候是在告诉我们：它的每次执行都与一个 ε-敏感条件相对应，因为在我们越过阈值 ε 定义的界限之前，监督对错误都是容忍的。与分类一样，我们可以引入松弛变量。这次，对于每个样本，环境约束给定为

$$[y_\kappa - f(x_\kappa) \geqslant 0](y_\kappa - f(x_\kappa) \leqslant \varepsilon + \xi_\kappa^+) \\ + [f(x_\kappa) - y_\kappa < 0](f(x_\kappa) - y_\kappa \leqslant \varepsilon + \xi_\kappa^-) \tag{4.2.35}$$

$$\xi_\kappa^+ \geqslant 0, \xi_\kappa^- \geqslant 0 \tag{4.2.36}$$

像之前 $f(x) = w'\hat{\phi}(x)$。因此，我们将回归问题表述为优化

$$E = \frac{1}{2}w^2 + C \sum_{\kappa=1}^{\ell} (\xi_\kappa^- + \xi_\kappa^+) \tag{4.2.37}$$

在约束 (4.2.35) 和 (4.2.36) 下。拉格朗日算子是

$$\mathcal{L} = \frac{1}{2}w^2 + C\sum_{\kappa=1}^{\ell}(\xi_\kappa^- + \xi_\kappa^+) + \sum_{\kappa=1}^{\ell}\lambda_\kappa^+(y_\kappa - \hat{w}'\hat{\phi}(x_\kappa) - \varepsilon - \xi_\kappa^+)$$

$$+ \sum_{\kappa=1}^{\ell}\lambda_\kappa^-(\hat{w}'\hat{\phi}(x_\kappa) - y_\kappa - \varepsilon - \xi_\kappa^-) - \sum_{\kappa=1}^{\ell}\mu_\kappa^+ \xi_\kappa^+ - \sum_{\kappa=1}^{\ell}\mu_\kappa^- \xi_\kappa^- \tag{4.2.38}$$

为了传递到对偶空间，我们确定关于 $\hat{w}$ 和 ξ 的 $\mathcal{L}(\hat{w}, \xi^+, \xi^-, \lambda^+, \lambda^-, \mu^+, \mu^-)$ 的驻点，有

$$\partial_w \mathcal{L} = 0 \Rightarrow w - \sum_{\kappa=1}^{\ell} (\lambda_\kappa^+ - \lambda_\kappa^-)\hat{\phi}(x_\kappa) = 0 \tag{4.2.39}$$

$$\partial_b \mathcal{L} = 0 \Rightarrow \sum_{\kappa=1}^{\ell} (\lambda_\kappa^+ - \lambda_\kappa^-) = 0 \tag{4.2.40}$$

$$\partial_{\xi_\kappa^+} \mathcal{L} = 0 \Rightarrow C - \lambda_\kappa^+ - \mu_\kappa^+ = 0 \tag{4.2.41}$$

$$\partial_{\xi_\kappa^-} \mathcal{L} = 0 \Rightarrow C - \lambda_\kappa^- - \mu_\kappa^- = 0 \tag{4.2.42}$$

如果从拉格朗日中消除 $\hat{w}$ 和 ξ，我们得到

$$\theta(\lambda^+, \lambda^-) = -\frac{1}{2} \sum_{h=1}^{\ell} \sum_{\kappa=1}^{\ell} (\lambda_h^+ - \lambda_h^-)(\lambda_\kappa^+ - \lambda_\kappa^-) k(x_h, x_\kappa)$$

$$- \varepsilon \sum_{\kappa=1}^{\ell} (\lambda_\kappa^+ + \lambda_\kappa^-) + \sum_{\kappa=1}^{\ell} y_\kappa (\lambda_\kappa^+ - \lambda_\kappa^-) \tag{4.2.43}$$

其中 $k(x_h, x_\kappa) = \langle \hat{\phi}(x_h), \hat{\phi}(x_\kappa) \rangle$。类似分类，$\theta$ 与拉格朗日乘数 μ^+ 和 μ^- 相互独立。此外由于 $\mu_\kappa^+ \geq 0$ 且 $\mu_\kappa^- \geq 0$，函数 $\theta(\lambda^+, \lambda^-)$ 必须在定义为

$$\sum_{\kappa=1}^{\ell} \lambda_\kappa^+ = \sum_{\kappa=1}^{\ell} \lambda_\kappa^-, 0 \leq \lambda_\kappa^+ \leq C, 0 \leq \lambda_\kappa^- \leq C \tag{4.2.44}$$

的域上最大化。平衡约束的作用是准确地检查正边界和负边界的函数目标的偏离。框约束与分类中的作用相同：C 的值过大导致强约束，其涉及反馈约束 λ_κ^+ 和 λ_κ^- 的大范围变化。

与分类一样，我们可以通过自由优化在原始空间中提供相应的解释。在这种情况下，ε-敏感(ε-insensitive)条件 $|f(x_\kappa) - y_\kappa| \leq 0$ 可以通过使用 ε-敏感损失函数(ε-insensitive loss function)实现，在"小"偏离目标的情况下，则不会返回任何损失。特别是，如果我们使用管内损失(tub loss) $V(x, y, f) := [|y - f(x)| \geq \varepsilon] \cdot (|y - f(x)| - \varepsilon)$ 和与分类相同的简约项然后最小化

$$E = C \sum_{\kappa=1}^{\ell} [|y_\kappa - f(x_\kappa)| \geq \varepsilon] \cdot (|y_\kappa - f(x_\kappa)| - \varepsilon) + \frac{1}{2} w^2 \tag{4.2.45}$$

在约束条件(4.2.44)下产生与公式(4.2.43)最小化相同的解(见练习23的证明)。注意，对于 $\varepsilon = 0$，此函数简化为 $V(x, y, f) = |y - f(x)|$。这意味着该损失对于与目标相关的任何错误都变得敏感。注意损失 $V(x, y, f) = |y - f(x)|$ 对应于逐点双边约束 $y_\kappa = f(x_\kappa)$ 的软实现。类似分析适用于其他任何 p-损失 $V(x, y, f) = |y - f(x)|^p$。在练习24中分析了二次损失的情况。

练习

1. **[M15]** 考虑优化问题 $\min_{w \in \mathscr{W}} p(w)$，其中 $p: \mathbb{R}^2 \to \mathbb{R}: (w_1, w_2) \to w_1 + w_2$ 且 $g_1(w_1, w_2) = w_1 \leq 0$，$g_2(w_1, w_2) = w_2 \leq 0$，使用拉格朗日法求最小值。你可以直接找到最小值吗，即不使用拉格朗日方法吗？

2. **[M23]** 考虑优化问题 $\min_{w \in \mathscr{W}} p(w)$，其中 $p: \mathbb{R}^2 \to \mathbb{R}: (w_1, w_2) \to w_1$ 且

$$g_1(w_1, w_2) = w_2 - (1 - w_1)^3 \geq 0$$
$$g_2(w_1, w_2) = -w_2 \geq 0$$

证明只有一个最小值并确定其值。如果应用 KKT 条件会发生什么？是否存在二元性差距？

3. **[M25]** 考虑最小化问题 $\min_{w \in \mathscr{W}} p(w)$，其中 $p: \mathbb{R}^2 \to \mathbb{R}: (w_1, w_2) \to w_1^2 + w_2^2$ 且 $h(w_1, w_2) = (x_1 - 1)^3 - x_2^2 = 0$。考虑下面两个命题。命题1："令 $B(R) = \{w \in \mathbb{R}^2 \mid \|w\| \leq R\}$，是否能找到一个 $\bar{R}$ 满足 $\mathscr{W}^c = B(\bar{R}) \cap \mathscr{W}$ 是非空的，由于 $p(w) = \|w\|^2$ 给定的最小化问题等价于 $\min_{w \in \mathscr{W}^c} p(w)$，因此对于每个点 $y \in \mathscr{W} \setminus \mathscr{W}^c$ 和 $x \in \mathscr{W}^c$ 有 $p(y) > p(x)$。但如果为真，由于 Weierstrass 定理问

题永远有解,事实上在我们的样本中对于每个 $\bar{R}\geqslant 1$,$\mathscr{W}^c$ 非空。"命题 2:"约束 $h=0$ 可以在目标函数中直接替换,使得问题简化为 $\pi(w)=w^2+(w-1)^3$ 的一维无约束最小化问题。由于 $\lim_{w\to-\infty}\pi(w)=-\infty$,问题没有有限解。"这两个命题哪个错了?为什么?

▲ **4. [M27]** 考虑优化问题 $\min_{w\in\mathscr{W}}p(w)$,其中 $p:\mathbb{R}^2\to\mathbb{R}$:$(w_1,w_2)\mapsto w_1w_2$ 且

$$g_1(w_1,w_2)=w_1\geqslant 0$$
$$g_2(w_1,w_2)=w_2\geqslant 0$$
$$g_3(w_1,w_2)=-w_1^2-w_2^2\geqslant 1$$

通过直接分析问题确定最小值。然后再使用拉格朗日方法。是否存在二元性差距?

▲ **5. [25]** 考虑定义为

$$\mathcal{L}=\{((0,0),+1),((1,0),-1),((1,1),-1),((0,1)-1)\}$$

的学习问题。

(Q1)使用对偶公式,找到 $\hat{\lambda}$ 并确定在线性核情况下的支持向量和 straw 向量。

(Q2)通过使用(1, 2, 3, 4)的置换重新标记点来重做计算。证明解不受影响。

(Q3)在对训练集施加旋转平移之后重做计算。证明解不受影响并使用一般参数来证明不变性的一般性。

(Q4)根据公式(4.2.17)解决原始问题。

▲ **6. [25]** 再次考虑练习 5 的样本,这次改变 $x_3=(1,1)\rightsquigarrow(1-\beta..1-\beta)$。讨论 $\beta\in(0,1)$ 的问题。为了确定 $\alpha_\kappa=y_\kappa\lambda_\kappa$,强加上 $\ell=4$ 条件实现

$$y_i=\sum_{\kappa=1}^{\ell}y_\kappa\lambda_\kappa^\star k(x_i,x_\kappa)+b$$

我们集中考虑 $\beta=1/2$ 的情况,因此如前面的样本所示,所有样本都是支持向量。通过使用与练习 5 相同的参数,注意到 $b=1$,然后我们注意到作为支持向量的条件,

$$\forall i\in\mathbb{N}_\ell:y_if(x_i)=1$$

得到

$$f(x_i)=1/y_i=y_i$$

因此加上

$$\begin{bmatrix}0&0&0&0\\0&-1&-0.5&0\\0&-0.5&-0.5&-0.5\\0&0&-0.5&-1\end{bmatrix}\cdot\begin{bmatrix}\alpha_1\\\alpha_2\\\alpha_3\\\alpha_4\end{bmatrix}+\begin{bmatrix}1\\1\\1\\1\end{bmatrix}=\begin{bmatrix}+1\\-1\\-1\\-1\end{bmatrix}$$

现在事实证明这个等式允许无限多个解,即所有约束都是活动的情况不会得到唯一解。当 $\beta\in(1/2..1)$ 时,支持集变为 $\mathscr{L}=\{x_1,x_3\}$,并且解是唯一的。最后,证明在高斯核的情况下,该解在 4 个支持向量的情况中也是唯一的。

7. [C18] 考虑前面的样本(5)并通过用 $x_2=(1,\beta)$ 替换 $x_2=(1,0)$ 来稍微修改它,其中 $\beta\in(0..]$。在值网格上对 β 绘制分离超平面并讨论在该区间的极值处的原始和对偶解的情况。

8. [M20] 证明如果对称矩阵是非负定的,即 $k\geqslant 0$,那么它的值是非负的。

9. [20] 已经证明 $|\mathscr{L}|\geqslant D$,其对应于在特征空间中单义确定分离超平面的条件数。然而不同的分析似乎导致对支持向量数量的明显不同的结论。在具有随机分布样本的 D 维特征空间中只存在两个支持向量的说法有什么问题?

两个支持向量命题(Two support vector statement):给定任何一组样本,我们总是可以通过穷举检查发现具有不同标签的最近的一对,复杂度为 $O(\ell^2)$。如果样本是从概率分布中得出

的，那么只有一个概率为1的对。现在用(x^+, x^-)表示这个对，并考虑连接段$l((x^+, x^-))$。然后构造唯一的与$l((x^+, x^-))$正交的并且包含段$l((x^+, x^-))$的中点的分离超平面。这使我们得出结论，对(x^+, x^-)消除所有可能情况，并且支持向量集是$\mathscr{L} = \{x^+, x^-\}$。

10. [22] 从练习6的分析中证明，当所有样本都是支持向量时，拉格朗日乘数可以通过线性方程获得。

▶ 11. [25] 讨论最大边际问题，Moore-Penrose 伪逆和岭回归之间的关系，具体参考目标函数 $\hat{w}^2$ 和 w^2。如果用 $\hat{w}^2$ 代替 w^2，公式(4.2.17)的最大边际问题会发生什么？

12. [30] 构建两个样本，适用于以下极端情况：$|\mathscr{L}_=|=2$ 及 $|\mathscr{L}_=|=\ell$。

13. [15] 给出关于 MMP 解的支持向量和 straw 向量的几何解释。

14. [22] 提供定性论证来解释为什么公式(4.2.18)给出的原始优化问题中的目标函数是 $1/2w^2$ 而不是 $1/2\hat{w}^2$ 的原因。

15. [20] 由于需要减少数值误差，考虑公式(4.2.26)来估计 b。假设我们用

$$b_{\bar{\kappa}} = \frac{1 - y_{\bar{\kappa}} \sum_{\bar{h} \in \mathscr{S}} \lambda_{\bar{h}} y_{\bar{h}} k(x_{\bar{\kappa}}, x_{\bar{h}})}{y_{\bar{\kappa}}} = b + \varepsilon_{\bar{\kappa}} \qquad (4.2.46)$$

取代公式(4.2.25)。证明公式(4.2.26)返回 $b = E(B)$，其中 B 表示样本 b_κ 的随机变量。估算的方差是什么？

16. [15] 可以通过二次规划，或者通过求解优化问题(4.2.18)或(4.2.22)来求解 MMP。根据 ϕ 的选择讨论复杂性问题。

17. [20M] 证明函数(4.2.29)的自由域上原始的优化等效于公式(4.2.29)所述的约束优化的解。

18. [15] 令 $k(x_h, x_\kappa) > 0$。证明公式(4.2.22)中的函数 $\theta(\cdot)$ 仅有一个临界点，即最大值。然后定性讨论约束的含义。

19. [20] 讨论为什么公式(4.2.26)给定的来自 b 的解在数值上比公式(4.2.25)给出的更稳定。

20. [M18] 证明

$$k(x_h, x_\kappa) \leqslant k(x_h, x_h) k(x_\kappa, x_\kappa)$$

21. [20] 证明关于 MMP 与公式(4.2.27)优化的一致性的命题。讨论任何 V_q 函数引起的问题的解。

▶ 22. [15] 考虑 MMP 的软约束方案，并讨论 $C \to 0$ 下的解。

23. [20] 证明在约束公式(4.2.44)下通过最小化公式(4.2.43)在回归的对偶空间中的解对应于 $\mathbb{R}^d$ 中公式(4.2.45)的原始空间中的最小化(基于 hub 损失的风险)。

24. [25] 基于 ε-敏感损失函数的内核框架，为二次损失制定并求解回归。

25. [20] 对应于 hub 损失的方案产生具有支持向量的对偶空间中的解的表示，为什么不会产生平方损失？讨论在 hub 损失情况下 ε 对支持向量数量的影响。

26. [15] 根据内核和损失函数的选择，定性地讨论支持向量的存在性。是否有无 straw 向量的情况？

▶ 27. [20] 两名学生使用相同的软件包进行二次规划，并使用相同的内核处理相同的学习任务。然而，在报告他们的结果时，虽然表现非常相似，但他们提交了具有不同数量的支持向量的报告，这是为什么？

4.3 核函数

在上一节中，已经看到 MMP 的解自然会产生内核的概念。有趣的是，核函数也出现在我们放松约束的情况下以及使用 ε-敏感约束时的回归中。本节中，我们将阐述内核的概念及其与特征映射的关系。

4.3.1 相似性与核技巧

让我们根据公式(4.2.21)以更通用的形式

$$k: \mathscr{X} \times \mathscr{X} \to \mathbb{R}: (x,z) \to \langle \phi(x), \phi(z) \rangle = \phi'(x)\phi(z) \tag{4.3.47}$$

重述内核的定义。这清楚地表明核函数在输入空间中的任意两点之间起着返回相似性 (similarity) 度量的作用。这里 $\langle \cdot, \cdot \rangle$ 表示特征空间中的内积。重要的是指出内核的关键属性,在机器学习的大多数应用程序中需要花费一些时间来识别:输入空间 $\mathscr{X}$ 不需要任何特殊结构。特别是,它不一定是向量空间,它可能只是一个有限集合。为了给这个相似性概念附加一个更自然的含义,我们可以用

$$k_\varphi(x,z) := \frac{\langle \phi(x), \phi(z) \rangle}{\|\phi(x)\| \cdot \|\phi(z)\|} = \cos\varphi(x,z) \tag{4.3.48}$$

替换 $\langle \phi(x), \phi(z) \rangle$。其中 $\varphi(x,z)$ 是在空间 ϕ 里 x 与 z 的角度。当然,有 $\forall z \in \mathscr{X}: k_\varphi(x,z) \leqslant k_\varphi(x,x)$,这表明没有模式比 x 本身更相似,内核是对称函数,即 $k_\varphi(x,z) = k_\varphi(z,x)$。有趣的是,正如练习 1 中所讨论的那样,它没有传递性。假设通过选择阈值 s 来建立相似性,使得 $x \sim z$ (x 类似于 z) 当且仅当 $k_\varphi(x,z) \leqslant s$。传递性的违反意味着 $(x \sim y) \wedge (y \sim z) \Rightarrow x \sim z$ 不成立。内核返回值作为相似性度量的解释对公式 (4.2.23) 关于 f 的对偶表示的含义具有直接影响。学习过程返回约束反馈的适当值,以便选择与要处理的输入模式 x 更相似的输入。

至少有两种在向量空间中返回相似性度量的经典方法。当将 k 减少到一个仅依赖于一个变量的函数时会产生一些内核,$K: \mathscr{X} \to \mathbb{R}$,两个需要注意的情况是当 $K(x-z) = k(x,z)$ 和 $K(x'z) = k(x,z)$ 时。内核的强大属性是它们在任何两个输入之间返回相似性,这是基于它们与特征空间的映射,而不直接参与计算。这被称为核技巧 (kernel trick),下面的样本突出显示了此问题。这里有 $\mathscr{X} = \mathbb{R}^2$,$\mathscr{H} = \mathbb{R}^3$,且

$$\begin{bmatrix} x_1 \\ x_2 \end{bmatrix} \xrightarrow{\phi} \begin{bmatrix} x_1^2 \\ \sqrt{2}\, x_1 x_2 \\ x_2^2 \end{bmatrix} \tag{4.3.49}$$

在这种情况下有

$$\begin{aligned} k(x_h, x_\kappa) &= (x_{h1}^2, \sqrt{2}\, x_{h1} x_{h2}, x_{h2}^2) \cdot \begin{bmatrix} x_{\kappa 1}^2 \\ \sqrt{2}\, x_{\kappa 1} x_{\kappa 2} \\ x_{\kappa 2}^2 \end{bmatrix} \\ &= x_{h1}^2 x_{\kappa 1}^2 + 2 x_{h1} x_{h2} x_{\kappa 1} x_{\kappa 2} + x_{h,2}^2 x_{\kappa,2}^2 \\ &= (x_{h1} x_{\kappa 1} + x_{h2} x_{\kappa 2})^2 \\ &= \langle x_h, x_\kappa \rangle^2 \end{aligned} \tag{4.3.50}$$

该等式表明,虽然 $k(x_h, x_\kappa)$ 是基于特征空间中的计算,但是它可以在输入空间中等效地表示。当特征空间的维度变得巨大甚至无限时,尤其方便。我们可以很快了解到任何输入维度的扩展和任何多项式预处理都会导致特征空间维度的快速增长。

4.3.2 内核表征

本节中将讨论一个允许用来表征内核的基本属性。为了掌握这个思想,将内核 k 的分析限制到相应的 Gram 矩阵,我们从中受益匪浅,该矩阵为

$$K(\mathcal{X}_\ell^\#) = \begin{bmatrix} k(x_1,x_1) & \cdots & k(x_1,x_\ell) \\ \vdots & & \vdots \\ k(x_\ell,x_1) & \cdots & k(x_\ell,x_\ell) \end{bmatrix} \in \mathbb{R}^{\ell,\ell} \qquad (4.3.51)$$

这是 $\mathcal{X}$ 的一个采样 $\mathcal{X}_\ell^\# = \{x_1, x_2, \cdots, x_\ell\}$ 的 k 图像的结构化组织。在某种意义上，Gram 矩阵是某种分辨率下的核函数的一种图像，它与 $\mathcal{X}_\ell^\#$ 的基数相关联。内核的 Gram 矩阵是对输入的一个特定样本的简化，它允许我们用关联的 Gram 矩阵上的线性代数替换内核上的函数分析，这有助于简化讨论，同时保留属性的本质。

到目前为止，内核实际上是存在特征映射 ϕ 的函数，因此它们可以用公式(4.3.47)表示。

现在我们可以看到内核也可以通过 $\mathcal{X}$ 的任意有限采样的相关 Gram 矩阵非负性这一基本属性来表征。首先证明对于任意这样的采样 $\mathcal{X}_\ell^\#$ 有 $K(\mathcal{X}_\ell^\#) \geqslant 0$。考虑 $X \in \mathbb{R}^{\ell,d}$ 到特征空间 $\mathcal{H}$ 的变换，它产生

$$\Phi_\ell := \begin{bmatrix} \phi'(x_1) \\ \vdots \\ \phi'(x_\ell) \end{bmatrix} \in \mathbb{R}^{\ell,D} \qquad (4.3.52)$$

根据核的定义得到

$$K(\mathcal{X}_\ell^\#) = \Phi_\ell \Phi'_\ell \qquad (4.3.53)$$

这显然是一个非负矩阵。当考虑到 $\forall u \in \mathbb{R}^\ell$ 时，可以立即看到这一点，如果提出 $h_\ell := \Phi'_\ell u$，就有⊖

$$u'K_\ell u = u'\Phi_\ell \Phi'_\ell u = (\Phi'_\ell u)' \cdot (\Phi'_\ell u) = h_\ell^2 \geqslant 0 \qquad (4.3.54)$$

现在我们解决相反的问题，假设在给定训练集 $\mathcal{X}_\ell^\#$ 上的评估函数 k 导致非负定 Gram 矩阵。我们想要证明存在特征空间和适当的特征映射 ϕ 使得分解(4.3.53)成立。这相当于声明当限制为 $\mathcal{X}_\ell^\#$ 时，这样的函数实际上是一个内核。注意构造的分解不是唯一的，对于给定的内核，通常可以关联不同的特征空间(见练习 3)。特别是，我们将构造一个具有 $D=\ell$ 的特殊特征空间。首先注意到 $K_\ell = K'_\ell$ 是对称的，并且由于 $K_\ell \geqslant 0$，它具有非负奇异值⊖。因此，它类似于奇异值 $\Sigma = \Sigma^{1/2} \cdot \Sigma^{1/2}$ 的对角矩阵，如果使用谱分解，并认为 k 也是对称的，有

$$K_\ell = U\Sigma^{1/2} \cdot \Sigma^{1/2} U' = \Phi_\ell \cdot \Phi'_\ell \qquad (4.3.55)$$

其中 $\Phi_\ell = U\Sigma^{1/2}$ 且 U 是一个方阵，其列是 K_ℓ 的特征值。因此，Gram 矩阵的任何坐标都可以写成 $(K_\ell)_{h\kappa} = k(x_h, x_\kappa) = \langle \phi(x_h), \phi(x_\kappa) \rangle$，其中

$$\phi(x_i) = \begin{bmatrix} \sqrt{\sigma_1}\, u_{1i} \\ \sqrt{\sigma_2}\, u_{2i} \\ \vdots \\ \sqrt{\sigma_\ell}\, u_{\ell i} \end{bmatrix} \in \mathbb{R}^\ell, i=1,\cdots,\ell \qquad (4.3.56)$$

⊖ 下文中，为了简便，我们放弃对 $\mathcal{X}_\ell^\#$ 的依赖，并简单地使用符号 K_ℓ 表示 Gram 矩阵。

⊖ 请参考练习 8。

探索到的特征空间 $\Phi_\ell = U\Sigma^{1/2}$ 是从给定矩阵 K_ℓ 的特征向量 u 导出的。因此内核也可以更明确地重写为

$$k(x_h, x_\kappa) = \sum_{j=1}^{\ell} \sigma_j u_{hj} u_{\kappa j} = \phi'(x_h)\phi(x_\kappa) = \langle \phi(x_h), \phi(x_\kappa) \rangle \tag{4.3.57}$$

我们还可以简单地通过构造 $\Phi_\ell = U$ 来定义特征映射，使得与任何输入相关联的 ℓ 特征与 K_ℓ 的特征向量相对应。这样做可以将公式(4.3.57)重写为

$$k(x_h, x_\kappa) = \langle \phi(x_h), \phi(x_\kappa) \rangle_\sigma \tag{4.3.58}$$

其中 $\langle \cdot, \cdot \rangle_\sigma$ 是由矩阵 Σ 导出的 $\mathscr{H}$ 上的标量积。总之，如果我们通过 Gram 矩阵提供的简化图像来分析核函数，那么最终得出的结论是它们可以用非负性来表征。注意这个是在 $\mathscr{X}$ 的样本 $\mathscr{X}^\#$ 分析得出的有限性引起的代数性质。核理论实际上可以应用于非常一般的情况而不用假设 $\mathscr{X}$ 是向量空间。当在任意集合 $\mathscr{X}^\#$ 上工作时，假设内核的属性具有真正的代数风格；有趣的是，无论样本维度多大都会保持不变。这使我们怀疑内核非负性的条件是，内核本身的谱特性也是向量空间。而在 $\mathscr{X}$ 的单个样本 $\mathscr{X}^\#$ 上的 k_ℓ 非负性对于 $\mathscr{X} \times \mathscr{X}$ 上定义的函数描述不了太多，任何样本的均匀非负性显然是一个更强的属性！当限制到 Gram 矩阵时，练习 5 显示为多项式内核构建的此特征空间。

我们可以更进一步考虑无限维特征空间($D \to \infty$)。在 K_ℓ 上的谱分析意味着 $D = \ell$，因此在这种情况下对无限维特征的探索与无限维输入空间 $\mathscr{X}$ 的相应分析相关联。显然这是机器学习中最有趣的东西。除了转导环境(transductive environment)，我们的智能代理被要求处理以前从未见过的模式，它们需要泛化到新的样本。我们可以考虑通过 $\forall \ell \in \mathbb{N}$ 将样本 $\mathscr{X}_\ell^\#$ 与相应的 Gram 矩阵 $K(\mathscr{X}_\ell^\#)$ 相关联的映射，处理可枚举集 $\mathscr{X}$。在这种情况下，任意 $x \in \mathscr{X}$ 都可以被视为单义识别特征向量

$$\phi(x) = (\phi_1(x), \phi_2(x), \cdots)' \in \mathbb{R}^\infty \tag{4.3.59}$$

的索引，这是 K_∞ 的特征向量。这对应于分解为

$$k(x, z) = \langle \phi'(x), \phi(z) \rangle_\sigma = \sum_{i=1}^{\infty} \sigma_i \phi_i(x) \phi_i(z) \tag{4.3.60}$$

的内核，其中 $\sigma_i \geq 0$, $x, z \in \mathbb{R}^d$ 是任意输入对，并且 $\langle \cdot, \cdot \rangle_\sigma$ 是在 $\mathbb{R}^\infty$ 上由公式(4.3.58)定义的内积的扩展。在练习 12 中提出了由公式(4.3.60)给出的一个有趣的样本。

通过引入函数运算符

$$\mathcal{T}_\kappa u(x) = \int_{\mathscr{X}} k(x, z) u(z) \mathrm{d}z \tag{4.3.61}$$

将这种谱分析扩展到连续集，它取代了有限维的 Gram 矩阵。当然，我们需要扩展相关的非负定性概念，紧凑表示为 $\mathcal{T}_\kappa \geq 0$。意味着 $\forall u \in L^2(\mathscr{X})$，

$$\begin{aligned}\langle u, \mathcal{T}_\kappa u \rangle &= \int_{\mathscr{X}} (\mathcal{T}_\kappa u(z)) \cdot u(z) \mathrm{d}z = \int_{\mathscr{X}} \left(\int_{\mathscr{X}} k(z, x) u(x) \mathrm{d}x \right) \cdot u(z) \mathrm{d}z \\ &= \int_{\mathscr{X} \times \mathscr{X}} k(x, z) u(x) u(z) \mathrm{d}x \mathrm{d}z \geq 0\end{aligned} \tag{4.3.62}$$

我们可以使用类似于有限维情况的参数来将非负定性与特征因子分解联系起来，如果我们将公式(4.3.60)插入到上面的二次形式则可得到

$$\langle u, \mathcal{T}_\kappa u \rangle = \int_{\mathscr{X} \times \mathscr{X}} k(x, z) u(x) u(z) \mathrm{d}x \mathrm{d}z = \int_{\mathscr{X} \times \mathscr{X}} \sum_{i=1}^{\infty} \sigma_i \phi_i(x) \phi_i(z) \cdot u(x) u(z) \mathrm{d}x \mathrm{d}z$$

$$= \sum_{i=1}^{\infty} \sigma_i \int_{\mathcal{X}} \int_{\mathcal{X}} \phi_i(x) \phi_i(z) u(x) u(z) \mathrm{d}x \mathrm{d}z$$

$$= \sum_{i=1}^{\infty} \sigma_i \int_{\mathcal{X}} \phi_i(x) u(x) \mathrm{d}x \int_{\mathcal{X}} \phi_i(z) u(z) \mathrm{d}z = \sum_{i=1}^{\infty} \sigma_i \zeta_i^2 \geqslant 0 \qquad (4.3.63)$$

其中 $\zeta_i := \int_{\mathcal{X}} \phi_i(x) u(x) \mathrm{d}x$,现在我们展示一种构造方法,一旦给出一个函数 $\mathcal{T}_\kappa \geqslant 0$ 就能找到内核的特征因子分解。为了深入了解这个想法,在有限维的情况下,一个非负的有限 Gram 矩阵,类似于 $\mathcal{T}_\kappa \geqslant 0$,使用谱分析分解。现在通过寻找函数方程

$$\mathcal{T}_K \phi_i = \sigma_i \phi_i, i \in \mathbb{N}$$

的特征值和特征函数来遵循相同的原理。上面的谱方程只是 $K_\ell u_i = \sigma_i u_i$ 的连续副本,它概括了已经看到的离散环境中的特征构造,唯一的区别在于,虽然 $u_i \in \mathbb{R}^\ell$,但是 ϕ_i 属于一个功能空间。每当使用 ℓ 个样本考虑采样函数 ϕ_i 时就会出现等价 $\phi_i \sim u_i$。因此可以根据

$$\phi(x_i) = \begin{bmatrix} \sqrt{\sigma_1} u_{1i} \\ \sqrt{\sigma_2} u_{2i} \\ \vdots \\ \sqrt{\sigma_\ell} u_{\ell i} \end{bmatrix} \to \phi(x) = \begin{bmatrix} \sqrt{\sigma_1} \phi_1(x) \\ \sqrt{\sigma_2} \phi_2(x) \\ \vdots \\ \sqrt{\sigma_\ell} \phi_\ell(x) \\ \vdots \end{bmatrix} \qquad (4.3.64)$$

通过扩展公式(4.3.64)来构造公式(4.3.59)的无限维特征向量。这种函数表示是函数分析中众所周知的结果(Mercer 定理)。

假设 $k: \mathcal{X} \times \mathcal{X} \to \mathbb{R}$ 是连续对称非负定函数,这里存在一个由 k 个特征函数组成的 $\mathcal{X}$ 的正交基 $\{\psi_i\}_{i=1}^{\infty}$,使得相应的特征值序列 $\{\sigma_i\}_{i=1}^{\infty}$ 是非负的。特征函数 ψ 在 $\mathcal{X}$ 上是连续的,k 允许表示

$$k(x,z) = \sum_{i=1}^{\infty} \sigma_i \psi_i(x) \psi_i(z) \qquad (4.3.65)$$

4.3.3 再生核映射

上一节中,我们讨论了 $\mathcal{T}_\kappa$ 作为核的基本特征的非负性。相关的副产品是发现了一种为任何内核创建特征映射的方法,根据 Mercer 定理,它基于 $\mathcal{T}_\kappa$ 的谱分析。本节中,我们将展示与给定内核相关的特征空间的另一种经典结构,即基于再生核映射的结构,这个想法简单而有效。为了构造任何模式 $x \in \mathcal{X}$ 的特征表示,我们考虑其相对于 $\mathcal{X}$ 的所有其他模式的由内核 k 定义的相似性。因此,虽然 Mercer 的特征是 $\mathcal{T}_\kappa$ 的特征向量,但在这种情况下,我们通过调用相似性作为中心概念来构造其特征。因此,对于任何 $x \in \mathcal{X}$,我们通过引入以下函数来构造其相关特征:

$$\phi_x : \mathcal{X} \to \mathbb{R} : z \to \phi_x(z) = k(x,z) \qquad (4.3.66)$$

注意在任何模式 $\mathcal{X}^\sharp$ 的有限集合上,此函数是表示 x_i 相对于 $\mathcal{X}_\ell^\sharp$ 的所有其他模式的相似性的 ℓ 个实值的集合。在这种情况下,将 $\phi_{xi} \in \mathbb{R}^\ell$ 视为有限维欧几里得向量是有意义的。在查看此特征向量与相应内核之间的密切联系时,我们使用表示 $\phi_x(z) = k(x,z)$,而当将 $k(x,y)$ 视为 y 的函数时,我们只假设 $k(x,y) = k_x(y)$。就像 Mercer 特征一样,由公

式(4.3.66)定义的那些处于无限维空间。然而，我们现在想知道这种基于相似性的特征是否是真正的内核特征。在肯定的情况下我们必然会发现一个内积，使得 $k(x, z) = \langle \phi_x, \phi_z \rangle_k$；这个内积可以选择为

$$\langle \phi_x, \phi_z \rangle_k^0 := k(x, z) \tag{4.3.67}$$

显然，由于公式(4.3.66)的特殊定义，对内核特征的搜索导致上述条件仅涉及内核。因此，基于公式(4.3.66)特征的相似性涉及由公式(4.3.67)所述的再生希尔伯特空间条件(reproducing Hilbert space condition)。

我们说 $\mathscr{X}$ 上的实值函数的希尔伯特空间 $\mathscr{H}$ 是一个再生核希尔伯特空间(Reproducing Kernel Hilbert Space, RKHS)，如果它有一个函数 $k: \mathscr{X} \times \mathscr{X} \to \mathbb{R}$ 具有以下属性：首先，对于每个 $x \in \mathscr{X}$，k_x 属于 $\mathscr{H}$；第二，对于每个 $x \in \mathscr{X}$ 和每个 $f \in \mathscr{H}$，$\langle f, k_x \rangle_\mathscr{H} = f(x)$。第二个属性是再生属性，$k$ 被称为 $\mathscr{H}$ 的一个再生核。现在想更多了解 $\langle \cdot, \cdot \rangle_\kappa$，需要我们获得对空间

$$\mathscr{H}_\kappa^0 = \left\{ f(x) = \sum_{\kappa=1}^{\ell} \alpha_\kappa k(x, x_\kappa) \,\Big|\, \ell \in \mathbb{N}, \alpha_\kappa \in \mathbb{R} \text{ 且 } x \in \mathscr{X} \right\} \tag{4.3.68}$$

的全面了解。给定 $u, v \in \mathscr{H}_\kappa^0$，由 $u(x) = \sum_{h=1}^{\ell_u} \alpha_\kappa^u k(x, x_h^u)$ 和 $v(x) = \sum_{\kappa=1}^{\ell_v} \beta_\kappa^v k(x, x_h^v)$ 扩展，定义 $\langle \cdot, \cdot \rangle_\kappa^0$ 为

$$\langle u, v \rangle_k^0 := \sum_{h=1}^{\ell_u} \sum_{\kappa=1}^{\ell_v} \alpha_h^u \alpha_\kappa^v k(x_h^u, x_\kappa^v) \tag{4.3.69}$$

注意如果 $u = k_x$，$v = k_z$，那就变成了定义(4.3.67)，这允许我们保持定义 $\langle \cdot, \cdot \rangle_\kappa^0$，$\langle \cdot, \cdot \rangle_\kappa^0$ 是否是内积的问题在练习15中有所论述。事实证明，它具有对称性、双线性和非负性，这使其成为内积。因此，$\mathscr{H}_\kappa^0$ 是一个预希尔伯特空间(pre-Hilbert space)。当对任何 $f \in \mathscr{H}_\kappa$ 考虑 $\langle f, k_x \rangle_\kappa^0$ 时，会产生这种内积的独特属性，有

$$\langle f, k_x \rangle_k^0 = \left\langle \sum_{\kappa=1}^{\ell} \alpha_\kappa k_{x_\kappa}, k_x \right\rangle_k^0 = \sum_{\kappa=1}^{\ell} \alpha_\kappa \langle k_{x_k}, k_x \rangle_k^0 = \sum_{k=1}^{\ell} \alpha_\kappa k(x, x_\kappa) = f(x) \tag{4.3.70}$$

这种再生属性对定义的内积具有特殊含义：对于任何点 x，内积 $\langle f, k_x \rangle_\kappa$ 的作用类似于 x 中的 f 的评估(evaluation)。练习16提出了一个熟悉这个内积的样本，而练习17更进一步，提出了一个在 $\mathscr{H}_\kappa$ 中创建正交函数的通用方案。现在展示如何利用以下两个属性构建——从具有 $\langle \cdot, \cdot \rangle_\kappa^0$ 的 $\mathscr{H}_\kappa^0$ 开始——与内核 k 相关联的唯一 RKHS 空间：第一(P1)，评估函数 δ_x（由 $\delta_x(f) = f(x)$ 定义）在 $\mathscr{H}_\kappa^0$ 上是连续的；第二(P2)，收敛到 0 点的所有 Cauchy 序列也在 $\mathscr{H}_\kappa^0$ 的范数内收敛到 0。练习18证明 P1 和 P2 为真。然后我们可以将 $\mathscr{H}_\kappa$ 定义为 $\mathscr{X}$ 上的函数集，在 $\mathscr{H}_\kappa^0$ 中存在一个 Cauchy 序列 $\langle f_n \rangle$ 逐点收敛于 f，当然 $\mathscr{H}_\kappa^0 \subset \mathscr{H}_\kappa$。由于上述属性，我们可以在 $\mathscr{H}_\kappa$ 上找到明确定义的内积并证明这个积 $\mathscr{H}_\kappa$ 确实是与内核 k 相关的 RKHS。首先，让我们在 $\mathscr{H}_\kappa$ 上定义内积：设 f 和 g 是 $\mathscr{H}_\kappa$ 中的两个函数，令 $\langle f_n \rangle$ 和 $\langle g_n \rangle$ 为两个 $\mathscr{H}_\kappa^0$ Cauchy 序列，分别逐点收敛到 f 和 g。然后设置

$$\langle f, g \rangle_k := \lim_{n \to \infty} \langle f_n, g_n \rangle_k^0 \tag{4.3.71}$$

该积在限制存在时被很好地定义了，且不依赖于近似序列 $\langle f_n \rangle$ 和 $\langle g_n \rangle$ 的选择，而仅取决于

f 和 g。同样可以预料的是，$\mathcal{H}_\kappa^0$ 在 $\mathcal{H}_\kappa$ 中是密集的。练习 19 表明 $\mathcal{H}_\kappa$ 是完整的，因此是希尔伯特空间。最后可以证明 $\mathcal{H}_\kappa$ 确实是一个 RKHS，它具有的内核就是用来建立 $\mathcal{H}_\kappa^0$ 的内核 k，因为对于任何 $f \in \mathcal{H}_\kappa$，如果在 $\mathcal{H}_\kappa^0$ 中采用逐点收敛到 f 的 $\langle f_n \rangle$，就有

$$\langle f, k_x \rangle_k = \lim_{n \to \infty} \langle f_n, k_x \rangle_k^0 = \lim_{n \to \infty} f_n(x) = f(x)$$

注意，H_k 不仅是具有内核 k 的 RKHS，而且它也是具有该内核的唯一 RKHS：具有再生内核 k 的每个 RKHS 必须包含 $\mathcal{H}_k^0$，因为对于每个 $x \in \mathcal{X}$，$k_x \in \mathcal{H}_k$。相反，由于 $\mathcal{H}_k^0$ 在 $\mathcal{H}_k$ 中是密集的，就有 $\mathcal{H}_k$ 是唯一含有 $\mathcal{H}_k^0$ 的 RKHS。

4.3.4 内核类型

现在讨论最流行的内核并分析有限或无限维度下它们的特征空间。

显然，最简单的内核是在 $\phi = \mathrm{id}$ 时出现的内核，因此 $k(x, z) = x'z$。很明显这应该被称为线性内核（linear kernel）。使用线性内核相当于使用线性机，因为继承了它们的所有特性。很快可以发现线性内核的学习与岭回归有关。当假设具有二次损失的软约束公式时会出现完美匹配。有趣的是，3.1.4 节的关于从原始空间到对偶空间的分析提供了基于拉格朗日乘数的更一般方法的首个见解，从而提出了内核。

公式 (4.3.50) 给出的内核是多项式内核（polynomial kernel）的最简单的样本之一。当 $x, z \in \mathbb{R}^d$ 时，该样本的扩展可以通过多指标表示法和 Hadamard 分量乘积⊖来紧凑表达，如下所示⊖：

$$\begin{aligned}
k(x, z) = \langle x, z \rangle^d &= \Big(\sum_{i=1}^d x_i z_i \Big)^p = \sum_{|\alpha|=p} \frac{p!}{\alpha!} (x \circ z)^\alpha = \sum_{|\alpha|=p} \frac{p!}{\alpha!} \prod_{i=1}^d (x_i z_i)^{\alpha_i} \\
&= \sum_{|\alpha|=p} \Big(\frac{p!}{\alpha!}\Big)^{1/2} \prod_{i=1}^d (x_i)^{\alpha_i} \cdot \Big(\frac{p!}{\alpha!}\Big)^{1/2} \prod_{i=1}^d (z_i)^{\alpha_i} \\
&= \Big\langle \Big(\frac{p!}{\alpha!}\Big)^{1/2} \prod_{i=1}^d (x_i)^{\alpha_i}, \Big(\frac{p!}{\alpha!}\Big)^{1/2} \prod_{i=1}^d (z_i)^{\alpha_i} \Big\rangle_{|\alpha|=p}
\end{aligned} \quad (4.3.72)$$

未标记的样本 u 的特征向量是

$$\phi(u) = \Big(\frac{p!}{\alpha!}\Big)^{1/2} \prod_{i=1}^d (u_i)^{\alpha_i} \quad (4.3.73)$$

并且特征空间的基数是

$$D = |\{\alpha \mid |\alpha| = p\}| = \begin{bmatrix} p+d-1 \\ d \end{bmatrix}$$

它随着 d 和 p 快速增长。

高斯函数提供了另一种经典的内核样本。与多项式内核不同，只有无限维特征表示是已知的。在 $\mathcal{X} = \mathbb{R}$ 的简单情况下，我们通过使用泰勒展开提出其中一个表示。有

⊖ 向量 $u, v \in \mathbb{R}^d$ 的 Hadamard 分量乘积是 $[u_1 v_1, \cdots, u_d v_d]'$。

⊖ d 维多指数是非负整数的 d-元组 $\alpha = [\alpha_1, \cdots, \alpha_d]$，我们定义 $|\alpha| = \alpha_1 + \cdots + \alpha_d$，$\alpha! = \alpha_1! \cdots \alpha_d!$ 且 $x^\alpha = x_1^{\alpha_1} \cdots x_d^{\alpha_d}$。

$$e^{-\gamma(x-z)^2} = e^{-\gamma x^2 + 2\gamma xz - \gamma z^2}$$
$$= e^{-\gamma x^2 - \gamma z^2}\left(1 + \frac{2\gamma xz}{1!} + \frac{(2\gamma xz^2)}{2!} + \cdots\right)$$
$$= e^{-\gamma x^2 - \gamma z^2}\left(1 \cdot 1 + \frac{\sqrt{2\gamma}}{1!}x \cdot \frac{\sqrt{2\gamma}}{1!}z + \sqrt{\frac{(2\gamma)^2}{2!}}x^2 \cdot \sqrt{\frac{(2\gamma)^2}{2!}}z^2 + \cdots\right)$$

如果定义

$$\phi(y) = e^{-\gamma y^2}\left(1, \sqrt{\frac{2\gamma}{1!}}y, \sqrt{\frac{(2\gamma)^2}{2!}}y^2, \cdots, \sqrt{\frac{(2\gamma)^i}{i!}}y^i, \cdots\right)' \tag{4.3.74}$$

那么有 $k(x,z) = G(x,z) = \langle \phi(x), \phi(z) \rangle$,对高斯内核的这种解释使得可以将相应的原始形式考虑成

$$f(x) = \sum_{i=0}^{\infty} w_i \phi_i(x) = \sqrt{2}\sum_{i=0}^{\infty} w_i \frac{\gamma^{\frac{i}{2}}}{i!}\frac{x^i}{e^{\gamma x^2}}$$

有趣的是,在这个一维输入的简化情况下,我们可以将高斯内核看作是由多项式输入预处理生成的,其中输入 x^i 被因子 $\frac{i!}{\gamma^{\frac{i}{2}}}e^{\gamma x^2}$ 归一化,对于任何 i,当 $x \to \infty$ 时都会消失。

在应用中的大多数内核遵守对 k 的通用结构的限制,这些限制在线性、多项式和高斯内核的定义中已经很明显了。特别是,线性和多项式内核是一般内核类的实例,称为点积内核(product kernel),满足条件

$$k(x,z) = K(\langle x,z \rangle) \tag{4.3.75}$$

点积内核背后的几何性即它们引起的相似性取决于向量 x 和 z 之间的角度以及它们的大小。当用 $\langle x,z \rangle/(\|x\|\|z\|)$ 替换 $\langle x,z \rangle$ 时,我们可以将依赖限制为角度。这种相似性非常适合处理信息检索。特别是,基于使用 tf-idf(术语频率,逆文档频率)的基于向量的表示,任何两个文本文档 x 和 z 上的相似性可以自然地表示为 $\langle x,z \rangle$,以及更一般的函数 $K(\langle x,z \rangle)$。点积内核的简化是将函数结构 k 分为两个不同的步骤:首先,x 和 z 由点积给出相似性度量 $\langle x,z \rangle$,然后通过具有函数 K 的组合来丰富这种相似性。这样做大大降低了设立 k 是否是内核的复杂性,因为我们将其简化为仅考虑 K。这个问题在练习 23 中有所涉及。

另一种 k 上的基础约束即假设

$$k(x,z) = K(x-z) \tag{4.3.76}$$

高斯核是平移不变内核的这种一般概念的经典实例。注意,通过将 k 限制为服从条件 $k(x,z) = K(\|x-z\|)$ 可以更进一步。在这种情况下,称 $k(x,z)$ 是径向核(radial kernel)。练习 12 邀请读者讨论 K 是能保证 k 是一个内核的有趣属性。与点积核一样,将函数 k 的计算分成两个步骤的基本思想降低了复杂性。然而,重要的是要指出这两种简化都对适当特征表示的出现做出了强有力的假设。特别是,在径向核的情况中(参考例如高斯内核),我们仍然会面对 1.1 节中指出的维度灾难(见公式(1.1.4))。

平移不变内核的另一个经典样本是 B_n 样条,其中

$$k(x,z) = B_{2p+1}(\|x-z\|)$$
$$B_n(u) := \bigotimes_{i=1}^{n}\left[|u| \leqslant \frac{1}{2}\right] \tag{4.3.77}$$

$\otimes_{i=1}^{n}$ 表示区间 $\left[-\frac{1}{2} .. \frac{1}{2}\right]$ 上特征函数的 n 重卷积且 $\otimes_{i=1}^{0}\left[|u| \leqslant \frac{1}{2}\right] := \left[|u| \leqslant \frac{1}{2}\right]$。这里 n 表示在 n 重卷积中重复卷积算子的数量。可以证明由公式(4.3.77)定义的 $k(\cdot,\cdot)$ 实际上是一个内核(见练习 25)。如练习 26 中所指出的,当 $n \to \infty$ 时 B 样条内核近似为高斯核。

平移不变性和点积核的分析表明了通过适当的组合创建内核的方法,这显然是可以深入了解内核设计(kernel design)的更泛化图景的一部分。很容易看出,给定 $\alpha \in \mathbb{R}$,任何两个内核 k_1, k_2,那么

$$k(x,z) = k_1(x,z) + k_2(x,z)$$
$$k(x,z) = \alpha k_1(x,z) \qquad (4.3.78)$$
$$k(x,z) = k_1(x,z) \cdot k_2(x,z)$$

也是内核。练习 27 给出了证明。

练习

▶ **1.** [16] 证明传递性 $(x \sim y) \wedge (y \sim z) \Rightarrow x \sim z$ 不适用于公式(4.3.48)定义的相似性。

2. [15] 证明如果对称矩阵是非负定的,即 $k \geqslant 0$,那么它的奇异值是非负的。

▶ **3.** [14] 考虑多项式内核 $k(x,z) = \langle x,z \rangle^2$,证明内核因式分解不是唯一的。

4. [16] 给定函数

$$k(x,z) = (c + \langle x,z \rangle)^2$$

其中 $c > 0$,通过一个特征表示来证明它是一个内核。

5. [20] 考虑有限集

$$\mathscr{X}_4^\# = \{(0,0),(1,0),(1,1),(0,1)\}$$

上定义的函数 k,其与练习 4.2-5 中讨论的集合相同,假设其对应的 Gram 矩阵是

$$k\left(\mathscr{X}_4^\#\right) = \begin{bmatrix} 0 & 0 & 0 & 0 \\ 0 & 1 & 1 & 0 \\ 0 & 1 & 4 & 1 \\ 0 & 0 & 1 & 1 \end{bmatrix}$$

这个矩阵来自内核吗?在这种情况下,它的 Mercer 特征空间是什么?

6. [M20] 来自内核的 Gram 矩阵是对称矩阵。证明对称矩阵的特征值是实数。

7. [M20] 证明 Gram 矩阵具有正交的特征向量。

8. [M20] 证明对称矩阵是非负定的当且仅当它的特征值是非负的。

9. [M22] 证明 Cauchy-Schwarz 不等式

$$|\langle x,z \rangle| \leqslant \|x\| \cdot \|z\| \qquad (4.3.79)$$

▶ **10.** [M25] 内核的概念涉及相似性,就像内积一样,它实际上是一个特征映射是线性的内核,$\phi = \text{id}$。证明即使内核基于非线性特征映射,它们仍然满足 Cauchy-Schwarz 不等式

$$\forall (x,z) \in \mathscr{X} \times \mathscr{X} : k(x,z) \leqslant \sqrt{k(x,x)k(z,z)} \qquad (4.3.80)$$

11. [M18] 讨论将公式(4.3.55)作为 K_ℓ 的 Cholesky 因式分解时提取的特征。

▶ **12.** [23] 考虑内核 $k : \mathbb{R} \times \mathbb{R} \to \mathbb{R}$,其满足平移不变性(translation invariance)条件 $k(x,z) = K(x-z)$。令 $u = x - z$ 且假设

$$K(u) = \sum_{n=0}^{\infty} a_n \cos(nu) \qquad (4.3.81)$$

其中 $a_n \geq 0$。注意 $K(\cdot)$ 是偶函数，即 $K(u)=K(-u)$。证明 $k(\cdot,\cdot)$ 是个内核。

13. [15] 假设给定一系列的特征映射 $\{\phi_i, i=1,\cdots,n\}$，其中每个与相应的内核 $k_i=\langle \phi_i,\phi_i\rangle$ 相联系。考虑由特征映射 $\phi = \sum_{i=1}^n \alpha_i \phi_i$ 以及对应的核 $k=\langle \phi,\phi\rangle$ 定义的线性组合。证明如果 $\langle \phi_i,\phi_j\rangle = \delta_{i,j}$ 则 $k = \sum_{i=1}^n \mu_i k_i$，其中 $\mu_i = \alpha_i^2$。

14. [15] 令 $x,z\in\mathbb{R}$ 且 $\delta>0$，证明 $k(x,z):=[|x-z|\geq \delta]$ 是个内核。

15. [M23] 证明公式(4.3.69)在 $\mathscr{H}_\kappa$ 上定义了一个内积。

16. [25] 假设给定内核 $k(x,z)=(x'z)^2$，在 k 的 RKHS $\mathscr{H}_\kappa$ 中给出两个正交的函数。

17. [M30] 在通过确定派生的正交函数集的一般形式来考虑集合 $\forall \kappa=1,\cdots,\ell: f_\kappa(x):=x'_\kappa x$ 时，扩展练习 16 的结果。

18. [M27] 证明公式(4.3.68)上定义的空间 $\mathscr{H}_\kappa^0$ 满足两个属性(P1)和(P2)。

19. [M30] 证明 $\mathscr{H}_\kappa$ 是完整的。

20. [M30] 证明 $\mathscr{H}_\kappa$ 是可分离的。

21. [13] MMP 的解产生了公式(4.2.23)给出的函数表示。然而本节中，公式(4.2.23)的偏差项 b 被忽略。解释为什么总能通过适当的核函数定义来忽略偏差项。

22. [25] 一旦熟悉了 Gram 矩阵，很明显它们提供了一种自然而紧凑的方法来计算所有训练集的输出。有 $f(x)=K_\ell \alpha$，其中 $\alpha, f(x)\in\mathbb{R}^\ell$。假设有 $K_\ell \succ 0$，那么 $\det K_\ell \neq 0$ 且可以将学习看作满足 $k_\ell \alpha = y$ 的数据拟合问题，其中 $y\in\mathbb{R}^\ell$ 是集合监督值的向量。可以简单地找到
$$\alpha = K_\ell^{-1} y \tag{4.3.82}$$
它完美匹配训练集。这避免了在使用正规方程时提到的缺乏训练数据的问题。我们为什么要使用二次规划和更复杂的优化技术而不是仅仅使用线性方程的更直接的解？

23. [M30] 考虑函数 $k(x,z)=K(\langle x,z\rangle)$，给定 K 上的条件以保证 k 是个内核。

24. [M30] 设 k 是个平移不变内核，满足 $k(x,z)=K(x-z)$。证明如果 $\hat{K}(\omega)\geq 0$，那么 k 是个内核。

25. [M22] 证明公式(4.3.77)定义的 k 是个内核。

26. [M25] 证明
$$g(u):=\lim_{n\to\infty} B_n(u) \tag{4.3.83}$$
定义的函数 g 是个高斯核。

27. [M23] 证明公式(4.3.78)所述的内核的组合属性。

28. [HM45] 与最大边际问题相对应的使用 SVM 进行学习的公式导致了局部最小值的优化问题。讨论 3.4 节中描述的终端吸引器模型下的学习复杂性。

4.4 正则化

在本节中，我们将介绍学习正则化问题，同时建立在训练集上的内核扩展给出该问题的解决方案。当正则化的基本思想已经贯彻在整本书中时，我们提出了一个更详细的正则化观点，它从对解决方案函数类 $\mathscr{H}=\{f:\mathscr{X}\to\mathbb{R}\}$ 的紧凑性的评论开始，是我们智能代理的特征。其中，在讨论法线方程的不同表现时，我们遇到了与 ℓ 个样本间关系以及输入维数 d 相关的线性机中的正则化问题。在 $d+1>\ell$ 的情况下正规方程允许 $\infty^{d+1-\ell}$ 解，这对应学习中的病态。显然，线性机的特征由一个函数于 $\forall x\in X$ 定义为 $f(x)=\hat{w}'\hat{x}$，这不是一个紧凑的集合，因为 $\hat{w}$ 的任意大的值是可能的！这实际上是我们必须避免的：权重值不能太大。这一观点也出现在 3.1 节，当时我们通过引入正则化风险来推广简约原则（见公式(3.1.7)）。当权重保持较小时，我们隐式地增强了稳定性，这样输入的小变化就会产

生回归的小变化。$\|w\|$ 上的边界也是 4.2 节中对最大裕度问题进行最简单重新表述的结果(见公式(4.2.17))。因此,简约性和稳定性问题都表明了权值的有界性,这也是 MMP 几何鲁棒性原理的结果。

将学习问题表示为简单的点态约束满足,当我们没有足够的信息时,可能会导致不良条件反射。这产生了非紧态 $\mathscr{H}$ 的无穷解,而我们通常感兴趣的是在定义一个定义良好的智能代理行为。我们如何解决这个问题?当然,可以通过强制执行约束 $\|f\| \leqslant F$,其中 $F > 0$,在一个紧凑集合中探寻解决方案。这个约束可以添加到从学习环境派生的其他约束中,以帮助定义一个唯一的优化解。然而,很容易意识到 F 是相当任意的值且其采用了简约原则,这是由目标函数 $\|f\| \leqslant F$ 的最小化转化而来的,在环境约束下无疑为学习提供了一个更完善的框架。

4.4.1 正则化的风险

在 2.4 节中,我们已经通过将其定义与 MDL 原则联系起来引入了正则化风险。很明显,我们可以将简约转化为函数空间 $\mathscr{H}$ 中适当的度量标准的选择。当把这个空间看作给定内核的 RKHS 时,定义 $\|f\|_\kappa$ 表示简约。因此,给定一组监督对的训练集,学习可以看作是在软约束下最小化 $\|f\|_\kappa$ 的问题,这由训练集推导出。正式地,

$$f^\star = \underset{f \in \mathscr{H}_k}{\arg \min}(E_{\text{emp}}(f) + \mu P(f)) \tag{4.4.84}$$

这里 $E_{\text{emp}}(f)$ 是经验风险,μ 是正则化参数(regularization parameter),$P(f)$ 是简约项(parsimony term)。很明显,这个问题中有很多自由度来自损失函数 V 和简约项的选择。我们已经处理了 $E_{\text{emp}}(f)$ 的不同选择,它来自 2.1.1 节中对应损失函数的选择。现在我们讨论 $P(f)$ 的两种可能的选择。

首先,开始考虑 $\mathscr{H}_\kappa$ 作为公式(4.4.84)的解的环境。基本上,这意味着我们相信给定的一个核 k 以及它在相似性和特征图上的关联问题,可以在对偶空间,也就是核 k 的再生希尔伯特空间中探索求得解。如果 $f(x) = \sum_{\kappa=1}^{\ell} \alpha_\kappa k(x, x_\kappa)$ 然后在 $\mathscr{H}_\kappa$ 上简约度为

$$\|f\|_\kappa^2 = \sum_{k=1}^{\ell} \sum_{h=1}^{\ell} k(x_h, x_\kappa) \alpha_h \alpha_\kappa \tag{4.4.85}$$

当 $\|f\|_k^2$ 增加时,简约项 $P(f) = \bar{P}(\|f\|_k^2)$——其中 $\bar{P}$ 是一个单调函数——对非简约性能的惩罚也增加。在练习 1 中提出了一个与内核扩展中存在的偏差项 b 有关的有趣问题。值得一提的是,原空间中的正则化项只涉及 w^2,对偶空间中的所有未知二次项都涉及 $\alpha_h \alpha_\kappa$。也就是说,虽然在原始条件下,偏差项不构成简约项,但在对偶空间中,所有的约束反应都涉及。在练习 2 中,将深入分析软约束条件以及根据公式(4.4.85)使 $\|f\|_\kappa^2$ 最小化条件下 MMP 解之间的联系。当构成 $\alpha_\kappa := y_\kappa \lambda_\kappa$ 时连接出现,因此 $\|f\|_\kappa^2 = -\theta(\lambda)$,即根据公式(4.2.22)MMP 解的二次规划问题的(符号触发)目标函数。注意,这个简约概念与假设 $f(x) \in \text{span}\{k(x, x_\kappa), \kappa = 1, \cdots, \ell\}$ 相关联。

在 2.4 节中,引入了一个与解 f 的平滑度相关的不同简约概念。想法就是考虑 f 的长度。有人指出,当它没有改变时,即当 $Df = 0$ 时很容易预测 f。简约项可以看作是长度 $P(f) = L(f) = \langle Df, Df \rangle$ 的一种描述。仔细看看这个定义就会发现,它并没有完全捕捉到

f 的其他相关信息。显然，Df 只包含 f 的一个重要问题，但是任何阶的所有导数都很重要——包括 $D^0f = f$，这建议用更丰富的 m 阶微分算子 $Pf = \sum_{i=0}^{m} \pi_i D^i$，其中 $\pi_i \in \mathbb{R}$，代替 Df。这些算子被称为正则化算子(regularization operator)，如附录 B 所示，阶数 m 可以变为无穷大。这样我们可以考虑正则项

$$\|f\|_P^2 := \langle Pf, Pf \rangle \tag{4.4.86}$$

其可以代替公式(4.4.84)中的 $\|f\|_k$。我们面临另一个函数问题，同样未知的是一个函数。

基于 RKHS 规范的简约项的 4.4.2 节和 4.4.3 节以及基于正则化操作符的简约项的 4.4.4 节讨论了这两种不同的简约项定义所产生的正则化问题。

4.4.2 在 RKHS 上的正则化

根据公式(4.4.84)，学习公式需要我们在 $\mathcal{H}_k$ 上寻找解，而 $\mathcal{H}_k$ 是一个函数空间。这与我们目前所看到的有很大的不同！线性机和线性阈值机由有限的一组未知学习参数表征，而它们的结构是预先确定的。在 $\mathcal{H}_k$ 中搜索更为简单，因为强调假设是来自生成核的函数空间，但函数可以用 $f(x) \in \text{span}\{k(x, x_\kappa), k = 1, \cdots, \ell\}$ 生成，那里对 ℓ 没有限制。这不应该与我们在有限的监督对上建立监督学习相混淆。严格地说，虽然到目前为止所使用的数学和算法框架依赖于有限维向量的发现，但在这里我们寻找到的函数，可以看作是无限维空间的元素。令人惊讶的是 f^*，根据公式(4.4.84)，不需要使用经典的变分方法，因为我们可以将问题简化到有限维。

为了了解这种简化是如何产生的，令 $f \in \mathcal{H}_k$，考虑 ℓ 个样本上训练集的学习过程。然后在样本

$$f_\|(x) = \sum_{i=1}^{\ell} \alpha_i k(x, x_i) \tag{4.4.87}$$

上构建内核扩展。当改变系数 α_i 时，生成空间 $\mathcal{H}_K^\ell$，其正交补 $\mathcal{H}_K^{\ell \perp} = \mathcal{H}_K \setminus \mathcal{H}_K^\ell$ 由与任何 $f_\|$ 正交的函数 $f_\perp$ 组成。因此，可以将 f 分解为 $f = f_\| + f_\perp$。为了计算正则化风险，我们首先需要确定损失，需要表示 $f(x_\kappa)$。有⊖

$$f(x_\kappa) = \langle f, k_{x_\kappa} \rangle = \langle f_\| + f_\perp, k_{x_\kappa} \rangle = \langle f_\|, k_{x_\kappa} \rangle + \langle f_\perp, k_{x_\kappa} \rangle = f_\|(x_\kappa) \tag{4.4.88}$$

对于正则化项有 $\|f\|^2 = \|f_\|\|^2 + \|f_\perp\|^2$ 因此

$$P(f) = \bar{P}(\|f\|_k^2) = \bar{P}\Big(\|\sum_{i=1}^{\ell} \alpha_i k_{xi}\|^2 + \|f_\perp\|^2\Big) \tag{4.4.89}$$

这里，正如定义正则化项时所述，假设 $\bar{P}(\cdot)$ 是一个单调函数。现在准备确定正则化风险的最小值。根据公式(4.4.88)和(4.4.89)，可以得到

$$f^* = \arg\min_{f \in \mathcal{H}_k} \Big(\sum_{k=1}^{\ell} V(x_\kappa, y_\kappa, f(x_\kappa)) + \mu \bar{P}(\|f\|_k^2)\Big)$$

⊖ 为了简化表示，将内积 $\langle \cdot, \cdot \rangle_\mathcal{H}$ 中的 $\mathcal{H}$ 去掉。

$$= \underset{f \in \mathcal{H}_k}{\arg\min} \Big(\sum_{k=1}^{\ell} V(x_\kappa, y_\kappa, f_\|(x_\kappa)) + \mu \bar{P}(\|f_\|\|^2 + \|f_\perp\|^2) \Big)$$

$$= \underset{f \in \mathcal{H}_k^\ell}{\arg\min} \Big(\sum_{k=1}^{\ell} V(x_\kappa, y_\kappa, f_\|(x_\kappa)) + \mu \bar{P}(\|f_\|\|^2) \Big) \equiv f_\|^\star$$

因此，正则化风险的最小值表示为

$$f^\star(x) = f_\|^\star(x) = \sum_{k=1}^{\ell} \alpha_\kappa^\star k(x - x_\kappa) \tag{4.4.90}$$

解 $f^\star$ 的表示只是内核 k 在监督点上的一个简单扩展，这个属性是由于 k 的可复制性和我们衡量简约的方法而自然产生的。注意，为了表述这个性质我们没有对经验风险做任何特殊假设。例如，内核扩展属性也适用于非凸风险函数！虽然这是一个强大的属性，但是当我们开始考虑相关的算法框架时，凸性的作用很早就出现了（见 4.4.3 节）。

公式(4.4.90)中的核扩展从计算的角度来看是至关重要的，因为在下一节中，我们可以在有限维的 $\mathbb{R}^\ell$ 中重新表述学习。维数崩溃是点态约束存在时产生的一个基本性质，在加速学习算法中起着至关重要的作用。

4.4.3 最小化正则化风险

公式(4.4.90)所述的核扩展引起的维数崩溃为提出学习算法提供了一种直接的方案。将式(4.4.90)给出的 $f^\star$ 代入式(4.4.84)定义的正则化风险中，得到

$$E(f) = E_{\text{emp}}(f) + P(f) = E_{\text{emp}}^\alpha(\alpha) = \mathcal{V}(\alpha) + \mu \bar{P}(\alpha' K \alpha) \tag{4.4.91}$$

其中 $\mathcal{V}$ 定义为 $\mathcal{V}(\alpha) = \sum_{\kappa=1}^{\ell} V(x_\kappa, y_\kappa, \sum_{h=1}^{\ell} \alpha_h k(x_\kappa - x_h))$，同时 $P = \mu \bar{P}$，μ 为正则化参数（见公式(4.2.29)，$\mu = C^{-1}$）。该公式可将学习 $f \in \mathcal{H}_\kappa$ 问题转化为有限维优化问题

$$\alpha^\star = \underset{\alpha}{\arg\min}(\mathcal{V}(\alpha) + \mu \bar{P}(\alpha' K \alpha)) \tag{4.4.92}$$

正如所指出的一样，如果 E_{emp}^α 不是凸函数，会很难得到这一问题的解。在二次损失和 $\bar{P} = \text{id}$ 的情况下，得到 $\mathcal{V}(\alpha) = \frac{1}{2}\|y - K\alpha\|^2$。最优值可以通过施加 $\nabla_\alpha E_{\text{emp}}^\alpha(\alpha) = 0$ 来确定，从中得出

$$\alpha^\star = (\mu I + K)^{-1} y \tag{4.4.93}$$

当限制为线性内核时，这与第 3 章引入原始空间和对偶空间的概念时公式(3.1.28)中发现的结果完全相同。

一般情况下，不能像公式(4.4.93)那样显式地表示解，因此需要数值解。因为通常机器学习中最吸引人的问题都涉及很高的维度，梯度下降法通常是最常见的求解 $\alpha^\star$ 的方法。注意，更新 $\alpha \leftarrow \alpha - \nabla_\alpha E_{\text{emp}}^\alpha(\alpha)$ 是一个批处理模式方案，它可以根据常用的引导进行数值分析，以及通过分析 3.4 节中的线性阈值机进行数据分析。然而，当将这个学习方案与线性阈值机中讨论的内容并行时，人们会很早就带着好奇去探索与双重表示相对应的在线学习新面貌。如果严格遵循 f 的对偶表示，我们会很早就遇到麻烦！问题是用于数据积累的内存爆炸了，因此我们需要考虑更新机制来避免记忆输入。这是合理的，因为很明显，我们可以去掉许多对学习不重要的样本。当损失函数生成支持向量时肯定会发生这种情况（见

4.2 节中的练习 26 和 27)。虽然已经有丰富的关于核方法的在线学习文献,即双重表示中的函数(见 4.5 节),但是我们注意到原始表示为在线更新提供了更自然的结构。更多的是,下一节给出的内核解释表明,至少对于一个重要的内核类,我们需要在一个更通用的框架下重新制定核方法,即使从时间信息⊖处理的角度来看,这个框架也是适合在线学习的。

4.4.4 正则化算子

在 3.1 节中,我们引入了一个简约项,它是基于偏好光滑解决方案的原则。这一思想是在 4.4.1 节中通过引入微分算子来实现最小描述长度解而发展起来的(见公式(4.4.86))。这为基于发现最小化

$$E(f) = \sum_{\kappa=1}^{\ell} V(x_\kappa, y_\kappa, f(x_\kappa)) + \frac{1}{2}\mu \langle Pf, Pf \rangle \quad (4.4.94)$$

的函数的监督学习新框架打开了大门。E 的最小化是实现在环境软约束条件下发现最简解的一般原则的一种方法。当经验风险与权重 $C = 2\mu^{-1}$ 执行约束时,简约是由目标函数保证的。正则化算子 P 具有广泛的损失函数和多种可能的选择,这使得最小化 E 成为一个相当复杂的问题,尽管所有这些选择仍然是在相同的通用原则下构造的。顺便说一下,我们注意到这个公式是一个适用于在 f 上的任意最终边界约束的公式。相对于目前已经讨论过的内容,这是一个新事物,但是它在现实世界中具有本质上的重要性。事实上,人们可能对在域的任何一点上发现有界解感兴趣(见 5.3.3 节中的讨论)。很明显,当添加边界约束时,我们限制了可行解的类别,这导致了对学习环境更丰富的解释。在练习 3 中给出了一个与此话题相关的样本,从一个真正可分析的角度进行了讨论。

现在让我们考虑正则化风险的变化(4.4.94)。从某种意义上说,这是一种无限维度的梯度计算。我们分别考虑了风险和正则化项的变化。函数 $f: \mathscr{X} \to \mathbb{R}$ 被 $f + \varepsilon h$ 替换,其中 $\varepsilon \in \mathbb{R}$,$h$ 是一个变量。由于线性

$$\delta \sum_{\kappa=1}^{\ell} V(x_\kappa, y_\kappa, f) = \sum_{k=1}^{\ell} \delta V(x_\kappa, y_\kappa, f) \quad (4.4.95)$$

其减少到 $\delta V(x_\kappa, y_\kappa, f) = V'_f(x_\kappa, y_\kappa, f)\varepsilon h$ 的计算量。得到如下的分布解释:

$$\delta \sum_{\kappa=1}^{\ell} V(x_\kappa, y_\kappa, f) = \int_{\mathscr{X}} \sum_{\kappa=1}^{\ell} V'_f(x_\kappa, y_\kappa, f(x))\delta(x - x_\kappa)\varepsilon h(x) \mathrm{d}x$$

$$= \varepsilon \left\langle \sum_{\kappa=1}^{\ell} V'_f(x_\kappa, y_\kappa, f)\delta_{x_\kappa}, h \right\rangle \quad (4.4.96)$$

其中 $\delta_{x_\kappa}(x) = \delta(x - x_\kappa)$。现在计算 $\delta \langle Pf, Pf \rangle$ 并得到

$$\delta \langle Pf, Pf \rangle = \langle P(f + \varepsilon h), P(f + \varepsilon h) \rangle - \langle Pf, Pf \rangle$$
$$= 2\varepsilon \langle Pf, Ph \rangle + \varepsilon^2 \langle Ph, Ph \rangle \sim 2\varepsilon \langle Pf, Ph \rangle \quad (4.4.97)$$

最后一个式子是在 $\varepsilon \to 0$ 时得到的。虽然风险项用显式的 h 项分解,但正则项包含 Ph。这对于这些来说很常见,但我们可以通过使用经典技巧绕过这个问题,这种技巧来自部分积

⊖ 请参考 1.1、1.2 和 1.4 节,以了解在线学习和时间学习之间的二分法。

分——$P=D$ 的情况（将一般微分算子 P 还原为一阶导数）。这里涉及的东西更多，但是伴随算子的统一概念会有所帮助。我们有

$$\langle Pf, Ph \rangle = \langle P^* Pf, h \rangle \tag{4.4.98}$$

得到

$$\forall \kappa = 0, 1, \cdots m-1, [x \in \partial \mathscr{X}] h^{(\kappa)}(x) \equiv 0 \tag{4.4.99}$$

现在如果我们定义 $L = P^* P$，可以通过公式(4.4.96)~(4.4.98)表示条件 $\delta E(f) = 0$。如果用变分微积分的基本引理，那么有

$$Lf(x) + \frac{1}{\mu} \sum_{\kappa=1}^{\ell} V'_f(x_\kappa, y_\kappa, f(x)) \delta(x - x_\kappa) = 0 \tag{4.4.100}$$

在微分方程中，智能代理计算出 $f(x)$ 的值，此值匹配由 $V'_f(x_\kappa, y_\kappa, f(x_\kappa))$ 计算出的监督对 (x_κ, y_κ)。我们可以把输入作为一个在点 x_κ 的分布 $\{\delta(x - x_\kappa), \kappa = 1, \cdots, \ell\}$。让 $g(x, x_\kappa)$ 作为微分算子 L 的格林函数，得到

$$L g(x, x_\kappa) = \delta(x - x_\kappa) \tag{4.4.101}$$

每当⊖$g(x, x_\kappa) = g(x - x_\kappa)$ 我们可以得出格林函数是平移不变的结论。由于方程是线性的，我们可以用叠加原理来表示函数

$$f_{\|}(x) = \sum_{\kappa=1}^{\ell} \alpha_\kappa g(x, x_\kappa) \tag{4.4.102}$$

是公式(4.4.100)的解。现在可以并行 4.4.3 节的分析。当将 $f_{\|}$ 插入公式(4.4.100)时，得到

$$\sum_{\kappa=1}^{\ell} \left(\alpha_\kappa + \frac{1}{\mu} V'_f(x_\kappa, y_\kappa, f(x)) \right) \delta(x - x_\kappa) = 0$$

当 $x \neq x_\kappa$ 时这个等式总是成立的。训练集满足 $\alpha_\kappa + \frac{1}{\mu} V'_f(x_\kappa, y_\kappa, f(x_\kappa)) = 0$。当使用公式(4.4.102)时，最后，$\forall \kappa = 1, \cdots, \ell$ 我们可以得到

$$\alpha_\kappa + \frac{1}{\mu} V'_f \left(x_\kappa, y_\kappa, \sum_{h=1}^{\ell} \alpha_h g(x_\kappa, x_h) \right) = 0 \tag{4.4.103}$$

如果损失函数是二次的，即 $V(x_\kappa, y_\kappa, f(x_\kappa)) = \frac{1}{2}(y_\kappa - f(x_\kappa))^2$，那么 $V'_f(x_\kappa, y_\kappa, f(x_\kappa)) = (f(x_\kappa) - y_\kappa)$。当插入到公式(4.4.103)，我们可以得到

$$\mu \alpha_\kappa + \sum_{h=1}^{\ell} \alpha_h g(x_\kappa, x_h) = y_\kappa \tag{4.4.104}$$

有趣的是，一旦我们用矩阵表示重写这个公式，便能意识到这与公式(4.4.93)一样，因为我们得到 $(\mu I + G)\alpha = y$，G 是格林函数 g 的 Gram 矩阵。当然，为了得到唯一解 $\alpha = (\mu I + G)^{-1} y$，我们需要矩阵 $\mu I + G$ 的非奇异性。在 3.1.3 节中，已经提出了一个用于岭回归的原始形式的相关问题（见练习 26）。由于相同的代数结构，我们得出结论，G 的非负性足以保证其可逆性。此外，很明显当 $G = K$ 时公式(4.4.93)和(4.4.104)相等，即核函数和格林函数重合。规约到方程组的解是维数崩溃的另一个实例，这显然也适用于非二次损失函

⊖ 为了简单起见，我们将符号 g 重写以表示两个不同的函数

数,因为该性质一般在公式(4.4.103)中表明。然而,当放弃二次损失时,公式(4.4.103)变为非线性,因此其解可以明显地更加复杂。当然,就像使用核进行分析一样,我们可以利用降维原理将公式(4.4.102)代入到公式(4.4.94)给出的正则化风险定义中。虽然我们可以直接取代在损失中 f 的表达,但我们需要 $\langle Pf, Pf \rangle$ 直接表示为一个函数的有限维向量 α。为此,请注意

$$\langle Pf, Pf \rangle = \left\langle P \sum_{h=1}^{\ell} \alpha_h g(x - x_h), P \sum_{\kappa=1}^{\ell} \alpha_\kappa g(x - x_\kappa) \right\rangle$$
$$= \sum_{h=1}^{\ell} \sum_{\kappa=1}^{\ell} \alpha_h \alpha_\kappa \langle Lg(x, x_h), g(x, x_\kappa) \rangle = \sum_{h=1}^{\ell} \sum_{\kappa=1}^{\ell} g(x_h, x_\kappa) \alpha_h \alpha_\kappa$$
(4.4.105)

最后得到有限维优化问题

$$\alpha^\star = \arg\max_{\alpha} \left(\sum_{\kappa=1}^{\ell} V\left(x_\kappa, y_\kappa, \sum_{h=1}^{\ell} \alpha_h g(x_\kappa - x_h)\right) + \mu \alpha' G \alpha \right) \quad (4.4.106)$$

核函数与格林函数之间的联系源于公式(4.4.90)和(4.4.102)中给出的 f 的表示形式。为了更好地理解内核和与监督学习相关的格林函数之间的关系,我们需要揭示一个到目前为止一直被有意忽略的问题。首先,请注意,分析依赖于公式(4.4.99)所述的强边界假设。其次,即使我们只局限于这个假设,仍然存在一些独特的问题。在边界条件(4.4.99)下,我们是否可以得到公式(4.4.100)的不同解?如果 f_1 和 f_2 两个函数存在,那么我们必有 $L(f_2(x) - f_1(x)) = Lu(x) = 0$,其中 $u(x) := f_2(x) - f_1(x)$。因此,当核 L 只包含空函数(即 $\mathcal{N}_L = \{0\}$)时,单一性便出现了。

练习

▶ 1. [18] 考虑在公式(4.4.85)中 $\|f\|^2$ 的定义以及当 $b \neq 0$ 时的 $f(x) = \sum_{\kappa=1}^{\ell} \alpha_\kappa k(x, x_\kappa) + b$ 的条件。我们如何重新定义 $\|f\|^2$?

2. [22] 根据公式(4.4.84)讨论学习公式之间的关系,其中 $\|f\|_\kappa$ 根据公式(4.4.85)定义,选用具有软约束的 MMP 作为铰链损耗函数。

3. [M25] 考虑如下的最小值问题

$$E(f) = \int_{-1}^{+1} f^2(x)(1 - f'(x))^2 \mathrm{d}x \quad (4.4.107)$$

函数 $f: [-1..1] \to \mathbb{R}$ 满足边界条件 $f(-1) = 0$, $f(0) = 1$。证明 $C^{\ominus}$ 中没有解,同时,当 f' 有一个不连续点时,函数 $f(x) = x \cdot [x \geq 0]$ 使 E 最小?

▶ 4. [M26] 考虑下列函数 $f: \mathbb{R} \to \mathbb{R}$ 以及与高斯核有关的微分算子

$$L = \sum_{\kappa=0}^{\infty} (-1)^\kappa \frac{\Sigma^{2\kappa}}{\kappa! 2^\kappa} \cdot \frac{\mathrm{d}^{2\kappa}}{\mathrm{d} x^{2\kappa}}$$

请证明 $\lim_{x \to 0} Lg = \infty$。

5. [M15] 证明对于任意给定的多项式核 $k(x-z)$,不存在正则化算子 $L = P^\star P$ 使得 $Lk(\alpha) = \delta(\alpha)$,换句话说,没有与 $k(x-z)$ 相关的格林函数。

$\ominus$ 这个问题在文献[298]中提出。

6. [M16] 考虑感知空间 $\mathscr{X}=\mathbb{R}$ 和正则化算子 $P=\dfrac{\mathrm{d}^2}{\mathrm{d}x^2}$。证明

$$L=\frac{\mathrm{d}^4}{\mathrm{d}x^4}, g(x)=|x|^3$$

7. [M23] 已知 $L=(\Sigma^2 I-\nabla^2)^n$,证明它的格林函数是一个样条函数。

▶ 8. [C45] 考虑计算 α 的问题,当 $\ell=|\mathscr{X}^\#|$ 很大时推导函数(4.4.92)的最小化。为了处理空间复杂性的问题,假设我们创建一个训练数据 $\mathscr{X}^\#$ 的分区 $\{\mathscr{X}_0^\#,\cdots,\mathscr{X}_{p-1}^\#\}$,即 $\bigcup \mathscr{X}_i^\#=\mathscr{X}^\#$ 和 $\mathscr{X}_i \cap \mathscr{X}_j=\emptyset$ 当 $i\neq j$ 时。然后使用上述方法重新编号,在此方法下 Gram 矩阵 K 可以定位每组对应分区的 p 块相似性系数,此时每一块 K_i 对应元素分区 $\mathscr{X}_i^\#$。现在,为了最小化函数 (4.4.92),我们对 α 使用梯度下降法。为了显著减少空间,我们决定在 $\alpha=(\alpha_0',\cdots,\alpha_{p-1}')$ 上执行梯度下降法且每次只在一个向量 α_i 上执行,同时保持其他不变。在 α_i 上执行一个梯度步之后,更新 $\alpha_{(i+1)\bmod p}$,以便继续循环。这个算法在什么条件下收敛?编写代码并使用 MNIST 进行实验,讨论 p 选择所起的作用。

(提示)该算法与原始神经网络中的在线学习模式和小批量学习模式严格相关。

4.5 注释

4.1 节 核方法在 20 世纪 90 年代中期强势崛起,成为 20 世纪 80 年代中期兴起的连结主义浪潮的替代品。在其他方面,支持这种替代方法的原因是基于核方法的更坚实的数学基础。学习的效率,以及由于定义它们的正则化框架而产生的泛化能力,引起了机器学习社区的关注,也引起了大量应用连结主义模型的相关领域的关注。核方法领域也一直是教科书中系统描述的主题(如,文献[80, 312, 303])。

早在 20 世纪 60 年代,就有许多人提出了利用多项式预处理来丰富特征的想法(参见 N. J. Nilsson[255]、Duda 和 Hart 等人的开创性著作,这些著作后来也在 D. Stork[97] 的贡献下出版)。在 20 世纪 60 年代末,Minsky 和 Papert[247] 在开创性的著作 *Perceptrons* 中含蓄地提倡了与特征富集对应的布尔值。

特征富集实际上是由线性可分性假设的局限性所激发的。然而,它在现实学习任务中的具体影响有时被忽视,一些学习任务在应用中实际上是线性或近似线性可分的。决定线性分离概率的分析是由 Thomas Cover 在其博士论文[78]中提出的。自人们早期认识到不变性在学习复杂性中的作用以来,特征提取中的不变性问题一直是人们关注的焦点。与大多数信号处理任务一样,在语音识别中,很明显分类器在直接处理输入信号时会遇到困难。言语产生的行为实际上是由大脑控制的,大脑向言语表达者发送适当的信号。要解码的消息实际上与这一系列命令有关,而信号产生涉及信号传输的物理过程。短时傅里叶变换和线性预测滤波技术每隔 10~20 ms 就会产生一组帧序列,这些帧序列表示除了对应的文本转录之外的所有话语信息具有显著不变性的特征。然而,最具挑战性的不变性问题可以在计算机视觉中找到,在计算机视觉中,大多数重点放在平移、旋转和比例不变性上。Lowe 在尺度不变特征变换(SIFT)[226] 的开创性工作中提出了提取有用特征用于目标识别。在文献[13]中给出了一个更通用的关于不变性的观点,这是在群论中建立起来的。为了对新示例的泛化进行评估,一种很好的表达能力的方法是依赖 VC 维的概念。它是基于以下想法:假设我们有一组样本,考虑一个从某个类中提取的函数 f,它以一种精确的方式分离模式,从而产生相应的标记。当然,对于给定的样本有 2^ℓ 种不同的标记方法。一个支

持非常丰富的函数类的机器可能能够实现所有可能的 2^ℓ 个分离,在这种情况下,它被称为粉碎(shatter)所有的点。然而,一般来说,并不是所有的样本都是错误的。某一类函数的 VC 维是最大的 ℓ,在不存在这样的 ℓ 情况下,存在一组可以被函数 $VC=\infty$ 的类分割的点。VC 维对于预测新样本的泛化是很有用的。假设训练中的样本和测试集中的样本具有相同的概率分布,对分布不作任何限制假设。如果 $h<\ell$ 是给定类的 VC 维函数(机),那么结构风险 $E(f)$ 和经验风险 $E_{emp}(f)$ 相差最多到 $\beta(h,\ell,\delta)$,也就是说,$E(f) \leqslant E_{emp}(f) + \beta(h,\ell,\delta)$ 其中

$$\beta(h,\ell,\delta) = \sqrt{\frac{1}{\ell}\left(h\left(\ln\frac{2\ell}{h}+1\right)+\ln\frac{4}{\delta}\right)} \qquad (4.5.108)$$

在这里,我们迅速看到训练集维度 ℓ 的增量是如何允许我们挤压 $\beta(h,\ell,\delta)$ 项的,以及 VC 维 h 在其中扮演的特殊角色(比如见文献[303])。

4.2 节 虽然已经提出了一些成分,但在文献[57]中给出了第一个明确的最大边界问题的公式及其解决方案,而在几年后引入了软边界版本。本文定义了支持向量机的基本要素,其特征是使用核函数、不存在局部极小值、解的稀疏性以及很好的泛化,实际上是边际最大化的结果。

支持向量机的引入使得可以从大多数经典神经网络模型的不同的角度来看待学习,这些模型依赖于原始空间 $\mathscr{X} \subset \mathbb{R}^d$ 的计算。在训练集中作为核扩展的最优解表示实际上是优化问题中典型双重表达的结果,其在附录 A 进行了简要的描述。S. Boyd 和 L. Vandenberghe[58] 合著关于凸优化的经典著作是一个丰富的优化方法来源,其计算结构类似于 SVM。解的稀疏性对应于支持向量的出现,是极大边值问题的结果,其解在对偶空间中不产生对偶间隙。

书中讨论的核方法假设函数映射到实值域,用于为单个任务建模。在分类问题中,人们通常假设任何类都是由一个 SVM 建模的,因此通过训练每个 SVM 来执行多分类,以相对于所有其他类的所有模式来区分它们的相关类。这种方法好坏参半。虽然它的简单性有绝对的吸引力,但是相应的分类器产生的输出不是概率范式的。此外,虽然内核捕获单个函数的平滑性,但是正则化并没有捕获不同任务之间任何有用的相关信息。内核在多任务环境的扩展在文献[99]中实施了。

所描述的学习的二次规划公式本质上是批处理模式,即要求我们在一开始就提供训练集。当期望智能代理在线学习时,核方法器就像任何任务 f 的对偶表示一样,面临着猜测在哪里扩展函数的问题。当考虑一个真正的在线框架时,预先对序列的长度有限制,这意味着可以预期任务的最优表示对应于无限多个点的扩展。

文献中提出了许多处理在线数据的方法。在一些论文中(见文献[330,260,79]),我们可以看到将问题分解为部分数据上可管理的子问题的统一思想。文献[116]中提出的另一种方法依赖于组件优化。在文献[65]中,采用了不同的思路,递归地构造解决方案,每次构造一个点。本质上,$\ell+1$ 个训练样本的解决方案是用 ℓ 的样本表示的。

4.3 节 有人指出,内核本质上是表达两个模式间相似性的一种方式。特征函数 ϕ 不一定将向量空间 $\mathscr{X}$ 映射到特征空间 $\mathscr{F} \in \mathbb{R}^D$;我们不要求输入空间 $\mathscr{X}$ 具有任何特殊的结构,唯一的条件是被转移到特征空间。在文献[1]中引入了核技巧的概念,它明确地揭示

了核概念的重要性。

在其他特性中,内核的一个强大特性是一旦一个学习问题的解 α^* 被找到了就可以直接产生 $\|f\|_\kappa$ 的逼近。如果 K 是对应的 Gram 矩阵,就证明了 $\|f^*\|_\kappa = \alpha' K \alpha \geqslant 0$。$k$ 的非负性实际上是度量 f 规数的基本要求,它表示解的光滑程度。将 K 的谱分析扩展到函数域,得到了 Mercer 特征。相应的定理被 Mercer[242] 证明。系统的处理方法可以在文献[76]中找到。Mercer 特性展示了核方法的强大功能。它们非常普遍,因为它们构造了丰富的频率特性,但不幸的是,这种普遍性也表明了此方法的弱点:我们需要与转换相关的不变特性(例如,在语言和视觉中的要求)。

Aronszajn 在文献[16]中正式引入了重生核希尔伯特空间(RKHS),并很快成为 Parzen 和 Wahba 在数据分析中关注的主题,他们采用了曲线模型处理数据平滑的思想(见 G. Wahba 的开创性著作[339])。他们还对内核的概念提出了以下启发性的介绍。设 $f:[0,1] \to \mathbb{R}$ 为 $x=0$ 邻域内的平滑函数。我们可以用 $f(0)$ 来表示 $f(x)$:

$$f(x) = f(0) + \int_0^x f'(u) du = f(0) + \int_0^x D_t(u-x) f'(u) du$$

$$= f(0) + (u-x) f'(u) \Big|_0^x - \int_0^x (u-x) f''(u) du \qquad (4.5.109)$$

$$= f(0) + \frac{f'(0)}{1!} x + \int_0^1 (x-u)_+ f''(u) du$$

如果我们再次应用分部积分,我们得到

$$f(x) = f(0) + \frac{f'(0)}{1!} x + \frac{f''(0)}{2!} x^2 + \int_0^1 (x-u)_+^2 f'''(u) du \qquad (4.5.110)$$

我们可以很容易地通过归纳来验证

$$f(x) = \sum_{\kappa=0}^{m-1} \frac{f^{(\kappa)}(0)}{\kappa!} x^\kappa + \int_0^1 \frac{(x-u)_+^{m-1}}{(m-1)!} f^{(m)}(u) du \qquad (4.5.111)$$

现在让我们考虑方程的级数 $\mathcal{R}_m$ 使得 $\forall \kappa = 0, \cdots, m-1: f^{(\kappa)}(0) = 0$。

如果 $f \in \mathcal{R}_m$,那么我们会得到

$$f(x) = \int_0^1 \frac{(x-u)_+^{m-1}}{(m-1)!} f^{(m)}(u) du = \int_0^1 g_m(x,u) f^{(m)}(u) du \qquad (4.5.112)$$

其中

$$g_m(x,u) = g_m(x-u) = \frac{(x-u)_+^{m-1}}{(m-1)!} \qquad (4.5.113)$$

现在使用 W_m^0 表示函数 $W_m^0 = \{f \in \mathcal{R}_m\}$ 使得 $\forall \kappa = 1, \cdots, m-1$,已知 $f^{(\kappa)}$ 是完全连续的当 $f^{(m)} \in L_2$ 时。我们可以证明 W_m^0 是一个有内核[339]

$$k(x,z) = \langle g_m(x,\cdot) g_m(z,\cdot) \rangle = \int_0^1 g_m(x,w) g_m(z,w) dw \qquad (4.5.114)$$

的 RKHS,这可用特征映射 $\phi(v) := g_m(v,\cdot)$ 来表达因式分解。

内核仅仅是特征映射 ϕ 选择的结果。它的选择确实定义了相应的内核,而给定的内核容易受到许多不同特性映射表示的影响。核方法本质上受到需要选的内核的限制。这实际上是对人工神经网络学习的一个很大限制,其中学习的目的也是为了检测出最好的特征。在选择内核时,我们对问题的解有一定的偏向,因为我们对与任务相关的特性进行了隐含

的假设。虽然许多特征映射实际上是对用给定内核执行的计算的可能解释，但它们在某种程度上是等价的，并为解决方案提供了相当大的偏差。事实上，正如在许多实际应用中所指出的(参见，例如文献[251])，在进行实验时，适当选择内核是至关重要的。

处理这个限制的一种可能方法是选择一个核函数，它是一个给定核集$\{k_i, i=1, \cdots, n\}$的线性组合，即$k = \sum_{i=1}^{n} \alpha_i k_i$，其中$\mu_i \geqslant 0$是为了保证$k$的非负性。这样我们就把内核视为给定集合的内核的一种锥形组合。这已经在文献[210]中被提出以用于生物信息学。证明了我们可以通过二次约束二次规划平方(QCQP)来确定总体解决方案，其中包括权重μ_i的发现。不幸的是，由于其计算需求，这种方法有一定的局限性。在文献[17]中，这种限制可以通过将问题作为二阶锥规划来显著降低。文献[210]中所提方法的另一个显著的计算改进在文献[137]中给出。

4.4节 虽然支持核方法的基础是由许多人独立开创的，但V. N. Vapnik[336]关于统计学习理论的开创性著作很可能代表了首批重大贡献之一。Tikhonov[333]对正则化原理进行了早期研究。

4.4.4节中描述的基于微分算子的正则化框架是由T. Poggio和F. Girosi[275]在机器学习中引入的，随后在相关文献[130-131]中进行了阐述。L的格林函数与核函数之间的有趣联系也有重要的区别。然而在RKHS框架下提出的核理论忽略了在感知空间$\mathscr{X}$的前沿行为，而基于正则化算子的核理论得到的解受$\partial\mathscr{X}$上给定条件的影响较大。文献[135]对这一问题进行了深入的分析。虽然核方法已经在机器学习社区中得到了推广，但是只有少数人关注正则化操作符。如4.4.4节所示，在该例中我们还将寻找一个表示定理，它是叠加原理的结果。事实上，正是这种表示形式，就像在RKHS框架中一样，产生了高效的二次规划算法。有人可能会问，为什么我们不直接对欧拉-拉格朗日方程(4.4.100)进行数值积分，而是依赖于格林函数呢。除了分布的存在，我们马上就可以看出由于在感知空间中的维度灾难这样的方法是不可行的！因此，尽管偏微分方程(4.4.100)也代表有监督学习的一个公式，但没有一种数值方法能够合理地返回其解。这种限制似乎是对将学习解释为与监督对相关的约束的简约最佳拟合的适当性的一种警告。当涉及更复杂的约束时，也会发生类似的情况。另一方面，在自然界中，任何学习过程都是建立在时间域上的，因此人们可能会怀疑在非时间有序的集合中捕捉规律要比在线学习困难得多。有趣的是，虽然对给定学习集合的强调似乎非常适合处理统计方法，但它可能导致的问题本质上比自然界中所面临的相应问题更加困难。当数据按时间索引时，由特征空间中的偏微分方程表示的学习定律——我们面临的由于维度灾难而难以处理的——可以转化为常微分方程，这对应于在特征空间的时间流形上移动。关于这一观点的初步研究可以在文献[159]中找到。

第 5 章

Machine Learning: A Constraint-Based Approach

深层结构

本章中，我们介绍前馈神经网络的基础，并且结合深度学习中的一些新的进展。从基础影响和应用意义来看，这都是机器学习的核心问题。从基础方面来看，这是一个涉及了计算几何、电路理论、电路复杂性、近似理论、优化理论和统计等的多元分析的课题。然而，前馈网络所带来的影响可能主要是由于它们在许多不同领域的应用。

5.1 结构性问题

线性机和线性阈值机构造了一个从输入到输出的三维映射，但没有提供任何内部表示，前馈神经网络通过隐藏的神经元来进行计算。它们构建了基于输入特征的输入的内部表示，这部分内容主要在 4.1 节中具体介绍。一旦在层级结构中使用了隐藏的神经元，就可以清楚地发现，越接近输出层，抽象的程度就越高。当将隐藏的神经元看作是支持适当特征的单元时，重点关注它们的计算以获得更多的提取特征信息变得非常重要。一个相关的差异都会涉及连接的模式。对于完全连接的单元，我们期望神经元构造一个非常大的特征类，因为每个单元都需要处理所有的输入从而来产生决策。然而，4.1 节已经说明了不变属性的重要性。在手写体字符识别的案例中，就像任意的图像处理任务一样，我们非常希望神经元去检测在缩放和旋转转化下不变的特征⊖。无论神经元提取的是何种特征，全连接的结构通常默认假设神经元都是不同的，因此相应的特征并不是不变的。全连接单元处理整个输入坐标，因此如果它们共享相同的权重，那么它们总是返回相同的输出⊖。当我们放弃全连接的结构时，更普遍意义上的单元的复用就变得非常有趣。手写体字符识别的案例，以及更广泛意义上的图像处理的案例自然导致神经元选择运行在合适的感受野（receptive field）上。在感受野上复制的神经元提取在变换下不变的属性。因此，在感受野上操作的神经元的权重共享会产生平移不变的特征。

5.1.1 有向图及前馈神经网络

关于 LTU 的讨论，尤其是基于 3.2.1 节给出的代表性问题的讨论，提供了一种超越单个单元的计算模型。任意的这些单元都可以被看作是执行集体计算的图中的顶点。如果神经元是 LTU，那么我们立即意识到唯一一致的计算机制必须基于有向无环图（DAG）$\mathcal{G} = (\mathcal{V}, \mathcal{A})$ 构造，其中 $\mathcal{V}$ 是顶点集，$\mathcal{A}$ 是弧的集合（$\mathcal{V}$ 的有序元素对的多重集合），可以参考⊜图 5.1。左边的循环图由于神经元 4 的排序冲突而引起计算不一致。显然，由于环中存在单元，所

⊖ 计算机视觉中通常加上类似的要求，但正如 5.4 节和 5.7 节所指出的那样，在涉及动作的任务中存在更多的自然不变的属性强加其上。
⊖ 除了容错性之外，两个完美重叠的隐藏神经元并没有太大的作用。但是，这不是一个小问题。练习 1 的解决方案揭示了神经元复用的作用。
⊜ 注意，我们仅表示神经元 4 的偏置量，为了简单起见，其他的偏置链接没有绘制出来。

以不一致性会出现。另一方面,无论何时我们给定一个定义在顶点上的偏序关系,基于 LTU 的计算都是一致的并且按照数据流(data flow)的计算方案进行。

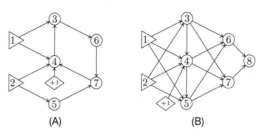

图 5.1 (A)循环图实例:如果存在排序冲突(参见循环 3→6→7→4→3),线性阈值单元的静态神经计算会导致计算不一致(参见顶点 4,其中也会绘制出明显的偏置链接。(B)有向无环图(DAG)的部分排序在所有顶点上会产生一致的计算。在这两幅图中,三角形的顶点都是输入,矩形的顶点都是偏置量;此外,给定任意两个带标签的顶点 u 和 v,附加在 $u \to v$ 箭头上的权重为 w_{uv},同时关于 v 的偏置量为 b_v。

具体地看,图 5.1B 的网络中的数据流方案可以用下面的偏序集来表示:

$$\mathcal{S} = \{\{1,2\}, \{3\}, \{4\}, \{5\}, \{6,7\}, \{8\}\} \tag{5.1.1}$$

只要网络是基于 DAG 的,我们就认为它具备前馈结构(feedforward structure)。特别地,前馈神经网络(feedforward neural network)就是一个 DAG $\mathcal{G}$, $\mathcal{V} = \mathcal{I} \cup \mathcal{H} \cup \mathcal{O}$ 伴随着下面的计算结构

$$x_p = v_p[p \in \mathcal{I}] + \sigma(\sum_{q \in \text{pa}(p)} w_{pq} x_q + b_p)[p \in \mathcal{H} \cup \mathcal{O}]$$

其中,w_{pq} 和 b_p 都是实值(参考图 5.1 的说明)。因此顶点 p 的激活函数将被定义为 $a_q = \sum_{q \in \text{pa}(p)} w_{pq} x_q + b_p$。在这种情况下,由于在涉及集合{1, 2}和{6, 7}的计算中没有时间约束,所以存在偏序,而总排序仅需要具有单个顶点的子集。一个非常有趣的特例就是其中前馈结构由多层(multilayered)组织构成,单元被划分为没有内部排序的有序层(ordered layer)。图 5.2 给出了一个四层的分层结构的例子。其中

$$\mathcal{S} = \{\{1,2\}, \{3,4,5\}, \{6,7,8\}, \{9\}\} \tag{5.1.2}$$

因此,整个排列为{1, 2}≺{3, 4, 5}≺{6, 7, 8}≺{9},而层内并没有顺序。

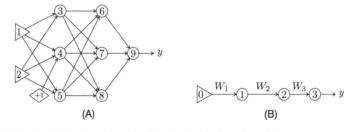

图 5.2 多层结构的前馈网络。(A)神经元被分成两个隐藏层(hidden layer)(3, 4, 5)和(6, 7, 8),输出层仅由神经元 9 组成。很显然,前馈网络需要顶点存在偏序以及附加的分层结构,层内没有连接。(B)具有层和互连矩阵的上述多层网络的紧凑表示。这里矩阵 W_l 与层级对 $l-1$ 和 l 相关联,它的一般表示是 $w_{i(l),j(l-1)}$

分层结构使我们能够以紧凑的形式表达输入的数据流传递。参考图 5.2,我们可以很

快发现与一个图层相关的权重可以紧凑地用一个与之相对应的矩阵表示，所以结构可以表示成⊖

$$y = \sigma(W_3 \sigma(W_2 \sigma(W_1 x)))$$

通常，

$$x_l = \sigma(W_l x_{l-1}) \tag{5.1.3}$$

初始化 $x_0 := x$。当然，σ 在神经网络中是非常重要的。值得一提的是，在线性的情况下，L 层的前馈网络恰会折叠成单层！这可以看出，在这种情况下，有 $\sigma := \mathrm{id}$，因此我们推出 $y = \prod_{l=1}^{L} W_\ell = W_x$，其中 $W := \prod_{l=1}^{L} W_\ell$。

层的计算折叠是一个罕见的属性。当 σ 非线性时，公式(5.1.3)中的基于层的递归计算会显著地充实单层！令 $\sigma W_l(x) := \sigma(W_l x_{l-1})$，通常，不存在矩阵 W_3，使得 $\sigma W_2(\sigma W_1(x)) = \sigma(W_3 x)$。如下所示，这在构建具有丰富计算能力的前馈神经网络中，可以很好地被利用。注意，到目前为止已经介绍的神经元通过

$$y = g(w,b,x) = \sigma(w'x+b) \tag{5.1.4}$$

决定了输出。它们被称作岭神经元(ridge neuron)。另一种经典的计算方案基于

$$y = g(w,b,x) = k(\|x-w\|/b) \tag{5.1.5}$$

这里，k 通常是钟形函数(bell-shaped function)，被称作径向基函数(radial basis function)神经元。

5.1.2 深层路径

为了深入了解深层结构的作用，我们考虑两个单元级联的特殊情况。为了简单起见，我们假设偏置量为 0，即 $b_1 = b_2 = 0$。输出简化为 $y = \sigma(w_2 \sigma(w_1 x))$。在这种情况下，如果 $\sigma = \mathrm{id}$，即 $\sigma(w_2 z)$ 和 $\sigma(w_1 x)$ 是线性的。那么除了折叠成线性之外，我们还得到了交换性质，即 $y = \sigma(w_2(\sigma(w_1 x))) = \sigma(w_1(\sigma(w_2 x))) = w_1 w_2 x$。这在多维情况下通常是不成立的(更多详细信息，见练习 3)。最重要的是，折叠的属性并不适用于其他的特殊函数，这里有一些例子。

5.1.2.1 阶跃函数

我们考虑基于阶跃函数 $\sigma(a) = H(a)$ 的硬限制计算的情况，其中 $a = wx + b$。两个单元级联计算产生 $y = H(w_2 H(w_1 x + b_1) + b_2)$。我们可以迅速发现 $H(w_i x + b_i) = [x \geqslant -b_i / w_i]$，即区间 $[-b_i/w_i..\infty)$ 的特征函数。

现在我们探讨是否存在 (w_3, b_3)，使得满足

$$H(w_2 H(w_1 x + b_1) + b_2) = H(w_3 x + b_3)$$

也就是说，我们想知道，是否可能找到 w_3 和 b_3，使得在 x 值相同的情况下，$[w_2[w_1 x + b_1] + b_2]$ 和 $g(x) = [w_3 x + b_3]$ 返回 1。显然，$g(x)$ 返回 1 当且仅当 $x \geqslant -b_3/w_3$；另一方面，当 $w_2 + b_2 \geqslant 0$ 时，对于 $x \geqslant -b_1/w_1$ $f(x)$ 返回 1；当 $b_2 \geqslant 0$ 时对于 $x < -b_1/w_1$，$f(x)$ 返回 1。这就意味着根据 w_2 和 b_2 的值，$f(x)$ 可以呈现四种不同的形式：如果 $w_2 + b_2 \geqslant 0$

⊖ 这里 $\sigma := (\sigma_1, \cdots, \sigma_m)$ 是一个通过变形 $W_l x_{l-1}$ 的每个单元而构建的向量函数。

且 $b_2 \geqslant 0$，则 $f(x)=1$；如果 $w_2+b_2<0$ 且 $b_2<0$，则 $f(x)=0$；如果 $w_2+b_2 \geqslant 0$ 且 $b_2<0$，则 $f(x)=[x \geqslant -b_1/w_1]$；如果 $w_2+b_2<0$ 且 $b_2 \geqslant 0$，则 $f(x)=[x<-b_1/w_1]$。

所有这些意味着对于所有的 x 值，当 $f(x)=1$ 或 $f(x)=0$ 时，我们无法找到 w_3 和 b_3 使 $f=g$；但是就像这种情况，不管神经网络输入如何都返回相同的值，对于机器学习而言是个不相关的问题。对 $f(x)=[x<-b_1/w_1]$ 也有相同的结论。另外，当 $f(x)=[x \geqslant -b_1/w_1]$ 时，我们可以设定 $b_3/w_3 = b_1/w_1$ 来达到 $f=g$。这意味着只有在对 w_2 和 b_2 的值进行一定限制的情况下，才有可能将两个阶跃神经元折叠成一个神经元。

当我们考虑 $d>1$ 时，在阶跃 LTU 的级联下，神经网络的水平增长产生了使情况更糟糕的函数。关于这种涉及布尔函数的情况的深入分析将在 5.2.1 节中给出。

5.1.2.2 整流函数

就像阶跃函数一样，两个整流单元的链接不一定会折叠成一个整流单元。

这里举一个例子，它也能很好地显示整流函数和 sigmoid 函数之间的联系。设输出 $y=(1-(1-x)_+)_+$ 是 $\sigma(a)=\sigma(wx+b)=(1-x)_+$ 的两个相同单元的级联，其中 $w=-1$ 且 $b=1$。我们可以轻易看出(就像右图中展示的)，

$$y=(1-(1-x)_+)_+ = x[0 \leqslant x \leqslant 1]+[x>1] \equiv s(x)$$

整流的一个拟合就是 $(a)_+ \simeq \ln(1+\beta e^a)$，其中 $\beta>0$。在练习 4 中证明了如果 $\beta=\dfrac{e}{e-1}$，则上述的两个整流单元的级联近似可以很好地拟合逻辑回归的 sigmoid 函数 $\mathrm{logistic}(a)=\dfrac{1}{1+e^{-a}}$。

5.1.2.3 多项式函数

另一个不会折叠成单个单元计算的例子是在多项式函数的情况下。

我们假设 $y=\sigma(a)=a^2$，其中 $a=wx$。我们能轻易发现两个单元的级联不会折叠。如果是这种情况，即 $y=(w_2(w_1 x)^2)^2 = w_2^2 w_1^4 x^4$，就不存在 $w_3 \in \mathbb{R}$ 满足在 $\forall x \in \mathbb{R}$ 下的 $w_3^2 x^2 = w_2^2 w_1^4 x^4$ 条件。显然，多项式函数显著地丰富了输入。如果 $\sigma(a)=\sum_{\kappa=0}^{m} \alpha_\kappa a^\kappa$，则第一个单元的输出就是

$$y_1 = \sigma(a) = \sum_{i=0}^{m} \alpha_i (wx+b)^i = \sum_{i=0}^{m} \alpha_i \sum_{\kappa=1}^{i} \binom{i}{\kappa} w^\kappa b^{i-\kappa} x^\kappa$$

$$= \sum_{\kappa=0}^{m} \Big(\sum_{i \geqslant \kappa}^{m} \alpha_i \binom{i}{\kappa} w^\kappa b^{i-\kappa} \Big) x^\kappa = \sum_{\kappa=0}^{m} \beta_\kappa x^\kappa$$

由于 $y_1 = \sum_{\kappa=0}^{m} \beta_\kappa x^\kappa$，就有

$$y_2 = \sum_{\kappa=0}^{m} \alpha_\kappa \Big(\sum_{h=0}^{m} \beta_h x^h \Big)^\kappa = \sum_{\kappa=0}^{m} \alpha_\kappa \sum_{|j|=\kappa} \frac{\kappa!}{j_1! \cdots j_m!} \prod_{h=0}^{m} (\beta_h x^h)^{j_h}$$

$$= \sum_{\kappa=0}^{m} \sum_{|j|=\kappa} \prod_{h=0}^{m} \alpha_\kappa \frac{\kappa!}{j_1! \cdots j_m!} \beta_h^{j_h} x^{h+j_h}$$

所以，两个 m 级单元的级联使其度数加倍。

5.1.2.4 挤压函数

$y(x) = (1+e^{-x})^{-1}$ 的情况使得构造的单元级联与原始的挤压函数不一样。我们可以通过求解以下方程轻易地发现这一属性：

$$y(x) = \frac{1}{1+e^{-\frac{1}{1+e^{-x}}}} = \frac{1}{1+e^{-wx-b}}$$

这个方程的解会产生一个权重为 (w, b) 的挤压函数，这相当于权重为 $w=1$ 且 $b=0$ 的情况下的两个单元的级联。我们可以轻易发现这个方程不存在任何 x 解，这就表示在单元级联中，挤压函数不会折叠。但是，$\sigma(w_2\sigma(w_1x+b_1)+b_2)$ 的定性行为没有明显的改变。特别是，例如单个单元，$\sigma(w_1x+b_1)$，这种级联仍旧是一个单调函数(见练习 7)。

5.1.2.5 指数函数

最后，我们研究指数函数 $y=e^a$ 的情况。就像之前的例子，不存在 w_3 满足 $y=e^{w_2 \cdot e^{w_1x}}=e^{w_3x}$。考虑到此方程与 $w_2 \cdot e^{w_1x}=w_3x$ 相同，所以可以轻易发现这个结论。一般情况下都是成立的，在 $\mathbb{C}$ 中对应着幂函数，在 $\mathbb{R}$ 中对应着正弦函数。我们将在练习 6 中介绍更多的细节。

从这个初步的分析可以清楚地看出，单元的级联通常能增大函数的空间。有趣的是，空间的富集方式很大程度上取决于 σ 的选择。练习 8 提出了一个涉及多项式的好例子，在这里我们可以清楚地看到构造空间的局限性。

5.1.3 从深层结构到松弛结构

前一部分深层路径提出了考虑具有无限深度的极端情况的神经网络的情况。总的来说，我们需要提供一条规则来描述权重如何沿路径变化，一个简单的规则就是假设存在一个表示重复基序的分层结构，这样做，我们可以构建一个任意深度的网络！当然，下面我们将会更加清楚，深层网络的各层可以发挥不同的作用，但重复基序会导致不同的深度概念。从某种意义上说，重复基序对应于深层网络的极端解释，这种深层网络可以被视为循环网络。

我们假设基序表示为 $\mathcal{N}=(\mathcal{V}, \mathcal{A})$，所以 $x=f(w, u)$，这里的输入 u 和输出 x 都是 $\mathbb{R}^c$ 的向量。基序的重复可以表示为，对每一个正整数 ε，存在一个指数 $\bar{t} \in \mathbb{N}$，使得对于 $t > \bar{t}$，

$$x_{t+1} = f(w, u_t)$$
$$\| x_{t+1} - x_t \| < \varepsilon \qquad (5.1.6)$$

而 $u_0 := u$ 是在迭代开始时的输入。如果根据松弛过程向平衡点动态逼近，那么映射 f 使得等式 $x_{t+1}=f(w, x_t)$ 存在定点 $x^\star$ 满足

$$x^\star = f(w, x^\star) \qquad (5.1.7)$$

首先，这个方程的解似乎并不依赖于输入 u，无论 $u_0=u$，而在只有一个固定点满足 f 时存在。在这种情况下，参数依赖性可以很好地用矩阵 $\hat{W} \in \mathbb{R}^{c,c}$ 表示，所以 $f(x)=\hat{W}'\hat{x}$。因此，找到固定点就对应于找到与特征值 $\lambda=1$ 相关联的 W 的特征向量，也就是找到 $\hat{x}$，从而使得 $(W-I)\hat{x}=0$。因此，$\hat{x}=0$ 或者有无穷多的解。很明显，这不是一个理想的结果，因为如练习 2 所证明的，线性会导致产生 $\hat{x}^\star \propto u$ 的结论。而在非线性单元的情况下，如果收敛到固定点，我们可以体会到更有趣的动态性。

Hopfield 神经网络(Hopfield neural network)是一个深入研究的特例,在这种情况下,使用单层神经元,其中 $\sigma(a)=\text{sign}(a)$ 并且矩阵 W 关于 $w_{ii}=0$ 对称。相应的模型可以表示成

$$x_{i(t+1)} = \text{sign}\left(\sum_j w_{ij} x_{jt} + b_i\right) \tag{5.1.8}$$

在 6.3.3 节中,我们将详细讨论这些在循环神经网络和神经动态学框架中的神经网络。

5.1.4 分类器、回归器和自动编码器

前馈神经网络用于分类、回归以及模式编码。在第一种情况下,网络预期返回一个尽可能接近目标 y 的值 $z=f(w, x)$。在第二种情况下,目标就是输入本身(如图 5.3 所示),因此网络用来将 $V(x, y, f(w, x))$ 最小化。在分类器的情况下,输出包含输入类的编码。在最简单的情况下,我们只对某个具体的 $\mathscr{C}$ 类的 x 成员的决策感兴趣。因此,如果 $x \in \mathscr{C}$,那么目标就是 $y=1$,否则 $y=0$。多分类器则可以以不同的方式构建。我们必须使用具有足够单元的输出层对类进行编码。在练习 9 中,就对不同的类编码进行讨论。特别是,单热编码与布尔编码进行比较。分析返回的结果解释了为什么大多数现实世界的实验使用单热编码而不是更紧凑的输出表示。

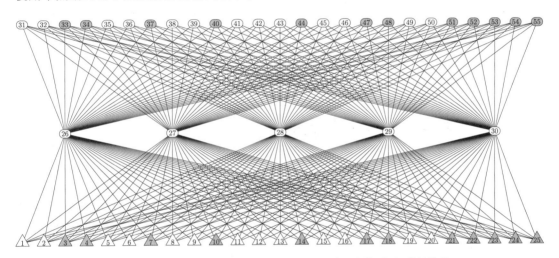

图 5.3 前馈神经网络对 1.1.3 节中使用的手写字符"2"进行编码

为了解决多分类问题,我们也可以使用。

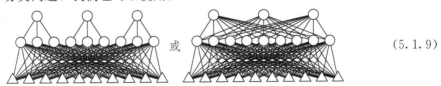
(5.1.9)

左边的网络是一个模块化结构,其中三个类别分别连接三个不同的隐藏神经元。同时,公式(5.1.9)的右侧配置成一个完全连接的网络,其中所有隐藏单元共同定义类别,所以产生更丰富的分类过程。当然,在这种情况下,网络优化了判别能力,因为通过使用隐藏神经元中提取的所有特征来进行类间的竞争。然而,左侧网络呈现出模块化的显著优势,有利于分类器的逐步构建。当我们需要添加一个新类时,完全连接的网络都需要新的训练,而模块化的训练只需要对新的模块进行。分类中提出的大多数问题也适用于回归。

然而，值得一提的是，输出神经元在回归任务中通常是线性的，因为不需要近似任何信息。

编码结构是线性代数中矩阵分解的扩展。在这种情况下，给定矩阵 T，然后我们想研究参数 W_1 和 W_2，所以 $T=W_2W_1$。编码过程包括将 $x\in\mathbb{R}^d$ 映射到较低维度 $\bar{y}$，即隐藏单元的数量。人们希望网络返回 $z=f(w,x)\simeq x$，这样隐藏的神经元 h 的输出可以被看作是输入 x 的编码。

练习

1. [17] 假设给定一个带有一个隐藏层的前馈神经网络，其中两个神经元相等。证明存在一个等价网络，其中两个相等的单元可以用其中一个替换。

2. [18] 考虑在线性 f 情况下公式(5.1.6)定义的松弛网络。证明，除非 $\hat{x}=0$，否则公式(5.1.6)收敛到 $\hat{x}\propto u$（输出与输入成比例）。

3. [M21] 考虑一个三层线性前馈神经网络，其中矩阵 W_1 和 W_2 可同时对角化[○]。证明 W_1 和 W_2 是交换矩阵且 $y=W_2W_1x=P\ \mathrm{diag}(\omega_{2,i}\omega_{1,i})P^{-1}$。如果 W_1 和 W_2 都是可逆的，证明 $y=(W_1^{-1}+W_2^{-1})^{-1}(W_1+W_2)x$。

4. [20] 考虑两个整流函数的级联，其中整流函数定义为 $\sigma(a)=\ln(1+\beta e^a)$，这里的[○] $\beta:=\frac{e-1}{e}$。证明
$$\ln(1+\beta\exp(1-\ln(1+\beta\exp(1-x))))\simeq\frac{1}{1+e^{-x}} \tag{5.1.10}$$

5. [26] 考虑两个整流函数 $\rho(x,x_1)):=(x-x_1)_+$ 和 $\rho_2(x,x_2):=(x-x_2)_+$ 的级联。证明
$$\forall x\in\mathcal{X}:((x-x_1)_+-x_2)_+=((x-x_2)_+-x_1)_+ \tag{5.1.11}$$
这种组合的交换律，即 $\rho_1(\rho_2(x,x_1))=\rho_1(\rho_2(x,x_2))$，适用于一般的整流函数吗？

6. [26] 考虑 $d=1$ 且 $y=\sigma(a)=e^{wx}$ 的简单情况，这里 $w,x\in\mathbb{C}$。证明在级联 $y=e^{w_2\cdot e^{w_1 x}}$ 中没有折叠。一旦此结论成立，通过正弦函数级联中没有折叠来提供其在实域 $\mathbb{R}$ 的解释。

7. [18] 考虑两个 sigmoid 函数的级联，其中 $\sigma(a)=\frac{1}{1+e^{-a}}$ 且 $a=wx+b$。证明 $\sigma(w_2\sigma(w_1x+b_1)+b_2)$ 是单调的。

8. [16] 考虑 $d=1$ 且 $y=\sigma(a)$ 的简单情况，其中 $a=wx+b$ 且 $\sigma(a)=a^2+c$。给定这些单元，分析 n 个单元级联的计算能力。证明无论我们选择的网络有多深，都存在无法实现的多项式计算。

9. [21] 考虑一个用于分成 4 个类别的隐藏层网络。讨论具有相同的输入和隐藏层数（$|\mathcal{I}|=6$ 且 $|\mathcal{H}|=5$）但具有不同输出单元数 $|\mathcal{O}|=4$ 和 $|\mathcal{O}|=2$ 的两个网络的不同表现。在第一种情况下，使用单热编码，即，
$$\mathcal{C}_1\sim(1,0,0,0),\mathcal{C}_2\sim(0,1,0,0),\mathcal{C}_3\sim(0,0,1,0),\mathcal{C}_4\sim(0,0,0,1)$$
而第二种情况下，
$$\mathcal{C}_1\sim(0,0),\mathcal{C}_2\sim(0,1),\mathcal{C}_3\sim(1,0),\mathcal{C}_4\sim(1,1)$$
通过提供参数可以得出结论：用两个神经元学习比用四个神经元学习更困难。
（提示）为了定义困难度，在两个学习任务中讨论不同的分离面。

5.2 布尔函数的实现

对经典的"与-或"布尔电路的理解为捕捉前馈神经网络的结构提供了重要的基础。我们将看到，转换理论中使用的传统设计方法可以有效地用于揭示基于 LTU 的实现，尽管从电路复杂度的角度来看，类似的实现远不能表示最佳的解决方案。

○ 每当存在 P 满足 $W_1=P\ \mathrm{diag}(\omega_{1,i})P^{-1}$ 及 $W_2=P\ \mathrm{diag}(\omega_{2,i})P^{-1}$ 时，称矩阵 W_1 和 W_2 可同时对角化。

○ 被看作是 $(1-(1-x)_+)_+$ 的近似。

5.2.1 "与-或"门的典型实现

即使在单个单元的路径情况下，函数 σ 也是非常重要的。然而，线性单元已经表现出了折叠的行为，这不适用于其他 σ 函数。此外，线性单元也在多维空间中折叠，而如本节所示，像阶跃函数这样的 LTU 会产生丰富的计算行为。为了理解这个重要的属性，我们在布尔函数的情况下，探索 LTU 单元级联的位置。

这里我们将使用以下符号表示二维布尔函数：假设 1 对应于 T 并且 0 对应于 F，我们可以将四值序列 f(0,0)f(0,1)f(1,0)f(1,1) 看作是布尔函数 f(x,y) 的真值表(truth table)。比如，AND 运算的真值表是 0001，OR 运算的真值表是 0111。当然，这种表示可以很容易地推广到 n 个变量的布尔函数 $f(x_1, x_2, \cdots, x_n)$。在这种情况下，真值表将是 2^n 个数的序列

$$f(0,0,\cdots,0,0)f(0,0,\cdots,0,1)f(0,0,\cdots,1,0)\cdots f(1,1,\cdots,1)$$

我们考虑阶跃线性阈值单元，并从与运算 $\wedge$ 开始。我们希望通过 $x_1 \wedge x_2 = [w_1 x_1 + w_2 x_2 + b \geqslant 0]$ 实现真值表 0001。现在令 $\mathscr{W}_\wedge$ 表示 $\mathbb{R}^3$ 上的向量集 $(w_1, w_2, b)'$，其满足

$$(b<0) \wedge (w_2+b<0) \wedge (w_1+b<0) \wedge (w_1+w_2+b>0) \quad (5.2.12)$$

注意到在 $\mathscr{W}_\wedge$ 的定义下，"与"运算的每个命题都是真值表的一个直接翻译。我们可以很快看出 $(w_1, w_2, b) = \left(1, 1, -\frac{3}{2}\right) \in \mathscr{W}_\wedge$ 是一个可行的解。另外，解空间 $\mathscr{W}_\wedge$ 是凸的(参考练习 1 了解更多细节以及凸性证明)。

同样，$\vee$ 布尔函数可以通过线性阈值函数 $[w_1 x_1 + w_2 x_2 + b \geqslant 0]$ 来实现。特别地，我们可以证明一个解是 $(w_1, w_2, b) = (1, 1, -1/2)$，并且如 $\mathscr{W}_\wedge$ 一样，解 $\mathscr{W}_\vee$ 空间是凸的(参考练习 2)。

现在假设给定了异或函数

$$x_1 \oplus x_2 = \neg x_1 \wedge x_2 \vee x_1 \wedge \neg x_2 \quad (5.2.13)$$

与 $\wedge$ 和 $\vee$ 不同，集合

$$\mathscr{L} = \{((0,0),0), ((0,1),1), ((1,0),1), ((1,1),0)\} = \square$$

显然不是线性可分的。在形式上，当考虑到任何候选分离线(candidate separation line)时可以直接得到结论，同时必须满足下述命题：

$$(b<0) \wedge (w_2+b)>0 \wedge (w_1+b)>0 \wedge (w_1+w_2+b<0)$$

很明显该表达式无解。如果我们整合第二个和第三个不等式，会得到 $w_1+w_2+2b>0$。同样，如果我们整合第一个和第四个不等式，会得到 $w_1+w_2+2b<0$，所以两者矛盾。因此，我们得到结论 $\mathscr{W}_\oplus = \emptyset$。练习 4 给出了 $\mathscr{W}_\oplus = \emptyset$ 的一个很好的图形解释。

上述讨论基本证明我们不能使用单个 LTU 来进行 XOR 运算。现在我们将展示有很多种使用多层网络(图 5.4)来表示 XOR 的方法。

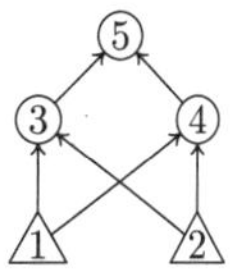

参考图 5.4，我们立即意识到输入 x_1 和 x_2 必须由隐藏层映射到 x_3 和 x_4 以便其可以被神经元 5 线性分离。比如，在图 5.5A 中展现了如何使用"几何"方法完成，这里两条均匀的虚线有表达式为 $x_1 + x_2 + 1/2 = 0$ 和 $x_1 + x_2 + 3/2 = 0$。神经元 3 和 4 按照规则 $x_3 = [x_1 +$

图 5.4 用于评估 XOR 运算的网络

$x_2 - 1/2 \geq 0$]和 $x_4 = [-x_1 - x_2 + 3/2 \geq 0]$对布尔平面内的点进行分类；通过这种方式，从图 5.5A 中可以看出，输入被映射到可分离的状态中。

另一种实现 XOR 运算的方式可以通过观察 $\neg x_1 \wedge x_2$ 和 $x_1 \wedge \neg x_2$ 是否由具有阶跃函数的 LTU 来表示。这是上述 $\wedge$ 和 $\vee$ 由阈值函数表示的直接结果。我们可以很快看到可以用正则表示 $x_1 \oplus x_2 = (\neg x_1 \wedge x_2) \vee (x_1 \wedge \neg x_2)$ 来构造 $\oplus$ 的实现函数。

现在我们开始构造 $(\neg x_1 \wedge x_2)$ 和 $(x_1 \wedge \neg x_2)$。当考虑 $\wedge$ 和 $\vee$ 的实现时，我们可以快速发现解是相似的，因为任意最小因子都是线性可分的。在图 5.5B 中，我们可以发现两个最小项对应的线以及每个示例到隐藏层表示的映射。对应于神经元 3 的线的表达式为 $-x_1 + x_2 - 1/2 = 0$，而对应于神经元 4 的线的表达式为 $x_1 - x_2 - 1/2 = 0$；事实上，我们已知 $\neg x_1 \wedge x_2 = [-x_1 + x_2 - 1/2 \geq 0]$ 且 $x_1 \wedge \neg x_2 = [x_1 - x_2 - 1/2 \geq 0]$。就像图 5.5A 中的一样，我们可以发现这样的表示是线性可分的。由于 XOR 运算的第一范式，输出单元 5 执行的是一个 OR 运算，它也是线性可分的。

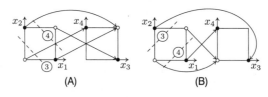

图 5.5 (A)这些示例在输入层(单元 1 和 2)表示时不是线性可分的。它们映射到隐藏层(单元 3 和 4)产生线性可分的表示。(B)基于 XOR 运算的第一范式的解。单元 3 和 4 分别检测最小项，$x_1 \wedge \neg x_2$ 和 $\neg x_1 \wedge x_2$。在这些单元创建的表示之上，神经元 5 执行 OR 运算

值得一提的是图 5.5B 给出的解也可以用第二范式给出相应解释。我们有
$$x_1 \oplus x_2 = (x_1 \vee x_2) \wedge (\neg x_1 \vee \neg x_2)$$
在这种情况下，最大项 $x_1 \vee x_2$ 通过神经元 3 实现，同时最大项 $\neg x_1 \vee \neg x_2$ 通过神经元 4 实现，这使得输出神经元 5 执行的是一个 AND 运算。

有趣的是，正如习题 5 所讨论的，XOR 运算可以通过保存一个关于当前得到的解的神经元来实现。

对 XOR 运算的分析揭示了关于任何布尔函数的解空间的一般结构。我们关注第一范式的表示，解空间 $\mathscr{W}_\oplus$ 定义为：

00            $b_3 < 0, b_4 < 0, b_5 < 0,$

01            $w_{32} + b_3 \geq 0, w_{42} + b_4 < 0, w_{54} + b_5 \geq 0,$

10            $w_{31} + b_3 < 0, w_{41} + b_4 \geq 0, w_{53} + b_5 \geq 0,$

11            $w_{31} + w_{32} + b_3 < 0, w_{41} + w_{42} + b_4 < 0, w_{53} + w_{54} + b_5 \geq 0$

现在，遵循类似用于 $\mathscr{W}_\wedge$ 和 $\mathscr{W}_\vee$ 的论点，我们得出结论：这是一个凸集。如果我们考虑基于第二范式的 XOR 运算的实现，情况也是如此。基本上，我们已经识别出与解的第一和第二范式相对应的两个凸集合 $\mathscr{W}_\oplus^I$ 和 $\mathscr{W}_\oplus^{II}$。当然，由于 $\mathscr{W}_\oplus^I \cap \mathscr{W}_\oplus^{II} = \emptyset$，所以这些集合并不连接。

对 $\oplus$ 函数的这种分析可以通过依赖范式扩展到任何布尔映射。如果我们使用第一范式，我们有

$$f(x) = \bigvee_{j=1}^{m}\bigwedge_{k=1}^{s_j} u_{jk} = (u_{11} \wedge \cdots \wedge u_{1s_1}) \vee \cdots \vee (u_{m1} \wedge \cdots \wedge u_{ms_m}) \quad (5.2.14)$$

这里的 u_{ij} 是常量，表示变量 x_i 或是它的补码。显然，运算 $\wedge$ 和 $\vee$ 可以使用关联性进行扩展。我们有

$$(x_1 \wedge x_2) \wedge x_3 = x_1 \wedge (x_2 \wedge x_3)$$

有趣的是，这种级联计算也可以通过一个具有三个输入的单个阈值线性单元来执行，也就是说，可以使用

这里的 $x_{5'} = [w_1 x_1 + w_2 x_2 + w_3 x_3 + b \geqslant 0]$ 且权重满足不等式

$$\begin{array}{lll}
000 & \circ & b < 0 \\
001 & \circ & w_3 + b < 0 \\
010 & \circ & w_2 + b < 0 \\
011 & \circ & w_2 + w_3 + b < 0 \\
100 & \circ & w_1 + b < 0 \\
101 & \circ & w_1 + w_3 + b < 0 \\
110 & \circ & w_1 + w_2 + b < 0 \\
111 & \bullet & w_1 + w_2 + w_3 + b \geqslant 0
\end{array}$$

就像 $\wedge$ 一样，$\wedge_3$ 逻辑运算也是线性可分的，因此单个的线性阈值单元就可以实现。如果我们将多维 $\wedge_m$，$m \in \mathbb{N}$ 映射到布尔超立方体上，我们能很快看出线性可分性仍然满足（见练习 3）。所以，任何可以表示成常量连接的运算都可以通过联系 $\neg x_i \rightarrow 1 - x_i$ 由线性阈值单元实现。最后，由于多维 $\vee_i$ 也可以通过单个线性阈值单元实现，所以我们可以得出结论：基于公式(5.2.14)中的联合范式形式，任何布尔函数都可以给出双层表示。可以使用布尔函数的第二范式给出相关的实现（见练习 9）。

一个有趣的问题是关于使用符号函数代替阶跃函数。可以证明，任何基于阶跃函数神经元的前馈神经网络都可以映射到相应的网络，其中神经元的激活通过符号函数进行非线性变换（见练习 10）。

5.2.2 通用的"与非"实现

第一范式和第二范式只是表达布尔函数的众多可能性的两种。为了理解不同实现的范围，我们考虑下面的例子，它很好地展示了两种极端表示。假设我们需要实现函数 $f(x) = \overline{x_1 \cdot x_2 \cdot x_3}$。当使用德摩根定律时，我们得到 $y_3 = \overline{x}_1 + \overline{x}_2 + \overline{x}_3 = \overline{x_1 \cdot x_2 \cdot x_3}$。很明显，这适用于任意数量的变量，即，

$$f(x) = \bigwedge_{i=1}^{d} \neg x_i = y_d$$

这里的 y_d 是由 $y(i) = y(i-1) \vee \neg x_i$ 和 $y(0) = 0$ 递归定义的。虽然 $\bigwedge_{i=1}^{d} \neg x_i$ 是最浅层的表示，

但基于 y_d 的等效递归计算充分在深度上进行了拓展。

这个例子很好地阐述了 nand(与非) 操作的重要作用。很明显这是一个可以通过 LTU 实现的线性可分函数。有趣的是，这在任何维度都成立。众所周知，nand 操作符具有表示任意布尔函数的通用属性。这个想法非常简单。第一范式需要通过使用 or 运算所累加的 and 运算和 not 运算来构造单项式。现在，要得出要求的通用性质的结论，我们只需要证明 and、or 和 not 可以通过 nand 来实现。这来自布尔代数的基本属性，即，

$$\overline{x} = \overline{x \cdot x} = \text{nand}(x,x)$$
$$x \cdot y = \overline{\overline{x \cdot x}} = \text{nand}(\text{nand}(x,y),\text{nand}(x,y))$$
$$x + y = \overline{\overline{x} \cdot \overline{y}} = \text{nand}(\text{nand}(x,y),\text{nand}(x,y))$$

比如，二维 xor 运算就变成

$$x_1 \oplus x_2 = x_1 \cdot \overline{x_2} + \overline{x_1} \cdot x_2 = \overline{\overline{x_1 \cdot \overline{x_2} + \overline{x_1} \cdot x_2}} = \overline{\overline{x_1 \cdot \overline{x_2}} \cdot \overline{\overline{x_1} \cdot x_2}}$$

其电路表示(图 5.6)表明我们需要五个 nand 运算符。当替换对应 LTU 单元的 and 运算时，我们可以及时发现由此产生的体系结构包含的神经元比仅基于一阶范式表示的神经元更多。另外，当图 5.4 的网络深度为 2 时，深度就会变为 3！这并不奇怪：nand 的普适属性并不一定会导致功能的有效实现。

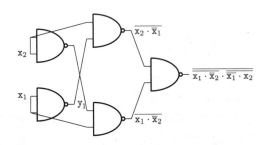

图 5.6　通过 nand 操作符实现 xor 运算。它的低效率是 nand 操作普遍性的结果。相应的 LTU 实现，其中每个 nand 门被替换为相应的 LTU 单元，产生五个神经元并且网络深度为 3

5.2.3　浅层与深层实现

上一节中进行的讨论已经启发了关于同一功能的浅层和深层实现之间的区别的重要问题。多维 xor 操作是一个实现的很好的示例。可以证明，任何使用深度为 2 的 and-or(与-或)电路进行 xor 运算都至少需要 $2^{d-1}+1$ 个门(见 5.7 节)，这显然对浅层结构的有效性给出了警示。基本上，深度为 2 的 and-or 电路允许我们根据第一(第二)范式构造函数。像 xor 运算这样的操作产生的计算量激增问题是由于构造了最小项(最大项)，其数量随函数的维数的增加而快速增长。因此，任何从最小项(最大项)角度看待布尔函数的模型都会与难以解决的可满足性的经典问题发生碰撞。

深层电路是避免这种复杂性问题的一种方式。由于 xor 操作的相关性，当 $d \geqslant 2$ 时，我们可以表示为

$$\text{xor}(x_1,\cdots,x_d) = \bigoplus_{i=1}^{d} x_i = y_d$$

$$y(i) = y(i-1) \oplus \mathsf{x}_i, \quad y(1) = \mathsf{x}(1) \tag{5.2.15}$$

上述的基于 5.2.1 节讨论的 xor 运算实现的神经算法是公式(5.2.15)的直接转化。在图 5.7 中，通过使用的前向连接(forward connection)在节点 1 处应用比特流。然而，用灰色表示的神经元 5 到神经元 4 的连接不是常规的突触连接，它只是返回 y_5，且 y_5 延迟的时间与同步输入流的时间相同。所以，$y_4(i)=y_5(i-1)$。顶点 5 返回 xor 运算的结果，它的值一旦被适度地延迟，就被送到神经元 4，神经元 4 与输入 x_i 一起被用来计算 $y(i)$。这种结构又被称为循环神经网络(recurrent neural network)，因为输出是通过递归方程(5.2.15)计算的。其计算方案可以很好地描述为通过时间展开(time unfolding)的任何有限序列的递归网络，图 5.7 中展现了 $d=4$ 的情况。这个深层网络对于那些范形来说具有极大的计算优势，由于我们需要挑选一半的最小项，单元的数量会随着 d 呈指数增长，在上述深层网络的情况下，单元的数量仅仅与 d 成正比。本书将深入讨论浅层和深层网络之间的这种强大的计算复杂度差异。然而，xor 运算是一个很好的例子表明确实涉及电路复杂性问题，因为也有适当的浅层网络实现可以打破指数快速增长边界的情况。有趣的是，当把注意力转移到基于 LTU 的实现时，就满足了这一点。

到目前为止，布尔函数的实现是由布尔代数驱动的。但是，基于 LTU 的实现可以直接表达给定的函数。举一个进一步研究多维 xor 运算的例子，为了简单起见，让我们假设 $d=4$。由于 xor 函数与相应字符串的奇偶性相对应，我们可以构建专门用于检测偶数个 1-位存在的神经元对。在这种情况下，两对神经元分别用于检测等于 1 的 1-位或 3-位的存在。现在我们构建一个仅含 1 个隐藏层的网络，其中每个神经元可以实现 ≤ 和 ≥ 关系，而当累加值超过与维度 $d=4$ 对应的阈值时，输出神经元累积所有隐藏值并触发。因此，神经元根据

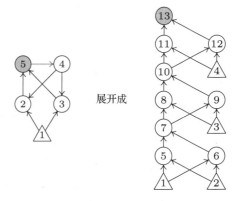

图 5.7 xor 运算的深层网络实现

$$\sum_{i=1}^{4} \mathsf{x}_i \geqslant 1 \rightsquigarrow x_5 = 1, \quad \sum_{i=1}^{4} \mathsf{x}_i \leqslant 1 \rightsquigarrow x_6 = 1,$$

$$\sum_{i=1}^{4} \mathsf{x}_i \geqslant 3 \rightsquigarrow x_7 = 1, \quad \sum_{i=1}^{4} \mathsf{x}_i \geqslant 3 \rightsquigarrow x_8 = 1, \quad \sum_{i=5}^{8} \mathsf{x}_i \geqslant 3 \rightsquigarrow x_9 = 1$$

被触发。现在我们分析基于奇偶性的输入序列，当奇偶校验为奇时，由于我们有一特定单元对被触发，所以该部分对输出单元 9 的累加的总和贡献了 2。基本上在这种情况下，对于其中一个触发对 $\sum_{i=1}^{4} x_i$ 等于 1 或者 3，因此对于该单元，输出 $H(0)=1$。其他的非特定对对总和贡献了 1，因为单元对中的两个神经元只有 1 个神经元被触发。因此 $\sum_{i=5}^{8} x_i = 3$，所以 $\mathsf{x}_9 = 1$。当奇偶性校验为偶时，没有反馈的特殊对。在这种情况下，因为只有一个单元对中的 1 个神经元被触发，所以所有成对单元表现出统一的激励。因此，$x_9 = \mathcal{H}(2-3)=0$。显然，这可以推广到 d 维 xor 运算，其中我们需要 d 个隐藏单元专门用于定位奇数 $2\kappa+1 \leqslant d$。

同样，在奇偶校验为奇数的情况下，对应于奇数的神经元对对输出贡献 2，而所有其余对贡献 1。最后，在偶数的情况下，只有一半隐藏的神经元被触发。

因此我们得出结论，存在一个浅层的深度为 2 的实现 xor 操作的阈值结构，具有 $O(d)$ 神经元。虽然图 5.7 和图 5.8 中描述的神经网络都是 xor 运算的有效 $O(d)$ 实现，但是有一个重要的区别：注意，基于图 5.7 的解对于权重的变化是鲁棒的，而基于图 5.8 的计算很明显对任何违反比较条件的情况都很敏感。但是，我们可以很容易地发现，阈值的恰当定义也会赋予浅层架构鲁棒性（见练习 12）。总结本节提出的实现技术，我们将在下一部分中系统地解决这样的鲁棒性问题。

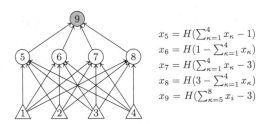

$x_5 = H(\sum_{\kappa=1}^{4} x_\kappa - 1)$
$x_6 = H(1 - \sum_{\kappa=1}^{4} x_\kappa)$
$x_7 = H(\sum_{\kappa=1}^{4} x_\kappa - 3)$
$x_8 = H(3 - \sum_{\kappa=1}^{4} x_\kappa)$
$x_9 = H(\sum_{\kappa=5}^{8} x_i - 3)$

图 5.8 xor 运算的浅层实现。与基于布尔函数的正则解不同，这种实现的电路复杂度为 $O(d)$

5.2.4 基于 LTU 的实现和复杂性问题

xor 实现的上一个例子体现出 and-or 门的 LTU 的优越性。直观地说，LTU 实现时产生的附加效率是由于实值权重而非简单布尔变量的表达。在 5.7 节中，将简要讨论实值权重的作用；在布尔函数的情况下，我们可以将权重空间限制为整数值而不会失去计算能力。

图 5.7 的前馈网络也为我们应该选择浅层网络还是深层网络来实现布尔函数提出了问题⊖。但是，在面对这个基本问题之前，我们先说明图 5.8 提出的 xor 运算的 2 层深度结构的背后的思想可以扩展到对称函数（symmetric function）类。形式上，假设 $f(x_1, \cdots, x_d) = f(x_{(1)}, \cdots, x_{(d)})$，布尔函数 $f: \{0, 1\}^d \to \{0, 1\}$ 被当作对称的，其中的 $(x_{(1)}, \cdots, x_{(d)})$ 是 $(x_1, \cdots, x_d)$ 的任意 $d!$ 排列。xor 函数和 equiv 函数都是对称的，练习 13 给出了其他的例子。

现在我们讲解一类对称函数的 2 层深度结构。这种构造背后的想法非常简单，它与用于实值函数的构造方案非常相似。直观地说，我们希望网络能够发现可能返回 1 的输入配置。在布尔函数的情况下，将会涉及这个问题，因为这些配置不能被有效地确定，所以总的来说问题很难。然而，在对称函数的情况下，我们关注的配置的特征仅在于 $\sum_{\kappa=1}^{d} x_\kappa$。因此，这使得问题有点类似于实值域，在这种情况下，它变成了一维！使布尔函数为真的输入配置可以简单地基于 $\sum_{\kappa=1}^{d} x_\kappa$ 的值，这使得 LTU 网络非常适合于计算对称函数。可以构建 2 层深度网络，其通过隐藏层中的神经元，识别函数的触发配置。这基本上是在图 5.8

⊖ 在下文中，对于机器学习中更有趣的实值函数，也会涉及这个问题。

中完成的，其中两个触发配置分别对应于 $\sum_{\kappa} x_\kappa = 1$ 和 $\sum_{\kappa} x_\kappa = 3$，由两对 LTU 适时地检测。这个想法实际上可以进行如下扩展和形式化。给定区间 $[0, d]$，我们构建一系列不相交的区间

$$\mathcal{K} = \{[\underline{k}_1, \overline{k}_1], \cdots [\underline{k}_s, \overline{k}_s]\} \tag{5.2.16}$$

这里的 $\underline{k}_{i+1} > \overline{k}_i$。现在给定的函数是以条件

$$f(x_1, \cdots, x_d) = 1 \iff \exists j \in [0, d]: \sum_{i=1}^{d} x_i \in [\underline{k}_j, \overline{k}_j] \tag{5.2.17}$$

为特征的。我们构建的 2 层深度网络，通过下面步骤构建层：

(i) 首层（配置对）

$$\underline{y}_{k_j} = H(\sum_{i=1}^{d} x_i - \underline{k}_j), \quad \overline{y}_{k_j} = H(\overline{k}_j - \sum_{i=1}^{d} x_i) \tag{5.2.18}$$

(ii) 第二层（累加）

$$y(x_1, \cdots, x_d) = H(\sum_{j=1}^{s}(\underline{y}_{k_j} + \overline{y}_{k_j}) - s - 1) \tag{5.2.19}$$

我们想要证明此网络返回 $y(x_1, \cdots, x_d) = f(x_1, \cdots, x_d)$。我们考虑表征给定函数的公式 (5.2.17)。我们区分这两类，$\sum_{i=1}^{d} x_i \notin [\underline{k}_j, \overline{k}_j]$ 和 $\sum_{i=1}^{d} x_i \in [\underline{k}_j, \overline{k}_j]$。在第一种情况下，对于 $j = 1, \cdots, s$，$\underline{y}_{k_j}$ 或 $\overline{y}_{k_j}$ 为真，也就是说，$\underline{y}_{k_j} + \overline{y}_{k_j} = +1$。因此，$y(x_1, \cdots, x_d) = H((\sum_{j=1}^{s} 1) - s - 1) = H(s - s - 1) = 0 = f(x_1, \cdots, x_d)$。对于另一种情况，对于 $j = 1, \cdots, s$，$\underline{y}_{k_j}$ 和 $\overline{y}_{k_j}$ 都为真，也就是说，对一些 $j = 1, \cdots, s$，$\underline{y}_{k_j} + \overline{y}_{k_j} = 2$，而对于 $i \neq j$，我们有 $\underline{y}_{k_i} + \overline{y}_{k_i} = 1$。综上，有 $y(x_1, \cdots, x_d) = \text{sign}(1 + s - s - 1) = \text{sign}(0) = +1 = f(x_1, \cdots, x_d)$。

让我们将此结构用于 $d = 4$ 的异或运算的先前示例。$s = 2$，$\underline{k}_1 = \overline{k}_1 = 1$ 和 $\underline{k}_2 = \overline{k}_2 = 3$ 的选择清楚地表示了四位异或运算的特征。然后我们可以迅速检查基于公式 (5.2.18) 和公式 (5.2.19) 的网络构造是否与图 5.8 的实现相对应。练习 14 提出了通过上述设计方案实现的对称函数的示例。

这种基于 LTU 的实现是使用 LTU 替代 and-or 门产生显著优势的一个例子！因此我们需要至多 $1 + 2\lceil \frac{d}{2} \rceil$ 个单元，即我们满足了上限 $O(d)$。这表明关于 and-or 实现的 $O(2^d)$ 边界有了极大的改进。

虽然这种分析似乎表明，浅层网络也可以高效实现目标，但进一步的研究发现，对于对称函数，深层网络的构建可以显著降低电路复杂度。5.7 节中简要概述探索高效实现的技术。这里我们介绍一种基于伸缩级数（telescopic series）的结构。我们将介绍构建对称函数的 3 层深度电路的想法，目的是看到相对于先前技术的基本复杂度增长情况。构造方法依旧是基于公式 (5.2.16) 的相类似的方法，但这次 $\mathcal{K} = \{[\underline{k}_0, \overline{k}_0], \cdots, [\underline{k}_s, \overline{k}_s]\}$，其中 $\underline{k}_0 = 0$。此外，我们加入 $\overline{k}_i < \underline{k}_{i+1}$ 的条件，并且使用公式 (5.2.17)。实现也要基于适当方法，将 $[0, d]$ 划分成另一个子区间族，这里的每个元素 $[\underline{k}_{i_j}, \overline{k}_{i_j}]$ 是由二维索引 i_j 定义的，

其中 $1 \leqslant j \leqslant l$ 且 $1 \leqslant i_j \leqslant r$。由于使用了伸缩技术，整体变得清晰了，对于所有 $j=1,\cdots,l$，我们设置 $\underline{k}_{0_j} = \overline{k}_{0_j} = 0$。子区间的选择方式是将 $[0,d] \subset \mathbb{N}$ 分割为

$$[\underline{k}_{1_1}, \underline{k}_{2_1}-1], [\underline{k}_{2_1}, \underline{k}_{3_1}-1], \cdots, [\underline{k}_{r_1}-1, d] \quad (5.2.20)$$

这里每个子区间(除了最后一个之外)，还包含相同数量 l 的元素 $\underline{k}_s$ 和 $\overline{k}_s$。而且，有 $\underline{k}_{i_1} < \overline{k}_{i_1} < \underline{k}_{i_2} < \overline{k}_{i_2} < \cdots < \underline{k}_{i_l} < \overline{k}_{i_l}$。网络如下构造：

(i) 首层(配置神经元)

令 $i := i_1$。对于所有 $i=1, \cdots, r$，第一层神经元计算

$$z_i = H\Big(\sum_{j=1}^d x_j - \underline{k}_{i_1}\Big) \quad (5.2.21)$$

(ii) 第二层神经元由伸缩级数确定。因此，对于所有的 $h=1, \cdots, l$，有

$$\overline{t}_h = \overline{k}_{1_h} z_1 + (\overline{k}_{2_h} - \overline{k}_{1_h}) z_2 + \cdots + (\overline{k}_{r_h} - \overline{k}_{(r-1)_h}) z_r = \sum_{i=1}^r (\overline{k}_{i_h} - \overline{k}_{(i-1)_h}) z_i \quad (5.2.22)$$

$$\underline{t}_h = \underline{k}_{1_h} z_1 + (\underline{k}_{2_h} - \underline{k}_{1_h}) z_2 + \cdots + (\underline{k}_{r_h} - \underline{k}_{(r-1)_h}) z_r = \sum_{i=1}^r (\underline{k}_{i_h} - \underline{k}_{(i-1)_h}) z_i \quad (5.2.23)$$

这些伸缩级数被用来构建第二层，基于以下 $2l$ 个隐藏单元的计算：

$$\overline{q}_h = H\Big(\overline{t}_h - \sum_{j=1}^d x_j\Big), \quad \underline{q}_h = H\Big(\sum_{j=1}^d x_j - \underline{t}_h\Big) \quad (5.2.24)$$

(iii) 输出来自第三层收缩序列的累加：

$$f(x) = H\Big(\sum_{h=1}^l 2(\overline{q}_h + \underline{q}_h) - 2l - 1\Big) \quad (5.2.25)$$

注意到在第一层，计算由 $\underline{k}_{j_1}$ 驱动。现在我们证明这个 3 层深度神经网络根据表征条件 (5.2.17) 计算对称函数。假设 $\sum_{j=1}^d x_j \in [\underline{k}_{m_1}, \underline{k}_{(m+1)_1}-1]$，第一个隐藏层返回向量⊖ $z = (\overbrace{1,1,\cdots,1}^{到 m}, \overbrace{0,0,\cdots,0}^{r})'$。第二层的计算涉及伸缩级数 (5.2.23)。由于在第一层计算出的 z 结构，传播到第二层产生

$$\overline{t}_h = \sum_{i=1}^r (\overline{k}_{i_h} - \overline{k}_{(i-1)_h}) z_i = \sum_{i=1}^m (\overline{k}_{i_h} - \overline{k}_{(i-1)_h}) z_i = \overline{k}_{m_h} - \overline{k}_{0_h} = \overline{k}_{m_h} \quad (5.2.26)$$

对于其他级数也满足，即 $\underline{t}_h = \underline{k}_{m_h}$。现在，由于表征条件 (5.2.17)，条件 $f(x) = 1$ 意味着我们总是能找到 $h \in [1, 1]$ 满足 $\underline{k}_{m_h} \leqslant \sum_{j=1}^d x_j \leqslant \overline{k}_{m_h}$。接着我们分析第二层的处理结果。我们有

$$\overline{q}_h = H\Big(\overline{t}_h - \sum_{j=1}^d x_j\Big) = H\Big(\overline{k}_{m_h} - \sum_{j=1}^d x_j\Big) = 1$$

$$\underline{q}_h = H\Big(\sum_{j=1}^d x_j - \underline{t}_h\Big) = H\Big(\sum_{j=1}^d x_j - \underline{k}_{m_h}\Big) = 1$$

⊖ 直观上，如果 $\sum_{j=1}^d x_j$ 属于第 m 个多区间，则 r 个隐藏神经元的前 m 个被触发。注意到触发涉及 $\underline{k}_{i_1}$，即，标号 i_j 中 $j=1$。

于是，

$$\overline{q}_h + \underline{q}_h = \begin{cases} 2 & \text{如果} \sum_{j=1}^{d} x_j \in [\underline{k}_{m_h}, \overline{k}_{m_h}] \\ 1 & \text{如果} \sum_{j=1}^{d} x_j \notin [\underline{k}_{m_h}, \overline{k}_{m_h}] \end{cases}$$

作为网络返回的结果，最后一层输出

$$y = H\left(\sum_{h=1}^{l} 2(\overline{q}_h + \underline{q}_h) - 2l - 1\right) = H\left(\sum_{h=1}^{l} 2l + 2 - 2l - 1\right) = 1$$

相似地，如果 $f(x)=0$，则不存在 h 满足 $\sum_{j=1}^{d} x_j \in [\underline{k}_{m_h}, \overline{k}_{m_h}]$。所以，$\forall j=1, \cdots, l: \overline{q}_h + \underline{q}_h = 1$。因此

$$y = H\left(\sum_{h=1}^{l} 2(\overline{q}_h + \underline{q}_h) - 2l - 1\right) = H\left(\sum_{h=1}^{l} 2l - 2l - 1\right) = 0$$

现在我们分析这种电路的复杂度。事实上，这是一个关键的步骤，导致了 $O(d)$ 的复杂性大大降低，这与公式(5.2.26)所表达的伸缩性质有关，这使得用 $O(1)$ 计算 $\underline{q}_h$ 和 $\overline{q}_h$ 成为可能！这允许我们构建 $2l$ 个神经元的第二层网络，以复杂度 $O(l)$ 进行计算。基于这个前提，第一层需要 r 个单元，第二个层需要 $2l \leq [d/r]$ 个，而输出层只需要一个单元。因此我们总共需要 $r+[d/r]+1$ 个单元，这对于 $r=\sqrt{d}$ 是最小的。这就使得电路复杂度上界为 $1+2\sqrt{d}$，也就是 $O(\sqrt{d})$。我们可以将提出的实现技术应用于 xor 运算，因为它是一个对称函数。我们从确定表征 xor 运算的区间开始。我们选择 $s=7$ 并且设置区间族 $\mathcal{K}$ 为 $\underline{k}_1=\overline{k}_1=1$，$\underline{k}_2=\overline{k}_2=3$，$\underline{k}_3=\overline{k}_3=5$，$\underline{k}_4=\overline{k}_4=7$，$\underline{k}_5=\overline{k}_5=9$，$\underline{k}_6=\overline{k}_6=11$，$\underline{k}_7=\overline{k}_7=13$，$\underline{k}_8=\overline{k}_8=15$，这清楚定义⊖了奇数性质。然后我们需要构建多区间 $\underline{k}_{i_j}$ 以及 $\overline{k}_{i_j}$。我们提出 $r=4$，$l=4$ 并且定义

$$\underline{k}_{1(1)} = 1, \underline{k}_{2(1)} = 5, \underline{k}_{3(1)} = 9, \underline{k}_{4(1)} = 13,$$
$$\underline{k}_{1(2)} = 3, \underline{k}_{2(2)} = 7, \underline{k}_{3(2)} = 11, \underline{k}_{4(2)} = 15$$

这样处理，每个子区间包含两个 $\underline{k}_i$。特别来说，

$$\underline{k}_1 = 1, \quad \underline{k}_2 = 3 \quad \in [\underline{k}_{1(1)}, \underline{k}_{1(2)}]$$
$$\underline{k}_3 = 5, \quad \underline{k}_4 = 7 \quad \in [\underline{k}_{2(1)}, \underline{k}_{2(2)}]$$
$$\underline{k}_5 = 9, \quad \underline{k}_6 = 11 \quad \in [\underline{k}_{3(1)}, \underline{k}_{3(2)}]$$
$$\underline{k}_7 = 13, \quad \underline{k}_8 = 15 \quad \in [\underline{k}_{4(1)}, \underline{k}_{4(2)}]$$

对应的神经网络如图5.9所示。这些对称函数上的结果表明，深度的一点小小的增加会导致复杂度有明显的降低。1 000 000 个变量的奇偶校验可以通过大约 1000 个 LTU 的网络实现！深度的增加会带来更好的结果。对于具有周期性结构(例如奇偶性)的一类对称函数，存在深度为 m 的网络，使得该上界 $O(\sqrt{d})$ 可以减小到 $O(md^{1/m})$。在实现的复杂性要

⊖ 注意，正如已经看到的那样，这个选择并不能保证鲁棒性。我们可以通过选择非零度量区间 $[\underline{k}_i, \overline{k}_i]$ 来实现。

求中，恰好也需要考虑已开发解决方案的权重可能激增。图片的对称性提供了一个合适的例子来说明问题。对称性可以被形式化为布尔量之间的相等谓语（equality predicate），并且它将被表示为 $\text{simm}_d(x, y)$。例如，检查图片 010110011010 和 0111101011110 的对称性被简化为检查等式 $x = y$：

$$\underbrace{\underbrace{010110}_{x}\,\underbrace{011010}_{y}}\quad \underbrace{\underbrace{0111101}_{x}\,\underbrace{011110}_{y}}$$

$$\underbrace{\underbrace{010110}_{x}\,\underbrace{010110}_{y}}\quad \underbrace{\underbrace{011110}_{x}\,\underbrace{011110}_{y}}$$

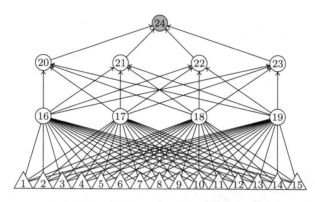

图 5.9 $d=15$ 的 xor 运算实现

为了解决这个问题，我们引入 comp_d（比较）函数，定义如下：

$$\text{comp}_d(x, y) = \begin{cases} 1 & \text{如果 } x \geqslant y \\ 0 & \text{如果 } x < y \end{cases} = H\left(\sum_{i=0}^{d-1} 2^i (x_i - y_i)\right) \tag{5.2.27}$$

我们能进一步发现

$$\text{simm}_d(x, y) = \text{comp}_d(x, y) \wedge \text{comp}_d(y, x)$$

由于 $\wedge$ 可以由单个 LTU 表示，2 层深度的神经网络就可以用来计算对称性。然而，从公式(5.2.27)可以看出，这种实现确实需要隐藏层神经元权重呈指数递增！但是，我们可以很容易地绕过这个问题，并通过逐位等式检查来计算 $\text{simm}_d(x, y)$：

$$\text{simm}_d(x, y) = \bigwedge_{i=1}^{\lfloor d/2 \rfloor} \neg (x_i \oplus y_i) \tag{5.2.28}$$

实现中，我们发现 $\overline{x_i \oplus y_i} = H(x_i - y_i) + H(y_i - x_i) - 1$。因此，虽然 $\overline{x_i \oplus y_i}$ 是一个 2 层深度的电路，因为我们在转发到 $\wedge$ 单元之前不需要对它进行累加；我们实际上可以直接将它发送给单元，以便 $\text{simm}_d(x, y)$ 通过 2 层深度网络实现。虽然这很好地解决了计算对称性时权重激增的问题，但由公式(5.2.27)表示的比较函数的表达式受到权重表征问题的困扰。非常有希望地看到了深度的增加提供了解决这个问题的可能性。为了提供有界权重的实现，这里我们讨论一个使用 and-or 门的方法。特别地，我们给出了一个 3 层深度的实现。⊖ 我们考虑下面的 $\text{comp}_d(x, y)$ 的定义：

(i) $\text{comp}_1(x, y) = x_1 \vee \neg y_1$

⊖ 另一个关于 $\text{comp}_d(x, y)$ 的 2 层深度网络的实现参考 5.7 节，它摆脱了权重激增的问题。

(ii) $\text{comp}_d(x, y) = (x_d \vee \neg y_d) \vee ((x_d \vee \neg y_d) \wedge \text{comp}_{d-1}(x, y))$

现在我们定义下列变量 b_κ, $\kappa = 1, \cdots, d$:

$$b_1 = \bigwedge_{j=1}^{d} x_j \wedge \neg y_j$$

$$b_k = x_\kappa \vee \neg y_\kappa \bigwedge_{j=k+1}^{d} x_j \wedge \neg y_j$$

$$b_d = x_d \wedge \neg y_d$$

可以很容易地通过归纳看到

$$\text{comp}_d(x, y) = \bigvee_{k=1}^{d} b_k$$

因此,$\text{comp}_d(x, y)$可以通过一个网络来实现,其中在第一个隐藏层我们计算 $x_j \wedge \neg y_j$ 和 $x_j \vee \neg y_j$,而在第二个隐藏层我们计算 b_κ。最后,在输出层通过与 b_k 的线或操作计算 $\text{comp}_d(x, y)$。由于 and-or 门可以通过一个 LTU 计算,所以我们得出结论:3 层深度前馈神经网络可以进行比较操作。这非常有趣,因为它表明虽然以前的 2 层深度网络计算比较的代价是权重激增,但只需添加一层就足以克服这个复杂性问题!

本节讨论了许多关于神经网络中涉及深度和大小的权衡的效率问题。其中一些答案似乎清楚地表明,深层网络(deep network)的探索在布尔函数的受限类别中也是非常重要的。表 5.1 总结了一些结果,我们可以看到多层计算的显著改进。另外,如比较函数的情况所示,当面对权重指数激增这一问题时,深度的增长可以提供帮助。5.7 节讨论了其他问题以及之前的一些框架。

表 5.1 针对不同问题及技术的深度大小权衡

深度	技 术	对称函数	奇偶性	对称性
2	基于 and-or 门	$O(2^d)$	$O(2^d)$	$O(d)$
2	浅层 LTU	$O(d)$	$O(d)$	—
3	伸缩性 LTU	$O(\sqrt{d})$	$O(\sqrt{d})$	—
$\vdots$	$\vdots$	$\vdots$	$\vdots$	$\vdots$
m	伸缩性 LTU	—	$O(md^{1/m})$	—

练习

1. [M15] 证明对应于 AND 运算的集合 $\mathcal{W}_\wedge$ 是凸的。

2. [M18] 给定一个神经元,确定用于实现 ∨ 函数的权重解集合 $\mathcal{S}$,并证明 $w_u = w_v = 1$, $b = -\frac{1}{2}$ 是一个解。

3. [M20] 考虑多维 AND 运算

$$\check{z} = \bigwedge_{\kappa=1}^{m} \check{x}_\kappa$$

构造一个线性阈值函数用于实现 ∧。设 $\rho < 1/2$ 是一个阈值,可以定义真的 $1-\rho$ 和假的 ρ 值。形式上,如果 z 是布尔值 $\check{z}$ 的神经表示,那么 $z > 1-\rho$ 与 $\check{z} = T$ 相关联,并且 $z < \rho$ 与 $\check{z} = F$ 相关联。给定 ρ 确定极限维数 m_ρ,使得线性阈值映射是可能的(见文献[113])。

4. [M16] 使用整流非线性函数确定解后,构建 XOR 函数的分离平面。

5. [17] 证明图 5.10 的神经网络给定对应的权重值后能够实现 XOR 操作。
6. [25] 构建一个具有 4 个单元(2 个输入、3 个隐藏、1 个输出)的神经网络，使得其分离平面是开放的。选择不同的权重设置来构建开放的分离表面，以及关闭的情况。

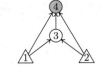

图 5.10　一个异或运算前馈网络。这些示例在输入层(单元 1、2)表示时不是线性可分的。它们通过隐藏层的映射产生线性可分的表示

7. [M19] 考虑具有非对称压缩函数的异或网络。证明

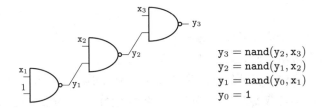

8. [16] 给定 $f(x) = \overline{x_1 \cdot x_2 \cdot x_3} = \text{nand}(x_1, x_2, x_3)$，考虑以下深层网络的转变：

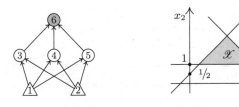

$y_3 = \text{nand}(y_2, x_3)$
$y_2 = \text{nand}(y_1, x_2)$
$y_1 = \text{nand}(y_0, x_1)$
$y_0 = 1$

这种深层架构的转变使用了 nand 运算的关联性，正确吗？

9. [18] 使用第二范式查找给定布尔函数的线性阈值表示。这种表示是公式(5.2.14)的对偶。
10. [18] 让我们通过使用阶跃函数来考虑 5.2.1 节中给出的布尔函数类以及线性阈值单元前馈结构的实现。鉴于任何这样的实现，我们是否总是可以基于符号函数构造相应的实现？若答案是肯定的，则将给定的网络转换为等效的基于符号函数的结构。
11. [22] 考虑下述神经网络：

给定权重 $w_{32} = w_{41} = w_{63} = w_{64} = w_{65} = 1$，$w_{31} = 0$，$w_{42} = w_{51} = w_{52} = -1$，偏置量 $b_3 = -1$，$b_4 = 1/2$，$b_5 = 9/2$，$b_6 = -5/2$。同时假设 $\sigma(x)$ 是符号函数。

(1) 证明 $\mathscr{X} = \{x \in \mathbb{R}^2 : x_6 = f(w, x) \geq 0\}$ 是上图中画出的区域。
(2) 可以创建多少个不同的区域？

12. [18] 考虑图 5.8 中的 xor 实现。提出一个设计解决方案来实现隐藏层的四个单元以应对鲁棒性问题。方案必须简单地确定神经元阈值的合适值。证明这样一个选择在面对噪声输入时具备鲁棒性，同时，在权重的选择方面它也是鲁棒的。保证解的权重的空间是什么？它是凸的吗？
13. [22] 证明下列对称函数的一个 and-or 实现：

$$\text{maj}_d(x) = \begin{cases} 1 & \text{如果} \sum_{\kappa=1}^{d} x_\kappa \geq \frac{d}{2} \\ 0 & \text{否则} \end{cases} \quad \text{ex}_i^d(x) = \begin{cases} 1 & \text{如果} \sum_{\kappa=1}^{d} x_\kappa = i \\ 0 & \text{否则} \end{cases}$$

然后将这种实现转换为基于用相应的 LTU 单元替换 and-or 门的实现。

14. [18] 用基于 LTU 的 2 层深度的实现方法构建练习 13 中定义的函数网络。

15. [M20] 当使用伸缩技术时，我们能证明 $\sum_{n=1}^{\infty} 0 = 1$。证据是很直接的，我们有

$$\sum_{n=1}^{\infty} 0 = \sum_{n=1}^{\infty} (1-1) = 1 + \sum_{n=1}^{\infty} (1-1) = 1$$

这明显与 $\sum_{n=1}^{\infty} 0 = 0$ 相矛盾。为什么？

16. [18] 考虑下面的布尔函数：

$$\langle x,y,z \rangle := (x \wedge y) \vee (x \wedge z) \vee y \wedge z \tag{5.2.29}$$

证明它能返回多数位(majority bit)，即字符串 x、y、z 中比较频繁的位。这是一个线性可分的函数吗？

5.3 实值函数实现

实值函数对回归问题和分类问题都可以建模。有趣的是，它们共享许多共同的属性，其中一些也与布尔函数有关。但是，一些重要的差异使神经网络实现上具有不同结构。

5.3.1 基于几何的计算实现

当输入空间由实值特征组成时，会出现新的几何特征，但整体的计算方案与布尔函数方法密切相关，尤其是在严格限定的 LTU 情况下。我们从图 5.11 的例子开始，其中这个二输入的神经网络被用来将右侧绘制的属于凸域 $\mathscr{X}$ 的模式分类。有趣的是看到任何 $x \in \mathbb{R}^2$ 映射到隐藏层 $h \in \mathbb{R}^4$ 的方式。

我们考虑点 $\hat{x} \in \mathscr{X}$，能很快发现四个隐藏单元的权重可以很容易地选择为 $x_3 = x_4 = x_5 = x_6 = 1$。我们可以根据 $w_i' \hat{x} > 0$ 简单地选择权重 w_i，$i = 1, \cdots, 4$。当我们将隐藏单元的输出看作布尔变量时，条件 $\hat{x} \in \mathscr{X}$ 明显等价于 $x_3 \wedge x_4 \wedge x_5 \wedge x_6$ 的真值。如果神经元 7 作为一个 and 门，我们能立刻得出 $x_7 = T$。很明显，这是由于 $\hat{x} \in \mathscr{X}$ 以及其他 $\check{x} \notin \mathscr{X}$ 的事实得来的，另一方面，$x_7 = F$。注意，对于图 5.11 的 $\check{x} \notin \mathscr{X}$ 的具体选择，我们可以令 $x_3 = x_4 = x_6 = 1$，且 $x_5 = 0$，它立即产生 $x_7 = F$。

现在我们想证明，任何具有一个隐藏层和严格限制 LTU 的神经架构都可以表征凸域，就像示例中那样。令 $0 \leqslant \alpha \leqslant 1$ 并且假设有两个属于 $\mathscr{X}$ 的任意两种模式 $\hat{x}_1$ 和 $\hat{x}_2$，且令任意 $\hat{x} = \alpha \hat{x}_1 + (1-\alpha) \hat{x}_2$。由于 $\hat{x}_1 \in \mathscr{X}$，我们有$^{\ominus}$ $\hat{h}_1 > 0$。同样，对 $\hat{x}_2$ 我们有 $\hat{h}_2 > 0$。因此

$$\hat{h} = W_0 \hat{x} = W_0 (\alpha \hat{x}_1 + (1-\alpha) \hat{x}_2) = \alpha W_0 \hat{x}_1 + (1-\alpha) W_0 \hat{x}_2$$
$$= \alpha \hat{h}_1 + (1-\alpha) \hat{h}_2 > 0$$

于是，对于 $\hat{x}_1 \in \mathscr{X}$ 以及 $\hat{x}_2 \in \mathscr{X}$，$\hat{h}_1 > 0$ 和 $\hat{h}_2 > 0$ 分别对应神经网络特征属性，对于所有 $\hat{x} \in \mathscr{X}$ 来说，被转换为 $\hat{h} > 0$，这意味着 $\mathscr{X}$ 是凸的。

凸性的表征对于更复杂函数的实现来说，是一个很好的属性。假设我们想要实现一个能够识别非连通域的神经网络，如图 5.12 所示。从以前的分析中，我们可以迅速发现神经元

$\ominus$ 这里我们紧凑地表达组件状态 $\hat{h}_i > 0$。

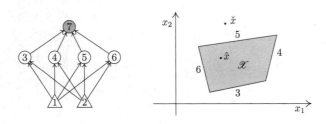

图 5.11 $\mathbb{R}^2$ 上分类。严格限制 LTU 的神经网络返回 $f(\mathscr{X})=1$。每个隐藏层 $(4,5,6,7)$ 中的神经元与共同定义凸域 $\mathscr{X}$ 的对应线相关联

4、5、6 和 6、7、8 分别表征凸集 $\mathscr{X}_1$ 和 $\mathscr{X}_2$。特别是它们的识别由神经元 9 和 10 完成,根据之前分析中已经确定它们作为 and 门。最后,当且仅当 $x\in\mathscr{X}_1$ 或 $x\in\mathscr{X}_2$ 时,$x\in\mathscr{X}_1\cup\mathscr{X}_2$ 才成立,这实际上是输出神经元 11 执行的 or 操作。

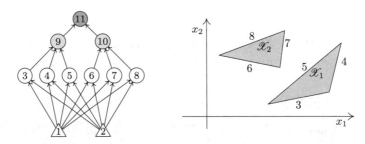

图 5.12 $\mathbb{R}^2$ 上分类。严格限制 LTU 的神经网络返回 $f(\mathscr{X})=1$。非连通域 $\mathscr{X}=\mathscr{X}_1\cup\mathscr{X}_2$ 由深度为 3 的神经网络检测,在第二个隐藏层中,凸域 $\mathscr{X}_1$ 和 $\mathscr{X}_2$ 被隔离。然后,在输出中,$\mathscr{X}$ 通过定义 $\mathscr{X}_1$ 和 $\mathscr{X}_2$ 的 or 运算来识别

很明显,图 5.12 所示的结构适用于由凸部分组成的任何非连通区域。这一结构还表明网络的增长取决于给定任务的复杂性。显然,第一个隐藏层的单元数量取决于单个凸域的复杂程度以及它们的数量,另一方面这也是影响第二个隐藏层的唯一参数。这里所示的非连通凸集的构造可以用来实现任何凹集。基本思想如图 5.13 所示。计算机制实际上与图 5.12 所示的非连通域完全相同。因为我们可以根据已知方案检测到凸集 $\mathscr{X}_1$ 和 $\mathscr{X}_2$,从而来提供 $\mathscr{X}$ 的分区。

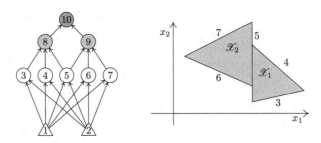

图 5.13 $\mathbb{R}^2$ 上凹集 $\mathscr{X}=\mathscr{X}_1\wedge\mathscr{X}_2$ 分类。处理和图 5.12 中相同,但在这种情况下,神经元 (5) 被两个凸集共享

在图 5.13 中,单个凸起部分的检测中存在共享的神经元。在图中,神经元 5 实际上参与构造两个凸集。注意,所示的实现不需要根据分区来分解给定的集合。当然,如果 $\mathscr{X}_1\wedge$

$\mathcal{X}_2 \neq \emptyset$，神经元 8 和 9 的 or 运算仍然返回正解。一般来说，给定 $\mathcal{X}$，我们需要找到解集 $\mathcal{F}_\mathcal{X} = \{\mathcal{X}_i, i=1, \cdots, m\}$ 满足条件 $\bigvee_{i=1}^{m} \mathcal{X}_i = \mathcal{X}$。这种结构提供了检测凹集的复杂性的观点。此外，它表明有许多不同的构造依赖于族 $\mathcal{F}_\mathcal{X}$ 覆盖 $\mathcal{X}$ 的方式。在图 5.14A 和 B 中，我们可以用两个很好的例子来说明这个问题。首先，为了实现"五角星"（图 5.14A），我们可以寻找一个合适的组合表示，通过组合族 $\mathcal{F}_\mathcal{X} \subset 2^\mathcal{X}$ 的图形 $\mathcal{X}_\kappa \in \mathcal{F}_\mathcal{X}$ 来进行。通过使用普通集合操作，组合需要进行 $2^\mathcal{X}$ 次。五角星可以通过下列方式构造：

注意，为了达到目的，集合运算必须对位于视野中的 $\mathcal{F}_\mathcal{X}$ 元素执行操作。我们可以看到，四个凸域 $\mathcal{X}_1$、$\mathcal{X}_2$、$\mathcal{X}_3$ 以及 $\mathcal{X}_4$ 可以由三个神经元实现，每个神经元都位于第一个隐藏层中。现在 $\mathcal{X}_1 - \mathcal{X}_2$ 可以通过将五个神经元考虑为一个共同的神经元来实现，对于 $\mathcal{X}_3 - \mathcal{X}_4$ 也是如此。第二层的两个单元和一个输出就可以构造此结构。注意图 5.14C 的学习任务包含一个孔。带孔的域通常对应于复杂的实现，在这种情况下，我们可以迅速发现 3 层深度的神经网络可以通过组合由三个单元构成的五个凸集来实现。这个例子清楚地表明，这种分解可以用许多不同的方式进行。例如，另一种组合是图 5.14C 所建议的组合，我们认为这个孔是一个集合，同时伴随着另外五个三角形。最后，图 5.14D 的环可以基于仅具有两个径向基函数隐藏单元的 2 层深度网络。图 5.14B 的米老鼠域可以基于

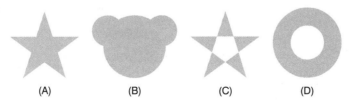

实现。在这种情况下，组合需要检测圆，其自然可以通过径向基函数单元来执行。因此，第一层的三个单元和一个输出单元就足以实现。注意，这个 2 层深度神经网络不能通过严格限制的 LTU 来实现，它只能近似圆圈。平滑函数，如双曲正切可能有更好的近似值。

(A)　　(B)　　(C)　　(D)

图 5.14　可以通过 3 层深度神经网络实现的不同的域

用于非连通性及凹度的三层深度结构可以用于带孔图形的检测。

总而言之，非连通性和凹域可以通过适当的神经组合构建。这些结构非常类似于覆盖问题（cover problem）。关于这些连接的知识将在 5.7 节中给出，可以获得与计算复杂性有关的重要问题。

5.3.2 通用近似

本节中，我们将扩展先前以几何问题为中心的讨论，并通过讨论神经非线性的作用来回顾基本思想和通用近似(universal approximation)的结果。除分类外，我们还将讨论为回归设计的函数及其相应的实现。

我们首先介绍一种通用技术，该技术依赖于对函数域分格的原理，从而将任何单个超立方体与实际值相关联，从而提供函数的恰当近似。不受通用性的限制，该函数被表示成 $f: \mathscr{X} \subset \mathbb{R}^d \to \mathbb{R}$。其基本思想如图 5.15 所示，其中输入空间 $\mathscr{X}$ 被分割成 n 个超立方体，它们可能不一定具备相同的体积。基本上，当 $i \neq j$ 时，我们假设 $\mathscr{X} = \bigcup_{i=1}^{n} \mathscr{B}_i$ 和 $\mathscr{B}_i \cap \mathscr{B}_j = \emptyset$。为了简单起见，在图中，2D 域用均匀的正方形网格化。这些框中的每一个都由相应的节点表示，编号从 3 到 18，用来包含相应框中央的函数值。给定函数可以由确定框体 $\mathscr{B}_i$ 通过 $f(x) \simeq f^\star(x) = f_i \cdot [x \in \mathscr{B}_i]$ 近似，这里我们假设 f_i 取框体中心值。因此在 $\mathscr{X}$ 上的近似函数 $f^\star$ 为

$$f^\star(x) = \sum_{i=1}^{n} f_i \cdot [x \in \mathscr{B}_i]$$

现在我们需要找到特征 $[x \in \mathscr{B}_i]$ 的恰当实现。基本的思想可以参考图 5.15，这里的每个框体与一个前馈网络相连(比如，框体 $\mathscr{B}_9$ 与图 5.15B 的网络相连)，在这种 2D 情况下，每个框体 $\mathscr{B}_i$ 都可以定义为

$$\mathscr{B}_i = \{(x_{i,1}, x_{i,2}) \in \mathbb{R}^2 :$$

$$(x_{i,1} \geq x_{i,1}^-) \wedge (x_{i,1} \geq x_{i,1}^+) \wedge (x_{i,2} \geq x_{i,2}^-) \wedge (x_{i,2} \geq x_{i,2}^+)\} \quad (5.3.30)$$

现在可以从图 5.15B 的神经网络中获得对这些框体的选择性响应。两对硬限制的隐藏单元检测定义 $\mathscr{B}_i$ 的公式(5.3.30)所述的命题。然后，在同一图中，有 16 个相似的网络用于选择覆盖 f 的域 $\mathscr{X}$ 的所有框体。最后，每个域内的函数值近似为 $f_i \cdot [x \in \mathscr{B}_i]$。

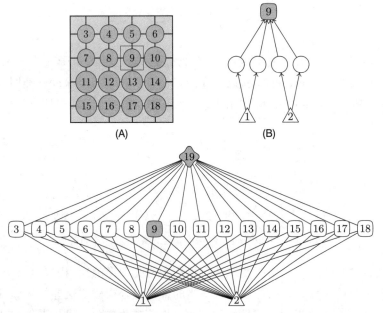

图 5.15　域 $\mathscr{H} \subset \mathbb{R}$ 上的近似。分格为 16 个框体，编号从 3 到 18，被用来将每个节点与一个隐藏单元相连。对应的输出连接设置函数的值

值得一提的是，这种实现函数的结构性方法与 5.3.1 节中提出的方法密切相关。但是，由于本节中提出的实现需要构造返回实值的函数，因此依赖于通过分区覆盖 $\mathscr{X}$ 的简化假设是非常方便的。这样，一个三层深度网络通过非常通用的方案提供了通用近似（universal approximation），该方案同样适用于回归。但是，这两种实现都需要解决集合覆盖（set cover）问题。很明显，当增加近似框体的数量 n 时，给定函数的近似值增加。练习 3 提出了满足利普希茨条件的函数逼近的分析。主要的结论是达到一定精确度 ε 的超立方体的数量 n 与 $\mathscr{X}$ 的维度 d 呈指数关系，即 $n = \infty \left(\dfrac{1}{\varepsilon}\right)^d$。这个三层深度网络是一种原版实现（vanilla realization），显然非常昂贵。

现在我们提供一种实现方法，就像是那些受布尔函数的正则表示启发的实现一样，仅需要一个隐藏层。为了了解这一思想，我们将分析限制为一维函数 $f: \mathscr{X} \subset \mathbb{R} \to \mathbb{R}$。这个域可以分区为区间集合 $\{[x_{i-1}, x_i), i = 1, \cdots, n\}$，这里的 $x_i^m = \dfrac{x_{i-1} + x_i}{2}$ 是中点的坐标。因此函数可以近似为

$$f^{\star}(x) = \sum_{i=1}^{n} (f(x_i^m) - f(x_{i-1}^m)) H(x - x_i) \tag{5.3.31}$$

这里我们假设 $f^{\star}(x_0^m) = 0$。就像练习 4 中提出的，我们可以通过检测每个区间的中间值来证明 $f^{\star}(x_i^m) = f(x_i^m)$，也就是说，在 f 满足利普希茨条件的情况下，误差为 $O(1/n)$。有趣的是，这种阶梯近似用 $\sigma(x - x_i)$ 替代 $H(x - x_i)$，这里的 $\sigma(a) = 1/(1 + e^{-a})$。对于较大的权重，很容易看出，$H(x - x_i) \simeq \sigma(x - x_i)$。总而言之，基于公式 (5.3.31) 的近似是一个直接的 2 层深度前馈神经网络实现。基本上，我们得出结论，通用近似可以仅通过一个隐藏层来获得。这个属性不仅对一维域失效，而且正如它所指出的那样，它实际上是普遍的。

令 $f: \mathscr{X} \subset \mathbb{R}^d \to \mathbb{R}$，这是一个勒贝格积分函数，因此我们可以定义它的傅里叶变换

$$\hat{f}(\xi) = \int_{\mathscr{X}} f(x) e^{-2\pi i \xi' \cdot x} \mathrm{d}x \tag{5.3.32}$$

当转换 $\hat{f}(\xi)$ 时，我们可以将 f 表示成

$$f(x) = \dfrac{1}{(2\pi)^d} \int_{\mathbb{R}^d} \hat{f}(\xi) e^{2\pi i \xi' \cdot x} \mathrm{d}\xi \tag{5.3.33}$$

现在任何有实际意义的函数通常都会具备一个有界谱，因此我们可以在有界域 $\Xi \subset \mathbb{R}^d$ 上限制上述积分。如果我们将 Ξ 划分成 n 个相同的体积的超立方体 $\mathscr{B}_i$，所以 $\Xi \subset \bigcup \mathscr{B}_i$，并且对于 $i \neq j$，有 $\mathscr{B}_i \cap B_j = \emptyset$，然后我们可以用

$$f(x) \simeq V \sum_{\kappa=1}^{n} \hat{f}(\xi_\kappa) e^{2\pi i \xi'_\kappa \cdot x} = \sum_{\kappa=1}^{n} \omega_\kappa e^{2\pi i \xi'_\kappa \cdot x} \tag{5.3.34}$$

近似 f，这里的 $V = \mathrm{vol}(\mathscr{B}_i)/(2\pi)^d$ 并且 $\omega_\kappa = V \hat{f}(\xi_\kappa)$。现在令 $\omega_\kappa = |\omega_\kappa|(\cos(\phi_\kappa) + i \sin(\phi_\kappa))$。由于 f 是一个实值函数，我们只用 $\Re(\omega_\kappa e^{2\pi i \xi'_\kappa \cdot x})$，得到

$$f(x) \simeq \sum_{\kappa=1}^{n} |\omega_\kappa| (\cos\phi_\kappa \cos 2\pi \xi'_\kappa x - \sin\phi_\kappa \sin 2\pi \xi'_\kappa x) \tag{5.3.35}$$

这种 f 的表示明显表明通过 2 层深度神经网络可以实现。令 $\omega_\kappa = 2\pi \xi_\kappa$，我们可以将任何超立方体与两个分别返回 $\cos\omega'_\kappa x$ 和 $\sin\omega'_\kappa x$ 的隐藏单元相关联。有趣的是，由于我们使用阶

梯表示(5.3.31)，我们可以得到任意单个变量的函数的通用近似，这样 $\cos \omega'_\kappa x$ 和 $\sin \omega'_\kappa x$ 可以被相应地表示。因此，我们得出结论，具有 sigmoid 函数的 2 层深度网络也在多维空间中提供了通用近似。

5.3.3 解空间及分离表面

大多数关于前馈网的研究都存在实验性的味道：一旦学习了网络的权重，通常不会研究解的结构。本节中，我们将阐述学习问题解空间的一些有趣属性，这些属性在实验设置中提供了一些有用的建议。我们开始指出解空间的一个神奇的属性，正如我们将看到的那样，这是该机器学习模型成功和强大传播的基础。

假设我们正在处理仅有一个隐藏层的前馈网络。为简单起见，考虑用于 XOR 预测的相同网络，它具有两个隐藏单元。我们可以很容易地看到，无论输入 x 是什么，如果置换隐藏单元，那么我们得到相同的输出，即，

$$r\left(\begin{array}{c}⑤\\③\ ④\\△\ △\\x\end{array}\right) = r\left(\begin{array}{c}⑤\\④\ ③\\△\ △\\x\end{array}\right)$$

一旦我们使用 $x \in \mathscr{X}$，这里的 r 返回网络的输出。原因是置换不会改变单元 5 上激活值的累加。

当然，无论隐藏单元的数量如何，此属性都会成立。令 $\mathscr{I}$ 和 $\mathscr{H}$ 表示输入层和隐藏层。然后前向传播产生

$$\begin{aligned}x_i &= \sigma(b_i + \sum_{j \in \mathscr{H}} w_{ij}\sigma(b_j + \sum_{\kappa \in \mathscr{I}} w_{j,\kappa}x_\kappa)) \\ &= \sigma(b_i + \sum_{j \in \text{perm}(\mathscr{H})} w_{i,j}\sigma(b_j + \sum_{\kappa \in \mathscr{I}} w_{j,\kappa}x_\kappa))\end{aligned}$$

这个公式表明计算独立于隐藏层中神经元的 $|\mathscr{H}|!$ 种不同的排列。一个只有 10 个隐藏单元的网络，在大多数真实世界的实验中通常只是小意思，却至少具有 3 628 800 个解！这对发现误差函数的绝对最小值的可能性有很大影响。与任何其他配置一样，在这种情况下，有近 400 万种不同的解决方案，它们都返回相同的绝对最小值。显然，在许多现实世界的实验中，这些配置的数量确实很大，并且随着隐藏层的基数而增加。

在深层网络的情况下，假设 $H = |\mathscr{H}|$ 个隐藏单元被分成 p 层。我们能很快发现等效配置的数量 S 从 $H!$ 变为

$$S(H_1, \cdots, H_p) = \prod_{\sum_i H_i = H} H_i! \tag{5.3.36}$$

由于对称性，S 的最大值和最小值对应于 $H_i = \dfrac{H}{p}$ 的相等值⊖，即，

$$S(H_1, \cdots, H_p) = \prod_{\sum_i H_i = H} H_i! \leqslant ((H/p)!)^p \tag{5.3.37}$$

为了理解在不同层中分布隐藏单元的效果，我们考虑 $\log S$，即，

$$\log S(H_1, \cdots, H_p) = \prod_{\sum_i H_i = H} \log H_i! \leqslant p \log(H/p)!$$

⊖ 这里为简单起见，H 是 p 的倍数。

在 $p=H$ 时达到最小值,也就是说当 $\forall i=1,\cdots,p: H_i=1$。我们将最大值的分析限制为 H_i 值较大的情况。为了看到 p 的作用,根据斯特林公式⊖我们得到

$$\ln S(H_1,\cdots,H_p) = p\left(\frac{H}{p}\ln\frac{H}{p} - \frac{H}{p} + O\left(\ln\frac{H}{p}\right)\right)$$

对于较大的 H 及 h,我们得到

$$\ln S(H_1,\cdots,H_p) \simeq H\ln\frac{H}{p} - H$$

这对于 $p=1$(OHL 网络)是最大化的,同样也对应于

$$S(H_1,\cdots,H_p) = ((H/p)!)^p \leqslant H! \tag{5.3.38}$$

练习 7 中提出了该等式的一般证明。公式(5.3.37)和(5.3.38)清楚地说明了在 OHL 网络中出现的对称配置的最大数量 S。这表明在这种情况下强烈支持绝对最小值的发现,而 OHL 假设并不会对不同配置的搜索进行优化。

有趣的是,这种完美的对称性并不是解空间的唯一显著特征。假设我们用 $\sigma=\tanh$,这样

$$r\left(\begin{smallmatrix}③&④\\&\triangle\triangle\end{smallmatrix}\right) = r\left(\begin{smallmatrix}③&④\\&\triangle\triangle\end{smallmatrix}\right)$$

其中第二个网络中的连接的灰级表示权重符号取反后与第一个网络的对应权重(黑色连接)相同。因此,例如,第一个网络中的连接 $w_{3,1}$ 在第二个网络中变为 $-w_{3,1}$。通常,每当 σ 是奇函数时,我们就有

$$\sum_{j\in\mathcal{H}} w_{i,j}\sigma(\sum_{\kappa\in\mathcal{I}} w_{j,\kappa}x_\kappa) = \sum_{i\in\mathcal{H}}(-w_{i,j})\sigma(\sum_{\kappa\in I}(-w_{j,\kappa})x_\kappa)$$

这个公式揭示了不变性,当替换

$$(w_{i,j},w_{j,\kappa}) \rightsquigarrow (-w_{i,j},-w_{j,\kappa}) \tag{5.3.39}$$

时,可获得。对于任何给定权重 C_w 的配置,上述符号取反后产生 $C_w \rightsquigarrow C'_w$,这是等价的。符号取反的数量为 2^H 个。当考虑公式(5.3.36)时,总体配置数量变为

$$|C_w| = \prod_{i=1}^p 2^{H_i}H_i! \tag{5.3.40}$$

显然,即使对于小型网络来说,这个数字也是巨大的。正如后面将要看到的,这种大量的等效配置是有效学习算法具有可用性的主要原因之一。当考虑这种额外的对称性时,可以进行关于浅层网络和深层网络之间的比较的相关分析。

当研究前馈网络时,还有其他的很强的实际影响的"数学属性"。我们分析解空间的边界。给定一个多层网络 $\mathcal{N}$,它在给定 $x\in\mathcal{X}$ 上返回单个输出 $f(w,x)$,我们称分离表面(separation surface)为集合

$$\mathscr{S} := \{x \subset \mathscr{X} \in \mathbb{R}^d \mid f(w,x) = 0\} \tag{5.3.41}$$

分离表面取决于网络的结构以及神经元的非线性。我们分别讨论岭函数和径向基函数神经元。我们主要研究阶跃函数的岭神经元。从 $\sigma := \text{sign}$ 下的 XOR 网络开始,并假设权重

$$w_{3,1} = 1, w_{3,2} = 1, b_3 = -\frac{1}{2}$$

⊖ 由于 ln 和 log 仅因一个因子而不同,因此分析是相同的。但是,对于以下复杂性分析,log 更可取。

$$w_{4,1}=1,\ w_{4,2}=1,\ b_4=-\frac{3}{2}$$

$$w_{5,3}=1,\ w_{5,4}=1,\ b_5=-\frac{1}{2}$$

很明显，$\forall_x \in \mathscr{X}_\oplus$ 定义为

$$\mathscr{X}_\oplus = \left\{ \left(x_1+x_2-\frac{1}{2}>0\right) \wedge \left(x_1+x_2-\frac{3}{2}<0\right) \right\}$$

我们有 $f(w,x)>0$ 且 $\mathscr{S}_\oplus = \partial \mathscr{X}_\oplus$。如果考虑二维空间以及具有硬限制的非线性，如阶跃函数和符号函数，那么分离表面就是多边形的边界。对 $h=|\mathscr{H}|=2$，3 和 4，我们有

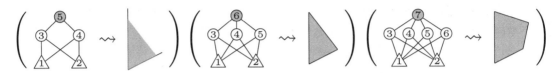

其中每个网络与相应的检测域相关联。我们可以看到，根据 h 的值，在 $h=2$ 和 $h>2$ 的情况之间存在根本差异。在前者中，只有两个隐藏单元，它们只能生成由两条分离线限定的域。因此，检测到的域不能被限制。上面提到的 XOR 网络就属于这个类，它的特点是平行分离线，但仍然定义了无界域。对于 $h=3$ 和 4，分离表面可以定义上面描述的有界多面体，并且显然，对于更大的 h 值依旧如此。

这些例子表明，为了生成有界域，网络中 h 的值必须至少为 $d+1$。在 $d=3$ 的情况下，具有此属性的第一个多面体是四面体，其具有 4 个面（$h=4$）。但请注意，条件

$$h=|\mathscr{H}|>d \tag{5.3.42}$$

只是有界域的必要条件(necessary)。比如，对于 $d=3$ 我们可以有

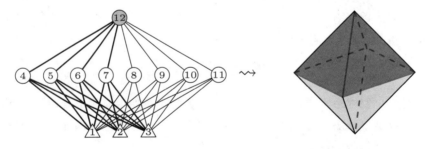

当然，8 个隐藏神经元的网络可以生成菱形（diamond）体边界域。但是，在这种情况下，如果我们只使用由粗连接表示的 4 个单元，那么生成的域没有边界！练习 6 中提出的问题为问题的本质提供了额外的观点。

该分析可以扩展到单调 σ 的情况（见 5.7 节）。如果 σ 不是单调的，那么也可以用 $h=|\mathscr{H}|=d$ 创建有界域（见练习 5）。在深层网络的情况下，OHL 网络的结论并没有明显不同，因为第一个隐藏层在 OHL 网中起着单隐藏层的作用。注意，正如 5.7 节所指出的那样，构建有界域的能力并不能绝对保证它的发现！

为了构建通过岭神经元（ridge neuron）架构保证生成有界域的分类器，我们可以采用自动编码器。这个想法是通过相应的网络对每个类建模，期望创建一个更紧凑的输入表示。在这种情况下，自动编码器生成分离表面

$$\mathscr{S} = \{x \in \mathscr{X} \subset \mathbb{R}^d \mid \| f(w,x) - x \| = \varepsilon \} \qquad (5.3.43)$$

这里的 $\varepsilon > 0$ 是个合适的阈值。我们可以看到,如果自动编码器的输出神经元是线性的,那么由边界 $\mathscr{S}$ 定义的域 $\mathscr{D}$ 是有界的。这可以通过考虑任意 $x \in \mathscr{D}$ 来获得。它满足 $\|x - \hat{w}_2 \sigma(\hat{w}'_1 \hat{x})\| < \varepsilon$。现在如果考虑任何按 x 缩放的输入,我们就有

$$\| \alpha x - \hat{w}_2 \sigma(\hat{w}'_1 \alpha \hat{x}) \| = |\alpha| \cdot \left\| x - \frac{1}{\alpha} \hat{w}_2 \sigma(\hat{w}'_1 \alpha \hat{x}) \right\| < \varepsilon$$

由于 σ 是上界,存在 $|\alpha| < A \in \mathbb{R}^+$ 使这个条件仅对 $|\alpha| < A \in \mathbb{R}^+$ 满足。因此,不管 $\frac{x}{\|x\|}$ 定义的方向是什么,如果 x 是自动编码的,则始终存在 $|\alpha| > A$ 使得 αx 不是自动编码的,即 $\mathscr{D}$ 是有界的。

对径向函数神经元的分离表面结构的分析,得到不同的结果。直观上,径向基函数神经元仅在靠近中心的有界区域中有效,这意味着开放分离表面的问题不再存在(见练习 6)。

5.3.4 深层网络和表征问题

在本节中,我们将说明,和布尔函数一样,深度/大小权衡对于实值函数也是至关重要的。我们从图 5.16 所示的例子开始讨论,其中比较了具有二维输入和六个隐藏神经元的两个网络。它们都被用作分类器,因此仅使用一个输出神经元。此外,假设网络由整流神经元组成,根据输入,隐藏的神经元被激活(线性状态)或停用。一旦神经元被停用,就不会将其激活传播到前向路径。因此,如果知道给定输入激活哪些神经元,我们可以直接计算输出。在浅层网络中我们有

$$\begin{aligned} x_9 =& (w_{9,4}w_{4,1} + w_{9,5}w_{5,1} + w_{9,6}w_{6,1} + w_{9,8}w_{8,1})x_1 \\ &+ (w_{9,4}w_{4,2} + w_{9,5}w_{5,2} + w_{9,6}w_{6,2} + w_{9,8}w_{8,2})x_2 \\ &+ b_9 + w_{9,8}b_8 + w_{9,6}b_6 + w_{9,5}b_5 + w_{9,4}b_4 \end{aligned} \qquad (5.3.44)$$

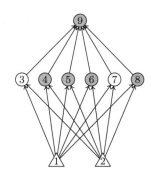
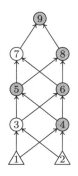

图 5.16 浅层网络对比深层网络

我们能很容易发现深层网络(图 5.16 中的右侧)产生

$$\begin{aligned} x_9 =& (w_{9,8}w_{8,5}w_{5,4}w_{4,1} + w_{9,8}w_{8,6}w_{6,4}w_{4,1})x_1 \\ &+ (w_{9,8}w_{8,5}w_{5,4}w_{4,2} + w_{9,8}w_{8,6}w_{6,4}w_{4,2})x_2 + b_9 + w_{9,8}b_8 \\ &+ w_{9,8}w_{8,6}b_6 + w_{9,8}w_{8,5}b_5 + (w_{9,8}w_{8,5}w_{5,4} + w_{9,8}w_{8,6}w_{6,4})b_4 \end{aligned} \qquad (5.3.45)$$

根据公式(5.3.44)和(5.3.45)，我们可以很快推出一般规则：输入[⊖]x_1，x_2，1通过经过激活神经元的所有可能路径将值传递到输出，因此，处理活动仅限于活跃神经元的集合$\mathscr{A}$。令$\mathscr{I}$作为输入集合并由$\text{path}_j(i,0)$表示任何将输入$i \in \mathscr{I}$连接到单个输出o的路径$j \in \mathscr{P}_{i,o}$。另外，如果κ是图中的任何顶点，我们根据拓扑排序用$\kappa \to a$连接顶点。因此，我们得到

$$x_o = \sum_{i \in \mathscr{I}} x_i \underbrace{\sum_{j=1}^{|\text{path}(i,o)|} \prod_{\kappa \in \text{path}_j(i,o)} w_{\kappa \to ,\kappa}}_{\overline{w}_{o,j}} + \underbrace{\sum_{\alpha \in \mathscr{A}} b_\alpha \prod_{\kappa \in \text{path}_j(\alpha,o)} w_{\kappa \to ,\kappa}}_{\overline{b}}$$

$$= \sum_{i \in \mathscr{I}} \overline{w}_{o,i} x_i + \overline{b} \tag{5.3.46}$$

这表明线性状态和对应的等效权重$\overline{w}_{o,i}$和$\overline{b}$的减少。

让我们对比浅层网络和深层网络。在浅层网络和深层网络中，$\mathscr{A} = \{4, 5, 6, 8\}$，浅层网络的激活神经元的路径为

$$\text{path}(1,9) = \{\{1,4,9\}, \{1,5,9\}, \{1,6,9\}, \{1,8,9\}\}$$
$$\text{path}(2,9) = \{\{2,4,9\}, \{2,5,9\}, \{2,6,9\}, \{2,8,9\}\}$$

而在深层网络中路径是

$$\text{path}(1,9) = \{\{1,4,5,8,9\}, \{1,4,6,8,9\}\}$$
$$\text{path}(2,9) = \{\{2,4,5,8,9\}, \{2,4,7,8,9\}\}$$

为了比较两个网络的表征能力，我们可以简单地比较它们可能激活的神经元配置。然而，在浅层网络中，我们只有六个"不同"的配置，对应于隐藏神经元的数量，原因是OHL网络展示了大量的等效配置。在两种情况下，激活配置的总数目为

$$\sum_{i=1}^{6} \binom{6}{i} = \sum_{i=0}^{6} \binom{6}{i} - 1 = 2^6 - 1 = 63$$

具有相同隐藏单元数的所有组产生相同的输出，这通过对隐藏层进行求和来确定。深层网络的情况更为复杂，网络需要至少三个激活隐藏单元，否则输出与输入分离。因此，我们面对的是一个组合结构，根据输入，我们有3个、4个、5个或6个活跃的隐藏神经元。已经证明层内排列不会丰富计算能力，但层排列会形成不同的网络。更确切地说，三层中的六个排列中的每一个对应于不同的配置。以此为例，同一层中活跃神经元的相应模式如表5.2所示。例如，当存在4个活跃神经元时，它们可以如上所述地分布，即一层中分布2个活动神经元，剩余两个层中各分布1个活动神经元。对于5个和6个激活单元也相似，总的来说，有8种不同的配置。

表5.2 激活模式分布

激活单元	模　　式	配置/模式	激活单元	模　　式	配置/模式
3	$\{1,1,1\}$	1	6	$\{2,2,2\}$	1
4	$\{2,1,1\}, \{1,2,1\}, \{1,1,2\}$	3	总计	—	8
5	$\{2,2,1\}, \{2,1,2\}, \{1,2,2\}$	3			

这个例子很有启发性，可以很好地推广。很明显，随着分层网络的深度D增加，不同配置的数量激增。

[⊖] 注意，我们习惯性地将1当作偏置部分的虚拟输入。

练习

1. [18] 实现图 5.14A 和 C 的"五角星"学习任务。

2. [20] 考虑下面的无限网络

其中权重层矩阵独立于层。给定 W，计算它的值。

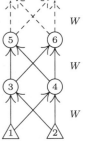

3. [M22] 让我们考虑针对 5.3.2 节中为函数 $f:\mathscr{X}\subset\mathbb{R}^d\to\mathbb{R}$ 描述的强力（brute force）通用近似方案，其中框体是尺寸为 p 的超立方体。证明如果 f 满足利普希茨条件，则近似精度与 d 呈指数关系。

4. [18] 给定 $f:\mathscr{X}\subset\mathbb{R}\to\mathbb{R}$，证明阶梯表征 $f^\star$ 在网格的节点上返回 f，即，$f(x_k^m) = f^\star(x_k^m)$。然后证明如果 f 满足利普希茨条件，精确度为 $O(1/n)$。

5. [M20] 如 5.3.3 节，使用符号函数或阶跃函数对分离表面进行分析可以得出结论，只有当 $h = |\mathscr{H}| > d$ 时才能生成有界域。当限制为 $\mathscr{X}\subset\mathbb{R}^2$ 时，证明在非单调函数的情况下，当 $h = |\mathscr{H}| \leqslant d$ 时，也可以生成有界域。然后将属性推广至任何维度。

6. [18] 证明隐藏层的基于径向基函数的 OHL 网络总是可以生成封闭分离表面（有界域）。

7. [M22] 对任意 H 和 p，证明不等式(5.3.38)。

8. [18] 考虑一个前馈神经网络，它有两个输入和一个输出，用于对下面的域进行分类。

假设使用按照 5.3 节中提出的构造方案运行的 3 层深度网络。最少使用多少隐藏单元？画出该网络。

5.4 卷积网络

卷积网络是主要用于计算机视觉的神经网络结构。然而，对其含义的深入理解远远超出了它们与视觉的结合的程度，并且涉及与焦点（focused point）相关的情境信息（contextual information）等基本原理，这引出了对不变特征（invariant feature）的提取。因此，这是机器学习中的一个基本主题，当涉及时空信息，尤其是感知时，就会出现这种主题。到目前为止，所涵盖的大多数主题已通过简化的假设被统一，其简化假设是要求智能代理在环境的紧凑表示的基础上做出决定，通过向量 $x\in\mathscr{X}\subset\mathbb{R}^d$ 表示。1.3 节中我们给出了一个典型的例子，说明现实世界的模式在计算机的存储器中表示的方法。在这种情况下，手写字符的图像可以很好地被赋予来自对高分辨率图像进行去采样的自然向量表示。有意思的是，已经发现字符识别可能不需要高分辨率，因为简化的模式表示也可以有效地工作。虽然 MNIST 学习任务具有强大的教育影响，但它可能隐藏了关于字符分割的重要问题。在大多数现实问题中，人们需要在识别之前进行分割，这个问题可能与模式识别一样困难！正如 1.4.1 节中讨论的那样，在典型的视觉问题中，我们陷入了鸡与蛋的困境，即对象的分类或它们的分割谁首先发生。感知中最有趣的认知问题的解决方案陷入了这种困境，这似乎与人类捕获的信息结构紧密相关。在人类的视觉中，虽然视网膜获取的信息有点类似于相机的处理，但眼睛的扫视运动的目的是在任何时候都将注意力集中在特定点上。视觉中的焦点似乎是打破鸡与蛋的困境的一种很好的方式：如果专注于一个特定的点，我们可以摆脱信息泛滥，因为我们可以从聚焦的观点发现视觉概念。显然，这很棘手，因为我们不知道在决定时必须考虑像素的上下文。该计算方案不限于视觉，人类在感知获取环境信息方面主要经历时空互动，在语音和语言理解的过程中，也与时间和空间坐标相互交织，这是一种由五种感官共享的属性(包括味觉、嗅觉和触觉)。

5.4.1 内核、卷积和感受野

之前关于时空背景和关注焦点的作用的讨论表明，我们需要找到一种提供情境上下文信息的紧凑表达的方法。视觉中最具挑战性的问题之一是人类能够轻松地从像素化跳转到涉及视频部分的更抽象的视觉概念识别。当关注图片中的指定像素时，人类可以轻松地列出反映该像素周围的视觉信息的"一致对象"。有趣的是，该过程通过自动调整用于决策的"虚拟窗口"来进行。这导致对特定尺寸的对象的典型检测，该尺寸随着虚拟窗口变大而增长。在给定像素处检测到的更多结构化对象通过比简单原始对象更多的类别清楚地描述，但是，对于人类而言，从纯粹的认知观点出乎意料地得到了像素化（pixelwise）过程。图5.17提供了视觉信息的一种合适表示的想法。左侧，视觉代理期望将类的类别附加到指示像素中的图片。像素显然属于"粉红豹"，但该标签可能不一定是唯一的；在考虑更广泛的背景时，人们可以不断返回"粉红豹的房间"这一类。另一方面，根据类标签，可以用完全不同的方式指示视觉代理。当指向特定点时，存在强监督（strong supervision），而陈述句"有一条毯子"仅报告图片中某处的毯子的存在。这被称为弱监督（weak supervision），即一种信息量较少的监督，因此需要更多的认知技能来获得相关的视觉概念。右边强调了语境的作用，较小的圈分别识别"警长星"和"帽子"，而最大的圈识别"粉红豹"。显然，随着语境范围变大，相关概念增加了它们的抽象程度。

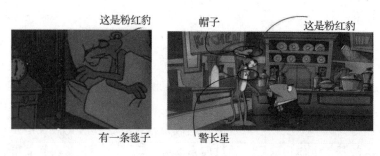

图5.17 焦点和提取概念。（左）关注点导致"粉红豹"概念的出现。图中有许多不同的"物体"，包括"毯子"。（右）语境所起的作用：最大的圈表明"粉红豹"的存在，而另外两个较小的圈（较小的语境）指的是"帽子"和"警长星"

现在令 $\mathscr{X} \subset \mathbb{R}^2$ 作为视网膜(retina)，通过 $z=(z_1, z_2)$ 识别每个像素。令 $v(z) \in \mathbb{R}^{\vdash m}$ 表示像素 z 的亮度，其中对于黑白图片来说 $\vdash m=1$，对于彩色图片 $\vdash m=3$。我们引入一组由对称向量函数 $g:\mathscr{X}^2 \to \mathbb{R}^m:(u,z) \to g(u,z) \in \mathbb{R}^{m,\vdash m}$ 定义的基于内核的过滤器(kernel-based filter)。现在取

$$y(z) := g(z,\cdot) * v(\cdot) = \int_{\mathscr{X}} g(z,u)v(u)\mathrm{d}u \qquad (5.4.47)$$

作为关于 z 的情境信息的紧凑表示。g 的对称性意味着 $g(u,z)=g(z,u)$。现在，对于其中的每一个分量来说，$g_{\alpha,\beta}(u,z)$，$\alpha=1,\cdots,m$；$\beta=1,\cdots,\vdash m$，这有助于根据矩阵乘法 $g(z,u)v(u)$ 确定输出。一个明显的例子就是 $g(z,u)=h(z-u)$。如稍后将要描述的那样，峰值滤波器的选择导致计算出的值独立于像素位置。当 $g(z,u)=h(z-u)$ 时，

公式(5.4.47)定义的计算返回映射 $y(\cdot)$,即滤波器 $g(\cdot)$ 与视频信号 $v(\cdot)$ 的卷积(convolution),值得一提的是卷积的概念明显是在 $\vdash m = m = 1$ 时给定。对向量信号的这种扩展在由运算符 $\int_{\mathscr{L}}$ 定义的 $u \in \mathscr{L}$ 和由运算符 $\sum_\beta$ 定义的 β 上产生一种类似的但混合的边缘化。如果提供 $g_{\alpha,\beta}$ 的分布式解释,则会出现另一个有趣的例子;这让我们可以考虑

$$\forall \alpha = 1,\cdots,m; \; \forall \beta = 1,\cdots,\vdash m : g_{\alpha,\beta}(z,u) = \delta(z-u)$$

这样,根据公式(5.4.47),我们得到 $y(z) = v(z)$。基本上,在这种情况下,情境信息的提取导致卷积的退化,并且输出简单地对应于像素的亮度 $v(z)^{\ominus}$。亮度 v 通过 $\vdash m$ 个特征(比如,RGB 分量)来表征,而卷积映射返回 m 个特征表征的输出 y。对于由 z 定位的任何像素,映射 $v(\cdot)$ 和 $y(\cdot)$ 共享返回一定数量的相关特征的原则,可以认为映射 $y(\cdot)$ 表示情境信息,而映射 $v(\cdot)$ 仅表示单个像素的光照属性,而不管其相邻像素如何。换句话说,$v(\cdot)$ 返回局部(基于像素的)特征,而 $y(\cdot)$ 返回全局(基于情境的)特征。但这也不是绝对的!公式(5.4.47)引出的 $y(\cdot)$ 映射只是另一种图像视图。当考虑视频信号的物理属性时,发现视网膜上的每个通过亮度 v 表示的图像(帧)总是被看作与特定滤波器的卷积的结果。我们可以一直把 v 看作是输入 $\bar{v}$ 的滤波 $\bar{h}$ 的输出,即 $v = \bar{h} * \bar{v}$。这样处理,之前的卷积计算产生了

$$y = h * v = h * (\bar{h} * \bar{v}) = (h * \bar{h}) * \bar{v} = \tilde{h} * \bar{v}$$

其中输出 y 来源于过滤器 $\tilde{h} := h * \bar{h}$ 处理后的新的亮度 $\bar{v}$。因此,公式(5.4.47)只是一种自然的表征,在某种程度上处理被反射的光。像素 z 上的亮度 $v(z)$ 本身可以合理地视为另一个滤波器的输出,因此我们可以认为公式(5.4.47)的输出是具有多个卷积的基于级联的处理。

卷积返回一个特征向量 $y(z) \in \mathbb{R}^m$,它取决于我们关注的像素 z。在某种意义上,$y(z)$ 可以被视为一种对 $(v(\mathscr{L}),z)$ 的紧凑表示方式,其中 $v(\mathscr{L})$ 是 $v(\cdot)$ 的图像,即在确定时间 t 时,视网膜 $\mathscr{L}$ 上的图像,因此任意 $(v(\mathscr{L}),z)$ 上的决策过程都被简化为 $y(z)$ 的处理。关系 $y(z) \equiv (v(\mathscr{L}),z)$ 很明显依赖于对情境建模的滤波器的选择。另外,情境的卷积表示提供大量明显依赖于 m 的信息。更大的情境的结合需要使用 m 的递增值来表示。

如练习 1 所示,在一般的条件下,卷积不仅是关联的——在上面公式中使用的属性——而且是可交换的,从计算的角度来看,这是非常有用的。通过对离散域中的相关定义的考虑,可以简单地获得卷积的数值计算(见练习 2)。有意思的是,我们可以很容易发现,在选择合适的 g 的情况下,当 m 变大时,$y(z)$ 提供了视网膜上信息 $(z,v(\mathscr{L}))$ 的一种任意良好近似。我们只需通过近似离散设置中的卷积就可以获得这个有趣的结果,当然,这对于计算目标本身很重要。假设我们将视网膜 $\mathscr{L}$ 划分成

$$z = (i_z,j_z)\Delta_z, i_z = 0,\cdots,n_i - 1, j_z = 0,\cdots,n_j - 1$$

假设亮度 $v^\#$ 通过特征 $0, 1, \cdots, \vdash m-1$ 定义,那么公式(5.4.47)的离散近似就表示为

$$\forall \alpha, i_z, j_z : y^\#(\alpha,i_z,j_z) = \sum_{\beta=0}^{\vdash m-1} \sum_{i_u=0}^{n_i-1} \sum_{j_u=0}^{n_j-1} g^\#(\alpha,\beta,i_z,j_z,i_u,j_u) v^\#(\beta,i_u,j_u) \quad (5.4.48)$$

$\ominus$ 这种退化特性对于运动不变特征非常有用。

因此，当面对这种情况时，我们可以引入张量(tensor)，$g^{\#} \in \mathbb{R}^{m, \vdash m, n_i, n_j}$，$v^{\#} \in \mathbb{R}^{\vdash m, n_i, n_j}$，$y^{\#} \in \mathbb{R}^{m, n_i, n_j}$，所以上述的公式可以简洁地表示为

$$y^{\#} = g^{\#} v^{\#} \tag{5.4.49}$$

3D 张量 $v^{\#}$ 通过 6D 张量 g 映射到连续的 3D 张量 $y^{\#}$ 上，上面的乘法操作保持了坐标 α、i_z、j_z，同时使 β、i_u、j_u 边缘化。在卷积情况下，$g^{\#}(\alpha, \beta, i_z, j_z, i_u, j_u)$ 被替代为 4D 张量 $h^{\#}(\alpha, \beta, i_z - i_u, j_z - j_u)$，所以

$$\forall \alpha, i_z, j_z : y^{\#}(\alpha, i_z, j_z) = \sum_{\beta=1}^{\vdash m} \sum_{i_u=0}^{n_i-1} \sum_{j_u=0}^{n_j-1} h^{\#}(\alpha, \beta, i_z - i_u, j_z - j_u) v^{\#}(\beta, i_u, j_u) \tag{5.4.50}$$

有意思的是，这些基于内核/卷积的计算的离散版本比相关公式(5.4.47)更自然。正如已经指出的那样，u 和 β 存在混合边际化。在离散的计算设置中，$v^{\#}(\beta, i_u, j_u)$ 的贡献来自均匀(整数)指数(β, i_u, j_u)，因此不再存在 $\int_{\mathcal{X}}$ 和 $\sum_{\beta}$ 的混合累加。

当通过级联滤波器处理亮度时，有理由怀疑是否逐渐丢失信息，并且在哪些条件下，卷积可以被反转。极端情况 $m=1$，对于这种表征无影响，但常用于图像滤波(见练习 5)。在这种情况下，为了产生可逆性，$g^{\#}$ 必须是满秩的。

现在令 $\mathcal{X}_h$、$\mathcal{X}_s$ 和 $\mathcal{X}_p$ 作为视网膜的子集，分别代表"帽子"、"星"和"粉红豹"概念的情境。如果我们回到图 5.17，考虑提取帽子的特征信息，我们希望对于某些视觉特征来说，如 $\int_{\mathcal{X}} g_\kappa(z, u) v(u) \mathrm{d}u \simeq \int_{\mathcal{X}_h} g_\kappa(z, u) v(u) \mathrm{d}u$，它们仅在"帽子的情境"中出现。总而言之，基于 $(v(\mathcal{X}), z)$ 的视觉识别任务，如图 5.17(左)中所示，可以通过处理向量 $y(z)$ 来完成，该向量很好地总结了所需的决定何时关注 z 的所有信息。这是个好消息，因为我们可以重复使用到目前为止所描述的所有方法来决定 $(v(\mathcal{X}), z)$ 定义的视觉任务。然而，正如我们将看到的，由于过滤器的作用至关重要，我们需要解决适当选择过滤器的问题，因此事情更加复杂。当我们转向涉及整个视网膜或视频的整个部分的视觉解释任务时，人类解决的典型视觉任务将变得极其困难。有趣的是，即使在任务的制定中也会出现这种困难，实际上，在第 7 章中将要研究具有挑战性的视觉任务，即视觉和语言的交互。为了获得视频流处理的情境，我们可以在考虑当前由 $v(t, z)$ 表征的视频信号时，简单地重用公式(5.4.47)给出的卷积定义，其中视网膜域 $\mathcal{X}$ 现在变为 $\mathcal{V} = \mathcal{X} \times \mathcal{T}$，其中 $\mathcal{T} = [t_0, t_1]$ 是视频的时域。因此如果定义 $\zeta := (t, z)$ 且 $\mu := (\tau, u)$，我们有

$$y(\zeta) := g(\zeta, \cdot) * v(\cdot) = \int_{\mathcal{V}} g(\zeta, \mu) v(\mu) \mathrm{d}\mu \tag{5.4.51}$$

这个时间向量 $y(\zeta)$ 表征由

$$\mathscr{I} := (\zeta, v(\mathcal{V})) = ((t, z), v(\mathcal{X} \times \mathcal{T}))$$

描述的信息。同样，关联 $\mathscr{I} \equiv y(\zeta)$ 的相关性主要取决于滤波函数 g。下面的 g 的时空因子分解产生了一种简单但自然的结构

$$g(t, z, \tau, u) = g_t(t, \tau) \odot g_z(z, u)$$

其中 $\odot$ 是阿达马积[⊖]。这导致我们对时间和空间的卷积进行级联计算，即，

⊖ 阿达马积就是分量积。

$$y(t,z) := \int_{\mathcal{T}}\int_{\mathcal{L}} g_t(t,\tau) \odot g_z(z,u) v(\tau,u) \mathrm{d}\tau \mathrm{d}u$$
$$= \int_{\mathcal{T}} g_t(t,\tau) \odot \underbrace{\int_{\mathcal{L}} g_z(z,u) v(\tau,u) \mathrm{d}u}_{V(\tau)} \mathrm{d}\tau$$

所以，我们就得到 $V(\tau) = \int_{\mathcal{L}} g_z(z, u) v(\tau, u) \mathrm{d}u$，而且 $y(t, z) = \int_{\mathcal{T}} g_t(t, \tau) \odot V(\tau) \mathrm{d}\tau$。当卷积滤波器 g_t 和 g_z 为径向函数时，可以进一步简化，即当 $g_t(t, \tau) = h_t(t-\tau)$ 且 $g_z(z, u) = h_z(\|z-u\|)$ 时，我们可以继续化简。

在语言和语音理解中，我们面临着一个非常相似的问题，唯一的区别是在这种情况下我们只处理时间维度上的信息。在语音信号的情况下，通过简单地收集 $y(t) = \int_{\mathcal{T}} g(t, \tau) v(\tau) \mathrm{d}\tau$，滤波器 $g_t(t, \tau)$ 可以用于捕获分布在 t 附近的信息。这显然是在视觉中分析的时空卷积的一个特例，我们可以在卷积滤波器上附加类似的含义。值得一提的是，当我们需要对语音信号进行实时处理时，就会出现一个因果滤波器(causal filter)，其特点是属性

$$\forall t, \tau : \tau > t : g(t, \tau) = 0 \tag{5.4.52}$$

令 $\mathcal{T} = \mathcal{T}_- \cup \mathcal{T}_+$。每当卷积返回 $y(t)$ 时，该值仅取决于当前时间 t 的之前状态，我们可以限制为 $y(t) = \int_{\mathcal{T}} g(t, \tau) v(\tau) \mathrm{d}\tau = \int_{\mathcal{T}_-} g(t, \tau) v(\tau) \mathrm{d}\tau$。只有足够大的语境来刺激人类解释时，才能提取语义概念。

这就表明，在视觉和语音等时空问题中讨论的卷积特征提取总是可以基于公式(5.4.51)。现在我们提出三个基本假设，正如我们在本节的其余部分中看到的那样，对计算问题产生了根本性的影响：

(i) 内核 $g(\cdot, \cdot)$ 满足属性 $g(\zeta, \mu) = h(\zeta - \mu)$。
(ii) 函数 $h(\cdot)$ 可以在 $\mathcal{V}$ 上通过内核扩展近似。
(iii) 亮度 v 和过滤器 h 在域边界都会消失。

现在我们分析这些假设的结果。我们开始注意到，由公式(5.4.50)给出的视网膜上卷积的离散公式可以直接扩展到 $\mathcal{V}$ 上的采样，其中 $t = i_t \Delta_t$，$i_t = 0, \cdots, n_t - 1$。这样处理我们得到

$$\forall \alpha, i_t, i_z, j_z : y^{\#}(\alpha, i_t, i_z, j_z) = \tag{5.4.53}$$

$$\sum_{\beta=1}^{m} \sum_{i_\tau=0}^{i_t-1} \sum_{i_u=0}^{n_i-1} \sum_{j_u=0}^{n_j-1} h^{\#}(\alpha, \beta, i_t - i_\tau, i_z - i_u, j_z - j_u) v^{\#}(\beta, i_\tau, i_u, j_u) \tag{5.4.54}$$

现在，给定任意 $\mathcal{V}$ 上的网格 $\mathcal{V}^{\#}$，假设我们选择一组点集 $\mathcal{R} := \{\zeta_i, i = 1, \cdots, r\}$ 用于内核扩展(kernel expansion)。如果我们限制基于视网膜的卷积，则 $\mathcal{R}$ 是在 $\mathcal{L}$ 中选择的一组 r 点集合。于是我们有

$$h(\zeta) = \sum_{\zeta_i \in \mathcal{R}} \omega_i k(\zeta - \zeta_i) \tag{5.4.55}$$

因此 $\omega_i \in \mathbb{R}^m$ 是向量，它的分量表示特定的卷积滤波器。因此，我们有

$$y(\zeta) = \int_{\mathscr{V}} h(\zeta-\gamma)v(\gamma)\mathrm{d}\gamma = \int_{\mathscr{V}} \sum_{\zeta_i \in \mathscr{R}} \omega_i k(\zeta-\gamma-\zeta_i)v(\gamma)\mathrm{d}\gamma$$
$$= \sum_{\zeta_i \in \mathscr{R}} \omega_i \int_{\mathscr{V}} k(\zeta-\gamma-\zeta_i)v(\gamma)\mathrm{d}\gamma = \sum_{\zeta_i \in \mathscr{R}} \omega_i \xi_i(\zeta) \qquad (5.4.56)$$

这里[⊖] $\xi_i(\zeta) := \int_{\mathscr{V}} k(\zeta-\alpha-\alpha_i)v(\alpha)\mathrm{d}\alpha$。根据假设(iii)，卷积滤波在它们域的边界上消失。因此，我们可以在视觉域上设置 $\mathscr{L} = \mathbb{R}^2$ 或 $\mathscr{V} = \mathbb{R}^3$，在诸如语音和语言理解的时间性任务中设置 $\mathscr{T} = \mathbb{R}$ 来简化计算。如练习1所示，在这样的情况下，由于卷积的两个参数都是绝对可和的(absolutely summable)，因此卷积是可交换的，因此在用 v 折换成 h 之后也可以导出公式(5.4.56)。在这种情况下，我们有

$$y(\zeta) = \int_{\mathscr{V}} h(\gamma)v(\zeta-\gamma)\mathrm{d}\gamma = \int_{\mathscr{V}} \sum_{\zeta_i \in \mathscr{R}} \omega_i h(\gamma-\zeta_i)v(\zeta-\gamma)\mathrm{d}\gamma$$
$$= \sum_{\zeta_i \in \mathscr{R}} \omega_i \int_{\mathscr{V}} h(\gamma-\zeta_i)v(\zeta-\gamma)\mathrm{d}\gamma = \sum_{\zeta_i \in \mathscr{R}} \omega_i \xi_i(\zeta) \qquad (5.4.57)$$

我们能很容易发现这种 $y(\zeta)$ 的表示，其中

$$\xi_i(\zeta) = \langle v(\zeta-\cdot), h(\cdot-\zeta_i)\rangle \qquad (5.4.58)$$

相较于公式(5.4.56)明显地减少了计算负担，因为 $y(\zeta)$ 的计算不需要重新计算任何给定 ζ 的滤波器 $h(\zeta-\gamma-\zeta_i)$ 的输出，因为我们可以预先计算并存储 $h(\gamma-\zeta_i)$ 的值。公式(5.4.57)表明，$y(\zeta)$ 可以根据输入 $\xi_i(\zeta)$ 和连接权重 ω_i 的神经网络来进行计算。

如果进一步假设我们处理的是能够仅考虑 ζ 的"小邻域"中的信息的峰值的滤波器，则又会极大地减少计算的负担。这对应于生物学证据，即只有接近所选择的点 ζ 的特定感受野(receptive field)，才会在激活 $y(z)$ 的计算中做出反应。如下文所述，这个假设对于支持提取特征的运动不变性也非常有效，这个问题可能在生物进化中也起着重要作用。还有更多! 可以看出，虽然运动不变性有利于感受野，但局部计算限制确实需要与深层体系结构相结合以获得涉及大的情境的高级概念。虽然这个问题将在下一节中介绍，但我们开始注意到，仅基于 $\mathscr{L}$ (或 $\mathscr{V}$)选择的 $\mathscr{R}$ 上的内核扩展可以很好地依赖于 ζ。因此，我们可以在相关的感受野 $\mathscr{R}_\zeta$ 中扩展 h，于是

$$y(\zeta) = \sum_{\zeta_i \in \mathscr{R}_\zeta} \omega_i \xi_i(\zeta) \qquad (5.4.59)$$

通常根据简单的几何结构来选择表征感受野 $\mathscr{R}_\zeta$ 的离散集合。一个可能的选择是

$$\mathscr{R}_\zeta = \{\zeta_i \mid \zeta_i = \zeta + (\Delta_z, 0)i_z + (0, \Delta_z)j_z\}$$

其中，$i_z \in [-r_{i_z} \cdots r_{i_z}]$ 且 $j_z \in [-r_{j_z} \cdots r_{j_z}]$。通常，我们可以考虑在不同的内核表示上构造的卷积滤波器，以便返回语境信息的不同视图(例如，小的和大的语境)。我们可以看到，滤波器的不同组件有望捕获不同级别的细节和语境。在极端情况下，其中 $k(\alpha) = \delta(\zeta)$，来自公式(5.4.58)，这使我们得出 $\xi_i(\zeta) = v(\zeta-\zeta_i)$ 的结论。因此我们得到

$$y(\zeta) = \sum_{\zeta_i \in \mathscr{R}_\zeta} \omega_i v(\zeta-\zeta_i) \qquad (5.4.60)$$

⊖ 从现在开始，为了简化，我们会舍去对 ζ 的依赖，即，$\xi_i(\zeta) \rightsquigarrow \xi_i$。

注意，分布式解释仅导致从感受野 $\mathscr{R}_\zeta$ 的像素收集语境信息，接收输入退化为亮度。在经典的离散核下的卷积的计算问题中，$h=\delta$，这个我们将在练习 7 中讨论。

最后，注意这里对卷积进行的所有分析也适用于更一般的核的情况，唯一的区别是扩展需要用 $k(\zeta,\gamma)$ 代替 $k(\zeta-\gamma)$。

5.4.2 合并不变性

在上一节中，我们根据卷积算子给出了时空信息（spatiotemporal information）的解释。例如，对于图像，它们总是被视为 3D 张量，随着语境变得越来越大，特征尺寸 m 也越来越大。已经证明卷积是一种自然操作，可以在时空环境中以紧凑的方式表示局部信息。在视觉中，将不再处理信息 $\mathscr{I}:=(\zeta, v(\mathscr{V}))=((t,z), v(\mathscr{L}\times\mathscr{T}))$，其对应于当聚焦于 ζ 时从 $\mathscr{V}$ 中提取信息的行为，替换为用单个向量 $y(\zeta)=(h*v)(\zeta)$ 代替 $\mathscr{I}$。当选择了适当的滤波器时，我们可以预见到存在一种计算，用来返回在输入的适当变换下不变的特征。

总的来说，卷积由于其平移不变性（translational invariance）而在机器学习中非常重要且已经广泛普及。我们考虑图像的情况，但经过简单分析，我们可以很容易地将这种方式推广到视频。假设视网膜的一小部分 $\overline{\mathscr{L}}_1\subset\mathscr{L}$ 在两个不同的位置重复，所以可以通过一定的平移从一个获得另一个。基本上，给定任意 $z_2\in\overline{\mathscr{L}}_2\subset\mathscr{L}$ 都存在 $z_1\in\overline{\mathscr{L}}_1\subset\mathscr{L}$ 满足 $z_2=z_1+\rho$，其中 $\rho\in\mathscr{L}$ 表示定义平移的向量。此外，假设 $\gamma=(\gamma_{z_1}, \gamma_{z_2})$，并且为给定的确定的阈值 ε_{z_1} 和 ε_{z_2} 定义集合

$$\mathscr{C}:=\{\gamma\in\mathbb{R}^2 \mid (|\gamma_{z_1}|<\varepsilon_{z_1})\wedge(|\gamma_{z_2}|<\varepsilon_{z_2})\}$$

集合 $\mathscr{C}$ 被证明是感受野 $\mathscr{R}_\zeta$ 的连续对应物。这对表示 $\overline{\mathscr{L}}_1=\{z_1 \mid (z_1=\overline{\zeta}_1+\gamma)\wedge(\gamma\in\mathscr{C})\}$ 及 $\overline{\mathscr{L}}_2=\{z_2 \mid (z_2=\overline{\zeta}_2+\gamma)\wedge(\gamma\in\mathscr{C})\}$ 很有帮助。现在假设我们根据

$$h(\gamma)=[\gamma\in\mathscr{C}]\tilde{h}(\gamma) \tag{5.4.61}$$

选择滤波器 $h(\cdot)$，其中 $\tilde{h}(\cdot)$ 是个通用滤波器。这一假设表示滤波器 $h(\cdot)$ 仅对框体 $\mathscr{C}$ 中的值做出反应。由于边界消失的假设，我们有

$$y(z_2\in\overline{\mathscr{L}}_2)=\int_{\mathscr{L}}h(z_2-\gamma)v(\gamma)\mathrm{d}\gamma=\int_{\mathscr{L}}h(\gamma)v(z_2-\gamma)\mathrm{d}\gamma$$

$$=\int_{\mathscr{L}}[\gamma\in\mathscr{C}]\tilde{h}(\gamma)v(z_2-\gamma)\mathrm{d}\gamma$$

由于 $\overline{\mathscr{L}}_1$ 和 $\overline{\mathscr{L}}_2$ 两部分共享同一张图像，如果 ζ_2 是 z_1 通过 $z_2=\rho+\zeta_1$ 的平移获得的，那么可以通过 $\zeta_1-\gamma$ 的平移获得 $\zeta_2-\gamma$，因此，我们有

$$[\gamma\in\mathscr{C}]v(z_2-\gamma)=[\gamma\in\mathscr{C}]v(z_1-\gamma)$$

这样

$$y(z_2\in\overline{\mathscr{L}}_2)=\int_{\mathscr{L}}[\gamma\in\mathscr{C}]\tilde{h}(\gamma)v(z_1-\gamma)\mathrm{d}\gamma$$

$$=\int_{\mathscr{L}}h(\gamma)v(z_1-\gamma)\mathrm{d}\gamma=y(z_1\in\overline{\mathscr{L}}_1) \tag{5.4.62}$$

综上所述，由于卷积表达式 $g(z,\gamma)=h(z-\gamma)$ 和感受野假设，得到了平移不变性。

另一个假设是 $y(t,z)=\int_{\mathscr{V}}h(\|z-\gamma\|)v(t,\gamma)\mathrm{d}\gamma$，其中平移不变性由径向依赖性的

附加属性表示。存在类似于语音和语言的东西：提取的特征不依赖于文本中的绝对位置，而是依赖于序列中输入之间的距离。

对平移不变性的分析表明，当我们假设 h 是一个峰值滤波器时，选择在感受野 $\mathcal{R}_\zeta$ 上扩展 h 是有效的，其中感受野假设由公式(5.4.61)表示。我们可以从公式(5.4.59)通过在感受野中共享权重 ω_i 快速推导出平移不变性。如前一种情况，接收的输入在 $z_2 = z_1 + \rho$ 计算产生 $\xi_i(z_2) = \xi_i(z_1)$。我们注意到，感受野假设大大简化了由公式(5.4.58)定义的 $\xi(z)$ 的计算。因为我们有

$$\xi_i(z) = \int_{\mathcal{V}} h(u-z_i)v(z-u)\mathrm{d}u = \int_{\mathcal{V}} h(\gamma)v(z-\gamma-z_i)\mathrm{d}\gamma = \int_{\mathcal{C}} \widetilde{h}(\gamma)v(z-\gamma-z_i)\mathrm{d}\gamma$$

视觉、缩放、旋转和弹性不变性都是，在识别过程中，特征有效的基本要求。在语音中，缩放不变性也是有意义的，因为我们可以以不同的速度传递相同的信息，但显然不存在旋转不变性。我们专注于视觉，它提供最困难和最有趣的感知不变性。

同样，我们主要研究图像，因此涉及视网膜 $\mathcal{L}$ 而不是视觉区域 $\mathcal{V}$。假设给出一张图片并且将焦点集中在 z 上，因为我们想要提取与 $\mathcal{I}=(z,v(\mathcal{L}))$ 相关的卷积滤波器。我们想要提取在缩放变换下不变的特征，并观察感受野 $\xi(z)$ 如何受到 z 中图像的局部缩放的影响。这次，假设 $h(\gamma)=\widetilde{h}(\gamma)[\|\gamma\|<r]$，也就是说，我们假设存在对视觉刺激做出反应的半径为 r 的圆形感受野。此外，我们考虑转换 $u \to z+\alpha(u-z)$ 的缩放映射，其中 $\alpha \in \mathbb{R}$ 是比例因子。现在我们将来自以 z 中心的图像的接收输入与另一个仍然以 z 为中心的图像进行比较，使得 $v_1(u)=v_2(z+\alpha(u-z))$。如果计算与 v_1 相关的输入，我们得到

$$\xi_i^1(z) = \int_{\mathcal{V}} h_1(u-z_i^{(1)})v_1(z-u)\mathrm{d}u = \int_{\mathcal{C}} \widetilde{h}_1(u-z_i^{(1)})v_1(z-u)\mathrm{d}u$$

$$= \int_{\mathcal{C}} \widetilde{h}_1(u-z_i^{(1)})v_2(z-\alpha u)\mathrm{d}u = \int_{\mathcal{C}_\alpha} \frac{1}{\alpha}\widetilde{h}_1\left(\frac{\mu}{\alpha}-z_i^{(1)}\right)v_2(z-\mu)\mathrm{d}\mu$$

其中通过变量 $\mu=\alpha u$ 的变化产生最后的等式。根据这些等式，如果我们设定

$$\widetilde{h}_2(\mu-z_i^{(2)}) := \frac{1}{\alpha}\widetilde{h}_1\left(\frac{\mu}{\alpha}-z_i^{(1)}\right) \tag{5.4.63}$$

那么

$$\xi_i^1(z) = \int_{\mathcal{C}_\alpha} \widetilde{h}_2(\mu-z_i^{(2)})v_2(z-u)\mathrm{d}u = \xi_i^{(2)}(z) \tag{5.4.64}$$

同样，如果我们共享权重 ω_i，则接收输入和卷积滤波器在缩放变换下是不变的。但是，这一次，我们只需要根据公式(5.4.63)适度更改内核，需要根据比例因子 α 重新映射感受野 $z_i^{(1)}$ 的点。在高斯内核的情况下，我们有

$$\frac{1}{\sqrt{2\pi}\sigma_1\alpha}\exp\left(-\frac{\|\mu-\alpha z_i^{(1)}\|^2}{2\sigma_1^2\alpha^2}\right) = \frac{1}{\sqrt{2\pi}\sigma_2}\exp\left(-\frac{\|\mu-z_i^{(2)}\|^2}{2\sigma_2^2}\right)$$

等式需要设置 $z_i^{(2)}=\alpha z_i^{(1)}$ 和 $\sigma_2=\alpha\sigma_1$。在某种意义上，与平移不变性的类比仅限于权重共享原则，但在缩放不变性的情况下，还需要适当地选择取决于缩放的方差的适当值。当然，如果我们使用一个单独的神经元来检测相应的特征，则不会获得这一点。为了克服缩放不变性，可以考虑对具有不同 σ 的每个单特征使用多个滤波器，并且让 ω_i 参数的学习检测，哪个滤波器在一定缩放下，可以更好地谐振。

虽然我们见证了计算机视觉领域的重大进展，但寻找具有强大表现力的特征仍然是一个悬而未决的问题。提取不变特征似乎是一个最主要的问题，虽然平移不变性是在具有感受野的卷积网络中内置的，但是必须通过学习来适当地发展缩放不变性，这同样适用于旋转和弹性变形。这就是全部？不。人类似乎可以捕获其他难以表述的不变属性。看起来有些不对劲，正如已经指出的那样，事实上，我们面临的问题可能比自然条件下更难！我们缺少什么？我们一直主要关注图像而不是视频流。这似乎是成熟的模式识别方法在图像上工作的自然结果，这使得当前的重点集中在收集大标签图像数据库上，其目的是设计和测试具有挑战性的机器学习算法。虽然这个框架是大多数现在最先进的对象识别方法的框架，但是有很强的论据表明，人类可以开始探索在自己的环境中，进行更自然的视觉交互，视觉过程沉浸在时间维度中，这是一直被忽视的一个问题。先前已经讨论过的平移和缩放不变性，实际上给出了当我们在开发检测运动中不变的特征的能力时，可以获得的不变性的一个例子。如果我的拇指越来越接近我的眼睛，那么任何运动不变的特征也将是缩放不变的。当它接近我的脸时，手指会变得越来越大，但它仍然是我的拇指。显然，平移、旋转和复杂的变形不变性也源于运动不变性。人的生命总是经历运动，所以获得的视觉不变性可能只来自运动！在看固定物体时，具有中心凹眼的动物也会移动焦点，这意味着它们不断地经历运动。平移、旋转、缩放和其他不变性可能有点人为，因为与运动不变性不同，它不能依赖于自然的持续教学，从而去获得信息。如何产生关于运动不变性的信息？假设我们正在移动手指并将注意力集中在指甲上。现在它的形状和颜色的特征预计不会随着指甲的移动而改变！不管它的动作如何，指甲都是指甲。因此，期望从对应的卷积滤波器导出的任何特征向量 $y(z)$ 在区间 $[t_0, t_1]$ 上沿着由 $z(t)$ 定义的运动轨迹不改变。在不失一般性的情况下，我们将其限制为标量特征，并假设卷积滤波器随时间变化，因此 $h(\alpha)$ 被替换为 $h(t, \alpha)$。因此运动不变性可以通过引入 $\dfrac{\mathrm{d}y(z)}{\mathrm{d}t} = \dfrac{\mathrm{d}}{\mathrm{d}t}\displaystyle\int_{\mathscr{X}} h(t, \alpha)v(t, z(t)-\alpha)\mathrm{d}\alpha = 0$ 被紧凑地表示[一]。这就产生了

$$\forall (t,z) \in \mathscr{L}: \int_{\mathscr{X}} (v(t,z-\gamma)\,\partial_t h + h(\partial_t v + \dot{z}' \cdot \nabla_z v))\mathrm{d}\gamma = 0 \quad (5.4.65)$$

它强制限制候选卷积滤波器的空间，这是运动不变性约束(motion invariance constraint)。注意，如果 $h(t, z-\alpha)=\delta(z-\alpha)$，则上述等式就是计算机视觉中用于估计光流的经典的亮度不变性(brightness invariance)条件。在这个特例中我们有

$$\forall (t,z) \in \mathscr{L}: Dv = \dfrac{\mathrm{d}v}{\mathrm{d}t} = \partial_t v + \dot{z}' \cdot \nabla_z v = 0 \quad (5.4.66)$$

此外，我们注意到运动不变性条件是线性双边约束。它与线性映射

$$\mu: \mathscr{F} \to \mathbb{R}: \mu(h) = \int_{\mathscr{X}} (v(t,z-\gamma)\,\partial_t h + h(\partial_t v + \dot{z}' \cdot \nabla_z v))\mathrm{d}\gamma \quad (5.4.67)$$

相关联，因此运动不变性包括确定 $\mathscr{N}\mu$。显然，对于具有运动不变性的卷积特征，条件

$$\mathscr{N}\mu \neq \varnothing \quad (5.4.68)$$

必须满足。映射 μ 上的注释是为了掌握问题的本质，对于不随时间变化的滤波器 h，即 $\partial_t h=0$，

[一] 类似的想法可以通过适当的约束来表达其他不变性(见练习 6 中的缩放不变性)。

运动不变性规定 $dv = \partial_t v + \dot{z}' \cdot \nabla_z v = 0$。视网膜的所有点都以相同的速度 $\dot{z}$ 平移，才会发生这种情况。通常，$\partial_t v(t, \alpha) + \dot{z}' \cdot \nabla_z v(t, \alpha) \neq 0$，因为 α 不随 z 平移。因此，我们可以立即看到滤波器通常需要随时间变化，即 $\partial_t h \neq 0$。目前在文献中使用的卷积神经网络都不满足这种性质：它们的特点是，在学习结束后在实验中不变地使用它们自己的权重，即在测试时没有变化！另一方面，如果我们回到缩放不变性的条件，我们可以认识到采用时变滤波器的相同需求。现在我们对条件(5.4.68)的实现提供一种有趣的见解。我们确定了四个条件，一方面，它们符合视觉信号的结构，另一方面，提供了视觉计算过程中关于生物学证据信息的支持。

(i) 视觉信息的有限性 (finiteness of visual information)：亮度的低带宽对于条件 $\mathcal{N}\mu \neq \emptyset$ 来说是有利的。这是合理的：当试图在一个信息丰富的视频中获得运动不变性时，代理可能会遇到更多困难。除此之外，跟踪也更加困难。

(ii) 新生儿的视野模糊 (blurring in newborn)：假设输入 $v(\cdot, \cdot)$ 由时空低通滤波器过滤。对应于模糊视频，这是已知在新生儿中出现的过程。显然，由于上述原因，强模糊有利于条件 $\mathcal{N}\mu \neq \emptyset$。因此，看起来有很好的理由保护新生儿免受视觉信息泛滥！

(iii) 感受野的进化解决方案 (the evolutionary solution of receptive field)：自然界发现的使用感受野的进化解是使用强制条件(5.4.68)的另一种方法——我们可以很容易地看到，离散化产生的相关代数线性系统是强稀疏化的。

(iv) 关注焦点的出现 (emergence of focus of attention)：注意，映射 μ 只能用近似表示给出，这是由于在光流问题的解决方案中必然引入的近似。由于亮度不变性约束只是与不同滤波器相关联的许多约束中的一个，因此其联合满足使得可以改进整体特征提取，包括速度的计算等。最后，在图像的情况下也可以施加运动不变性，因为扫视运动 (saccadic movement) 总是产生运动。

我们可以通过等周约束条件(5.4.65)来强制运动不变性。根据公式(5.4.55)，依赖于卷积滤波器的内核表示时，会产生一种有趣的简化，其可以显著地削弱复杂性。在这种情况下，我们得到

$$\int_{\mathcal{X}} \left(v(t, z-\gamma) \frac{\partial}{\partial t} \sum_{z_i \in \mathcal{R}} \omega_i k(\gamma - z_i) + (\partial_t v + \dot{z}' \cdot \nabla_z v) \sum_{z_i \in \mathcal{R}} \omega_i k(\gamma - z_i) \right) d\gamma = 0$$

进而得到

$$\Big(\sum_{z_i \in \mathcal{R}} \int_{\mathcal{X}} (v(t, z-\gamma) k(\gamma - z_i) d\gamma \Big) \dot{\omega}_i + \Big(\int_{\mathcal{X}} (\partial_t v + \dot{z}' \cdot \nabla_z v) \sum_{z_i \in \mathcal{R}} k(\gamma - z_i) d\gamma \Big) \omega_i = 0$$

现在我们定义

$$a_i(t, z) := \int_{\mathcal{X}} (v(t, z-\alpha) k(\gamma - z_i) d\gamma \quad (5.4.69)$$

$$b_i(t, z, \dot{z}) := \int_{\mathcal{X}} (\partial_t v + \dot{z}' \cdot \nabla_z v) k(\gamma - z_i) d\gamma \quad (5.4.70)$$

这样我们就得到

$$\sum_{a_i \in \mathcal{R}} a_i(t, z) \dot{\omega}_i + \sum_{a_i \in \mathcal{R}} b_i(t, z, \dot{z}) \omega_i = 0 \quad (5.4.71)$$

注意，如已知情况，感受野假设仅导致用 $\mathcal{R}_z$ 替换 $\mathcal{R}$，即，根据 z 附近的预定义几何结构排列的一组点。此外，该公式依赖于给定速度场 $\dot{z}$ 的假设，尽管可以将 $\dot{z}$ 视为亮度不变性

的未知量——滤波器的分布退化。采用卷积滤波器的内核扩展大大简化了问题，因为时间结构现在由线性微分方程来获得。任何时候都聚焦于精确的点，例如，在具有中心凹的眼睛中进行，就会产生另一个难以想象的复杂性切割！在这种情况下，我们只需要在任何时候对单个焦点强制执行约束(5.4.71)。通过适当的扫视运动获得该点的实际选择。虽然卷积特征可以通过整体监督学习过程来确定，但将运动不变性与无监督学习配对绝对是最自然的解决方案！练习8建议使用最大互信息(maximum mutual information)来提取公式(5.4.71)表示的运动不变性约束下的特征。

5.4.3 深度卷积网络

到目前为止已经考虑的卷积特征可以根据公式(5.4.59)定义的线性神经元的方式来计算。如果我们使用非线性神经元，则视网膜上的计算产生了张量

$$y_\sigma^\# = \sigma(y^\#) \tag{5.4.72}$$

定义的特征，$\sigma(\cdot)$的非线性执行了一个非常有用的聚类过程。

先前已解决的基本问题涉及要采用的滤波器的结构。运动不变性分析已经清楚地表明，基于感受野的滤波器绝对是可取的；另一方面，虽然这些滤波器更适合获得不变性，但它们在提取信息的情境信息方面受到限制，这导致深度卷积网络的发展，这是不变性原理和表征能力共同作用的自然结果。可以很容易地看到，随着在深层网络中分层越来越高，基于感受野的卷积特征依赖越来越大的虚拟窗口。特别是，每当我们添加卷积块时，由感受野覆盖的虚拟窗口的尺寸会导致窗口大小的增加。

在网络的每一层中，表示已处理的图像(视频)的3D张量由滤波器根据公式(5.4.55)表示的内核表征来处理。随着网络层数越来越多，内核$k(z-z_i)$的选择必须考虑到情境信息的维度的增加。虽然在接近输入的层中，这些内核很可能是具有小σ的高斯内核，当我们考虑接近输出层的层(涉及高层概念)时，必须相应地增加σ的值。事实上，表示给定图像的不同视图的3D张量$y^\#$表现出向输出层方向逐渐增加其特征尺寸的特性。原因很简单：靠近输出的层必须表示只能通过大范围情境获得的信息。然而，这种明显的不平衡自然可以通过沿视网膜维度(i_z, j_z)的适当张量池化(pooling)来补偿。靠近输出的层中的表示是高度冗余的，我们可以通过多种不同方式的过滤来降低冗余度。常见的解决方案是使用最大池化(max-pooling)，其中每个输出都是通过在滑动窗口上返回最大值来构造的。令$W_{z^\#}(\cdot)$表示定义为

$$W_{z^\#}(u^\#) = H(p - |(z^\# - u^\#)|_1) \tag{5.4.73}$$

的池化块(pooling block)，其中$\|\cdot\|_1$是L_1范式，$H(\cdot)$是阶跃函数，且$p \in \mathbb{N}$是一个整数，定义了窗口宽度为$2p+1$。形式上，

$$y_\sigma^\#(i_z, j_z, \beta) = \max_{u^\#}\{W_{z^\#}(\cdot) \square y_\sigma^\#(\cdot, \cdot, \beta)\}, \beta = 1, \cdots, m$$

其中，池化操作符$\square$对应于2D离散卷积$*^{\ominus}$。总的来说，输入$y^\#$遵循基于卷积的三步级联过程，包括h、非线性神经映射$\sigma(\cdot)$和池化，可以被视为具有求最大值操作的卷积滤波器$W(\cdot)$的级联。这些块的级联被称为卷积块(convolutional block)

$\ominus$ 下文中，为了强调这一属性，我们重载符号$*$来表示连续卷积和离散卷积。

$$\begin{array}{ll} \max_{u^{\#}} \{W_{z^{\#}}(\cdot) \boxdot y_{\sigma}^{\#}(\cdot,\cdot,\beta) & \text{池化} \\ \uparrow & \\ y_{\sigma}^{\#} = \sigma(y^{\#}) & \text{非线性匹配} \\ \uparrow & \\ y^{\#} = h^{\#} * v^{\#} & \text{卷积} \\ \uparrow & \\ v^{\#} & \text{输入} \end{array} \quad (5.4.74)$$

池化过程可以被认为是正则化的一种形式,它也增加了卷积滤波器的不变性。当获得卷积特征映射(convolutional feature map)的概念时,可以很好地理解在具有多个块的卷积网络中发生的计算。当输入 $v(t,\mathscr{L})$(或更为一般地,$v(t,\mathscr{L})$)被转发到卷积块的上层时,根据公式(5.4.47),将创建这些映射。因此,输入 $v(t,z) \in \mathbb{R}^{\vdash m}$ 被映射到 m 个不同的卷积特征映射,由张量 $y_{\sigma}^{\#}$ 紧凑地⊖表示。最后,这个张量由池化算子适当地去采样,产生去采样张量 $y_{\sigma,p}^{\#}$。由于任何卷积块都存在于这些张量之中,因此它们也位于深层网络的块中。m 个特征映射中的每一个都表示图像的特定属性,当网络层次结构越来越高时,它达到抽象级别,这种张量符号使得以非常直接的方式表达深度卷积网络成为可能。作为一个例子,让我们关注 MNIST 基准测试。例如,我们可以从表示手写字符的 28×28 灰度级图像开始,构建一个深度卷积网络,其架构由

$$\begin{array}{lll} \dim \mathscr{L}^{\#}(1) = 32 \times 32 \times 1 & \dim y_{\sigma}^{\#}(1) = 28 \times 28 \times 6 & \dim y_{\sigma,p}^{\#}(1) = 14 \times 14 \times 6 \\ \dim \mathscr{L}^{\#}(2) = 14 \times 14 \times 6 & \dim y_{\sigma}^{\#}(2) = 10 \times 10 \times 16 & \dim y_{\sigma,p}^{\#}(2) = 5 \times 5 \times 16 \\ \dim y^{\#}(3) = 1 \times 1 \times 120 & \dim y^{\#}(4) = 1 \times 1 \times 84 & \dim y^{\#}(5) = 1 \times 1 \times 10 \end{array}$$

定义。它由两个卷积层组成,后面是三个全连接层。在卷积层中,每个神经元是基于一个离散核函数的 5×5 感受野,即 $h = \delta$。在每一层中,池化通过返回四个值中的一个来执行采样。

练习

1. [16] 证明卷积满足交换律,即,$u * v = v * u$。
2. [18] 我们考虑卷积滤波器,其中 $g(z,u) = h(z-u)$,以及 $h(\alpha) \in \mathbb{R}$ 的情况。由公式(5.4.47)给出的卷积概念,如果 $\mathscr{L} = \mathbb{R}^2$,可以给出如下相关定义:

$$\forall (m,n) \in \mathbb{N}^2 : y_{m,n} = \sum_{h=1}^{\infty} \sum_{\kappa=1}^{\infty} h_{m-h,n-\kappa} v_{h,\kappa} \quad (5.4.75)$$

如果 $\mathscr{L} \subsetneq \mathbb{R}^2$ 怎么办?在 $\mathscr{D}_Z = [1,\cdots,n_i] \times [1,\cdots,n_j]$ 的情况下,扩展定义(5.4.75)。证明(5.4.75)的扩展定义只是(5.4.47)的数值近似。
(提示)注意 $\mathscr{D}_Z$ 边界的定义。

3. [M18] 证明对于 $z \in \mathbb{R}$ 有

$$\frac{\mathrm{d}}{\mathrm{d}z}(u * v) = \frac{\mathrm{d}u}{\mathrm{d}x} * v = u * \frac{\mathrm{d}v}{\mathrm{d}z} \quad (5.4.76)$$

(提示)这是交换律的简单结果,因此两个函数的卷积具有两个单独函数的可微分性质。

4. [18] 将 $[-1,1]$ 上函数定义为 $u(z) = z$ 和 $v(z) = 1-z$。交换律 $u * v = v * u$ 能否在 $[-1,1]$ 中满足?

⊖ 为了更好地专注于图像,我们在张量的表示中舍去了时间。

5. [18] 假设对 $\forall z \in \mathscr{X}$ 给出 $y(z) = g(z, \cdot) * v(\cdot)$。给定 $y(z)$，能否重建 $u(z)$？这个问题被称为反卷积(deconvolution)。

6. [18] 提出一种算法，利用条件

$$\frac{\mathrm{d}}{\mathrm{d}t} \int_{\mathscr{X}} h(t, \gamma(z-\alpha)) v(t, \gamma(z-\alpha)) \mathrm{d}\alpha = 0 \qquad (5.4.77)$$

的结果来合并缩放不变性。

7. [18] 考虑卷积滤波器，其中 $h = \delta$。编写用于计算给定视网膜上的卷积的算法。视网膜的边界会发生什么？

8. [HM50] 使用最大互信息(MMI)准则来提取由公式(5.4.71)表示的运动不变性约束下的特征。
(提示)与运动不变性相结合的 MMI 约束生成积分微分方程。使用基于虚拟眼球运动的关注焦点将其转换为微分方程，并获得局部计算模型。根据最小认知行为原则(见 6.5.1 节)表示该问题。

9. [13] 考虑一个带有两个输入的前馈神经网络和一个带有 n 个神经元的隐藏层。H 是神经元的激活函数，并假设输出单元计算隐藏层输入的 $\wedge$ 值。考虑通过取反隐藏单元的符号获得的配置的数量 C_n。可以分成多少个不同的部分？考虑练习 11 的 $n=3$ 的情况，不同配置的数量是 $C_n = 8 = 2^3$，而在平面中可以创建的最大区域数是 $L_3 = 7$。为什么 $L_3 \neq C_3 \mid$，特别是，$L_3 < \mid C_3 \mid$？一般来说，我们有

$$L_n = 1 + \frac{n(n+1)}{2} \mid < C_n \mid = 2^n$$

为什么有些配置消失了？

10. [HM46] 证明由许多整流器单元组成的一层网络具有全局饱和低的概率，因此具有这种层的网络总是在所选示例上表现出线性特征。

5.5 前馈神经网络上的学习

本节中，我们将说明前馈架构是使学习算法高效的基本要素。无论什么学习协议，由于图的顶点的偏序，效率得到了很好的体现。

5.5.1 监督学习

我们开始研究监督学习，它被理解为误差函数的优化。我们使用梯度下降启发式算法，这实际上是执行优化的最简单的数值方法。还提到了更高阶的方法，但据称在大多数具有相关应用的情况下，它们可能是无用的，因为我们通常处理高维输入空间，这使得这些方法在计算上非常不划算。同时还回顾了基本的数值技术。

5.5.2 反向传播

反向传播可能是机器学习中最流行的方法。它不仅是一个学习算法，也是一种有效的梯度计算方法，我们将在本节说明，它实际上是最优的。学习算法通常需要计算任何示例 v 的损失梯度，即 ∇e，其中 $e(w, v, y) = V(v, y, f(w, v))$。为了理解这个想法，要认识到函数的导数可以用数字或符号来计算表示。比如，如果想计算 $\sigma'(a)$，其中，$\sigma(a) = 1/(1+e^{-a})$，符号性的推导使我们得到

$$\sigma'(a) = \sigma(a)(1-\sigma(a)) \qquad (5.5.78)$$

或者，可以使用基于巧妙的近似数值方案，例如，有

$$\sigma^{(1)}(a) = \frac{\sigma(a+h) - \sigma(a-h)}{2h} - \frac{h^2}{6}\sigma^{(3)}(\tilde{a}) \tag{5.5.79}$$

其中，$\tilde{a} \in (a-h, a+h)$。当然，对于"小的"h值，有 $\sigma^{(1)}(a) \simeq (\sigma(a+h) - \sigma(a-h))/2h$，给出了一种计算 $\sigma^{(1)}(a)$ 的很好的数值方案。在练习 3 中我们讨论为什么导数的数值近似对于非对称近似 $\sigma^{(1)}(a) \simeq (\sigma(a+h) - \sigma(a))/h$ 是优选的⊖。但是，无论用什么数值算法，一旦确定了 $\sigma(a)$，它就无法达到符号计算(5.5.78)所达到的完美表达。有趣的是，符号表达式和梯度数值计算之间的这种差异不仅影响精度，在处理高维问题时，实际上对计算复杂性具有根本性影响。

假设使用梯度的数值计算，其中它的任意部分 $\partial e/\partial w_{ij}$ 都是使用公式(5.5.79)中概述的概念计算出来的。于是

$$\frac{\partial e}{\partial w_{ij}} \leftarrow \frac{e(w_{ij} + h, v, y) - e(w_{ij} + h, v, y)}{2h} \tag{5.5.80}$$

令 $\mathcal{N} = (\mathcal{V}, \mathcal{A})$ 表示前馈网络。根据上述公式，$\partial e/\partial w_{ij}$ 的计算需要三个浮点操作。但由于我们对渐近分析感兴趣，我们可以迅速发现问题被简化为确定计算 $e(w, v, y)$ 的复杂性，而 $e(w, v, y)$ 反过来又被简化为建立 $f(w, v)$ 的计算的复杂性。

图 5.18 显示了这种计算如何在具有两个隐藏层的前馈网络中进行。首先(见图 5.18A)输入应用于输入层(灰层，单元 1、2)。然后它向前传播到第二层(图 5.18B)、第三层(图 5.18C)和第四层(图 5.18D)(输出)。构成两个隐藏层(图 5.18B、C)和输出层(图 5.18D)的整体输出的三个前馈计算中的任何一个都需要(渐近地)与前一层的连接数一样多的浮点运算。例如，在层(图 5.18B)上，我们需要为每个 $i=3, \cdots, 7$ 计算 $x_i = \sigma(w_{i1}x_1 + w_{i2}x_2 + b_i)$。当考虑像这样简单的神经网络时，对 x_i 的成本进行建模并不是一个小问题。特别是，要知道我们正在考虑什么样的阈值函数 $\sigma(\cdot)$，以及我们如何在给定平台上计算它。作为一种极端情况，如果使用基于表格的近似，我们可以明显优化 σ 的计算。显然，对于有大量的输入和神经元的情况，人们可以将 σ 的成本视为 $O(1)$。因此，任何层的输出计算都需要许多浮点运算，这些浮点运算跟与前一层连接的权重(包括偏置)的数量相对应。就总体而言，复杂性与权重数量成比例增长。当然，对于一般的 DAG 的情况也满足，因为数据流计算需要找到 $x_i = \sigma(\sum_j w_{ij} x_j)$，其中 $j \in \text{pa}(i)$ 是 DAG 中 i 的任意父节点。

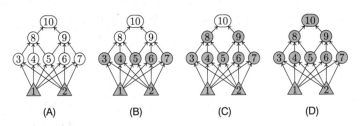

图 5.18 数据流计算：输入应用于第一层(A)，然后将其向前传播到第二层(B)、第三层(C)和包含输出的第四层(D)

⊖ 注意，我们也可以使用精度优于公式(5.5.79)的数值方案。例如，如果我们保留五个而不是三个样本，我们得到 $O(h^4)$ 的近似 $\sigma^{(1)}(a) = \frac{-\sigma(a+2h) + 8\sigma(a+h) - 8\sigma(a-h) + \sigma(a-2h)}{12h} + \frac{h^4}{30}\sigma^{(5)}(\tilde{a})$。

算法 F 前向传播(forward propagation)。给定一个神经网络 $\mathcal{N}=(\mathcal{G},w)$，其基于 DAG $\mathcal{G}$、以及权重 w、用作权重调节(weight modifier)的向量 m 和输入向量 v，对于所有的 $i\in\mathcal{V}\setminus\mathcal{I}$，算法计算顶点 i 的状态并将其值保存在向量 x_i 中，假设我们定义了 TOPSORT$(\mathcal{S},s)$，它采用了一个带有按 $<$ 顺序排列的集合 $\mathcal{S}$，并将该集合的元素复制到拓扑排序的数组 s 中，因此对于每个满足条件 $i<j$ 的 i 和 j，有 $s_i<s_j$。在下文中，该算法将由 FORWARD$(\mathcal{G},w,m,v,x)$ 调用。

F1 [初始化。]对于所有的 $i\in\mathcal{I}$，设置 $x_i\leftarrow v_i$ 并且初始化一个整数变量，使得 $k\leftarrow 1$。

F2 [拓扑排序。]在 $\mathcal{V}\setminus\mathcal{I}$ 上调用 TOPSORT，所以现在向量 s 包含网络节点的拓扑排序。将变量 l 设置为向量 s 的维数。

F3 [是否完成？]如果 $k\leq l$ 则转向步骤 F4，否则停止算法。

F4 [计算状态 x。]如果 $m=(1,1,\cdots,1)$，则设置 $x_{s_k}\leftarrow\sigma(\sum_{j\in\mathrm{pa}(s_k)}w_{s_k j}x_j)$，否则，我们再设置 $x_{s_k}\leftarrow m_{s_k}\sum_{j\in\mathrm{pa}(s_k)}w_{s_k j}x_j$。将 k 加 1，返回步骤 F3。∎

这是算法 F 的简述，其依赖于在 $\mathcal{N}=(\mathcal{V},\mathcal{A})$ 上由顶点 $\mathcal{V}\setminus\mathcal{I}$ 确定的神经元的拓扑排序。比如，在图 5.18 中，$\mathcal{V}\setminus\mathcal{I}=\{3,4,5,6,7,8,9,10\}$，且在可能的拓扑排序中，我们选择 $s=(3,4,5,6,7,8,9,10)'$。练习 5 引发了对给定 DAG 可能的拓扑类型数量的讨论。虽然这在多层网络中是一个微不足道的问题，但在一般的有向图中，显然有很多不同的方法对顶点进行排序，但其中一定存在一个可以在线性时间内找到——这实际上是 TOPSORT 的成本⊖。执行前向步骤的后续循环需要 $O(|\mathcal{A}|)$，因为我们要对所有边的激活值累加。这在算法中占主导地位，因此 $f(w,x_\kappa)$ 的计算以及因此 $\partial e/\partial w_{ij}$ 的计算显然是最优的，即 $\Theta(|\mathcal{A}|)$，因为它也是 $\Omega(|\mathcal{A}|)$。设 $m=|\mathcal{A}|$ 是边的数量，它对应于权重的数量。因此，所有 $|\mathcal{A}|$ 分量的梯度的数值计算需要 $O(m^2)$。前馈神经网络有时应用于 m 为百万级的问题。在这些情况下，梯度的数值计算需要万亿次浮点运算，当考虑到这只是用于计算与单个模式相关的梯度时，这是明显的计算负担！下面会证明，反向传播是一种非常好的算法，可以将这种界限大幅减少到 $O(m)$。

为了得出比基于公式(5.5.80)更智能地计算梯度的解决方案，应该意识到对于所有权重重复 m 次相同的前向步骤，并且无法从先前的计算中获利。让我们用符号操作分析表达梯度来解决问题。我们开始注意到

$$\frac{\partial e}{\partial w}=\frac{\partial V}{\partial f}\cdot\frac{\partial f}{\partial w}=\sum_{o\in\mathcal{O}}\frac{\partial V}{\partial f_o}\frac{\partial f_o}{\partial w} \tag{5.5.81}$$

每当给定 $V(y,f(w,v))$ 的符号表示，公式(5.5.81)的第一项也会给出相应的符号表示。比如⊖，在 $V(y,f)=\frac{1}{2}(y-f)^2$ 的情况下，我们有 $\nabla_f V=y-f$，因此它的计算需要一个前向过程来确定 $f(w,v)$。可以通过对前馈网络的 DAG 结构的探索得到 $\partial f/\partial w$ 的符号表示。考虑 $f_o(w,v)$ 关于第 (i,j) 个权重 w_{ij} 的导数，并把该值表示为 g_{ij}^o；通过链式求导法则，我们得到

⊖ 在 5.7 节简要地讨论。
⊖ 有趣的是那些损失在其域内不总是可微分的情况。

$$g_{ij}^o = \frac{\partial x_o}{\partial w_{ij}} = \frac{\partial x_o}{\partial a_i}\frac{\partial a_i}{\partial w_{ij}} = \frac{\partial x_o}{\partial a_i}\frac{\partial}{\partial w_{ij}}\sum_{h\in \text{pa}(i)}w_{ih}x_h = \delta_i^o x_j \quad (5.5.82)$$

其中，我们定义 $\delta_i^o := \partial x_o/\partial a_i$。该定义由 g_{ij}^o 计算得到，当考虑在单元 j 上激活 a_i 时，可以推广。即，我们可以通过假设 $o \in \mathcal{O}$ 移动到 $j \in \mathcal{H}$ 来用 δ_i^j 代替 δ_i^o。明显可看出，在 $i \succ j$ 时，$\delta_i^j = 0$。由于⊖ $\partial x_o/\partial b_i = \delta_i^o$，我们可以迅速确定关于偏移量的梯度，$\delta_i^o$ 项被称为增量误差（delta error）。

令 $m \in \mathcal{O}$ 表示输出神经元的索引。这样根据定义，只有在 $m = o$ 的情况下增量误差才不为 0，在这样的情况下有

$$\delta_o^o = \sigma'(a_o) \quad (5.5.83)$$

对于非对称 sigmoid 函数，根据公式(5.5.78)，我们得到 $\delta_o^o = x_o(1-x_o)$。在对称 sigmoid 函数 $\sigma(a) = \tanh(a)$ 的情况下，相似地，有

$$\delta_o^o = \frac{1}{2}(1+x_o)(1-x_o)$$

并且可以找到直接涉及 x_o 值的其他 LTU 单元的相关符号表达式。基本上，一旦向前计算完成并且 x_o 已知，我们就可以直接计算 δ_o^o。如果 $i \in \mathcal{H}$ 是所有隐藏单元的索引，则 δ_i^o 不能像输出单元的情况那样直接表达。但是，通过使用链式规范有

$$\delta_i^o = \frac{\partial x_o}{\partial a_i} = \sum_{h\in \text{ch}(i)}\frac{\partial x_o}{\partial a_h}\frac{\partial a_h}{\partial x_i}\frac{\partial x_i}{\partial a_i} = \sigma'(a_i)\sum_{h\in \text{ch}(i)}w_{hi}\delta_h^o \quad (5.5.84)$$

公式(5.5.83)和(5.5.84)帮助我们通过隐藏单元 $i \in \mathcal{H}$ 向后传递值 δ_o^o，从而确定了 δ_i^o。可以参考图 5.19，其中我们可以看到基于输出的子节点⊖的递归传播。

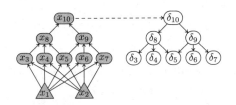

图 5.19 向后步骤从输出开始递归地通过其子节点传递增量误差。比如 $\delta_5 = \sigma'(a_5)(w_{85}\delta_8 + w_{95}\delta_9)$。由于仅存在一个输出，我们不用写下标 o

假设计算相对于通用权重 w_{ij} 的损失 V 的导数，而不是每个输出 x_o 的导数。我们立即意识到可以遵循上面列出的步骤，因为我们可以利用链式法则

$$\frac{\partial V}{\partial w_{ij}} = \frac{\partial V}{\partial a_i}\frac{\partial a_i}{\partial w_{ij}} = \delta_i x_j$$

其中，这个时间 δ_i 只是 $\partial V/\partial a_i$。和之前一样，在前馈时期之后，一旦我们知道 V 的符号表达式，就可以立即评估 $i \in \mathcal{O}$ 的 δ_i，比如，在二次损失 $V(y, f) = \frac{1}{2}(y-f)^2$ 的情况下，这样 $\delta_o = (\sigma(a_o) - y_o)\sigma'(a_o)$。当然，我们可以使用类似于公式(5.5.84)的方法递归评价所

⊖ 为了简化，下面我们将通过拓展 x，即 $\hat{x} = (x', 1)'$，将偏移量并入，作为一个普通的权重。
⊖ 由于梯度计算中公式(5.5.82)需要 δ_i^o，我们可以立即发现在整个输入中没有传播。

有其他的 δ_i，
$$\delta_i = \sum_{h \in \text{ch}(i)} \frac{\partial V}{\partial a_h} \frac{\partial a_h}{\partial x_i} \frac{\partial x_i}{\partial a_i} = \sigma'(a_i) \sum_{h \in \text{ch}(i)} w_{hi} \delta_h$$

现在将展示如何使用这些想法来编写算法，该算法计算关于权重的一般 DAG 的输出或损失函数的导数。

算法 B 向后传播（backward propagation）。给定一个神经网络 $\mathcal{N} = (\mathcal{G}, w)$，其基于 DAG $\mathcal{G}$、所有 $\mathcal{G}$ 的顶点状态 x_i、参数 q 以及损失函数 $V(y, f)$ 的符号表示，依赖于 q 是否为正，如果 $q > 0$ 且 $q \in \mathcal{O}$，它将返回导数 g_{ij}^q，否则对于 $q \leqslant 0$，它返回损失函数的导数 $\partial V / \partial w_{ij}$。在下文中，该算法被调用为 BACKWARD$(\mathcal{G}, w, x, q, V)$，其中 V 是损失的名称。

B1　[损失或是输出？]如果 $q \leqslant 0$ 转到步骤 B2，否则跳到步骤 B3。

B2　[初始化损失。]对于所有 $o \in \mathcal{O}$ 设置 $v_o \leftarrow \partial V / \partial a_o$ 并转到步骤 B4。

B3　[初始化 x_q。]对于每个 $o \in \mathcal{O}$，如果 $o \neq q$，设置 $v_o \leftarrow 0$，否则如果 $o = q$，赋值 $v_o \leftarrow \sigma'(\sigma^{-1}(x_o))$。

B4　[计算反向。]对于每个 $k \in \mathcal{V} \setminus \mathcal{I}$，设置 $m_k \leftarrow \sigma'(\sigma^{-1}(x_k))$，然后调用 FORWARD$((\mathcal{G} \setminus \mathcal{I})', w', m, v, \delta)$。

B5　[输出梯度。]对于每个 $i \in \mathcal{V} \setminus \mathcal{I}$ 以及每个 $j \in \text{pa}(i)$，设置 $g_{ij} \leftarrow \delta_i x_j$，然后输出 g_{ij}。终结算法。∎

在后一种算法中，我们假设——特别是在步骤 B2 中——我们能够处理符号微分，5.5.3 节将更详细地讨论该问题。很有意思地发现，一旦选定特定的函数 σ，步骤 B3 的赋值 $v_o \leftarrow \sigma'(\sigma^{-1}(x_o))$ 以及 $m_k \leftarrow \sigma'(\sigma^{-1}(x_k))$ 几乎是立即发生的，比如，如果 $\sigma = \tanh$，即有 $\sigma'(\sigma^{-1}(x_k)) = 1/2(1+x_k)(1-x_k)$。该算法是顺序的：在步骤 B4 中，在图 $(\mathcal{G} \setminus \mathcal{I})'$ 上调用 FORWARD；我们使用这种表示法通过修改输入节点（连同附加到那些节点的边）并反转剩余图中箭头的方向来指示 $\mathcal{G}$ 获得的图。这种执行计算的方式是将算法表征为"向后传播"。

现在已经定义了算法 F 和算法 B，现在引入反向传播算法。

算法 FB 反向传播（backpropagation）。给定一个神经网络 $\mathcal{N} = (\mathcal{G}, w)$，其基于 DAG $\mathcal{G}$、输入向量 v 以及损失函数 V，算法返回关于 w 的损失梯度。

FB1　[前向]调用 FORWARD$(\mathcal{G}, w, (1, 1, \cdots, 1), v, x)$。

FB2　[反向]调用 BACKWARD$(\mathcal{G}, w, x, -1, V)$。终结算法。∎

该算法要求提前执行了前向步骤，为了确定所有 x_κ，一旦给出了所有神经元的输出值，我们就开始通过反向步骤计算 δ_s。此时，使用公式(5.5.82)获得梯度。注意，在算法 F 中，我们引入了修改器向量 m，以便可以使用相同的算法来计算反向步骤；这是必要的，因为为了计算第 i 个增量误差，我们需要乘以第 i 个激活函数 $\sigma'(a_i)$。通过分析算法我们很容易得出复杂度为 $O(m^2)$，就像算法 F 的前向步骤。如图 5.19 所示，误差的反向传播仅限于隐藏单元，但梯度计算涉及所有权重，这表明它是显性的并且涉及神经网络的所有权重。

在应用中常用的分层结构情况下，前向/反向步骤得到一个非常简单的结构，分别如图 5.18 和图 5.19 所示。我们还可以参考层的索引使用张量形式来表达前馈/反馈公式。我们有

$$\hat{X}_q = \sigma(\hat{X}_{q-1} \hat{W}_q), \quad q = 0, \cdots, Q \tag{5.5.85}$$

该表达式很清楚地显示了在 Q 层的分层架构上发生的映射的组成，它返回
$$\hat{X}_Q = \sigma(\cdots\sigma(\sigma(\hat{X}_0 \hat{W}_1) \hat{W}_2) \cdots \hat{W}_Q)$$
对于 $Q=3$，有 $\hat{X}_3 = \sigma(\sigma(\sigma(\hat{X}_0 \hat{W}_1) \hat{W}_2) \hat{W}_3)$，这表示一个很好的对称性：输入 $\hat{X}_0$ 右乘权重矩阵并且左边由 σ 处理。同样，反向步骤返回增量误差和梯度

$$\Delta_{q-1} = \sigma' \odot (\Delta_q W_\ell) \tag{5.5.86}$$

$$G_q = \hat{X}'_{q-1} \Delta_q \tag{5.5.87}$$

其中 $\sigma' \in \mathbb{R}^{L,q-1}$ 是坐标为 $\sigma'(a_{i,\kappa})$ 的矩阵，$\odot$ 是阿达马积且 $\Delta_q := (\delta_1, \cdots, \delta_{n(q)}) \in \mathbb{R}^{q,n(q)}$。

现在我们使用根据前馈网络的图形结构的类似参数来表示黑塞矩阵（Hessian matrix），这对于研究误差函数的关键点的性质是有用的。设 $v_\kappa := V(x_\kappa, y_\kappa, f(x_\kappa))$，则黑塞矩阵的通用坐标系可以表示为

$$\begin{aligned}
h_{ij,lm} &= \frac{\partial^2 v_\kappa}{\partial w_{ij} \partial w_{lm}} = \frac{\partial}{\partial w_{ij}} \sum_{o \in \mathcal{O}} \frac{\partial v_\kappa}{\partial x_{\kappa o}} \frac{\partial x_{\kappa o}}{\partial w_{lm}} \\
&= \sum_{o \in \mathcal{O}} \frac{\partial^2 v_\kappa}{\partial w_{ij} \partial x_{\kappa o}} \frac{\partial x_{\kappa o}}{\partial w_{lm}} + \sum_{o \in \mathcal{O}} \frac{\partial v_\kappa}{\partial x_{\kappa o}} \frac{\partial^2 x_{\kappa o}}{\partial w_{ij} \partial w_{lm}} \\
&= \sum_{o \in \mathcal{O}} \sum_{q \in \mathcal{O}} \frac{\partial^2 v_\kappa}{\partial x_{\kappa o} \partial x_{\kappa q}} \frac{\partial x_{\kappa q}}{\partial w_{ij}} \frac{\partial^2 x_{\kappa o}}{\partial w_{lm}} + \sum_{o \in \mathcal{O}} \frac{\partial v_\kappa}{\partial x_{\kappa o}} \frac{\partial^2 x_{\kappa o}}{\partial w_{ij} \partial w_{lm}} \\
&= \sum_{o \in \mathcal{O}} \sum_{q \in \mathcal{O}} \frac{\partial^2 v_\kappa}{\partial x_{\kappa o} \partial x_{\kappa q}} \delta^q_{\kappa i} \delta^o_{\kappa l} x_{\kappa j} x_{\kappa m} + \sum_{o \in \mathcal{O}} \frac{\partial v_\kappa}{\partial x_{\kappa o}} \hbar_{ij,lm}
\end{aligned} \tag{5.5.88}$$

其中，
$$\hbar_{ij,lm} := \frac{\partial^2 x_{\kappa,o}}{\partial w_{ij} \partial w_{lm}} \tag{5.5.89}$$

当再次使用反向传播算法时，我们得到

$$\begin{aligned}
\hbar_{ij,lm} &= \frac{\partial}{\partial w_{ij}} (\delta^o_{\kappa l} x_{\kappa m}) = x_{\kappa m} \frac{\partial \delta^o_{\kappa l}}{\partial w_{ij}} + \delta^o_{\kappa l} \frac{\partial x_{\kappa m}}{\partial w_{ij}} \\
&= x_{\kappa m} \frac{\partial}{\partial w_{ij}} \frac{\partial x_{\kappa o}}{\partial a_{\kappa l}} + [i < m] \delta^o_{\kappa l} \delta^m_{\kappa i} x_{\kappa j} \\
&= x_{\kappa m} \frac{\partial^2 x_{\kappa o}}{\partial a_{\kappa l} \partial a_{\kappa i}} \frac{\partial a_{\kappa i}}{\partial w_{ij}} + [i < m] \delta^o_{\kappa l} \delta^m_{\kappa i} x_{\kappa j} \\
&= \frac{\partial^2 x_{\kappa o}}{\partial a_{\kappa l} \partial a_{\kappa i}} x_{\kappa m} x_{\kappa j} + [i < m] \delta^o_{\kappa l} \delta^m_{\kappa i} x_{\kappa j} \\
&= \delta^{o2}_{\kappa l i} x_{\kappa m} x_{\kappa j} + [i < m] \delta^o_{\kappa l} \delta^m_{\kappa i} x_{\kappa j}
\end{aligned} \tag{5.5.90}$$

其中，
$$\delta^{o2}_{\kappa l i} := \frac{\partial^2 x_{\kappa o}}{\partial a_{\kappa l} \partial a_{\kappa i}} \tag{5.5.91}$$

被称为平方增量误差（square delta error）。就像增量误差一样，它可以在前馈网络中进行最佳计算。我们发现

$$\delta^{o2}_{\kappa l i} \neq 0 \text{ 当且仅当 } i - l \in \mathscr{A}$$

意味着 $i \longrightarrow l$ 或是 $l \longrightarrow i$ 是 DAG $\mathcal{G}$ 的一条边，或者以另一种方式说，i 和 l 必须是连接

的顶点，有一条从一点到另一点的有向路径。例如，同一层上的神经元不满足该属性，因此不满足 $\delta_{\kappa l i}^{o2}$。与增量误差一样，我们区分 $i, l \in \mathcal{O}$ 和 $i, l \in \mathcal{H}$ 的情况。在 $i, l \in \mathcal{O}$ 的情况下，如果 $i \neq l$，有 $\delta_{\kappa l i}^{o2} = 0$；如果 $i = l = o$，有

$$\delta_{\kappa o o}^{o2} = \frac{\partial}{\partial a_{\kappa o}} \frac{\partial x_{\kappa o}}{\partial a_{\kappa o}} = \frac{\partial}{\partial a_{\kappa o}} \sigma'(a_{\kappa o}) = \sigma''(a_{\kappa o}) \tag{5.5.92}$$

对于通用项 $\delta_{\kappa l i}^{o2}$，有

$$\begin{aligned}
\delta_{\kappa l i}^{o2} &= \frac{\partial}{\partial a_{\kappa l}} \delta_{\kappa i}^{o} = \frac{\partial}{\partial a_{\kappa l}} \Big(\sigma'(a_{\kappa i}) \sum_{j \in \mathrm{ch}(i)} w_{ji} \delta_{\kappa j}^{o} \Big) \\
&= \frac{\partial}{\partial a_{\kappa l}} \frac{d\sigma(a_{\kappa i})}{da_{\kappa i}} \sum_{j \in \mathrm{ch}(i)} w_{ji} \delta_{\kappa j}^{o} + \sigma'(a_{\kappa i}) \sum_{j \in \mathrm{ch}(i)} w_{ji} \frac{\partial \delta_{\kappa j}^{o}}{\partial a_{\kappa l}} \\
&= \frac{d}{da_{\kappa i}} \frac{\partial x_{\kappa i}}{\partial a_{\kappa l}} \sum_{j \in \mathrm{ch}(i)} w_{ji} \delta_{\kappa j}^{o} + \sigma'(a_{\kappa i}) \sum_{j \in \mathrm{ch}(i)} w_{ji} \delta_{\kappa j l}^{o2} \\
&= \frac{d\delta_{\kappa l}^{i}}{da_{\kappa i}} \sum_{j \in \mathrm{ch}(i)} w_{ji} \delta_{\kappa j}^{o} + \sigma'(a_{\kappa i}) \sum_{j \in \mathrm{ch}(i)} w_{ji} \delta_{\kappa j l}^{o2}
\end{aligned} \tag{5.5.93}$$

现在可以定义黑塞计算的算法。通用项 $h_{ij,lm}$ 由公式(5.5.88)计算，该公式依赖于 $\hbar_{ij,lm}$ 和 $\delta_{\kappa l i}^{o2}$ 的变量链式法则，参考下面的表达式树⊖：

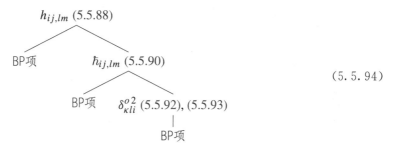

$$\tag{5.5.94}$$

此表达式树指示如何从树的叶子开始计算 $h_{ij,lm}$，其中顶点还指示要使用的公式。我们可以很容易地看到，这种被称为黑塞反向传播（Hessian BP）的计算方案复杂度为 $\Theta(m^2)$，其中 m 是权重的数量。练习 9 提出了黑塞反向传播的详细表述，练习 15 建议采用黑塞反向传播方法来处理单个神经元的简单情况（见公式(3.2.53)）。

5.5.3 符号微分以及自动求导法则

学习算法主要依赖于梯度的计算和适当目标函数的黑塞函数的计算。微分可以手动完成，但是有很好的工具来执行符号微分（symbolic differentiation）。正如前一节所讨论的，我们可以使用数值微分，但我们可以通过适当地利用要优化的函数的结构来做得更好。反向传播既不执行数字微分也不执行符号微分，与数值分析不同，它返回梯度的精确表达式，与符号微分不同，它以最佳复杂度计算给定点上的梯度，但不返回符号表达式。现在学习方案远远超出了使用前馈网络的监督学习，人们可能对理解所讨论的反向传播计算方案的一般性感兴趣。

⊖ 使用树的后序遍历来计算值 $h_{ij,lm}$。

为了阐明这种计算方案的本质，我们考虑下面的例子，假设我们想要计算函数
$$y_o = f(x_1, x_2) = (1+x_2)\ln x_1 + \cos x_2$$
的梯度，我们提供下列有向无环图表达式 (expression DAG)：

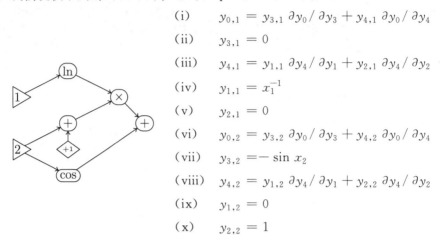

(i) $y_{0,1} = y_{3,1}\, \partial y_0/\partial y_3 + y_{4,1}\, \partial y_0/\partial y_4$

(ii) $y_{3,1} = 0$

(iii) $y_{4,1} = y_{1,1}\, \partial y_4/\partial y_1 + y_{2,1}\, \partial y_4/\partial y_2$

(iv) $y_{1,1} = x_1^{-1}$

(v) $y_{2,1} = 0$

(vi) $y_{0,2} = y_{3,2}\, \partial y_0/\partial y_3 + y_{4,2}\, \partial y_0/\partial y_4$

(vii) $y_{3,2} = -\sin x_2$

(viii) $y_{4,2} = y_{1,2}\, \partial y_4/\partial y_1 + y_{2,2}\, \partial y_4/\partial y_2$

(ix) $y_{1,2} = 0$

(x) $y_{2,2} = 1$

这表明了 ∇f 计算的递归结构，当图中顶点的父节点为变量 x_1 和 x_2 时递归结束，我们很容易发现 ∇f 的计算可以通过前向步骤来执行。我们区分两种不同的微分：$y_{i,j} = \partial y_i / \partial x_j$，其中 $j = 1, 2$ 及 $\partial y_i / \partial y_\kappa$。计算的目标是确定 $i = 0$ 时的 $y_{i,j}$，我们可以直接确定 $y_{1,j}$、$y_{2,j}$ 以及 $y_{3,j}$，而需要前向传播来计算 $y_{4,j}$ 以及 $y_{0,j}$。与 $\partial y_i / \partial y_\kappa$ 的区别在于它们可以立即从 DAG 表达式中确定。我们得到
$$\partial y_0/\partial y_3 = 1,\ \partial y_0/\partial y_4 = 1,\ \partial y_4/\partial y_1 = y_2,\ \partial y_4/\partial y_2 = y_1$$
现在，如果我们参考 DAG 表达式和其他公式，那么 $\nabla f = (y_{0,1}, y_{0,2})'$ 的计算根据数据流排序后得到：

$$y_{0,1} \rightsquigarrow \{iv, v, ii\}, iii, i$$
$$y_{0,2} \rightsquigarrow \{vii, ix, x\}, viii, vi$$

花括号中的数字表示没有排序约束，因此它们可以与并行计算相关联。练习 10 提出使用前向步骤通过自动求导来计算网络灵敏度 (network sensibility)。注意，网络灵敏度的计算与相对于连接到输入的权重的梯度计算密切相关。在前馈网络的情况下，由于涉及权重和输入的双线性结构，公式非常相似（见练习 11）。很容易发现，所描述的自动求导具有一般结构，其由 DAG 表达决定[⊖]。

∇f 的计算也可以通过反向传播的推广来执行。特别地，有

$$y_{0,1} = \frac{\partial y_1}{\partial x_1}\frac{\partial y_0}{\partial y_1} + \frac{\partial y_2}{\partial x_1}\frac{\partial y_0}{\partial y_2} + \frac{\partial y_3}{\partial x_1}\frac{\partial y_0}{\partial y_3} = \frac{1}{x_1}\frac{\partial y_0}{\partial y_1}$$

$$y_{0,2} = \frac{\partial y_1}{\partial x_2}\frac{\partial y_0}{\partial y_1} + \frac{\partial y_2}{\partial x_2}\frac{\partial y_0}{\partial y_2} + \frac{\partial y_3}{\partial x_2}\frac{\partial y_0}{\partial y_3} = \frac{\partial y_0}{\partial y_2} - \frac{\partial y_0}{\partial y_3}\sin x_2$$

辅助变量 $\partial y_0/\partial y_1$、$\partial y_0/\partial y_2$ 和 $\partial y_0/\partial y_3$ 对应于反向增量误差 (delta error)，可以由反向步骤确定[⊖]。

⊖ 有时，它被称为计算图。
⊖ 在自动求导中，这也被称作反向累加 (reverse accumulation)。

就像前向步骤计算一样，该方案是通用的，并且可以在给定 DAG 表达式时，立即应用。不难发现对于函数 $f:\mathbb{R}^d \to \mathbb{R}^m$，在 $m \gg d$ 的情况下，前向比反向更有效，而在 $d \gg m$ 的情况下反向更有效(见练习 12)。

5.5.4 正则化问题

本节将从 4.4.4 节中对核进行的分析开始讨论正则化问题。相应的学习观点驱动了本书中讨论的大部分方法：在满足环境约束的情况下最小化简约指数。基本上，我们希望在核方法中执行的分析与前馈网络中的正则化统一起来，首先它们提供了一种发现特征映射并返回输出的巧妙方法

$$f(x) = \hat{w}' \hat{\phi}(x) = w' \phi(x) + b \tag{5.5.95}$$

神经计算的本质在于开发的特征映射，通过网络的隐藏结构表征，而向量 $\hat{w}$ 中的参数仅是输出连接的参数。简约指数基于在解决方案中强制执行平滑性的想法，考虑范式 $\|f\|^2 = \langle Pf, Pf \rangle$，其中 $P = \sum_{i=0}^{m} \alpha_i D^i$。4.4.4 节已经证明 $\|f\|^2 = \lambda' G \lambda$ 可以表示为参数为 λ 的对偶空间中的二次函数，其中 G 是正则化算子 $L = P^\star P$ 的格林函数的 Gram 矩阵。在前馈网络的情况下，它由原始空间中 f 的表示组成，我们需要做类似的处理。因此，就像核方法一样我们可以使用正则化算子表示 $\|f\|^2$。我们得到

$$\|f\|^2 = \langle P\hat{w}'\hat{\phi}, P\hat{w}'\hat{\phi} \rangle$$
$$= \Big\langle \sum_{r=1}^{m} \alpha_r D^r \Big(\sum_{h=0}^{D} w_h \phi_h + b \Big), \sum_{s=1}^{m} \alpha_s D^s \Big(\sum_{k=0}^{D} w_k \phi_\kappa + b \Big) \Big\rangle \tag{5.5.96}$$

令 $\alpha_0 = 0$，这就表示 $\|f\|^2$ 不关心 f 的大小，只关注它的平滑性。练习 16 讨论了 $\alpha_0 \neq 0$ 初始化情况下的状态，有

$$\|f\|^2 = \Big\langle \sum_{r=1}^{m} \sum_{h=1}^{D} \alpha_r w_h D^r \phi_h, \sum_{s=1}^{m} \sum_{k=1}^{D} \alpha_s w_k D^s \phi_k \Big\rangle$$
$$= \sum_{r=1}^{m} \sum_{s=1}^{m} \sum_{h=1}^{D} \sum_{k=1}^{D} \alpha_r w_h \alpha_s w_k \langle D^r \phi_h, D^s \phi_k \rangle$$
$$= \sum_{r=1}^{m} \sum_{s=1}^{m} w_h w_k \sum_{h=1}^{D} \sum_{k=1}^{D} \alpha_r \alpha_s \langle D^r \phi_h, D^s \phi_k \rangle$$
$$= \sum_{h=1}^{D} \sum_{k=1}^{D} w_h w_k \Big\langle \sum_{r=1}^{m} \alpha_r D^r \phi_h, \sum_{s=1}^{m} \alpha_s D^s \phi_k \Big\rangle$$
$$= \sum_{h=1}^{D} \sum_{k=1}^{D} w_h w_k \langle P\phi_h, P\phi_k \rangle = \sum_{h=1}^{D} \sum_{k=1}^{D} w_h w_k \langle L\phi_h, \phi_k \rangle \tag{5.5.97}$$

这和 ϕ 和 P 的选择都无关，给定特征映射 ϕ，假设存在 P 能够满足对于微分操作 $L = P^\star P$，所有的 $j = 1, \cdots, D$ 都可以满足下面的条件：

$$L\phi_j(x) = \gamma_j \phi_j(x) \tag{5.5.98}$$

这样处理时，我们假设特征 ϕ_j 是正则化算子 L 的特征函数。因此，

$$\langle L\phi_h, \phi_k \rangle = \gamma_h \langle \phi_h, \phi_k \rangle = \langle \phi_h, L\phi_k \rangle = \gamma_\kappa \langle \phi_h, \phi_k \rangle$$

仅当特征函数正交，即 $\langle \phi_h, \phi_k \rangle = \delta_{h,k}$ 时满足。最终，有

$$\|f\|^2 = w'\Gamma w \tag{5.5.99}$$

其中，$\Gamma = \mathrm{diag}(\gamma_i)$。有趣的是，同样在我们选择不满足公式(5.5.98)的特征映射的一般情况下，$\|f\|^2$的值仍然可以通过公式(5.5.99)计算。当然，在这种情况下，我们需要选择$\gamma_{h,k} := \langle L\phi_h, \phi_k \rangle$。如果在层级理解正则化，这个想法将导致公式(5.5.99)扩展到前馈网络的所有权重。

一旦我们知道如何在原始空间中表示$\|f\|^2$，就可以立即将监督学习表示为下面的优化问题：

$$\hat{w}^\star = \arg\min_{\hat{w}}(E(\hat{w}) + \mu w'\Gamma w) \tag{5.5.100}$$

这里，我们使用w以表示所有神经网络权重的向量。不过很难提供Γ的估计值。

最简单的启发式解决方案就是选择$\Gamma = I$，当使用梯度下降时，得到

$$w_{i,j}^{r+1} = w_{i,j}^r - \frac{\eta\mu}{2}w_{i,j}^r - \eta\,\nabla E\,|\,r = \beta w_{i,j}^r - \eta\,\nabla E\,|_r \tag{5.5.101}$$

其中η是学习率，而$\beta := 1 - \eta\mu/2$。由公式(5.5.101)驱动的这种学习方式被称为权重衰减(weight decay)。这里学习速率选择得足够小以保证$0 < \beta < 1$，因此公式(5.5.101)的处理包括产生梯度下降轨迹，该轨迹被$\beta w_{i,j}$项适当地滤除。相关的学习过程基于动量项(momentum term)，其作用类似于权重衰减，唯一的区别在于它涉及权重变化。公式(5.5.101)变成

$$w_{i,j}^{r+1} = w_{i,j}^r + \beta(w_{i,j}^r - w_{i,j}^{r-1}) - \eta\,\nabla E\,|_r \tag{5.5.102}$$

这看起来像是公式(5.5.101)描述的权重衰减，如果假设$\Delta w_{i,j}^{r+1} := w_{i,j}^{r+1} - w_{i,j}^r$，那么公式(5.5.102)的权重更新就变为

$$\Delta w_{i,j}^{r+1} = +\beta\Delta w_{i,j}^r - \eta\,\nabla E\,|_r$$

动量项$\beta\Delta w_{i,j}^r$，看起来极像公式(5.5.101)的权重衰减。就像权重衰减一样，梯度项被适当地低通滤波，但在这种情况下，我们最终得到二阶差分方程。当将学习过程制定为涉及时间维度的计算规律的结果时，我们在6.5节中将给出对动量项的良好解释。

练习

1. [HM48] 考虑一个前馈神经网络，其连接由权重建模，具体取决于采用的输入。连接的通用权重可以通过函数$w_{i,j}: \mathbb{R} \to \mathbb{R}$建模，所以神经元$i$的激活被定义为

$$x_i = \sum_{j=1}^d x_j w_{i,j}(x_j) + b_i \tag{5.5.103}$$

其中$j \prec i$，$w_{i,j}(x_j)$是连接的对应权重。因此输出函数的神经元是线性的，但所有的连接在功能上都取决于输入。该神经元用于根据基于DAG的图形连接组成前馈体系结构，在4.4节中提出的正则化框架中制定监督学习。证明

$$w_{i,j}(x_j) = \sum_{\kappa=1}^\ell \lambda_{i,j,\kappa} g(x_j - x_{j,\kappa}) \tag{5.5.104}$$

所以公式(5.5.103)变为

$$x_i = \sum_{j=1}^d \sum_{\kappa=1}^\ell x_j g(x_j - x_{j,\kappa})\lambda_{i,j,\kappa} + b_i \tag{5.5.105}$$

这可以给出一个简单的解释，通过连接(i,j)馈送到神经元i的任何输入x_j被训练集滤除，以便返回等效输入$x_j^e := x_j g(x_j - x_{j,\kappa})$。这样处理，我们最终得到了经典的岭线性神经元模型。提出一种基于新权重$\lambda_{j,\kappa}$的正则化学习算法。

2. [M39] 给定练习 1 中定义的神经网络,证明我们可以构建一个等价的网络,在顶点上使用非线性,即
$$x_i = \gamma\Big(\sum_{j=1}^{d} w_{i,j} x_j\Big)$$
证明反构造也是可能的,并为这个新的前馈网络重新给出练习 1 中的学习算法。

3. [17] 在泰勒展开中使用拉格朗日余数,给出公式(5.5.79)的证明。然后考虑非对称近似并证明它明显差于对称近似。

4. [17] 给定图 5.18 的神经网络,计算不同拓扑排序的数量。

5. [21] 我们可以用比萨刀切一张比萨,则 n 次能直接切出多少块比萨?更一般的是,通过 n 次切割可以创建多少个平面区域?

6. [22] 考虑下面的前馈神经网络,其中 $w=4$, $w_u=2$, $b=-2$ 且单元基于 sigmoid 函数 $\sigma(a)=\dfrac{1}{1+e^{-a}}$。这个网络是 $x_{t+1}=\sigma(wx_t+b+u_t)$ 的时间展开(time-unfolding),其中对于 $t>0$, $u_0=1$ 且 $u_t=0$。如果 $t\to\infty$ 会怎样?求出 $\lim_{t\to\infty} x_t$ 和 $\lim_{t\to\infty} \nabla e(w, b)$。

7. [18] 假设给定一个具有一个输出的多层网络,使其所有权重(包括偏置项)都为空。计算双曲正切、逻辑 sigmoid 函数和整流器单元情况下的梯度。

8. [21] 考虑一个前馈网络,其输出神经元由 softmax 计算。在这种情况下,反向传播算法公式是什么?

9. [M17] 基于公式(5.5.94)定义的黑塞反向传播计算方案,构造用于黑塞计算的对应算法。

10. [21] 使用前向算法的自动求导来确定输出相对于输入的梯度(网络灵敏度)。

11. [21] 讨论网络灵敏度和梯度方程之间关于连接到输入的权重的差异。

12. [16] 证明对于函数 $f:\mathbb{R}^d \to \mathbb{R}^m$, 在 $m \gg d$ 的情况下前向步骤技术比反向步骤技术更有效,而在 $d \gg m$ 情况下反向步骤技术更有效。

13. [31] 考虑 sigmoid 函数作为非线性传递函数的单个神经元,以及 XOR 运算训练集
$$\mathcal{L} = \{(a,0),(b,1),(c,0)(d,1)\}$$
其中, $a=(0, 0)$, $b=(1, 0)$, $c=(1, 1)$ 且 $d=(0, 1)$。确定驻点并讨论它们的性质。

14. [26] 假设给定下面的简单训练集:
$$\mathcal{L} = \{((0,0)', \underline{y}),((1,0)', \overline{y})\}$$
和单神经元逻辑 sigmoid 函数神经元。讨论负载问题的解决方案。对新例子的泛化呢?非渐近目标的选择与泛化之间有什么关系?确定 $\underline{y}$ 和 $\overline{y}$ 的哪些值与通过最大化限度确定的解相同。

15. [M21] 使用黑塞反向传播公式重新推导公式(3.2.53)。

16. [20] 使用公式(5.5.96)的 $\|f\|$ 的表达式移除 $\alpha_0=0$ 的假设。

5.6 复杂度问题

由前馈神经网络进行的实验通常由试错法(trial and error)驱动,这一直是缺乏科学基础的许多讨论的主题。本节中,我们构造了一个具有一些理论结果的谜题,这有助于理解由反向传播驱动的复杂优化过程。此外,为了应对真正的科学好奇心,我们揭示了现实世界的实验的复杂问题。

5.6.1 关于局部最小值的问题

学习作为优化问题的表述使我们分析了返回预期最优解的可能性。本节中,我们将介绍用于学习的误差函数的局部最小值问题,其主要目的是了解其与给定学习问题的关联以及相应的复杂度问题。第 3 章和第 4 章中关于线性和核方法的研究理所当然地认为,相关

优化问题的解决方案给出了最优解。在这些情况下，我们处理二次函数和二次规划，期望数值算法返回最优。但是，这不一定是神经网络的情况！由于不同的原因可能出现局部最小值。特别地，在训练集不可实现的情况下，局部最小值出现，从这个意义上说，没有误差函数为零的权重向量。

尽管局部最小值的激增与缺乏实现能力直接相关，但采取某些损失和神经传递函数可能会导致非常严重的问题。例如，如果损失和传递函数是有界的但是范围是无界的，那么存在饱和区域，其中误差函数基本上是平坦的。另外，损失函数具有累加性，这意味着不同效果的累积。然而，每当我们处理饱和神经元时，在某个有限区域中存在局部最小值，并且不会被其他示例改变。有关不可实现的负载问题的局部最小值的其他理解在 5.7 节中给出。但值得一提的是，我们在实践中通常会避免不能实现的问题。

可实现的负载问题是我们关注的问题，即使很难获得对属性的验证。5.2 节和 5.3 节中关于函数实现的讨论给出了许多想法，以便在布尔值和实值函数的情况下理解该问题。总结大多数已给定的实现技术的经验法则是，足够大的体系结构表现出相似性。

正如 5.6.3 节指出的那样，次优局部最小值的存在并不是优化过程中唯一的问题来源。然而，也不像声称的那样，对应于局部最小值的次优配置确实存在，并且是前馈神经网络中监督学习的固有伴随。如果 $\min_w E(w) = 0$，可以通过考虑相应的增量误差 Δ 来理解关键配置⊖的出现，正如将要显示的那样，它们在分类中也起着至关重要的作用。我们可以根据是否满足 $\Delta=0$ 区分关键配置，次优配置存在的明显的特点是 $\Delta \neq 0$ 的条件可以以不同的方式出现。

我们发现，与线性机和核方法不同，实际上存在分类问题，其中前馈神经网络中的学习公式产生具有非离散的驻点的函数，这对应于 $\Delta \neq 0$ 的一类配置。这怎么可能？3.2.3 节关于"未分离"的分析和 3.2.2 节中的讨论阐明了这种不理想的特性。基本上，如果选择二次误差函数，并且目标 $\underline{y}$ 和 $\overline{y}$ 不是渐近值（比如 $\underline{y}=0.1$，$\overline{y}=0.9$），这样我们不能共同利用公式(3.2.50)和(3.2.51)所述的良好的符号属性，练习 1 提出了对该问题的深入讨论。有趣的是，这些虚假配置可以是误差函数的全局最小值，但是相应的最优值是不可取的。可以很容易地意识到这个问题在实践中很容易出现，从而引发了优化学习形式的适当性问题。但是，与 3.2.3 节一样，我们可以证明这些虚假配置结果是学习到相关优化问题的错误转换，而不是固有复杂性的标志！为了完全理解这个概念，假设我们仍使用非渐近目标，但是，我们使用阈值 LMS 类型的惩罚来代替二次函数，即，如下所示，对于"超出"期望的目标值的函数值为零：

$$E(w) = \sum_{\kappa \in \mathscr{P}} (\overline{y} - f(x_\kappa))_+ + \sum_{\kappa \in \mathscr{N}} (f(x_\kappa) - \underline{y})_+ \qquad (5.6.106)$$

其中 $\mathscr{P}$ 和 $\mathscr{N}$ 分别为正样本和负样本的集合，可以很快发现，对于这个惩罚，由增量符号公式(3.2.50)表示的符号属性仍然成立，这导致对 3.2.2 节中关于作用于线性可分离示例的单个 sigmoid 型神经元的结果的拓展。同样，当限制为单调非线性神经元 σ 时，符号属性适用于铰链函数。在单输出的情况下，有

⊖ 关键配置是为了那些梯度不存在的情况。

$$\frac{\partial e_\kappa}{\partial a_\kappa} = -\sigma'(a_\kappa) y_\kappa \tag{5.6.107}$$

它的符号由 y_κ 定义,其中,$\sigma'(a_\kappa)>0$,e_κ 是第 κ 个样本的损失值。虚假公式对应于不符合符号属性的部分,即使它们可以对应于全局最小值,它们也可能无法令人满意地分离训练集的示例。虽然这种违反增量符号公式的分析仅限于用于模拟监督学习的惩罚函数,但它也适用于其他惩罚,如第 6 章所示,这些惩罚用于处理基于约束的学习环境。

然而,关于虚假配置的讨论我们无法得出结论,每当使用符合符号属性的惩罚函数时,就避免了次优解的问题。事实上,其他不理想的配置与非全局的局部最小值相对应!虽然我们可以通过采用适当的惩罚函数来摆脱虚假配置,但一些配置表现出一种复杂性的结构问题。

以下示例清楚地显示了类似配置的存在,我们考虑已经用于异或操作的三个神经元网络,但我们添加了额外的标记示例⊖ $e=((0.5,0.5)',0)$,如图 5.20 所示。让我们计算 $w_{31}=w_{32}=\alpha$ 且 $w_{41}=w_{42}=\beta$,而不管其他的权重值的一类配置的梯度。有

$$\frac{\partial E}{\partial w_{31}} = \delta_{b3} + \delta_{c3} + \frac{1}{2}\delta_{e3}$$

$$\frac{\partial E}{\partial w_{32}} = \delta_{c3} + \delta_{d3} + \frac{1}{2}\delta_{e3}$$

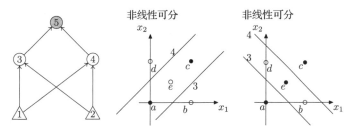

图 5.20　五元异或学习任务。中间的配置对应于完美分离(全局最小值),最右边的配置与次优的局部最小值相关联

根据反向传播规则,有 $\delta_{b3}=\sigma'(a_{b3})w_{53}\delta_{b5}$ 且 $\delta_{d3}=\sigma'(a_{d3})w_{53}\delta_{d5}$。由于对称性,$a_b=a_d$,因此 $\delta_{b5}=\delta_{d5}$。所以我们得到 $\delta_{b3}=\delta_{d3}$,这意味着 $\partial E/\partial w_{31}=\partial E/\partial w_{32}$。因此,由坐标 (w_{31},w_{32}) 定义的子空间中的任何更新具有由 $(1,1)$ 给出的方向,即,梯度更新仅导致分离线 3 的平移。综上所述,从 $w_{31}=w_{32}=\alpha$ 和 $w_{41}=w_{42}=\beta$ 定义的配置开始,任何梯度下降算法只能产生第 3 和第 4 行的平移,因此无法进行任何旋转来破坏这种配置,从而达到最佳解决方案!显然,对图中绘制的配置的转换导致局部最小值,该局部最小值与对应于误差为空的全局最小值不同,我们可以研究有关此配置的更多信息。对于为空的梯度向量 $(\partial E/\partial w_{31},\partial E/\partial w_{32})'$ 和 $(\partial E/\partial w_{41},\partial E/\partial w_{42})'$,显然需要第 3 和第 4 行实现图中所示的配置,其中模式 a 和 c 正确分离。如果加上 $\partial E/\partial w_{53}=0$ 和 $\partial E/\partial w_{54}=0$,由于对称性,$b$、$d$ 和 e 得到相同值,有

$$\delta_{b5}x_{b5} + \delta_{d5}x_{d5} + \delta_{e5}x_{e5} = 0 \quad \Rightarrow$$

⊖　这一学习任务被称为五元异或(XOR5)。

$$\delta_{b5} + \delta_{d5} + \delta_{e5} = (x_{b5} - \overline{y}) + (x_{d5} - \overline{y}) + (x_{e5} - \underline{y}) = 0$$

从而得到

$$x_{b5} = x_{d5} = x_{e5} = \frac{2\overline{y} + \underline{y}}{3}$$

该配置对应的是 $E = \frac{1}{3}(\overline{y} - \underline{y})^2$，而不是 $E = 0$。这是个局部最小值，因为如前所述，没有办法打破对称性，可以使用黑塞矩阵来看它在这种配置中是否是正定的。我们也可能好奇地看到当线 3 或线 4 以小角度旋转时会发生什么。我们规定，无穷小的旋转导致模式 b、d 和 e 的激活函数的变化，是比模式 a、c 的变化更高阶的无穷小（见练习 2）。因此，任何这样的旋转明显导致 a、c 的最差分离，以及相应的误差增量。

我们猜想可以通过不可破坏的对称性（unbreakable symmetries）的概念统一构造大量类似的配置，就像上面讨论的配置（见练习 3）。

五元异或及相关学习任务对应于静态配置，其中不仅 $\Delta \neq 0$，而且固定地与问题的结构相关。在这些情况下，不像规定的那样，相应的次优配置不一定是可接受的！如果 $\underline{y} = 0$ 且 $\overline{y} = 1$，则在五元异或示例中，与 e 模式对应的输出被预测为 $2/3$，这显然导致分类错误！在现实世界的情况下，观察实验是很常见的，其中不同的运行随机初始化，导致不同的错误。这可能取决于解空间，如 5.3.3 节所述，它包含大量不同的解决方案，而有时不同的解决方案被解释为非常接近全局解决方案的局部最小值！这句话引起人们对次优配置的实际存在的关注，而认为局部最小值仅与全局最小值略有不同的观点并不依赖于任何具体证据。

当考虑山地环境中的山峰和山谷时，就能很好地理解误差曲面的一般结构，目前尚不清楚我们是否可以通过遵循最陡的下降策略来达到海平面。虽然有朝向大海的盆地，但也有一些人在最陡峭的下降时卡住了！上面关于结构局部最小值的讨论表明，前馈神经网络的误差函数的误差曲面也发生了类似的事情。

是时候讨论如何发现通往大海的路径了。什么时候梯度下降学习算法最终得到最优解？我们知道这是可能的，但一般情况下，只要我们足够幸运地在小值的吸引池中初始化算法，就会发生这种情况。虽然有大量关于数值优化的文献，但人们应该非常清楚优化算法的局部特性，这不仅限于梯度，高阶方法也不例外。因此，从负载问题继承来的误差表面的结构提供了一种固有的复杂性度量。所以，虽然对于一些表现出误差表面的负载问题，梯度下降可能产生最佳解决方案，但对于其他负载问题，不可能在合理的时间内达到。

3.2.2 节已经说明，负载问题是局部最小值的情况是训练集可线性分离的情况。由于存在隐藏单元而出现次优的局部最小值，因此人们可能想知道在多层网络的情况下是否也保持局部最小自由误差函数的性质。幸运的是，单个神经元的良好属性不会被多层网络破坏。我们仅提供用于两类的分类的单输出 OHL 网络的这一属性的证明。练习 4 提出了对多个输出的扩展，练习 5 讨论了深层网络的情况，而练习 6 引入任意前馈网络架构。

在一个隐藏层和单输出的 OHL 情况下，梯度公式（5.5.87）变为⊖$G_1 = \hat{X}'_0 \Delta_1$，现在使用 3.2.2 节中单神经元网络的相同思想。由于模式是线性可分的，存在一个 α 定义的分离

⊖ 这里，为了简单起见，我们省略了输出单元的索引 o，因为我们处理的是单输出网络。

超平面使公式(3.2.51)为真。如果在表示 G_1 的链式规则的两边都左乘上 α'，得到
$$\alpha' G_1 = (\alpha' \hat{X}_0') \Delta_1 \tag{5.6.108}$$
现在根据反向传播公式(5.5.86)，由于处理单输出网络的假设，有
$$\Delta_1 = \sigma' \odot (\Delta_2 W_2) \tag{5.6.109}$$
需要一段时间才能意识到，基本上，Δ_1 为真的属性与输出一致，仅需要检查 W_2 的元素符号。

首先假设 $w_{oi} \neq 0$，如果为正，由于 $\sigma'(a_{\kappa i}) > 0$，$\delta_{\kappa 0}$ 的符号属性很明显对 Δ_1 也成立。如果为负，Δ_1 符号取反，但这适用于矩阵的所有坐标。因此，当使用与 3.2.2 节相同的参数时，我们得到
$$(\alpha' \hat{X}_0') \Delta_1 = 0 \Rightarrow \Delta_1 = 0$$
由于 $w_{oi} \neq 0$，我们很容易发现 $\Delta_1 = 0 \Rightarrow \Delta_2 = 0$。现在，根据 3.2.2 节对对数概率 sigmoid 函数情况的分析，我们已经知道 $\Delta_2 = 0$ 意味着误差函数的唯一驻点是全局最小值。练习 6 讨论了在整流器非线性传递函数的情况下条件 $\Delta_2 = 0$ 的含义。

如果 $w_{oi} = 0$ 呢？不幸的是，我们无法使用前面的论据得出任何结论，因为没有向隐藏单元反向传播增量误差。从公式(5.6.109)我们可以立即发现 $\Delta_1 = 0$，因此，$G_1 = 0$。虽然没有什么关于 G_2 的信息，但条件 $G_1 = 0$ 足以为学习过程提供限制。我们注意到，如果连接第一个隐藏层和输入的权重也为空($W_1 = 0$)，非线性传递函数是双曲正切，那么我们也得到 $\hat{X}_1' \Delta_2 = 0$，因为在这种情况下 $X_1 = 0$。因此对于所有输出权重 w_{oj} 有 $\partial E / \partial w_{oj} = 0$。如练习 7 中所讨论的，关于偏置的梯度卡在这样的配置中，其中偏置取决于正例和负例的数量之间的差异，幸运的是，这不是局部最小的。如果我们在一个邻域中略微移动，那么梯度启发式算法会逐渐远离这个限制(请参考练习 8 以深入理解此问题)。这也使我们得出结论，如果训练集是线性可分的，则对应于仅具有用于分类的单输出的 OHL 网络的误差表面是局部最小值。

通过用径向基函数神经元替换岭神经元，可以将关于线性可分离模式的讨论扩展到二次可分离模式的情况。5.7 节给出了有关分析的一些见解。

虽然到目前为止进行的大多数讨论都揭示了负载问题与误差表面结构之间的深层联系，但它并未涵盖大多数常见的实验条件，其中使用的网络非常大！这基本上是由直觉和反复试验的良好混合驱动的巧妙实验设置的结果。事实上，一个大型网络如何规避局部最小值？在 OHL 的情况下，我们将提供支持的论据，其中包含许多隐藏单元和大型深层网络，以及更多。虽然对这两种情况的分析非常类似，但也存在一个有趣的差异，因为我们将考虑用于 OHL 网的深层网络和 sigmoid 函数单元。

我们开始讨论具有 OHL 架构的大型网络，其中仅有一个用于分类的输出单元，由于隐藏单元的数量的选择而获得了较大的维度。一旦定义了输入编码，给定的学习任务实际上就表征了输入。特别是，给定具有 ℓ 个示例的训练集，假设我们选择满足条件
$$|\mathcal{H}| \geq \ell - 1 \tag{5.6.110}$$
的 OHL 网络。最后一层上的无效梯度产生了 $\hat{X}_1' \delta_2 = 0$。由于 $\hat{X}_1 \in \mathbb{R}^{\ell, |\mathcal{H}|+1}$，矩阵 $\hat{X}_1'$ 通常是满秩的[⊖]，意味着只有 $\delta_2 = 0$ 是可能的，这反过来意味着误差函数是局部最小值。这表

⊖ 它是概率为 1 的满秩。

明条件(5.6.110)的重要性，尽管它不足以保证$\hat{X}_1$满秩。练习9讨论了解决与$\hat{X}_1$的不满秩相关的配置的更多的细节内容。

现在探索深层网络，其中通过网络的层数获得大的维度。为了启发维度的影响，在这种情况下，假设神经元使用整流器作为非线性传递函数，我们猜想，"大型网络"再次避开了局部最小值。如5.1.2节所示，具有整流器单元的深度网络可以通过考虑激活相同神经元的那些输入的聚类来理解。这样做时，在梯度下降的任何阶段，我们通过划分输入来聚合数据，因此任何区间都会产生凸的惩罚函数。在学习过程中，区间在传递期间共享的权重不变的约束下动态变化。随着权重空间的维度增加，这些约束越来越不重要，因此任何单个惩罚都像在自由域中一样被优化。由于它们是凸的，我们最终得到一个全局最小值（参考关于这个猜想的练习10）。

5.6.2 面临饱和

连续梯度下降只会陷入局部最小值，然而，梯度启发式也在高原(plateaux)中消失，其中误差函数几乎是恒定的。为了简单起见，我们考虑使用单个输入的单个sigmoid神经元、无偏置项以及二次惩罚用于分类。这种情况下有$E(w) = \sum_{\kappa=1}^{\ell}(d_\kappa - \sigma(wx_\kappa))^2$，很容易发现$\lim_{w \to \pm\infty} \partial E(w)/\partial w = 0$，从而简要地表明神经饱和中出现的问题！这显然与选择sigmoid转移单元有关，在这种情况下，激活函数$a = \hat{w}'\hat{x}$可以容易地获得与神经饱和相对应的值，产生了$\sigma'(a) \simeq 0$的配置从而阻止了学习！w的局部变化不影响$\sigma'(a)$，这表明了梯度启发式的消失。神经饱和通常在学习开始时出现，当我们需要选择驱动梯度下降的初始配置时。5.6.1节的局部最小值的分析表明，不要选择太小的权重，以避开梯度的驻点。尽管它不是局部最小值，但是从这种配置中可以避免在计算上的高消耗。同样，我们需要避免使用sigmoid型传递函数时出现的神经饱和。显然，这取决于输入x和权重w。面对饱和的一个常见建议是使输入归一化，所以$x \rightsquigarrow \frac{1}{\max_i |x_i|}x$。这样做时，每个坐标上限为1，一旦输入被归一化，我们需要选择合适的$\hat{w}$来面对输入维数。假设我们想要将a的值保持在适当的值B之下以防止饱和，即$|\hat{w}'\hat{x}| \leq B$，使用施瓦茨不等式$|\hat{w}'\hat{x}| \leq \|\hat{w}\| \cdot \|\hat{x}\| \leq B$，得到$\|\hat{w}\| \leq B/\|\hat{x}\|$。令$f_{\text{in}}$和$f_{\text{out}}$表示神经元的扇入和扇出，当所有输入相等时，会产生最严格的条件，从而产生$\|\hat{x}\| = \sqrt{1+f_{\text{in}}}$。现在需要选择$\hat{w}$满足$\|\hat{w}\| \leq B/\sqrt{1+f_{\text{in}}}$。同样，当考虑相同值$w$的权重（包括偏置）时，得到$\|\hat{w}\| = w\sqrt{1+f_{\text{in}}}$，因此，只要

$$w \leq \frac{B}{1+f_{\text{in}}}$$

就可以防止饱和。但是，虽然这种选择防止了饱和，但它不适合作为初始化，因为它是对称配置，它的中断在计算上是昂贵的[⊖]。在大多数实际问题中，没有可以帮助权重初始化的启发法，因此随机初始化是很常见的。特别地，我们做出以下假设：

⊖ 练习11中提出了对应于该配置的梯度分析。

(i) 权重属于 $[-w..w]$，被视为均值为 0 的均匀分布随机变量(包括偏置项)。
(ii) 输入 x_i, $i=1,\cdots,d$ 是不相关的。
(iii) 输入是均值为 0 的随机变量，并归一化以具有相同的方差。
(iv) 输入和权重都是不相关的随机变量。

我们考虑第一层隐藏层的一个神经元，它的激活函数可以和随机变量 $A_i = \sum_{j=1}^{d} W_{ij} X_j + B_i$ 联系起来。由于假设(iv)，我们可以立即得到

$$E\,A_i = \sum_{j=1}^{d} E(W_{ij} X_j) + E\,B_i = \sum_{j=1}^{d} E\,W_{ij}\,E\,X_j + E\,B_i = 0$$

为了避免饱和配置，我们可以检查均方根偏差 σ_{A_i}，因为它的有界值允许我们得出 $A \in [-a..+a]$ 的概率的结论。根据切比雪夫不平式得到

$$\Pr(|A_i| > \beta \sigma_{A_i}) \leqslant \frac{1}{\beta^2} \tag{5.6.111}$$

如果选择 $\beta = 5$ 且 $\sigma_{A_i} = \frac{1}{5}$，就意味着在概率至少为 96% 的情况下得到 $A_i \in [-1, +1]$，这有利于处理 sigmoid 型函数单元的饱和⊖ 练习 12 提出了一个比公式(5.6.111)更清晰的界限，并且基于 A_i 的概率分布可以通过高斯非常好地近似。

现在，为了避免饱和，我们使用夹紧神经元 i 的输出方差和输入 X_j 的方差的原理，即 $\sigma_{X_j}^2 = \sigma_{A_i}^2$。我们通过下面方式表示 $\sigma_{A_i}^2$：

$$\sigma_{A_i}^2 = E\,A_i^2 = E\Big(\sum_{j=1}^{d} W_{ij} X_j + B_i\Big)^2$$

$$= E\Big(\sum_{\alpha=1}^{d}\sum_{\beta=1}^{d} W_{i\alpha} X_\alpha W_{i\beta} X_\beta\Big) + E\Big(\sum_{j=1}^{d} W_{ij} X_\alpha B_i\Big)$$

$$= \sum_{\alpha=1}^{d}\sum_{\beta=1}^{d} E(W_{i\alpha} X_\alpha W_{i\beta} X_\beta) + \sum_{j=1}^{d} E(W_{ij} X_\alpha B_i)$$

$$= \sum_{\alpha=1}^{d}\sum_{\beta=1}^{d} E(W_{i\alpha} W_{i\beta}) E(X_\alpha X_\beta) + \sum_{j=1}^{d} E(W_{ij} B_i) E\,X_\alpha$$

$$= \sum_{\alpha=1}^{d} E\,W_{i\alpha}^2\,E\,X_\alpha^2$$

$$\simeq d \sigma_{W_{i\alpha}}^2 \sigma_{X_\alpha}^2 \tag{5.6.112}$$

其中最后的不等式对于大的 d 满足。如果加上 $\sigma_{A_i}^2 = \sigma_{X_\alpha}^2$，这样

$$\sigma_{W_{i\alpha}} = 1/\sqrt{d} \tag{5.6.113}$$

让我们考虑均匀分布和高斯分布的情况。如果 $W_{i\alpha}$ 是个均匀分布随机变量，我们知道(见练习 13)根据 $W_{ij} \in [-w..+w]$ 有 $\sigma_{W_{i\alpha}}^2 = \frac{2}{3}w^3$，因此，

⊖ 很明显，你可以不接受这个数字，但这清楚地表明方差 $\sigma_{A_i}^2$ 对于理解随机初始化后的饱和度有基本的作用。

$$w = \sqrt[3]{\frac{3}{2}\sigma_{W_{i\alpha}}^2} \propto \frac{1}{\sqrt[3]{d}} \tag{5.6.114}$$

如果 $W_{i\alpha}$ 是高斯随机变量，假设选择 $w=\gamma\sigma_{W_{i\alpha}}$，且 $\gamma>4$ 导致一致的生成。因此在这种情况下得到⊖

$$w = \gamma\sigma_{W_{i\alpha}} \propto \frac{1}{\sqrt{d}} \tag{5.6.115}$$

注意，此分析可防止与输入连接的隐藏单元的饱和，当考虑从其他隐藏单元接收连接的隐藏和输出单元时，问题更复杂，但我们最终得出相同的结论（见练习14），即，$\sigma_{W_i}^2 = 1/f_{in}$。对反向传播进行更仔细的分析可以意识到在反向步骤中也可能出现神经饱和！实际上，在前向步骤期间出现的饱和度存在完美的镜像。因此，我们可以立即得出结论，我们需要遵循条件 $\sigma_{W_i}^2 = 1/f_{out}$，涉及 i 的子节点，而不是其根节点。因此，一个同时遵循这两个条件的良好的选择即，

$$\sigma_{W_i}^2 = \min\{1/f_{in}, 1/f_{out}\} \tag{5.6.116}$$

虽然 sigmoid 传递函数很符合表征布尔样函数的需求，但讨论的神经饱和问题及其优化建议提出了更仔细的分析来理解它们的来源。回到单个神经元的简单情况，但这次假设寻找不同的惩罚，在二次误差的情况下，饱和度出现，因为激活的增长在某个阈值之后不会产生任何益处，因为没有任何面临神经的饱和，现在假设在仅有一个输出单元 o 的神经网络情况下使用相对熵惩罚函数，即

$$E = -\sum_{\kappa=1}^{\ell}(y_\kappa \log x_{\kappa o} + (1-y_\kappa)\log(1-x_{\kappa o})) \tag{5.6.117}$$

我们开始注意到神经饱和，这次与使用逻辑 sigmoid 型或双曲正切神经传递函数有关，并不妨碍学习。假设 $x_{\kappa o} \to 0$ 或 $x_{\kappa o} \to 1$，我们使用逻辑 sigmoid 型函数，$x_{\kappa o} \to 0$ 对应于 $a_{\kappa o} \to -\infty$。当使用二次误差时，我们陷入 $y_\kappa=1$ 的配置中，而通过使用相对熵有

$$-\log(\text{logistic}(a_{\kappa i})) = -\log\frac{1}{1+e^{-a_{\kappa i}}} \simeq -\log\frac{1}{e^{-a_{\kappa i}}} = a_{\kappa i}$$

这表明渐变启发式仍然很强，因为

$$\frac{\partial}{\partial w_{oi}}(-\log(\text{logistic}(a_{\kappa o}))) \simeq \frac{\partial a_{\kappa o}}{\partial w_{oi}} = x_{\kappa i}$$

在 $x_{\kappa o} \to 1$ 情况下也可以得到相同结论（见练习15）。在深层网络的情况下，逻辑 sigmoid 型函数与相对熵的结合是否成功？从反向传播公式(5.5.82)～(5.5.84)中我们看到，在饱和神经元的情况下，面临梯度消失的唯一可能性是移动 $\delta_{\kappa i}$。有趣的是，这发生在输出神经元上，其行为与单个神经元的情况相同。然而，由于反向公式(5.5.84)的 $\sigma'(a_{\kappa i})$ 项的存在，隐藏单元也因神经饱和而受到惩罚。

虽然该讨论表明，权重的初始化和惩罚函数的选择可能面临与 sigmoid 单元饱和相关的问题，但我们不应忽视它们的影响，如果不能采取适当的预防措施，它们会真正妨碍学习。整流神经元呈现出两态表现（主动/非主动），然而，其不会饱和。但在某种程度上，

⊖ 根据切比雪夫的不等式(5.6.111)，我们立即意识到这适用于任何概率分布。注意，条件(5.6.115)明显比(5.6.114)更清晰，因为它允许我们以更大的区间进行初始化。

sigmoid 单元的饱和配置可能与整流器单元中的非活跃配置有关。此外，下一节中的讨论表明，选择岭神经元的单调传递函数不会影响学习的复杂性，差异通常与具体的数值算法有关。

5.6.3 复杂性与数值问题

本节中的讨论表明，负载问题的复杂性与次优配置（非全局的局部最小值）和不同形式的病态调节有关。这是一个基本的区别，因为这两个复杂性来源可能导致不同的计算工作，误差函数中的病态调节可能在不同情况下出现。如本节所示，假的学习方法可能导致分类失败，但在这些情况下，人们通常可以提出不同的惩罚选择来处理问题。另一个导致病态调节的原因是缺乏独立的学习样例。线性机制存在这样一个问题，它由公式(3.4.87)清楚地表达出来。不仅在 $\det(\hat{X}'\hat{X})=0$ 情况下会在线性机制的原始配置中产生问题；当条件数 $\mathrm{cond}(\hat{X}'\hat{X})$ 很小时，我们仍然可能遇到麻烦！如 3.1.3 节所示，这种类型的病态调节可通过正则化得到很好的处理。显然，正则化的注入可在某种程度上掩盖了缺乏示例来表征学习的概念。然而，它代表了一种面对病态的非常有效的方法。当使用 LTU 时，与前馈网络相关的误差函数可选择由高到低的信号组成，由于需要适当地调整学习速率以遵循难以预测的高低序列，这导致了数字类型的复杂性。有人认为，连续设置中的计算复杂性的经典公式可以识别由条件数（condition number）[56]概念得到的电路复杂性（circuit complexity）和数值复杂性（numerical complexity）。

负载问题的固有复杂性是由于存在次优的局部最小值，且处于非常不同的情况。最显著的区别在于，在这种情况下，没有有效的方法可以将正则化的作用与病态调节相结合！这个关键问题经常被忽视，大多数时候都没有仔细考虑这两种不同复杂性来源之间的区别。当误差表面揭示多模式结构时，我们需要考虑可能会受到次优局部最小值严重困扰的全局优化方法。

练习

1. [M31] 考虑下面的负载问题：
$$\mathscr{L} = \{((-1,0)',0.1),((1,0)',0.9),((0,1)',0.9),((0,-5)',0.9)\}$$
这显然是一个线性可分的问题。假设使用具有 logistic sigmoidal 型神经元和二次误差函数的 LTU 网络。此外，假设该决定基于以下阈值标准：如果 $x<1$，分类为一；而如果 $x>0.9$，分类为＋，且在 x 的剩余区间不做决策。证明存在一个不产生分离解的驻点[⊖]。

2. [M28] 看图 5.20C 并证明分离线的无穷小旋转会产生 $a_{5,b}$、$a_{5,d}$ 和 $a_{5,e}$ 的变化，是相对于 $a_{5,a}$ 和 $a_{5,c}$ 的更高阶的无穷小。

3. [HM45] 基于五元异或学习任务考虑任何相关的学习任务，使 A 和 C 固定，B、D、E 可以在保持分离五元异或网络结构的约束下移动。任何此类配置是否都是次优的局部最小值？

4. [M19] 在 OHL 网络和线性可分的假设下，将 5.6.1 节中给出的局部最小误差表面上的结果扩展到多输出的情况。

5. [M39] 在 OHL 网络和线性可分的假设下，将 5.6.1 节中给出的局部最小误差表面上的结果扩展到

⊖ 文献[59]已经提出了这种负载问题。

深层网络的情况，即具有多个隐藏层。

6. [M34] 基于 5.6.1 节的分析，通过证明所有权重为空的点不是局部最小值来证明具有线性可分的示例的单输出的 OHL 网络产生局部最小误差函数。

在 3.2.2 节中，当讨论线性可分的例子时，已经证明对于 logistic sigmoidal 型单元的情况，条件 $\Delta=0$ 表征不同的驻点，但是在执行梯度下降时唯一符合的是全局最小值。也就是说，误差表面是局部最小值。在整流器单元的情况下会发生什么？

7. [M21] 5.6.1 节中讨论了具有双曲正切的神经元的所有权重为空的情况。已经证明，对于 OHL 网络，G_1 和 G_2 都为空，但没有考虑关于偏差项的梯度。它的贡献是什么？我们可以将梯度的平稳性扩展到 logistic sigmoidal 型函数的情况吗？

8. [M21] 考虑配置中的 OHL 网络，其中所有权重(包括偏差)都为空。证明这个驻点不是局部最小值。

9. [HM46] 考虑条件(5.6.110)，5.6.1 节给出的误差函数是局部最小值的证明。假设 X_1 是满秩矩阵。虽然只要满足条件(5.6.110)，这通常是正确的，但是存在非满秩的配置，即权重 w 满足 $\operatorname{rank} X_1(w) < \min\{\ell, 1+|\mathcal{H}|\}$。证明这些配置也不是局部最小值，该问题已在文献[278，349，350-351]中得到解决。文献[164]中发表的一些言论又造成了对证据的质疑。

10. [HM48] 从 5.6.1 节中给出的论据开始，给出正式条件，在该条件下，具有整流器单元的深层网络的学习是无约束局部最小的。

11. [29] 假设给出一个 OHL 网络配置，其中所有权重都是相等的。通过给出梯度的对应表示，讨论从该配置开始时，整个学习过程的演变。

12. [M21] 考虑切比雪夫不等式(5.6.111)。首先，讨论 A_i 可以被视为具有正态分布的随机变量的原因。其次，提供依赖于正态分布的更清晰的界限。

13. [M16] 给定在 $[-w, +w]$ 上均匀分布的随机变量 W，计算它的方差。

14. [24] 考虑公式(5.6.113)总结的用于定义随机权重初始化的分析。将此属性概括为通用神经元的情况，即输出或隐藏单元，该神经元接收来自其他隐藏单元的输入。证明公式(5.6.113)可以简单地被替换为 $\sigma_{W_i} = 1/f_{\text{in}}$。

15. [23] 完成 $x_{\kappa o} \to 1$ 情况下交叉熵惩罚的渐近表现的证明。

5.7 注释

5.1 节 在实际应用中，前馈体系结构大多是多层网络，其中隐藏层的作用一直是理论和实验中广泛讨论的主题。一些视觉技术[51]，如 Hinton 图表，明显支持了对架构问题的研究直觉。神经元中选择的非线性函数也是非常重要的。多年来，前馈架构一直基于逻辑 sigmoid 单元或双曲正切的 sigmoid 单元。几年前，有些人开始意识到整流函数是类似 sigmoid 函数的一种很好的替代方法[133,228]。特别是它产生了一种非常不同的学习过程，因为优化轨迹基本上是在涉及分段非线性的风险函数下驱动的。20 世纪 90 年代对致命饱和的克制评论已经在大型网络中得到克服，对于任何输入，找到从输入到输出的非饱和路径的概率都非常高。

5.2 节 实现布尔函数方法的研究对于理解前馈神经网络的许多有趣的计算方面来说非常有用。每当我们面对分类任务时，相应的计算过程与布尔电路有许多相似的问题，本章对这些主题进行的分析很大程度上受到文献[316]中研究内容的启发。表征方面的深入理解与电路复杂性很好地相互作用，Claude Shannon[310]早期的经典著作指出，除了一小部分具有 d 个变量的布尔函数之外，其他所有函数都需要指数 $\Omega(2^d)$ 个与或门来计算。早期出现了电路复杂性的概念以理解与架构选择相关的局限性，计算分析通常涉及门的扇入

(fan-in)和扇出(fan-out)、它们的特定结构，以及整体架构的大小与深度之间的权衡。正如 5.2 节所指出的，LTU 通常比与或门更有效并且深度在计算中起着重要作用，有界与无界扇入/扇出的分析得到了布尔函数实现上的重要结果。可证明，为了计算任何非退化函数，限扇入的所有电路的大小至少为 $\Omega(d)$，深度为 $\Omega(\log(d))$。因此，我们需要放松到无限的扇入以获得更好的复杂性界限。

许多技术可以使用给定类型的门，来影响布尔函数的设计，通过使用分析技术、有理逼近及通信复杂性参数理论[316]得到了有趣的结果。5.2.4 节中关于伸缩技术的分析得出关于具有非常困难的复杂边界的有趣的实现。

伸缩技术共享在伸缩级数中产生统一的原理，其中部分和最终在取消后仅展示固定数量的项。例如，级数 $\sum_{n=1}^{\infty} \frac{1}{n(n+1)}$ 具有伸缩结构，因为可以简单地将其计算得很远以查找剩余的未取消项。

$$\sum_{n=1}^{\infty} \frac{1}{n(n+1)} = \lim_{m \to \infty} \sum_{n=1}^{m} \left(\frac{1}{n} - \frac{1}{n+1} \right)$$
$$= \lim_{m \to \infty} \left[\left(1 - \frac{1}{2}\right) + \left(\frac{1}{2} - \frac{1}{3}\right) + \cdots + \frac{1}{m} - \frac{1}{m+1} \right]$$
$$= 1 - \lim_{m \to \infty} \frac{1}{m+1} = 1$$

伸缩技术在布尔电路的设计中起着重要作用，但必须仔细以避免陷阱和悖论(见练习 15)。它们的使用导致了在奇偶校验的实现中从 $O(d)$ 到 $O(\sqrt{d})$ 的明显的复杂性下降，参考 5.2.4 节，这体现了其优良的性能。

布尔函数的实现和相应的电路分析一直是深入研究的主题，5.2.4 节中提出的对称函数的概念自然地扩展到广义对称函数(generalized symmetric function)的概念，其中

$$f(x_1, \cdots, x_d) = \psi\left(\sum_{i=1}^{d} w_i x_i\right)$$

即，表征对称函数对 $\sum_{i=1}^{d} x_i$ 的依赖性扩展到加权和的情况，可以很容易地看到在整数权重情况下，这种表征扩展具有对称函数的特征。比如，式子 $f(x_1, x_2, x_3) = \psi(x_1 + 3x_2 + 2x_3)$ 就可以被重写为 $f(x_1, x_2, x_3) = \bar{f}(x_1, x_1, x_1, x_2, x_3, x_3)$。也就是说，广义对称函数 f 被转换为对称函数 $\bar{f}$，因此在这种更一般的情况下也可以使用为对称函数提供的实现方法。

LTU 单元可以非常有效地实现求和、乘法、除法和幂运算，并且，这些单元的效率明显高于传统与或门。已知 3 层深度的电路通过使用"块保存"技术进行 d 位和运算并且产生对称函数，而 4 层深度实现已经被用于乘法、取幂和除法[316]。

5.2.4 节中介绍的对称函数的实现技术表明，对于与或门，配置检测发生在最小项/最大项级别上，而采用 LTU 单元可以检测 $\sum_{i=1}^{d} x_i \in \mathbb{N}$。这显然可以用整数来实现，广义对称函数的情况就是类似实现的示例。有趣的是，可证明在 d 个输入的布尔函数的情况下，实值权重总是可以用 $O(d \log(d))$ 个整数权重替换[316]。深入分析也可以用于"小权

重"。如 5.2.4 节所示，有一些函数使得增加深度可以绕过权重的指数激增。

5.3 节 20 世纪 80 年代末，神经网络异军突起，具有强劲数学背景的科学家很快被研究前馈架构的计算能力的问题所吸引。而对于布尔函数，它们的范式表示可以通过一个隐藏层来通用表征，实值函数的相同属性也产生了一个有趣新颖的研究领域。通常，问题可以在函数逼近的框架下去处理，然而在分类的情况下，将输入空间适当分割以便将正例和负例分离，可以自然地在计算几何的框架中应对。

Richard Lippmann[224] 的开创性论文对主要用于分类任务的近似几何结构提供了很好的见解，5.3.1 节中对该论文进行了部分回顾。在这种情况下，与布尔函数的实现存在一些有趣的联系，不同之处在于在实值域上定义的函数需要将区间划分为其中活跃集合的凸集（正集）。正集的覆盖让我们想起了经典的集合覆盖问题。

集合覆盖问题是计算机科学中的一个经典问题，其在 1972 年被证明是 NP 完全的[121]，是卡普的 21 个 NP 完全问题之一。给定 $\mathscr{A}=\{1, 2, \cdots, m\}\in\mathbb{N}$（整体）和集合的小类集合 $\mathscr{F}=\{\mathscr{A}_i, i=1, \cdots, n\}$ 使得 $\mathscr{A}=\bigcup_{i=1}^{n}\mathscr{A}_i$，集合覆盖是识别 $\mathscr{F}$ 的最小子集合的问题，其联合等于整体。决策问题中，问题为是否存在至少为给定大小 s 的集合覆盖。集合覆盖的决定版本是 NP 完全的，而集合覆盖的优化/搜索版本是 NP-hard 的，如果为每个集合分配了成本，则它将成为加权集合覆盖问题。集合覆盖有几何版本，完全符合前馈神经网络在分类中解决的学习问题。给定对 $(\mathscr{A}, \mathscr{F})$，其中 $\mathscr{A}$ 是整体，$\mathscr{F}$ 是一系列范围集（range sets），几何集合覆盖（geometric set cover）问题包括确定范围的最小尺寸子集 $\mathscr{S}\subset\mathscr{F}$，使得整体 $\mathscr{A}$ 中的每个点都被覆盖在 $\mathscr{S}$ 的某个范围内。虽然问题仍然棘手，但由于问题的几何性质，有一些近似算法非常有效和准确。注意，覆盖问题与包装问题密切相关，但学习确实需要覆盖具有凸域的正集，而不是将其打包在内。

如 5.3.2 节中所示的基于微积分和相关主题的早期研究得到结论，通用表征是由具有单个隐藏层的网络获得的，近似问题的根本区别在于存在方法与建设性方法。在第一种情况下，人们只对证明存在实现感兴趣，而不必担心任何建设性过程，总体而言，该主题已经过大量研究，并且已经发表了许多研究成果，这些研究很好地回顾了最新技术（例如，文献[300, 299]）。特别是，Marcello Sanguineti 研究了基于傅里叶分析、哈恩-巴纳赫定理、雷登变换和斯通-魏尔斯特拉斯定理的相关近似方法。

存在方法提供了一种探索近似能力的好方式，考虑由单个隐藏层前馈网络生成的函数类 $\mathscr{N}$

$$\mathscr{N}_g^3 = \Big\{f\in\mathscr{F}: f(x) = \sum_{i=1}^{n} w_i g(w, b, x) + w_0\Big\}$$

$C(\mathbb{R}^d)$ 中连续函数的近似可以通过研究 $\mathscr{N}_g^3$ 是否在 $C(\mathbb{R}^d)$ 中紧密来重新表述。George Cybenko 的开创性论文探讨了这一方向的良好的方法，该论文基于哈恩-巴纳赫定理[82]。当时相关研究蓬勃发展，涵盖了不同函数空间中近似的技术方面（参考例如，文献[181, 208]）。Kurt Hornik 还指出了一个涉及偏置的奇怪特征，他证明[180] 如果 $\sigma(\cdot)$ 是一个解析函数，则存在一个偏置值 b，使得 $\mathscr{N}_\sigma(w, \{b\})$ 在 $L^p(\mu)$ 及 $C(\mathscr{K})$ 上紧密，其中 $\mathscr{K}\in\mathbb{R}^d$ 是一个紧凑集。对密度特性的深入研究得出结论，通用近似能力只能通过使用非多项式神经元来实现[180,221]。Moshe Leshno 等人证明了当且仅当激活函数不是多项式时，具有一层局部有界分段连续激活函数的前馈网络可以以任何精度近似任意连续函数。当扩展

5.1.2 节中针对多项式神经元的情况分析时，可以理解非多项式函数的必要条件，而充分条件需要更复杂的分析。Gori 和 Scarselli[151] 通过探索由给定数量的单元组成的一个隐藏层的前馈网络的表现力给出了近似的相反观点。虽然对给定函数的近似研究得出结论，可以用"足够多"的隐藏单元实现任何程度的近似，但是他们分析了有限数量单元的网络生成的函数类。基本上，他们证明了有一些函数可以近似到任何精度，而不必增加隐藏节点的数量。已经证明，具有 sigmoid 激活函数的网络可以表达有理函数、多项式乘积和指数。

5.3.3 节关于对称性的讨论基于多层网络。如果我们想处理任意的 DAG，该怎么办？在这种情况下，层对称性被破坏，等价解的数量急剧下降。Marco Gori 等人[156] 利用流行的网页排名（PageRank）算法背后的思想来解决图同构。有趣的是事实证明只要没有对称性，算法通常会在节点上产生不同的值。现在，网页排名的计算方案与 DAG 情况下的前向传播密切相关，这表明没有对称性的图形会产生具有非常丰富表现力的前向传播。这是一个很好的问题，可能会丰富浅层网络与深层网络的讨论。

5.3.2 节中，我们看到了机械化实现。前两个基本上扩展了 5.3.1 节中用于分类任务所采用的方案，而第三个实现方案基于傅里叶的扩展[188,119]，机械化实现让我们清楚地了解如何能够克服所需的精确度。基于函数域中的密度的结果表明精度可以任意高，而在所需的隐藏单元数量上没有上限。不幸的是，这也适用于大多数实现方法，Andrew R. Barron[24] 在这方面的工作值得一提。

前馈网络已被大量用于实际问题中，几乎所有人都尝试过这方面的应用。许多软件库的可用性也促进了这一过程，其被魔法和神秘的混合物所驱动，有时看起来对于这些"神奇的盒子"有过多的期望。1990 年初，我刚完成博士学位，与 Angelo Frosini 和 Paolo Priami 一起讨论后，激起了我探索这些神经网络技术在钞票验证中的可能性的兴趣，我们设计了一种基于神经元的验钞机，通过使用低成本的光电传感器实现了最先进的性能。对于那个项目，我学到了很多东西，但我意识到超越是多么重要，这种机制的魔法性及隐秘性可以被视为黑盒子，我们的验钞机检测到了长度，以便在类别上做出第一个假设。然后，对于每一类，使用前馈网络来检查收到的钞票是否是假币。拒绝标准（reject criterion）仅仅基于阈值检查：每当输出低于阈值时，机器就拒绝钞票，该网络使用批量模式学习从一系列不同的钞票和假币中学习。早期的结果非常有希望；机器可以区分复杂的伪造品，这让我们非常兴奋。然而，对这些结果的满意度只持续了几天：彩票般的纸张经过适当调整以便符合钞票的尺寸，通过机器，返回 FF，该十六进制代码表示最高的接受率！当考虑由 MLP 网络创建的分离表面的类型时，出现了对这种关键行为的解释。为了有利于直觉，假设我们处理二维模式，那么真钞票用●表示，而假钞用▲和■表示：

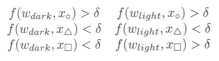

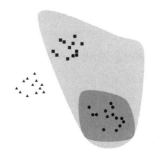

一旦选择了某个阈值 δ，就可以通过与 MLP 的输出进行比较来简单地验证，现在可以立即看出图中的两个神经网络表现出非常不同的性能，它们共享相同的架构，但权重不同。相应的分离表面在右侧表示：粗连接与暗域相关联，同样，细连接与较亮域相对应。第一个域是有界的，并且很好地包围了真正的钞票区间；第二个域是无界的，并且还包括伪造的框体(■)。两个网络都可以正常工作多年，因为表示为三角形(▲)的假币也完全可以被右侧网络分开。然而，这种情况一直持续到有人给机器送上类似彩票的纸张(框体图案)！

分离表面的研究清楚地解释了前馈分类器在模式识别和验证问题上的成败(参考例如，文献[150，40])。

多年以后，许多人意识到深度卷积网的惊人结果可能在 ImageNet 上令人困惑！可以选择一个图像——"熊猫"——并且在人类的解释上进行微小地改变，但神经网络返回错误的分类，而且错误出现的方式没有明显的简单解释。然而，当提到关于分离表面的上述讨论时，这并不令人惊讶。在任何情况下，一旦分类器被训练，oracle 作为对手，可以采用任何模式 x 并生成 $\tilde{x}$，其预期非常接近 x，具有最大化损失差异的属性。特别地，$\tilde{x}$ 可以通过

$$\tilde{x} = \arg\max_{x \in \mathscr{X}}((\tilde{x}-x)' \nabla_x V)$$
$$\|\tilde{x}-x\|_\infty \leqslant \varepsilon$$

生成，其中 ε 作为一个"小"阈值，用于模拟 x 附近的不可察觉的运动并且 $\nabla_x V$ 表示在 x 上计算的损失 $V(x, y(x), f(x))$ 的梯度，很快发现 $\tilde{x} = x + \varepsilon \nabla_x V / \|\nabla_x V\|_\infty$ 产生最大的变化。一个良好的选择是

$$\tilde{x} = x + \varepsilon \,\text{sign}(\nabla_x V) \tag{5.7.118}$$

这种生成对抗性攻击的方式被称为"快速梯度符号方法"。有趣的是，这种攻击需要有效的梯度计算，可以由反向传播[139]执行，这种发现攻击的聪明方法可以与相应的对抗训练算法相结合，该算法依赖于在训练集中对于任何给定的 x 都添加其相关的对抗性示例 $\tilde{x}$ 的原则。这么处理，损失 $V(x, y(x), f(x))$ 被替换为

$$\alpha V(x, y(x), f(x)) + (1-\alpha) V(\tilde{x}, y(x), f(\tilde{x}))$$

我们假设生成的模式 $\tilde{x}$ 与 x 具有相同的类别，即 $y(\tilde{x}) = y(x)$，并且 $0 < \alpha < 1$（在文献[139]中，选择 $\alpha = 0.5$）。从某种意义上说，通过引入对抗性示例进行学习可以形成一种巧妙的增强方案，从而产生一种正则化。对抗性学习的研究受到了相当多的关注(参考例如，文献[49，225，138])。然而，在不同的情况下也出现了潜在的问题，特别是在设计自适应分类器的方法时(参考例如，文献[5-6])。对抗性学习理念的新颖性并没有消除许多机器学习方法背后的固有局限性，在视觉的情况下，"熊猫"与长臂猿的混淆是一个严重的问题，与验钞机失败的差别并不大。看起来感知能力的这些明显差异是由于在神经架构中缺乏基本不变性的结合而产生的，5.4 节中的讨论主张对卷积网络进行实质性的重新制定，其中我们将运动不变性纳入其中。

对布尔函数的分析表明，利用深层网络产生的电路复杂性带来的优势很可能扩展到实值函数。虽然这是非常明显的，但是大约二十年来，科学界一直受到仅使用单隐藏层获得的通用近似的可靠性的驱动。从 20 世纪 80 年代末开始，这种普遍的属性以及由于深度路径上的梯度消失导致深层网络学习早期恶化的观点使得前馈神经网络在大量不同的应用中

被大多数设计选择。此外，对许多不同任务的大量应用以及对误差表面结构的早期研究强化了这种简单的选择。很明显，当隐藏单元的数量增加时，除了逐渐更好的近似程度之外，误差函数的优化也变得更简单！这些观点的传播在科学界强化了具体实验必须依赖于OHL网络的信念，有趣的是，多年来没有人对浅层网络提出过批评！20世纪90年代中期，当核方法出现在机器学习中时，单隐藏层的浅层网络再次成为学习计算模型的自然结构的另一个标志，同时还有更多，如4.4.4节所示，核方法形式的浅层网络是基于正则化原理的经典公式的最佳结果。

假设给一张约 0.01cm 高的纸，然后开始折叠它[⊖]。每次我们折叠纸张，厚度加倍。当你折 27 次时，达到 $10^{-4} \times 2^{27} \simeq 12.8 \text{km}$，高于珠穆朗玛峰。有趣的是，从地球到月球只需要折 42 次纸，而且只有大约折 94 次纸可以制作出与整个可见宇宙大小相当的东西！显然，虽然这种折叠不能具体实现，但概念方案在技术上是合理的，理解这种渐进式折叠结果的坏处的另一种方式是它生成指数级别的小面。有趣的是，这与整流神经元分配输入空间的前馈网络的方式非常相关，为了解决这个问题，Montúfar 等人^[249]介绍了折叠匹配（folding map）的概念。比如，函数 $g: \mathbb{R}^2 \to \mathbb{R}^2$

$$g(x_1, x_2) = (|x_1|, |x_2|)'$$

可以视为前馈网络层计算的结果。基本上，它返回由第一象限定义的输出，因为所有其他点都是通过水平和垂直折叠域来确定的。深层结构丰富并提供有趣的表征属性。Yoshua Bengio 和 Yann LeCun 早期意识到深层结构的基本作用是为具体的 AI 问题提供适当的表示，并在文献[31]中发表了一篇开创性的文章。其他揭示深层架构成功的原因的有趣的论文是文献[244, 223, 243]。

5.4 节 卷积网络在 20 世纪 80 年代末由 Yann LeCun 及其同事早期在许多论文中（参考例如，文献[215, 212]）介绍，后来又在文献[214]中介绍。当前卷积体系结构的基本思想已经包含在这些论文中，但由于其强大的影响，我们不得不等待第二波连接模型的浪潮。事实上，对于分类和分割中涉及的模型，计算机视觉具有非常强烈的影响[206,355,315,313,306]。在文献[216]中发现了利用卷积体系结构的文档识别的显著结果，在文献[158]中使用了一种稍微不同的卷积方案用于语义标记，卷积网络也已成功应用于文本分类[356]和文本排序[309]。卷积网络表现出结合空间不变性的基本特征，然而自计算机视觉出现以来，人们意识到其他不变属性如旋转和缩放对于征服视觉技能也非常重要。用于强制不变性的另一相关机制是切线距离，其中图案的可变换的表面由其切平面近似[314]。David Lowe[226]对尺度不变特征变换（Scale-Invariant Feature Transform，SIFT）的研究极大地影响了计算机视觉，从 Hubel 和 Wiesel[185]对层次模型进行的有远见的研究开始，Maximilian Riesenhuber 和 Tomaso Poggio 在一篇关于皮质中物体识别模型的开创性论文[285]中讨论了神经科学框架中的不变性问题。他们提出了一种基于类最大化操作的模型，该模型可能在皮层功能中起重要作用。另一个关注特征不变性的有趣的生物学启发模型可以在文献[307]中找到，其中作者强调了使用所提出的基于特征的表征来学习的特性，并举了几个例子。文献[14, 274]给出了一种有趣的基于计算基础的不变性方法，作者专注于选择性的转换，其中两个

⊖ http://scienceblogs.com/startswithabang/2009/08/31/paper-folding-to-the-moon/.

模式只有在一个是另一个的转换时才共享该表征。5.4 节中进行的分析侧重于提取在运动中不变的特征,假设代理生活在自己的环境中,从而通过具体的相互作用克服位置、旋转和尺度不变性。有趣的是,运动不变性似乎是自然捕捉不变性的候选者,就像那些与熨衣服和把衬衫扔进洗衣篮有关的不变性一样!这是一个开放的研究问题,它提出了适当的计算机视觉认知架构的基本问题[69]。

通过卷积网络获得的显著的实验结果,其中视觉信息的传播受到感受野的局部限制,表明人们应该认真考虑计算不一定必须在具有相同分辨率的所有视网膜上进行。有趣的是人眼动作,伴随着快速扫视与固定视线[283]的交替,可以关注到在视觉帧的大部分信息部分,以收集全局图像⊖,这与 5.4 节强调提出的运动不变性很好地产生了共鸣。此外,还有一些抽象的视觉技能不太可能受到像素级别计算的攻击。人类提供超越真实视觉模式的视觉解释(参考例如卡尼兹错觉[195]),这可能通过注意力的焦点来促进,注意力以某种方式定位要处理的对象,由于焦点在某个像素上,相应的对象可以通过其轮廓表示的形状给出抽象的几何解释。虽然基于像素的过程基于与给定像素相关联的视网膜的所有视觉信息,但是一旦我们将注意力集中在对象的点上,则在基于其轮廓识别对象时出现基于形状的识别。在特征提取过程中,不应忽视某些对象的语言描述,主要不是基于它们的形状而是它们的功能,例如通过其容纳液体而不是其形状就能很好地识别碗。像素化过程似乎不足以得出行动的结论,其理解确实需要涉及视频的某些部分。此外对象可供性(object affordance)的概念表明其与行为的严格联系,人类基于它们所涉及的动作执行许多物体识别过程,因为物体因其在场景中的作用而被检测到。换句话说,可供性涉及对象的功能角色(functional role),用于抽象类别的出现。

5.5 节 当我们在数据流的框架内计算时,可以完全理解反向传播算法,这需要熟悉拓扑排序,包括以遵循其顶点上的部分排序的方式对 DAG 的顶点和边进行一致排序,拓扑排序也被称为线性扩展。可以很快发现在极端情况下,可能的排序数量会随着图的维度而激增。当 $\mathscr{A}=\emptyset$ 时肯定会发生这种情况,因为顶点之间没有边的图可以中有 $|\mathscr{V}|!$ 种不同方式的排序。通过 $O(|\mathscr{V}|)$ 最优算法可以很容易地找到给定 DAG 的线性扩展,因为问题显然是 $\Omega(|\mathscr{V}|)$ 的。可能的算法执行 DAG 的深度优先搜索,这对于前馈神经网络的数据流计算方案非常重要,因为这种算法的存在表明我们总是可以使用最优算法执行前向步骤。如没有边的图的极端情况所示,所有线性扩展的计算可能非常昂贵,线性扩展的数量可以随着图的大小呈指数增长,并且计算线性扩展的数量是 NP-hard 的问题。

1986 年,出版了开创性的三部曲,其中最重要的是促进了并行分布处理(Parallel Distributed Processing,PDP)原理的传播[294,235,236](参考文献[294]中的紧凑视图),总的来说反向传播是 20 世纪 80 年代末联合主义浪潮中最显著的成就之一。PDP 组对于算法中的利益扩散起到了至关重要的作用,尽管它的根源可以在不同的主题中找到。反向传播的痕迹已经出现在最优控制理论的背景下[60-61],Hecht-Nielsen[170]引用了 Bryson 和 Ho[61]以及 Paul Werbos[341]的工作作为反向传播思想的两个最早起源。在神经网络中,该方法已被多次使用(例如,Parker[262-263]),直到它最终在 PDP 组声名鹊起。Yan Le Cun 也在他的博士论

⊖ 值得一提的是,LSTM 网络的使用最近被证实在显著性估计问题上取得了成功[75]。

文[213]中独立贡献了关于反向传播背后的基本思想,几年后与 Francoise Fogelman-Soulié 和 Patrick Gallinari 合作提供了更多证据[104,211]。许多相关学科的影响在许多领域都是显著的,包括模式识别(参考例如,文献[52,286,231])、生物信息学(参考例如,文献[19,21])、自动控制和识别[253,204]。

直到 2004 年,在反向传播流行后大约 20 年,从 20 世纪 80 年代中期开始经历的新型神经网络模式的狂热大部分已经消失,并且核方法在真实应用中主要取代并略微改进了实验结果。然而,这并没有真正成为其他 AI 学术研究的突破,同年来自加拿大高级研究院(CIFAR)的 Geoffrey Hinton、Yan Le Cun 和 Yoshua Bengio 利用少量资金共同创立了神经计算和自适应感知计划(Neural Computation and Adaptive Perception program),其中一些精心挑选的研究人员致力于创建模仿有机智能的计算系统。Hinton 认为创建这样一个团队会刺激人工智能的创新,甚至可能改变世界其他地方对待这种工作的方式⊖。无论深度学习是否真的可以模仿有机智能,他都是对的!该小组没有依赖 OHL 网络,而是在真实的应用程序中推出了深层架构,即具有多层的前馈网络。2011 年,斯坦福大学的研究员 Andrew Ng 在谷歌推出了一个深度学习项目,该项目似乎使用这项技术来识别安卓手机上的语音命令并在 GooglePlus 社交网络上标记图像。百度在中国和硅谷开设了 AI 实验室,微软将深度学习技术融入自己的语音识别研究中,Facebook 还开设了由 Yan Le Cun 领导的 AI 研究小组,与此同时学术领域热情爆炸式增长。基本贡献来自 Yoshua Bengio。早在 2005 年,他就发布了一份技术报告⊖,打破了 OHL 网的多年和平序曲!他专注于表征问题,从一个被忽视的角度研究:开发的表征的表现力。Bengio 和 LeCun 在书籍章节[31]中也广泛叙述了深度学习的基本思想,其他两篇开创性论文[174,34]提供了有关如何有效训练深层置信网络的明确证据。乍一看,似乎没什么新东西,因为深层/大小权衡在切换逻辑中是普通的东西,明显的对新例的泛化才是真正重要的。然而,大约 20 年来,关于 OHL 的信仰并没有受到真正的挑战,深度学习的爆发导致对神经网络的研究兴趣以令人难以置信的方式复苏。最重要的是,深度学习方法很早就成为热门和基础 AI 主题,从语言和语言理解到视觉的统一方法。为什么 AI 和相关领域的影响如此强大?根据文献[30],表征问题起着至关重要的作用,这显然是取代核方法浅层架构的重要一步,由于其组成结构,深层结构在许多现实问题中取得了成功。此外,轻松访问 GPU 以及访问庞大的培训集使得自 20 世纪 80 年代末以来的梦想有可能实现!利用无监督和半监督学习的新颖原理以及关键的"技巧"(如采用整流器非线性函数)以及新颖的正则化方法(如丢弃法[326])也在其他方面提供了方便。

仔细研究反向传播的基础时,可以发现它与反向模式自动微分有着相互交织的历史。自动微分的思想可以追溯到 20 世纪 50 年代[257,27]。当在连续时间设置中进行反向模式自动微分时,我们最终得到了庞特里亚金最大化原理,这在控制理论界是众所周知的。Speelpenning[323]提供了第一种语言形式化和反向模式自动微分的具体实现。Barak A. Pearlmutter[26]的论文是关于机器学习自动微分的优秀研究。

5.6 节 采用有限差分近似导数的定义既犯了数值分析的基本错误,即"不能把小的

⊖ http://www.wired.com/2014/01/geoffrey-hinton-deep-learning。
⊖ 该报告多年后广泛发表[30]。

数加到大的数上",又犯了"不能把近似相等的数减去"[26]的基本错误。通过反向传播计算梯度的最佳界限 $\Theta(m)$ 在具体应用中起着至关重要的作用。在理论计算机科学中,从 $O(m^2)$ 到 $O(m)$ 的复杂度降低通常被认为是一个可以忽略不计的问题,因为两种情况都与多项式算法类相关,需要使用数百万个权重才能产生显著差异!切割多项式边界的重要性一直不是重要的问题,但有一些情况可以使用这种方法。一个值得注意的例子是网页评分的 PageRank 算法,其中可以展示给予反向传播的相同最佳边界 $\Theta|\mathscr{A}|$ [47]。事实上,现在我们可以具体地训练具有数百万个权重的神经网络,相同情况下,若要在大约 3300 万个权重的情况下,不利用 DAG 结构的经典数值算法,将要计算大约一万亿次的浮点运算!

梯度计算的效率显然是使用前馈网络的学习能成功的秘诀之一,特别是在巨大的深层结构的情况下。但还有许多其他重要问题必须予以忽视。首先,特别是在选择一些非线性函数时,如双曲正切和逻辑 sigmoid 函数,必须小心避免过早饱和问题。已经在许多论文中提出了初始化策略(参见,例如文献[217,220])。

自连接主义(connectionism)出现以来,次优的局部最小值的可能存在一直被认为是主要问题之一。这并不奇怪,从某种意义上说,梯度启发式是探索解空间的一种方式,相应的搜索问题本来就很困难!实际上在解决问题方面存在与经典算法的有趣联系.其中众所周知的来自爬山的次优性面临着诸如 A*[256] 和 IDA*[203] 之类的算法。启发式的次优性始终被视为明显传播到机器学习的潜在警告。

M. L. Brady 等人早期开始注意到它也可能是"反向传播在感知机成功的地方失败"的情况,这似乎是一个主要的理论问题[59]。几乎同时,Pierre Baldi 和 Kurt Hornik 发表了一篇优秀的论文[20],其中他们证明事实上可以"从没有局部最小值的例子中学习。"主要陈述在某种程度上与以前的结果相对。有趣的是,它们形式上是一致的,唯一的区别是 Baldi 和 Hornik 的论文在线性计算单元的假设下表明了结果。另一方面很早就清楚在文献[59]中公布的否定结果是在一种虚假配置下得出的,这个问题是在 E. D. Sontag 和 H. J. Sussman 的几篇论文中提出的,同时也提出使用 LMS 阈值损失函数来摆脱文献[59,320-321]中产生的问题。很明显,文献[59]中确定的局部最小值是虚假的,因为它们依赖于损失函数和训练集的"错误"联合选择。然而,作者在他的博士论文[141]以及后来的文献[152]和文献[237]中早指出了结构局部最小值的存在,关于该主题的相关讨论可以在文献[342,233,23,67,160,164,118]中找到。除了文献[20]中给出的局部最小条件的分析之外,还指出具有隐藏层的多层神经网络在线性可分离模式的情况下不会产生次优的局部最小值[153],文献[110]中给出了对这种情况的详细分析。在文献[41]中对径向基函数进行了相关分析,Poston 和 Yu 在文献[278,349,351]中研究了在 OHL 网络中存在次优局部最小值时隐藏单元的作用。他们声称当隐藏单元的数量大于或等于训练集的数量时,局部最小值消失。他们发现的结果并没有产生如此巨大的影响,因为在现实世界的实验中,人们一直在使用隐藏单元少得多的架构。然而,最近的实验也采用了非常庞大的架构。有趣的是,很多人都认为局部最小值的问题在实践中可以忽略不计,基本上是正确的!事实上,非常大的神经网络不会遇到这个问题。此外值得一提的是,如果我们添加一个与经典权重衰减更新学习规则相关的二次正则化项,则将这个凸项添加到风险函数中不可能产生次优的最小值。注意,如果风险是凸的,则此语句正式成立，而在这种情况下，我们有一个局部最小误差函数。一些独立的文献［84，71］提供了额外的论据，即随着网络规模的增加，在深度网络的情况下，不良局部最小值的概率变得非常小。训练路径上的大多数关键点都是鞍点，而局部最小值将以低成本值聚集，并不会高于全局最小值。在线学习的情况明显不同，因为实际学习过程并不像批处理模式那样真正遵循真正的梯度。文献［145］证明了前馈网络的感知机（感知机收敛）定理提出的反向传播模式收敛于线性可分离模式的最优解，关于学习算法最优收敛的整体主题的研究可以在文献［38，109，45］中找到。

第 6 章

Machine Learning: A Constraint-Based Approach

约束下的学习与推理

本章提供结构化环境中学习和推理的统一视图,其正式表达为涉及数据和任务的约束。1.1.5 节已经进行了初步讨论,我们开始提出对基于人类的学习、推理和决策过程的一般约束概念的抽象解释。这里,我们努力使这些过程形式化并探索相应的计算表示。制定合理理论的第一个基本要点是将最有趣的现实世界问题与高度结构化的学习环境相对应,这一特征在大部分的线性与核方法的章节以及深层网络中都被忽略了。到目前为止,我们主要关注机器学习模型,其中代理根据 $x \in \mathbb{R}^d$ 表征的模式做出决断,而我们大多忽略了根据环境信息 $e \in \mathscr{E}$ 构造的合适表征的问题。1.1.5 节中的讨论已经激发了将信息处理为列表、树和图的需求。有趣的是本章中数据结构的计算模型,如循环神经网络和核方法也可以被视为通过扩散过程表达对环境数据的适当约束的一种方式。在这些情况下,计算模型的特征重点在于均匀的扩散过程,而人们可以想到以普通方式进行数据和任务的约束。基本上,模拟环境的图的不同顶点可以涉及不同的关系,从而产生不同的处理。因此产生了更丰富的计算机制,涉及不同关系的含义。

1.1.5 节中的研究提出了许多关于处理任务的丰富且富有表现力的约束,约束可以对处理节点中的信息的任务产生限制。比如对一个模式(图的节点)的监督是涉及相关任务的含义的逐点约束,与其他约束一样通过用作环境数据模型的图结构传递信息。我们使用语义约束(semantic-based constraint)的概念来描述直接操作由模拟环境任务的函数返回的输出的限制,根本的想法是这些限制以某种方式表达了关于环境的知识并传达了所涉及任务的含义。在本书中,使用约束的学习方法被称为约束机(constraint machine)。值得一提的是,虽然某些任务是通过直接从感知空间的推理返回语义的函数来建模,但其他任务在更高的概念级别上运行。为了掌握基于约束的环境的这一附加特征,我们使用个体(individual)概念作为机器学习中更受欢迎的传统术语模式(pattern)的扩展。我们需要引入这个额外的概念,因为有些有趣的案例我们只想在关系结构的基础上得出结论。个体通常被视为(身份标签,模式)对,其中基于特征的部分——模式,可能缺失。例如,1.1.5 节的文本分类问题中假设代理对图书馆的书籍进行操作,其中将主题与建筑物中的相应位置进行关联,一个好的策略可能是根据主题在适当的区域分配书籍。因此可以通过引入函数 $f_{sa}: \mathscr{Y}^2 \to \{T, F\}$ 受益,它确定两本书是否必须位于同一区域。比如 $\forall x_1, x_2 [f_{sa}(f_{nn}(x_1), f_{ml}(x_2))] = 1$,表示数值分析和机器学习的文献必须位于同一个地方。该约束具有关系风格,而且相对于文本分类中涉及的函数,它在更高级别上操作。当将 x_1 和 x_2 解释为个体而不是模式时,我们显然丰富了推理过程的范围。像这个样例一样,1.1.5 节中所示的一致性约束表明,一般而言执行共同施加在图中传递的信息上的强制性——记住有关环境输入 $e \in \mathscr{E}$ 的符号协议由两种不同的"模式视图"均值表示。

根据本书中使用的统一学习范式,一旦代理与环境的交互已经根据约束集合进行了适当建模,就可以将学习视为最小化简约指数的过程,同时满足给定的环境约束。显然,这提醒我们这一方法不利于核方法,其中的约束简约成为监督示例列表的呈现——训练集。

一旦执行了最小化过程，就像在神经网络和核方法中一样，得到的（学习的）函数用于对环境的任何个体进行推断，通过给定的特征向量 $x \in \mathbb{R}^d$ 表征。这种推理过程的区别特征是它们非常有效，因为它们依赖于学习函数的直接计算——通过神经网络进行手写字符识别。一旦我们采用基于约束的环境表示，自然会出现与通常由基于逻辑的描述建模的内容密切相关的其他推理过程。基本上，每当我们考虑关系环境时，约束满足的统一原则也可用于激活没有特征的个体的推理过程。令人惊讶的是，没有必要区分以个体为特征的个体，这些个体仅以其标识符为特征；在这两种情况下，我们都可以使用相同的计算框架。

给出环境的系统表示使得我们能够采用在处理深度学习和核方法时已经讨论过的机器学习概念。然而，也出现了一些非常新的东西，强烈推动了终身学习/推理计算方案的采用。复杂环境可能与大量约束相关联，具有不同的抽象程度。我们应该统一学习所有这些，还是应该定义适当的注意力方案，以过滤代理开发的某个阶段过于复杂的问题？代理如何能够提出"智能问题"来快速获取概念？本章中我们提供见解和方法以利用特定约束的特点——将监督对看作关于跨越逻辑边界的高级约束的特定函数的思考。

6.1 约束机

本节中，我们展开了关于代理的最重要的环境交互的深入讨论，也可以获得关于可用的先验知识的抽象描述。基于根据第 4 章的核方法的数学表示转化的简约原理提出了一种变分分析，在满足约束条件的同时揭示了代理的功能结构。这就产生了支持约束机（support constraint machine），这是一种非常类似于支持向量机的计算模型。

6.1.1 学习和推理

在许多有趣的情况下，约束会产生一种非常不同的结构，它在代理的函数表征中起着重要作用。在提供基于语义的约束的统一视图之前，我们考虑一些示例来理解不同的数学结构，正如将要显示的那样，它对相应的学习算法具有非常重要的影响。我们从一致性决策原则的翻译开始。通过适当扩展第 3 章中描述的学习任务之一，即给定成年人身高对平均体重进行预测的任务，可以很好地说明这一点，它将用于得出所涉及约束的结构的一些结论。我们加入年龄来丰富学习环境，可以引入以下学习任务：

$$\begin{aligned} f_{\omega h} &: \mathcal{W} \to \mathcal{H} : h \to \omega(h) \\ f_{ah} &: \mathcal{W} \to \mathcal{A} : h \to a(h) \\ f_{\omega a} &: \mathcal{A} \to \mathcal{W} : a \to \omega(a) \end{aligned} \qquad (6.1.1)$$

其中 $f_{\omega h}$ 根据高度预测重量，f_{ah} 根据高度预测年龄，$f_{\omega a}$ 根据年龄预测重量。假设在一组监督样例的基础上简单地使用线性函数进行预测，然后我们可以通过独立的 LMS 学习三个函数的权重。但是这样做，我们显然缺少相互交织的预测的基本信息，因为以下约束适用：

$$f_{\omega h}(h) = f_{\omega a} \circ f_{ah}(h)$$

这个函数公式加入了一致性的循环。由于函数是线性的，因此可以将此约束转换为 $w_{\omega h} h +$

$b_{\omega h} = w_{\omega a}w_{ah}h + (w_{ah}b_{ah} + b_{\omega a})$。等价的 $\forall h \in \mathbb{R}^+$ 产生

$$\begin{aligned} w_{\omega a}w_{ah} - w_{\omega h} &= 0 \\ w_{ah}b_{ah} + b_{\omega a} - b_{\omega h} &= 0 \end{aligned} \tag{6.1.2}$$

注意，无论 h、a 和 ω 如何，我们都已结束了约束，也就是说，它们与训练集无关。基本上，一致性循环需要满足一组仅取决于机制权重的线性方程。这表明学习过程中 f_{ah}、$f_{\omega a}$ 和 $f_{\omega h}$ 是通过跟踪监督以及通过满足上述一致性约束对(6.1.2)来确定的。练习 1 中讨论了具体的公式表示。注意，在这个学习问题中，来自监督数据的一致性和逐点约束在本质上是完全不同的。虽然我们通常容忍关于训练集的监督对的误差，但将一致性条件(6.1.2)解释为真正的硬约束是有意义的，差异似乎源于约束的不同结构。虽然监督学习直接包括训练集对，但一致性约束对环境做出一般性表述。特别是如上所述，我们可以从公式(6.1.2)中看到，输入和输出数据没有直接参与，而只有模型参数。这不仅限于此示例！每当一致性导致与数据的特定实例无关的一般条件时，其通过相应的硬约束的转换是有意义的。

通过对这一预测问题的更广泛的研究，我们发现了与其在日常生活中的定性解释相关的其他好的方面，这通常基于常识推理。举个例子，很明显身材高大的人不是孩子，这可以写成

$$\sigma(h - H)\sigma(f_{\omega h}(h) - W)(1 - \sigma(f_{ah}(h)) - A) = 0 \tag{6.1.3}$$

其中 σ 是对数概率 sigmoid 函数。在这里，我们需要一个高的、重的和儿童的模糊定义⊖。我们可以选择 $H = 180$cm，$W = 100$kg 且 $A = 10$ 岁。为什么公式(6.1.3)是表达上述知识粒度的恰当形式？我们可以及时通过 $\sigma(h - H) \simeq 1$ 和 $\sigma(\omega - W) \simeq 1$ 分别检查高的和重的人的概念，同时非儿童的概念表示为 $\sigma(a - A) \simeq 1$。当考虑 $\omega = f_{\omega h}(h)$ 和 $a = f_{ah}(h)$ 时出现公式(6.1.3)。在线性预测的假设下，通过加上 $\forall h \in \mathbb{R}^+$，上述约束可以转换为权重空间，以下等式成立：

$$\sigma(h - H)\sigma(w_{\omega h}h + b_{\omega h} - W)(1 - \sigma(w_{ah}h + b_{ah} - A)) = 0 \tag{6.1.4}$$

与公式(6.1.2)一样，这是模型参数的约束。但是，注意它也直接包括环境变量 h。对于来自监督学习的逐点约束，它也涉及环境变量，但部分层次上与这种约束本质上与其深层含义有关不符。

总之，约束(6.1.2)和(6.1.4)是完全不同的。一旦我们在 h 上强加上量词，约束(6.1.2)的结构就会独立于 h 本身！这同样不适用于公式(6.1.4)，仅仅因为非线性不允许我们这样直接缩减。如果通用量词不容易形成像公式(6.1.2)这样的数据独立公式，如何结合约束？我们基本上可以使用相同的监督学习理念，通过适当的风险函数来衡量约束的满意度——优化理论术语中的惩罚。令 $p(h)$ 表示高度的概率分布，然后我们可以将约束与相关惩罚函数的最小化相关联，惩罚函数为

$$\begin{aligned} V &= \int_{\mathscr{H}} p(h)\sigma(h - H)\sigma(w_{\omega h}h + b_{\omega h} - W)(1 - \sigma(w_{ah}h + b_{ah} - A))\mathrm{d}h \\ &\propto \sum_{h \in \mathscr{H}^{\#}} \sigma(h - H)\sigma(w_{\omega h}h + b_{\omega h} - W)(1 - \sigma(w_{ah}h + b_{ah} - A)) \end{aligned}$$

这里的和是有限集 $\mathscr{H}^{\#}$ 上连续惩罚的近似转化。注意，由于被积函数是正的，每当 $V(h) = 0$

⊖ 有趣的是，我们将看到本章的其余部分也可以学习这些参数。

时，我们恢复约束(6.1.4)的硬实现。但正如已经指出的，这是一种约束的软强制的典型方法。

考虑两个独立变量的学习任务，我们可以自然地扩展这个简单的计算模型。例如，我们可以包含新的学习任务 $\omega = f_{\omega \mid (h,a)}(h,a)$，它可以是已讨论类型的约束的主体(见练习2)。

这个例子突出了语义约束的其他优势，注意 $\mathscr{H}$ 的取样 $\mathscr{H}^\#$ 有可能直接从给定的数据中获得概率密度。但假设想根据样本集合 $\{(h_\kappa, y_\kappa), \kappa = 1, \ell\}$，估计 p，其中 y_κ 是 h_κ 上的概率密度。学习 p 的问题即匹配上述数据，同时遵守概率归一化。可以方便地设置为以下最小化问题：

$$p^\star = \arg\min_{p \in \mathcal{F}} (\langle (p(h) - y_\kappa)^2, \delta(h - h_\kappa) \rangle + \mu(P_p, P_p)) \quad (6.1.5)$$

$$\int_{\mathscr{H}} p(h) \mathrm{d}h = 1 \quad (6.1.6)$$

这里 $\langle (p(h) - y_\kappa)^2, \delta(h - h_\kappa) \rangle = \int_{h \in \mathscr{H}} (p(h_\kappa) - y_\kappa)^2 \delta(h - h_\kappa) \mathrm{d}h$ 且 P 是微分算子，因此 $\langle P_p, P_p \rangle$ 项实现简约原则。注意，与相干约束(6.1.2)一样，这种概率归一化条件可以被认为是难以满足的条件！然而，与公式(6.1.2)必须对空间的任何一点强制执行不同，这种概率约束表现出固有的全局结构。正如我们将在6.1.3节中看到的，它们对学习的影响是截然不同的，此外虽然约束(6.1.6)在变分优化问题中起作用，但约束(6.1.2)需要在有限维上工作。

现在我们想要更好地捕捉知识粒度函数表示的本质，这个话题将在6.2节中深入研究。公式(6.1.3)所述的常识推理主要围绕前提的不对称结构和逻辑陈述中的结论。比如，假设 $f_i : \mathscr{X} \to [0..1]$，$i = 1, 2$ 并且牢记与布尔式决策的关联，所以 $f_i(x) \simeq 0$ 和 $f_i(x) \simeq 1$ 表示相应的概念分别为假和真。任何形式的约束

$$\forall (x_1, x_2) \in \mathscr{X}^2 : f_1(x)(1 - f_2(x)) = 0 \quad (6.1.7)$$

共享公式(6.1.3)背后的基本推理原则。如果 $f_1(x) = 1$，那么满足约束条件意味着 $f_2(x) = 1$，然而反之并不成立，因为如果 $f_2(x) = 1$ 则 $f_1(x)$ 可以为任何值。可以立即看到这实际上是函数图像的属性，因此我们可以推广到在不同域上运行的函数。显然，在 $f_1 : \mathscr{X}_1 \to \mathbb{R}$，$f_2 : \mathscr{X}_2 \to \mathbb{R}$ 且 $\mathscr{X}_1 \neq \mathscr{X}_2$ 的情况下，约束 $f_1(x_1)(1 - f_2(x_2)) = 0$ 具有相同的属性。假设 $f_2(x_2)(1 - f_1(x_1)) = 0$ 同样满足，当然我们可以合成得到

$$f_1(x_1) + f_2(x_2) - 2f_1(x_1) f_2(x_2) = 0 \quad (6.1.8)$$

其获得了对称结构。我们可以看到只有当 $f_1(x_1) = f_2(x_2) = 0$ 或 $f_1(x_1) = f_2(x_2) = 1$ 时才满足(见练习3)。基本上，当我们解释布尔域中函数的值时，此约束转换成逻辑等价的概念。很容易认识到，这不是表达等价的唯一方式，同样，公式(6.1.7)的含义也可以用不同的方式表达——尽管并非所有这些都能恰当地表达决策的深层含义，比如相等性(见练习4)。

现在跳到另一个深层性质大不相同的例子。考虑纯离散约束的极端情况，即没有基于特征的环境表示的情况。到目前为止，学习任务被认为是某个向量空间 $\mathscr{X}$ 上的实值函数，而在这里我们考虑形式域(formal domain)的情况，其中没有给出特征。例如，人体重量的预测是回归问题，因为来自人的身高和年龄的信息是有意义的，很明显，一旦我们错过了类似的基于特征的表示，预测会有麻烦。然而，在所有呈现强大逻辑结构的智能任务中并非如此。考虑在给定棋盘上的非攻击位置上容纳 n 个皇后的问题。这可以被视为任务的约

束问题，因为决定必须与女王可能的移动一致。有趣的是，除了游戏规则之外，环境中没有基于特征的信息。虽然在前一种情况下，可以通过知道人的身高来完成推理，但在这种情况下，推理过程与虚拟输入表示一起作用。每当我们在棋盘上给出一个女王分配时，可以得出它是否遵循游戏规则的结论，但我们必须在推理期间构建配置，而在前面的例子中，推理来自基于特征的输入表示。

现在 $\forall i, j \in \mathbb{N}_n$，令 $q_{i,j} \in [0..1]$ 为实数，预期它们将返回关于对应位置 (i, j) 是否被皇后占据的决定。基本上，希望我们的代理在可以容纳皇后的那些位置 (i, j) 返回 $q_{i,j} = 1$，而在攻击位置返回 $q_{i,j} = 0$。我们接受模糊决策，认为我们非常希望代理能够做出明确的决定。这意味着理想的解决方案是 $q_{i,j} \in \{0, 1\}$ 返回 1。现在行和列的非攻击约束条件可以写为

$$\text{(i)} \ \forall i \in \mathbb{N}_n : \sum_{j \in \mathbb{N}_n} q_{i,j} = 1$$
$$\text{(ii)} \ \forall j \in \mathbb{N}_n : \sum_{i \in \mathbb{N}_n} q_{i,j} = 1 \quad (6.1.9)$$

对角线的条件有点棘手！我们必须对正向和反向对角线施加非攻击条件，必须记住，相同对角线上的所有位置条件都是等效的。因此，只有其中一个表示为对角线的代表。所有其他情况都是多余的，因此在基于约束的公式中删除它们是有意义的。从正向对角线开始：如果我们在位置 $(1, j)$，$j = 1, \cdots, n$ 上找到一个皇后，可以检查上对角线结构，而如果在位置 $(i, 1)$，$i = 1, \cdots, n$ 上找到，可以检查较低的对角线结构。注意，从这些位置检查非攻击配置就足够了，因为所有其他配置都是冗余的。因此加上：

$$\text{(i)} \ \forall j = 1, \cdots, n : q_{1,j} + \sum_{k=1}^{n-j} q_{1+k, j+k} \leqslant 1$$
$$\text{(ii)} \ \forall i = 2, \cdots, n : q_{i,1} + \sum_{k=1}^{n-i} q_{i+k, 1+k} \leqslant 1 \quad (6.1.10)$$

注意对角线包含在正向对角线中。同样对于反向对角线：

$$\text{(i)} \ \forall j = 1, \cdots, n : q_{1,j} + \sum_{k=1}^{n-j} q_{1+k, j-k} \leqslant 1$$
$$\text{(ii)} \ \forall j = 2, \cdots, n : q_{i,n} + \sum_{k=1}^{n-i} q_{i+k, n-k} \leqslant 1 \quad (6.1.11)$$

有 n^2 个变量的 $6n$ 个约束。随着 n 增加，可以通过越来越多的配置来满足约束。虽然行和列非攻击条件由双边约束（等式）转换，但对角线的相应条件由单边约束（不等式）表示。在查看图 6.1 的结构时，可以迅速了解这种差异的原因。任何整数解 $q_{i,j}$ 在非攻击位置共同满足约束 $(6.1.9) \sim (6.1.11)$ 并分配皇后。而且约束 $(6.1.9)$ 保证我们在棋盘中准确分配 n 个皇后，这是我们期望的。因此，使用常数目标函数 $V(q) = 1$ 并满足所讨论的约束以发现通用解就足够了。现在假设更偏爱在集合 $\mathcal{Q} := \{\bar{q}_{i,j}, (i, j) \in \mathcal{P} \subset \mathbb{N}_n^2\}$ 定义的特定位置分配皇后。因此在这种情况下我们寻找 q^* 满足

$$q^* = \arg\min_{q \in \mathcal{Q}} -\frac{1}{2} \sum_{(i,j) \in \mathcal{P}} (q_{i,j} - \bar{q}_{i,j})^2 \quad (6.1.12)$$

我们面对的是已知为 NP 完全的 $0-1$ 整数编程问题，每当我们处理类似的推理问题时，必须认真考虑计算难以处理的警告。问题的形式本质——从环境中脱离 $q_{i,j}$——往往使推

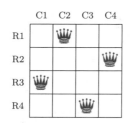 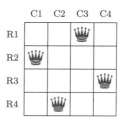

图 6.1 4 皇后问题的两个解：仅一个基本解！有 25 个变量和 24 个约束。可以通过右侧解的 π 旋转来获得左侧解

理过程陷入计算复杂性的指数爆炸。如前所述，我们需要构建一个国际象棋结构，可以有效地检查其一致性。这个方案很常见，它的复杂性爆炸通常——并非总是——与生成解的难度相关联。n 皇后问题并没有反映出类似组合问题的常见情况，因为在这种情况下，我们也可以通过放松对 $q_{i,j}$ 的实值解释来找到良好的近似。有趣的是，尽管 n 皇后问题具有组合结构，但找到一个配置的问题可以通过多项式求解，而找到它们的过程都是呈指数的（见 6.6 节）。

n 皇后问题使我们有机会从经典机器学习方法的不同角度理解推理过程。到目前为止，无论何种模型，学习的目标都是确定未知函数，例如，确定某个函数表示的合适参数。一旦学会 f，对 x 的推断就被认为是 $f(x)$ 的计算，在这里讨论的约束方案的学习中也是如此。这种推理方案的一个显著特征是 $f(x)$ 的计算通常非常有效——想想神经网络和核方法，然而在类似于 n 皇后问题的情况下，我们缺少这些特征，因此错过了这些用于计算 $f(x)$ 的有效推理方案的优点。正如在 6.2 节中将说明的那样，这正是形式逻辑中发生的情况，通常会计算难以处理的推理问题！在任何情况下，n 皇后问题与前馈网络和核方法中发生的情况不同，发现非攻击配置的推理过程可以被构造为能通过优化解决的约束满足。奇怪的是，没有从虚拟表示中学习，但优化在推理过程中出现，这与经典学习机相反，在经典学习机中需要优化学习。

现在让我们了解推理的不同方面，它既有学习的计算能力，又包含虚拟变量（即没有特征）所需信息的在线传递。环境图 $\mathscr{G}=\langle \mathscr{V}, \mathscr{A} \rangle$ 描述了通过感知映射（perceptual map）$\mu: \bar{\mathscr{V}} \subset \mathscr{V} \to \mathscr{X}: x = \mu(v)$ 特征化的个体，如果存在特征，它简单地将顶点连接到相关联的特征上。该图通过表达个体之间的关系来描述事实性知识。特别是，假设我们通过引入一个额外的任务来丰富本节开头的运行示例，其目的是确定一个人是否是职业篮球运动员。将这类人员的搜索限制在具有适当特征的运动员是合理的：他们预计相当高，即 $h > H_B$，他们的体重和年龄必须在一定的间隔内，即 $W_l \leqslant \omega \leqslant W_h$ 和 $A_l \leqslant a \leqslant A_h$。现在根据对问题的事实性知识做出一个不同的假设，假设职业篮球运动员是其他职业篮球运动员的朋友，那么可以说至少是一个职业篮球运动员朋友的运动员是职业篮球运动员。相关函数 $f_{pbp}: \mathscr{W} \times \mathscr{A} \times \mathscr{H} \to [0..1]$ 产生的决策取决于友谊图谱以及特征。有趣的是，在某些情况下，我们可能知道一个人是否为职业篮球运动员——与顶点 v 相关——即使我们可能完全丢失他的特征。这由函数 $q_{pbp}: \mathscr{V} \times \to [0..1]$ 表示，必须与 f_{pbp} 明确一致，即

$$\forall v \mid \mu(v) = (w, a, h)' : f_{pbp}(w, a, h) = q_{pbp}(v) \qquad (6.1.13)$$

关于职业篮球运动员的知识可以通过遵循本节开头使用的相同论点来迅速表达。运动员的概念可以用函数 f_{at} 表示，它定义为

$$f_{at}(w,a,h) = \sigma(A_h - f_{ah}(h)) \cdot \sigma(f_{ah}(h) - A_l)$$
$$\cdot \sigma(W_h - f_{\omega h}(h)) \cdot \sigma(f_{\omega h}(h) - W_l) \cdot \sigma(h - H_B) \quad (6.1.14)$$

这个公式只是简单地转换了运动员预期拥有的单一属性的结合，即只有当公式(6.1.14)的所有因子都接近1时才有 $f_{at}(w, a, h) \simeq 1$。$u, v \in \mathcal{V}$ 的友谊关系由对应的图 $\mathcal{G} = \{\mathcal{V}, \mathcal{A}\}$ 表示，所以如果 $(u, v) \in \mathcal{A}$ 则 $f_{fr}(u, v) = [(u, v) \in \mathcal{A}]$。图 $\mathcal{G}$ 只是环境中的事实性知识的一种表示方式。很明显，由边 $\mathcal{A}$ 指定的关系不同的其他图可以表达其他事实，例如婚姻或公民身份关系。令 $(\overline{w}, \overline{a}, \overline{h})' = \mu(u)$ 且 $(w, a, h)' = \mu(v)$，这样可以翻译之前关于职业篮球运动员知识的语言描述

$$f_{at}(w,a,h) f_{fr}(u,v) f_{pbp}(\overline{w},\overline{a},\overline{h})(1 - f_{pbp}(w,a,h)) = 0$$
$$f_{at}(w,a,h) f_{fr}(u,v) f_{pbp}(\overline{w},\overline{a},\overline{h})(1 - q_{pbp}(v)) = 0 \quad (6.1.15)$$

当然，两个公式都呈现出与公式(6.1.7)所表达的约束相同的基础逻辑结构，其中前提 f_1 是三个命题的结合。值得一提的是，与公式(6.1.3)不同，约束只涉及依赖于身高的基于特征的函数，这里信息传递也依赖于建立 u 和 v 之间友谊关系的真正布尔变量。说明了在这种环境中对事实的描述的友谊图谱，通过人之间的信息传递来实现一种新形式的推理过程。注意，对一些节点的显式监督实际上利用不同于到目前为止所描述的推理的扩散机制通过图传递，其中通过满足仅涉及单个个体的约束来获得概念。很明显，引入的事实性信息越具体，我们就越充实并且可以限制更高层次的推理过程。不用说，当我们通过环境图表示模式标识(pattern identity)时，可以丰富 $f_{\omega h}$、$f_{\omega a}$ 和 f_{ah} 的计算。因此，我们组建了一个涉及人员、运动员和职业篮球运动员的知识库，它与约束(6.1.3)、(6.1.2)（一般来说，其函数形式为 $f_{\omega h} = f_{\omega a} \circ f_{ah}$）、(6.1.13)、(6.1.14)及(6.1.15)相关联。知识库包含涉及单个个体(模式)、事实性关系及其混合属性的约束。我们可以用这些约束做很有趣的事情，比如回答涉及联合离散和连续变量的问题。例如，如果我们知道某个人是职业篮球运动员，我们可以了解他的体重、身高和年龄吗？有趣的是，这些特征也可以成为由约束满足度决定的变量。

到目前为止所描述的所有推理过程都是基于这样一种观点，即蕴涵的抽象概念可以由公式(6.1.7)翻译。在6.2节中，关于 t-范数理论的讨论将说明这不一定是最好的选择。无论技术细节如何，基于 t-范数的讨论仍然依赖于逻辑信息基于单个变量的值传递的原理。可以更进一步，通过公式(6.1.7)定义的约束来扩展单向发生的信息传递。这种信息转移只是 $f_1(x_1)$ 值的函数，而人们可能对产生某种信息的条件转移(conditional transfer of evidence)的更丰富的传播方案感兴趣。这由约束

$$f_1(x_1) f_{1,2}(x_1, x_2) = f_2(x_2) \quad (6.1.16)$$

表示。我们立即发现可以恢复约束(6.1.7)的含义，这需要对函数 f_1 和 f_2 略做限制，其中我们假设值域为开集(0, 1)。如果选择

$$f_{1,2}(x_1, x_2) := (1 - f_2(x_2)) + \frac{f_2(x_2)}{f_1(x_1)}$$

我们可以立即发现回到了公式(6.1.7)。虽然约束 $f_1(x_1)(1 - f_2(x_2)) = 0$ 仅是 f_1 和 f_2 的值的属性，但是由公式(6.1.16)定义的约束更通用。第一种情况传达了 $f_1 \to f_2$ 的经典概念，而公式(6.1.16)可以通过调节 $f_{1,2}(x_1, x_2)$ 值的含义来发挥更丰富的作用。例如，假设我们有 $f_1(x_1) := H(x_1) - H(3 - x_1)$ 和 $f_{1,2}(x_1, x_2) := H(2 - x_2) - H(3 - x_1)$。这样就有 $f_2(x_2) := H(2 - x_2) - H(3 - x_2)$。在这种情况下，函数 $f_{1,2}$ 深入参与建立与顶点1和2相

关的信息之间的关系。当 $x_1 \in (1, 2)$，即面对条件含义时，由 $f_1(x_1) := H(x_1) - H(3-x_1)$ 表示的信息不会传递。与公式(6.1.7)表达的约束不同，在这种情况下，没有函数 α 可以聚合含义的单个操作数，因此 $f_{1,2}(x_1, x_2) = \alpha(f_1(x_1), f_2(x_2))$。

这让我们想起了概率传递，可以借用概率图模型中使用的图结构来提供更一般的依赖关系传递。如果考虑简单图 $\mathcal{G} = \{(v_1, v_3), (v_2, v_3)\}$，那么可以根据

$$f_3(x_3) = \psi(f_1(x_1)f_{1,2}(x_1, x_3), f_2(x_2)f_{1,2}(x_2, x_3)) \tag{6.1.17}$$

传递信息。其中 ψ 是从点 v_3 的父节点处收集信息的聚合函数（aggregation function）。特殊情况是 $\psi(\alpha, \beta) = \alpha\beta$ 且 $f_{1,2}(x_1, x_3) = f_{1,2}(x_1, x_3) = 1$，其产生了 $f_3(x_3) = f_1(x_1)f_2(x_2)$。

6.1.2 约束环境的统一视图

传统上的学习和推理在人文科学中是分开的，这里学习似乎是为了支持推理而被合理地构思出来的。然而已经表明至少在贝叶斯观点中，学习和推理是严格相关的。事实上，我们可以将学习视为估计随机变量的参数的推理过程。上一节表明，当对代理与环境的交互采用基于约束的一般描述时，类似的东西也适用。这非常有趣，因为这种类比是在概率数学框架之外获得的，而另一方面，学习和推理的统一不会出现在其他统计方法中：学习和推理在频率论方法中是非常不同的。

现在，我们努力概括和阐明学习和推理之间的深层联系，同时捕捉相关计算过程中的一些齐整的差异。除了统一的数学框架外，如果我们试图在手写字符识别和 n 皇后问题等任务中建立约束，就可以获得有趣的联系。为什么在这两种情况下推理如此不同？首先令人在意的是 n 皇后问题的虚拟输入，这似乎造成了没有特征的学习任务。但是，假设我们分配了一个皇后，或者更一般地说，我们处于具体结构 $Q_m \in \mathbb{N}^2$ 中，其中已分配了 $m < n$ 个皇后，我们希望继续顺序分配皇后。有 m 个非攻击皇后的部分结构不再是虚拟输入！连续的分配步骤必然需要在 Q_m 的基础上做出决定，Q_m 可以被认为是个体的基于特征的表示，这意味着可以在 Q_m 的基础上指示代理学习如何分配第 $(m+1)$ 个皇后。如果监督者善良地提供 $(Q_m, q_{i,j}(m+1))$ 对的集合，那么可以将推理视为由学习函数 $f(Q_m)$ 驱动的前向步骤序列。换句话说，基于整数编程的约束被转换为前向操作序列，非常类似于我们识别手写字符时的情况。

然而，为了深入理解基于约束的环境中的推理和学习，保持基于特征的感知空间的任务和基于虚拟输入空间的任务之间的区别是有益的。给定环境图 $\mathcal{G}$ 以及感知空间 $\mathcal{X}$，代理返回个体的函数。粗略地说，我们对能够根据与环境图的给定顶点相关联的信息做出决策的代理感兴趣，但在某些情况下，我们缺少特征。这可以通过用空指针符号来丰富 $\mathcal{X}$ 来考虑，所以 $\mathcal{X}_o := \mathcal{X} \cup \{\text{nil}\}$。对任意顶点 $v \in \mathcal{V}$，我们考虑 $(x^\uparrow, x)$ 对，其中 $x^\uparrow$ 是 $x \in \mathcal{X} \subset \mathbb{R}^d$ 的标识符。因此，环境由 $\mathcal{J} = \mathcal{V} \times \mathcal{X}_o$ 的个体填充，其中特征仅存在于集合 $\overline{\mathcal{V}} \subset \mathcal{V}$ 中。如已知，可以将特征链接到标识符，通过假设 $\forall v \in (\mathcal{V} \setminus \overline{\mathcal{V}}): x = \mu(v) := \text{nil}$ 将感知映射由 $\mu: \overline{\mathcal{V}} \to \mathcal{X}: x = \mu(v)$ 丰富为 $\mu: \mathcal{V} \to \mathcal{X}: x = \mu(v)$。事实证明，环境图通过表达环境的某些元素之间的关系来表征事实性知识（factual knowledge）。我们不是将个体视为 $\mathcal{J}$ 的元素，而是考虑一种更紧凑的表示，其中它们通过无论何时可用的特征向量 $x \in \mathcal{X}$ 或者有缺失特征的顶点 $v \in \mathcal{V}$ 来表征。基本上，当命题 $p_x = (v \in \overline{\mathcal{V}}) \vee (x \in \mathcal{X} \setminus \mathcal{X}_o)$ 为真时，个体对应于特征向量 x。因此，个体（individual）被正式定义为

$$\chi := [p_x]x + [\neg p_x]v \in \mathscr{I} = \mathscr{X} \cup \mathscr{V} \tag{6.1.18}$$

这里运算符"+"是$\mathbb{R}^d$中的包含运算符求和的普通求和,其中一个是$0\in\mathbb{R}^m$且$m\neq d$。扩展包括假设结果采用非空参数的维度。因此,我们不是表达涉及单一模式x的抽象概念的属性,而是开始考虑整体环境的事实性知识,这使我们能够在$\mathscr{X}$上得出结论,在这个框架中代理由函数$f:\mathscr{I}\to\mathbb{R}^n$表示。学习和推理都包括强制约束,但不同之处在于,在学习过程中,预期代理会需要满足个体集合(训练集),在推理过程中,期望满足给定个体$\check{\chi}\in\mathscr{I}$的约束。于是

$$\forall \chi \in \bar{\mathscr{I}} : \psi(v, f(\chi)) = 0 \tag{6.1.19}$$

$$\check{\chi} \in \mathscr{I} \setminus \bar{\mathscr{I}} : \psi(\check{v}, \check{f}(\check{\chi})) = 0 \tag{6.1.20}$$

正如本章开头所指出的,使用约束的学习机被称为约束机。它们可以根据有限维度上的一组学习参数来表示,但也可以被视为函数空间的元素(参考 4.4 节中对核方法的解释)。

现在我们将对约束的分析限制在个体与模式一致的情况下。一方面,这简化了约束的一般描述,而另一方面,这种限制仅略微降低了给定定义和分析的一般性。然而上一节中已说明这种限制主要忽略了基于优化的推理。在先前关于约束的讨论中,我们遇到了双边(bilateral)(平等)和单边(unilateral)(不平等)约束。例如,用于遵守一致性的约束(6.1.2)是双边的,而核方法中使用的逐点约束是单边的。将在 6.1.3 节中提出这种差异对应该满足约束条件的学习机的结构有着显著的影响。一个明显的区别在于它们对可允许空间的测量的影响。在给定的空间中,可接受的双边约束集合的度量小于单边约束的度量。粗略地说,双边约束提供了有关学习任务的更多信息,从而更加显著地减少了搜索空间的维度。约束(6.1.2)是组合一致性的一般原则的一个很好的例子,当不同的任务循着不同的路径计算时就会出现这种原理。正如 1.1 节中已经指出的那样,通过比较不同机器——委员会机器的决策来产生其他一致性方案。

环境约束可以是关系性的或基于内容的,而约束表现出更加广泛的结构。我们来分析基于内容的约束的结构。一旦对学习任务的结构做出假设,公式(6.1.2)被证明是函数一致性约束$f_{\omega h} = f_{\omega a} \circ f_{ah}$的转换,这使得可以在有限维度上添加该函数约束。这种情况的泛性可以通过考虑

$$\mathscr{W}_x = \{w \in \mathbb{R}^m : \psi(x, w) = 0\} \tag{6.1.21}$$

表征的约束来捕获。公式(6.1.2)的组成一致性约束属于该公式定义的类,但它与$x\in\mathscr{X}$无关。因此,它强制对模型的参数进行约束,但是没有直接依赖于感知空间。虽然公式(6.1.21)定义了一大类约束,但它依赖于学习代理预先给定了参数结构的假设。如果我们不对代理模型做出任何特定的参数假设,则可以获得更一般的视图——在前一种情况下,我们假设是线性的。因此,令$\mathscr{F}$为函数$f:\mathscr{X}\to\mathbb{R}^n$,$\mathscr{X}$的开区间$\mathscr{X}_\kappa$,$\psi_\kappa:\mathscr{X}_\kappa\times\mathbb{R}^n\to\mathbb{R}$以及$\check{\psi}_\kappa:\mathscr{X}_\kappa\times\mathbb{R}^n\to\mathbb{R}$连续函数的域。函数公式

$$\forall x \in \mathscr{X}_\kappa \subseteq \mathscr{X} : \psi_\kappa(x, f(x)) = 0, \kappa = 1, \cdots, \ell_H \tag{6.1.22}$$

$$\forall x \in \mathscr{X}_\kappa \subseteq \mathscr{X} : \check{\psi}_\kappa(x, f(x)) \geq 0, \kappa = 1, \cdots, \check{\ell}_H \tag{6.1.23}$$

分别被称为双侧和单侧完整约束(holonomic constraint)。由公式(1.1.11)表示的 1.1.5 节中提出的资产配置问题是双边完整约束的一个例子,练习 7 继续了关于$\psi_\kappa(x, f(x))$中x的显式依赖的作用的讨论。每当完整约束被限制在$\mathscr{X}$上的取样$\mathscr{X}^\#$时,它们被称为逐点约

束(pointwise constraint),机器学习中使用的大多数经典监督和无监督学习都属于这一类。更一般的约束类是由

$$\forall x \in \mathscr{X}_\kappa \subseteq \mathscr{X}: \psi_\kappa(x, f(x), Qf(x)) = 0, \kappa = 1, \cdots, \ell_{NH} \tag{6.1.24}$$

$$\forall x \in \mathscr{X}_\kappa \subseteq \mathscr{X}: \check{\psi}_\kappa(x, f(x), Qf(x)) \geqslant 0, \kappa = 1, \cdots, \check{\ell}_{NH} \tag{6.1.25}$$

定义的约束,其中 Q 是微分算子。转化 1.1 节(见公式(1.1.13))中讨论的亮度不变性概念的约束是非完整约束的一个例子。亮度也和它的梯度(即 $Q=\nabla$)一起出现在函数依赖性中。

虽然上述约束是限制在局部的,但我们可以考虑在函数空间加上全局约束,如下所示:

$$\Psi_\kappa(f) = 0, \kappa = 1, \cdots, \ell_I \tag{6.1.26}$$

$$\check{\Psi}_\kappa(f) \geqslant 0, \kappa = 1, \cdots, \check{\ell}_I \tag{6.1.27}$$

其中 $\Psi_\kappa: \mathscr{F} \to \mathbb{R}$ 和 $\check{\Psi}_\kappa: \mathscr{F} \to \mathbb{R}$ 都是连续函数,它们被称为双边和单边等距约束(isoperimetric constraint)。约束(6.1.6)就是此类的一个例子。概率归一化是一种全局约束,只有在对其域的所有点给出概率时才能检查该约束。为了符号简化,当处理相同类型的约束时,符号 "ℓ_H" "ℓ_I" "$\check{\ell}_H$" 和 "$\check{\ell}_I$" 将简单地用 "ℓ" 替换。我们既考虑满足完美约束的情况,也考虑允许违反约束的情况。前一种情况对应于对约束的硬(hard)(hr)解释,而后者对应于它们的软(soft)(sf)解释。为了简单并少滥用术语起见,我们将这些情况分别称为硬约束(hard constraint)和软约束(soft constraint)。软约束在许多机器学习任务中更常见,例如监督学习,有时可能需要强有力的实现(例如一致性约束),这在计算上更具挑战性。基于约束的概念,我们可以适应不同种类的相同框架刺激,如表 6.1 所示。标签(fi, in, ho, nh, is, bi, un, pw, hr, sf)被用来为不同约束分类。该分类考虑三个代表约束的特定局部/全局性质的分类变量。这样,标签 pw、ho、nh 以及 is 分别代表逐点约束、完整约束、非完整约束以及等距约束。标签 bi、un 表示双侧/单侧约束(bilateral/unilateral),hr、sf 表示硬/软约束(hard/soft)。最后,约束可以发生在有限或无限维空间上,分别由标签 fi 和 in 表示。值得一提的是,有时可以通过不同类型的约束来表示给定问题,一个值得注意的案例是来自监督示例的经典学习,其约束可被视为逐点约束、完整约束或等距约束(见练习 9)。

表 6.1 来自不同环境的约束的示例。前六个是与问题无关的,而其他是对特定领域的知识粒度的描述。最后一栏中约束的分类涉及局部与全局属性、双边与单边约束以及有限与无限维。分类硬约束与软约束是在实践中通常处理约束的方式

	描 述	数学表示	分 类
(i)	监督对	$y_i \cdot f(x_i) - 1 \geqslant 0$	(in,pw,sf,un)
(ii)	概率归一化	$\forall x \in \mathscr{X}$	(in,ho,hr,bi)
		$f_1(x) + f_2(x) + f_3(x) = 1$	
		$\forall x \in \mathscr{X}: f_i(x) \geqslant 0$	(in,ho,hr,un)
(iii)	概率归一化	$\forall x \in \mathscr{X}$	(fi,ho,hr,bi-un)
		$f_i(x) = \dfrac{e^{a_i}}{\sum_j e^{a_j}}$	
(iv)	密度归一化	$\int_{\mathscr{X}} f(x) \mathrm{d}x = 1$,且	(in,is,hr,bi)
		$\forall x \in \mathscr{X}: f(x) \geqslant 0$	(in,ho,hr,un)

(续)

	描 述	数学表示	分 类
(v)	多视图一致性 决策协议	$\forall x = (x_1, x_2) \in \mathscr{X}$: $f_1(x_1) \cdot f_2(x_2) \geq 0$	(in,ho,hr,un)
(vi)	合成一致性	$f_{wh} = f_{wa} \circ f_{ah}$ $w_{wa} w_{ah} - w_{wh} = 0$ $w_{ah} b_{ah} + b_{wa} - b_{wh} = 0$	(in,co,hr,bi) (fi,co,hr,bi)
(vii)	资产分配 美元组合 欧元组合 整体组合	$\forall x \in \mathscr{X}$ $f_c^d(x) + f_b^d(x) + f_s^d(x) = t_d(x);$ $f_c^e(x) + f_b^e(x) + f_s^e(x) = t_e(x);$ $t_d(x) + c \cdot t_e(x) = T$	(in,ho,hr,bi)
(viii)	光流	$\partial v_t + \dot{x}' \nabla v = 0$	(in,nh,sf,bi)
(ix)	糖尿病	$[(m \geq 30) \wedge (p \geq 126)]$ $\Rightarrow d$	(in,ho,sf,un)
(x)	文本分类	$\forall x$ $f_{na}(x) \wedge f_{nn}(x) \Rightarrow f_{ml}(x)$	(fi,-,sf,-)
(xi)	N 皇后问题(练习 8)	参考公式(6.1.9)~(6.1.11)	(fi,-,hr,bi)
(xii)	流形正则化	$\forall x_1, x_2 \in \mathscr{X}[\rho(x_1, x_2) \leq \delta] \Rightarrow$ $[f(x(x_1)) f(x_2) \geq 1]$	(in,-,hr,-)

表 6.1(i)给出了在第 2 列中非正式描述的约束示例。该描述简洁,但可以更加详细。第 3 列包含将约束转换为正式环境描述的实值函数,大多数示例已在 1.1 节中讨论过。示例(i)是经典情况,(x_κ, y_κ)对用于分类中的监督学习,其中 x_κ 是第 κ 个标签为 $y_\kappa \in \{-1, 1\}$ 的监督样例。如果 f 是代理期望计算的函数,那么第 3 列中的约束的相应实值表示只是目标与要学习的函数之间的经典"鲁棒性"符号协议的转换。示例(ii)和(iv)是经典的概率归一化。注意采用 softmax(iii)可以在有限维度上构建问题,而在无限维空间中搜索解决方案。示例(v)在对 x_1 和 x_2 所做出的决定之间加上一致性,用于对象 x 的视觉识别,其中 x_1 和 x_2 是同一对象 x 的两个不同视图。在(vi)中给出了涉及学习任务的合成的一致性约束的另一个例子。虽然是在无限维空间中制定的,但一旦对任务进行线性假设,最终会得到一个作用于参数的有限维空间的约束(见公式(6.1.2))。示例(vii)描述了在债券和股票投资(美元和欧元)时,对投资组合资产配置实施一致性所需的约束。这里 f_c^d、f_b^d 和 f_s^d 表示基于金融特征向量 x 的美元现金、债券和股票的分配,而 f_c^e、f_b^e 和 f_s^e 是欧元的相应分配。约束只是表示对可用货币总量所施加的一致性,用 T(以美元计)表示,c 是欧元/美元转换因子。示例(viii)来自计算机视觉并且是确定光流的经典问题,它是公式(6.1.24)给出的形式的非完整约束,因为亮度也与其梯度有关。示例(ix)是关于糖尿病诊断的学习任务的完整性约束。它是监督学习,但不是处理有限的数据集合,而是施加在框体之上。示例(x)是涉及布尔变量的逻辑约束,有趣的是推理是在文档的感知域上运作。同样,(xi)和(xii)对布尔变量进行操作。虽然 N 皇后问题是一个真正的离散约束问题,但约束(xii)表达了通常用于流形正则化(manifold regularization)的条件。这里,如果 x_1 和 x_2 是 $\rho(x_1, x_2) = \|x_1 - x_2\| < \delta$(彼此接近)的模式,那么我们使用相同的分类(见 6.6 节)。

现在通过研究完整约束转向软约束,一旦我们得到完整约束的概念,就可以直接理解

逐点约束和等距约束的柔和性。虽然等距约束直接产生违反它们的度量（例如，给定$|\Psi(f)|$和$(-\breve{\Psi}(f))_+$），但对于完整约束，我们可以用某些给定的（可能推广的[⊖]）数据概率密度p（更一般情况，偏离程度的加权平均值）表达全局的不匹配程度。例如，对于与开放感知空间$\mathscr{X}$和$q\in\mathbb{N}^+$相关联的双边完整约束ψ，可以将全局不匹配程度表示为

$$E_\psi = \int_\mathscr{X} |\psi(x,f(x))|^q p(x) \mathrm{d}x \tag{6.1.28}$$

并且，对于连续的单边完整约束$\breve{\psi}$，为

$$E_\psi = \int_\mathscr{X} (-\breve{\psi}(x,f(x)))_+^q p(x) \mathrm{d}x \tag{6.1.29}$$

但是，当涉及不同类型的约束时，公式(6.1.28)和(6.1.29)中的数量可能不能理想地代表代理与环境的相互作用。基本上，约束来自它们自身的特殊性，并且代理对此表示了置信。因此，虽然公式(6.1.28)和(6.1.29)代表了固有的取决于概率密度的不匹配程度，但我们需要引入软约束的置信(belief)。给定软约束集合$\mathscr{C}$的第i个约束，其置信定义如下：

- 对于等距约束，使用非负常数β。
- 对于完整约束，使用从$\mathscr{X}$到$\mathbb{R}^+$的函数或具有正系数的狄拉克δ函数的线性组合。
- 对于逐点约束，使用$|\mathscr{X}|$非负常数向量。

对于逐点约束，当后者由具有正系数的狄拉克δ函数的线性组合表示时，可以将置信简化为完整约束情况。因此，在下面的定义中，我们只处理等距和完整约束。给定软约束（可能是不同种类）的集合$\mathscr{C}$的第i个约束，其q阶不匹配度(qth-order degree of mismatch)定义如下：

- 对于等距双边约束，定义为$E_\Psi^q(f):=|\Psi(f)|^q\beta$。
- 对于等距单边约束，定义为$E_{\breve{\Psi}}^q(f):=|(-\breve{\Psi}(f))_+|^q\beta$。
- 对于完整双边约束，定义为$E_\psi(f):=\int_\mathscr{X}|\psi(x,f(x))|^q\beta(x)p(x)\mathrm{d}x$。
- 对于完整单边约束，定义为$E_{\breve{\Psi}}^q(f):=\int_\mathscr{X}|(-\breve{\Psi}(x,f(x)))_+|^q\beta(x)p(x)\mathrm{d}x$。

$\mathscr{C}$的q阶不匹配度表示为$E_\mathscr{C}^{(q)}(f)$，是$\mathscr{C}$中每个约束的不匹配程度的总和。

当然，$E_\mathscr{C}^{(q)}(f)=0$当且仅当$\mathscr{C}$是严格满足f的约束的集合。注意，在完整约束的情况下，对于每个$\kappa\in\mathbb{N}_m$，希望$\beta_\kappa(x)\equiv c_\kappa$是合理的，其表达了完整约束的均匀置信(uniform belief)。当没有理由对不同的约束表达不同的置信度时，可能是对每个$i\in\mathbb{N}_m$为$c_\kappa=c$的情况。在其他情况下，置信度的选择并不明显，因为它实际上可能涉及约束的局部属性。练习12深入研究了概率密度和约束置信度的联合作用。

基于约束的环境可能不会由一组约束单义地表示。最简单的例子来自监督学习，给定监督对的集合作为训练集，不同的风险函数在完美约束情况下是等价的，因为当$y=f(x)$时，对损失函数的典型要求是$V(x,y,f(x))=0$。因此，由任何损失v引起的所有约束$\psi(f)=\sum_{\kappa=1}^\ell V(x_\kappa,y_\kappa,f(x_\kappa))=0$在完美约束方面是等价的，可以立即发现这不是逐点约

⊖ 例如，以狄拉克δ形式表示。

束的特殊属性。例如，一致性约束(6.1.2)显然可以用 $\alpha(w_{\omega a}w_{ah} - w_{\omega h}) = 0$ 和 $\beta(w_{ah}b_{ah} + b_{\omega a} - b_{\omega h}) = 0$ 代替，其中 $\alpha \neq 0$ 且 $\beta \neq 0$。由于 $w_{ah} \neq 0$，也可以用 $w_{\omega a} - w_{\omega h}/w_{ah} = 0$ 替换第一个约束。可以做的还有更多！任何非负函数 $\alpha: \mathscr{X} \to \mathbb{R}$ 都可以用作因子 $\alpha(w_{\omega a}, w_{ah})$，而不会影响原始约束的满足空间。这显然是约束的一般性质，可以用 $\psi(x, f(x)) = 0$ 表示。显然，只要 $\alpha(x) > 0$，我们就可以用 $\psi_\alpha(x) := \alpha(x)\psi(x, f(x)) = 0$ 代替这个约束。这种等价性值得关注，因为它是约束逻辑结构的基础。因此，将 ψ_1 和 ψ_2 定义为等价约束是有意义的，并且如果存在非负函数 α 使得 $\psi_2(x, f(x)) = \alpha(x)\psi_1(x, f(x))$，则写成 $\psi_1 \sim \psi_2$。这意味着通常我们处理一类由任何表征元素 $\bar\psi$ 和商集 $\mathscr{F}/\sim$ 表征的等价约束。这种等价关系的存在表明约束是以商集为特征的实体，并且它们表达的规则是深深植根于 f 定义的任务结构的。正如 6.1.4 节所指出的那样，实际上存在一种逻辑结构。

6.1.3 学习任务的函数表示

本节将讨论涉及学习代理的深层结构。我们首先思考处理（基于内容的）约束环境的代理的"最自然的结构"是什么，其中个体被简化为模式，即 $\mathscr{I} = \mathscr{X}$。已具有这种个体的环境在很大程度是基于学习的，一旦发现最佳解，就会产生有效的推理。遵循 4.4 节中关于监督学习的路径，我们不是在有限维的参数集中学习，而是为了在函数空间中发现最优解来制定变分问题。在监督学习中，在由监督对的集合导出的逐点约束下使用简约原理。我们可以使用更一般的学习观点，其涉及不同类型的基于内容的约束，受同一想法启发：在给定约束下发现最简约的解决方案。基本上，我们使用核方法的相同数学方法表达给定解的简化性。然而，在处理依赖于其结构的约束时，有一些新的东西。第 4 章中基于内核的公式(4.4.102)的扩展来自特殊类型的监督学习约束。其他基于内容的约束允许不同的函数解决方案。为了掌握这个想法，我们考虑一下完整约束的类。此外，假设将注意力限制在单个单边约束 $\check\psi(x, f(x)) \geq 0$ 以便执行软约束。对任何监督对施加的约束是在采用完整约束的分布解释时产生的特殊情况，即当构造 $(-\check\psi(x, f(x))) + p(x) = V(x_\kappa, y_\kappa, f(x_\kappa))\delta(x - x_\kappa)$ 时。很快发现因为约束的软解释可以通过其不匹配程度的关联来给出，即通过选择 $\beta(x) = 1$ 和 $q = 1$ 得到的

$$E^q_{\check\psi} = \int_{\mathscr{X}} (-\check\psi(x, f(x)))^q_+ p(x) \mathrm{d}x = V(x_\kappa, y_\kappa, f(x_\kappa))$$

总而言之，如果我们想要通过轻柔地执行 $\check\psi(x, f(x)) \geq 0$ 来学习，我们可以简单地最小化函数

$$E(f) = V(f) + \frac{1}{2}\mu \langle Pf, Pf \rangle \tag{6.1.30}$$

其中 $\tilde\psi(x, f(x)) := (-\check\psi(x, f(x)))^q_+$ 且 $V(f) := \int_{\mathscr{X}} \tilde\psi(x, f(x))p(x)\mathrm{d}x$。函数 $\tilde\psi$ 是对应于约束 $\check\psi(x, f(x)) \geq 0$ 的损失。注意，由于此约束中的参数 f 采用向量值，因此我们需要精确定义范数 $\langle Pf, Pf \rangle$。我们遵循核方法的相同原则，因此定义

$$\|f\|^2 = \langle Pf, Pf \rangle = \sum_{i=1}^{n} \langle Pf_i, Pf_i \rangle \tag{6.1.31}$$

它累加单个函数的范数，因此忽略了任务之间的依赖关系。这是一个合理的简约性标准，它依赖于由单项 $\langle Pf_i, Pf_i \rangle$ 保证平滑性的原则，而任务之间的依赖性由约束表示。然后

在单边完整约束 $\check\psi(x, f(x)) \geqslant 0$ 下学习的简约原理应用转换为求 $f^\star = \arg\min_{f \in \mathscr{F}} E(f)$ 的问题。我们将 4.4 节的变分分析并行，以便考虑变化 $f_j \rightsquigarrow f_j + \varepsilon h_j$，当然这次需要考虑每个单一任务的变化。同样，我们选择 $\varepsilon > 0$，而变量 h 仍然需要满足 4.4 节中提出的公式(4.4.99)所述的边界条件。对于简约项有

$$\delta_j \langle Pf, Pf \rangle = 2\varepsilon \langle Lf_j, h_j \rangle \tag{6.1.32}$$

对于惩罚项有

$$\delta_j V(x, f(x)) = \int_{\mathscr{X}} \tilde\psi(x, f(x) + \varepsilon e_j h_j(x)) p(x) \mathrm{d}x - \int_{\mathscr{X}} \tilde\psi(x, f(x)) p(x) \mathrm{d}x$$

$$= \varepsilon \int_{\mathscr{X}} p(x) h_j(x) \, \partial_{f_j} \tilde\psi(x, f(x)) \mathrm{d}x = \varepsilon \langle p \, \partial_{f_j} \tilde\psi, h \rangle \tag{6.1.33}$$

其中 $e_j \in \mathbb{R}^n$ 由 $e_{j,i} := \delta_{i,j}$ 定义。因此 $\delta_j E(f) = 0$ 产生了

$$\langle \mu L f_j^\star + p \, \partial_{f_j} \tilde\psi, h_j \rangle = 0 \tag{6.1.34}$$

最后，从变分微积分的基本引理得到

$$Lf^\star + \frac{p}{\mu} \nabla_f \tilde\psi = 0 \tag{6.1.35}$$

这里，我们使用符号 L 表示对所有 f_j 的相同操作。如果 g 是 L 的格林函数，那么

$$f^\star = g * \omega_{\tilde\psi} \tag{6.1.36}$$

$$\omega_{\tilde\psi}(x) = -\frac{1}{\mu} p(x) \, \nabla_f \tilde\psi(x, f^\star(x)) \tag{6.1.37}$$

每当单边完整约束 $\tilde\psi$ 根据分布被量化时就返回核扩展，对应于假设

$$\tilde\psi(x, f(x)) p(x) = \tilde\psi(x_\kappa, f(x_\kappa)) \delta(x - x_\kappa)$$

和

$$f^\star(x) = \frac{1}{\mu} g * \left(\nabla_f \tilde\psi(x_\kappa, f(x_\kappa)) \delta(x - x_\kappa) \right)$$

$$= -\frac{1}{\mu} \nabla_f \tilde\psi(x_\kappa, f(x_\kappa)) g(x - x_\kappa)$$

$$= \lambda_\kappa g(x - x_\kappa) \tag{6.1.38}$$

其中

$$\lambda_\kappa := -\frac{1}{\mu} \nabla_f \tilde\psi(x_\kappa, f(x_\kappa)) \tag{6.1.39}$$

最后，由于线性叠加，我们在训练集上获得了经典的核扩展。公式(6.1.36)和(6.1.37)提供了核方法的自然泛化并强调被称为 $\tilde\psi$ 的约束反力(constraint reaction)的 $\omega_{\tilde\psi}$ 的作用。在监督学习中，这种解释使我们构造由 $\omega_{\tilde\psi} \propto \delta(x - x_\kappa)$ 表示的模式 x_κ 的反力的存在。显然，在处理一般的单边完整约束时，事情更复杂，但原理是一样的！$\tilde\psi$ 的反力取决于概率分布和 $\nabla_f \tilde\psi$，可以猜想，反力 $\omega_{\tilde\psi}$ 在感知空间 $\mathscr{X}$ 的高密度区域中取大值 $\|\omega_{\tilde\psi}\|$。有趣的是，当 $p(x) \to 0$ 时，反力消失。因此，在数据呈流形分布的高维空间中，约束反力通常为零，这表明加速卷积计算的方法的发展，这在高维度上是难以处理的。此外，反力取决于认知域(cognitive field) $c(x) = \nabla_f \tilde\psi(x, f^\star(x))$，因此大的反力值对应于大的场值。就像监督学习中，如果 $\tilde\psi$ 是一个逐点约束，那么仍然享有核扩展的简单性，因为背后具有完全相同的数学结构。基本上，不用处理一组监督的示例，无监督示例的可用性仍导致每个模式的概

率分布 $p(x) \propto \delta(x-x_\kappa)$，这正式产生公式(6.1.38)。在这种情况下，唯一的区别在于参数 λ_κ，这在核方法可以被学习[①]。值得一提的是，当 $\mathscr{X} \leadsto \mathscr{X}^\#$ 且约束为逐点约束时，我们不需要确定从给定数据中得出的概率分布 p。公式(6.1.36)的谱解释将解的傅里叶变换表示为

$$\hat{f}^\star(\xi) = \hat{g}(\xi) \cdot \hat{\omega}_{\tilde{\psi}}(\xi) \tag{6.1.40}$$

这提供了传统的滤波解释：格林函数充当约束反力谱的滤波器。当放弃逐点约束时事情就更复杂。公式(6.1.36)确实涉及两侧的未知 $f^\star$，因为 $\forall x \in \mathscr{X}$，所以反力是 $\omega_{\tilde{\psi}}(x, f^\star(x))$。因此，$\forall x \in \mathscr{X}$ 我们需要求解 $f^\star(x) = g * \omega_{\tilde{\psi}}(x)$，这通常是一个复杂的函数方程。6.4 节给出了对这种函数结构和相应算法解决方案的深入讨论。

其他约束会发生什么？有趣的是，公式(6.1.36)的代表性结构仍然适用。虽然技术分析需要面对一些问题，但基本思想仍然是相同的，并且基于 L 的格林函数与约束反力的卷积，导致对解的优化。同样，格林函数只是简约原则的结果；事实上，它是由微分算子 P 的选择引起的平滑状态的技术解释。反力取决于相应约束的结构，如果我们仍然考虑软执行，那么到目前为止所考虑的在双边约束的情况下的完整问题，即 $\psi(x, f(x)) = 0$，可以通过相同的分析来解决。这里唯一的区别在于约束被映射到相应惩罚函数的方式。例如，如果我们选择

$$V(f) = \int_{\mathscr{X}} |\psi(x, f(x))|^p p(x) \mathrm{d}x$$

然后我们得出关于最优解 $f^\star$ 的表示的相同结论。显然，对于等距问题也是如此，其中单个约束对应于相关完整约束的全局约束。

当执行硬约束时，就不能依赖相关惩罚的相同想法。我们可以想到一个近似问题的情况，其中惩罚的权重越来越大。假设在感知空间 $\mathscr{X}$ 上必须硬实现双边完整约束 $\psi(x, f(x)) = 0$。在这种情况下，拉格朗日为

$$\mathcal{L} = \langle Pf, Pf \rangle + \int_{\mathscr{X}} \lambda(x) \psi(x, f(x)) \mathrm{d}x \tag{6.1.41}$$

直觉上，这相当于对无限多个约束 $\forall x : \psi(x, f(x)) = 0$ 的组合约束。对于强制约束的每个点 $x \in \mathscr{X}$，有一个相应的拉格朗日乘数 $\lambda(x)$，可以立即发现公式(6.1.41)具有与公式(6.1.30)完全相同的数学结构。结果，任何驻点都满足

$$Lf^\star(x) + \lambda(x) \nabla_f \psi(x, f^\star(x)) = 0 \tag{6.1.42}$$

即，

$$f^\star = g * \omega_\psi \tag{6.1.43}$$

$$\omega_\psi(x) = -\lambda(x) \nabla_f \psi(x, f^\star(x)) \tag{6.1.44}$$

当将 $p(\cdot)$ 与 $\lambda(\cdot)$ 映射时，出现了公式(6.1.36)和公式(6.1.37)的形式等价，然而这种形式上的等价性隐藏着明显的差异！在软约束的情况下，可以合理地假设 $p(\cdot)$ 是给定的反映了当前问题性质的密度。如果没有给出，可以添加归一化条件 $\int_{\mathscr{X}} p(x) \mathrm{d}x = 1$ 和 $\forall p(x) \geqslant 0$，这有助于发现概率分布。假设还给出了一组可以被视为监督/无监督训练集

[①] 6.4 节详述。

$\mathscr{X}^\#$ 的点。显然，对 $(x_\kappa,\ p(x_\kappa))$ 产生由相应风险函数表示的监督约束，就像在公式(6.1.5)中那样。总的来说，当发现概率分布时需要解决一个更具挑战性的问题，这在练习 13 和 14 中讨论。在硬约束的情况下，我们还需要施加 $\partial_{\lambda(x)}L=0$ 来恢复 $\psi(x,f(x))=0$。

当回到关于相同函数空间的不同函数表示的讨论以及约束等价的概念时，自然会出现 p 和 λ 之间的差异。在软约束的情况下，用于将给定约束转换为惩罚函数的机制很简单，但它引入了一定程度的自由度，这可能对解产生不可忽视的影响。如前所述，完整约束 $\forall x\in\mathscr{X}:\psi(x,f(x))=0$ 等价于 $\psi_\alpha(x,f(x)):=\alpha(x)\psi(x,f(x))$，其中 α 是非负函数。从公式(6.1.36)中可以立即看到约束反力变为 $\omega_{\tilde{\psi}}(x)=\alpha(x)p(x)\nabla_f\tilde{\psi}(x,f(x))$。这表明等效约束 $\psi_\alpha(x,f(x))$ 可以被认为是基于新概率分布

$$p_\alpha(x) = \frac{p(x)\alpha(x)}{\int_{\mathscr{X}} p(x)\alpha(x)\mathrm{d}x}$$

因此，虽然 $\psi\equiv\psi_\alpha$，但它们对应的解可能会有很大不同！这在监督学习的情况下是明显的，其中使用的不同损失函数明显导致不同的结果。硬约束会发生一些不同的情况，其中解决方案显然与 α 无关，在这种情况下，当用 ψ_α 替换 ψ 时可以看到，如果 $\nabla\psi(x,f^\star(x))\ne 0$ 则 $\lambda_\alpha(x)=\lambda(x)/\alpha(x)$（见练习 15）。

到目前为止所述的结果考虑了单一约束的存在。监督学习被认为是多个逐点约束联合存在的情况。在这种情况下很简单，可以直接使用叠加原理。当然，对于任何约束都是如此，但是在软约束的情况下，我们需要一些额外的想法。两个完整约束 ψ_1 和 ψ_2 通常组合得到

$$\int_{\mathscr{X}} p(x)\beta_1(x)\psi_1(x,f(x)) + p(x)\beta_2(x)\psi_2(x,f(x))\mathrm{d}x$$

由于存在相互依赖的约束，事情可能变得更加复杂。在练习 16 中很好地说明了这一点，只要一个约束可以从给定的集合中正式生成，学习就不会受到影响，后面的章节将介绍此问题。

最后的内容是关于发现 $f^\star$ 的实际可能性，基于欧拉-拉格朗日方程，其仅返回 $E(f)$ 的驻点。很明显，实际发现的全局最小值取决于表征学习环境的约束类别。在监督学习的情况下，凸损失函数产生凸风险，因为不同点上的凸损失之和仍然是凸的，正则化项也是凸的。

6.1.4 约束下的推理

现在我们要强调实值约束背后的共同逻辑结构，这也是由简约原理驱动的推理机制。实际上，约束类中的共同属性通常是逻辑中的研究对象，实值约束可以给出一个抽象画面以及约束等价和推导的概念。在深入了解更多技术细节之前，我们首先通过使用三个截然不同的示例来深入了解主要概念和结果。

- 一阶逻辑约束(FOL constraint)

如表 6.1-x 所示，文档分类可以通过表示类别之间关系的一阶逻辑约束来建模。现在考虑图 6.2 中描绘的相关人工示例，我们有兴趣突出推理过程背后的基本思想，包括逻辑语句集合和监督示例。我们继承了来自任务的基本假设，如文档分类，表达类别的逻辑变量实际上是感知输入 $x\in\mathbb{R}^2$ 的函数。更准确地说，这些类别可以被视为四个一元谓词，我

们希望代理能够根据逻辑陈述和监督对的集合来执行决策，输入空间和文档类之间的连接在图 6.2 中很好地表达。原则上，预测可以从示例中学习，但我们知道随着输入空间的维数增加，这变得越来越难。现在假设提供下面的基本事实：

$$a(x) = \mathsf{T} \Leftrightarrow x \in [-3,1] \times [-1,+1]$$
$$b(x) = \mathsf{T} \Leftrightarrow x \in [-1,3] \times [-1,+1]$$
$$c(x) = \mathsf{T} \Leftrightarrow x \in [-1,+1] \times [-1,+3]$$
$$d(x) = \mathsf{T} \Leftrightarrow x \in [-1,1] \times [-3,+1] \tag{6.1.45}$$

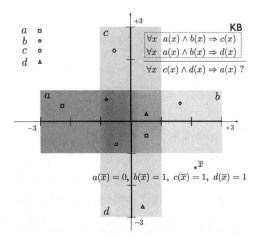

图 6.2 推理过程的一个例子，其中谓词 a(·)、b(·)、c(·) 和 d(·) 直接依赖于由点 $x \in \mathbb{R}^2$ 给出的感知信息

希望代理根据环境知识

$$\mathsf{KB} := \{\forall x : a(x) \wedge b(x) \Rightarrow c(x), a(x) \wedge b(x) \Rightarrow d(x)\} \tag{6.1.46}$$

猜测这个基本事实以及图 6.2 中的监督对集合。现在通过放弃 x 上的依赖将一元谓词看作正式的逻辑变量。我们想看看参数 $\mathsf{KB} \vdash c \wedge d \Rightarrow a$ 是否有效。通过快速检查，可以立即发现参数无效，因为 a,b,c,d 的选择 $(0,1,1,1)$ 违反了结论，而前提是真的。如图 6.2 所示，如果我们还依赖于感知空间来恢复一元谓词，那么在选择 $x \in \mathscr{X}$ 满足 $(a(\bar{x}), b(\bar{x}), c(\bar{x}), d(\bar{x})) = (0,1,1,1)$ 时显然会违反参数。但是，如果数据的分布方式使得谓词依赖于公式 (6.1.45) 中所示的环境，那么有 $\mathsf{KB} \models \forall x\ c(x) \wedge d(x) \Rightarrow a(x)$。与正式推理不同，其中十字转门符号 $\vdash$ 表示形式推导，这种新推理在环境施加的限制下发生，由 $\models$ 表示。注意由于限制可能谓词空间的假设，推论现在成立，这是由于布尔变量对感知空间的功能依赖性。当我们给出与公式 (6.1.45) 的定义一致的一元谓词的监督对时，就会出现打破传统符号推导方案的推理机制的具体步骤。基本上，代理应该获得上述 KB 以及如图 6.2 所示的训练点。由于这些监督点的存在而极大地丰富了所得到的推理机制，这限制了我们搜索简约解的假设空间。逻辑语句和监督对的联合存在实施学习机制，其中逻辑推理限于由感知空间定义的环境。特别是在正式推理中，文字被期望在布尔超立方体上具有任何值，这里文字只能采用由匹配 a、b、c 和 d 定义的值。违反前一个论点的点 $\bar{x}$ 与监督学习强制执行的附加约束不一致。构成训练集的例子越多，我们就越限制文字的范围，这显然有利于论证真理。从某种意义上说，它就像使用传统的逻辑形式一样，附加信息表明某些文字不

会用于检查派生！因此，监督样例在某种程度上限制了文字的范围，从而明显地改变了推理过程。

现在假设上面的 KB 更新为

$$KB:=\{\forall x: a(x) \wedge b(x) \Rightarrow c(x), a(x) \wedge b(x) \Rightarrow d(x), c(x) \Rightarrow d(x)\}$$

可以立即发现这是个可简化的约束集(a reducible set of constraints)，因为其中一个前提可以取自前提本身，即，$\forall x:\{a(x) \wedge b(x) \Rightarrow c(x), c(x) \Rightarrow d(x)\} \vdash \{a(x) \wedge b(x) \Rightarrow d(x)\}$。如果摆脱前提 $c(x) \Rightarrow d(x)$，那么

$$\forall x:\{a(x) \wedge b(x) \Rightarrow c(x), a(x) \wedge b(x) \Rightarrow d(x), c(x) \wedge d(x) \Rightarrow a(x)\}$$

现在是不可简化的，也就是说，前提无法取自其他地方。有趣的是，在具有公式(6.1.45)所述限制的环境中，情况并非如此，如图 6.2 所示，这对应于用于检查推断的函数类的限制。在此限制下，$c(x) \wedge d(x) \Rightarrow a(x)$ 可以取自其他前提。

- 线性约束(linear constraint)

为一阶逻辑约束描述的推理机制可以很好地导出一大类约束。在实值线性约束的情况下，可以快速了解此概念的一般性。例如，假设 $\forall x \in \mathbb{R}^2$ 知识库 KB 包含

$$3f_1(x) + 2f_2(x) - f_3(x) - 1 = 0$$
$$f_1(x) - 2f_3(x) - 2 = 0 \qquad (6.1.47)$$

与逻辑语句一样，我们可以定义形式推理并且在环境中推理。关于形式推理，如果删去 x，可以很容易地检查

$$KB \vdash 4f_1 + 2f_2 - 3f_3 - 3 = 0$$
$$KB \nvdash f_2^3 + f_2 f_3^2 + f_1 = 0$$

在第一种情况下，使得前提为真的 $\forall f_1, f_2, f_3$ 得到 $4f_1 + 2f_2 - 3f_3 = 3$ 为真，因为这只是添加的前提。同时第二个参数是假的。注意到，$f_1 = 2, f_2 = -\dfrac{5}{2}, f_3 = 0$ 满足前提，却违反结论。在类似于对先前布尔函数 a, b, c, d 范围的限制在该情况下成立。假设代理所处的环境导致对允许的功能函数 f_1、f_2 和 f_3 的限制，考虑函数类

$$f_1(x) = 0$$
$$f_2(x) = \cos x$$
$$f_3(x) = -\sin x \qquad (6.1.48)$$

与前面的例子一样，$f=(f_1, f_2, f_3)'$ 的范围受到限制，因为它依赖于环境变量 x。可以很容易地发现前提只有在我们将这些函数的域限制为定义为 $\mathscr{S}=\{x \in \mathbb{R}: x=\dfrac{\pi}{2}+2\kappa\pi, \kappa \in \mathbb{N}\}$ 的可数集时满足，并且在这些点上的结论也得到了验证。注意与前面的例子不同，在感知空间 $\mathscr{X}=\mathbb{R}$ 中有一个明显的度量下降，它被限制在可数集 $\mathscr{S} \subset \mathscr{X}$ 中。在前一种情况下，$\mathscr{X}=\mathbb{R}^2$ 的类框体限制并没有导致一定程度的下降。一般来说，在高维空间中，假设一个明显的度量下降是有意义的，所以该数据仅分布在流形上。

- 监督对(supervised pair)

已经用于一阶逻辑谓词和线性约束的相同推理原理可以用于经典的监督对训练集函数的约束。然而在这种情况下，通过狄拉克分布将对 (x_κ, y_κ) 的通用监督表示成 $V(x_\kappa, y_\kappa, f(x))\delta(x-x_\kappa)=0$ 时可以很好地读取约束的点态奇异性，这需要更仔细的分析。与作用于感知空间 $\mathscr{X}$ 的非零度量子集的所有元素的其他约束不同，这里约束仅施加条件于点上

的有限集合的 f 上。因此，采用 $\vdash$ 定义的形式推理并不能真正提供任何有意义的推导！基本上所有的 $f \in \mathscr{F}$，除了那些不满足条件 $y_\kappa = f(x_\kappa)$ 的之外，必须用于检查结论，这导致 $\vdash$ 的退化。如果将推理沉浸到环境中，那么事情就变得更有意思了。由于环境在 f 上带来规律性，因此关于推理的概念可以推广到逐点约束的类。注意同样在第一个示例中，可以清楚地看到可接受的函数类的选择的相关性，因为当考虑在谓词(6.1.45)定义中反映的基本概率分布时，推理机制是不同的。另一方面，对可允许函数空间的假设实际上是任何机器学习方法的典型。这个想法如图 6.3 所示，为简单起见，我们将函数限制为特征空间的线性变换。值得一提的是，当使用其他类函数时，可以应用推理原理。从图 6.3A 我们可以看出

$$\{c_1, c_2, c_4\} \models c_3, c_5 \tag{6.1.49}$$

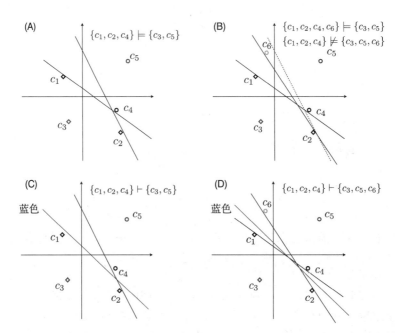

图 6.3　(A)将 c_1 和 c_2 与 c_4 分开的同时也分离 c_3 和 c_5。(B)当加入 c_6 时，虽然分离线的类别明显减少，但同样的结论仍然适用。在(C)和(D)中，蓝色分隔线表示核方法的特有的鲁棒线分离

这里 c_i，$i=1, \cdots, 5$ 表示与 $\mathbb{R}^2$ 中对应点相关的逐点约束，即 $c_i \sim (y_i - f(x))^2 \delta(x - x_i) = 0$（二次损失），其中 $f(x) = \hat{w}'x$。正如我们所看到的，分隔前提 $\{c_1, c_2, c_4\}$ 的所有可能的线也将结论 c_3 和 c_5 分离。显然，这来自感知环境 $\mathscr{X} = \mathbb{R}^2$ 的推理。但是从图 6.3B 可以看出我们无法得出结论 c_6，即，$\{c_1, c_2, c_4\} \not\models c_6$。基本上，如果我们选择虚线表示的 LTU，则推导不成立。但是，如果我们将 c_6 添加到前提有

$$\{c_1, c_2, c_4, c_6\} \models c_3, c_5 \tag{6.1.50}$$

与前两个例子一样，事实证明，对于图 6.3A 和图 6.3B 的情况，$\{c_1, c_2, c_4\}$ 和 $\{c_1, c_2, c_4, c_6\}$ 分别是两组不可简化的形式支持约束。

由这三个明显不同的例子产生的通用逻辑结构揭示了具有约束的推理的一般性。与前两个示例一样，我们可能需要约束的硬实现，或者像上一个示例中那样仅执行软约束。与感知空间的连接表明将推理从函数空间 $\mathscr{F}$（例如，逻辑中的文字）转换到感知空间 $\mathscr{X}$。这

样，$\mathscr{F}$ 中推理方案的计算困难被移动到 $\mathscr{X}$，在这里我们仍然需要检查前提的共同可满足性是否形成结论。然而，当在 $\mathscr{X}$ 上工作时，我们可以认为前提的共同可满足性是从约束中学习，即简约满足性(parsimonious satisfaction)。在最后一个例子中，这对应于发现最大化类别分离裕度的线性函数。这可以参考图 6.3C 和图 6.3D，其显示了一些约束支持的简约决策(parsimonious decision)。虽然这是众所周知的并且形成了核方法，但我们注意到其他两个示例的原理相同，因为我们总是可以执行简约推理，这将由运算符 $\models^*$ 表示。

图 6.3C 和图 6.3D 明显展现了 $\models$ 和 $\models^*$ 之间的区别，因为有

$$c_1, c_2, c_4 \not\models c_6$$
$$c_1, c_2, c_4 \models^* c_6 \quad (6.1.51)$$

虽然推导 $\models$ 继承了逻辑推理的经典枚举检查，但是 $\models^*$ 实际上是来自学习代理的决定! 然而，这种简约决策对于一般约束采用完全相同的面。因此在监督学习中众所周知的学习和推理的相互作用确实也适用于一大类约束。与支持向量机一样，支持约束(support constraint)是负责决策的约束，并且在函数类的平滑假设下成立。它们由相应的拉格朗日乘数表征，因此对于支持约束有 $\lambda_i \neq 0$，而对于稻草约束(straw constraint)有 $\lambda_i = 0$。像核方法一样，在稻草约束的情况下，反力 ω_i 为零，因此，它们在前一节中讨论的函数表示中不起任何作用。约束中(简约)学习将约束集 $\mathscr{C}_\psi := \{\psi_1, \cdots, \psi_\ell\}$ 划分为支持约束集 $\hat{\mathscr{C}}_\psi$ 和稻草约束集 $\tilde{\mathscr{C}}_\psi$。可以发现由于解的函数表示独立于稻草约束，

$$\mathscr{C}_\psi \models^* \tilde{\mathscr{C}}_\psi \quad (6.1.52)$$

6.2 节给出了对约束逻辑结构和相应推理过程的深入研究，概括了这些例子给出的直观描述。

练习

1. **[28]** 考虑 6.1.1 节中讨论的关于预测成年人体重的学习任务。假设从相同人员构造的示例中学习了这些函数，因此给定训练集 $\{(h_\kappa, a_\kappa^o), \kappa=1, \ell\}$、$\{(h_\kappa, \omega_\kappa^o), \kappa=1, \ell\}$ 和 $\{(a_\kappa, \omega_\kappa^o), \kappa=1, \ell\}$，其中使 o 来表示相应函数的目标值。假设问题是超定的，所以不需要引入正则化。通过假设监督相关采用逐点约束的软实现和公式(6.1.2)表达的一致性约束的硬实现共同作用下的解。

2. **[18]** 用任务 $\omega = f_\omega|_{(h,a)}(h, a)$ 扩展 6.1.1 节的学习方法。

3. **[M16]** 证明公式(6.1.8)只有解 $f_1(x_1) = f_2(x_2) = 0$ 或 $f_1(x_1) = f_2(x_2) = 1$。

4. **[17]** 考虑公式(6.1.8)的约束，然后将 $f_1(x_1)$ 替换为 $f_1(x_1)^2$，将 $f_2(x_2)$ 替换为 $f_2(x_2)^2$，因此得到齐次的二次形式 $f_1(x_1)^2 - 2f_1(x_1)f_2(x) + f_2^2(x_2) = (f_1(x_1) - f_2(x_2))^2 = 0$，得到 $f_1(x_1) = f_2(x_2)$。你能否注意到公式(6.1.8)所规定的约束与 $f_1(x_1) = f_2(x_2)$ 之间的差异？

5. **[20]** 证明对于 $n=4$，图 6.1 给出了唯一解并且只有一个基本解(fundamental solution)。

6. **[17]** 举个例子，其中某些类型的一致性约束是不合适的。
   (提示)考虑 6.1.1 节的运行示例，并假设必须在怀孕的情况下，即布尔变量已知的情况下执行体重预测。

7. **[15]** 考虑 1.1.5 节中公式(1.1.11)中定义的资产分配问题。写出函数 ψ 表明相关约束属于双边完整约束类。

8. **[20]** 通过一阶逻辑约束表达 N 皇后问题。

9. **[13]** 证明监督学习可以被理解为逐点的完整等距约束。

10. **[20]** 证明逐点约束可以被理解为完整约束的适当离散化状态。

11. **[20]** 任何完整的双边约束 $\psi_i(x, f(x)) = 0$ 都可以用单边约束对 $\{\psi_i(x, f(x)) \geq 0, -\psi_i(x,$

$f(x))\geqslant 0\}$ 来表示。证明单边约束可以表示为特定选择的双边约束。

12. [20] 考虑以下完整约束以及它们的置信：

$$\forall x \in \mathscr{X}: \psi_1(f_1(x), f_2(x)) := f_1(x)(1-f_2(x)) = 0; \beta_1(x) = \frac{1}{2}$$

$$\psi_2(f_1(x), f_2(x)) = f_1(x) - y_1 = 0; \beta_2(x) = \frac{1}{4}\delta(x-\bar{x})$$

$$\psi_3(f_1(x), f_2(x)) = f_2(x) - y_2 = 0; \beta_3(x) = \frac{1}{4}\delta(x-\bar{x})$$

确定整体的二阶不匹配度。

13. [M30] 考虑完整单边约束学习问题，其中 $p(\cdot)$ 也是未知的。假设为 $p(\cdot)$ 给定了一个带有监督对的训练集。确定从约束中学习的函数解。

14. [HM47] 考虑完整单边约束学习问题，其中 $p(\cdot)$ 也是未知的。通过添加概率条件 $\forall x \in \mathscr{X}: p(x) \geqslant 0; \int_{\mathscr{X}} p(x) \mathrm{d}x = 1$ 来确定解。分别讨论这些约束是硬实现和软实现的情况。

15. [20] 证明如果 $\psi_\alpha(x, f(x)) := \alpha(x)\psi(x, f(x))$ 则 $\lambda_\alpha(x) = \lambda(x)/\alpha(x)$。

16. [24] 考虑约束

$$\psi_1(x, f(x)) = f_1(x) + f_2(x) = 0$$
$$\psi_2(x, f(x)) = f_1(x) + 2f_2(x) = 0$$
$$\psi_3(x, f(x)) = 2f_1(x) + 3f_2(x) = 0 \tag{6.1.53}$$

这里我们希望使用等距原则软实现

$$\int_{\mathscr{X}} \Big(\psi_1^2(x, f(x)) + \psi_2^2(x, f(x)) + \psi_3^2(x, f(x))\Big) \mathrm{d}x = 0$$

然后考虑关于对 $\{\psi_1, \psi_2\}$ 和集合 $\{\psi_1, \psi_2, \psi_3\}$ 的解 $f^\star$。对于较大的 λ 值（与先前的等距约束相关联的乘数）会怎样？如何在积分的上述项中共享反力？

17. [15] 令 $\varepsilon > 0$ 并考虑约束

$$\check{\psi}_1(f_1, f_2, f_3) = f_1 f_2(f_3 - 1) - \varepsilon \geqslant 0$$

$$\check{\psi}_2(f_1, f_2, f_3) = \frac{f_1 f_2 f_3^2(f_3-1)}{f_1^2 + f_2^2} - \varepsilon \frac{f_3^2}{f_1^2 + f_2^2} \geqslant 0$$

$$\check{\psi}_3(f_1, f_2, f_3) = \frac{f_3^2(f_3-1)}{f_1 f_2} - \varepsilon \left(\frac{f_3}{f_1 f_2}\right)^2 \geqslant 0 \tag{6.1.54}$$

证明这些约束是等价的。

18. [15] 考虑双边完整约束

$$\psi_1(x, f_1, f_2, f_3, f_4) = f_1^2 - f_2^2 - f_3 = 0$$
$$\psi_2(x, f_1, f_2, f_3, f_4) = f_1 - f_2 - f_4 - 1 = 0 \tag{6.1.55}$$

证明 $\{\psi_1, \psi_2\} \vDash \bar{\psi}$，其中 $\bar{\psi}(x, f_1, f_2, f_3, f_4) = f_1 + f_2 + f_1 f_4 + f_2 f_4 - f_3$。

19. [15] 在二次损失下给出监督学习的认知域表示，在何种情况下我们得到 $c(x) = 0$？如果考虑铰链损失函数会怎样？

6.2 环境中的逻辑约束

前一章中关于约束条件下的学习依赖于一个非常笼统的约束概念，包含了实值和布尔变量之间的关系。作为逻辑约束的基础特性，符号推理的基本机制围绕该逻辑约束发生变化，并和逻辑约束极易分离。对于满足一组约束的布尔值变量，通常需要探索组合结构，这是计算难以处理的部分。实值变量的约束背后的数学方法具有完全不同的形式，除了在组合空间中搜索方法之外，还可以通过参数空间中的连续参数处理进行移动。在这两种情况下，我们都受到恰当的启发式驱动，这实际上是学习的主要组成部分。

本节介绍将逻辑约束转换为实值约束，以便获得可用于约束中学习的统一表达式中的一致表示。与经典监督学习一样，不同损失函数的选择会产生截然不同的结果，在逻辑约束的情况下，实际上存在与三角范数概念相关的不同选择。

6.2.1 形式逻辑与推理的复杂度

虽然机器学习和自动推理肯定是交织在一起的，但通常它们在基本方法方面令人惊讶地保持独立！粗略地说，这种分离的根源在于我们构建理论的不同数学角度。虽然机器学习主要依赖于连续数学，但自动推理主要建立在逻辑上。当然，存在许多实际问题，其中人们可以通过构建适当的混合架构来构思优秀的工程解决方案，其中单独的模块面向不同的任务然后彼此联系以实现目标，但情况并非总是如此。

考虑基于表 6.2 中总结的规则的经典 AI 动物识别问题。这是一个很好的原型，其中智能代理仅根据基于逻辑的推理过程做出决策。例如，假设我们知道动物有毛发和蹄子，它有长脖子，呈黄褐色并且有黑点。从 R1 我们知道它是一种哺乳动物，而从 R7 我们推断它是一种有蹄类动物，最后从 R12 我们得出结论，动物是长颈鹿。这种推理过程是通过毛发、蹄子、长颈、黄褐色和黑点的知识激活的，也就是说，通过给定的一些触发描述来做出决策。

假设前面描述的 KB 在其触发描述中完全可用，因此它们完全由符号指定，而不与环境联系。基本上，我们没有任何动物的图片，只有语言特征。在这种情况下，动物识别问题可以很好地表述为 KB 中的推断。例如，一旦下面的动物以毛发、蹄子、长颈、长腿、黄褐色和黑点为特征，那么通过这些语言特征识别动物的任务可以表示为以下的逻辑论证为真的情况：

$$\{毛发,蹄子,长颈,长腿,黄褐色,黑点\} \models 长颈鹿 \tag{6.2.56}$$

在这个框架中，给定的特征可以被视为我们编号为 $A1=$毛发，$A2=$蹄子，$A3=$长颈，$A4=$长腿，$A5=$黄褐色且 $A6=$黑点的假设。判断论证是否为真的推理过程基于以下步骤：

1. 哺乳动物（$A1, R1 \Rightarrow E$）。
2. 有蹄类动物（哺乳动物，$A2 \Rightarrow E$）。
3. 长颈鹿（有蹄类动物 $\wedge A3 \wedge A4 \wedge A5 \wedge A5, R12 \Rightarrow E$）。

这里 $\Rightarrow E$ 表示经典的演绎推理（modus ponens）规则。注意，上述论证等同于确定命题

$$毛发 \wedge 蹄子 \wedge 长颈 \wedge 长腿 \wedge 黄褐色 \wedge 黑点 \Rightarrow 长颈鹿$$

的真实性。与 KB 的所有公式一样，这是一个 Horn 子句（Horn clause），是一个特殊的有趣逻辑片段，其中存在自动证明的多项式算法。

表 6.2 由 Patrick Winston 提出的简约的动物识别问题

	规则的自然表述	命 题
R1	如果动物有毛发，那么它就是哺乳动物	毛发⇒哺乳动物
R2	如果动物产奶，那么它就是哺乳动物	产奶⇒哺乳动物
R3	如果动物有羽毛，那么它就是鸟类	羽毛⇒鸟类
R4	如果动物会飞且下蛋，那么它就是鸟类	飞∧下蛋⇒鸟类
R5	如果动物是哺乳动物且吃肉，那么它就是食肉动物	哺乳动物∧肉食⇒食肉动物
R6	如果动物是哺乳动物且有尖齿且有爪且眼睛向前，那么它就是食肉动物	哺乳动物∧尖齿∧爪∧眼睛向前⇒食肉动物

(续)

	规则的自然表述	命 题
R7	如果动物是哺乳动物且有蹄子，那么它就是有蹄类动物	哺乳动物∧蹄子⇒有蹄类动物
R8	如果动物是哺乳动物且咀嚼反刍，那么它就是有蹄类动物	哺乳动物∧反刍⇒有蹄类动物
R9	如果动物是哺乳动物且咀嚼反刍，那么它就是偶蹄动物	哺乳动物∧反刍⇒偶蹄动物
R10	如果动物是食肉动物且有黄褐色且有黑点，那么它就是猎豹	食肉动物∧黄褐色∧黑点⇒猎豹
R11	如果动物是食肉动物且有黄褐色且有黑条纹，那么它就是老虎	食肉动物∧黄褐色∧黑条纹⇒老虎
R12	如果动物是有蹄类动物且有长腿且有长颈且有黄褐色且有黑点，那么它就是长颈鹿	有蹄类动物∧长腿∧长颈∧黄褐色∧黑点⇒长颈鹿
R13	如果动物是有蹄类动物且有白色且有黑条纹，那么它就是斑马	有蹄类动物∧白色∧黑条纹⇒斑马
R14	如果动物是鸟类且不会飞且有长腿且有长颈且为黑白，那么它是鸵鸟	鸟类∧¬飞∧长腿∧长颈∧黑色⇒鸵鸟
R15	如果动物是鸟类且不会飞且会游泳且为黑白，那么它就是企鹅	鸟类∧¬飞∧游泳∧黑白⇒企鹅
R16	如果动物是鸟类且善于飞行，那么它就是信天翁	鸟类∧善于飞行⇒信天翁

表 6.2 的 KB 通过指定所需的属性来给出术语的含义，即属于所定义的集合的必要和充分条件。这被称为内涵知识（intensional knowledge），代表了类别的抽象定义。另一方面，属于给定类别的明确项目列表被称为外延知识（extensional knowledge）。例如，假设考虑一组动物且将它们全部命名。这只是由一元谓词列表简单表示；例如，

猎豹(Abby)　　老虎(Randy)　　长颈鹿(Lala)
斑马(Fajita)　　鸵鸟(Jeniveve)　　企鹅(Pinky)
信天翁(Azul)　　老虎(Tacoma)　　斑马(Skumpy)
……

是与表 6.2 的内容知识相关的外延知识。假设扩展表 6.2 的 KB

$$\forall x \forall y \forall z \quad 老虎(x) \land 斑马(y) \land hantenv(z) \Rightarrow hunt(x,y)$$
$$faster(Randy, Fajita)$$
$$\forall x \forall y \quad faster(x,y) \land hunt(x,y) \Rightarrow eat(x,y)$$

在这里，如果 z 是一个有利于狩猎的环境，我们假设 hantenv(z)为真。如果满足 hantenv(z)，那么从这些前提可以得出结论 eat(Randy, Fajita)，这里可以看到依赖于结合事实性和抽象性知识的推理机制。

通常，当且仅当相关命题 $\bigwedge_{\kappa=1}^{n} p_{\kappa} \Rightarrow c$ 为重言式时，论证 $\{p_1, \cdots, p_n\} \models c$ 才有效，这与难以处理的 SAT 相对应。实际上，这是从对布尔约束的组合搜索中反复出现的复杂性。下面我们将研究来自环境的相关实值信息的可用性如何生成比形式推导更有效的近似推理过程。

如果缺失某些以前的语言特征怎么办？显然，基于逻辑的推理过程注定要失败。更有趣的是，假设不是依赖于上述动物特征的集合，而是给出一个用自然语言描述动物的句子。例如，有人可能想回答这个问题：

什么动物是有蹄类动物,同时还有长颈和黑点？　　　　　　　　(6.2.57)

我们缺少描述长颈鹿的一些特征，此外，在这种情况下，我们必须能够处理句子以得出结论。显然，这是非常关键的，因为我们可以很容易地重构上述问题，使得存在相同的特征，而逻辑修饰符可以表明它们的缺失，以便表明不同的动物！正如将在下一节中所研究的，在其他情况下，人们可能会想到将这种动物识别问题扩展到除了语言查询之外依赖于

动物图片集合的问题。

6.2.2 含符号和子符号的环境

正如 1.2 节所指出的那样,在智能代理暴露于可获得符号和子符号信息的环境的情况下,处理符号和子符号的模型的单独视图并不是一个非常好的策略。当然,存在许多实际问题,人们可以通过构建适当的混合架构来构思良好的工程解决方案,其中单独的模块面向不同的任务然后彼此通信以实现目标。但情况并非总是如此!考虑表 6.2 中的动物识别问题,这实际上是这些问题的一个很好的原型,其中智能代理仅基于依赖于支持决策的某些触发描述的逻辑的推理过程做出决策。如果丢失了一些描述,会发生什么?例如,在长颈鹿识别任务中,命题 R1 说明一旦我们知道动物有毛发,就得到关于哺乳动物类别的证据。现在假设将这种动物识别问题扩展到一个问题,其中,虽然缺少一些触发描述,但我们依赖于动物图片集。在这种情况下,用于动物识别的信息与从图片中提取的适当特征组成的模式 $x \in \mathbb{R}^d$ 集成,但是我们只能依赖于触发描述的部分知识,因为其中一些缺失。很明显,毛发是一个触发描述,因为它允许我们推断抽象类别,如哺乳动物(见 R1)。有趣的是,如果缺失该描述,则可以通过获取模式 x 的基于特征的表示来激活该决策。从动物图片开始,也就是从基于特征的表示开始,人们还可以想到使用示例学习直接推导动物类别。因此,人们还可以简单地学习识别动物的函数;如果我们想要识别长颈鹿,那么我们可以专注于学习函数 giraffe(x) 并忽略之前的 KB!这正是纯逻辑推理过程的另一个极端:在这种情况下,决策不涉及规则,而只是基于图片内容的归纳过程。现在,关于部分可用的描述(符号信息)和基于特征的模式表示的预期框架在实践中非常普遍,显然使用可用于决策的所有信息是有意义的。解决此问题的直接方法是通过 KB 和动物图片的联合可用性简单地将决策过程分成两个模块,分别基于示例学习和逻辑推理学习。这样做,第一个模块负责通过学习函数 f 使用一些可用的实值特征 x 来补全关于缺失描述 m 的信息,这要归功于标记数据训练集 $\mathcal{L} = \{(x_\kappa, m_\kappa), \kappa = 1, \cdots, \ell\}$。因此,所有触发描述都可用于激活由第二个模块执行的形式逻辑推理过程。虽然由于实值模式特征的可用性而丰富了这种管道方案的逻辑推理,但它没有在最终决策 d 的基础上利用修改缺失描述 m 的决策的机会。例如,如果对 f 的决策进行排序,则 m 的每个相应预测可以产生不同的决策 d,并且当仅使用管道信息流时(见图 6.4),隐含地依赖于由 f 返回导致最佳决策的排序假设。然而,它可能无法完全与整体推理过程产生共鸣,因此探索两个模块如何更紧密地合作是有趣的。如何才能做到这一点?显然需要一种表达系统整体行为的方法,而不仅仅是通过学习示例来找到 m 的标准。无论它是如何工作的,决策 d 必须受到 m 的影响,而 m 又必须依赖于 d。这个循环过程被称为环境推理(reasoning in the environment),这是对一些复杂的人类推理方案的很好的模拟,这种方案很难在形式逻辑的框架中得到。

在此框架内,虽然 m 的预测是归纳过程,但 d 的决策是基于 KB 的推论。图 6.4 中的虚线表示循环过程,其循环获取 m 和 d 上的证据。对上一节的一般性讨论表明,基于形式逻辑的推理只探讨了智能推理的一角。在形式逻辑中,触发描述是与环境隔离的符号,我们可以想到包

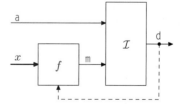

图 6.4 基于特征向量 x 和可用符号特征 a 的决策。虚线表示更复杂的过程,其中缺失的符号特征 m 的预测也受最终决策的影响

含特征空间 $\mathscr{X}\subset\mathbb{R}$ 的扩展。

现在，我们提供有关如何通过监督示例桥接基于逻辑的环境描述的其他想法。与智能代理进行通信的最有效方式之一是依赖逻辑形式，从某种意义上说，如果要求代理与逻辑约束集合保持一致，那么我们就会将教学行为概括为监督学习的典型行为。我们可以将任何监督对 (x_κ, y_κ) 视为谓词 $s(x_\kappa, y_\kappa)$，因此在经典设置中，学习的目的是返回一个与给定谓词软一致(soft-consistent)的简约(parsimonious)答案。

这种学习方案的自然延伸是保持将实值函数与符号实体相关联的原则。为了理解这个想法，回到图 6.4 中描述的学习任务，其中 KB 由公式(6.1.46)正式表示。监督对也可以被理解为分别对应于类 a(正方形)、b(菱形)、c(圆形)和 d(三角形)的谓词集合。当然，这些类并不相互排斥，因此对于给定的类，例如 a，我们不能使用标记为 b、c、d 的示例作为反例。因此，诸如 $\neg b(x_1)$ 之类的谓词和用于表达非成员身份的其他谓词是关于给定 KB 的附加信息粒子。现在将类与 $f = (f_1, f_2, f_3, f_4)'$ 中收集的相应实值函数相关联，以构造对 (a, f_1)、(b, f_2)、(c, f_3)、(d, f_4)。当考虑约束的软实现时，监督点可以与铰链惩罚相关联

$$E_s = \sum_{j=1}^{n} \sum_{\kappa=1}^{\ell_s} s_{\kappa,j} \cdot \left(1 - y_{\kappa,j} \cdot f_j(x_\kappa)\right)_+ \qquad (6.2.58)$$

其中 $s_{j,\kappa} = [y_{\kappa,j}\text{可用}]$，$\ell_s$ 是监督例子的数量。由于逻辑约束共享相同的结构，可以将它们与相同的惩罚项相关联。因此，只关注约束 $a \wedge b \Rightarrow c$，我们开始注意到任何良好的候选惩罚必须与约束一致。理想情况，在真实的情况下，预期惩罚不会返回误差，而它必须惩罚命题为假的任何三元组，即

$$E(a \wedge b \Rightarrow c) = \int_{\mathscr{X}} \left(1 + f_1(x)\right) \cdot \left(1 + f_2(x)\right) \cdot \left(1 - f_3(x)\right) dx \qquad (6.2.59)$$

其中我们假设 $f_j(x)$，$j \in \mathbb{N}_4$ 采用 $[-1, +1]$ 中的值，当 $f(x)$ 与约束 $a \wedge b \Rightarrow c$ 完全一致时，可以发现这个实值惩罚为空。正如前一节的研究，我们可以对监督样例和逻辑约束采用不同的惩罚。相应的惩罚呈现出相关的差异：当 E_s 作用于监督样例时，$E(a \wedge b \Rightarrow c)$ 作用于 $\mathscr{X}$ 上。在这种情况下，良好的权衡是对所有可用的无监督(unsupervised)数据施加惩罚。这可以通过

$$E \simeq \sum_{\kappa \in \mathbb{N}_{\ell_u}} \left(1 + f_1(x_\kappa)\right)\left(1 + f_2(x_\kappa)\right)\left(1 - f_3(x_\kappa)\right) \qquad (6.2.60)$$

实现。注意可以自然地提出远远超出 a，b，c，d 成员的问题。例如，图 6.2 中查询 $\forall x\, c(x) \wedge d(x) \Rightarrow a(x)$ 突出了简约推理过程的基本属性。它在严格的逻辑意义上显然是错误的，但是在给定的环境中却成立，通过监督样例的存在也可以表征，调用简约原则确实有助于限制推理空间。现在考虑图 6.5 中描述的学习环境，我们假设给出了两种类型的顶点，即 $x_1, x_2, x_4, x_5, x_7, x_8 \in \mathscr{X}_v \subset \mathbb{N}$ 和 $x_3, x_6 \in \mathscr{X}_r \subset \mathbb{R}^2$。虽然 x_3 和 x_6 是基于特征的模式，但 $\mathscr{X}_v$ 中的其他模式仅以其整数标识符为特征。假设 $\mathscr{X} = \mathscr{X}_r \cup \mathscr{X}_v$ 中的所有元素都是 a 或 b 或 c 类，每个类与两个一元谓词相关联。例如，类 a 对应于 a_r，a_v，第一个

$$a_r : \mathscr{X}_r \to \{T, F\}$$

仅在 $\mathscr{X}_r$ 中基于特征的模式上定义，而

$$a_v : \mathscr{X}_v \to \{T, F\}$$

在顶点上定义。显然，我们需要在 a_r 和 a_v 上施加一致性，也就是说，我们需要加上 $\forall x \in$

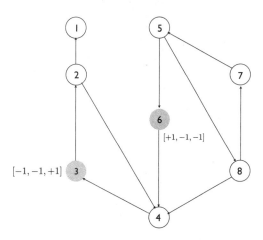

图 6.5 简单的关系环境，任何链接都意味着父节点的决策传递给子节点。注意，这与循环神经网络的典型扩散有很大不同

$\mathscr{X}_r$ $a_r(x) \Leftrightarrow a_v(x)$。仅依赖于实值特征的函数称为基于特征的谓词，而依赖于标识符（整数）的函数则称为谓词，类 b 和 c 也是如此。总而言之，假设有以下约束：

(i) $a_r(x_6), c_r(x_3)$

(ii) $r(x_2, x_1), r(x_3, x_2), r(x_4, x_3), r(x_2, x_4), r(x_8, x_4)$
$r(x_5, x_8), r(x_8, x_7), r(x_7, x_5), r(x_5, x_6)$

(iii) $\forall x, \forall y\ r(x,y) \Rightarrow \big(b_r(x) \Rightarrow b_r(y) \vee b_v(y)\big)$

(iv) $\forall x, \forall y\ r(x,y) \Rightarrow \big(c_r(x) \Rightarrow c_r(y) \vee c_v(y)\big)$

(v) $\exists x\ b_r(x) \vee b_v(x)$

(vi) $\forall x \in \mathscr{X}_r\ a_r(x) \Leftrightarrow a_v(x)$

(vii) $\forall x \in \mathscr{X}_r\ b_r(x) \Leftrightarrow b_v(x)$

(viii) $\forall x \in \mathscr{X}_r\ c_r(x) \Leftrightarrow c_v(x)$ (6.2.61)

约束(i)来自监督对，而(ii)代表图的顶点之间的关系。约束条件(iii)和(iv)将含义附加到连接上：无论 x 上做出什么决策，它都对类别 b 和 c "暗示" y 上相同的决定，在某种程度上，这是执行通常在循环神经网络中进行的扩散过程的，将在下节研究。然而，它们之间存在明显差异，因为在这种情况下，我们控制单个顶点上的扩散机制。特别是当我们在 b 和 c 上传递信息时，就不会在 a 上传递信息。

约束(v)要求解使其中至少有一个个体被归类为 b，最后，(vi)、(vii)和(viii)施加基于特征的谓词和混合谓词之间的一致性。与前面的示例一样，我们将 $j = 1, 2, 3$ 上的实值函数 $f_{j,t}$ 与 $t \in \{r, v\}$ 分别关联到谓词 a、b、c。当然，与公式(6.2.61)(i)相关的实值约束是类似于公式(6.2.58)的惩罚函数。至于公式(6.2.61)(iii)和公式(6.2.61)(iv)，我们可以使用惩罚函数

$$E_{iii,iv} = \sum_{j=2}^{3} \sum_{t \in \{r,v\}} \sum_{r(x,y)=\top} \big(1 + f_{j,r}(x)\big)\big(1 - f_{j,t}(y)\big) \quad (6.2.62)$$

已经注意到这种惩罚函数导致信息扩散仅限于函数 $f_{2,r}$、$f_{2,v}$、$f_{3,r}$ 和 $f_{3,v}$，因为没有 a 类信息的传递。注意，此惩罚函数也会通过来自标签谓词的信息强制传递。通用量词的转译

是通过对所有训练数据的累积来实现的。至于约束(v)，注意根据德摩根定律，由于它与 $\neg(\forall f_{2,t}(x)=-1)$ 相对应，可以通过再次使用通用量词转译来进行转化。因此考虑惩罚函数

$$E_v = 1 - \prod_{t\in\{r,v\}}\prod_{x\in\mathscr{X}}(1-f_{2,t}(x))/2 \tag{6.2.63}$$

如果 $\forall f_{2,t}(x)=-1$，那么 $E_v=0$。另一方面，如果至少对于一个因子有 $f_{2,t}(x)=+1$，那么 $E_v=1$。另一种可能的转译是

$$E_v = \exp\bigl(-\gamma \sum_{x\in\mathscr{X}}\sum_{t\in\{r,v\}}(1+f_{2,t}(x))\bigr) \tag{6.2.64}$$

可以发现，如果 $\forall x: f_{2,t}(x)=-1$，有 $E_v\simeq 1$；而如果 $\neg(\forall f_{2,t}(x)\neq -1)$，有 $E_v\simeq 0$。即，是否 $\exists \bar{x}: f_{2,t}(\bar{x})\simeq 1$。显然，为了满足条件需要选择足够大的 γ。当然由于 $\mathscr{X}$ 是有限的，所有这一切都是可能的。最后对于(vi)、(vii)和(viii)的转换，我们可以选择惩罚函数

$$E_{\text{vi,vii,viii}} = \sum_{j=1}^{3}\sum_{x\in\mathscr{X}_r}\bigl(f_{j,r}(x)\cdot f_{j,v}(x)-1\bigr)^2 \tag{6.2.65}$$

正如本章其余部分那样，惩罚函数的构造可以通过在模糊系统中广泛使用的一般方法来驱动。举个例子，逻辑 a∧b⇒c 可以重写为

$$\forall x\,\neg\bigl((a(x)\wedge b(x))\wedge\neg c(x)\bigr) \tag{6.2.66}$$

注意到 a(x)∧b(x) 可以自然地与 $f(x)\cdot f_2(x)$ 相关联，因为每当 $f_1(x)$ 和 $f_2(x)$ 取值接近 0 和 1 时，事实证明 $\mathcal{T}(f(x))=f_1(x)\cdot f_2(x)$ 取值接近 0 和 1，对应于 a(x)∧b(x) 的真值。同样给定任何布尔变量如 c(x)，显然 $1-f_3(x)$ 得到与 ¬c(x) 的相关对应关系。因此，可以将 $\neg\bigl((a(x)\wedge b(x))\wedge\neg c(x)\bigr)$ 与

$$\mathcal{T}(f(x)) = 1-f_1(x)\cdot f_2(x)\cdot(1-f_3(x)) = 1$$

联系起来，即有

$$f_1(x)\cdot f_2(x)\cdot(1-f_3(x)) = 0 \tag{6.2.67}$$

现在可以更进一步来转译通用量词。开始注意到，因为每当验证相关的等距约束时，$1-\mathcal{T}(f(x))=f_1(x)\cdot f_2(x)\cdot(1-f_3(x))\geqslant 0$，

$$E^{(p)} = \Bigl(\int_{\mathbb{R}^2}(1-\mathcal{T}(f(x)))^{2p}\Bigr)^{1/2p}\mathrm{d}x = 0 \tag{6.2.68}$$

条件 $\mathcal{T}(f(x))=1$ 满足。当然，对于 $\forall p\in\mathbb{N}$ 都满足。特殊情况下，当 $p\to\infty$，上述条件变成

$$E^{\infty} \propto \sup_{x\in\mathbb{R}^2}\bigl(1-\mathcal{T}(f(x))\bigr) = \sup_{x\in\mathbb{R}^2}\bigl(f_1(x)f_2(x)(1-f_3(x))\bigr) = 0 \tag{6.2.69}$$

实践中，由 $\kappa\in\mathbb{N}_\ell$ 索引的有限(无监督)数据集的可用性表达了近似

$$E^{(p)} \propto \Bigl(\sum_{\kappa\in\mathbb{N}_{\ell u}}\bigl(f_1(x_\kappa)\cdot f_2(x_\kappa)\cdot(1-f_3(x_\kappa))\bigr)^{2p}\Bigr)^{1/2p}$$

显然，如果希望函数 f_j 返回 $[-1..1]$ 而不是 $[0..1]$ 中的值，我们总是可以将上面的公式转换为

$$E^{\infty}_{[-1,+1]} = \sup_{x\in\mathbb{R}^2}[f_1(x)\cdot f_2(x)\cdot(1-f_3(x))]$$

$$= \sup_{x \in \mathbb{R}^2} \left[\frac{1+\overline{f}_1(x)}{2} \cdot \frac{1+\overline{f}_2(x)}{2} \cdot \left(1 - \frac{1+\overline{f}_3(x)}{2}\right)\right]$$

$$= \frac{1}{8} \sup_{x \in \mathbb{R}^2} (1+\overline{f}_1(x)) \cdot (1+\overline{f}_2(x)) \cdot (1-\overline{f}_3(x))$$

$$\sim \sup_{x \in \mathbb{R}^2} (1+\overline{f}_1(x)) \cdot (1+\overline{f}_2(x)) \cdot (1-\overline{f}_3(x)) \tag{6.2.70}$$

这与公式(6.2.59)的被积函数中的初始启发选择相对应。为了满足学习环境所规定的所有 m 个约束，可以简单地将它们全部 $\wedge$ 起来，因此相应的惩罚函数是

$$E_s = \left(1 - \prod_{i=1}^{m} \mathcal{T}_i(f)\right)^2$$

其中 $\mathcal{T}_i(f)$ 是映射到相应实数值的真值。另一个可能的惩罚函数是

$$E_w = \sum_{i=1}^{m} (1 - \mathcal{T}_i(f))^2$$

显然，E_s 比 E_w 更具限制性。

现在想表明对于存在量词的实值约束的语言有一种自然的转换，这与公式(6.2.63)和(6.2.64)中采用的启发式不同。可以看到惩罚函数

$$E_\exists = \left(\inf_{x \in \mathbb{R}^2}(1 - f_{2,r}(x))\right) \cdot \left(\inf_{x \in \mathbb{R}^2}(1 - f_{2,v}(x))\right) \tag{6.2.71}$$

转译存在量词。实际上与公式(6.2.69)有密切联系，当考虑

$$\lim_{p \to \infty} \left(\int_{\mathbb{R}^2} \mathcal{T}(f(x))^{2p} \mathrm{d}x\right)^{1/2p} = 1$$

会显露，得到

$$1 - \sup_{x \in \mathbb{R}^2} \mathcal{T}(f(x)) = 0 \Rightarrow \inf_{x \in \mathbb{R}^2}(1 - \mathcal{T}(f(x))) = 0$$

因此，当涉及存在量词时，公式(6.2.69)的双重惩罚函数是

$$E_\exists = \inf_{x \in \mathbb{R}^2}(1 - \mathcal{T}(f(x))) \tag{6.2.72}$$

另一种转译存在量词的方法是考虑

$$E_\exists^p = \prod_{x \in \mathscr{X}} \left(1 - \mathcal{T}(f(x))\right)$$

这可以迅速检查，因为如果存在 $\overline{x}$ 满足

$$\mathcal{T}(f(\overline{x})) = 1$$

则 $E_\exists^p = 0$。

最后讨论一个与真正的关系信息表达有关的由二元谓词自然表达的重要问题。假设给定公式

$$\forall x\ \mathrm{Person}(x) \wedge \mathrm{Person}(y) \wedge \mathrm{FatherOf}(x,y) \Rightarrow \mathrm{Male}(y) \tag{6.2.73}$$

基本上这表明任何人的父亲都是男性。通过使用上述论据，可以将这样的知识粒度转换为实值函数。但是，值得一提的是，$\mathrm{FatherOf}(x, y)$ 在 $\mathscr{X}^2$ 上运行，这导致输入的维度空间加倍！当然，这不应该被忽略，因为学习分类器 $\mathrm{FatherOf}(x, y)$ 的任务，它应该说明 y 是否是 x 的父亲，这可能比上述公式中涉及的其他任务困难得多。但可以通过将上述知识粒度转译成

$$\forall x\ \mathrm{Person}(x) \Rightarrow \mathrm{Male}(\mathrm{FatherOfFeatures}(x)) \tag{6.2.74}$$

来做一些不同的处理。基本思想是用函数 FatherOfFeatures(x) 替换二元谓词 FatherOf(x, y)。由于一元谓词 Person 和 Male 在 $\mathscr{X}=\mathbb{R}^d$ 上运行，可以立即发现上述公式中类型的一致性确实要求 FatherOfFeatures 返回一个特征向量 $f=$ FatherOfFeatures $\in\mathscr{X}$ 这表明 FatherOfFeaturesi 实际上是返回 $x\in\mathscr{X}$ 父亲的特征。例如，如果 x 是表示人物面部的特征向量，则 $f=$ FatherOfFeatures(x) 是预期表示 x 父亲的面部的特征向量。因此，当公式(6.2.74)是谓词集合的表述之一时，它们的总体约束要求生成(generation)特征向量 $f=$ FatherOfFeatures(x)。有趣的是这一想法可以很容易推广到为智能代理提供创建与给定约束集一致的模式的任务。从某种意义上说，这与已经为 N 皇后任务描述的建设性机制并不远，在该机制中，需要满足约束来构建解。然而，在这种情况下，$f=$ FatherOfFeatures(x) 构造的特征向量 $f\in\mathscr{X}$ 期望是用父亲面部的特征表示的。这可以通过近似函数的神经网络来实现，很明显这种生成方案的有效性在很大程度上取决于约束的整体集合和所选择的正则化方案。逻辑上，所描述的生成特征向量 $f\in\mathscr{X}$ 的想法被称为斯科伦化(skolemization)——一些细节在 6.6 节中给出。练习 4 讨论斯科伦化的一般性，练习 5 提出了一个关于等价公式(6.2.73)和(6.2.74)的问题。

6.2.3　t-范数

如上所示，逻辑概念在实际评估约束方面的可能表达可以依赖于用乘积适当地替换 $\wedge$ 运算符并且将 ¬ 替换为 1 的补码。这些从数字到连续计算的转换已经成为深入研究的部分，特别是在模糊系统中。事实上，在三角范数(triangular norm)(t-范数)的框架中，可以深入理解"实现"实值变量的不同方式。映射

$$T:[0..1]^2\to[0..1] \tag{6.2.75}$$

是个三角范数，当且仅当 $\forall x\in[0..1]$，$\forall y\in[0..1]$，$\forall z\in[0..1]$，满足下列属性：

$$\begin{aligned} T(x,y)&=T(y,x)\text{（交换律）}\\ T(x,T(y,z))&=T(T(x,y),z)\text{（结合律）}\\ (x\leqslant\bar{x})\wedge(y\leqslant\bar{y})&\Rightarrow T(x,y))\leqslant T(\bar{x},\bar{y})\text{（单调性）}\\ T(x,1)&=x\text{（边界条件）} \end{aligned} \tag{6.2.76}$$

"边界条件"仅对 1 保持(即，1 是唯一的幂等)，具有上述属性的函数 T 被称为阿基米德(Archimedean)t-范数。下面的 T 是 t-范数的经典例子：

$$\begin{aligned} T_P(x,y)&=x\cdot y\\ T_G(x,y)&=\min\{x,y\}\\ T_Ł(x,y)&=\max\{x+y-1,0\} \end{aligned} \tag{6.2.77}$$

T_P 被称为乘积 t-范数(p-范数)，T_G 被称为 Gödel t-范数，$T_Ł$ 被称为 Łukasiewicz t-范数。练习 3 对属性(6.2.76)检查。在 p-范数的情况下，关联性使得将 $\bigwedge_{\kappa=1}^n\times_\kappa$ 映射到 $T(x_1,\cdots,x_n)=\prod_{\kappa=1}^n a_\kappa$ 成为可能。同样在最小化范数 $T(x_1,\cdots,x_n)=\min_{\kappa\in\mathbb{N}_n}\{x_1,\cdots,x_n\}$ 的情况下，假设要转译 $x\vee y$。可以使用德摩根定律将 $x\vee y$ 转换为可以通过 t-范数直接转译的运算符的公式。由于 $x\vee y=¬x\wedge¬y$，在 p-范数的情况下，上面的公式可以映射为

$$x\vee y\rightsquigarrow 1-(1-x)\cdot(1-y)=x+y-x\cdot y$$

而在最小化范数的情况下，

$$x\vee y\rightsquigarrow 1-\min\{1-x,1-y\}=\max\{x,y\}$$

这提供了方法考虑映射 $S:[0..1]^2 \to [0..1]$，其具有以下属性：
$$S(x,y) = S(y,x) (交换律)$$
$$S(x,S(y,z)) = S(S(x,y),z) (结合律)$$
$$(x \leqslant \bar{x}) \land (y \leqslant \bar{y}) \Rightarrow S(x,y) \leqslant S(\bar{x},\bar{y}) (单调性)$$
$$S(x,0) = x (边界条件)$$
(6.2.78)

它被称为三角余范数(triangular conorm)(t-余范数)。显然，如果 T 是 t-范数那么
$$S(x,y) = 1 - T(1-x, 1-y) \tag{6.2.79}$$
是 t-余范数。S 是 t-范数 T 引出的 t-余范数。

现在说明有一种自然的方法来构建基于 t-范数生成器(t-norm generator)概念的 t-范数。假设给定了严格递减的函数 $\gamma:[0..1] \to [0..+\infty]$ 使得 $\gamma(1)=0$。那么将 $T:[0..1]^2 \to [0..1]$ 定义为
$$T(x,y) = \gamma^{-1}(\gamma(x) + \gamma(y)) \tag{6.2.80}$$
当采用此方法时，称 γ 是 T 的加性生成器。正如 Łukasiewicz t-范数(6.2.84)所研究，这个定义确实需要扩展反函数的概念。特别地，γ^{-1} 表示 γ 的伪逆(pseudoinverse)，即
$$\gamma^{-1}(y) = \sup\{x \in [0..1] \mid \gamma(x) > y\} \tag{6.2.81}$$
在非递减函数情况下，定义 $\gamma^{-1}(y) = \sup\{x \in [0..1] \mid \gamma(x) < y\}$。很快发现函数 $\gamma(x) = -\log(x)$ 是 p-范数的加性生成器。根据公式(6.2.80)，有
$$T(x,y) = \exp(-(-\log(x) - \log(y))) = \exp(\log(x \cdot y)) = x \cdot y \tag{6.2.82}$$
同样，函数 $\gamma(x) = 1-x$ 是 Łukasiewicz t-范数的加性生成器。根据公式(6.2.80)，有
$$T(x,y) = \gamma^{-1}(\gamma(x) + \gamma(y)) = \gamma^{-1}((1-x) + (1-y)) = \gamma^{-1}(2-(x+y))$$
(6.2.83)

如果 $x+y-1 \geqslant 0$，有
$$T(x,y) = \gamma^{-1}(2-(x+y)) = 1 - (1-2+x+y) = x+y-1 \tag{6.2.84}$$
否则，$T(x,y)=0$，实际上是 Łukasiewicz t-范数。

现在考虑由非递增函数 γ 生成的 t-范数并考虑映射
$$T(g(x), g(y)) = \gamma^{-1}(\gamma(g(x)) + \gamma(g(y))) \tag{6.2.85}$$
这里选择 g 满足
$$\gamma(g(x)) = \begin{cases} x - \dfrac{1}{2} & \forall x \in \left(\dfrac{1}{2}..1\right] \\ 0 & \forall x \in \left[0..\dfrac{1}{2}\right] \end{cases}$$

当限制对于每个变量和 Archimedean t-范数分别连续的函数 T 时，总能找到一个严格递增的函数 $f:[0..1] \to [0..1]$ 满足
$$T(x,y) = f^{-1}(T_L(f(x), f(y))) \tag{6.2.86}$$
其中 T_L 为 Łukasiewicz t-范数。这来自公式(6.2.85)。首先注意
$$g^{-1} \circ T(g(x), g(y)) = g^{-1} \circ \gamma^{-1}(\gamma \circ g(x) + \gamma \circ g(y))$$
$$= (\gamma \circ g)^{-1}(\gamma \circ g(x) + \gamma \circ g(y))$$
$$= \beta^{-1}(\beta(x) + \beta(y)) = T_L(x,y)$$
令 $w := g(x)$ 且 $z := g(y)$，这样有 $T(w,z) = g T_L(g^{-1}(w), g^{-1}(z))$。

给定 t-范数 T，残差定义为

$$(x \Rightarrow y) = \sup\{z \mid T(x,z) \leqslant y\} \tag{6.2.87}$$

残差$(x \Rightarrow y)$也被表示为$T^*(x, y)$并且是$T(x, y)$的一种伴随。为了理解它的含义,考虑$x \leqslant y$的情况,在这里我们期望暗示返回"大"值。考虑到$T(x, z) \leqslant T(x, 1) = x$时直接符合。然后

$$\sup\{z \mid T(x,z) \leqslant x \leqslant y\} = 1$$

显然反之亦然,因此当且仅当$x \leqslant y$时$(x \Rightarrow y) = 1$。现在,考虑违反的情况,需要在$x > y$时研究$(x \Rightarrow y)$。有$T(x, z) \leqslant x$,即$T(x, z) \leqslant \min\{x, z\}$。因此

$$(x \Rightarrow y) = \sup\{z \mid T(x,z) \leqslant \min\{x,z\} \leqslant y\} = y$$

反过来也是如此。也就是说,当且仅当$x > y$时$(x \Rightarrow y) = y$。显然,$(1 \Rightarrow y) = y$。在 p-范数的情况下,非常好地说明了使用残差的$\Rightarrow$转译和 t-范数的直接应用的差异。蕴含式$\neg(x \wedge \neg y)$的经典命题演算定义将被转译成

$$x \Rightarrow y \rightsquigarrow \mathcal{T}(x,y) = 1 - x \cdot (1 - y)$$

比如,对于$x = 0.55$和$y = 0.6$,有$\mathcal{T}(x, y) = 0.78$,然而$(0.55 \Rightarrow 0.6) = 1$。同时如果$x = 0.55$且$y = 0.2$,有$\mathcal{T}(0.55, 0.2) = 0.56$。显然这个蕴含式是正确的,并不能反映其含义。另一方面,$(0.55 \Rightarrow 0.2) = 0.2$,这对于$\Rightarrow$的一致性定义来说绝对是可取的。总而言之,给定的残差定义完美地捕捉了想在蕴含式中表示的含义。

公式(6.2.77)定义的三种 t-范数——Goguen t-范数、Gödel t-范数和 Łukasiewicz t-范数的残差为(见练习 8)

$$x \stackrel{P}{\Rightarrow} y = y/x \tag{6.2.88}$$

$$x \stackrel{G}{\Rightarrow} y = y \tag{6.2.89}$$

$$x \stackrel{Ł}{\Rightarrow} y = 1 - x + y \tag{6.2.90}$$

当通过评估$\neg x \vee y$来解释$\Rightarrow$时,注意到 Łukasiewicz 蕴含式,对于$y = 0$,生成$\neg x \rightsquigarrow 1 - x$,这显然提供了一个自然的否定概念。

6.2.4 Łukasiewicz 命题逻辑

Łukasiewicz t-范数中的否定的自然表示以及本节中描述的其他相关属性,表明我们的主要关注点在 Łukasiewicz 命题逻辑$[0..1]_Ł = \{[0..1], 0, 1, \neg, \wedge, \vee, \otimes, \oplus, \rightarrow\}$上,其被定义为

(i) $\neg x = 1 - x$(否定)

(ii) $x \wedge y = \min\{x, y\}$(弱合取)

(iii) $x \vee y = \max\{x, y\}$(弱析取)

(iv) $x \otimes y = \max\{0, x + y - 1\}$(强合取)

(v) $x \oplus y = \min\{1, x + y\}$(强析取)

(vi) $x \rightarrow y = \min\{1, 1 - x + y\}$(蕴含)

顺便注意$x \oplus y = \min\{1, x + y\}$作为 Łukasiewicz 余范数出现,使用公式(6.2.79)可以发现,有$S(x, y) = 1 - \max\{0, (1-x) + (1-y) - 1\} = 1 - \max\{0, 1 - x - y\}$。如果$x + y < 1$,

那么 $S(x, y)=1-(1-x-y)=x+y=\min\{1, x+y\}$。如果 $x+y \geqslant 1$，那么 $S(x, y)=1-\max\{0, 1-x-y\}=\min\{1, x+y\}$。当要求在 $[0..1]$ 有界时，蕴含 $\to$ 来自公式(6.2.88)~(6.2.90)。Łukasiewicz 逻辑带有两个不同的合取和析取概念。有强 $\otimes$ 和 $\oplus$ 联结词和弱 $\wedge$ 和 $\vee$ 联结词。练习 11 中对这些联结词的不同性质有深刻讨论。

对应于命题 Łukasiewicz 逻辑公式的 $[0..1]$ 值 Łukasiewicz 函数类与 McNaughton 函数类一致，即具有整数系数的连续有限分段线性函数的类。Łukasiewicz 逻辑(Ł)中公式的代数与 $[0..1]^n$ 上定义的 McNaughton 函数的代数同构。这是一个至关重要的属性，使我们能够在其他逻辑方面获得实质性优势。特别是，我们对公式对应于凹函数的 Ł 的片段感兴趣。如下所示，这对带约束的学习和推理复杂性问题具有强烈的影响。开始注意到，如果 ψ 是在 $[0..1]^n$ 上定义的 $[0, 1]$ 值函数，那么 ψ 和 $\neg\psi$ 具有良好性质：当且仅当 $\neg\psi$ 是凹的情况下，f 是凸的。这是否定性质(i)的直接结果，即 $\neg\psi=1-\psi$，也可以看到 $\wedge$ 和 $\oplus$ 满足凹函数的组合也是凹函数的性质。形式上如果 ψ_1 和 ψ_2 是凹的，那么函数 $\psi_1 \wedge \psi_2$ 和 $\psi_1 \oplus \psi_2$ 也是凹的。从弱合取 $\wedge$ 开始，令 $0 \leqslant \mu \leqslant 1$ 且 $x_1, x_2 \in \mathscr{X}$，考虑 $x=\mu x_1+(1-\mu)x_2$。如果 $\psi_i, i=1, 2$ 是凹的，那么 $\psi_i(x) \geqslant \mu\psi_i(x_1)+(1-\mu)\psi_i(x_2)$。有

$$(\psi_1 \wedge \psi_2)(x) = \min\{\psi_1(x), \psi_2(x)\}$$
$$= \min\{\psi_1(\mu x_1+(1-\mu)x_2), \psi_2(\mu x_1+(1-\mu)x_2)\}$$
$$\geqslant \min\{\mu\psi_1(x_1)+(1-\mu)\psi_1(x_2), \mu\psi_2(x_1)+(1-\mu)\psi_1(x_2)\}$$
$$\geqslant \mu\min\{\psi_1(x_1), \psi_2(x_1)\} + (1-\mu)\min\{\psi_1(x_2), \psi_2(x_2)\}$$
$$= \mu(\psi_1 \wedge \psi_2)(x_1) + (1-\mu)(\psi_1 \wedge \psi_2)(x_2)$$

对于强析取有

$$(\psi_1 \oplus \psi_2)(x) = \min\{1, \psi_1(x)+\psi_2(x)\}$$
$$= \min\{1, \psi_1(\mu x_1+(1-\mu)x_2)+\psi_2(\mu x_1+(1-\mu)x_2)\}$$
$$\geqslant \min\{1, \mu\psi_1(x_1)+(1-\mu)\psi_1(x_1)+\mu\psi_2(x_1)+(1-\mu)\psi_2(x_2)\}$$
$$= \min\{1, \mu(\psi_1(x_1)+\psi_2(x_1))+(1-\mu)(\psi_1(x_1)+\psi_2(x_1))\}$$
$$\geqslant \mu\min\{1, (\psi_1(x_1)+\psi_2(x_1))\} + (1-\mu)\min\{1, (\psi_1(x_1)+\psi_2(x_1))\}$$
$$= \mu(\psi_1 \oplus \psi_2)(x_1) + (1-\mu)(\psi_1 \oplus \psi_2)(x_2)$$

注意虽然 McNaughton 函数的凹性在对 $\wedge$，$\oplus$ 下是封闭的，但同样情况下对于对 $\wedge$，$\vee$ 不适用。可以很快发现弱析取 $\vee$ 无法保持凹性(见练习 12)。

但使用类似的论证(见练习 13)，我们可以发现 $\vee$ 保留了凸性，并且对于强合取 $\otimes$ 也是如此。如果混合弱联结词和强联结词，那么合取和析取在闭包上也可以保证。这些闭包结果给出了如何构造凹函数或凸函数的方法，我们可以混合弱联结词和强联结词，但我们也可以使用否定来拓展凹凸闭包上的结果。

Horn 子句是最明显的基于这种方式生成的函数公式。设 ψ_1 为凸，ψ_2 为凹，考虑 $\psi_1 \to \psi_2 = \neg\psi_1 \oplus \psi_2$。我们最终得到凹函数 $\neg\psi_1$ 和 ψ_2 的弱析取，它是凹函数。因此 $\psi_1 \to \psi_2$ 是凹的。假设给定了一系列凸函数 $\varphi_i, i=1, \cdots, p$。在极端情况下，它们可以是简单的文字，因为 $\varphi_i(x)=x_i$ 和 $\varphi_i(x)=1-x_i$。如果构造

$$\psi_1 = \bigotimes_{i=1}^{p} \varphi_i := \varphi_1 \otimes \cdots, \otimes \varphi_p \qquad (6.2.91)$$

那么

$$\neg \psi_1 \oplus \psi_2 = \neg(\bigotimes_{i=1}^{p} \varphi_i) \oplus \psi_2 = (\bigoplus_{i=1}^{p} \neg \varphi_i) \oplus \psi_2 \qquad (6.2.92)$$

从关于凹性的 $\oplus$ 闭包得出结论，以 $\neg \psi_1 \oplus \psi_2$ 为特征的 Horn 子句是凹的。注意，在使用强大的 Łukasiewicz 联结词转译蕴含时会产生属性。

总而言之，由文字而不仅仅是命题变量组成的对应于片段($\oplus$, $\vee$)* 中的 Ł-公式的 McNaughton 函数是凸的，而片段($\wedge$, $\oplus$)* 是凹的。有趣的是，如练习 14 所示，片段($\wedge$, $\oplus$)* 包含非 Horn 子句。

练习

1. [16] 根据表 6.2 中给出规则的动物识别问题，考虑下面的论证：
$$\{毛发,蹄子\} \models 长颈鹿 \vee 斑马 \qquad (6.2.93)$$
乍一看可能会认为这是对的，因为除了斑马和长颈鹿之外没有其他动物具有这两个特征。但这真的是一个有效的论证吗？我们如何丰富 KB 以使命题(6.2.93)成立？

2. [14] 考虑约束
$$f_1^2 f_2^2 - f_1 f_2^2 - f_1^2 f_2 + 3 f_1 f_2 - f_1 - f_2 = 0$$
证明这对应于 f_1 和 f_2 的等价。

3. [20] 证明 T_P, T_G, T_L 满足 t-范数的性质。

4. [20] 考虑斯科伦化背后的生成过程，它总能取代命题(6.2.73)吗？

5. [15] 考虑公式(6.2.73)和(6.2.74)，它们是等价的吗？

6. [15] 考虑练习 5 并假设我们通过声明 $\forall x\ \text{FatherOf}(x, y) \Rightarrow \text{Older}(y, x)$ 来丰富约束集，也就是说，父亲比儿子年长。此外，假设有一个回归量 $age(x)$，从图片 $x \in \mathcal{X} \subset \mathbb{R}^d$ 估计一个人的年龄。显然有
$$[age(y) > age(x)] \Rightarrow \text{Older}(y, x)$$
定性讨论加上
$$\forall x \forall y\ \text{Person}(x) \wedge \text{Person}(y) \wedge \exists y\ \text{FatherOf}(x,y) \Rightarrow \text{Male}(y) \wedge \text{Older}(y,x)$$
的差别并简单考虑练习 5 的约束。

7. [C46] 考虑 MNIST 手写任务和要求代理提出一些额外的数学概念⊖的再阐述。特别是添加确定一元谓词 odd、even 和 next 的任务。给定 MNIST 格式的数字的图片 x，$odd(x)$ 表示数字是奇数，$even(x)$ 表示数字是偶数，而 $next(x)$ 返回下一数字 x 的 MNIST 格式图片。使用 MNIST 提供的监督数据来生成 odd、even 和 next，然后设计一个前馈网络来学习这些除了模式类之外的谓词。现在假设通过引入以下约束来丰富学习的表述：
$$\forall x\ \text{one}(x) \Rightarrow odd(x), \text{three}(x) \Rightarrow odd(x) \cdots, \text{nine}(x) \Rightarrow odd(x)$$
$$\forall x\ \text{two}(x) \Rightarrow even(x), \text{four}(x) \Rightarrow even(x) \cdots, \text{eight}(x) \Rightarrow even(x)$$
$$\forall x\ \neg odd(x) \Rightarrow even(x), \neg even(x) \Rightarrow odd(x)$$
$$\forall x\ odd(x) \Rightarrow even(next(x)), even(x) \Rightarrow odd(next(x))$$
进行大量的实验分析以评估上述数学知识在数字识别过程中的作用。当我们将监督限制在每个类别的几个例子时会发生什么？是否比仅在监督学习的情况下获得更好的表现？编写一个应用程序来定性监视 next 谓词背后的生成机制。

8. [18] 证明关于 t-范数残差的公式(6.2.88)∼(6.2.90)。

9. [18] 假设想在 $[l..h] \subset \mathbb{R}$ 中用真值重新定义 t-范数，给定 $t: [0..1] \rightarrow [0..1]$，那么相关的 t-范数 $\bar{t}: [l..h] \rightarrow [l..h]$ 是什么？

⊖ 这个练习由 Luciano Serafini 和 Michael Spranger 共同设计。

10. [15] 基于前面练习 9 中定义的重映射，确定逻辑表达式
$$a_1 \Leftrightarrow a_2 = a_1 \wedge a_2 \vee \neg a_1 \wedge \neg a_2$$
的 p-范数的值。

11. [20] 讨论 Łucasiewicz 逻辑的强弱联结词的关系和意义。

12. [17] 证明 ∨ 不保持凹性，即如果 ψ_1 和 ψ_2 是凹的，那么 $\psi_1 \vee \psi_2$ 不是凹的。

13. [19] 证明如果 ψ_1 和 ψ_2 是凸的，那么 $\psi_1 \otimes \psi_2$ 和 $\psi_1 \vee \psi_2$ 是凸的。

14. [16] 证明对应于 $(\neg \psi_1 \vee \psi_2) \rightarrow \neg \psi_3$ 的 McNaughton 函数是凹的，即，$(\neg \psi_1 \vee \psi_2) \rightarrow \neg \psi_3 \in (\wedge, \oplus)^\star$。

15. [15] 证明 $(\neg \psi_1 \wedge \psi_2) \vee \psi_3 \notin (\wedge, \oplus)^\star$ 且 $(\neg \psi_1 \wedge \psi_2) \vee \psi_3 \notin (\otimes, \vee)^\star$。

6.3 扩散机

处于图领域的个体概念启发了推理和学习之间的严格联系。已表明约束机执行通常可以强烈依赖于单个个体（环境图的顶点）的计算方案。在许多有趣的情况下，约束更多地反映了单个任务的特定属性的环境图的结构。我们现在关注的是可齐次表达约束的情况，即 $\forall v \in \mathcal{V}$:

$$z_v - s(z_{ch(v)}, x_v) = 0 \quad (6.3.94)$$
$$\gamma(z_v, x_v) = 0 \quad (6.3.95)$$

其中 $ch(v)$ 是 v 的子序列集。这里有一个状态变量 z_v 表示 $\gamma(z_v, x_v)$ 的值。本节中将清楚说明 γ 可以方便地"分解"为 $\gamma = \psi_o \circ h$，其中 h 是通过计算 $h(z_v, x_v)$ 来返回机器输出的函数，而 ψ_o 是个约束。在最简单的情况下，ψ_o 产生监督学习。总的来说，我们可以将函数 f 视为对 $f = (s, h)'$，作为约束中的参数。与到现在看到的不同，存在的函数中有隐藏的组件——转移函数 s。函数 h 实际上是之前所考虑的输出函数，其中约束 ψ_o 由 $\psi_o(h(z_v, x_v)) = 0$ 操作。隐藏函数 s 实际上负责信息扩散，而输出函数 h 用于施加环境的语义知识。这里我们重载符号，以便用 f 表示映射所有顶点的函数，即 $f(x) = (f(x_1), \cdots, f(x_{|\mathcal{V}|}))$。同样，我们对 s 和 h 采用相同的表示法。因此，使用艾弗森符号，上述约束可以紧凑地重写为

$$\psi(f(x)) = \sum_{v \in \mathcal{V}} \Big([z_v - s(z_{ch(v)}, x_v) = 0] + [\psi_o(h(z_v, x_v)) = 0] \Big) - 2|\mathcal{V}| = 0 \quad (6.3.96)$$

我们刚刚进入一个新的领域，由于约束的同质结构，我们只需要学习状态 s 和输出函数 h。约束结构(6.3.96)实际上是从环境图中引出的，但"规则"在整个图中是同质的。这类约束的特殊性在于它们基于图拓扑引出信息扩散。因此，施加约束(6.3.96)的约束机被称为扩散机(diffusion machine)。注意，虽然对复杂约束的实现可能不容易给出直观的解释，但在这种情况下，约束的特殊结构确实提出了一种合适的计算模型，该模型以易清楚解释的方式执行信息扩散。在机器学习中，序列的循环网络是扩散机最常用的例子。

6.3.1 数据模型

这里，我们关注由环境图 $\mathcal{G} \sim (\mathcal{V}, \mathcal{A})$ 定义的环境数据结构的影响，其中 $\mathcal{V}$ 是顶点集，$\mathcal{A}$ 是边集。通常，人们会认为仅图的部分是齐次的扩散过程。因此，假设顶点可以被划分为集合 $\mathcal{V} = \bigcup_{\alpha=1}^p \mathcal{V}_i$，其中当且仅当 $\alpha \neq \beta$ 时 $\mathcal{V}_\alpha \cap \mathcal{V}_\beta = \emptyset$。分区表征 $\mathcal{V}_\alpha$ 中顶点的数据类型，这允许在 $\mathcal{G}$ 的顶点上定义不同的函数。对于任何类型 α，都有一对关联函数

$$s_\alpha : \mathcal{Z}_\alpha^{|ch(v)|} \times \mathcal{X}_\alpha \rightarrow \mathcal{Z}_\alpha : (z_{ch(v)}, x_v) \rightarrow s_\alpha(z_{ch(v)}, x_v)$$

$$h_\alpha : \mathscr{Z}_\alpha \times \mathscr{X}_\alpha \to \mathscr{Y} : (z_v, x_v) \to h(z_v, x_v) \qquad (6.3.97)$$

函数 s_α 被称为转移函数(transition function),而 h_α 被称为输出函数(output function),这里 $\mathscr{X}_\alpha \subset \mathbb{R}^{d_\alpha}$,$\mathscr{Z}_\alpha \subset \mathbb{R}^{p_\alpha}$,对于 v 的 $m_v = |\mathrm{ch}(v)|$ 个子元素的有序关系应该与在 $\mathscr{V}$ 上定义的关系相同。当 $v = \mathtt{nil}$ 时,即,当 $\mathrm{ch}(v) = \emptyset$ 时,假设给定 $z_v = z_0$。这是一种限制处理 $\mathcal{G}$ 上信息的函数类以对顶点做出决策的方法,计算依赖于概括状态变量 $z \in \mathscr{Z}_\alpha \subset \mathbb{R}^{p_\alpha}$ 中的决策所需信息的原理。使用符号 $z_{\mathrm{ch}(v)} \in \mathscr{Z}_\alpha^{|\mathrm{ch}(v)|}$ 来简洁表示 v 的子元素中的信息。注意,s_α 的定义需要正确识别参数 $x_{\mathrm{ch}(v)} = (x_{\mathrm{ch}(v),1}, \cdots, x_{\mathrm{ch}(v)}, m_v)$,这可以通过 $\mathscr{V}$ 的有序关系实现。虽然公式(6.3.97)给出的一般计算可以用于处理环境图的非齐次部分,但很明显,当将函数族 (s_α, h_α) 限制为 (s, h) 时,即在图上施加统一计算时,我们获得了简便性和效率。这还需要确定图的度数,以便考虑任何顶点 $m = \max_v\{m_v, v \in \mathscr{V}\}$ 的情况。显然,这样处理,在 $m_v < m$ 时,$s(z_{\mathrm{ch}(v)}, x_v)$ 的计算需要用 $\mathtt{nil}$ 填充——在某个位置丢失的子项可以用带有相关 $\mathtt{nil}$ 符号的缺失项替换。

在定向有序非循环图(DOAG)的一般情况下,可以立即发现公式(6.3.97)与前一章中介绍的前馈神经网络的数据流计算方案相对应(参考第 5 章的算法 F)。这次数据流计算是由环境图引起的约束而产生的,而前馈网络中发生的数据流是由于网络结构而产生的,其复杂性是产生复杂映射所必需的。就约束而言,我们可以采用与前馈神经网络学习完全相同的概念。然而,当处理一般的有向图时,循环的存在需要额外的分析,因为 $s_\alpha(x_{\mathrm{ch}(v)}, x_v)$ 的计算可变为循环的,即依赖于它自身。但是,无论确定 $s_\alpha(x_{\mathrm{ch}(v)}, x_v)$ 的方式如何,公式(6.3.97)都是约束的表达式。虽然下面将详细介绍算法问题,但我们注意到,发现其约束满足的一种可能方法是将其浸入时间基础中,通过定义相关的离散时间动力系统

$$z_v(t+1) = s(z_{\mathrm{ch}(v)}(t), x_v) \qquad (6.3.98)$$
$$\gamma(\bar{z}_v, x_v) = \psi_o \circ h(\bar{z}_v, x_v) = 0 \qquad (6.3.99)$$

这里假设 $z_v(t)$ 是收敛的,即,$\bar{z}_v = \lim_{t \to \infty} z_v(t) < \infty$。另外,映射 s 的不动点 $\bar{z}_v$ 需要满足输出函数上的条件 $\gamma(\bar{z}_v, x_v) = 0$。图上的这种齐次公式要求我们确定 $f = (s, h)'$ 简约地满足约束条件。基本上,上述动态系统的收敛产生了环境中的关系表示,因为对于每个顶点 v,我们得到相关的状态值 $\bar{z}_v$,它相当于假设 s 是允许不动点的映射,当 s 是收缩映射(contractive map)时会发生这种情况。练习 2 给出了一个简单的例子用于讨论产生关系一致性(relational consistency)的 s 的适当选择。对于神经元,我们可以使用子元素状态的阈值线性聚合,所以函数 s 变为

$$s(z_{\mathrm{ch}(v)}, x_v) = \sigma\Big(\sum_{u \in \mathrm{ch}(v)} W_u z_u + U x_v\Big) \qquad (6.3.100)$$

我们顺便注意到这个特殊函数保留了在 s 上顶点不变性的一般要求。这就是为什么转移函数是由独立于 v 的矩阵 W_u 和 U 表征的。作为特殊情况,$\mathscr{Z}$ 可以是空隙空间,这导致消除 s,而 $h: \mathscr{Z} \times \mathscr{X} \to \mathscr{Y} \rightsquigarrow h: \mathscr{X} \to \mathscr{Y}$。一个有趣的信息扩散案例是使用 PAGERANK 算法对网页的排名,这种方法在公式(6.3.100)中假定 $\sigma = \mathrm{id}$ 时出现。有趣的是,这与图中的随机游走相对应(见练习 3)。PAGERANK 算法仅根据超链接的结构在图上生成页面权限的信息。扩散和基于语义的约束的共同存在产生基于 $h(z_v, x_v)$ 的决策,其中函数 h 被用来恰当地权衡两个参数,根据学习任务,扩散和基于语义的约束可以共同运作。有趣的是,并非所有顶点都必然受制于基于语义的约束。一般来说,我们用 $\triangleright(v, \psi_o)$ 表示一个布尔变量,当且

仅当约束 ψ_o 作用于 $v \in \mathscr{V}$ 的输出函数时才为 T。这使我们能够在给定的结构化环境中适当地应用不同的环境约束。如果 $\psi_o > 0$ 则通过仅在 $\triangleright(v, \psi_o)$ 上累积损失来创建与相关的基于语义的约束相对应的经验风险，即，

$$E(f) = \sum_{v \in \mathscr{V}} [\triangleright(v, \psi_o)] \psi_o(h(z_v, x_v)) \qquad (6.3.101)$$

现在我们要研究如何在这个通用数据模型中自然地构建学习任务。最简单的案例主要在本书的前几章中提到，并包括由一组不同的模式组成的含个体 $\mathscr{J} = \{(v_\kappa, x_\kappa) \in \mathscr{V} \times \mathscr{X}, \kappa = 1, \cdots, \ell\}$ 的图环境，其中个体退化为模式。如果给出三种模式，则环境由完全断开连接的图表示。其中三个顶点绘制为框体。

$$\boxed{1} \qquad \boxed{2} \qquad \boxed{\ell} \qquad (6.3.102)$$

基本上，只有一种类型的函数 s_α，h_α——不分割 $\mathscr{V}$ 的齐次计算——且环境图 $\mathcal{G}$ 退化为没有边的顶点集合。这符合我们所考虑的，即没有信息传播的环境。值得一提的是，这样的过程中，我们错过了对图的顶点之间表达的关系的有趣处理。但是，正如前一节所述，这并不意味着关系只能以这种方式表达。相反，扩散过程只是在隐藏状态变量存在情况下表达关系的一种特殊方式。当然，在这种情况下，由于没有涉及状态变量，因此映射 s 和 h 都退化，所以输出函数 h 简化到 $h: \mathscr{X} \rightarrow \mathscr{Y}$。训练集 $\mathscr{L}$ 不一定由监督对组成，因为可能遗漏了一些标签。

在机器学习中经常遇到顺序同质数据，它实际上是结构化数据的第一个真实例子。同样，$\mathscr{V}$ 不被划分为不同的集合，即，只有一种类型的函数 (s, h)。此外，环境图 $\mathcal{G}$ 只是顶点列表。排成序列的三个个体的环境可以用图表示为

$$\boxed{1} \rightarrow \boxed{2} \rightarrow \boxed{\ell}$$

注意我们已经选择了顶点的排序，这些顶点符合假设：如果 $u, v \in \mathscr{V}$ 那么当且仅当 $u < v$ 时 $(u, v) \in \mathscr{A}$。对于任何 $v \in \mathscr{V}$，在这种情况下，$\text{ch}(v)$ 中只有一个子项，而且 $\text{ch}(v) = \{v+1\}$。因此，可以通过施加 $\forall v \in \mathscr{V}$

$$z_v - s(z_{\text{ch}(v)}, x_v) = s(z_{v+1}, x_v) = 0 \qquad (6.3.103)$$
$$\psi_o \circ h(z_v, x_v) = 0 \qquad (6.3.104)$$

来表达在序列中发生的扩散过程和输出约束。虽然第一个约束产生信息扩散，但第二个约束对 $h(z_v, x_v)$ 的值施加限制。满足此约束要求将输入序列 $\langle x \rangle$ 转换为输出序列 $\langle y \rangle$，其中 $y_v = h(z_v, x_v)$。附加到顶点的语义对处理有重要影响。转移函数的公式需要对与 nil 顶点对应的状态初始化——表示为 z_0。有趣的是，在循环列表 (circular list) 的特殊情况下，我们没有最终的 nil 符号，此外 z_0 不是必需的。一个相关的有趣案例是适合代理执行真正在线处理的无限列表。

与普通环境一样，只要 $\triangleright(v, \psi_o)$ 为真，就会激活监督或其他语义约束。注意与普通环境的情况不同，顺序结构在无监督顶点的计算中起着重要作用，因为状态的存在使得可以执行动态扩散过程。除了由 $\triangleright(v, \psi_o)$ 表示的选择性监督策略之外，还有两个与顺序处理相关的重要不同问题。在第一种情况下，我们给出一个有限或无限的序列——它也可能是圆形的——我们希望通过考虑仅基于一个状态重置（由 $x_0^\cdot = \text{nil}$ 引起）的连续扩散过程来施加约束。在这种情况下，我们会得到一系列连接的序列；与前一种情况不同，在每个单一序列的开头施加状态的重置。

机器学习中的许多问题自然地处于数据由列表表示的环境中。考虑孤立单词语音识别的经典问题,语音信号通常由每 10~20ms 收集的帧序列表示,这些帧是通过适当的预处理获得的。每个帧是一个单独的向量,表示与 $v \in \mathscr{V}$ 相关的信息。单词具有可变长度,并且每个单词都有监督。由 l 个监督单词组成的训练集可以表示为图,该图退化为列表,该列表被分割成由 l 个 nil 顶点分隔的 l 个部分。这里假设处理整个列表的状态的初始化与每个单词的初始化没有区别。来自监督的相关风险函数需要 $\triangleright(v, \psi_o)$ 的定义,即我们附加监督标签的语音帧的标识。最简单的解决方案是仅为每个单词的最后一个语音帧 v 设置 $\triangleright(v, \psi) = \mathsf{T}$,但这可能不一定是最佳选择(见练习 4)。注意,每次开始处理新单词时,列表中 nil 的存在都会导致状态的重置,这实际上是人们对计算模型的期望。在考虑信号的时间流时,相应的列表指向相反的方向(有关此问题的讨论,请参阅练习 5)。

虽然孤立的单词识别学习任务需要动态系统(6.3.104)的重置,但是音素识别的问题可以通过连续语音帧列表再次表示,其中没有 nil——除了表示列表结束。监督通常位于语音帧上,其中决策具有很强的可靠性,而其他帧中的 $\triangleright(p, \psi) = \mathsf{F}$。动态行为与孤立单词识别的完全不同,因为大多数对分类的强调现在都在当前的语音框架中,尽管环境在分类中也很重要。

一些学习任务自然地由一组树集构建。例如,考虑用于对图像文档进行分类的 $x-y$ 树。在这种情况下,树结构对应于单个文档的布局表示,假设它们彼此独立。因此,基于公式(6.3.97)的处理应用在单个树上。与列表一样,我们需要为了状态更新而反转连接。注意从叶子开始,然后累积状态直到到达根节点。类似于 $x-y$ 树的表示在文档分析和识别中非常流行,例如,基于图的表示经常用于绘制公司徽标等。在这些学习任务中 $\triangleright(v, \psi) = \mathsf{T}$ 通常仅设置在根节点上,这实际上是排序关系中的第一个节点。

在一些学习任务中,我们需要更进一步并利用 DOAG。在其他情况下,基于循环图的模型自然也会出现。例如,化学分子可以通过用含圈的边表示原子之间的键来描述。正如 1.1 节所指出的,图表示也适用于定量结构活动关系(QSAR)等任务,它以定量方式探索化学结构和药理活性之间的关系,以及定量结构-性质关系(QSPR),旨在从分子结构中提取一般的物理化学性质。在这些情况下,学习环境被认为是无向图的集合,其中每个图都与监督值相关联。因此预计这些学习任务将返回单图上的决策。有趣的是,虽然在序列中,树和 DOAG 通常仅在根上满足 $\triangleright(p, \psi) = \mathsf{T}$,但在循环图中,条件附加到图的任何节点。显然由于没有排序关系,因此没有理由优先选择一个节点而不是其他节点来接收约束。已经了解在一般有向图的情况下,公式(6.3.97)只有在它承认解的情况下才有意义。一个值得分析的有趣案例是函数 s_a 是线性的。只考虑节点上的单个转移函数,所以有

$$z_v = \sum_{u \in \mathrm{ch}(v)} W_u x_u + U v_v \tag{6.3.105}$$

$$y_v = C z_v + D x_v \tag{6.3.106}$$

现在定义

$$z := (z'_1, \cdots, z'_\ell)'$$
$$x := (x'_1, \cdots, x'_\ell)'$$

$$U_G = \begin{pmatrix} U & 0 & \cdots & 0 \\ 0 & U & \cdots & 0 \\ 0 & 0 & \cdots & \\ 0 & 0 & \cdots & U \end{pmatrix} \in \mathbb{R}^{d \cdot p} \tag{6.3.107}$$

并考虑如下定义的矩阵 $W_G \in \mathbb{R}^{nl,nl}$。设 $A \in \mathbb{N}^{l,l}$ 是图的邻接矩阵。考虑矩阵 $W_{\text{ch}} := (W_1, \cdots, W_m)$,其中 m 是 $\mathcal{G}$ 的出度。此外,任何顶点 $v \in \mathcal{V}$ 与其有序父节点 $\text{ch}(v) = \{c(v, 1), \cdots, c(v, m)\}$ 相关联。然后考虑转换 $(A, W_{\text{ch}}) \to W_G$ 的映射,以便 A' 的每个坐标映射到 W_G 块,如下所示:

$$a_{v,u} \to [a_{v,u} = 0]0_m + [a_{v,u} = 1]W_{c(v,u)} \tag{6.3.108}$$

那么公式(6.3.105)可以与紧凑的离散时间线性系统

$$z_{t+1} = W_G z_t + U_G x \tag{6.3.109}$$

相关联。如果 W 的谱半径满足条件 $\rho(W_G) < 1$,那么可以证明上述等式呈现 BIBO(有界输入有界输出)特性(见练习 6)。显然,BIBO 稳定性和相应的关系一致性取决于矩阵 W 和图的邻接矩阵 A。然而,无论给出什么图,我们总是可以选择矩阵 W,使得 $\rho(W_G) < 1$(见练习 8)。

虽然断开连接的图的集合足以表示每个图提供单个结构化对象的模型的情况下的许多问题,但是存在连接图更适合的环境。在这些情况下,我们通常会使用网络数据(networked data)。网络为这些任务提供了自然环境。在这种情况下,我们感兴趣的是学习任务,其中机器可能也会为每个节点返回预测。排名算法,如上面提到的 PAGERANK 是一个重要的应用示例。文档分类也是另一项很好的任务。在这种情况下,分类基于文档内容和其超链接的结构。值得一提的是,连接网络上的计算通常会导致忽略有向图中的排序。这是因为在大型图域上为不同的根节点提供不同的权重是不合理的。在这些情况下,存在自然对称性,这导致共享与不同根节点相关联的参数。根节点附加不同的权重则是由于需要表达有限结构化对象的特定属性。

在所描述的机器中演化的扩散过程使我们讨论了状态在个体之间关系的建模中的作用。为了解开它们的联系,注意基于公式(6.3.97)的决策需要通过 $h_\alpha(z, x_v)$ 计算输出。这表明状态空间 $\mathcal{L}_\alpha$ 的维数 p_α 影响在决策中基于关系和语义的约束的权重。显然,缺乏状态会导致学习代理只涉及决策的输入。在相反的情况下,决策也可以仅由扩散产生,扩散在顶点之间传播关系,这实际上是像 PAGERANK 这样的排名算法中发生的事情。显然,在中间有很多空间可以通过巧妙的启发式选择来混合关系和基于语义的约束。

最后,我们希望关注单个顶点中多个标量函数 (s_α, h_α) 的存在。例如,在网络信息处理中,文档的视图可以是明显不同的。我们可以考虑在基于向量的内容表示上定义一个函数,但我们也可以只考虑基于链接的函数。如前所述,对特定个体采取不同函数开启了关于一致性决策的重要问题。

6.3.2 时空环境中的扩散

本节中我们提供了数据模型的补充视图,这些信息在涉及时空环境时出现。虽然许多学习任务可以清楚地使用上一节介绍的图结构来表征,但所有感知任务都需要一些额外的思考。为了阐明这个问题,考虑以公式(6.3.104)为特征的顺序环境,它可以方便地重写为 $z_{t+1} = s(z_t, x_t)$。这与列表的时间解释相对应,其中我们通过设置 $t = -v$ 来反转先前定义的关系 $\prec$。可以通过

$$\dot{z}(t) = s(z(t), x(t))$$
$$y(t) = f(z(t), x(t)) \tag{6.3.110}$$

提供对先前差分方程的连续解释来进一步理解。显然,这个微分方程继承了公式(6.3.103)的基本思想,因此它仍可被视为对学习环境的时间约束。然而,公式(6.3.110)也可以有

不同的解释，似乎与自然法则相互关联。这是通过用普通的连续时间概念替换离散时间基础来提出的。从某种意义上说根据公式(6.3.110)，任何在时间环境中工作的代理都遵守描述状态演变的规则。

存在由空间约束自然建模的现实问题。例如，在计算机视觉中，除了时间一致性之外，还存在空间一致性要求。考虑图像处理案例并假设图像由对应于适当量化的格子表示。每个顶点 v 可以在格子中给出相应的坐标，即 $v \sim (i,j)$。由于对称性，如果只考虑每个顶点的单个状态变量并假设是线性转移函数，则公式(6.3.105)生成

$$z_{i,j} = w(z_{i-1,j} + z_{i+1,j} + z_{i,j-1} + z_{i,j+1}) + ux_{i,j} \qquad (6.3.111)$$

如果选择的空间量化的方式使得邻居上的状态任意接近，由于平滑度要求，得到 $z_{i-1,j} \simeq z_{i+1,j} \simeq z_{i,j-1} \simeq z_{i,j+1} \simeq z_{i,j}$。因此，从公式(6.3.111)得到 $(z_{i-1,j} + z_{i+1,j} - 2z_{i,j}) + (z_{i,j-1} + z_{i,j+1}) - 2z_{i,j} + \frac{u}{w}v_{i,j} = 0$。这使我们得出结论，该等式实际上是偏微分方程

$$\nabla^2 z + \frac{w}{u} x = 0 \qquad (6.3.112)$$

的离散形式。这证明是图像处理框架中空间对称关系约束的转换。当然，使用更复杂的格子会产生高阶方程，而且可以用向量表示来丰富状态。顺便注意，关系约束的转换以及简单的平滑度要求产生了泊松公式。有趣的是，拉普拉斯算子也出现在正则化项 $\langle \nabla z, \nabla z \rangle$ 的最小化中，这表明当强调局部性时，关系约束就会变为正则化要求。公式(6.3.112)给出的关系约束所留下的唯一自由度由比率 $\frac{u}{w}$ 提供，这表明更丰富的状态结构可以明显提高表征能力。

6.3.3 循环神经网络

先前关于关系域及信息扩散的讨论为引入循环神经网络(recurrent neural network)提供了理想框架。已经说明数据关系可以由涉及状态变量的函数公式(6.3.97)表示，也已讨论了它在线性方程方面的转译并且已表明在这种情况下该模型遵循公式(6.3.105)。

每当根据公式(6.3.100)选择转移函数 s_α 时，就存在被称为循环神经网络的神经网络。在线性单元的情况下，由公式(6.3.105)给出的线性动力系统可以被概括为 A 和 W_{ch} 上的 ⋈ 运算，当涉及 sigmoid 函数时，这样一个强大的代数支持就会丢失！然而，在函数公式(6.3.97)中用于表示关系约束以及在公式(6.3.100)中用于在前馈网络中传播激活函数的共享的基于图的计算方案，使得编译方案能够表示所需的神经网络计算。编译样例如图 6.6 所示，在 S1 中可以看到图的结构展开，而 S2 描述了前馈神经网络的最终构造。基本上，给定一个代表环境数据的 DOAG $\mathcal{G}$ 和一个一致的前馈网络 $\mathcal{N}_{\text{ch}}$，编译过程是已定义的 ⋈ 操作的扩展，重载符号通过 $\mathcal{G} \bowtie \mathcal{N}_{\text{ch}}$ 表示。图 6.6 中描述的编译说明了函数 s 的构造，而输出函数仅显示在图的超源中。与 s 相关联的网络产生维度 $p=2$ 的状态，并通过三个隐藏单元来处理最多两个子节点。当然，该选择遵循在前馈网络讨论中遇到的所有设计问题。输出函数 h 简单地由单个神经元建模，该神经元仅作为两个状态变量的函数，做出决策。为了简单起见，在图 6.6 中，输出网络仅在最后一个扩展顶点中报告。容易意识到当用 DOAG 网络架构组成 DOAG 数据结构时，结果图仍然是 DOAG。如 6.4 节所述，这种编译方案允许我们重用大多数用于前馈网络的计算方法。正如在 5.1 节和前一节中提到的，整个网络中存在的周期需要将状态释放到平衡点，以便提供有意义的计算。

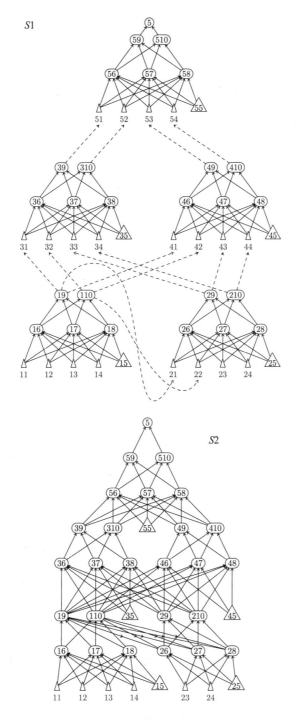

图 6.6 (S1)图形的结构展开。每个节点的状态由两个变量表示,从其父节点(最多两个)和一个输入(呈三角形)传递。每当输入链接丢失时,输入将填充空值,由 nil 表示。虽然为每个节点共享的转移函数网络是使用实线连接绘制的,但关系连接是由虚线绘制的;(S2)结构展开的编译过程产生前馈网络。可以看到每个状态变量的五个输入和两个神经元用于确定节点 5 的输出

练习

1. [M25] 设 $\langle a_n \rangle$ 为序列，$A(z)$ 为 $\langle a_n \rangle$ 的生成函数。证明如果 $\langle a_n \rangle$ 是收敛的则
$$\lim_{n \to \infty} a_n = \lim_{\mathbb{R} \ni z \to 1} (1-z)A(z) \tag{6.3.113}$$

2. [28] 给定由具有两个完全连接的节点的图所表示的环境，其中 $v_1, v_2 \in \mathscr{V}$，提供一个转移函数的示例使得
$$z_1 = s(z_2, x_1); z_2 = s(z_1, x_2) \tag{6.3.114}$$
产生一致的关系约束。然后给出另一个例子，其没有上述公式的解。

3. [M32] 根据 PAGERANK 算法，超链接环境的等级由
$$z_v = d \sum_{u \in \mathrm{pa}(v)} \frac{z_u}{|\mathrm{ch}(u)|} + (1-d) \tag{6.3.115}$$
确定，其中 $0 < d < 1$。值 z_v 被视为页面的等级（rank）。确定右侧图节点的等级。在什么条件下 $\sum_{v \in \mathscr{V}} z_v = |\mathscr{V}|$？提供概率解释并给出该归一化条件不成立的图的示例。

4. [27] 讨论对孤立单词识别选择合适的 $\triangleright(p, \psi)$。

5. [15] 考虑累积时间信息的基于列表的学习环境，如语音识别。为什么列表和时间流指向相反的方向？如果想要对列表和时间流施加相同的方向，如何修改公式(6.3.97)？

6. [25] 证明如果 $\rho(W) < 1$ 则线性系统(6.3.109)是 BIBO 稳定的。

7. [15] 给定具有邻接矩阵 A 和权重矩阵 W_1 和 W_2 的图，构造矩阵 $W_G = A \bowtie (W_1, W_2)$，其中
$$A = \begin{pmatrix} 0 & 1 & 0 & 0 \\ 0 & 0 & 1 & 1 \\ 0 & 0 & 0 & 1 \\ 1 & 0 & 0 & 0 \end{pmatrix}; W_1 = \begin{pmatrix} w_{1,1,1} & w_{1,2,1} \\ w_{2,1,1} & w_{2,2,1} \end{pmatrix}; W_2 = \begin{pmatrix} w_{1,1,2} & w_{1,2,2} \\ w_{2,1,2} & w_{2,2,2} \end{pmatrix}$$

8. [13] 证明给定任何实值矩阵 A，都存在 $\alpha \in \mathbb{R}$ 满足 $\rho(\alpha A) < 1$。

9. [20] 考虑泊松公式(6.3.112)，讨论它与图像处理中的泊松编辑的关系[279]。

10. [20] 在关系的和基于语义的约束框架中讨论泊松编辑算法[279]。

6.4 算法问题

本节是关于解决学习和推理中出现的约束满足问题。因此它是约束机的核心！在一般的情况下，人们非常希望确定最简的解决方案满足公式(6.1.19)和(6.1.20)分别表示的学习和推理约束。想法简单明了，但解可能很难，本节中的分析基于对问题的直接处理。从某种意义上说，这是批量模式监督学习的概括。我们获得了数据和约束，希望从中提取规律并做出决策。我们将说明，根据微分算子 L 的格林函数和约束的反力给出的解的一般表示，支持在许多有趣的问题中发现基于内核的解。直觉上，这仅仅意味着虽然监督学习与分布约束反力相对应，但是以示例为中心的狄拉克 δ 函数生成一个普通内核，在其他有趣的情况下，约束的反力与 L 的格林函数的卷积产生一个新核。因此，格林函数与约束的反力的结合导致特定核不仅满足平滑性要求，而且还在某种程度上结合了与该约束相关的知识。基本上，普通内核与约束反力产生新核的结合的情况，使得能够应用核方法的数学和算法机制。但是，不应忽视，这不一定继承经典核方法问题的强大凸结构；当涉及约束时，通常相应的优化问题不是凸的。而且在这样一个通用框架中，一切都回到核似乎仅限于几个适合数学表示的情况。但是，当数学无法获得基于内核的表示时，它可以帮忙找到出路。当在具有连续特性的数据集上理想地施加约束时，一种合适的采样方法通常足以发现解决方案。事实上，当我们施加逐点约束时，就再次回到基于内核的表示。更一般地，

该表示还包括对学习和推理都有用的自由变量。当考虑到只需构建一个非常类似于监督学习的经验风险函数的相关惩罚时，我们可以迅速得到关于有限数据集合的逐点约束满足的观点。当假设约束机基于神经网络时，可以通过并行监督学习来重新构建学习问题，这是可从深度学习中受益的地方。总之，约束满足的框架与监督学习共享，原始结构及神经网络和核方法典型的对偶解。

用于约束机的优化方案也可用于扩散机的特殊情况，然而齐次约束的特性也使特定算法能够直接考虑扩散过程的性质。

6.4.1 基于内容的逐点约束

6.1.3 节中，我们已经给出了逐点约束情况下解的函数表示，由公式 (6.1.38) 表示。现在假设 $\mathscr{X}$ 由 $\mathscr{X}^{\#}$ 采样并且给定了软约束 $\mathscr{C}_\psi$ 的集合。函数表示的结果表明可以以相同的方式处理单边和双边约束。使用叠加原理找到最优解，即，

$$f^\star(x) = \sum_{\psi \in \mathscr{C}_\psi} \sum_{x_\kappa \in \mathscr{X}^\#} \beta_{\psi,\kappa} \lambda_{\psi,\kappa} g(x, x_\kappa) = \sum_{x_\kappa \in \mathscr{X}^\#} \Big(\sum_{\psi \in \mathscr{C}_\psi} \lambda_{\psi,\kappa} \beta_{\psi,\kappa} \Big) g(x, x_\kappa)$$
$$= \sum_{x_\kappa \in \mathscr{X}^\#} \lambda_\kappa g(x, x_\kappa) \tag{6.4.116}$$

其中 $\lambda_{\psi,\kappa}$ 是与约束 ψ 相关的第 κ 个拉格朗日乘数，由公式 (6.1.39) 给出，$\beta_{\psi,\kappa} := \beta_\psi(x_\kappa)$ 是 ψ 的给定的置信且

$$\lambda_\kappa := \sum_{\psi \in \mathscr{C}_\psi} \lambda_{\psi,\kappa} \beta_{\psi,\kappa}$$

正如所看到的，最终在 $\mathscr{X}^\#$ 上使用基于内核的表示，就像通过核方法在监督学习中所发现的那样。这次需要在整个 $\mathscr{X}^\#$ 上确定未知系数 λ_κ，但是与不同约束相关联的未知数被分组在每个 $x_\kappa \in \mathscr{X}^\#$ 周围，因此不需要分别确定 $\lambda_{\psi,\kappa}$。例如在单边完整约束的情况下，集合 ψ 可以用等周约束

$$\tilde{\Psi}(f) = \sum_{\psi \in \mathscr{C}_\psi} \sum_{x_\kappa \in \mathscr{X}^\#} \beta \psi(x_\kappa) \tilde{\psi}(x_\kappa, f(x_\kappa))$$

代替。$f^\star$ 的这种表示导致在对偶空间中形成优化问题。因此，可以重用核方法的所有数学和算法机制来确定系数 λ_κ。涉及段落到含未知数 λ_κ 的对偶空间的注释是有序的，与 $\mathscr{X}^\#$ 的基数有关。已知道支持向量的存在在某种程度上限制了学习的复杂性，但无论如何随着样本数量的增加，问题变得越来越困难。在这种新的情景中，由于（无监督）数据的丰富，该值通常非常高，这意味着我们通常面临与 Gram 矩阵的维度相关的复杂数值问题。处理这种空间复杂性问题的一种可能方法是使用 4.4 节练习 8 中提出的算法。

虽然监督学习和任何一般的逐点约束共享相同的解，但它们的具体应用存在明显差异，这主要是由于在第一种情况下需要处理监督对。无监督数据通常可以充分利用，因此能够施加大量与监督对不同的约束。这导致了一种新的学习观点，即无须区分监督和无监督学习！我们只施加约束；监督学习的具体结构要求我们提供监督标签，而一般来说，约束在（无监督的）训练数据上进行操作。可以强化这一概念：除了例外，数据是无监督的！当假设这种更一般的观点时，可以简单地认为约束中学习是对训练数据进行操作的。当监督和无监督数据汇集在一起时，称为半监督学习算法(semisupervised learning algorithm)。显然，约束中学习的一般观点也导致了忽视了半监督学习的需要，而混合不同类型的约束是

很常见的。因此，半监督学习只是一个非常特殊的情况，在这种情况下，监督对施加描述数据分布的约束。

对逐点约束的分析在某种程度上隐藏了一个可能出现的根本问题，这可能取决于环境约束的类别。必须提醒一下，发现约束反力通常很难。特别是相应的优化问题可以允许通过使用欧拉-拉格朗日方程发现许多次优解。相应的维度下降导致了与约束相关联的风险项可能不是凸的问题，从而消除了有效优化的基本保证。一些学习环境的复杂性被转化为相应的约束，这可能导致复杂的优化问题。

当然也可以使用 5.5.4 节中的论证在原始空间中处理学习问题。分别考虑用于学习和推理的公式(6.1.19)和(6.1.20)，假设不是在函数空间中寻找解，而是给定了 $f(x)$ 明确的参数表示。在 $\chi \rightsquigarrow x$ 的情况下，假设 $f(\chi)=f(x)=\mathrm{f}(w,x)$。然后需要满足

$$\forall x \in \mathscr{X}: \psi(v,\mathrm{f}(w,x)) = 0 \tag{6.4.117}$$

如果 $\psi \geqslant 0$ 则可以通过最小化相应的惩罚项

$$V_\psi(w) := \sum_{x_\kappa \in \mathscr{X}^\#} \psi(v_\kappa, \mathrm{f}(w, x_\kappa))$$

在 $\mathscr{X}^\# \subset \mathscr{X}$ 上施加。假设想要合并约束 ψ 的集合 $\mathscr{C}_\psi$。如果 $R_c(w)$ 是连续正则化项，则学习约束 $\mathscr{C}_\psi$ 简化到

$$w^\star = \arg\min_w \Big(\sum_{\psi \in \mathscr{C}_\psi} V_\psi(w) + \mu_c R_c(w)\Big) \tag{6.4.118}$$

当需要在图环境中处理个体时，事情变得更加复杂。在特殊情况下可以给定一个简洁的公式——与之前的 $\chi = x$ 相反——其中个体简化为顶点，即 $\chi = v$，可以立即发现最终出现了有限的优化问题。令 $q_v := f(\chi) = f(v)$，于是人们关心发现

$$q^\star = \arg\min_q \sum_{\psi \in \mathscr{C}_\psi} V_\psi(q) + \mu_d R_d(q) \tag{6.4.119}$$

的问题，其中 $R_d(q)$ 是离散正则项，通常称为图正则化(graph regularization)。与连续正则一样，$R_d(q)$ 偏好平滑解，这意味着希望 q 从连接顶点平滑地改变。经典的选择是

$$R_d(q) = \frac{1}{2} \| \nabla q \|^2 = \langle q, \Delta q \rangle \tag{6.4.120}$$

(有关可能的图正则化方法的详细信息参考练习1)。在大多数情况下，由于所涉空间的高维度，对 q 的搜索采用梯度下降。有

$$\frac{\partial R_d(q)}{\partial q} = \Delta q \tag{6.4.121}$$

因此当

$$\Delta q + \frac{1}{\mu_d} \sum_{\psi \in \mathscr{C}_\psi} \frac{\partial}{\partial q} V_\psi(q) = 0 \tag{6.4.122}$$

时 q 的驻点确定，这里 Δ 是图的拉普拉斯算子。可证明该等式的解包括一个扩散场(diffusion field)，它很好地代表了许多有趣的图计算模型，包括随机游走(见练习2)，超链接环境中的许多任务可以基于此图正则化模型，扩散过程是一种确定平衡的推论。注意在其他重点是环境的约束的任务中，例如 n 皇后问题。最有趣的情况涉及一般个体，其中虚拟特征顶点与模式(基于特征的顶点)共存。在这个一般情况下，我们关心的是发现

$$\begin{pmatrix} w^\star \\ q^\star \end{pmatrix} = \arg\min_{w,q} \Big(\sum_{\psi \in \mathscr{C}_\psi(w)} V_\psi(w) + \sum_{\psi \in \mathscr{C}_\psi(q)} V_\psi(q) + \mu R(w) \Big) \tag{6.4.123}$$

可以在许多不同的内容中找到在原始空间中工作的约束机,优化上述成本函数。它可用于在顶点特征可能缺失的域中分类——文献的集体分类。它还可以用于通过将缺失特征设置为未知来推断缺失特征。

6.4.2 输入空间中的命题约束

关于逐点约束的讨论突出了基于有限内核扩展的特殊函数表示背后的基本内容。逐点约束可以给出分布解释,因此最优的函数解是由正则化算子表征的线性系统的输出。因此根据叠加原理,通过在训练集的点上扩展格林函数来确定输出。有趣的是,这只是格林函数定义的结果,因此由 $\propto x_\kappa \delta(x-x_\kappa)$ 分布表示的点 x_κ 生成 $\propto g(x, x_\kappa)$。显然,对于具有反力 ω_ψ 的一般约束 ψ,卷积 $g * \omega_\psi$ 不能这样简化。相反通常情况下,这种计算会陷入维数诅咒,考虑相关的局部公式(6.1.42)时,卷积计算的复杂度有一个有趣的对应。在这两种情况下,计算积分或求解偏微分方程的需求对于高维空间是困难的。但关于约束类型的知识可以让我们发现由它们的结构特别继承的更有效的表征。

这里我们讨论一个由命题描述组成的重要案例,如表 6.1(ix)的例子一样。我们的想法是拥有可以在 $x \in \mathcal{X}$ 的某些坐标上表示的先验知识。这种知识涉及坐标值,假设其属于一个最终可能是无限的区间。基本上,对于一些 d 坐标,给定了 $x_i \geqslant \bar{x}_i$ 形式的原始命题,其中 $\bar{x}_i$ 是给定的阈值。在表 6.1 的示例(ix)中,命题 $[(m \geqslant 30) \wedge (p \geqslant 126)] \Rightarrow d$ 正式定义了用于诊断糖尿病的知识粒度,当体重 m 和空腹血浆葡萄糖水平 p 超过某些阈值时为真。这里 m 和 p 是输入的两个坐标,命题组合了基元 $m \geqslant 30$ 和 $p \geqslant 126$。一些模式 $x \in \mathcal{X}$ 可能带有许多相关的命题来定义它们的成员资格,原则上这些命题在命题演算中可表达。简单的情况下,如上面关于糖尿病诊断的例子,这些命题自然可以与相应的多间隔约束相关联,每个约束定义一个确定的集合 $\mathcal{X}_i$。这样处理自然地将学习从监督示例扩展到点由相应的特征函数 $[x \in \mathcal{X}_i]$ 定义的集合 $\mathcal{X}_i$ 替换的情况。因此,可以将命题描述视为一个集合 $\{(\mathcal{X}_i, y_i)\}$,而不是经典对 (x_κ, y_κ),这可看作是训练集概念的泛化视图。

假设开集合 $\mathcal{X}_i$ 也可以简化为单点,并且给定 ℓ_d 个点和 ℓ_o 个普通集,$\ell = \ell_d + \ell_o$。为了对监督学习约束进行软实现,需要提供概率密度数据。选择:

$$p(x) = \frac{1}{\ell} \sum_{i=1}^{\ell_o} \frac{1}{\mathrm{vol}(\mathcal{X}_i)}[x \in \mathcal{X}_i] + \frac{1}{\ell} \sum_{\kappa=1}^{\ell_d} \delta(x - x_\kappa) \quad (6.4.124)$$

会出现强烈的简约。这对应于集合 $\mathcal{X}_i$ 上假设的均匀分布和对于点 x_κ 的狄拉克分布退化,这里默认假设所有约束都有相同的置信。或者,如果考虑具有均匀概率分布 $1/\ell$ 的环境,在问题的公式中产生相同的权重,其中代理区分约束中的置信如下:$\beta_{\psi_i}(x) = \frac{1}{\mathrm{vol}(\mathcal{X}_i)}[x \in \mathcal{X}_i]$ 表示命题约束,$\beta_{\psi_\kappa}(x) = \delta(x - x_\kappa)$ 表示监督对。命题规则与多区间 $\mathcal{X}_i$ 的关联自然导致将监督学习重新定义为软约束满足问题,以函数指数

$$\begin{aligned}
E(f) = & \frac{1}{\ell} \sum_{j=1}^{n} \sum_{\kappa=1}^{\ell_d} V(x_\kappa, y_{j,\kappa}, f_j(x_\kappa)) \\
& + \frac{1}{\ell} \sum_{j=1}^{n} \sum_{i=1}^{\ell_o} \int_{\mathcal{X}} \frac{[x \in \mathcal{X}_i]}{\mathrm{vol}(\mathcal{X}_i)} V(\mathcal{X}_i, y_{i,\kappa}, f_j(x)) \mathrm{d}x
\end{aligned} \quad (6.4.125)$$

为特征。当表示 $\check{\psi}(x, f(x))$ 和公式(6.4.124)的概率分布时对应于一般指数 $\int_{\mathcal{X}} p(x) \check{\psi}(x, f(x)) \mathrm{d}x$。下面分析中做出进一步假设

$$\forall x_1, x_2 \in \mathscr{X}_i : (1 - y_{i,j} f_j^\star(x_1))(1 - y_{i,j} f_j^\star(x_2)) > 0 \tag{6.4.126}$$

其中 $y_{i,j} \in \{-1, 1\}$ 是集合 $\mathscr{X}_i$ 上函数 f_j 的目标。这里假设 $1 - y_{i,j} f_j^\star$ 在集合上是非零的，并且不会在每个这样的集合中改变符号(符号一致性假设(sign consistency hypothesis))。对于每个 $x \in \mathscr{X}$，通用第 i 个约束的反力取决于考虑的是简并集(点)还是普通集。在前一分析的第一种情况下，对每个 $\kappa \in \mathbb{N}_{\ell_d}$ 和 $j \in \mathbb{N}_n$，得到

$$\omega_{\kappa,j}(x) = y_{\kappa,j} \lambda_{\kappa,j} \delta(x - x_\kappa) \tag{6.4.127}$$

对于非简并集，在符号一致性假设下，有 $\forall x \in \mathscr{X}_i : (1 - y_{i,j} f_j(x))_+ = 1 - y_{i,j} f_j(x)$。因此得到

$$\omega_{i,j}(x) = -\frac{[x \in \mathscr{X}_i]}{\text{vol}(\mathscr{X}_i)} \frac{\partial}{\partial f_j}(1 - y_{i,j} f_j(x))_+ = y_{i,j} \lambda_{i,j} \frac{[x \in \mathscr{X}_i]}{\text{vol}(\mathscr{X}_i)} \tag{6.4.128}$$

令 $\mathbb{1}_{\mathscr{X}_i}$ 为 $\mathscr{X}_i$ 的特征函数，即 $\mathbb{1}_{\mathscr{X}_i}(x) = [x \in \mathscr{X}_i]$。如果定义

$$\beta(x, \mathscr{X}_i) := \frac{1}{\text{vol}(\mathscr{X}_i)} (g * \mathbb{1}_{\mathscr{X}_i})(x) \tag{6.4.129}$$

为与对 $(x, \mathscr{X}_i)$ 关联的集合内核(set kernel)，最终得到了表征形式

$$f_j^\star(x) = \sum_{\kappa \in \mathscr{S}_d} y_{\kappa,j} \lambda_{\kappa,j} g(x - x_\kappa) + \sum_{i \in \mathscr{S}_o} y_{i,j} \lambda_{i,j} \beta(x, \mathscr{X}_i) \tag{6.4.130}$$

其中 $\mathscr{S}_d$ 和 $\mathscr{S}_o$ 表示约束的支持集。

为了了解公式(6.4.130)中出现的表示类别，考虑 $\mathscr{X} = \mathbb{R}$ 并限制于以区间 $[a..b] \subset \mathbb{R}$ 为特征的单个命题约束的情形，一个特定函数给定目标 $+1$。当使用高斯正则化算子时(见4.4节的练习4)

$$L = \sum_{k=0}^{\infty} (-1)^k \frac{\sigma^{2k}}{2^k k!} \nabla^{2k} \tag{6.4.131}$$

约束 $[x \in [a..b]](f(x) - 1) = 0$ 的反力为

$$g * \mathbb{1}_{[a..b]}(x) = \text{erf}\left(\frac{x-a}{\sigma}\right) - \text{erf}\left(\frac{x-b}{\sigma}\right) \tag{6.4.132}$$

在图 6.7 中表示。

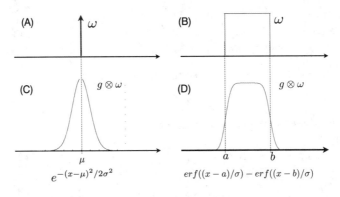

图 6.7 当选择产生高斯核的正则化算子时，约束反力(A)对应于经典监督对，(B)对应于软约束 $\forall x \in [a, b] : f(x) = 1$(框体约束)。在(C)和(D)中，可以分别看到普通内核和框体内核的出现。伪差分正则化算子生成一个新的基于内核的解并规定其形式(框体内核)

公式(6.4.130)给出的函数表示允许我们在有限维中处理问题。可以将 4.4 节中导致了维度崩溃的关于监督学习的内容与之相提并论。当将公式(6.4.130)表示的解插入误差函数时,主要需要理解正则化项$\langle Pf, Pf \rangle$的约简。可以发现需要计算三项$\langle Pg(\cdot - x_h), Pg(\cdot - x_\kappa) \rangle$、$\langle Pg(\cdot - x_\kappa), P\beta(\cdot, \mathscr{X}_i) \rangle$和$\langle P\beta(\cdot - \mathscr{X}_i), P\beta(\cdot, \mathscr{X}_j) \rangle$。现在已有

$$\langle Pg(\cdot - x_h), Pg(\cdot - x_\kappa) \rangle = G(h, \kappa) \qquad (6.4.133)$$

这样有

$$\langle Pg(\cdot - x_\kappa), P\beta(\cdot, \mathscr{X}_i) \rangle = \langle g(\cdot - x_\kappa), P^\star P\beta(\cdot, \mathscr{X}_i) \rangle = \langle g(\cdot - x_\kappa), Lg(\cdot) * \mathbb{1}_{\mathscr{X}_i}(\cdot) \rangle$$
$$= \langle g(\cdot - x_\kappa), \delta(\cdot) * \mathbb{1}_{\mathscr{X}_i}(\cdot) \rangle = \langle g(\cdot - x_\kappa), \mathbb{1}_{\mathscr{X}_i} \rangle$$
$$= \beta(x_\kappa, \mathscr{X}_i) \qquad (6.4.134)$$

注意,可以通过替换$\mathbb{1}_{\mathscr{X}_i} \rightsquigarrow \delta(\cdot - x_i)$来处理$\mathscr{X}_i$到单点$x_i$的简化,这将恢复公式(6.4.133)。对于第三项有

$$k(\mathscr{X}_i, \mathscr{X}_j) := \langle P\beta(\cdot, \mathscr{X}_i), P\beta(\cdot, \mathscr{X}_j) \rangle = \langle L\beta(\cdot, \mathscr{X}_i), \beta(\cdot, \mathscr{X}_j) \rangle$$
$$= \langle \mathbb{1}_{\mathscr{X}_i}, \beta(\cdot, \mathscr{X}_j) \rangle = \langle \mathbb{1}_{\mathscr{X}_i}, g * \mathbb{1}_{\mathscr{X}_j} \rangle \qquad (6.4.135)$$

注意,$\mathscr{X}_i$和$\mathscr{X}_j$到单点x_i和x_j的简化可以通过替换$\mathbb{1}_{\mathscr{X}_i} \rightsquigarrow \delta(\cdot - x_i)$和$\mathbb{1}_{\mathscr{X}_j} \rightsquigarrow \delta(\cdot - x_j)$来处理,其恢复了公式(6.4.133)。如果两组中只有一组简化到某一点,那么就恢复公式(6.4.134),可以证明 k 是对称且非负的(见练习 4)。此外,当使用公式(6.4.133)、(6.4.134)和(6.4.135)时,可以很容易地得出结论,整体指数(6.4.125)可以转换为有限维二次函数(见练习 5 了解细节)。这实际上是公式(6.4.130)给出的基于内核表示的结果,使我们能够使用所有的数学及算法中的核方法机制。

函数表示(6.4.130)来自假设概率分布由公式(6.4.124)给出。这种假设只是监督学习中通常遵循的思想的延伸:数据根据监督训练集来统计分布。当数据集相当大时,表现相当不错,但在许多实际问题中,我们只有少量标签可用,监督训练集分布并不能代表概率分布的良好近似!虽然用命题规则丰富了传统的监督集,但是公式(6.4.124)规定的基本概率分布仅对多区间分布做出了应该统一的某种随意的假设。显然,这对于小集合$\mathscr{X}_i$来说是相当不错的,但是我们仍然偏向于附加某种监督的数据,从而忽略无监督数据分布。如果我们决定用监督数据和命题规则来解决学习问题而不对 p 做任何假设,怎么办?最具挑战性的方法可能是将学习重新定义为优化问题,将额外的未知 p 作为函数空间的一个元素。为了简约表示,可以做出假设

$$p(x) = \sum_{\kappa=1}^{\bar{\ell}} \pi_\kappa g(x - x_\kappa) \qquad (6.4.136)$$

其中格林函数的扩展超过了所有收集的(监督的和无监督的)数据,并且系数 π_κ 应该是未知的。概率归一化要求施加

$$\sum_{\kappa=1}^{\bar{\ell}} \pi_\kappa = \gamma^{-1} \qquad (6.4.137)$$

其中$\gamma := \int_{\mathscr{X}} g(x - x_\kappa)$。与前一种情况不同,我们不需要区分约束反力的表达式,简单地说就是

$$\omega_{\kappa,j}(x) = \frac{y_{\kappa,j}}{\mu} \sum_{h=1}^{\bar{\ell}} \pi_h g(x - x_h) \qquad (6.4.138)$$

顺便注意 $y_{\kappa,j}$ 是通过对 $(x_\kappa, y_{\kappa,j})$ 直接给出监督点的。在多区间建模的命题规则的情况下，给定 x_κ 作为训练集的 $\bar{\ell}$ 个示例之一，可以简单地通过检查它是否满足给定命题的线或来确定其类别。如果考虑公式(6.4.137)的归一化条件，那么最优解可以表示为

$$\begin{aligned} f_j^\star(x) &= \sum_{\kappa=1}^{\bar{\ell}} g(\cdot) * \omega_{\kappa,j}(\cdot) = \frac{1}{\mu}\sum_{\kappa=1}^{\bar{\ell}} y_{\kappa,j}\Big(\sum_{h=1}^{\bar{\ell}} \pi_h\Big) g(\cdot) * g(\cdot - x_h) \\ &= \sum_{\kappa=1}^{\bar{\ell}} \frac{y_{\kappa,j}}{\mu\gamma} \bar{g}(x - x_h) = \sum_{\kappa=1}^{\bar{\ell}} \lambda_{\kappa,j} \bar{g}(x - x_h) \end{aligned} \quad (6.4.139)$$

其中 $\lambda_{\kappa j} := \frac{y_{\kappa,j}}{\mu\gamma}$ 且 $\bar{g}(\cdot) := g(\cdot) * g(\cdot - x_h)(x) = \int_{\mathscr{X}} g(x-u)g(u-x_h)\mathrm{d}u$，因此我们回到内核扩展，可以再次使用数学和算法内核机制来解决问题。

6.4.3 线性约束的监督学习

现在考虑另一个例子，其中我们可以给出约束反力的有效表达式以减少对核方法框架的学习。考虑表 6.1(vi) 和 (vii) 中提到的双边线性硬约束的情况。结构差异在于，在第一种情况下，约束作用于学习参数的有限维空间，而在第二种情况下，它们应用于函数空间。练习9展示了有限维度的情况下的解，而在这里我们使用更一般的公式。像之前一样，假设感知空间是 $\mathscr{X} = \mathbb{R}^d$ 并且 $\forall i \in \mathbb{N}_m, \forall x \in \mathscr{X}: \psi_i(f(x)) := a_i' f(x) - b_i = 0$，其中给定 $a_i \in \mathbb{R}^n$ 和 $b_i \in \mathbb{R}$。基本上，这些是完整的双边约束，可以以紧凑的形式重写为 $Af(x) = b$，其中 $b \in \mathbb{R}^m$ 且 a_i' 是给定约束矩阵 $A \in \mathbb{R}^{m,n}$ 的第 i 行。下文中假设 $n > m$ 且 rank $A = m$。我们讨论表示为

$$P := \left[\sqrt{\rho_0} D_0, \sqrt{\rho_1} D_1, \cdots, \sqrt{\rho_\kappa} D_\kappa, \cdots, \sqrt{\rho_k} D_k\right]' \quad (6.4.140)$$

的所谓的旋转对称微分算子 P 的解。这些算子通过 $L = (P^\star)' P$ 对应于 $L = \sum_{\kappa=0}^{k}(-1)^\kappa \rho_\kappa \nabla^{2\kappa}$，其为可逆运算符(见练习10)。

首先解决 $\rho_0 \neq 0$ 情况，我们通过反例表明，作为欧拉-拉格朗日方程的解不是解决硬约束学习的相关问题的充分条件，即使在此情况下问题是凸的。可以很快发现欧拉-拉格朗日方程(6.1.42)满足常数函数 $\bar{f}$，有 $L\bar{f} = \sum_{\kappa=0}^{k}(-1)^\kappa \rho_\kappa \nabla^{2\kappa}\bar{f} = \rho_0 \bar{f}$ 且 $\nabla_f \phi_i(\bar{f}) = a_i$。因此得到 $\rho_0 \bar{f} + A'\lambda = 0$，其中拉格朗日乘数在常数向量 $\lambda \in \mathbb{R}^m$ 中被收集。现在，上述代数方程的所有常数解 $\bar{f}$ 也是 $\rho_0 A\bar{f} + AA'\lambda = 0$ 的解，因此 $\rho_0 b + AA'\lambda = 0$。令 $\det[AA'] \neq 0$，由假设 $n > m$ 和 rank $A = m$ 暗示。可通过

$$\lambda = -\rho_0(AA')^{-1}b \quad (6.4.141)$$

确定拉格朗日乘数的向量。因此，通过 λ_i 表示向量 λ 的第 i 个分量，第 i 个约束的反力为 $\omega_i = -a_i\lambda_i$，反过来产生

$$\omega_i = \rho_0 a_i((AA')^{-1}b)_i \quad (6.4.142)$$

因此，回想约束的总体反力是 $\omega = \sum_{i=1}^{m}\omega_i$，解给定为

$$\bar{f} = g * \omega = \rho_0 A'(AA')^{-1}b \int_{\mathscr{X}} g(\zeta)\mathrm{d}\zeta \quad (6.4.143)$$

由于 $Lg=\delta$，得到 $\sum_{\kappa=0}^{k}(-1)^{\kappa}\rho_{\kappa}\nabla^{2\kappa}g=\delta$。当使用 g 的傅里叶变换 $\hat{g}(\xi)$ 时，得到 $\rho_0\hat{g}(\xi)+\sum_{\kappa=1}^{k}\rho_{\kappa}|\xi|^{2\kappa}\hat{g}(\xi)=1$。对于 $\xi=0$ 得到 $\rho_0\hat{g}(0)=\rho_0\int_{\mathcal{X}}g(\zeta)\mathrm{d}\zeta=1$。最终，

$$\bar{f}=A'[AA']^{-1}b \tag{6.4.144}$$

现在检查刚刚解决的相关的欧拉-拉格朗日方程上面找到的函数 $\bar{f}$ 不是从硬约束学习问题的解。首先，因为它是常数，$\bar{f}$ 的每个非零分量 $\bar{f}_j$ 不属于索伯列夫空间 $W^{k,2}(\mathbb{R}^d)$，所以 $\bar{f}$ 不属于环境空间 $\mathcal{F}$。初看这可以被当作一个小问题，因为人们仍然可以用不同的方式替换环境空间，同样形式的欧拉-拉格朗日方程仍然存在。真正的问题是，对于获得的 $\bar{f}$，目标函数假设的值 $E(\bar{f})=\|\bar{f}\|^2$ 甚至不是有限的。然而，解 (6.4.144) 具有一个具体的含义，如果将给定的问题与用函数 b 替换常量 b 的问题相关联，使得对 $\|x\|<R$，$b(x)=b$ 且 $\lim_{\|x\|\to\infty}f(x)=0$，其中 $R>0$。当然，这是一个密切相关的问题，因为可以迅速发现这个新问题承认解 $\bar{f}(x)=A'(AA')^{-1}b(x)$，这与公式 (6.4.144) 内的球体 $\|x\|<R$ 相同。与原始问题不同，只要 $\bar{f}\in W^{k,2}(\mathbb{R}^d)$，总是可以选择衰减函数 b。

现在考虑 $\rho_0=0$ 的情况。在这种情况下，可以很容易地验证 $\bar{f}=A'[AA']^{-1}b$ 再次解决具有常数 $\lambda=0$ 的相关欧拉-拉格朗日方程。虽然这样的 $\bar{f}$ 不属于 $\mathcal{F}$（因此它不是在 $\mathcal{F}$ 上设置的硬约束学习的原始问题的最优解），但它的组件 $\bar{f}_j$ 属于广义索伯列夫空间 $\mathcal{H}_P(\mathbb{R}^d)$，即函数集合 $f_j:\mathbb{R}^d\to\mathbb{R}$，其中 $\|f_j\|_P^2$ 为有限的。最后，由于对于任何允许的 f 有 $\varepsilon(f)=\|f\|^2\geq 0$ 且 $E(\bar{f})=\|\bar{f}\|^2=0$，可以得出后验，即在

$$\bar{\mathcal{F}}=\underbrace{\mathcal{H}_P(\mathbb{R}^d)\times\cdots\times\mathcal{H}_P(\mathbb{R}^d)}_{n\text{次}} \tag{6.4.145}$$

上时，$\bar{f}$ 确实是上述硬约束学习问题的最优解 f^*。

相关案例是将先前讨论的线性约束的泛化与监督示例的经典学习相结合的情况。假设 ρ_0，$\rho_k>0$，得到学习集

$$\{(x_{\kappa},y_{\kappa}),x_{\kappa}\in\mathbb{R}^d,y_{\kappa}\in\mathbb{R}^n,\kappa\in\mathbb{N}_{m_d}\}$$

和线性约束 $Af(x)=b(x)$，其中 $b\in\mathcal{C}_0^{2k}(\mathcal{X},\mathbb{R}^m)$ 是具有紧支集的平滑向量值函数。这种约束仍然在硬性意义上，而给定的监督对产生二次损失表示的软约束，这在实践中是合理的。例如，在表 6.1(vii) 的任务中，虽然可以从监督示例中软处理学习单个资产函数，但是对资产的约束（如可用的总资金）必须是在硬性意义上的。

由于这是混合硬约束和软约束的问题，我们寻找欧拉-拉格朗日方程

$$L\bar{f}(x)+A'\lambda(x)+\frac{1}{m_d}\sum_{\kappa=1}^{m_d}(\bar{f}(x)-y_{\kappa})\delta(x-x_{\kappa})=0 \tag{6.4.146}$$

的解 $\bar{f}$，确定拉格朗日乘数 λ 的向量，开始注意到

$$ALf=A\sum_{\kappa=0}^{k}(-1)^{\kappa}\rho_{\kappa}\nabla^{2\kappa}f=\sum_{\kappa=0}^{k}(-1)^{\kappa}\rho_{\kappa}A\nabla^{2\kappa}f=\sum_{\kappa=0}^{k}(-1)^{\kappa}\rho_{\kappa}\nabla^{2\kappa}Af$$

$$=\sum_{\kappa=0}^{k}(-1)^{\kappa}\rho_{\kappa}\nabla^{2\kappa}b=Lb$$

其中 $Lb\in\mathcal{C}_0^0(\mathcal{X},\mathbb{R}^m)$ 有紧支集。因此得到

$$Lb(x) + A\left(A'\lambda(x) + \frac{1}{m_d}\sum_{\kappa=1}^{m_d}(\overline{f}(x) - y_\kappa)\delta(x - x_\kappa)\right) = 0$$

从中我们发现拉格朗日乘数分布 λ 给定为

$$\lambda(x) = -(AA')^{-1}\left(\gamma Lb(x) + \frac{1}{m_d}\sum_{\kappa=1}^{m_d}A(\overline{f}(x) - y_\kappa)\delta(x - x_\kappa)\right) \quad (6.4.147)$$

现在，如果将 λ 的表达式插入拉格朗日方程(6.4.146)，得到

$$\gamma L\overline{f}(x) = c(x) + \frac{1}{m_d}\sum_{\kappa \in \mathbb{N}_{m_d}}Q(y_\kappa - \overline{f}(x))\delta(x - x_\kappa)$$

其中 $c(x) := \gamma A'(AA')^{-1}Lb(x)$ 且 $Q := I_n - A'[AA']^{-1}A$。令 $\alpha_\kappa^{(ql)} := \frac{1}{m_d}\frac{y_\kappa - \overline{f}(x_\kappa)}{\gamma}$，通过反转运算符 L，得到

$$\overline{f}(x) = \frac{\int_{\mathcal{X}}g(\zeta)c(x-\zeta)\mathrm{d}\zeta}{\gamma} + \sum_{\kappa=1}^{m_d}Q\alpha_\kappa^{(ql)}g(x - x_\kappa) \quad (6.4.148)$$

6.4.4 扩散约束下的学习

现在开始探索基于扩散的学习和推理方案。显然，这看起来像其他约束一样，有人可能会得出结论，这里没有什么新的东西。但是，正如6.3节中所述，信息的特殊均匀传播体现了具体的分析。此外，扩散机将隐藏的状态变量引入约束的参数中，这非常重要。隐藏变量的存在在关系建模方面丰富了约束机。有人指出确实可以在不涉及状态变量的情况下建立关系，但实际上扩散产生了不同类型的关系。仔细研究隐藏状态变量的约束会使我们得出结论，存在一个潜在的扩散过程。注意，它只是附加到输出函数的语义，使得表达特定知识域成为可能。尽管人们可能会发现异常，但是当涉及隐藏变量时，约束不能建立在没有语义标记的信息上，因此在这种情况下，它们会变得同质！因此，扩散似乎是缺乏具体知识的结果。与大多数讨论的基于语义的约束不同，它们根据其特定含义传播信息，扩散机执行均匀传播。

我们开始讨论由有向非循环图建模的图环境的情况，它大大简化了信息流。事实上，许多任务都是以这种流程为特征的。序列的情况是最简单的，但它可以被认为是整个DAG类的良好代表，一个有趣的案例是需要对整个序列进行分类。这里的监督学习是发生在监督序列的集合

$$\{(\langle x_\kappa \rangle, y_\kappa), \kappa = 1, \cdots, \ell\}$$

中，其中长度为 t_κ 的通用序列 $\langle x_\kappa \rangle$ 被给予监督 y_κ。问题的具体位置确实需要指定计算风格。存在两种不同的方案：首先，机器的响应在 t_κ 处取最后一个元素 x_{t_κ}。其次，等待机器稳定在稳定状态，并通过处理状态值来获取输出。当然，只要循环网络表现出稳定的行为，这种释放动态系统就是有意义的。虽然原则上可以考虑在序列结束后的给定数量步骤之后的响应(由 t_κ 标记)，但很明显这样的响应是脆弱的并且大部分是无意义的。类似的任务可能涉及预测，然而这种预测通常以不同的方式制定。不需要等待序列的结束，决策可以在线进行，这是一种对于分类而言明显有趣的计算风格。始终可以连接给定的序列集以便创建一个单序列。这样处理，训练集变为

$$\{(\langle x_{\kappa,v(\kappa)} \rangle, \langle y_{\triangleright(v(\kappa),\phi_o)} \rangle), \kappa = 1, \cdots, \ell\} \quad (6.4.149)$$

索引 $\kappa=1,\cdots,\ell$ 表示第 κ 个序列，而 $v(\kappa)$ 是与序列通用原子相关的索引——实际上是整个环境图的顶点。这里只要 $\triangleright(v(\kappa),\psi_o)=\top$，约束 ψ_o 对 $v(\kappa)$ 有效。依赖于 ℓ 个序列彼此独立的基本假设，因此我们假设在重置状态时开始计算。对于任意 $\kappa=1,\cdots,\ell$，假设对于序列最后的顶点 $v_o(\kappa)$ 有 $z_{v_o(\kappa)}=z_o$。使用扩散模型学习需要满足公式(6.3.96)所表达的约束，附加说明，我们可能会忽略在某些顶点上对 h 的约束应用。一般来说，在 DOAG $\mathcal{G}=\{\mathcal{V},\mathcal{A}\}$ 的情况下，可以把在扩散机中的学习看作发现函数 s 和 h 的问题，使得

$$\binom{s}{h}=\arg\min_{s,h}\frac{1}{2}\big(\mu_s\langle P_s s,P_h s\rangle+\mu_h\langle Ph,Ph\rangle+\sum_{v\in\mathcal{V}_{\psi_o}}\psi_o(h(z_v,x_v))\big)$$

$$[\forall v\in\mathcal{V}_o](z_v-z_o=0)+[\forall v\in\mathcal{V}\setminus\mathcal{V}_o](z_v-s(z_{\mathrm{ch}(v)},x_v)=0)$$

这里通过使用基于正则化算子 P_s 和 P_h 的简约索引将问题表达为简约约束。隐藏状态函数 s 实际上被约束为服从扩散模型，而输出函数 h 必须满足由 ψ_o 表示的约束。这个公式假设强执行 $z_v=s(z_{\mathrm{ch}(v)},x_v)$，而输出函数 $\psi_o(h(z_v,x_v))$ 的约束只是软执行的。这是一个非常自然的假设，可以被视为对过渡函数 s 表示的图模型的强置信，练习 14 提出了释放此约束。值得一提的是 $[\triangleright(v,\psi_o)]$ 可以极大地改变学习问题的本质。基本上，$[\triangleright(v,\psi_o)]$ 定义约束有效的集合 $\mathcal{V}_{\psi_o}=\{v\in\mathcal{V}\mid[\triangleright(v,\psi_o)]\}$。很明显，如果仅在几个顶点上施加 ψ_o，隐藏变量就变得更加重要，因此学习受到其状态转移函数 s 的强烈影响。另一方面，在极端情况下，当所有顶点都接收约束 ψ_o 时，状态变量的作用变得不那么重要。另一个注意事项是关于状态转移函数 s 的，它被强制设置为 $\mathcal{V}_o$ 中的复位状态。与序列一样，当创建由 $\mathcal{V}_o$ 中的顶点分隔的不同图集合时，这些顶点的存在可能是有用的。例如，1.1 节中描述的关于定量结构活动关系的学习任务需要构建由一组图组成的训练集。在其他情况下，集合 $\mathcal{V}_o$ 被简化为用于填充丢失子节点的环境图 $\mathcal{G}$ 的芽集。

当处理有向有序图时，学习算法可以与前馈神经网络并行，因为仍然处于数据流计算方案。6.3.3 节的分析表明实际上可以进行结构展开(structure unfolding)，从而将学习算法简化为反向传播。由于它来自环境图形结构的展开，在这种情况下，该算法被称为基于结构的反向传播(BackPropagation Through Structure，BPTS)。图 6.6 所示的编译过程清楚地表明我们只是在 S2 神经网络上使用反向传播。在列表的情况下，由于存在时间基础，梯度计算算法被称为基于时间的反向传播(BackPropagation Through Time，BPTT)。该算法在网络权重更新过程中保持反向传播中继承的空间局部性(spatial locality)的强大属性。基本上，当学习权重 $w_{i,j}$ 时，仅使用权重本地的信息进行更新。然而，对于以长列表组织数据的情况，虽然空间局部性仍然是重要的计算要求，但是人们可能决定通过优先考虑时间局部性(temporal locality)而忽略它。长列表的问题在于相关的时间展开网络变成了非常深的网络。在极端情况下，如果需要真正的在线处理，就无法存储几乎无限的网络！缺乏时间局部性表明了这种方法的局限性。很明显，这不是仅限于序列的情况。当涉及图时，与时间局部性相关的关键问题出现在网络环境中定义的环境任务中，该环境任务可被认为是无限结构，例如 Web 的情况。

现在看看梯度计算的另一种算法，在序列的情况下，它具有时间局部性。对于一般图，我们将发现这变成顶点局部性属性(vertex locality property)，并且仍可应用相同的算法思想。为了简单起见，假设正在处理一个以

$$z_{t+1,i}=\sigma\big(\sum_{j\in\mathrm{pa}(i)}w_{i,j}z_{t,j}\big) \qquad (6.4.150)$$

为特征的循环神经网络,其中 $i \in \mathcal{H} \cup \mathcal{O}$ 且 $j \in \mathcal{J} \cup \mathcal{H} \cup \mathcal{O}$,$\mathcal{J}$、$\mathcal{H}$、$\mathcal{O}$ 分别表示输入集、隐藏层和输出单元。这实际上是一种表达约束 $z_v = s(z_{ch(v)}, x_v)$ 的方式。注意到,我们需要设置 $t = -v$ 并将聚合函数简单地视为状态 $z_{ch(v)} = z_t$ 和输入 $x_v = x_t$ 的组合。注意,公式(6.4.150)实际上是表达状态 z 的坐标的具体方式且 pa(i) 上的和是网络体系结构上的经典前向步骤。当提到上述一般学习公式时,简单地得到 $h = \mathrm{id}$。假设在原始空间中工作并且由微分算子表示的正则化项简单地用二次表达式替换,因此梯度产生经典的权重衰减。通过梯度下降发现最小值确实需要关注

$$\frac{\partial}{\partial w_{j,k}} \sum_{t \in \mathcal{T}_{\psi_o}} \psi_o(z_t(w), x_t) = \sum_{t \in \mathcal{T}_{\psi_o}} \sum_{i \in \mathcal{O}} \frac{\partial \psi_o(z(w), x_t)}{\partial z_{t,i}} \frac{\partial z_{t,i}(w)}{\partial w_{j,k}} \quad (6.4.151)$$

其中 $\mathcal{T}_{\psi_o} = \mathcal{V}_{\psi_o}$ 是约束 ψ_o 适用的时间索引集。上述分解可以用作梯度计算的基本步骤。基本上,第一项总可以通过前向步骤来确定,对于第二项,可以利用依赖于 $\zeta_{t,i,j,k} := \frac{\partial z_{t,i}(w)}{\partial w_{j,k}}$ 定义的递归方案。这个张量需要在 $\forall i \in \mathcal{O}, j, k \in \mathcal{J} \cup \mathcal{H} \cup \mathcal{O}$ 下被确定。根据公式(6.4.150)得到

$$\zeta_{t+1,i,j,k} = \sigma'\left(\sum_{p \in \mathrm{pa}(i)} w_{i,p} z_{t,p}\right) \sum_{p \in \mathrm{pa}(i)} w_{i,p} \zeta_{t,p,j,k} + \delta_{i,j} x_{t,k} \quad (6.4.152)$$

其中和在 $p \in \mathcal{H} \cup \mathcal{O}$ 上被扩展。注意由于输入项 $x_{t,k}$ 而出现与克罗内克函数 $\delta_{i,j}$ 相关联的项,并且先前的时间递归方程由 $z_{0,i,j,k} = 0$ 初始化。基于该算法的梯度计算被称为实时循环学习(Real Time Recurrent Learning,RTRL)。这与 BPTT 有明显差异,RTRL 不是空间上局部的,而是时间上局部的。最后一个属性使其适用于真正的在线计算,但很明显,许多情况下缺乏空间局部性会导致复杂的计算方案(见练习 15)。总之,梯度计算学习算法 BPTT 和 RTRL 在某种程度上是互补的:一个在空间上是局部的,另一个在时间上是局部的。有趣的是,当对扩散约束进行限制时,可以获得空间和时间局部性。特别是当循环连接局限于神经自循环时(见练习 19),就会出现这种情况。根据公式(6.4.151)和(6.4.152)驱动梯度计算的想法不只适用于序列,因为它可以自然地扩展到 DOAG(见练习 17),其中时间局部性的概念被转换为顶点局部性(vertex locality)。

当放弃环境图的 DOAG 结构时,事情变得更加复杂。如果失去了子节点上的排序关系,那么环境图被简化为 DAG,则函数 s 被限制为对称函数,其与 ch(v) 的任何排列无关。然而,DOAG 讨论的算法结构没有任何变化,唯一的区别是我们必须保持涉及对称函数的一致性。施加这种一致性的最简单的例子是,在公式(6.4.150)中,对与子项相关的矩阵权重施加等式约束。当放弃 DAG 结构时就进入另一个计算世界!循环列表的情况是不适合所描述的学习算法的循环结构的最简单示例的。循环列表上的处理对应于 5.1.3 节中描述的基于松弛的体系结构。我们不能依赖上述算法框架的原因是,由于丢失 DAG 属性而出现循环结构,我们可能会多次访问相同的顶点!因此,设置对顶点的监督需要指定它们已被访问过的次数。这似乎与有意义的计算过程不对应,除非我们等待最终放松到平衡点。6.3.1 节中描述的编译方案仍然有效,但是将通用循环图 $\mathcal{G}$ 与前馈网络 $\mathcal{N}$ 组合的结果产生了继承循环连接的图神经网络 $\mathcal{G} \bowtie \mathcal{N}$。在循环连接的情况下,学习如何改变?为了掌握主要思想,回到 5.1.3 节中讨论的循环连接的循环网络,它处理单个输入——就像一个普通的前馈网络一样。如果动态变化最终收敛,那么仍可以使用反向传播算法。只需要考虑,梯度的计算需要在松弛结束时达到平衡点的神经元输出值。有关此问题的更多细

节，请参考 6.6 节，包括图情况的讨论。

基于已描述的模型的循环神经网络上的大规模实验——特别是对于序列——早已导致确定了，它们在需要捕获长期符号依赖性的学习任务方面不是非常有效。可以深入了解这种限制的原因，通过仅考虑一个神经元的简单示例：

$$z_{t+1} = \sigma(w z_t + u x_t) \tag{6.4.153}$$

为了简化，假设 $\sigma = \tanh$，然后分析 $x_t = 0$ 的情况，可以很快发现有两种不同的动态表现。首先，如果 $w > \sigma'(0) = 1$，则 $\lim\limits_{t \to \infty} z_t = 0$，而如果 $w < \sigma'(0) = 1$，则存在两个对称稳定点 z^* 和 $-z^*$（见练习 21）。如果使用循环网络来识别仅在最后监督的序列，则实际上存在梯度消失的严重问题。注意到 BPTT 的应用产生 $\delta_t = w\sigma'(a_t)\delta_{t+1}$ 时，立即出现这种情况。对于足够大的 t，有 $z_t \simeq z^*$ 且 $w\sigma'(a^*) \leqslant 1$，其中 $w\sigma'(a^*) = 1$ 仅在函数 $z(a) = a/w$ 和 $z(a) = \sigma(a)$，该线与 sigmoid 曲线相切的图中满足。当然，情况 $w\sigma'(a) < 1$ 使我们得出结论，当远离监督时 δ_t 消失，监督将相同的属性传递到梯度！$w\sigma'(a) = 1$ 的情况导致边际稳定性。当输入 $x_t \neq 0$ 时，可以很快发现没有鲁棒信息闭锁，因为任何小的噪声都可以导致切换到平衡 $z^* = 0$。因此，每当想要锁存信息时，必须严格意义上满足条件 $w\sigma'(a) \leqslant 1$。因此，循环网络注定要经历梯度消失，无法捕获长期依赖性，其他细节在练习 22 中给出。可以证明，这种限制并不局限于这个简单的例子，而是实际上与所选映射 s 所表示的有限计算能力有关。在每一层，具有 sigmoid 单元的循环网络中的时间展开过程导致误差 δ 的减小，这导致指数衰减。问题的核心在于由公式 (6.4.153) 定义的映射的有限计算能力，这种限制仍然适用于向量变量——更多神经元来表示状态。我们怎样才能绕过这个问题呢？由于 δ_t 的这种缩小表现是由于 s 的表达能力有限，我们就需要引入更复杂的状态转换函数。

状态转换函数 s 的额外复杂性被认为维持了必须由序列中特定事件存在引发的 δ_t 的增大/缩小表现。长短期记忆 (LSTM) 循环网络代表了一个用于构建具有所需增大/缩小属性的状态转换的成功例子，其他细节见 6.6 节。有趣的是，练习 23 提出了 LSTM 的潜在替代方案。

练习

1. [**M26**] 以下分析已在文献 [357] 中进行。令 $\mathcal{G} = \{\mathcal{V}, \mathcal{A}\}$ 表示带权图，所以对于任意 $e = (u, v) \in \mathcal{A}$ 存在映射 $\omega: \mathcal{V}^2 \to \mathbb{R}^+: \{u, v\} \to \omega_{u,v}$。定义

$$\left.\frac{\partial q}{\partial e}\right|_u := \sqrt{\frac{\omega_{u,v}}{d_u}} q_u - \sqrt{\frac{\omega_{u,v}}{d_v}} q_v$$

其中 $d_v = \sum\limits_{u \sim v} \omega_{u,v}$。$q$ 的局部变化 (local variation) 和图的拉普拉斯算子定义为

$$\|\nabla_q\| := \sqrt{\sum_{e \vdash v}\left(\left.\frac{\partial q}{\partial e}\right|_v\right)^2}, \quad (\Delta q)(v) := \frac{1}{2} \sum_{e \vdash v} \frac{1}{\sqrt{d}} \left(\left.\frac{\partial}{\partial e} \sqrt{d} \frac{\partial q}{\partial e}\right)\right|_v$$

且最终，

$$R_d(q) = \sum_{v \in \mathcal{V}} \|\nabla_q\|^2$$

证明

$$\left.\frac{\partial R_d(q)}{\partial q}\right|_v = (\Delta q)(v)$$

2. [**M26**] 证明公式 (6.4.122) 的解包括图扩散过程并确定简化为随机游走的条件。

3. [M28] 将练习 2 的解扩展到 DAG 上。
4. [22] 证明公式(6.4.135)定义的 k 是对称且非负定的。
5. [18] 证明函数(6.4.125)可以转换为有限维二次形式。
6. [HM47] 关于点和多区间上的监督学习的情况下 f 表示的公式(6.4.130)的推导基于符号一致性假设(6.4.126)。该分析基于文献[240]中发表的论文,该论文也利用了这一假设。我们可以去除这个假设吗?
7. [28] 重现文献[240](图 5)中人工数据集的实验结果。
8. [HM50] 重新将 6.4 节中提到的示例和命题规则下的学习表示为优化问题,其中附加的未知数 p 应该是函数空间的一个元素。表示概率归一化约束的反力并写出 p 的微分方程。该问题是适定问题吗?如果我们在 p 上监督怎么办?
9. [28] 给定向量线性机 $f: \mathscr{X} \to \mathscr{Y}: x \to Wx$,其中 $W \in \mathbb{R}^{d,n}$ 且由 $\forall x \in \mathscr{X}: Af(x) = b$ 定义的双边完整线性约束集,其中 $A \in \mathbb{R}^{n,m}$ 且 $b \in \mathbb{R}^m$,假设在包括最小化目标函数 $P(W) = \|W\|^2$ 的简约标准下,在软约束和硬约束的情况下用公式表示学习。如果还给定一系列监督样例怎么办?
10. [25] 假设 P 由公式(6.4.140)给出,证明微分算子 $L = \sum_{\kappa=0}^{k}(-1)^\kappa \rho_\kappa \nabla^{2\kappa}$ 是可逆的。
11. [23] 考虑含概率归一化约束 $\forall x \in \mathscr{X}: \sum_{j=1}^{n} f_j(x) = 1$ 的示例下的监督学习问题。在由微分算子 P 定义的简约索引的情况下找到最优解。
12. [HM45] 用完整双边二次约束和监督对解决学习问题。
13. [HM50] 在硬约束的情况下,拉格朗日乘数是感知空间中的函数。基于附录 C 中的定理 2 的证明,提出了一种求解拉格朗日乘数和约束反力的算法。
    (提示)使用循环方案将乘数初始化为常量,然后使用公式(C.4.17)确定一种更新方式。
14. [HM47] 当放松对隐藏状态变量 $x_v = s(x_{ch(v)}, x_v)$ 的约束(软约束公式)时,讨论在 DAG 图环境下学习的解。
15. [18] 分析 BPTT 和 RTRL 算法(空间和时间)的计算复杂性。举一个更可取的 BPTT 例子,再举一个相反情况下满足的例子。
16. [20] RTRL 背后的思想也可用于前馈神经网络的学习。相应的算法会比反向传播更有效吗?
17. [27] RTRL 适用于列表。如何将其扩展到图? RTRL 拥有时间局部性,如何将此属性转换到图域?
18. [45] RTRL 公式(6.4.152)可能会爆炸,能找到预防爆炸的条件吗?从技术上看,能找到保证 BIBO(有界输入有界输出)稳定性的条件吗?定性地讨论 $\mathscr{J}_{\psi_0}$ 在稳定性中的作用以及重置状态下 $\mathscr{T}_0 = \mathscr{V}_0$ 集合的作用。
19. [32] 考虑序列的循环神经网络,其中循环被限制为仅包含自循环的隐藏单元的集合 $\mathscr{H}$——只有当 $i \leq j$ 时才接受连接。写下在空间和时间上都是局部的梯度计算的算法。
20. [HM46] 考虑计算的连续设置中的循环网络。将学习公式化为在完整约束
$$E = \int_0^t \sum_\alpha V(z(\tau))\delta(\tau - t_a)\mathrm{d}\tau \qquad (6.4.154)$$
下产生
$$\dot{z}_i(t) = \sigma\Big(\sum_j w_{i,j}(t) z_j(t) + \sum_\kappa u_{i,\kappa}(t) x_\kappa(t)\Big) \qquad (6.4.155)$$
驻点的过程,在变分法框架下导出解 $w_{ij}(t)$。
21. [M23] 考虑公式(6.4.153)定义的循环网络,证明如果 $w \leq \sigma'(0)$,则 $\lim_{t \to \infty} z_t = 0$,而如果 $w > \sigma'(0)$,则存在两个对称稳定点 $z^\star$ 和 $-z^\star$。
22. [M24] 考虑由公式(6.4.153)定义的循环网络。证明其中的陈述,即 $w\sigma'(a) \leq 1$。
23. [HM48] 考虑由给定的循环网络创建的展开网络

$$z_i = \gamma\Big(\sum_j w_{i,j} z_j\Big)$$

其中 $i \in \mathcal{O} \cup \mathcal{H}$ 且 $j \in \mathcal{O} \cup \mathcal{H} \cup \mathcal{I}$。为了解决长期依赖性的问题，假设非提前选定 γ，而是从函数空间获取，通过示例学习。特别地基于练习 5.5-1 和 5.5-2 中介绍的框架公式化制定一种学习算法。

6.5 终身学习代理

到目前为止所遵循的路径使我们将机器学习制定为一个优化问题，其中参数可通过可用的训练集学习。通过使用合适的统计上明显的测试集来评估性能。关于感知机算法的讨论以及将神经网络的批处理模式学习算法转换为在线方案并没有真正解决 1.2.3 节中提出的观点。尽管有许多可观的尝试，但是核方法的函数表示及其有效的数学和算法架构也没有提供用于在线学习的自然方案。4.4.4 节中提出的基于欧拉-拉格朗日微分方程的公式是完全不同的，因为它在特征空间中具有固有的局部性。因此，我们可以考虑直接使用微分方程提供的局部模型，而不是通过基于内核扩展重新排列全局表示来寻找在线方程。虽然初看起来这似乎是推动在线学习方案的正确方法，但问题是欧拉-拉格朗日方程在 $\mathbb{R}^d$ 中定义，也就是说通常在高维空间中。从计算复杂性的角度来看，这是一个非常严重的警告，类似的东西适用于上一节介绍的约束框架中的学习。代理函数表示的给定结果确实很好，因为它公开了代理的"主体"的深层结构。然而，正如在前一节中所指出的，我们仅可以在一些特殊的约束类具体地使用这些函数表述，其中约束反力以这样的方式表示以将函数优化转换为有限维问题(维数崩溃)。公式(6.1.36)、(6.1.37)、(6.1.43)和(6.1.44)的一般形式表示 $f^\star$ 作为约束反力的函数，而约束反力又取决于 $f^\star$。虽然这种循环可以在简单约束中打破，但实际上它在常见任务中是复杂性的标志。考虑硬约束的情况，基本上形成 $\theta(\lambda)$ 的对偶形式的构造不遵循核方法的直接路径，其中关于原始变量的最小化使得可以通过原始变量 w 的适当消除直接表示 $\theta(\lambda)$。一种可能性是在原始空间和对偶空间中使用替代优化步骤，但存在收敛的关键问题。而且，机器学习中目前无可争议的主导思想学派似乎存在一些问题，其偏向于任何涉及特定训练集的概念。首先，它忽略了时间！当然，依赖于训练集概念的每个数学和算法框架原则上都可以在线进行，然而这似乎非常不自然。

在研究约束中学习的公式化观点时，我们仍然主要是在学习框架内，看作给定数据集合上构建的过程。结果由相应的欧拉-拉格朗日公式提供的局部模型也受到这种强烈假设的影响。范式转变确实需要将数据视为时间流，并将学习重新表示为一个完全沉浸在时间中的过程。当我们及时改变观点时，我们也可以轻松地解释 1.2.4 节中提到的少年书呆子的行为，他们离开计算机科学实验室会议以保护自己免受信息超载的影响！时间自然地刺激并驱动注意力的焦点以及与环境的积极互动。就像人类一样，人工代理需要通过包含适当聚焦机制的逐步发展。总体而言，关于可能在机器学习中取得成功的学习和推理过程的良好理论既不需要模仿人类认知也不需要捕捉生物学问题，但可能需要提供有效的计算视角。在接收这一观点时，我们基本上赞同这样一个原则，即不管是人或代理，事实上存在基于信息的法则来管理学习机制。本节中介绍了一种基于最小认知行为(least cognitive action)原理的自然学习理论(natural learning theory)，该原理受到相关机械原理以及用于模拟粒子运动的哈密顿框架的启发，动能和势能的引入使得对学习作为耗散过程的解释非常自然。动能反映了突触连接的时间变化，而势能描述环境约束满足程度的惩罚。

6.5.1 认知行为及时间流动

在人类的最具挑战性和有趣的学习任务中，与机器不同，基础计算过程似乎不能在训练和测试集之间提供一个巧妙的区别。随着时间的推移，人类对新的刺激做出了惊人的反应，同时保持了过去获得的技能，这似乎很难与现今的智能代理达成。这表明我们寻找替代的学习基础，这些基础不一定基于整个代理终身的统计模型。可以将学习视为自然法则的结果，它管理智能代理与自身环境的相互作用，无论其性质如何。我们强化了基本原则，即通过学习来获得认知技能遵循了基于信息的这些与生物学无关的相互作用的法则。

时间的概念在自然法则中无处不在。令人惊讶的是大多数关于机器学习的研究都把时间放在了迭代步骤的相关概念上。一方面，连接是相关的并且显然是合理的，因为它涉及在自然界中也观察到的计算工作。一方面注意，时间是任何人类感知输入的指标。虽然机器学习中的迭代步骤与此想法有些相似，但大多数算法忽略了时间信息流的平滑性。因此，我们通过训练集的输入，然而由于时间关系的丢失，这些输入变成了人工生命的无关图像。这可能是目前在对人类进行视觉理解的挑战性任务中存在性能差距的主要原因之一。

这里讨论如何在其真正连续的性质中表示和结合时间，以便神经突触的权重的演变遵循类似于物理定律的公式。环境相互作用是在学习任务约束的一般框架下建模的，在最简单的监督学习的情况下，给定了时间序列 $\{t_\kappa\}_{\kappa\in\mathbb{N}}$ 上的监督对 $(x(t_\kappa), y_\kappa)$ 的集合 $\mathscr{L}=\{(t_\kappa, x(t_\kappa)), y_\kappa\}_{\kappa\in\mathbb{N}}$，假设这些数据是由前馈神经网络学习的，由函数 $f(\cdot,\cdot): \mathbb{R}^m \times \mathbb{R}^d \to \mathbb{R}^n$ 表征，因此输入 $x(t)$ 被映射到 $y(t)=f(w(t), x(t))$ 上。学习通过在范围 $\mathscr{T}=[0, T]$ 中的代理终身期间改变权重 $w(t)$ 来影响突触，其中 T 可以非常大，所以条件 $T\to\infty$ 可能是合理的。

环境相互作用发生在时间流形上，因此感知输入空间 $\mathscr{X}\in\mathbb{R}^d$ 被映射 $\mathscr{T}\to\mathscr{X}\subset\mathbb{R}^d: t\to x(t)$ "遍历"。以下分析适用于不同类型的约束，包括先前的监督学习的逐点约束，其中每个示例 x_κ 可以与损失 $(V(t, w(t))=f(w(t), x(t))-y_\kappa)^2 \cdot \delta(t-t_\kappa)$ 相关联。例如，通过保持相关势函数(potential function)

$$V(t,w(t)) = \tilde{\psi}(x(t), f(w(t),x(t))) \tag{6.5.156}$$

尽可能低，以施加一般的单边约束 $\check{\psi}$，其中 $\tilde{\psi}=(-\check{\psi})_+$。基本上，势函数是约束的惩罚函数的时间对应物。在观察神经网络时，可以将 $w\in\mathbb{R}^m$ 视为虚拟机系统的拉格朗日坐标(Lagrangian coordinates)，因此系统的势是根据拉格朗日坐标 w 来定义的。从这个角度来看，我们寻找可能导致具有较小势能的配置的轨迹 $w(t)$。遵循力学的二元性，还引入了动能的概念，现在通过考虑连接权重的变化速度来并入速度概念。还可以通过引入连接权重的质量(mass)来将某个粒子的质量 $m_i>0$ 的概念二元化。这样处理使得整个系统由对应于位置(position) $w_i(t)$ 和速度(velocity) $\dot{w}_i$ 的共轭变量表征。然后将动能(kinetic energy)定义为

$$K(\dot{w}) = \frac{1}{2}\sum_{i=1}^m m_i \dot{w}_i^2 \tag{6.5.157}$$

现在考虑受力学激发的拉格朗日算子，被分为势能 V 和动能，动能表示为

$$F_m(t,w,\dot{w}) = \sum_{i=1}^m F(t,w_i,\dot{w}_i) = \sum_{i=1}^m K(t,\dot{w}_i) - V(t,w) \tag{6.5.158}$$

当探索潜在的认知过程时,拉格朗日算子 F_m 具有一种有趣的含义。考虑

$$F(t,w,\dot{w}) := \zeta(t,\dot{x}(t))F_m(t,w,\dot{w}) \qquad (6.5.159)$$

并将 $\zeta(t,\dot{x}(t))$ 定义为代理的发展函数(developmental function)。可以将 $\zeta([0..T],\dot{x}([0..T]))$ 视为无限维向量,以便 $\zeta(t,\dot{x}(t))$ 适当地滤除环境约束。因此,$\zeta(t,\dot{x}(t))$ 中较小的值减小了约束的相应惩罚。这样做,我们以某种方式"保护"代理免受信息溢出! $\zeta(t,\dot{x}(t))$ 的值在学习开始时应该是"小的",而随着时间的推移,它的增长会强加上约束满足。这在某种程度上模仿了人类的生活,婴儿不会被迫对复杂的刺激做出反应,他们通过适当地将注意力集中在任务上来经历发展阶段。虽然 $\zeta(\cdot,\dot{x}(\cdot))$ 中的显式时间依赖性基本上需要施加单调性,以便实现对信息过载的保护,但是对 $\dot{x}$ 的依赖模拟了关注注意力的需要。在给定的时间 t 和一定的发育水平下,代理对外部刺激的反应不同。它必须能够过滤并集中关注在其当前发展阶段被认为更具相关性的内容。发展函数 $\zeta(t,\dot{x}(t))$ 可以通过自然分解

$$\zeta(t,x(t)) = \rho(t)\varphi(\dot{x}(t)) \qquad (6.5.160)$$

来表达。函数 $\rho:[0..T]\to\mathbb{R}$ 应该是单调的,被称为耗散函数(dissipation function),将在讨论学习背后的能量问题时说明此名字的原因。函数 φ 被称为聚焦函数(focus function),它的作用是选择与学习相关的输入 $x(t)$。对 $\dot{x}$ 的依赖是由于代理需要将注意力集中在高度变化的输入上的原则。现在准备在环境约束的一般情况下重新表示学习,活跃的代理由神经网络表征,其权重为 $w(t)$,向量是 $\delta A|_{w^*}=0$ 所在的向量,其中

$$A(w) = \frac{1}{T}\int_0^T F(t,w,\dot{w})\mathrm{d}t \qquad (6.5.161)$$

是系统的认知行为(cognitive action)。表 6.3 总结了与分析力学相关的有趣类比。关于认知行为(6.5.161)的优化的表示是有序的,一般来说,只要在 $[0..T]$ 上给出拉格朗日算子,问题就有意义了。问题的本质导致 F 的显式时间依赖性,而它又取决于来自代理与环境的交互信息。学习过程的基本假设是在代理检查了一定数量的信息之后,它将能够对未来做出预测。

表 6.3　自然学习理论与经典力学之间的联系

自然学习理论 ↭ 力学	备　注
$w_i \leftrightsquigarrow q_i$	权重被解释为广义坐标
$\dot{w}_i \leftrightsquigarrow \dot{q}_i$	权重变化被解释为广义速度
$v_i \leftrightsquigarrow p_i$	权重的共轭动量通过使用勒让德变换机制被定义
$A(w) \leftrightsquigarrow S(q)$	认知行为是力学中行为的对偶性
$F(t,w,\dot{w}) \leftrightsquigarrow L(t,q,\dot{q})$	拉格朗日算子 F 与力学中的经典拉格朗日算子 L 相关联
$H(t,w,v) \leftrightsquigarrow H(t,q,p)$	当使用 w 和 v 时,可以像在力学中那样定义哈密顿量

因此,每当处理真正的学习环境(learning environment)时,其中代理期望在被检查数据中获得规律性,可以假设权重轨迹收敛到一个在某种程度上表达了代理学习能力饱和度的终点。因此,我们做出以下边界假设:

$$\lim_{t\to 0}\dot{w}_i(t) = 0, \quad \lim_{t\to T}\dot{w}_i(t) = 0 \qquad (6.5.162)$$

后面将说明,如果我们假设终身学习经历了昼夜节奏(day-night rhythm)方案,则可以保证这些条件。这样的方案遵循相应的人类隐喻:感知信息仅在白天提供,而代理在晚上

"睡觉",没有接收任何感知信息,这被转换成条件 $\dot{x}=0$。假设经历一个终身学习计划,根据上述节奏方案重复生活的日子。在讨论这个假设之前,我们开始注意到在感知任务中,昼夜节奏不会改变可以从环境信息流中捕获的语义。因此,就像一个不间断的流程一样,这种有节奏的交互保持语义,但有利于学习过程的简单性和有效性,因为缺乏夜间刺激有助于验证右边界的条件(6.5.162)。与不间断的流量不同,昼夜节奏允许连续几天进行小权重更新。因此,如果 $w(t_\kappa)$ 表示 κ 天结束时的权重向量,第二天权重 $w(t_{\kappa+1}) \simeq w(t_\kappa)$,这有利于条件 $\dot{w}(t=t_{\kappa+2})=0$ 的近似。现在写出突触连接的权重 $w_i(t)$ 的公式。

如果有 $D=\mathrm{d}/\mathrm{d}t$,则欧拉-拉格朗日公式 $DF'_{w_i}-F'_i=0$ 变为

$$m_i \ddot{w}_i + \frac{\xi}{\zeta}\dot{w}_i + V'_{w_i} = 0 \tag{6.5.163}$$

正如所示,始终为正的发展函数 ζ 强烈影响神经动力学。为了理解它的效果,假设没有注意力的焦点,即 $\mathrm{d}\varphi(\dot{x}(t))/\mathrm{d}t := \dot{\varphi} = 0$。在这种情况下,上面的等式简化为

$$m_i \ddot{w}_i + \frac{\dot{\rho}}{\rho}\dot{w}_i + V'_{w_i} = m_i \ddot{w}_i + \theta \dot{w}_i + V'_{w_i} = 0 \tag{6.5.164}$$

上一步的简化来自选择耗散函数 $\rho(t)=e^{\theta t}$。练习1提出了不同的耗散函数,这形成了非常不同的渐近表现。欧拉-拉格朗日公式的积分确实需要知道对于每个权重的几个条件。可以简单地假设代理具有"妊娠期",其中它没有接收到任何刺激,因此 $\dot{w}_i=0$,并且偏离 w_i 的随机值。这导致了适定的柯西问题:欧拉-拉格朗日公式可以通过经典的数值分析算法直接集成。

两个边界的昼夜环境条件是完全不同的,但它们需要在物理学的相关经典发展方面进行非常不寻常的分析。每当欧拉-拉格朗日公式渐近稳定时,如果从柯西初始化方案开始并强制执行昼夜环境,则条件 $\dot{w}_i(T)=0$ 可以在夜间任意近似。事实上,当使用"短暂天数"时,它的实现得到了促进。为了使日常增量学习变得有意义,我们需要在夜间保留白天学到的东西。从白天 $t \in \mathcal{T}_d$ 到晚上 $t \in \mathcal{T}_n$ 的势能切换表示为

$$V(t,w(t)) = \begin{cases} \forall t \in \mathcal{T}_d : \tilde{\psi}(x(t),\mathrm{f}(w(t),x(t))) \\ \forall t \in \mathcal{T}_n : \tilde{\psi}(0,\mathrm{f}(w(t),0)) \end{cases} \tag{6.5.165}$$

因此在晚上有

$$M\ddot{w} + \frac{\dot{\xi}}{\zeta}\dot{w} + \tilde{\psi}(0,\mathrm{f}(w,0)) = 0 \tag{6.5.166}$$

其中 $M=\mathrm{diag}\{m_i\}$,该公式模拟了夜间发生的保留过程!事实上,在关闭刺激时也需要满足约束。在每一天结束时,不一定经过验证,因此我们需要"夜间释放"以满足公式(6.5.166)。注意虽然总是可以将昼夜环境的执行视为柯西初始化对学习环境的一致修改,但面对的动态系统可能与使用柯西初始化处理不间断的信息流时产生的动态系统有很大不同。昼夜节奏假设仍然依赖于随机初始权重,但夜间释放有助于满足所需的边界条件。但是可立即发现该理论依赖于存在组合数量的解的基本假设。例如,如5.3.3节所示,这适用于前馈神经网络。练习5提出了关于昼夜节奏条件的收敛性分析。

由公式(6.5.164)制定的对环境做出反应的智能代理的建模在某种程度上逃脱了大多数依赖于学习、验证和测试集的适当定义的统计机器学习方法的边界。这些代理生活在它们自己的环境中,因此学习和测试阶段之间的任何明显分离都是人为的。虽然这在基于经

典基准测试的性能测量框架中似乎是不合理的,但有许多论证证明在许多现实世界任务中,基于信息法则的这种方法可能更合适(见 1.5 节)。

6.5.2 能量平衡

为了获得公式(6.5.163)背后的神经动力学的定性图像,可以基于能量不变量进行分析,在 6.6 节中有更深入的研究,这里使用更直接的方法。从公式(6.5.163)得到

$$\sum_{i=1}^{m} m_i \ddot{w}_i \dot{w}_i + \frac{\dot{\zeta}}{\zeta} \sum_{i=1}^{m} \dot{w}_i^2 + \sum_{i=1}^{m} V'_{w_i} \dot{w}_i = 0 \quad (6.5.167)$$

现在有 $DK(\dot{w}(t)) = D(1/2 \sum_{i=1}^{m} m_i \dot{w}_i^2) = \sum_{i=1}^{m} m_i \ddot{w}_i \dot{w}_i$ 且 $DV(t, w(t)) = \sum_{i=1}^{m} V'_{w_i} \dot{w}_i$,如果这些插入到上述平衡方程中并在域$[0..T]$上整合,得到

$$V(0, w(0)) + K(\dot{w}(0)) = V(T, w(T)) + K(\dot{w}(T)) + Z(T) \quad (6.5.168)$$

其中,

$$Z(T) := \sum_{i=1}^{m} \int_0^T \frac{\dot{\zeta}}{\zeta} \dot{w}_i^2 \, \mathrm{d}t \quad (6.5.169)$$

公式(6.5.168)显然是能量平衡。然而在对整体能量平衡做出陈述之前,需要更好地理解涉及发展函数的项 $Z(T)$。我们开始发现当代理没有关注任何焦点时会发生什么。在那种情况下 $D\varphi(x(t)) = 0$,因而得到

$$Z(T) = Z_d(T) = \sum_{i=1}^{m} \int_0^T \frac{\dot{\rho}}{\rho} \dot{w}_i^2 \, \mathrm{d}t > 0 \quad (6.5.170)$$

其中,正性来自假设 ρ 是单调的。如果考虑公式(6.5.160)所表示的发展函数,那么得到

$$\frac{\dot{\zeta}}{\zeta} = \frac{\dot{\varphi}}{\varphi} + \frac{\dot{\rho}}{\rho} = D(\ln\varphi + \ln\rho) \quad (6.5.171)$$

因此,发展能量 $Z(T)$ 考虑了耗散能量和来自注意力集中的能量。从公式(6.5.171)得到

$$Z(T) := \sum_{i=1}^{m} \int_0^T \frac{\dot{\zeta}}{\zeta} \dot{w}_i^2 \, \mathrm{d}t = \sum_{i=1}^{m} \int_0^T \left(\frac{\dot{\varphi}}{\varphi} + \frac{\dot{\rho}}{\rho}\right) \dot{w}_i^2 \, \mathrm{d}t = Z_d(T) + Z_f(T) \quad (6.5.172)$$

其中,

$$Zf(T) := \sum_{i=1}^{m} \int_0^T \frac{\dot{\varphi}}{\varphi} \dot{w}_i^2 \, \mathrm{d}t \quad (6.5.173)$$

现在这种能量显然与关注焦点的过程联系在一起。当然,$Z_f(T)$ 依赖于关注焦点时的政策,它可以是正的也可以是负的。但总的来说,一个很好的选择是 $\dot{\zeta}/\zeta \geqslant 0$。根据公式(6.5.168),总能量平衡变为⊖

$$V(0) + K(0) = V(T) + K(T) + Z_d(T) + Z_f(T) \quad (6.5.174)$$

假设不存在焦点驱动计算,则 $Z_f(T) = 0$。此外因为在$[0, T]$边界上有 $K(0) = K(T) = 0$,得到 $V(0) = V(T) + Z_d(T)$。该平衡公式表明初始势能 $V(0)$ 通过耗散能量 $Z_d = V(T) - V(0) > 0$ 下降到 $V(T)$,这个值希望尽可能小,这使我们可了解相应任务(约束)的复杂度。有趣的是,这意味着学习过程是通过消耗能量来实现的,无论代理的主体如何,这似乎都

⊖ 这里存在一些符号滥用,为了简单起见,我们通过设置 $V(0, w(0)) \rightsquigarrow V(0)$,$V(T, w(T)) \rightsquigarrow K(T)$ 和 $K(0, w(0)) \rightsquigarrow K(0)$,$K(T, w(T)) \rightsquigarrow K(T)$ 来重载符号 V 和 K。

是合理的。在检查公式(6.5.164)时，就会得到这方面的直接解释，该公式实际上是一个广义阻尼振荡器。吸引行为实际上取决于势 V 的结构，而耗散强烈地表征了动力学。对于关于虚拟质量 m_i 的 θ 的大值，公式(6.5.164)简化为经典梯度下降轨迹

$$\dot{w}_i = -\frac{m_i}{\theta} V'_{w_i} \qquad (6.5.175)$$

公式(6.5.164)所规定的动力学比梯度下降更丰富。阻尼振荡可能导致绕过局部最小值或任何具有小梯度的配置的良性过程。必须记住，我们正在解决选择 $\rho(t) = e^{\theta t}$ 的动力学问题。对于不同的选择，动力学和相应的能量平衡方程可以是明显不同的。在练习1中，我们还将耗散函数 $\rho(t) = e^{\theta t}$ 的分析与其他有趣的情况并行。

6.5.3 焦点关注、教学及主动学习

上一节中介绍的发展函数返回独立于 x 的值 $\zeta(t, \dot{x})$。可以扩展它以返回一个也依赖于具体输入的值 $\zeta(t, x, \dot{x})$，练习12中将讨论这个问题。这个扩展仍然依赖于因子分解 $\zeta(t, x, \dot{x}) = \rho(t)\phi(x, \dot{x})$，从而保持了耗散函数的相同作用，同时丰富了聚焦函数 ϕ。发展函数提出了拉格朗日乘数和概率密度的一些有趣的类比。然而不应该被共享的数学结构影响，因为有一些东西深刻地表征了函数 ζ。基本上，它不仅是到现在为止所考虑的优化问题类的结果。在硬约束的情况下，拉格朗日乘数可以用于当前这个问题，而对于软约束，通常假设概率密度与训练集可用性有关。函数 ζ 要求选择对 ρ，ϕ。除了与 ρ 函数相关的耗散问题外，$\phi(x, \dot{x})$ 的选择需要更仔细的分析。已经知道利用 $\dot{x}$ 引发对快速变化事件的关注是有意义的。此外，对 x 的依赖可以将注意力聚焦在"简单"模式上。基本上可以通过采用容易优先(easy first)聚焦政策来面对1.2.4节中描述的书呆子悖论(见练习13)。这在高度结构化的任务中非常有用，在这些情况下，在"困难模式" x 的学习开始时希望聚焦函数 $\phi(x, \dot{x})$ 非常小。这有利于学习简单的模式，使代理能够克服中间结构，可能有助于后续推断更复杂的模式。有趣的是，发展函数 ζ 可能不仅仅是耗散和聚焦的转换，可以将 $\zeta(t, x, \dot{x})$ 视为由不同于正在学习的代理执行的任务，例如，教师可以参与其中！这表明代理与环境的交互发生了巨大变化。始于在认知行为中用 ζ 替换 λ 的这种范式转换包括将 ζ 视为生活在同一环境中的独立代理。有趣的是，在这种新的背景下代理不一定是老师。它可能只是另一个满足特定约束的具有自己目标的代理。总体而言，我们获得了一个存在社会约束(social constraint)的新图景。虽然 ζ 的存在作为认知行为中的一个因素是一种自然的选择，但社会约束提供了一种更普遍的观点，即代理社会与自己的目的相互作用。社会约束在某种程度上通过适当的规则来管理代理的交互。例如，社会规则可能会强制执行教育，其中一些代理应该向老师学习，其他可能会刺激代理追随那些运作得更好的。在这种新的背景下，1.1节提出的想法自然而然地产生了；除了遵循约束之外，还希望智能代理与环境积极地交互，这是机器学习中经常被忽视的任何学习过程的基本组成部分。通常主动交互可以非常丰富并且也非常复杂，它需要处理代理与环境的基于语义的交互问题。最简单的一种是主动询问某些模式的类别，这些模式通常是代理无法建立某种分类的模式。如何才能做到这一点？我们需要关键模式的智能选择。现在，对可用数据的约束在很大程度上取决于约束和点 $x \in \mathcal{X}$。在监督学习的情况下这种特质不适用，因此仅聚焦所应用的约束未被满意验证的点是方便的。可以将人类学习中发生的事情与之并行：他们通常会尝试在当前环境模型中正确解释一些关键例子的难度，并积极寻找他们

理解不足的具体支持。在学习约束的框架中可以很好地发现选择适当的示例来对其类别发出查询。由于学习过程受监督示例的强烈驱动，可能的情况是在特征空间的某些区域中缺少具有相应较小精度的标签。这些例子的最终确定的有效支持有助于提供其类别的证据。假设对 $\mathscr{X}=\{x_\kappa, \kappa=1,\cdots,\ell\}$ 根据 $\tilde{\varphi}(x_\kappa, f(x_\kappa))$ 的值按降序排序。代理与环境相互作用，目的是提高其 $\mathscr{X}$ 的最差元素的准确性，可以直接从 $\mathscr{X}^{\downarrow}$ 的第一个位置中选择。

算法 Q 查询及示例中学习（learning from queries and examples）。给定一组约束 Ψ、数据 $\mathscr{X}$、精度 ε 以及程序 LEARN、SORT、WORST AVERAGE-WORST 和 SUPERIVISION-ON，算法学习函数 f。该算法还需要愿意回答的 n_w 个问题。

Q1 [分配。] 进行以下分配：$f \leftarrow \text{LEARN}(\Psi, \mathscr{X})$，$\mathscr{X}^{\downarrow} \leftarrow \text{SORT}(\mathscr{X})$，$\mathscr{X}_w \leftarrow \text{WORST}(\mathscr{X}^{\downarrow}, n_w)$，$\bar{\varphi}_w \leftarrow \text{AVERAGE-WORST}(\mathscr{X}_w)$。

Q2 [是否完成？] 如果 $\bar{\varphi}_w \geq \varepsilon$，算法停止并返回 f，否则继续到下一步。

Q3 [更新。] 得到监督 $\mathscr{Y}_w \leftarrow \text{SUPERVISION-ON}(\mathscr{X}_w)$ 并添加新的逐点约束 $\Psi \leftarrow \Psi \cup \psi|\mathscr{X}_w, \mathscr{Y}_w$。然后回到步骤 Q1。

选择 $\mathscr{X}_w$ 的基数 n_w 来限制问题的数量。较小的 n_w 值在代理中注入了羞涩表现，避免了提出太多问题。相反，较大的 n_w 值将代理推向相反的表现。显然这种相互作用也取决于任务的难度以及所使用的约束模型学习的适当性。只要最差示例 AVERAGE-WORST($\mathscr{X}_w$) 上的误差平均值超过某个阈值 ε，就会提出问题。当代理接受对这些例子的监督时会丰富 Ψ（步骤 Q3），因此由于监督对的特殊性，相应的学习变得容易。这种学习方案的优势在于充分利用约束方法的学习。基本上假设学习是通过许多不同的约束来建模的，这些约束主要在无监督数据上运行。约束的联合满足为理解环境提供了数学模型。关键的例子变为代理寻求支持的例子。产生的实际相互作用在很大程度上取决于环境以及满意度激发问题的建模约束。人与环境的交互不限于对模式类别的简单查询。他们可以提出涉及数据之间关系的复杂问题，以及涉及更多类别的抽象属性。同样，正如涉及类别 $y_{\kappa,j}$ 的逐点约束的满足一样，两种类型的相互作用都可以通过约束来建模！然而这一次，代理需要进行一个包括学习约束的更抽象的过程。

6.5.4 发展学习

约束中学习已被证明具有许多用于构建一般学习理论的理想特征。特别是它可以关注统一的约束概念，同时忽略监督、半监督和无监督学习之间的区别。时空环境的转变也建议消除训练、验证和测试集之间差异。虽然所有这些都为采用统一的约束概念提供了强有力的动机，但实际任务中的实际偏差并不总是简单而自然的。人们可能想知道环境中的相互作用是否可以学习约束，这确实是一个至关重要的问题，因为它开启了一个新的有趣场景：代理可以从给定的约束开始学习，从而开发由 f^* 定义的相应的最优任务。一旦 f^* 可用，就可以考虑探索连接最优解（基于内容的约束）的不同分量 f_j^* 和数据（关系约束）之间关系的"规则"。任何此类规则都可以视为可添加到用于学习的先前集合的约束。因此，这使我们能够确定 f_j^* 的更新值。当然，循环的想法很自然，所以可以通过征服某些任务的技能来抽象新规则以开始考虑代理的发展计划，反过来会导致新技能的获得，等等。这为约束下的学习打开了大门，也就是说，约束下的学习和约束的统一视角。总而言之，约束学习与发展学习相互作用。如何发展学习约束的抽象？之前关于任务和约束的替

代发展确实有帮助。但是，在数据的符号描述可用之前，不可能进行抽象。这表明，通过获取对环境进行监督的具体概念可以解释学习问题。任何约束下的学习都依赖于映射 f_j 创建的数据可用性。一旦可用，就需要发现关于 f_j 的规则，可以使用基于 MMI 原理的基于信息方法。这个想法与 2.3.3 节中隐藏变量的情况（无监督学习）类似。从向量函数 f 开始，我们执行 MMI 以便将任务 f 变换为向量 ρ，用来提供 f 的坐标之间关系的抽象描述。就随机变量而言，Y（由 f 生成）用于构造 R，R 的每个坐标用来表示在 Y 上存在某个规则，惩罚 $-I(Y, R|\rho)$ 必须被最小化（它是相互信息的翻转标志）。当达到收敛时，惩罚项 $-I(Y, R|f)$ 产生规则 ρ 的向量。它们的数量是预先选择的，取决于想要达到的符号压缩程度。当学习这个符号层时，构造一个随机变量 R，它在某种程度上表达了输出 Y 中的结构依赖性。这样做，Y 与一个约束相关联，该约束具有 Y 和 R 之间的相互信息的一般形式。显然，由于其性质，这种约束被适当地调整以便在 R 中传递最大信息。注意，虽然输出变量通常受到其他环境约束的约束，但它也参与 $-I(Y, R|\rho)$。因此 $-I(Y, R|\rho)$ 有双重作用：从 f 的结构中学习，f 本身是从在循环中发展的 $-I(Y, R|\rho)$ 中学到的。根据概率分布，MMI 在 f 坐标之间产生不同的约束。再次注意，当通过监督学习最小化相对于目标的误差时 MMI 最大化。需要发展学习的原因是我们最好分阶段工作：由于循环性，监督学习促进了 MMI 规则的发展，反之亦然。

练习

▶ 1. [M25] 在选择耗散函数 $\rho(t)=\rho_0 t+\rho_1 \text{logistic}(\theta^{-1}t)$ 时，其中 $\rho_0, \rho_1>0$，写下学习连接权重 w_i 的微分方程。假设没有关注聚焦，耗散能量 $Z(T)$ 是多少？特别讨论 $\rho_0=0$ 及 $\rho_1=0$ 的情况及动力系统的收敛性。

2. [M20] 考虑相同常数的平凡耗散函数，即，$\forall t\in[0..T]: \rho(t)=1$。讨论监督学习情况下的动态性。

3. [M20] 考虑耗散函数 $\rho(t)=e^{\theta t}$，其中 $\theta<0$。讨论监督学习情况下的动态性。

4. [HM45] 现可以提供对认知行为的解释，这非常类似于机器学习中的正规风险。在这种情况下，动能可被视为简约项，而势能是与约束相关的惩罚。然而，在由拉格朗日方程 (6.5.158) 定义的认知行为中，势能伴随着符号反转。如果使用高阶微分算子来定义动能，情况可能会变得不同。为什么？

▶ 5. [HM50] 提供昼夜节奏条件保证满足 $\dot{w}(0)=\dot{w}(T)=0$ 的条件。

6. [HM50] 通过考虑一类函数 $f\in\mathcal{F}$ 的通用类而非神经网络来重新构建认知行为和相应的学习问题。

7. [M22] 在 $\rho(t)=e^{\theta t}$ 的情况下，写下用于监督学习的代理行为的公式。

8. [M30] 讨论 $\varphi(\dot{x})=\dot{x}^2$ 的发展函数的动态性。

9. [M30] 讨论 $\varphi(\dot{x})=1/(1+\dot{x}^2)$ 的发展函数的动态性。

10. [HM50] 考虑昼夜边界条件 (6.5.162) 下产生的动态性。对初始值 w_i 的依赖是什么？在什么条件下，代理的行为会在多日后变得独立于 w_i？
（提示）考虑昼夜边界条件不影响 $w_{i,j}$ 的值。在 $w_{i,j}$ 上惩罚项的拉格朗日显式存在可能会明显改变动态性。

11. [CM18] 考虑基于询问单个模式类别的交互的最简单算法 Q。该算法基于 $\mathcal{X}_w \leftarrow \text{worst}(\mathcal{X}^\downarrow, n_w)$ 和 $\bar{\psi}_w \leftarrow \text{average-worst}(\mathcal{X}_w)$ 的计算来决定是否提出问题。为什么我们使用最差模式集而不是简单地考虑最坏的模式？换句话说，为什么不假设 n_w 总是设置为 1？

▶ 12. [HM47] 考虑定义为 $\zeta: \mathcal{T}\times\mathcal{X}\times\mathcal{X}:(t, x, \dot{x})\rightarrow\zeta(t, x, \dot{x})$ 的发展函数扩展类。根据这个扩展定义重新公式化 6.5.1 节的理论，其中 $\zeta(t, x, \dot{x})=\rho(t)\phi(x, \dot{x})$。

13. [C48] 考虑一个监督学习框架，其中学习者需要保持风险函数

$$R(w,\zeta) = \sum_{\kappa=1}^{\ell} V(y_\kappa, f(w, x_\kappa))\zeta_\kappa$$

其值小。这里发展乘数(developmental multiplier)ζ_κ必须在训练集上至少加总为ℓ，即

$$G(\zeta) = \left(\ell - \sum_{\kappa=1}^{\ell} \zeta_\kappa\right)$$

也必须接近于零，其中$s = \sum_{\kappa=1}^{\ell} \zeta_\kappa$。这样通过强制执行$\zeta_\kappa = 0$，代理不能从惰性行为中受益。此外，熵$S(\zeta)$被定义为

$$S(\zeta) = [s > 0]\left(-\sum_{\kappa=1}^{\ell} \frac{\zeta_\kappa}{s} \log \frac{\zeta_\kappa}{s}\right)$$

希望值尽可能大，以便在训练集上施加尽可能均匀的权重。最后，考虑总体成本

$$E(w,\zeta) = R(w,\zeta) - \mu_S S(\zeta) + \mu_G G(\zeta)$$

在联合(w, ζ)空间中进行优化时制定学习算法。如果发展参数被解释为由神经网络通过函数$\zeta(w, x)$建模的真正教学代理，怎么办？假设在发展参数$\zeta_\kappa = 0$下开始学习，讨论人类的进化和认知与学习的联系。

(提示)$\zeta = 0$可防止在学习开始时出现信息泛滥。

6.6 注释

6.1节 约束机是本书中的主要关键词之一，在许多论文中，已经在约束满足框架中确切阐述了机器学习，但是对于约束概念深层的统一却没有给予太多的关注。在核方法领域，主要探讨了强制约束和探索简约满意度的想法，然而我们在这个框架中主要探讨了逐点约束。早期很多作者在许多论文中培养了丰富简约软满足原则的尝试(参考例如，文献[241，91-92，147，238])。在Hopfield网络的早期研究中可以清楚地看到促进软约束进行推理处理的约束的概念[179]。虽然这种约束满足形成了循环神经网络的推理步骤，但成对约束的满足在某种程度上是监督学习中的对应物。6.1节中的讨论提供了在同一框架中处理多层和Hopfield网络的理由，因为它围绕着学习和推理背后的统一计算机制。可以在人类学习中找到这种统一原则的根源，美国哲学家John Dewey在他的"边做边学"理论中认为，学习应该是相关的和实用的，而不仅仅是被动的和理论的[87]。因此，推断和行为应该是需要与学习密切相关的过程，因此一个好的理论应该在同一框架中涵盖它们。在文献[136]中详细讨论了约束的分类以及基于正则化算子的学习变分设置。本文引入了约束反力(constraint reaction)的概念，这是SVM中学习参数的一般化视图。在文献[148]中可以找到在约束学习框架内进行推理的早期痕迹。该理论借鉴了变分法的概念主体，特别是在辅助条件下的优化，参考例如，文献[122，127-128]。在硬约束的情况下，公式化学习问题的解决方案确实需要发现任务f和伴随拉格朗日乘数函数λ。当引入松弛变量时，这也适用于软约束。因此，学习过程假设具有同时开发且任务和权重分配给环境约束的良好的特征。从某种意义上说，这与关注聚焦的机制相对应。基本上，如果看拉格朗日函数、乘数及反力能够表达任务，同时给出约束的重要程度，乘数的消失实际上表明我们存在稻草约束。

文献[136]中给出的分类法借用了相关学科中的经典概念。任何完整的双边约束都可以通过微分转化为公式(6.1.24)形式的约束，并且可以通过积分重新获得原始约束。然而，反过来却不成立(文献[127]，98页)。名称"等距"源于变分法经典等距问题，其包

括确定最大可能区域的平面图形,其边界被约束为具有指定长度。与核方法一样,正则化可以在正则化算子的框架中引入,它们与内核[317,135,348]的概念有着有趣的联系。

6.1 节中给出的表征结果可以扩展到假定为函数独立的约束集合上。这意味着总能分别找到 n 个函数 f_j 和 ℓ 个约束 ψ_κ 的索引的两个排列 σ_f 和 σ_ψ,使 $\psi_{\sigma_\psi(1)}, \cdots, \psi_{\sigma_\psi(\ell(x_0))}$ 指的是在 x_0 中实际定义的约束且在 x_0 中评估的雅可比矩阵

$$J_\psi = \frac{\partial(\psi_{\sigma_\psi(1)}, \cdots, \psi_{\sigma_\psi(\ell(x_0))})}{\partial(f^o_{\sigma_f(1)}, \cdots, f^o_{\sigma_f(\ell(x_0))})} \qquad (6.6.176)$$

是非奇异的。在这种情况下,拉格朗日乘数是唯一确定的。注意,给定集合的函数依赖性与其中一些稻草约束的属性无关,因为在这种情况下,拉格朗日乘数基本上分布在约束中。在软约束的情况下,由于强正则化,通常会出现稻草约束。已经说明维度诅咒向我们发出了关于理论有效性的严重警告:给定的函数定理对于激发新的表征定理是有用的,但不幸的是,不允许通过求解欧拉-拉格朗日微分方程直接确定解。事实上,这是将代理沉浸到时间有序环境中的强烈信息。深入理解该框架中学习和推理之间的相互作用仍然是一个开放的研究问题。

6.2 节 几个世纪以来,对逻辑的研究被认为是在现实生活中理解和改进思维、推理和论证的尝试。虽然形式逻辑限制了对论证结构的关注,但非形式逻辑旨在构建适合于此目的的逻辑模型。非形式逻辑中的方法希望将经典推理与论证恰当地结合起来并评估其在现实生活中的有效性。事实上,这是一种依赖于许多陈旧的理解生活中日常论证的尝试。形式和非形式逻辑之间存在着有趣的联系,但它们之间的关系在某些方面存在争议。从长远来看,非形式逻辑希望接受提供完整的推理理论来统一正式演绎和归纳逻辑的挑战[192](11页)。对现实生活论证的跨学科研究通常被称为论证理论(argumentation theory),它结合了认知心理学、修辞学、辩证法、计算机建模、符号学、传播学、人工智能和其他相关学科的研究和见解。自然语言中的论证解释需要面对非形式推理的问题,这是由于句子中嵌入的单个词产生的语义。因此,虽然形式逻辑关系仍然有用且具有表现力,但它们大多忽视了根据上下文附加意义的归纳过程的作用。论证非形式逻辑的深层含义已经进一步扩展,目的是包括非语言元素,如图片、绘画、漫画、图形和图表。

根据 Judea Pearl[265] 的研究,研究不确定性方法的科学家可以分为三个正规学派,它们被称为逻辑学派(logicist)、新微积分学派(neo-calculists)和新概率论学派(neo-probabilist)。逻辑学派使用不涉及数值技术的真正的符号技术(例如非单调逻辑)来处理不确定性。新微积分学派的科学家提出了新的基于数字的微积分,如 Dempster-Shafter 微积分和模糊逻辑,而新概率论学者则坚持传统的概率论框架。然而,他坚持认为可以在外延(extensional)与内涵(intensional)方法的维度上得出更基本的分类,用他自己的话说:

扩展方法,也称为产生式(production)系统、基于规则(rule-based)的系统和基于过程(procedure-based)的系统,将不确定性视为附加到公式的广义真值,并且(遵循经典逻辑的传统)计算任何公式的不确定性作为其子公式的不确定性函数。内涵方法,也被称为声明式(declarative)系统或基于模型(model-based)的系统,不确定性附加于"事态"或"可能世界"的子集。扩展系统在计算上方便但在语义上是草率的,而内涵系统在语义上是清晰的但在计算上是笨拙的。

例如,以某个 t-范数表示的连词 a∧b 的确定性取决于语句 a 和 b 的确定性。相反当

知道单句的确定性值时，内涵方法表示一个无法简单地计算出来的确定性值。例如，在概率论中，通过组合单个事件的概率，不能表达由 a 和 b 联合表征的事件的概率。约束下的学习通过将基于知识的环境表征的可能性与真正的内涵过程结合起来，打破了这种界限。

符号和子符号表示的集成是 NeSy 国际研讨会（神经符号集成，http://www.neural-symbolic.org/）的主题。相应的进程是丰富语句的源。Patrick Winston[346]的动物识别实验已在人工智能领域得到普及。

可以清楚地看到逻辑约束和机器学习桥接的早期研究反映了书[92]中提出的内容。该理论基于核方法的运用，在文献[93]中，基本思想得到了更为正式的陈述。关于环境中推理过程的早期追踪发表在文献[148]中。由于变维空间中学习原理的引入，在文献[94]中给出了由连接标签和实值特征组成的个体的概念。该方法的整体视图，包括书中描述的学习和推理过程，可以在文献[95]中找到。使用适当的 Ł 片段学习复杂性的功劳属于 Francesco Giannini，他主要发现了相应的 McNaughton 函数的凹陷[126]。简约逻辑背后的原则是锡耶纳大学 AI 实验室当前研究的主题，用于建立具有逻辑约束和监督示例的实验的基于语义的正则化语言描述早在文献[296]中首次发布。

在文献[184，325]，特别是文献[96，305，304]中可以找到与使用约束满足的数学架构进行学习和推理的想法有关的相关研究。其他相关的显著结果可以在文献[329，297，264，72]中找到。

在文献[163，197]中可以找到关于三角范数基础的优秀资料来源。在数学逻辑中，Skolem 范式（SNF）是指一种在前束范式中没有存在量词（以 Thoralf Skolem 命名）的逻辑公式。每个一阶公式都可以给出 Skolem 范式的相应表示。关于合理选择不同约束权重的研究可以在文献[3，73]中找到，它也促进采用多目标演化方法，可以在文献[98]中找到。文献[66]中介绍了涉及文本文档的域知识的相关研究。

在统计关系学习中已经在基础和应用方面取得了许多重要成果（参考，文献[103，254，189，209，81，252，100]）。特别关注随机马尔可夫场[18]和马尔可夫逻辑网络[284]。

6.3 节 这里将循环神经网络呈现为扩散机的观点非常不典型，它们大多被认为是用于处理序列的机器学习的一个特定章节，并且是在 20 世纪 80 年代末第一次连接浪潮的曙光时引入的。在文献[219，201]中可以找到关于循环网络以及它们在图处理的良好覆盖。

许多研究都关注在像 QSAR 这样的问题中识别适当的基于向量的特征，其中可以想到将图用于模式表示（参考例如，文献[205]作为该方法的成功示例）。在模式识别中，多年来科学家们一直在考虑结构表示和相关的识别算法（参考文献[62，74]）。使用神经网络处理任何数据结构的想法出现在 20 世纪 90 年代初，主要归功于 Jordan Pollack[276]，他引入了递归自相关记忆（RAAM），这激发了 Alessandro Sperduti 和 Antonina Starita[324]的相关研究。后来，Paolo Frasconi 等人[114]提供了一个更通用的数据结构处理框架，有助于识别不同类别的图，具体取决于相应的计算模型。很早就知道在有向有序图的情况下，序列的循环网络的计算风格基本上被保留，其中数据流模型不会遇到任何循环。在文献[48]中研究了具有周期的循环神经网络，但几年后在文献[301]中才出现了系统的训练。在无监督学习[166,165]的情况下也进行了相关研究，而在文献[149]中，结构化信息由非确定性模糊边根树自动机表示。

所有这些模型背后的计算机制非常类似于在超链接环境中的页面排名模型。特别是，与 PageRank 算法[261]有一些有趣的相似之处，文献[47]中提出了许多明显特性。连续时空域中的扩散形成泊松公式(6.3.112),这已经成功地应用于图片编辑(image editing)问题[270],其中函数是在矢量场的指导下构建的,这可能是也可能不是源函数的渐变场,这样做是为了使用克隆工具进行交互式剪切和粘贴以替换。

6.4 节 在约束下学习的框架中,算法的具体开发采纳了可以很好地回溯的路径。潜在的原始/对偶二分法无处不在:就像在为神经网络和核方法给出的经典框架中可以分别在原始空间或对偶空间中学习权重一样。拉格朗日乘数和反力的发现是获得解的主要途径,同时返回约束的得分。另一方面这通常很难计算,特别是在拉格朗日是在感知空间 $\mathscr{X}$ 中具有域的函数的硬约束的情况下。可行解是构造递归计算结构以发现固定点 $f^\star(\cdot) = g(\cdot) * (-\lambda(\cdot)\nabla_f \psi(\cdot, f^\star(\cdot)))$。练习 6.4-13 中也给出了关于这种方法的见解。

然而,在监督学习的情况下,正则化算子的格林函数可以与传统内核相对应,而对于其他约束,上述递归函数方程的解可能形成新内核,其在某种程度上包含与约束和正则化相关的知识。每当处理由特征空间上的命题表达的知识粒度时,框体内核(box kernel)[240]的明显案例就非常重要,在文献[147]中讨论了凸约束的结合。在微分算子和约束之间发现新的结合,产生新的合适的内核,这是一个开放的研究问题。

对处理隐藏变量的扩散情况的学习算法研究发现,已在循环神经网络的保护下对原始情况进行了更多的探索。时间展开的想法可以在并行分布处理组[173]的方法中找到。文献[345,344]中引入了 RTRL 算法及其时间局部性。文献[154]中提出了自循环网络的基础,这种学习算法在时间和空间上都是局部的,随后在文献[140, 32, 108]中进行了细化,相关研究在文献[63]中进行。文献[7-8]在离散设置中提出了以松弛处理达到平衡的循环网络。关于时间连续处理的相关分析在文献[7]中介绍,其中循环网络被建模为微分方程,并在文献[272-273]中相继改进。一个包含最有趣的循环网络的很好的观点可以在文献[267-268]中找到。

20 世纪 90 年代初,一些人开始意识到从计算的角度来看,学习序列的过程,是非常昂贵的,其中人们想要检测长期依赖性,更糟糕的是,它是非常无效的!这在语法推理的实验中非常清楚,其中要求循环网络识别给定序列是否已由给定语法生成(参考例如,文献[259, 113])。Bengio 等人的开创性论文[33]具有明确检测与捕获长期依赖性的困难相关的问题的优点。他们提供了一个坚实的论据来证明梯度随着序列的长度而消失,并且在一大类循环网络中也表现出负面结果。文献中提出的经典循环网络的局限性得到了其他科学家的认可,尤其是 Hochreiter 和 Schmidhuber,他们早期提出了长短时记忆(LSTM)模型的建议(见文献[175-176])。我们喜欢将门控 LSTM 结构视为处理每个状态转换时梯度消失的一种聪明方式,它依赖于在不同时间呈现不同"模式"的转移函数。这实际上是由于门的存在在输入的基础上驱动转化功能的结构。这样做摆脱了转移函数的均匀应用,从而构建了一种状态更新机制,可以替代地减少或增加梯度。事实上非齐次过渡函数可以摆脱指数衰减的陷阱。练习 6.4-23 中提出了一种具有挑战性的替换方法。关于长期依赖问题的其他见解参考文献[177]。

6.5 节 Sebastian Thrun 和 Tom Mitchell 在 20 世纪 90 年代中期就早早提出了终身代理学习的必要性[331]。他们开始注意到机器人可以通过转移知识从它们一生中取得的经验中获益。他们认为,如果机器人要在复杂情景中以适度的学习时间学习控制,知识转移就起着至关重要的作用。该主题引起了研究界的兴趣,人们开始考虑选择性机制来关注聚焦。在文献[35]中 Yoshua Bengio 等人形式化了一种新的训练策略,他们称之为课程学习

(curriculum learning)，他们提出了一种基于信息原则驱动的方法评估例子。在文献[64]中，提出终身学习的想法是为了攻击自然语言。代理应该从网络文本中提取信息以填充不断增长的事实和知识库，并学习提高阅读能力。最近，终身学习的话题受到越来越多的关注。特别是它包括了对转移学习和多任务学习的相互作用进行了深入研究[70]。

这里讨论的方法遵循通过基于信息的法则，将智能处理形式化。这在文献[105]中提出，后来通过引入最小认知行为原则[36]形式化。通过与正则化算子的联系，所提出的形式化超出了已介绍的动能概念。相应的能量平衡变得更加复杂，尽管发现了一个新的不变量归纳了泊松括号。值得一提的是，最不认知行为原则的制定并不需要我们确定函数的最小值，而只需要确定一个固定点。这显然导致与正则化的经典框架失联，其中人们希望通过正则化项最小化损失总和。采用高阶时间微分算子来推广动能也会产生额外的取决于顺序[36]的符号翻转。然而，当通过能量平衡解释这些时间进程时，无论选择顺序是什么，一切都变得清晰。文献[159]中也更详细地讨论了耗散的作用，其中重点是在这种新的背景下重构监督学习。文献[171]中可以找到在时间流形中的沉浸以及纳入哈密顿框架的耗散思想，其中整个拉格朗日算子包含一个随时间增长的指数项。

提供对内部发展表征的符号解释从20世纪90年代初开始被视为一个重要的主题（参考，文献[129，83，259，113，107，111，155，112，15]）。为了让代理完全征服最有趣的人类认知技能，需要开发一种符号表示来利用与人类和其他代理的交流。在发展学习的框架中，此特征可能非常有用。

终身学习框架内培养的观点的传播可能需要经历一个复杂的过程，这个过程遇到了科学界成员提出的显式和隐式的障碍。这并不奇怪因为这和人们所相信的不同。首先统计数据是机器学习的重要和明显的起源。因此，尽管机器学习中的某些人可能没有意识到这个，但他们仍认为基准测试是评估性能的无可争议的方法！如果你逐渐认识到对概率分布的数据进行抽样，那么基于基准的评估就是一个很自然的结果。因此，训练数据的系统积累和精心组织变得至关重要，并且它经常被视为研究团队和公司的重要资产。此外，今天在预定义的基准数据集上评估机器学习系统的广泛实践无疑促成了几个具体问题上取得的巨大进步。其次，即使聪明的人也可能怀疑基准激进，从长远来看可能不一定是一个聪明的选择，目前它可能会增强可视性。此外，在转向终身学习时，人们可能需要讨论其当前的基础框架并朝着新的未开发的路径发生巨大变化。正如文献[123]中指出的那样，这样的研究方向并未得到很好的推广，因此终身学习的范式目前尚未发生变化！

正如Marcello Pelillo在一次非正式的个人交流中指出的那样，当今主导机器学习的基准导向态度与心理学中有影响力的测试活动有一些相似之处，它们的根源在于世纪之交的Alfred Binet[50]关于智商测试的研究工作。事实上，在这两种情况下，我们都认识到一种熟悉的模式：科学界或专业界试图提供一种严格的方法来评估（生物或人工）系统的性能或能力，同意一系列归一化测试，从那一刻开始它成为有效性的最终标准。众所周知，智商测试受到许多学者的严厉批评，不仅因为在数字尺度上对人类进行排名而产生的社会和伦理影响，而且在技术上也是如此，无论如何在设计这些测试时，它们固有地无法捕捉到现实世界现象的多面性。正如David McClelland的一篇有影响力的论文[234]为美国现代胜任素质运动奠定了基础，建立这些新措施的"有效性"的标准确实不应该是学校的成绩，而是在最广泛的理论和实践意义上的"生活品位"。我们认为机器学习在评估其系统和算法时采用类似的"生活品位"态度的时机已经成熟。当然，我们并不打算削弱基准的重要性，因为它们确实是使得该领域随着时间的推移设计出更好的解决方案的宝贵工具，但我们建议使用它们的方式与我们使用学校考试评估我们孩子的能力的方式大致相同：一旦他们通过最后标准，因此说明应该已经掌握了基本技能，我们允许他们在现实世界中找到一份工作。在当前的科学背景下，与现实生活的密切互动似乎非常受欢迎。是否真的有必要收集数百万张图像来测试计算机视觉能力？同样，我们是否真的需要庞大的语音语料库来检查会话代理的理解能力？人类需要多长时间来评估具体的视觉和语言理解能力？几分钟的密切互动通常足以对视觉和语言技能进行非常明确的评估！因此，让人们通过众包方案评估智能代理似乎是显而易见的，在这种方案中，他们被邀请对代理技能进行排名。当将代理评估的任务限制在必须使用自己凭证的科学家时，可以合理地将相应的等级视为在现实生活中工作的智能代理的真实评估指标！

正如文献[157]中所指出的那样，我们敦促机器学习实验室敞开大门，"呼吸空气"，从而让世界各地的人们，从研究人员到外行人员，自由地与他们的成熟系统一起玩耍和互动。这很可能会导致在计算机视觉中评估方法和算法的方式发生转变，而这种"开放实验室范式"的推出无疑会激发对新方法和算法的关键研究，以有效地处理完全不受限制的视觉环境。

| 第 7 章 |
Machine Learning: A Constraint-Based Approach

结　语

近来，我们因为网络资源爆炸等因素，可以在很多地方接触到机器学习，这对于支持硬件发展有很大的帮助。我们可以通过各种各样的资料来对一些基本概念进行本质演绎，例如 http://www.popularmechanics.com/science/math/amp28539/what-is-a-neural-network/，你也可以找一些书籍（见 the great WEKA environment[347]）来帮助你学习应用设计。

本书更倾向于介绍机器学习的基本原理和智能代理的推导。通过联系基于环境的符号性和子符号性的表现，给读者一个统一的概述。在机器学习中我们提到了不同的话题，大多数在第 4 章和第 5 章中提出的基本原则与代理的函数表现（原始表示与对偶表示）有很大的联系。原始表示具体表现为，计算模型通过依赖一组可学习参数集合综合所有训练样本；对偶表示中，每一个可学习参数直接对应一个样例。

大约十年前，一篇技术报告在文献[30]中发表，其中，与对偶表示关联的浅层结构被严厉批判，因为它缺少成分功能并有包括对称性表达不足的局限性。这篇论文主张在原始空间中使用深层结构。另外一些研究人员很快支持并巩固了这一主张，主要包括 Geoffrey Hinton、Yoshie Bengio 和 Yann Le Cu。这样，第二波连结主义模型⊖浪潮兴起，这不仅对科学界产生了巨大的冲击[218]，对现实生活也有影响（例如，在 http://www.lemonde.fr/ 上发表的人工智能革命的"深度学习"、在 www.wired.com 上发表的研究人员梦想着不依赖人类而学习的机器和在 www.nytimes.com 上刊登的人工智能在机翼和车轮上聚集硅谷）。在二十世纪九十年代，除了很多重要的理论进步之外，这些早期的研究人员意识到了在学习时依靠优越的并行计算能力，深层结构具有不错的表征能力。尽管深度学习需要大量的数据，但收集庞大的训练集也是第一波连结主义模型浪潮的梦想！在 2008 年夏天，李飞飞团队发现了众包亚马逊 Mechanical Turk，从中找到一种从网络中提取大量带标签的图像的方法。在此之前，没有任何一个研究生可以完成这个疯狂的任务，但是众包实现了（见文献[85-86, 295]）！其他实验室进行的有关工作见文献[334]，他们的图像标记方法十分有趣，他们的数据集框架搭建在基于情景的图像检索下[222]，而他们的实验结果也是公开的。除了视觉之外，深度学习在其他方面也被成功应用，包括自然语言处理（见文献[318, 134, 183]）和生物信息（见文献[88, 227, 245]）。

虽然本书提供了深度学习和内核机器的基础知识，但它主要提出约束概念以构建理解智能代理的统一观点。据称，学习和推理自然会出现约束满足的问题。基于连续的公式最终包含感知任务和基于逻辑的知识粒子的混合物，它在一定程度上满足了混合模型的需求，也带来了真正新颖的挑战。第 6 章中基于约束的学习和推理方法，通过将重点转移到准确描述环境的机制，在一定程度上整合了深度学习的观点。除了深入研究之外，对环境相互作用的反思打开了深层生成方案的大门，这些方案不仅受到监督，而且从抽象描述中

⊖ 在这里，我们不考虑 20 世纪 50 年代末的感知机和相关机器的基础，因此第一波浪潮处于 20 世纪 80 年代末。

获得了明显的好处。约束满足过程可以产生 N 皇后问题的解决方案,但也可以生成我父亲的脸或者产生下一个手写数字的图片(见练习 6.2-7)。简化的约束满足理论给出了自己的规划以及与统计学和最小描述长度原则的关系。有趣的是,这是内核机器中实用的正则化概念的自然延伸,并且它是自包含的。它建议忽略监督、无监督和半监督学习之间的差异,因为我们只需要用给定的约束条件来表达数据的一致性。

当代理沉浸在高度结构化的环境中时,它很快就会意识到学习很多难以捉摸的认知技能的过程会十分漫长。关于智力出现的合理理论也许可以解释,一个生活在有连续感知信息特征的环境中的代理,如何能够发展出一种世界的内在象征性表征来用于社交。有趣的是,当代理克服了困难之后,它可以通过紧凑的符号表达来获取知识,进行推论,这有助于它在感知层面获得额外的技能。这似乎遵循着一种诱导-演绎循环模式:通过符号推理导致桥接感知。然而,仅仅通过观察世界是无法取得其他惊人的认知技巧。正如 6.6 节指出的,一个好的学习理论不能忽视代理的学习环境。循环神经网络背后的基本思想是:那些行为是完全受监督的,但在很多情况下,代理可以接收来自环境的奖励/惩罚信号——与强化学习的框架相对应。

无论我们想用哪种计算模型,我们都需要意识到,实践学习[87]为我们之后获得新的认知技能打开了大门,这些技能被 Marvin Minsky 称为"心灵社会"[246]。从某种意义上来说,实践学习基于执行代理会修改其运行条件的基本假设。当人们被指派一些需要完成的任务时,这些基本假设会发生在人类对话中。给代理提供一些执行目的会让一切变得更加清晰。在许多案例中,事实上有许多中间步骤可以从环境中接受反馈。在强化学习中,这种情况在智能代理执行任务的过程中会发生,但是我们可以想出一种把执行目的精准陈述给智能代理的情况。参与 N 皇后任务的代理在其执行过程中得益于强化信号,也明显得益于对待解决的整体任务的正式陈述。

由于象征性知识是由环境相互作用引起的,因此开始探索社会行为变得非常重要。社交代理可以享受从其他代理甚至人类那里获得知识的特权,而这些代理拥有一些来自它们世界的象征性表示。如前所述,它们的感知互动也必须用抽象的符号表示来表达。如 6.3 节所示,与图形域的交互(将序列视为一种特殊情况)暗示着引入对隐藏变量进行操作的一些约束条件,而这些约束条件可以被解释为代理状态的表达。如果我们及时考虑沉浸并考虑终身学习过程,扩散过程的重要性变得更加清晰。扩散过程在强化学习和循环网络中发生,它们的状态定义了代理的行为。当然,我们可以直接注入目的,这样代理就能更加清楚地了解它的任务。这就是大多数机器学习任务(如分类和回归)中发生的情况。但是,我们可以在执行行为上限制与奖励/惩罚声明的互动,由此我们可以想到一个不需要提供具体陈述的真正的"学习目的"的过程。在代理的社交网络中,一个代理可以探索从其他代理那里获得奖励的意义,那就是可以获得某种流行度。虽然所有这些似乎都与人类社会行为密切相关,但人们不应忽视处理多智能代理系统相关概念的重要性[101],因为这个概念在人工智能中非常普遍。强调代理合作的想法可以带来重要的进展。正如 Yuval Noah [167]所述,强调合作以及探索好故事的能力实际上是人类成功进化的一个要素。

本书还提出了一种关于智能过程出现的观点,这种观点在某种程度上受到基于信息的自然法则的启发。这反映了之前关于环境中的实际沉浸感的讨论。在处理感知任务时,最小认知行为的原则可用于发现对应的代理行为。有趣的是,由该原则产生的法则依赖于与人类共享的经典时间概念。我们不应该将这一原则与许多在线学习算法的迭代索引混淆,而应该认为网络上的软件代理可以在原则上执行几乎所有人类需要做的任务。对于终身学习，计算机视觉和自然语言处理中的经典问题在重构代理评估时会有一个新的方案。这种新的评估方案可能不仅仅是模仿人类，而是有利于开发提高效率和性能的方法。人们可能不愿意探索这样的道路，这仅仅是因为过去几年在基准评估计划下，已经取得了很好的成果。然而，这一成果依赖于众包，众包对于统计学家和其他人都是新鲜的事物。如果我们因为强调众包在真正动态方式中的地位而完全相信它，会发生什么呢？一直使用众包是不是更合适？这种问题引起了 *户外运动*（*en plein air movement*）[157] 的提出。"A cena con i pattern"工作室、GIRPR 2014 会议和 ICPR 论文"数据驱动的模式识别：哲学，历史和技术问题"开始在机器学习和模式识别中推广这种方法。它可能类似于户外绘画，与对已定图形作画的工作室绘画形成对比。在巴比松学院派、哈德逊河学院派和印象派画家中，在自然光线下进行绘画至关重要。如果科学家们也在开放式计划下打开他们实验室的大门，会发生什么呢？

第 8 章

Machine Learning: A Constraint-Based Approach

练 习 答 案

1.1 节

2. 设 $\varepsilon > 0$ 是一个合适的阈值，让 smax y 表示 y 的次最大值。此外，假设 $h(y)=0$ 表示没有决策（拒绝）。那么对于所有 $i=1,\cdots,n$ 选择 $h_i(y) = [\max y - \text{smax } y > \varepsilon] \cdot [i = \arg\max y]$，这摆脱了稳健性问题。显然，本练习中没有涉及的 ε 的选择也是一个不容忽略的问题。

3. 如果我们有一个学习 f_2 的算法，那么就可以不用学习 f_1，因为有 $f_1 = (h_1^{-1} \circ h_2) \circ f_2 \circ (\pi_2 \circ \pi_1^{-1}) = h \cdot f_2 \circ \pi$。相反，如果有一个 f_1 的算法，它不能用于学习 f_2。在 π_2 和 h_2 都是可逆的情况下，上述方程通过 f_1 和 f_2 启发学习 χ 的对称等价性，因为有 $f_2 = h^{-1} \circ f_1 \circ \pi^{-1}$，其中 $\pi^{-1} = (\pi_2 \circ \pi_1^{-1})^{-1} = \pi_1 \circ \pi_2^{-1}$ 且 $h^{-1} = (h_1^{-1} \circ h_2)^{-1} = h_1 \circ h_2^{-1}$。在这种情况下学习 f_1 和 f_2 基本相同。

4. 我们可以将 $e \in \mathcal{E}$ 视为根据图 1.1 表示的树。π 的可能构造包括简单地收集叶子上的信息，这通过将购买价格、保养价格、车门、载客数、后备厢和安全性能粘贴在一起来完成。由于处理具有标量属性的特征，如果对所有特征使用单热编码，那么可以使用布尔向量 $x \in \{0,1\}^{22}$。例如，$x = (1,0,0,0;0,1,0,0;0,0,0,1,0;0,1,0;0,1,0;0,0,1)$ 表示一辆由购买价格＝非常高、保养价格＝高、车门＝5、舒适度＝4、后备厢＝4 和安全性能＝大描述的汽车。顺便注意到，构造的内部表示 $x \in \mathcal{X}$ 忽略了与图 1.1 的树本身相关的结构信息。

9. 相机的图案通常带有分辨率，因此，细节不是识别目的所必需的。如果保留所有这些信息，那么推理过程就更复杂了。特别是确实需要更多的学习过程样本。

10. 代理的推理过程由函数 $\chi = h \cdot f \circ \pi$ 定义，其中函数 h 和 π 是在编码问题的基础上预先定义的。因此，由发现 f 组成的学习过程受到 h 和 π 的选择的影响。比较单热编码和经典二进制编码。显然，使用经典二进制表示时，更紧凑的编码支持相同的信息。然而，虽然节省了用于表示信息的空间，但是二进制编码的加密使得归纳变得非常困难。显然，由于十分之一输出的独占触发，单热编码表示在归纳方面更简单。

12. 类总数为 $26+10=36$（字母加数字）。图 1.4 中的五个隐藏单元最多可以编码 $32 = 2^5$ 个类，因此无法学习任务。值得一提的是，如果隐藏单元采用实值，则这种否定结果将不再适用。

13. 可以用 $C(f_1, f_2) = \sum_{x \in \mathcal{X}^\#} (-(2f_1(x_1)-1)(2f_2(x_2)-1))_+ = \sum_{x \in \mathcal{X}^\#} (2(f_1(x_1) + f_2(x_2)) - 4f_1(x_1)f_2(x_2) - 1)_+$ 代替函数 $(1.1.10)$。虽然这种惩罚函数用于强制连贯决策的目的，但它并没有表现出惩罚的稳健性 $(1.1.10)$。在这种情况下，如何能够提供稳健性？

14. 惩罚 $C(f_1,f_2) = \sum\limits_{x \in \mathscr{X}^{\#}} \dfrac{1}{2}(f_2(x_1) - f_1(x_1))^2$ 用与此目的。

15. 显然，公式(1.1.9)和(1.1.14)所表达的约束条件并不相同。第一个可能产生更高的精确度，而第二个可能产生更多的召回。注意，对视网膜图案占用原则的另一种解释是用 $\overline{m}^C$ 替换向量 m^C，这次考虑可以占据的视网膜的允许区域。

1.2 节

2. 寻找形式 $F_n = \phi^n$ 的解，那么 ϕ^n 必须满足 $\phi^n = \phi^{n-1} + \phi^{n-2}$，从中得到两个解 $\phi_1 = \dfrac{1+\sqrt{5}}{2}$ 和 $\phi_2 = \dfrac{1-\sqrt{5}}{2}$。令 $c_1, c_2 \in \mathbb{R}$，那么 $F_n = c_1\phi_1^n + c_2\phi_2^n$ 也是解。最终需要满足条件 $F_0 = 0$ 和 $F_1 = 1$，其需要验证线性系统

$$\begin{cases} c_1 + c_2 = 0, \\ c_1\phi_1 + c_2\phi_2 = 1 \end{cases}$$

其解为 $c_1 = \dfrac{\sqrt{5}}{5}$ 和 $c_2 = -\dfrac{\sqrt{5}}{5}$。

3. 通过对 n 的归纳证明，归纳基础很明显，对于归纳步骤，假设适用于 n。然后有

$$\begin{pmatrix} 1 & 1 \\ 1 & 0 \end{pmatrix}^{n+1} = \begin{bmatrix} F_{n+1} & F_n \\ F_n & F_{n-1} \end{bmatrix} \begin{pmatrix} 1 & 1 \\ 1 & 0 \end{pmatrix} = \begin{bmatrix} F_{n+2} & F_{n+1} \\ F_{n+1} & F_n \end{bmatrix}$$

4. 可以很容易地检查序列是否被正确解释。此外可以证明这种生成方案确实生成了斐波那契数。如果使用练习3中的识别并计算双方的行列式，同时使用比奈定理就得证。

12. Giotto di Bondone，一位中世纪晚期的著名艺术家，通常被视为违反命题"学生无法超越老师"的一个例子。在文献[338]中指出，"Giotto 真正超越了 Cimabue 的名气，就像一个巨大的光芒使得稍微弱的光黯然失色。" Giotto 实际上是 Cimabue 的学生。有意思的是机器可以超越监督，这显然是一个滑稽的问题，直到我们明确表示在机器学习中，机器不一定从潜在的人类竞争者那里获得超级视觉信息。作为示例，验钞机可以基于从示例中学习以检测伪钞的神经网络。文献[117]中给出了一个深入的讨论，以及现实世界的验钞机的介绍。如果机器和人类竞争者希望根据机器产生的感官信息识别伪造品，那么我们就不在老师－学生关系的范围内。在这个具体案例中，根据作者的经验，机器明显优于人类竞争对手。与其他示例一样，机器实际上可以依赖经过认证的监督信息，这些信息不受教师错误的影响。

1.3 节

1. 不，不可以！精度还取决于 $|\mathcal{N}_t|$，它既不涉及精度也不涉及召回。

3. 注意到 $2/F_1 = 1/p + 1/r$ 就可以很快证明，因此有 $2/\max\{p, r\} \leqslant 1/p + 1/r \leqslant 2/\min\{p, r\}$，最终得到 $\max\{p, r\} \geqslant F_1 \geqslant \min\{p, r\}$。

2.1 节

1. 我们可以通过下列定义平衡误差函数：

$$E(f) = 6\sum_{\kappa=1}^{10} V(x_\kappa, y_\kappa, f(x_\kappa)) + 2\sum_{\kappa=11}^{30} V(x_\kappa, y_\kappa, f(x_\kappa)) + \sum_{\kappa=31}^{60} V(x_\kappa, y_\kappa, f(x_\kappa))$$

通常，如果 $\mathcal{N}=\{n_1, \cdots, n_c\}$ 是每个类的示例数，我们可以定义 $\forall i=1, \cdots, n_c : \mu_i :=$ $LCM(\mathcal{N})/n_i$，其中 $LCM(\mathcal{N})$ 是 $\mathcal{N}$ 中元素的最小公倍数，选择 $E(f) = \sum_{i=1}^{n_c}\sum_{\kappa=1}^{n_i} V(x_\kappa, y_\kappa, f(x_\kappa))$。

2. 考虑公式(2.1.6)定义的损失函数。我们可以迅速看到对称性不成立。如果我们选择 $y=1$ 且 $f(x)=0$ 则 $V(x, y, f) := \log 2$，而如果 $y=0$ 且 $f(x)=1$ 则 $V(x, y, f) = 0$。

3. 设 $p(x) := yf(x)$。我们可以迅速发现公式(2.1.6)的交叉熵可以写成 $V(x, y, f) = \tilde{V}(y, p(x)) = -[y-1=0]\log\frac{1+p(x)}{2} - [y+1=0]\log\frac{1-p(x)}{2}$。因此，损失取决于 $p(x)$ 和 y。此外，当检查 $y \in \{-1, +1\}$ 上的表达式时，我们得出结论，不能仅将 $V(x, y, f)$ 表示为 $p(x)$ 的函数。

4. 设 $\rho > 0$ 是抑制低于某个值的损失的阈值。作为回答问题的损失函数，我们可以选择 $\tilde{V}(x) = [\|x\| \geqslant \rho](\|x\| - \rho)^2$。

5. 铰链损失不对称。

7. 考虑 $\mathcal{Y} = \{0, 1\}$ 情况有 $V(x, y, f) = \sum_{j=1}^{n} y_j \log f_j(x) + (1-y_j)\log(1-f_j(x))$。如果使用 softmax 输出，由于固有的概率约束，我们可以简单地使用 $V(x, y, f) = \sum_{j=1}^{n} y_j \log f_j(x)$，如 1.3.4 节所述。

8. 设 $p(x) := yf(x)$。我们有 $V(x, y, f) = 1 - \exp(-\exp(-p(x)))$。为了确定此损失函数是否适用于分类，请考虑在签署协议/意见不一致时如何运作。对于 $p(x) = 0$，我们得到 $V(x, y, f) := 1 - e^{-1}$。随着 $p(x) \to \infty$（非常强的符号一致）我们得到 $V(x, y, f) = 0$，而如果 $p(x) \to -\infty$（非常强的符号不一致）我们得到 $V(x, y, f) = 1$。总而言之，我们面临适当的损失，其值与错误数量有某种程度的相关。

11. 根据公式(2.1.18)，得到

$$V(x, y, f) = -\frac{1+y}{2}\ln P(Y=+1|f(x)) - \frac{1-y}{2}\ln P(Y=-1|f(x))$$

$$= -\frac{1+y}{2}\ln\frac{\exp(f(x))}{1+\exp(f(x))} - \frac{1-y}{2}\ln\frac{1}{1+\exp(f(x))}$$

$$= \ln(1+\exp(f(x))) - \frac{1+y}{2}f(x)$$

$$= \ln(1+\exp(f(x))) - \ln\exp\frac{1+y}{2}f(x) = \ln\frac{1+\exp(f(x))}{\exp\frac{1+y}{2}f(x)}$$

如果我们区分 $y=-1$ 和 $y=+1$ 的情况，我们得到

$$\ln\frac{1+\exp(f(x))}{\exp\left(\frac{1+y}{2}f(x)\right)} = \begin{cases} \ln(1+\exp(f(x))), & \text{如果 } y=-1 \\ \ln(1+\exp(-f(x))), & \text{如果 } y=+1 \end{cases}$$

因此 $V(x, y, f) = \ln(1+\exp(-yf(x)))$，其恢复由公式(2.1.5)定义的逻辑损失，且 $\theta = 0$。请注意，已使用的 softmax 概率模型仅使用一个函数表示概率。或者，我们可以选择 $\exp(f_j(x))/\sum_{i=1}^{n}\exp(f_i(x))$，其中 $j=1, 2$。有什么区别？（提示）参考练习 13。

13. 我们通过使用 softmax 概率假设 $P(Y_j = +1 | f(x)) = \exp(f_j(x)) / \sum_{i=1}^{n} \exp f_i(x)$ 来跟随练习 11 的分析，其中 $j = 1, \cdots, n$。现在让 $\mathscr{X}_j$ 成为类 j 的模式类，让 $y_{j,\kappa} = 2[x_\kappa \in \mathscr{X}_j] - 1$。对数似然是

$$\mathcal{L}(f) = \frac{1}{\ell} \sum_{\kappa=1}^{\ell} -\ln p(y_\kappa | x_\kappa, f) = \frac{1}{n\ell} \sum_{\kappa=1}^{\ell} \sum_{j=1}^{n} -\frac{1 + y_{j,\kappa}}{2} \ln P(Y_j = +1 | f_j(x_\kappa))$$

$$= \frac{1}{n\ell} \sum_{\kappa=1}^{\ell} \sum_{j=1}^{n} -\frac{1 + y_{j,\kappa}}{2} \ln \frac{\exp(f_j(x))}{\sum_{i=1}^{n} \exp f_i(x_\kappa)}$$

$$= \frac{1}{n\ell} \sum_{\kappa=1}^{\ell} \sum_{j=1}^{n} \frac{1 + y_{j,\kappa}}{2} \ln \frac{\sum_{i=1}^{n} \exp f_i(x)}{\exp(f_j(x_\kappa))}$$

$$= \frac{1}{n\ell} \sum_{\kappa=1}^{\ell} \sum_{j=1}^{n} \frac{1 + y_{j,\kappa}}{2} \ln \sum_{i=1}^{n} \exp(f_i(x_\kappa) - f_j(x_\kappa))$$

相关损失为 $V(x_\kappa, y_\kappa, f) = \frac{1}{2n} \sum_{j=1}^{n} (1 + y_{j,\kappa}) \ln \sum_{i=1}^{n} \exp(f_i(x_\kappa) - f_j(x_\kappa))$。

14. 在医学应用方面缺乏知识可能意味着，在未检测到的情况下，避免使用 $f(x)$ 对模式 x 建模的某种治疗，名义上为 $p(x) = 0$。

16. 虽然这种方法非常简单，但乍一看，产生了良好的 f^* 近似值，不幸的是，它在许多现实世界的问题中都不起作用，因为 $\hat{f}$ 没有足够的数据用于局部近似。另一个问题是维度的诅咒，当使用经典指标时，会产生奇怪的邻域。

17. 区分 $\ell = |\mathscr{Y}| = 3$ 和 $\ell = 4$ 的情况。

$\ell = 3$: 在这里我们证明 $\arg\min_{s \in \mathbb{R}} \nu(s) = y_2$。初步诠释证明最小值必须在 $\mathscr{Y}$ 的一个点上。如果不是这样的话，我们有

(i) $s < y_1$, $\quad \nu'(s) = -3$
(ii) $y_1 < s < y_2$, $\quad \nu'(s) = -1$
(iii) $y_2 < s < y_3$, $\quad \nu'(s) = +1$
(iv) $s > y_3$, $\quad \nu'(s) = 3$

这表明 $\mathbb{R} \setminus \mathscr{Y}$ 中没有最小值。然后我们得到

$$\nu(s) = |y_1 - s| + |y_2 - s| + |y_3 - s|$$
$$= \begin{cases} s = y_1 : \nu(s) = |y_2 - y_1| + |y_3 - y_1| \\ s = y_2 : \nu(s) = |y_1 - y_2| + |y_3 - y_2| \\ s = y_3 : \nu(s) = |y_1 - y_3| + |y_2 - y_3| \end{cases}$$

由于 $\mathscr{Y}$ 按升序排序，我们可以迅速看到，根据 $|y_3 - y_2| < |y_3 - y_1|$ 我们得到 $\nu(y_2) < \nu(y_1)$。同样，根据 $|y_1 - y_2| < |y_1 - y_3|$ 我们得到 $\nu(y_2) < \nu(y_3)$。最后，$y_2 = \arg\min_{s \in \mathbb{R}} \nu(s)$。

$\ell = 4$: 遵循类似的论点，我们可以很容易地看出最小值不能是 $\mathscr{Y}$ 的元素。此外，此时任意 $s \in \mathbb{R}$ 使得 $y_2 < s < y_3$ 使得 $\nu'(s) = 0$。函数 ν 是凸的并且任何 $s \in (y_2, y_3)$ 产生 ν 的最小值。

因此 med($\mathscr{Y}$)在两种情况下都是最小的，但是对于 $\ell=4$，有无限多的最小值。请注意，ν 的最小值与 y_κ 的特定值无关，仅取决于它们的排序！这是一个强大的属性，它有一个有趣的结果：在偏态分布中，长尾中的平均值比中值更远。

18. 给出了单输出函数的证明。有 $\min_f E_{XY}(\|y-f(x)\|_1) = \min_f E_X E_{Y|X}(\|y-f(x)\|_1) = E_X \min_{f(x)} E_{Y|X}(\|y-f(x)\|_1)$，因此问题简化到确定 $\min_{f(x)} E_{Y|X}(\|y-f(x)\|_1)$。

设 $\varepsilon>0$ 并定义 $\Phi(f(x)) := \frac{1}{n_\varepsilon}\sum_{\alpha=1}^{n_\varepsilon}|y_\alpha - f(x)|$。然后存在 $n_\varepsilon \in \mathbb{R}$，使得 $|\Phi(f(x)) - E_{Y|X}(\|y-f(x)\|_1)|<\varepsilon$。因此有

$$\min_{f(x)} \Phi(f(x))-\varepsilon < \min_{f(x)} E_{Y|X}(\|y-f(x)\|_1) < \min_{f(x)} \Phi(f(x))+\varepsilon \tag{8.0.1}$$

由于 $E_{Y|X}(\|y-f(x)\|_1)$ 的连续性，这也意味着 n_ε 可以这样选择：

$$\arg\min_{f(x)} \Phi(f(x))-\varepsilon < \arg\min_{f(x)} E_{Y|X}(\|y-f(x)\|_1) < \arg\min_{f(x)} \Phi(f(x))+\varepsilon \tag{8.0.2}$$

现在我们计算 $\min_{f(x)} \Phi(f(x))$。请注意，$\Phi(f(x))$ 可以重写为

$$\Phi(f(x)) = \sum_{\alpha=1}^{m}(y_\alpha - f(x))[y_\alpha - f(x) > 0]$$
$$+ \sum_{\alpha=m+1}^{n_\varepsilon}(f(x) - y_\alpha)[y_\alpha - f(x) < 0] \tag{8.0.3}$$

如果 n_ε 是偶数，从公式(8.0.3)可以立即得出结论

$$D_{f(x)}\Phi(f(x)) = n_\varepsilon - 2m \neq 0 \tag{8.0.4}$$

也就是说，中位数是输出。另外，我们总能考虑一个偶数 n_ε。假设 n_ε 是奇数。我们可以很容易地看到自变量 $\min_{f(x)}\sum_{\alpha=1}^{n_\varepsilon}|y_\alpha - f(x)|$ 是我们称为 $y_{\bar{\alpha}}$ 的监督目标之一。这可以通过矛盾来证明。让我们假设 $f(x)$ 不是监督点 y_α 之一的最小值。然后 $\Phi(f(x))$ 是可微分的且 $D_{f(x)}\Phi(f(x))=0$。然而，当使用公式(8.0.3)时，我们得到 $D_{f(x)}\Phi(f(x))=n_\varepsilon-2m\neq 0$，其产生 $n_\varepsilon=2m$，因此与 n_ε 是奇数的假设相矛盾。用 $y_{\bar{\alpha}}$ 表示最小值参数的监督点，即 $f(x)=y_{\bar{\alpha}}$。如果我们将 $|y_{\bar{\alpha}}-f(x)|$ 加到 $\Phi(f(x))$，显然最小值不会改变，即

$$\arg\min_{f(x)}\Phi(f(x)) = \arg\min_{f(x)}\left(\sum_{\alpha=1}^{n_\varepsilon}|y_\alpha-f(x)| + |y_{\bar{\alpha}}-f(x)|\right)$$
$$= \arg\min_{f(x)}\phi(y_{\bar{\alpha}}, f(x)) \tag{8.0.5}$$

现在 $\phi(y_{\bar{\alpha}}, f(x))$ 由偶数个项组成。此外，假设我们移动 $y_{\bar{\alpha}} \rightsquigarrow y_{\bar{\alpha}}+\delta$。显然，$\forall \varepsilon_\phi > 0$ 存在 $\delta > 0$，使得 $|\phi(y_{\bar{\alpha}+\delta}, f(x)) - \phi(y_{\bar{\alpha}}, f(x))|<\varepsilon_\phi$，即

$$\phi(y_{\bar{\alpha}+\delta}, f(x)) - \varepsilon_\phi < \phi(y_{\bar{\alpha}}, f(x)) < \phi(y_{\bar{\alpha}+\delta}, f(x)) + \varepsilon_\phi \tag{8.0.6}$$

现在 $\phi(y_{\bar{\alpha}+\delta}, f(x))$ 构造在偶数个不同的节点上，因此将分析简化为偶数节点的情况。下面的参数类似于奇数 n_ε 的情况，可以很容易地看出最小值的参数不在目标上，因此可以从公式(8.0.3)中通过使导数相对于 $f(x)$ 无效来确定。有 $D_{f(x)}\phi(y_{\bar{\alpha}}, f(x))=n_\varepsilon-2m=0$，其中 $m=n_\varepsilon/2=\text{med}(\phi(y_{\bar{\alpha}+\delta}, f(x)))$。因此从公式(8.0.6)和(8.0.5)得到 $\text{med}(\phi(y_{\bar{\alpha}+\delta}, f(x)))-\varepsilon_\phi < \arg\min_{f(x)}\phi(y_{\bar{\alpha}}, f(x)) = \arg\min_{f(x)}\Phi(f(x)) < \text{med}(\phi(y_{\bar{\alpha}+\delta}, f(x)))+\varepsilon_\phi$。（通过减去 ε 然

后使用公式（8.0.2），我们得到 $\mathrm{med}(\phi(y_{\tilde{a}+\delta}, f(x))) - \varepsilon_\phi - \varepsilon < \arg\min_{f(x)}\Phi(f(x)) - \varepsilon < \arg\min_{f(x)} \mathrm{E}_{Y|X}(\|y-f(x)\|_1)$。

同样 $\mathrm{med}(\phi(y_{\tilde{a}+\delta}, f(x))) + \varepsilon_\phi + \varepsilon > \arg\min_{f(x)}\Phi(f(x)) + \varepsilon < \arg\min_{f(x)} \mathrm{E}_{Y|X}(\|y-f(x)\|_1)$。令 $\varepsilon_t := \varepsilon + \varepsilon_\phi$，对于任意的 $\varepsilon_\phi > 0$ 且 $\varepsilon < 0$ 我们总能发现 $\delta > 0$ 且 $n_\varepsilon \in \mathbb{N}$ 满足 $\mathrm{med}(Y|X=x) - \varepsilon_t < \arg\min_{f(x)} \mathrm{E}_{Y|X}(\|y-f(x)\|_1) < \mathrm{med}(Y|X=x) + \varepsilon_t$。最后，偶数 n_ε 的情况是对奇数 n_ε 进行分析的一个特例。

20. 有 $\mathrm{E}_{XY}(Y - \mathrm{E}_{Y|X}(Y|X)) = \mathrm{E}_{XY}Y - \mathrm{E}_{XY}(\mathrm{E}_{Y|X}(Y|X))$。根据 E_{XY} 的定义

$$\mathrm{E}_{XY}(\mathrm{E}_{Y|X}(Y|X)) = \int_{\mathscr{X}\times\mathscr{Y}} \mathrm{E}_{Y|X}(Y=y|X=x)p_{XY}(x,y)\mathrm{d}x\mathrm{d}y$$

$$= \int_{\mathscr{X}} \left(\int_{\mathscr{Y}}\left(\int_{\mathscr{Y}} yp_{Y|X}(y|x)\mathrm{d}y\right)p_{Y|X}(y|x)\mathrm{d}y\right)p_X(x)\mathrm{d}x$$

$$= \int_{\mathscr{X}}\int_{\mathscr{Y}} yp_{Y|X}(y|x)\mathrm{d}y\left(\int_{\mathscr{Y}} p_{Y|X}(y|x)\mathrm{d}y\right)p_X(x)\mathrm{d}x$$

$$= \int_{\mathscr{Y}}\int_{\mathscr{X}} yp_{XY}(x,y)\mathrm{d}x\mathrm{d}y = \mathrm{E}_{XY}Y$$

最终，$\mathrm{E}_{XY}(Y - \mathrm{E}_{Y|X}(Y|X)) = \mathrm{E}_{XY}Y - \mathrm{E}_{XY}(\mathrm{E}_{Y|X}(Y|X)) = \mathrm{E}_{XY}Y - \mathrm{E}_{XY}Y = 0$。

2.2 节

1. 我们使用经典的拉普拉斯分析，表明如果试验是独立的，并且假设 p 的所有可能值同等可能，那么

$$\mathrm{Pr} = \frac{\int_0^1 p^{r+1}(1-p)^{m-r}}{\int_0^1 p^r(1-p)^{m-r}} = \frac{r+1}{m+2}$$

请注意，如果我们总是观察到成功，那么正式的替换 $r \rightsquigarrow m$ 会使得 $\mathrm{Pr} = \frac{m+1}{m+2}$。现在太阳明天不会上升的概率是 $2.3 \cdot 10^{-10}$。关于拉普拉斯继承规则的详细分析可以在文献[352]中找到。

3. 考虑 $\mathscr{X} = [0..m] \subset \mathbb{R}$ 的情况，其中 $p_X(x) = [0 \leqslant x \leqslant m]/\theta$。似然函数是 $L(\theta) = [0 \leqslant x \leqslant m]/\theta^\ell$ 其中 $\forall x_\kappa \in \mathscr{X}^\#$，我们有 $x_\kappa \leqslant m$。现在 $\hat{\theta} = \sup_{\theta > x_\kappa} L(\theta) = \max_\kappa x_\kappa = m$。如果 $\mathscr{X} = [a..b] \subset \mathbb{R}$ 会怎样呢？当然，我们总是可以将这些样本映射到 $(0..m)$，这导致得出 $\hat{\theta} = 11(b-a)$ 的结论。最后，如果 $\mathscr{X} \in \mathbb{R}^d$，我们可以应用相同的想法。任何 $x \in \mathscr{X}$ 可以映射到半径为 ρ 的球 $\mathscr{B}$，使得 $\mathrm{vol}(\mathscr{B}) = \mathrm{vol}(\mathscr{X})$。显然，球的分析对应于一维情况，并且我们得出结论 $\theta = \rho$。

4. 对数似然函数为 $l(\sigma) = \sum_{\kappa=1}^{\ell}(-\ln 2 - \ln\sigma - |x_\kappa|/\sigma)$。则

$$\frac{\mathrm{d}l(\sigma)}{\mathrm{d}\sigma} = \sum_{\kappa=1}^{\ell}\left(-\frac{1}{\sigma} + \frac{|x_\kappa|}{\sigma^2}\right) = -\frac{\ell}{\sigma} + \frac{1}{\sigma^2}\sum_{\kappa=1}^{\ell}|x_\kappa|$$

因此我们得到 $\hat{\sigma} = \frac{1}{\ell}\sum_{\kappa=1}^{\ell}|x_\kappa|$。

5. 我们得到了伯努利试验的集合 $\mathscr{X}=\{x_1, \cdots, x_\ell\}$，其中通用 $x_\kappa \in \{0, 1\}$ 是试验的结果（例如，头或尾）。现在我们可以迅速看到 $p^{x_\kappa}(1-p)^{1-x_\kappa} = [x_\kappa=1]p + [x_\kappa=0](1-p)$，因此对数似然是

$$l(p) = \sum_{\kappa=1}^{\ell} \ln p^{x_\kappa}(1-p)^{1-x_\kappa} = \sum_{\kappa=1}^{\ell}(x_\kappa \ln p + (1-x_\kappa)\ln(1-p))$$

$$= \ln p \sum_{\kappa=1}^{\ell} x_\kappa + \ln(1-p)\sum_{\kappa=1}^{\ell}(1-x_\kappa)$$

$$= \ell \bar{x}\ln p + \ell(1-\bar{x})\ln(1-p)$$

现在从

$$\frac{dl(p)}{dp} = \frac{\bar{x}}{p} + \frac{\bar{x}-1}{1-p} = 0$$

我们得到 $\hat{\theta} = \hat{q} = \bar{x}$。事实上，这个驻点是最大值，因为我们有

$$\frac{dl^2(p)}{dp^2} = -\frac{\bar{x}}{p^2} + \frac{\bar{x}-1}{(1-p)^2} < 0$$

顺便注意到，如果不知道 $\mathscr{X}=\{x_1, \cdots, x_\ell\}$，而只有得到的头数 h，那么似然性就是 $L(p) = p^h(1-p)^{\ell-h}$。很容易看出，我们得到的结果与所有信息 $\mathscr{X}$ 可用的情况相同。我们有

$$\frac{dl(p)}{dp} = \frac{d}{dp}(h\ln p + (\ell-h)\ln(1-p)) = \frac{h}{p} - \frac{\ell-h}{1-p} = 0$$

从中得到 $\hat{p} = h/\ell$。最后，通过检查 $dl^2(p)/dp^2 < 0$，我们可以迅速得出结论，这是最大值。

7. 我们使用公式 (2.2.68) 所述的递归贝叶斯学习，考虑 $L=\{4, 7, 2, 8\}$ 时更新 $p(\theta|L)$，当 $x_1=4$ 时，有

$$p(\theta|L_1) = \alpha p(x=4|\theta)p(\theta|L_0) = \alpha_1 \frac{[4 \leqslant \theta \leqslant 10]}{\theta}$$

为了确定 α_1，我们加上 $\alpha_1 \int_4^{10} \frac{d\theta}{\theta} = 1$，从中得到 $\alpha_1 = 1/(\ln 5 - \ln 2)$。当 $x_2=7$ 时，我们有

$$p(\theta|L_2) = \alpha_2 p(x=7|\theta)p(\theta|L_1) = \alpha\alpha_1 \frac{[7 \leqslant \theta \leqslant 10] \cdot [4 \leqslant \theta \leqslant 10]}{\theta^2}$$

$$= \alpha_2 \frac{[7 \leqslant \theta \leqslant 10]}{\theta^2}$$

其中 $\alpha_2 := \alpha\alpha_1$ 通过施加 $\alpha_2 \int_7^{10} \frac{d\theta}{\theta^2} = 1$ 来确定，从中我们得到 $\alpha_2 = 70/3$。当 $x_3=2$ 时，会发生不同的事情。我们有

$$p(\theta|L_3) = \alpha_3 p(x=2|\theta)p(\theta|L_2) = \alpha\alpha_2 \frac{[2 \leqslant \theta \leqslant 10] \cdot [7 \leqslant \theta \leqslant 10]}{\theta^3}$$

$$= \alpha_3 \frac{[7 \leqslant \theta \leqslant 10]}{\theta^3}$$

基本上，这个区间中密度 $p(\theta|L_3)$ 未更新，但其结构发生变化，更加尖锐了。如果我们施加归一化条件，则得到 $\alpha_3 = 9800/51$。现在让 $x_m := \max_\kappa x_\kappa$。对 $n>1$ 的归纳使我们得出结论

$$p(\theta|L_n) = \frac{n-1}{x_m^{1-n} - 10^{1-n}} \frac{[x_m \leqslant \theta \leqslant 10]}{\theta^n}$$

当 $n\to\infty$ 时，密度 $p(\theta|L_n)$ 达到峰值。对于 $\theta=x_m$，我们得到

$$p(\theta=x_m|L_n)=\frac{n-1}{(x_m^{1-n}-10^{1-n})x_m^n}=\frac{n-1}{x_m-10(x_m/10)^n}$$

且当 $x_m\to 10$ 时 $p(\theta=x_m|L_n)=\frac{n-1}{x_m^{1-n}-10^{1-n}}\to\infty$。这种后验分布退化事实上表明贝叶斯学习已经完成。最后，我们可以根据公式(2.2.65)计算 $p(x|L)$。当为 $p(\theta|L_n)$ 插入上述表达式和为 $p(x|\theta)$ 插入公式(2.2.80)时，我们得到

$$\begin{aligned}p(x|L_n)&=\int_0^{10}p(x|\theta)p(\theta|L_n)\mathrm{d}\theta\\&=\frac{n-1}{x_m^{1-n}-10^{1-n}}\int_0^{10}\frac{[0\leqslant x\leqslant\theta]\cdot[x_m\leqslant\theta\leqslant 10]}{\theta^{n+1}}\mathrm{d}\theta\\&=\frac{n-1}{x_m^{1-n}-10^{1-n}}\left([x<x_m]\int_{x_m}^{10}\frac{\mathrm{d}\theta}{\theta^{n+1}}+[x\geqslant x_m]\int_x^{10}\frac{\mathrm{d}\theta}{\theta^{n+1}}\right)\\&=\frac{n-1}{n(x_m^{1-n}-10^{1-n})}\\&\quad\times\left([x<x_m]\left(\frac{1}{x_m^n}-10^{-n}\right)+[x\geqslant x_m]\left(\frac{1}{x^n}-10^{-n}\right)\right)\end{aligned}$$

注意，当 $n\to\infty$ 时，如果随机变量 X 产生最大 $x_m\to 10$，那么，正如人们所预料的那样，$p(x|L_n)\to 1/10$。此外，值得一提的是，根据练习 3，在这种情况下，MLE 也产生 $p(x|L_n)\to 1/10$。显然，这些估计量之间的差异产生于小 n。

9. 我们考虑在 m 次试验中具有 m_H 个头的可能性 $p(L_m|\theta)=\theta^{m_H}(1-\theta)^{1-m_H}$。先前的 θ 是

$$p(\theta)\sim\mathrm{Beta}(\theta,\alpha,\beta)=\frac{1}{B(\alpha,\beta)}\theta^{\alpha-1}(1-\theta)^{\beta-1}\tag{8.0.7}$$

其中 $B(\alpha,\beta)=\int_0^1 t^{\alpha-1}(1-t)^{\beta-1}\mathrm{d}t$。结果是后验 $p(\theta|L_m)$ 变成

$$\begin{aligned}p(\theta|L_m)&=\frac{\theta^{m_H}(1-\theta)^{m-m_H}\theta^{\alpha-1}(1-\theta)^{\beta-1}}{\int_0^1\theta^{m_H}(1-t)^{m-m_H}t^{\alpha-1}(1-t)^{\beta-1}\mathrm{d}t}\\&=\frac{\theta^{m_H+\alpha-1}(1-\theta)^{m-m_H+\beta-1}}{\int_0^1 t^{m_H+\alpha-1}(1-t)^{m-m_H+\beta-1}\mathrm{d}t}\\&\sim\mathrm{Beta}(\theta,m_H+\alpha,m-m_H+\beta)\end{aligned}$$

由于先验和后验表现出相同的概率分布，我们得出结论，θ 上的先验 Beta 分布与伯努利数据分布共轭。由于我们已经以封闭的分析形式发现了后验的表达式，我们可以通过确定最大化 $p(\theta|L_m)$ 的值 $\hat\theta_{\mathrm{MAP}}$ 直接确定最佳 MAP 估计。如果我们关于 θ 微分，我们可以很容易地看到

$$\hat\theta_{\mathrm{MAP}}=\arg\max_\theta p(\theta|L_m)=\frac{m_H+\alpha-1}{m+\alpha+\beta-2}\tag{8.0.8}$$

因此，当考虑具有 $\alpha-1$ 个附加头和 $\beta-1$ 个附加尾部的虚拟数据集时，MAP 估计等同于 MLE。对于 $\alpha=\beta=1$，MAP 降低至 MLE。例如，超参数 $\alpha=9$ 和 $\beta=1$ 模拟了在头部上强烈偏置的抛硬币的情况。因此，系数 α 和 β 很好地模拟了我们对伯努利分布的信念。它们

被称为先验超参数(prior hyperparameter)，而 $m_H+\alpha$ 和 $m-m_H+\beta$ 被称为后验超参数(posterior hyperparameter)。

10. 对于固定的 σ^2，我们有 $p(x|\theta)=p(x|\mu)\sim\mathcal{N}(\mu,\sigma^2)$，并且我们的先验是 $p(\theta)=p(\theta|L_0)\sim\mathcal{N}(\mu_0,\sigma_0^2)$。现在，由于练习8，高斯分布的乘积仍然是高斯分布，因此如果我们使用公式(2.2.68)所述的递归贝叶斯学习，我们得到

$$p(\theta|L_1)=\alpha_1 p(x_1|\theta)p(\theta)=\mathcal{N}\left(\frac{\sigma_0^2 x_1+\sigma^2\mu_0}{\sigma_0^2+\sigma^2},\frac{\sigma_0^2\sigma^2}{\sigma_0^2+\sigma^2}\right)$$

$$p(\theta|L_2)=\alpha_2 p(x_2|\theta)p(\theta|L_1)$$

令 $\hat{\mu}_n=\frac{1}{n}\sum_{\kappa=1}^{n}x_\kappa$，通过对 n 归纳，我们有

$$p(\theta|L_n)=\mathcal{N}\left(\frac{\sigma_0^2 n\hat{\mu}_n+\sigma^2\mu_0}{n\sigma_0^2+\sigma^2},\frac{\sigma_0^2\sigma^2}{n\sigma_0^2+\sigma^2}\right) \tag{8.0.9}$$

定义

$$\mu_n=\frac{n\sigma_0^2}{n\sigma_0^2+\sigma^2}\hat{\mu}_n+\frac{\sigma^2}{n\sigma_0^2+\sigma^2}\mu_0$$

$$\sigma_n^2=\frac{\sigma_0^2\sigma^2}{n\sigma_0^2+\sigma^2}$$

请注意，当 $n\to\infty$ 时，分布变得高度锐化，由于

$$\lim_{n\to\infty}\frac{\sigma_0^2\sigma^2}{n\sigma_0^2+\sigma^2}=0$$

这表明贝叶斯学习已经融合。现在我们可以根据公式(2.2.65)计算 $p(x|L)$。当使用公式(8.0.9)时，我们得到

$$p(x|L_n)=\int_{-\infty}^{\infty}p(x|\theta)p(\theta|L_n)\mathrm{d}\theta=\int_{-\infty}^{\infty}g_{\sigma^2}^{x}(x-\theta)g_{\sigma_n^2}^{\mu_n}(\theta-\mu_n)\mathrm{d}\theta$$

其中 $g_{\sigma^2}^{x}$ 和 $g_{\sigma_n^2}^{\mu_n}$ 是高斯函数及其参数。如果我们取 $\vartheta=x-\theta$，可得

$$p(x|L_n)=\int_{-\infty}^{\infty}g_{\sigma_n^2}^{x-\mu_n}(x-\mu_n-\vartheta)g_{\sigma^2}^{0}(\vartheta)\mathrm{d}\vartheta=(g_{\sigma_n^2}^{\mu_n}*g_{\sigma_n^2+\sigma^2}^{0})(x)$$

在那里我们使用了练习8中所述的关于高斯卷积的属性。总之，贝叶斯估计是高斯正态 $\mathcal{N}(\mu_n,\sigma_n^2+\sigma^2)$。

11. 我们从归纳的基础开始，并假设所有变量彼此独立。设 $\forall v_i\in\mathscr{V}:\mathrm{pa}(i)=\emptyset$。然后 $p(v_1,\cdots,v_\ell)=\prod_{i=1}^{\ell}p(v_i)$，当考虑到 $p(v_i|v_{\mathrm{pa}(i)})=p(v_i|v_\emptyset)=p(v_i)$ 时，它折叠到公式(2.2.70)。现在由归纳假设 $p(v_1,\cdots,v_{\ell-1})=\prod_{i=1}^{\ell-1}p(v_i|v_{\mathrm{pa}(i)})$。新顶点 V_n 接收来自 $i\in\mathrm{pa}(\ell)$ 中顶点的连接，那我们有

$$p(v_1,\cdots,v_\ell)=p(v_\ell|v_1,\cdots,v_{\ell-1})p(v_1,\cdots,v_{\ell-1})$$

$$=p(v_\ell|v_1,\cdots,v_{\ell-1})\prod_{i=1}^{\ell-1}p(v_i|v_{\mathrm{pa}(i)})=\prod_{i=1}^{\ell}p(v_i|v_{\mathrm{pa}(i)})$$

12. 我们使用MLE，须最大化 $L=\prod_{\kappa=1}^{\ell}p(y_\kappa,x_{\kappa,1},\cdots,x_{\kappa,d})=\prod_{\kappa=1}^{\ell}q(y_\kappa)\prod_{i=1}^{d}q_i(x_{\kappa,i}|y_\kappa)$，

或者等同于

$$l = \sum_{\kappa=1}^{\ell}\sum_{i=1}^{d}(\ln q(y_\kappa) + \ln q_i(x_{\kappa,i}|y_\kappa)) = d\sum_{\kappa=1}^{\ell}\ln q(y_\kappa) + \sum_{\kappa=1}^{\ell}\sum_{i=1}^{d}\ln q_i(x_{\kappa,i}|y_\kappa)$$
(8.0.10)

其中 $q(y) \geqslant 0$, $\sum_{y=1}^{c} q(y) = 1$, $q_i(x|y) \geqslant 0$ 且 $\sum_{x \in \{-1,+1\}} q_i(x|y) = 1$。可以使用拉格朗日函数来处理最大化

$$\mathcal{L} = d\sum_{\kappa=1}^{\ell}\ln q(y_\kappa) + \sum_{\kappa=1}^{\ell}\sum_{i=1}^{d}\ln q_i(x_{\kappa,i}|y_\kappa) + \sum_{y=1}^{c}\lambda_{1,y}q(y) + \lambda_{2,y}\Big(\sum_{y=1}^{c}q(y) - 1\Big)$$
$$= \lambda_{1,x}\sum_{x \in \{-1,+1\}} q_i(x|y) + \lambda_{2,x}\Big(\sum_{x \in \{-1,+1\}} q_i(x|y) - 1\Big)$$

关于 $q(y)$ 微分得到

$$\frac{\partial \mathcal{L}}{\partial q(y)}(q(\hat{y})) = d\sum_{\kappa=1}^{\ell}\frac{[y = y_\kappa]}{\hat{q}(y)} + \lambda_{1,y} + \lambda_{2,y} = 0$$

从中我们得到

$$\hat{q}(y) = -\frac{d}{\lambda_{1,y} + \lambda_{2,y}}\sum_{\kappa=1}^{\ell}[y = y_\kappa]$$

当施加归一化条件时，我们得到

$$-\sum_{y=1}^{c}\frac{d}{\lambda_{1,y} + \lambda_{2,y}}\sum_{\kappa=1}^{\ell}[y = y_\kappa] = -\frac{d}{\lambda_{1,y} + \lambda_{2,y}}\sum_{\kappa=1}^{\ell}\sum_{y=1}^{c}[y = y_\kappa]$$
$$= -\frac{d\ell}{\lambda_{1,y} + \lambda_{2,y}} = 1$$

因此 $-d/(\lambda_{1,y} + \lambda_{2,y}) = 1/\ell$ 且最后 $\hat{q}(y) = \frac{1}{\ell}\sum_{\kappa=1}^{\ell}[y = y_\kappa]$。关于 $q_i(x|y)$ 微分产生

$$\frac{\partial \mathcal{L}}{\partial q_i(x|y)}(\hat{q}_i(x|y)) = \sum_{\kappa=1}^{\ell}\frac{[(x = x_{\kappa,i}) \wedge (y = y_\kappa)]}{\hat{q}_i(x|y)} + 2(\lambda_{1,x} + \lambda_{2,x}) = 0$$

从中得到

$$\hat{q}_i(x|y) = -\frac{1}{2(\lambda_{1,x} + \lambda_{2,x})}\sum_{\kappa=1}^{\ell}[(x = x_{\kappa,i}) \wedge (y = y_\kappa)]$$

最终，从归一化条件中我们得到

$$\sum_{x \in \{-1,+1\}}\hat{q}_i(x|y) = -\frac{1}{2(\lambda_{1,x} + \lambda_{2,x})}\sum_{\kappa=1}^{\ell}[y = y_\kappa] = 1$$

从中我们得到

$$\hat{q}_i(x|y) = \frac{\sum_{\kappa=1}^{\ell}[(x = x_{\kappa,i}) \wedge (y = y_\kappa)]}{\sum_{\kappa=1}^{\ell}[y = y_\kappa]}$$
(8.0.11)

3.1 节

1. $(\nabla f)_i = \partial_i(c_j x_j) = c_i$，$(\nabla g)_i = \partial_i(x_j A_{jk} x_k) = (A_{ik} + (A')_{ik})x_k$。

2. 公式(3.1.8)就变成了 $E(W, b) = \sum_{\kappa=1}^{\ell}\sum_{i=1}^{n}(y_{\kappa i} - (Wx_\kappa)_i - b_i)^2$，其中 $y_{\kappa i}$ 是第 κ 个 y_κ。为了找到正规方程，定义：

$$\hat{W} = \begin{pmatrix} w_{11} & w_{12} & \cdots & w_{1n} \\ w_{21} & w_{22} & \cdots & w_{2n} \\ \vdots & & & \vdots \\ w_{d1} & w_{d2} & \cdots & w_{dn} \\ b_1 & b_2 & \cdots & b_n \end{pmatrix}$$

并且使得 $(Y)_{ij} = y_{ij}$，其中 $Y \in \mathbb{R}^{\ell,n}$。这就能得到 $E(\hat{W}) = \text{tr}((Y - \hat{X}\hat{W})(Y' - \hat{W}'\hat{X}')) = \text{tr}(YY') - 2\text{tr}(Y\hat{W}'\hat{X}') + \text{tr}(\hat{X}\hat{W}\hat{W}'\hat{X}')$，令 $\partial_{\hat{W}}E = 0$ 就能得到正规方程。因为 $\partial_{\hat{W}}\text{tr}(Y\hat{W}'\hat{X}') = \hat{X}'Y$ 且 $\partial_{\hat{W}}\text{tr}(\hat{X}\hat{W}\hat{W}'\hat{X}') = 2(\hat{X}'\hat{X}\hat{W})$，正规方程就是 $\hat{W}^* = (\hat{X}'\hat{X})^{-1}\hat{X}'Y$。

3. 这个性质来源于 $\hat{E}$ 在 $\hat{E}1 = 1$ 情况下的线性，也就是

$$\hat{\sigma}_{xy}^2 = \hat{E}(XY - X\hat{E}Y - Y\hat{E}X + \hat{E}X\hat{E}Y) = \hat{E}(XY) - \hat{E}X\hat{E}Y = \frac{1}{\ell}\sum_{\kappa=1}^{\ell}x_\kappa y_\kappa - \bar{x}\cdot\bar{y}$$

如果我们让 $X = Y$，就能得到需要的 $\hat{\sigma}_{xx}^2$ 表达式。

4. 假设我们至少有两个例子，然后使用正规方程(3.1.12)，其中表示第几个的 κ 总是在 1 到 ℓ 之间：

$$\binom{w}{b} \simeq \underbrace{\frac{1}{\ell\sum_\kappa x_\kappa^2 - (\sum_\kappa x_k)^2}\begin{bmatrix} \ell & -\sum_\kappa x_\kappa \\ -\sum_\kappa x_\kappa & \sum_\kappa x_\kappa^2 \end{bmatrix}}_{(\hat{X}'\hat{X})^{-1}} \underbrace{\begin{bmatrix} p\sum_\kappa x_\kappa^2 + q\sum_\kappa x_\kappa \\ p\sum_\kappa x_\kappa + \ell q \end{bmatrix}}_{\hat{X}'y}$$

$$= \binom{p}{q}$$

6. 设 $A^+ = A'(AA')^{-1}$ ($A^* = A'$)。$AA'(AA')^{-1}A = A$ 是第一个性质；第二个则是 $A'(AA')^{-1}AA'(AA')^{-1} = A'(AA'^{-1})$；第三个性质在我们这个特殊的 $AA^+ = I$ 情况下没有太大意义；最后一个是 $(A'(AA')^{-1}A)' = A'(AA')^{-1}A$。

10. (1) 如果 $\text{rank }\hat{X} = d+1 < \ell$，则 0 是特征值(因为 $P_\perp = d+1$)；否则，当 $P_\perp = \ell$ 时，0 不是特征值。而现在我们有 $P_\perp^d \hat{X} = (\hat{X}(\hat{X}'\hat{X})^{-1}\hat{X}')\hat{X} = \hat{X}$，所以唯一的特征值是 1。

(2) 当 $\text{rank}(Q_\perp^d) = \ell - \text{rank}(P_\perp^d)$ 时来考虑 $Q_\perp^d$，我们就能得出和谱分析中相同的结论。另外两种情况留给读者自己思考。

13. 假设我们使用缩放 $x \rightsquigarrow \alpha x$，其中 $\alpha \in \mathbb{R}^+$。则显然 $\hat{w}_\alpha = \left[\frac{w'}{\alpha}, b\right]'$ 构造了一个能使 $\hat{X}\hat{w} = \hat{X}_\alpha\hat{w}_\alpha$ 成立的函数。现在来证明 $\hat{X}\hat{w}^* = \hat{X}_\alpha\hat{w}_\alpha^*$ 也是成立的，也就是说 $\hat{w}^*$ 一旦被给定，$\hat{w}_\alpha^* = \left[\frac{(w^*)'}{\alpha}, b\right]'$ 会产生一个最优解。公式

$$\min_{\hat{w}} \| y - \hat{X}_\alpha \hat{w} \|^2 = \| y - P_\perp^\alpha y \|^2 = \| Q_\perp^\alpha y \|^2 \leqslant \| Q_\perp^\alpha \|^2 \cdot \| y \|^2$$
$$= \| Q_\perp \|^2 \cdot \| y \|^2$$

的最后一个等式来自练习 10 中所描述的性质。因此这个缩放不会在最小值界上改变 $\| Q_\perp \|^2 \cdot \| y \|^2$。

14. 因为我们只考虑传统意义上的逆，因此可以将 $d+1 \leqslant \ell$ 作为限制条件。在此情况下，M 是一个肥胖矩阵，并且在的 $Mz=0$ 条件下，$M\hat{X}\hat{w}=My$ 的解与 $\hat{X}\hat{w}=y+z$ 的解相对应(z 是 M 的核)。这意味着除非 $M=\hat{X}$，非正规方程的解既不完全符合条件，也不能代表最佳拟合。

15. 如果 $\det T \neq 0$，$Q_\perp(T)$ 的谱就不会改变，与练习 13 中所考虑的相同。基本上，在 $\omega := T'w$ 时有 $w'Tx+b=\omega'x+b$，所以问题就被缩小为在 $[\omega', b]'$ 上的学习。显然如果 T 不是满秩矩阵，我们就会失去预处理的信息。

18. 此数据由从正规方程中得到的 $\hat{X} = \begin{pmatrix} 0 & 0 & 1 \\ 0 & 1 & 1 \end{pmatrix}$ 和 $y = \begin{pmatrix} -1 \\ +1 \end{pmatrix}$ 表示，可以得到解 $\hat{w} = (\alpha, 2, -1)'$，其中 $\alpha \in \mathbb{R}$。对于任意的 $w_1 = \alpha$，相应的直线 $x_2 = 0.5$ 都能分离训练集。一个更直接的公式是忽略坐标 w_1，只考虑由 $\hat{X} = \begin{pmatrix} 0 & 1 \\ 1 & 1 \end{pmatrix}$ 和 $y = \begin{pmatrix} -1 \\ +1 \end{pmatrix}$ 定义的一维问题，该问题也能直接得到相同的分离线 $w_2 = 0.5$。

19. 数据可以用下式表示：
$$\hat{X} = \begin{pmatrix} 0 & 0 & 1 \\ 0 & 1 & 1 \\ 0 & \alpha & 1 \end{pmatrix}, \quad y = \begin{pmatrix} -1 \\ -1 \\ +1 \end{pmatrix}$$

从正规方程中我们可以得到 $w_2 = (2\alpha-1)/(\alpha^2-\alpha+1)$ 和 $b = -\alpha^2/(\alpha^2-\alpha+1)$。例如，对于 $\alpha=2$ 能得到分离线 $x_2=4/3$。显然，我们可以简单地——像在例 18 中一样——降低表示的维数，也就是去掉坐标 w_1。在这个条件的约束下，对于 $\alpha=1/2$ 我们有 $w_2=0$ 和 $b=1/3$。这种理解是相当有趣的：我们有 $w'x=0$，于是学习问题被缩小到只要确认给定点集的质心(barycenter)，其中的质量可以是 $+1$ 或者 -1。

23. 这个问题能通过最小化 $L(\hat{w}, \lambda) = \hat{w}^2 + \lambda'(\hat{X}\hat{w}-y)$ 来解决。这得出了 $\nabla_{\hat{w}} L = 2\hat{w} + \hat{X}'\lambda = 0$ 和 $\nabla_\lambda L = \hat{X}\hat{w}-y = 0$。从第一个算式我们可以得到 $\hat{w} = -\frac{1}{2}\hat{X}'\lambda$，因而有 $\lambda = -2(\hat{X}\hat{X}')^{-1}y$。最后能得出 $\hat{w} = \hat{X}'(\hat{X}\hat{X}')^{-1}y$。从公式(3.1.18)的定义可以得出，这是肥胖满秩矩阵 $\hat{X}$ 的广义逆。

26. 开始证明 $M>0$。我们有 $\forall u \in \mathbb{R}^{d+1}$ 使得对于 $\forall u \neq 0$，都有 $u'(\lambda I_d + \hat{X}'\hat{X})u = \lambda \sum_{i=1}^d u_i^2 + \lambda(\hat{X}u)'(\hat{X}u)$。现在我们就能考虑基于 u 的结构的两种情况。如果对于至少一个 $i \in [1..d]$ 有 $u_i \neq 0$，则 $\sum_{i=1}^d u_i^2 > 0$，并能推出 $u'(\lambda I_d + \hat{X}'\hat{X})u > 0$。另一方面，我们有 $u = \gamma e_{d+1} = \gamma(0, \cdots, 0, 1)'$，因而能推出 $\hat{X}u = \gamma \hat{X} \cdot (0, \cdots, 0, 1)' = \gamma \mathbf{1}$ 且 $u'(\lambda I_d + \hat{X}'\hat{X})u = \gamma^2(\ell+1) > 0$。最终，当考虑具有正特征值的正矩阵是非奇异矩阵时，这个结论成立。

32. 注意，如果惩罚项是凸的，那么添加正则化项可以保持凸性。这是由任意两个凸函数的和为凸的这一性质引起的。但当惩罚项仅为局部极小自由时,问题就变得异常困难。据我所知,这是一个开放的研究问题。

33. 矩阵 $\hat{X}$ 是

$$\hat{X} = \begin{pmatrix} x_1^d & x_1^{d-1} & \cdots & x_1 & 1 \\ x_2^d & x_2^{d-1} & \cdots & x_2 & 1 \\ \vdots & \vdots & \cdots & \vdots & \vdots \\ x_\ell^d & x_\ell^{d-1} & \cdots & x_\ell & 1 \end{pmatrix}$$

如果 $d+1 \geq \ell$ 我们就可以使用正规方程,当 $d+1 > \ell$ 时我们可以使用广义逆或者岭回归。注意,关于 $\hat{X}$(范德蒙矩阵)的问题是病态的,这在大尺寸上将产生严重的数值问题。

3.2 节

1. 答案是否定的,当选择 $\{((1,1),-1),((2,2),+1)\}$ 和 $a > 2$ 作为学习问题时,就产生了一个反例。

2. 对于归一化我们有 $\sum_i \text{softmax}_i = \sum_i \exp(a_i)/\sum_j \exp(a_j) = 1$。现在假设 $a_i \gg a_j$,则 $\text{softmax}_k \approx \exp(a_k - a_i) \approx [k=i]$。

3. 易得 $x_1 \wedge x_2 \wedge \cdots \wedge x_n = [x_1 + x_2 + \cdots + x_n \geq n]$ 和 $x_1 \vee x_2 \vee \cdots \vee x_n = [x_1 + x_2 + \cdots + x_n \geq 1]$。

4. 如果 f 是线性可分的,这就意味着存在一个超平面 $w_1 x_1 + w_2 x_2 + \cdots + w_n x_n = t$,它将布尔超立方体(Boolean hypercube)中函数值为 1 的点与函数值为 0 的点分开。接着就能推出 $f(x_1, x_2, \cdots, x_n) = [w_1 x_1 + w_2 x_2 + \cdots + w_n x_n \geq t]$。

5. 我们已经知道了 $x \oplus y = (x \vee y) \wedge (\neg \oplus \vee \neg y)$,所以只需讨论这是否为一阶即可。设它是一阶,说明 $x \oplus y = [w_1 x + w_2 y \geq t]$;由对称性质 $x \oplus y = y \oplus x$,我们有:每当 $w_1 x + w_2 y \geq t$ 时,必有 $w_1 y + w_2 x \geq t$,接着推出 $\frac{1}{2}(w_1 + w_2)x + \frac{1}{2}(w_1 + w_2)y \geq t$;同理当 $w_1 x + w_2 y < t$ 时,有 $\frac{1}{2}(w_1 + w_2)x + \frac{1}{2}(w_1 + w_2)y < t$。若需使该表达式与 XOR 函数的定义保持一致,则当 $x=y=0$ 时,$\gamma \cdot 0 \geq t$,当 $x=1$ 且 $y=0$ 时,$\gamma \cdot 1 < t$,当 $x=y=1$ 时,$\gamma \cdot 2 \geq t$。这些不等式不能同时满足,因此我们用反证法证明了 XOR 不具有一阶的特性。

6. 让 $|\mathscr{R}^\#| = n$,则 Φ 是有限的,因为对于 n 个变量能产生 2^{2^n} 个布尔函数。更进一步,我们可以大胆假设,对于 $\sum_{i=1}^{D} w_i \varphi_i = t$ 没有图像 $\mathscr{X}^\#$ 存在,这个 t 是有理的,因为在两种情况下我们都可以把 t 改为 $t+\delta$,其中 δ 是比 $\left|\sum_i w_i \varphi_i - t\right|$ 能在任意 $\mathscr{X}^\#$ 图像上预测的非零值更小的值。

现在假设所有的 w_i 都是有理数,则对于所有 $i=1, \cdots, D$,都有 $w_i = p_i/q_i (q_i > 0)$。如果确认 $t = \tau/q_{D+1}(q_{D+1} > 0)$,则可以定义 $w'_i := (\sum_{j=1}^{D+1} q_j) w_i$ 和 $t' = (\sum_{j=1}^{D+1} q_j) t$。这种情况下 w'_i 和 t' 是整数,并且对于所有在视网膜上可能的图像都有 $[\sum_{i=1}^{D} w_i \varphi_i \geq t] =$

$\left[\sum_{i=1}^{D} w'_i \varphi_i \geq t'\right]$。现在假设存在一个 k 使得 w_k 是无理的,则我们可以用任意在$(w_k ..$ $w_k+\delta/2^{2n})$上的有理数 w'_k 来替代它。在此情况下 $\sum_{i=1}^{D} w_i \varphi_i$ 不能改变得比 δ 更多,因此 $\left[\sum_{i=1}^{D} w_i \varphi_i \geq t\right]$ 的值就保持不变。

7. 对于任意的负权数 w_j,使得 $x_j \leftarrow \neg x_j$,$w_j \leftarrow -w_j$ 和 $t \leftarrow t+|w_j|$。

8.(1)通过构造,顶点和像素一样多,则 R_n 就有 n^2 个顶点。对于每一行有"垂直的"边缘 $n-1$ 个,而对于每一列总共有 $2n(n-1)$ 个;所以我们不得不添加 $2(n-1)^2$ 个"对角"边缘。

(2)我们要做的就是展示一种为每个 R_n 建立一个生成循环的方法。区分 n 个奇数和 n 个偶数很方便。下图这两个生成 R_6 和 R_7 的循环说明了我们一般是怎么做的:

$$C_{36} = \quad , \quad C_{49} =$$

这里的思想是,当 n 是奇数时,可以在前两列之间曲折移动,然后在偶数情况下完成整个图像。

9. 严格地说,定义一个给定两个顶点的中点函数,是不可能找到一个单独的中点的,这主要有两个原因:一个是给定两个顶点 i 和 j,它们之间有不止一条最短路径相连;第二个原因是对于奇数长度的路径没有一个顶点与路径两端的距离相等,所以会得到两个中点。所以将 $i \bowtie j$ 定义为点集而不是在连续情况下单独的点是更加合理的。特别说明一下,它将是 i 和 j 之间所有最短路径的中点的集合(对于偶数长度路径),或所有最短路径的所有中点(对于奇数长度路径)的集合。那么自然当一个图像所有的 i 和 j 都满足集合 $i \bowtie j \subseteq C$ 时,该图的点集 C 是中点凸的。注意,所有的讨论都不改变[$\mathcal{X}^\#$ 是凸的]是三阶的这一事实,因为所有 $\varphi_i = [p_i \bowtie q_i \subseteq \mathcal{X}^\#]$ 都能被写成仅取决于三个点的并谓词的形式。

10.(1)对于 $d=1$ 我们能使用含有 $\hat{X} = \begin{pmatrix} x_1 & 1 \\ x_2 & 1 \end{pmatrix}$ 和 $y = \begin{pmatrix} 1 \\ -1 \end{pmatrix}$ 的正规方程,所以能得出:

$$\begin{pmatrix} w \\ b \end{pmatrix} = \begin{pmatrix} \dfrac{2}{(x_1-x_2)^2} & -\dfrac{x_1+x_2}{(x_1-x_2)^2} \\ -\dfrac{x_1+x_2}{(x_1-x_2)^2} & \dfrac{x_1^2+x_2^2}{(x_1-y_1)^2} \end{pmatrix} \cdot \begin{pmatrix} x_1-x_2 \\ 0 \end{pmatrix} = \begin{pmatrix} \dfrac{2}{x_1-x_2} \\ -\dfrac{x_1+x_2}{x_1-x_2} \end{pmatrix}$$

注意,在关于原点对称结构的情况下,从 $x_1=-1$ 和 $x_2=1$,能得出 $w=-1$ 和 $b=0$。在这种情况下显然 $f(x)=-x$ 和数据契合。

(2)在此情况下正规方程形式是:

$$(\hat{x}_1 \quad \hat{x}_2) \begin{pmatrix} \hat{x}'_1 \\ \hat{x}'_2 \end{pmatrix} (\alpha \hat{x}_1 + \hat{x}_2) = (\hat{x}_2 \quad \hat{x}_2) \begin{pmatrix} 1 \\ -1 \end{pmatrix}$$

因为 x_1 和 x_2 是线性独立的,这就导致 $\alpha \hat{x}_1^2 + \beta \hat{x}'_1 \hat{x}_2 = 1$ 和 $\alpha \hat{x}'_1 \hat{x}_2 + \beta \hat{x}_2^2 = -1$。通过 α 和 β 的解,能立刻得到 $\alpha = (\hat{x}_2^2 + \hat{x}'_1 \hat{x}_2)/(\hat{x}_1^2 \hat{x}_2^2 - (\hat{x}'_1 \hat{x}_2))$,$\beta = -(\hat{x}_1^2 + \hat{x}'_1 \hat{x}_2)/(\hat{x}_1^2 \hat{x}_2^2 -$

($\hat{x}_1'\hat{x}_2$))。将这些结果反过来带入$\hat{w}=\alpha\hat{x}_1+\beta\hat{x}_2$，最终就能得到$w=(2+x_2^2+x_1'x_2)x_1-(2+x_1^2+x_1'x_2)x_2$和$b=x_2^2-x_1^2$。因为$\hat{X}'\hat{X}(\alpha\hat{x}_1+\beta\hat{x}_2)=\hat{x}_1(\alpha\hat{x}_1^2+\beta\hat{x}_1'\hat{x}_2)+\hat{x}_2(\alpha\hat{x}_1'\hat{x}_2+\beta\hat{x}_2^2)=\hat{x}_1-\hat{x}_2$，所以在$\hat{x}_1^2=\hat{x}_2^2$的情况下我们能推出$\hat{x}_1-\hat{x}_2$是$\hat{X}'\hat{X}$的一个特征向量。

11. 定义：

$$\hat{X}=\begin{pmatrix} c_1x_{11} & c_1x_{12} & \cdots & c_1x_{1d} & c_1 \\ c_2x_{21} & c_2x_{22} & \cdots & c_2x_{2d} & c_2 \\ \vdots & & & & \vdots \\ c_\ell x_{\ell 1} & c_\ell x_{\ell 2} & \cdots & c_\ell x_{\ell d} & c_\ell \end{pmatrix}, \quad y=\begin{pmatrix} c_1y_1 \\ \vdots \\ c_\ell y_\ell \end{pmatrix}$$

对于公式(3.2.55)来说，显然$E=\frac{1}{2}\|y-\hat{X}\hat{w}\|^2$的最小化给出了正规方程的标准形式(3.1.12)。

12. 使用满足下式的正规方程

$$\hat{X}=\begin{pmatrix} 0 & 0 & m \\ 1 & 0 & 1 \\ 1 & 1 & 1 \\ 0 & m & m \end{pmatrix} \quad 且 \quad y=\begin{pmatrix} -m \\ -1 \\ -1 \\ m \end{pmatrix}$$

得到$\hat{w}^*=(1+m^2)^{-1}(-1-m^2,\ 2m^2,\ -m^2)'$，所以对应的分离线是$x_2=(1+m^2)/(2m^2)x_1+1/2$。当$m>0$时，这样一条线的角系数(angular coefficient)是一个关于$x_2=1/2$水平渐近的单调递减函数；这证明了对于任意的有限m，这条直线事实上是这些例子的分离线。当$m=\infty$时，直线穿过一个示例，因而无法分离。当$m=0$时（即没有示例1和4）角系数就变得无穷大，此时的解为$x_1=0$；这是一个很好的解，因为位于直线的右侧的其余示例(2和3)属于同一类别。

13. 在类别•中有m个在(0，1)上的示例，而类别×中有m个在(0，1)上的示例。由于这里的未知数比（一组）例子的数量还多，所以我们使用彭罗斯广义逆来进行求解，其中$\hat{X}=\begin{pmatrix} m & 0 & m \\ 0 & m & m \end{pmatrix}$，$y=\begin{pmatrix} m \\ -m \end{pmatrix}$。解为$\hat{w}^*=(1,\ -1,\ 0)$，它给出了每$m$个等分线$x_2=x_1$的分离线。

14. 本练习中提出的问题已经在文献[59]中一个更通用的架构里进行了讨论，你也可以在其中找到它的解决方案。

3.3 节

2. 在这种情况下有$\hat{X}=\begin{bmatrix} x_1 & 1 \\ x_2 & 2 \end{bmatrix}$且$y=\begin{pmatrix} +1 \\ -1 \end{pmatrix}$，那么有

$$\begin{bmatrix} x_1^2+x_2^2 & x_1+x_2 \\ x_1+x_2 & 2 \end{bmatrix} \cdot \begin{pmatrix} w \\ b \end{pmatrix} = \begin{pmatrix} x_1-x_2 \\ 0 \end{pmatrix}$$

且得到$w=2/(x_1-x_2)$，$b=(x_2^2-x_1^2)/(x_1-x_2)^2$。注意关于原点$x_1=-1$，$x_2=-1$的对称情况下，得到$w=-1$且$b=0$。在这种情况下，$f(x)=-x$，它明显适合数据。

3. 可以通过应用以下正规方程直接找到解：

$$(\hat{x}_i \hat{x}_j) \begin{bmatrix} \hat{x}'_i \\ \hat{x}'_j \end{bmatrix} (\alpha \hat{x}_i + \beta \hat{x}_j) = (\hat{x}_i \hat{x}_j) \begin{pmatrix} 1 \\ -1 \end{pmatrix}$$

化简为 $(\hat{x}_i \hat{x}'_i + \hat{x}_j \hat{x}'_j)(\alpha \hat{x}_i + \beta \hat{x}_j) = \hat{x}_i - \hat{x}_j$,据此得到 $\alpha \hat{x}_i^2 + \beta \hat{x}'_i \hat{x}_j = 1$ 且 $\alpha \hat{x}'_i \hat{x}_j + \beta \hat{x}_j^2 = -1$。因此 $\alpha = \dfrac{\hat{x}_j^2 + \hat{x}'_i \hat{x}_j}{\hat{x}_i^2 \hat{x}_j^2 - (\hat{x}'_i \hat{x}_j)^2}$ 且 $\beta = \dfrac{\hat{x}_i^2 + \hat{x}'_i \hat{x}_j}{\hat{x}_i^2 \hat{x}_j^2 - (\hat{x}'_i \hat{x}_j)^2}$,分离超平面定义为

$$\hat{w} = \frac{\hat{x}_j^2 + \hat{x}'_i \hat{x}_j}{\hat{x}_i^2 \hat{x}_j^2 - (\hat{x}'_i \hat{x}_j)^2} \hat{x}_i - \frac{\hat{x}_i^2 + \hat{x}'_i \hat{x}_j}{\hat{x}_i^2 \hat{x}_j^2 - (\hat{x}'_i \hat{x}_j)^2} \hat{x}_j$$

$$\propto (x_j^2 + 1 + x'_i x'_j + 1) \begin{bmatrix} x_i \\ 1 \end{bmatrix} - (x_i^2 + 1 + x'_i x'_j + 1) \begin{bmatrix} x_j \\ 1 \end{bmatrix}$$

最终,$w = (2 + x_j^2 + x'_i x_j) x_i - (2 + x_i^2 + x'_i x_j) x_j$ 且 $b = x_i^2 - x_j^2$。

4. 在研究 $\hat{X}'\hat{X}$ 的特征向量时,注意到 $\hat{X}'\hat{X} = \sum_{\kappa=1}^{\ell} x_\kappa x'_\kappa$。考虑仅限于两个例子的情况,即 x_i 和 x_j,其中 $\|x_i\| = \|x_j\| := \rho$。然后从正规方程发现存在 $\gamma \in \mathbb{R}$ 使得 $w = \gamma(x_i - x_j)$。因此,

$$\hat{X}'\hat{X} \gamma(x_i - x_j) = \gamma(x_i x'_i + x_j x'_j)(x_i - x_j) = \gamma x_i x'_i x_i - \gamma x_j x'_j x_j = \gamma \rho (x_i - x_j)$$

3.4 节

1. 步骤 P2 对示例归一化。然后如果在新示例到达,在输出之前不执行这样的替换,为了计算 $f = \hat{w}'\hat{x}$,需要通过插入 R 而不是 1 作为最后一个坐标来正确地归一化示例。

2. 它没有改变,因为在证明中使用的唯一属性是内积是对称的这一事实。

3. 正如为了得到公式(3.4.76)所做的那样,只需要约束 $1/\cos\varphi_i$。公式(3.4.74)仍然成立,而公式(3.4.75)变为 $\|\hat{w}_t\|^2 \leqslant \eta^2 (R^2+1) t$,因为

$$\|\hat{w}_{\kappa+1}\|^2 \leqslant \|\hat{w}_\kappa\|^2 + \eta^2 (\|x_i\|^2 + 1) \leqslant \|\hat{w}_\kappa\|^2 + \eta^2 (R^2 + 1)$$

然后有

$$1 \geqslant \cos\varphi_t \geqslant \delta \sqrt{\frac{t}{R^2+1}}, \quad \text{即}, \quad t \leqslant \left(1 + \frac{1}{R^2}\right)\left(\frac{R}{\delta}\right)$$

这意味着当了解 $R > 1$ 时——具有固定比率 R/δ——没有归一化的算法更有效。

4. 是的,实际上通过假设存在一个由向量 a 表示的超平面,对于训练集中的所有示例 $\hat{x}_i$,都有 $y_i a' \hat{x}_i > 0$。现在用 d_i 表示每个点 $\hat{x}_i$ 与超平面的距离并定义 $\delta = \dfrac{1}{2}\min_i d_i$,然后对于训练集的每个点有 $y_i a' \hat{x}_i > \delta$。

5. 在这种情况下,不能断定线性可分性意味着强线性可分性。例如,假设 a 是超平面,它正确地分离了训练集的示例,但是假设点 $\hat{x}_i$ 到 a 的距离 d_i 形成一个序列使得 $\lim_{i \to \infty} d_i = 0$,这种情况下很明显找不到 $\delta > 0$ 对所有示例满足 $y_i a' \hat{x}_i > \delta$。在这种情况下需要修改边界(3.4.76)以考虑 d_i 接近 0 的情况,让我们在一些细节上讨论这个问题。

很明显,序列 $\langle d_i \rangle$ 生成序列 $\langle \delta_i \rangle$,其中通用项定义为 $\delta_i = \dfrac{1}{2}\min_{j<i} d_j$。然后公式(3.4.76)中的边界变为 $t \leqslant 2(R/\delta_i)^2$,其中索引 i 是由代理 Π 处理的示例数量,并且 t 是在这些示例中发生权重更新的次数(显然,$t \leqslant i$)。现在假设 oracle 给出了这样的例子,即

当 i 变得更大时,$\delta_i \approx \Delta/i$。然后该边界简化为 $t \leqslant 2(R/\Delta)^2 i^2$,这是没有意义的,因为已经知道 $t \leqslant i$。另一方面,假设 $\delta_i \approx \Delta/\log i$,这次边界 $t \leqslant 2(R/\Delta)(\log i)^2$,这是一个关于代理收敛的有意义的命题。所有这些讨论表明,代理的"有效性"在很大程度上取决于展示示例的 oracle 的优质性。

10. 为了证明收敛性,使用 3.4.3 节中的相同方法。可以通过考虑 $\hat{w}_o \neq 0$ 来简单地修改边界(3.4.74)和(3.4.75)。有新边界 $a'\hat{w}_t > a'\hat{w}_o + \eta\delta t$,且 $\|\hat{w}_t\|^2 \leqslant \hat{w}_o^2 + 2\eta^2 R^2 t$。因此从

$$t \leqslant \frac{\eta R^2 - a'\hat{w}_o\delta + \sqrt{(\eta R^2 - a'\hat{w}_o\delta)^2 + (\hat{w}_o^2 - (a'\hat{w}_o)^2)\delta^2}}{\eta\delta^2}$$

得到 $(a'\hat{w}_o + \eta\delta t)/\sqrt{\hat{w}_o^2 + 2\eta^2 R^2 t} \leqslant 1$。如果 $\hat{w}_o = 0$,则返回已知的边界。注意其中 $\|a\| = 1$。然后 $\hat{w}_o^2 - (a'\hat{w}_o)^2 \geqslant 0$,使二次方程的根都是实数,但我们只考虑正数。有趣的是,当 $\hat{w}_o \neq 0$ 时,学习率会影响边界。

19. 这里只提供求解的草图。具有缺失数据的任何输入 $\check{x} \in \mathbb{R}^d$ 包含至少一个坐标 $\check{x}_i = \check{x}_o$,其中 $\check{x}_o \in \mathbb{R}$ 是缺失数据。这样做可以通过线性机 $x = M\check{x}$ 表示输入的产生,其中 $M \in \mathbb{R}^{d,d}$。在考虑训练集的所有模式时,必须满足约束 $X = \check{X}'M$,其中需要对已知特征加上一致性。然后,预测的特征向量 x 用于计算 $f(x) = \hat{X}w$,其产生约束 $\hat{X}w = y$。这使我们能够将学习表示为上述两个约束的简约满足。

4.1 节

1. 假设限定为 $p = 2$,在这种情况下能避免上述提到的病态问题。当 d 增加时,单项数由公式得出 $|\mathcal{H}| = \binom{p+d-1}{p} = \binom{1+d}{2} = d(d+1)/2$,因此,多项式特征的数只会随着输入的维数而增加。

3. 从公式(4.1.13)我们可以得出

$$P(2d, d) = \frac{1}{2^{2d-1}} \sum_{\kappa=0}^{d-1} \binom{2d-1}{\kappa} = \frac{1}{2^{2d}}\left(\sum_{\kappa=0}^{d-1}\binom{2d-1}{\kappa} + \sum_{\kappa=d}^{2d-1}\binom{2d-1}{\kappa}\right) = \frac{1}{2}$$

当看到 $c_{\ell d} = 2^{1-\ell}\sum_{\kappa=0}^{d-1}\binom{\ell-1}{\kappa}$ 时,我们可以很快得到渐近行为。

4. 我们发现所有二分法的一半和以下代码相关:

$$\underbrace{1,1\cdots,1}_{i\text{位}}, \underbrace{0,0,\cdots,0}_{\ell-i\text{位}}, \tag{8.0.12}$$

5. 我们从练习 4 和公式(4.1.11)的结果中可以得出证明。

- (基础)我们有 $c_{1d} = 2$ 和 $c_{\ell 1} = 2d$,第一个是琐碎的,而第二个是从练习 4 开始的。
- (归纳步骤)当我们利用归纳法时,有 $c_{(\ell-1)d} = 2\sum_{h=0}^{d-1}\binom{\ell-2}{h}$,$c_{(\ell-1)(d-1)} = 2\sum_{\kappa=0}^{d-2}\binom{\ell-2}{\kappa}$。如果我们在第一个公式中用 $h = \kappa - 1$ 代替 h 并相加,当考虑公式(4.1.11)我们得到

$$c_{\ell d} = c_{(\ell-1)d} + c_{(\ell-1)(d-1)}$$

$$= 2\sum_{\kappa=1}^{d}\binom{\ell-2}{\kappa-1} + 2\sum_{\kappa=0}^{d-2}\binom{\ell-2}{\kappa}$$

$$= 2\sum_{\kappa=1}^{d-2}\left(\binom{\ell-2}{\kappa-1} + \binom{\ell-2}{\kappa}\right) + 2\binom{\ell-2}{d-1} + 2\binom{\ell-2}{d-2} + 2\binom{\ell-2}{0}$$

$$= 2\sum_{\kappa=1}^{d-2}\binom{\ell-1}{\kappa} + 2\binom{\ell-1}{d-1} + 2\binom{\ell-1}{0} = 2\sum_{\kappa=0}^{d-1}\binom{\ell-1}{\kappa}$$

6. 把指数 ℓ 用 1 代替，公式 (4.1.13) 变成 $c_{\ell d} = c_{(\ell-1)d} + c_{(\ell-1)(d-1)}$。

加上最初的条件 $c_{1d} = 2$ 和 $c_{\ell d} = 0$，$d \leqslant 0$，这一公式得出系数 $c_{\ell d}$。现在考虑母函数 $G_\ell(z) = \sum_d c_{\ell d} z^d$，利用最初的条件，我们有 $G_\ell(z) = \sum_d c_{\ell d} z^d$，从递推公式中我们有 $G_1(z) = 2z/(1-z)$。从而

$$G_\ell(z) = (1+z)G_{\ell-1}(z) = (1+z)^2 G_{\ell-2}(z) = \cdots$$
$$= (1+z)^{\ell-1} G_1(z) = \frac{2z(1+z)^{\ell-1}}{1-z}$$

这意味着母函数可以分解成 $G_\ell(z) = 2zA(z)B_\ell(z)$，其中 $A(z) = 1/(1-z) = \sum_{d \geqslant 0} z^d$ 和 $B_\ell(z) = \sum_{d \geqslant 0}\binom{e-1}{d} z^d$。已知整体乘以 z 会使 $A(z)B_\ell(z)$ 的系数移位 1，并用已知两个母函数的乘法系数公式，我们可以立即得出 $c_{\ell d} = 2\sum_{k=0}^{d-1}\binom{\ell-1}{k}$，这一公式确实等于公式 (4.1.13)。

7. 当我们假设 $x_{\ell+1,i} = 0$ 的一个坐标 i 时，证明自然产生。在这种情况下，所有的二分法都可以确定，就像我们处理 $d-1$ 变量时一样。现在可以通过旋转轴来获得任何一般位置，这样 $x_{\ell+q}$ 的一个坐标为零，这显然不会改变几何图形，因此 $D = C(\ell, d-1)$。

8. 从公式 (4.1.12) 中的第一个等式开始，我们有 $c_{\ell d} = 2\left(\sum_{k \geqslant 0}\binom{\ell-1}{k} - \sum_{k \geqslant d}\binom{\ell-1}{k}\right) = 2^\ell - 2\sum_{k \geqslant 0}\binom{\ell-1}{k+d}$。所以让我们集中讨论项 $\sum_{k \geqslant 0}\binom{\ell-1}{k+d}$，并让 $t_k = \binom{\ell-1}{k+d}$。这个练习表明这个系列实际上是一个超几何系列。为了证明这一性质并找到相应超几何函数的参数，因为 $t_0 = \binom{\ell-1}{d} \neq 0$，我们只需要计算 t_{k+1}/t_k：如果这个比值是 k 的有理函数，那么我们可以得出级数是超几何的。我们有

$$\frac{t_{k+1}}{t_k} = \frac{(k+1)(k+d-\ell+1)(-1)}{(k+d+1)(k+1)}$$

我们可以得出结论 $c_{\ell d} = 2^\ell - 2\binom{\ell-1}{d} F\left(\begin{matrix}1, & d-\ell+1 \\ & d+1\end{matrix} \middle| -1\right)$，现在，利用超几何函数的反射定律 (reflection law)，函数为

$$F\left(\begin{matrix}a, c-b \\ c\end{matrix} \middle| z\right) = \frac{1}{(1-z)^a} F\left(\begin{matrix}a, b \\ c\end{matrix} \middle| \frac{-z}{1-z}\right)$$

其中 $z=-1$,$a=1$,$b=\ell$,并且 $c=d+1$,我们最终有了所需的表达式 $c_{\ell d}=2^{\ell}-\binom{\ell-1}{d}F\left(\begin{array}{c}1,\ell\\d+1\end{array}\bigg|\frac{1}{2}\right)$。一般来说,这个和式不具有简单的闭合形式,除非对于 1、$\ell/2$ 和 ℓ 附近的值。

4.2 节

1. 很容易发现 $w^{\star}=(0,0)^{\star}$,考虑水平曲线 $w_1+w_2=\alpha$。由于 $w_1\geqslant 0$ 且 $w_2\geqslant 0$,有 $\alpha\geqslant 0$。然后当 $\alpha=0$ 时达到最小值,这意味着 $w^{\star}=(0,0)^{\star}$。如果使用拉格朗日方法,有 $\mathcal{L}(w_1,w_2,\lambda_1,\lambda_2)=w_1+w_2-\lambda_1 w_1-\lambda_2 w_2$。现在有 $\nabla_w\mathcal{L}(w_1,w_2,\lambda_1,\lambda_2)=(1-\lambda_1,1-\lambda_2)=0$,从中得到 $\lambda_1=\lambda_2=1$,使我们得出结论 $\mathcal{L}\equiv 0$。最终根据 $\nabla_\lambda\mathcal{L}(w_1,w_2,\lambda_1,\lambda_2)=0$ 得到 $w^{\star}=(0,0)^{\star}$。

2. 对 $\mathcal{W}$ 的分析使得有可能立即得出结论 $w^{\star}=(1,0)$。KKT 的条件是

$$\binom{1}{0}+\lambda_1\begin{bmatrix}3(1-w_1)^2\\1\end{bmatrix}+\lambda_2\binom{0}{-1}=\binom{0}{0}$$
$$\lambda_1(w_2-(1-w_1)^3)=0$$
$$\lambda_2 w_2=0$$
$$\lambda_1\leqslant 0,\lambda_2\leqslant 0 \qquad (8.0.13)$$

根据 $\lambda_2 w_2=0$ 得到 $w_2=0$ 或者 $\lambda_2=0$。第一种情况下,唯一满足 $g_1(w_1,w_2)\leqslant 0$ 的点是 $w^{\star}=(1,0)'$。但是该点不满足公式 (8.0.13),因为对于有限值的 λ_1,无法得到 $\lambda_1(w_2-(1-w_1)^3)=0$。另一方面,如果考虑 $\lambda_2=0$,最终违反了公式 (8.0.13),因为条件还需要 $\lambda_1=0$。构造函数 θ 很有意思,很容易看出

$$\theta(\lambda_1,\lambda_2)=1-\frac{1}{\sqrt{-3\lambda_1}}-\frac{\lambda_1}{(\sqrt{-3\lambda_1})^3}$$

当 $\lambda_1\to-\infty$ 时最大化。很容易理解为什么在考虑最优解 $\partial_{w_1}g_1|_{w^{\star}}=0$ 时 $\lambda_1\to-\infty$。此外注意到没有对偶间隙,因为 $\sup_\lambda\theta(\lambda)=\min_w p(w)=1$。

3. 第一个命题是正确的,并且可以进一步说明,问题的解存在并且如果确定约束 $h=0$,解为 $w^{\star}=(1,0)$。第二个命题的问题是这种替换是理想化的并且条件 $w_1\geqslant 1$(其隐含在原始约束中)将丢失。

4. 目标函数不是凸的。可以发现存在一系列最小值,即
$$\arg\min_w p(w)=\{w|w=(\alpha,0),0\leqslant\alpha\leqslant 1\}\bigcup\{w|w=(0,\beta),0\leqslant\beta\leqslant 1\}$$

现在拉格朗日的对偶函数是
$$\theta(\lambda)=\inf_w(w_1 w_2+\lambda_1 w_1+\lambda_2 w_2+\lambda_3(1-w_1^2-w_2^2))$$

很容易发现 $\sup_\lambda\theta(\lambda)=-\frac{1}{2}$。在多个最小值 $p(w^{\star})=0$ 的任何点上,因而存在 $-\frac{1}{2}$ 的对偶间隙。了解间隙背后的原因很有意思,它的出现是因为存在多个最小值满足 $w^{\star}=(\alpha,0)$,其中 $0\leqslant\alpha\leqslant 1$,因而有 $\lambda_2 w_2^{\star}=0$,其中 $\lambda_2<0$。然而在相同点上 $\lambda_1 w_1^{\star}<0$ 且 $\lambda_3(1-(w_1^{\star})^2-(w_2^{\star})^2)<0$。这两项引起了对偶间隙。显然,无论我们检查 KKT 条件的最小值如何,这都成立。

5. (Q1) 在线性内核条件下有 $k(x,z)=x'z$,因此 $k(x_h,x_\kappa)$ 可以紧凑地放置在 Gram 矩阵

$$k = \begin{pmatrix} 0 & 0 & 0 & 0 \\ 0 & 1 & 1 & 0 \\ 0 & 1 & 2 & 1 \\ 0 & 0 & 1 & 1 \end{pmatrix}$$

中，学习公式(4.2.22)变成

最大化 $\tilde{\mathcal{L}}(\lambda) = \lambda_1 + \lambda_2 + \lambda_3 + \lambda_4$

$$-\frac{1}{2}(\lambda_1, \lambda_2, \lambda_3, \lambda_4) \begin{pmatrix} 0 & 0 & 0 & 0 \\ 0 & 1 & 1 & 0 \\ 0 & 1 & 2 & 1 \\ 0 & 0 & 1 & 1 \end{pmatrix} \cdot \begin{pmatrix} \lambda_1 \\ \lambda_2 \\ \lambda_3 \\ \lambda_4 \end{pmatrix}$$

约束于 $\lambda_1 - \lambda_2 - \lambda_3 - \lambda_4 = 0$

$\lambda_1 \geqslant 0, \lambda_2 \geqslant 0, \lambda_3 \geqslant 0, \lambda_4 \geqslant 0$

使用 quadprog Matlab 指令，得到 $\lambda_1 = 4$，$\lambda_2 = 2$，$\lambda_3 = 0$，$\lambda_4 = 2$，清楚问题的对称性时就可以很容易理解这一点。解告诉我们 $\mathscr{S} = \{x_1, x_2, x_4\}$ 而样本 x_3 是 straw 向量。计算截距 b 的最快方法是从公式(4.2.25)选择 x_1 作为支持向量，因为我们立即得到 $b=1$。在原始情况中有 $w = \sum_{\kappa=1}^{\ell} \lambda_\kappa y_\kappa \phi(x_\kappa)$。由于 $\phi(x_\kappa) = x_\kappa$，$w = -2\begin{pmatrix}1\\0\end{pmatrix} - 2\begin{pmatrix}0\\1\end{pmatrix} = -\begin{pmatrix}2\\2\end{pmatrix}$，最后最大边际问题由分离线

$$x_{\cdot,1} + x_{\cdot,2} = \frac{1}{2} \tag{8.0.14}$$

解决。

(Q2) 任何重新标记都不会影响与公式(4.2.22)相关的二次规划方法。

(Q3) 考虑旋转变换 $x \xmapsto{\psi} \bar{x} = x_o + Px$ 并使用公式(4.2.22)确定具有新坐标的解。得到了

$$\tilde{\mathcal{L}}(\lambda)\big|_{\bar{x}} = \sum_{\kappa=1}^{\ell} \lambda_\kappa - \frac{1}{2} \sum_{h=1}^{\ell} \sum_{\kappa=1}^{\ell} k(\bar{x}_h, \bar{x}_\kappa) y_h y_\kappa \cdot \lambda_h \lambda_\kappa$$

$$= \sum_{\kappa=1}^{\ell} \lambda_\kappa - \frac{1}{2} \sum_{h=1}^{\ell} \sum_{\kappa=1}^{\ell} \bar{x}_h' \bar{x}_\kappa y_h y_\kappa \cdot \lambda_h \lambda_\kappa$$

$$= \sum_{\kappa=1}^{\ell} \lambda_\kappa - \frac{1}{2} \sum_{h=1}^{\ell} \sum_{\kappa=1}^{\ell} (x_o + Px_h)'(x_o + Px_\kappa) y_h y_\kappa \cdot \lambda_h \lambda_\kappa$$

$$= \sum_{\kappa=1}^{\ell} \lambda_\kappa - \frac{1}{2} \sum_{h=1}^{\ell} \sum_{\kappa=1}^{\ell} (x_o'x_o + x_o'Px_\kappa + x_h'P'x_o + x_h'P'Px_\kappa) y_h y_\kappa \cdot \lambda_h \lambda_\kappa$$

$$= \sum_{\kappa=1}^{\ell} \lambda_\kappa - \frac{1}{2} x_o'x_o \sum_{h=1}^{\ell} \sum_{\kappa=1}^{\ell} y_h y_\kappa \cdot \lambda_h \lambda_\kappa - \frac{1}{2} \sum_{h=1}^{\ell} \sum_{\kappa=1}^{\ell} y_h y_\kappa \lambda_h \lambda_\kappa x_h'P'x_o$$

$$- \frac{1}{2} \sum_{h=1}^{\ell} \sum_{\kappa=1}^{\ell} y_h y_\kappa \lambda_h \lambda_\kappa x_o'P'x_\kappa - \frac{1}{2} \sum_{h=1}^{\ell} \sum_{\kappa=1}^{\ell} y_h y_\kappa \lambda_h \lambda_\kappa x_h'P'Px_\kappa$$

$$= \sum_{\kappa=1}^{\ell} \lambda_\kappa - \frac{1}{2} x_o'x_o \sum_{h=1}^{\ell} y_h \lambda_h \sum_{\kappa=1}^{\ell} y_\kappa \lambda_\kappa - \frac{1}{2} \sum_{\kappa=1}^{\ell} y_\kappa \lambda_\kappa \sum_{h=1}^{\ell} y_h \lambda_h x_h'P'x_o$$

$$-\frac{1}{2}\sum_{h=1}^{\ell}y_h\lambda_h\sum_{\kappa=1}^{\ell}y_\kappa\lambda_\kappa x'_o P' x_\kappa - \frac{1}{2}\sum_{h=1}^{\ell}\sum_{\kappa=1}^{\ell}y_h y_\kappa\lambda_h\lambda_\kappa x'_h x_\kappa = \tilde{\mathcal{L}}(\lambda)|_x$$

(Q4)在原始问题中，根据公式(4.2.17)，需要解决

$$\text{最小化} \quad \frac{1}{2}(w_1^2 + w_2^2)$$
$$\text{约束于} \quad b \geqslant 1$$
$$-w_1 - b \geqslant 1$$
$$-w_1 - w_2 - b \geqslant 1$$
$$-w_2 - b \geqslant 1$$

使用 quadprog Matlab 指令，我们得到 $w_1 = w_2 = -2$ 和 $b = 1$，它对应于在对偶表示中找到的公式(8.0.14)给出的分隔线。

如果从定义支持向量的对偶空间中找到的解开始，可以发现原始解如(Q1)的答案所示。另外注意，如果知道支持向量，就可以定义分离超平面。如果对点 x_1、x_2、x_4 施加相关条件 $y_{\bar{\kappa}} f(x_{\bar{\kappa}}) = 1$，得到相应的三个条件：

$$y_1 f(x_1) = 1 \Rightarrow b = 1$$
$$y_2 f(x_2) = 1 \Rightarrow -(w_1 + b) = 1$$
$$y_4 f(x_4) = 1 \Rightarrow -(w_2 + b) = 1$$

从中也可以直接计算原始 $w_1 = w_2 = -2$ 和 $b = 1$ 的解。

8. 如果 $k = k'$，那么它的谱分解是 $k = U\Sigma U'$。由于 $k \geqslant 0$，对于任意 $\omega \in \mathbb{R}^\ell$ 有 $\omega' k \omega \geqslant 0$，即，

$$\omega' U \Sigma U' \omega = \zeta' \Sigma \zeta \geqslant 0 \quad (8.0.15)$$

其中 $\zeta := U'\omega$。我们可以选择 ω 满足 $U'\omega = e_i$，其中 $i \in \mathbb{N}_\ell$，由于 $UU'\omega = Ue_i$ 产生 $\omega = Ue_i$。最后，对于所有 $i \in \mathbb{N}_\ell$，通过这样的 ω 选择，根据公式(8.0.19)，有 $\omega' U\Sigma U'\omega = e'_i \Sigma e_i \geqslant 0$，产生 $\sigma_i \geqslant 0$。

10. 在下文中，我们使用其坐标由 $\tilde{k}(x_i, x_j) := y_j k(x_i, x_j)$ 定义的矩阵 k，现在定义 $\hat{\alpha} := (\alpha', b)'$

$$\hat{K} := \left[\begin{array}{c|c} K & 1 \\ \hline y' & 0 \end{array}\right]$$

且 $\hat{y} = (y', 0)'$，学习问题简化为求解线性方程

$$\hat{K}\hat{\alpha} = \hat{y} \quad (8.0.16)$$

12. 我们可以从练习 5 的样本中构建这些极端情况。首先考虑退化 $|\mathscr{S}_=| = \ell = 4$ 的情况，这可以通过移动 $x_3 = (1, 1) \rightsquigarrow (1/2, 1/2)$ 并保持其余部分不变来获得。当轻微移动 $x_3 = (1/2, 1/2) \rightsquigarrow (1/2 - \varepsilon, 1/2 - \varepsilon)$ 时，其中 $\varepsilon: 0 < \varepsilon < 1/2$，可以发现 $|\mathscr{S}_=| = 2$ 情况。

14. 首先注意到目标函数 $1/2 w^2$ 导致优化问题具有与岭回归相同的简约项。当考虑 $f(x) = w'\phi(x) + b$ 时，这个简约项变为 $1/2(\nabla_x f(x))^2$。另外，我们可以将这项视为灵敏度指数，它明显仅依赖于控制输入变化的变量，而与 b 无关。

18. 如果 $k(x_h, x_\kappa) > 0$ 则它就不是奇异的，因此根据 $\nabla(\theta) = 0$ 很快得到仅有一解。而且 θ 的 Hessian 矩阵与 $-k < 0$ 相对应，其中 k 是 Gram 矩阵。因此唯一的驻点是最大值，

关于约束的定性含义，我们注意到 $\lambda_\kappa \geqslant 0$ 表示在整体决策中必须考虑 x 与训练集通用 x_κ 之间的所有相似性的贡献。约束 $\sum_{\kappa=1}^{\ell} \lambda_\kappa y_\kappa = 0$ 可以很好地解释为正拉格朗日乘数和负拉格朗日乘数(约束反馈)的平衡。

20. 有
$$k(x_h, x_\kappa) = \langle \phi(x_h), \phi(x_\kappa) \rangle^2 \leqslant \|\phi(x_h)\|^2 \|\phi(x_\kappa)\|^2$$
$$= \langle \phi(x_h), \phi(x_h) \rangle \langle \phi(x_\kappa), \phi(x_\kappa) \rangle = k(x_h, x_h) k(x_\kappa, x_\kappa)$$

22. 当 $C \to 0$ 时有 $\lambda_\kappa = 0$，因此 $f(x) = b$。偏差可以像硬约束一样被确定，因此我们可以使用公式(4.2.26)，所以 $b = \sum_{\bar{i} \in \mathscr{S}_=} y_{\bar{\kappa}}/n_s$。

24. 当我们用 $\phi(x)$ 代替 x 时，可以在 3.1.4 节中找到公式⊖和相应的解。

27. 支持向量来自二次规划的数值解，但总是需要设置一个阈值来指定支持向量和 straw 向量之间的边界。不同阈值的选择导致不同数量的支持向量。

4.3 节

1. 我们可以为 $\mathscr{X} = \mathbb{R}^2$ 提供一个反例，令 $s = \sqrt{2}/2$，$x = (1, 0)'$，$y = (1, 1/2)'$，$z = (1, -1/2)$，然后定义 $\phi(u) := u$，因此 $k_\varphi(u, v) = u'v/(\|u\| \cdot \|v\|)$。有 $k_\varphi(x, y) = 2/\sqrt{5} \Rightarrow x \sim y$，$k_\varphi(x, z) = 2/\sqrt{5} \Rightarrow x \sim z$ 且 $k_\varphi(y, z) = 3/5 \Rightarrow y \nsim z$。因此得出结论 $y \sim x$ 且 $x \sim z$，但 $y \nsim z$。因此没有传递性。

2. 如果 $k = k'$ 那么它的谱分解是 $k = U\Sigma U'$。由于对任意 $\omega \in \mathbb{R}^\ell$，$k \geqslant 0$，有 $\omega' k \omega \geqslant 0$，即，
$$\omega' U \Sigma U' \omega = \zeta' \Sigma \zeta \geqslant 0 \tag{8.0.17}$$
其中 $\zeta := U'\omega$。我们可以选择 ω 满足 $U'\omega = e_i$，其中 $i = 1, \cdots, \ell$。如果左乘 U，得到 $UU'\omega = Ue_i$，产生 $\omega = Ue_i$。最后对于所有的 $i = 1, \cdots, \ell$，通过这样的 ω 选择，根据公式(8.0.19)，有 $\omega' U \Sigma U' \omega = e_i' \Sigma e_i \geqslant 0$，产生 $\sigma_i \geqslant 0$。

3. $k(x_h, x_\kappa) = (x_h' x_\kappa)^2$ 的一个可能的因式分解由公式(4.3.49)给定。但是，特征匹配
$$\begin{bmatrix} x_1 \\ x_2 \end{bmatrix} \xrightarrow{\phi} \begin{bmatrix} x_1^2 \\ x_1 x_2 \\ x_2 x_1 \\ x_2^2 \end{bmatrix} \tag{8.0.18}$$
显然对于同一内核产生了另一个因子分解。此外注意，在任何维度 D 下，存在无限多的等效特征，这些特征源于对 $\phi(x)$ 使用矩阵 $R \in \mathbb{R}^{D,D}$ 的旋转。对于 $h(x) = R\phi(x)$，有 $k(x, z) = \phi(x)'\phi(z) = \phi(x)'R'R\phi(z) = h'(x)h(z)$，这表明通过旋转 $\phi(x)$ 产生的任何 $h(x)$ 是 k 的有效特征映射。

4. 一个可能的特征因式分解是 $\begin{bmatrix} x_1 \\ x_2 \end{bmatrix} \xrightarrow{\phi} (x_1^2, \sqrt{2} x_1 x_2, x_2^2, \sqrt{2c} x_1, \sqrt{2c} x_2)'$。

⊖ 注意任何涉及双边约束的解都需要定义我们测量误差的方式，本章提出的方法依赖于误差的线性评估。

5. $k_4 = k(\mathcal{X}_4^\#)$ 的奇异值分解是

$$U = \begin{pmatrix} 0 & 0 & 0 & 1 \\ -0.2610 & 0.7071 & 0.6572 & 0 \\ -0.9294 & 0 & -0.3690 & 0 \\ -0.2601 & -0.7071 & 0.6572 & 0 \end{pmatrix}, \quad \Sigma = \begin{pmatrix} 4.5616 & 0 & 0 & 0 \\ 0 & 1 & 0 & 0 \\ 0 & 0 & 0.4384 & 0 \\ 0 & 0 & 0 & 0 \end{pmatrix}$$

从中可以看出给定的 Gram 矩阵是非负定的,因此 k 是一个内核。对应于 $\mathcal{X}^\#$ 的 Mercer 特征是

$$\begin{pmatrix} x_1 \\ x_2 \\ x_3 \\ x_4 \end{pmatrix} = \begin{pmatrix} 0 & 0 \\ 1 & 0 \\ 1 & 1 \\ 0 & 1 \end{pmatrix} \xrightarrow{\phi} \begin{pmatrix} \phi'(x_1) \\ \phi'(x_2) \\ \phi'(x_3) \\ \phi'(x_4) \end{pmatrix} = \begin{pmatrix} 0 & 0 & 0 & 0 \\ -0.5573 & 0.7071 & 0.4352 & 0 \\ -1.9850 & 0 & -0.2444 & 0 \\ -0.5573 & -0.7071 & 0.4352 & 0 \end{pmatrix} = \Phi_4$$

值得一提的是,这些特征是指 $\mathbb{R}^4$ 的经典内积,而如果如公式(4.3.58)中假设的那样使用 $\langle \cdot, \cdot \rangle_\sigma$,则 Mercer 特征是 k 的特征向量,即 k_4 的列。注意,在给定的域 $\mathcal{X}_4^\#$ 上,有 $K(x, z) = k(x, z) = (x'z)^2$,因此,除了发现的 Mercer 特征之外,还可以展示公式(4.3.49)给出的特征空间以及练习 3 中的讨论。

6. 我们知道 $^\ominus k = k^\star = k'$,如果 σ 是个特征值那么 $\bar{\sigma}$ 也是个特征值。令 u 和 v 分别表示与 σ 和 $\bar{\sigma}$ 关联的特征向量,即 $ku = \sigma u$ 且 $kv = \bar{\sigma} v$。那么有 $\sigma \langle u, v \rangle = \langle ku, v \rangle = \langle u, k^\star v \rangle = \langle u, kv \rangle = \bar{\sigma} \langle u, v \rangle$,从中能很快得出结论,因为 $\langle u, v \rangle (\sigma - \bar{\sigma}) = 0 \Rightarrow \sigma = \bar{\sigma}$。

7. 令 σ_1, σ_2 表示 $k = k'$ 的两个不同(实数)特征值,并且由 u_1, u_2 表示相应的特征向量,那么 $ku_1 = \sigma_1 u_1$ 且 $ku_2 = \sigma_2 u_2$。现在有 $\sigma_2 \langle u_1, u_2 \rangle = \langle u_1, ku_2 \rangle = \langle k^\star u_1, u_2 \rangle = \langle ku_1, u_2 \rangle = \sigma_1 \langle u_1, u_2 \rangle$,那么就能得到 $(\sigma_2 - \sigma_1) \langle u_1, u_2 \rangle = 0$。由于 $\sigma_1 \neq \sigma_2$,我们得出结论 $\langle u_1, u_2 \rangle = 0$,即特征向量 u_1 和 u_2 是正交的。

8. 如果 $K = K'$ 那么它的谱分解是 $K = U\Sigma U'$。由于 $K \geqslant 0$,对任意 $\omega \in \mathbb{R}^\ell$,有 $\omega' K \omega \geqslant 0$,即,

$$\omega' U \Sigma U' \omega = \zeta' \Sigma \zeta \geqslant 0 \tag{8.0.19}$$

其中 $\zeta := U'\omega$。我们可以选择 ω 满足 $U'\omega = e_i$,其中 $i = 1, \cdots, \ell$,由于 $UU'\omega = Ue_i$,产生 $\omega = Ue_i$。最后对于所有的 $i = 1, \cdots, \ell$,通过这样的 ω 选择,根据公式(8.0.19),有 $\omega' U \Sigma U' \omega = e_i' \Sigma e_i = \sigma_i \geqslant 0$。相反的含义也是直截了当的,如果 $\forall \kappa = 1, \ell : \sigma_\kappa \geqslant 0$,那么根据公式(8.0.19),$\forall \omega \in \mathbb{R}^\ell$ 有 $\omega' K \omega = \zeta' \Sigma \zeta = \sum_{\kappa=1}^{\ell} \sigma_\kappa \zeta_\kappa^2 \geqslant 0$。

9. 我们提供两个证明:

- 令 $t \in \mathbb{R}$ 且 $x, y \in \mathbb{R}^\ell$,现在考虑 $p(t) := (tx - z)^2 \geqslant 0$ 的结果。有

$$\forall t \in \mathbb{R} : t^2 x^2 - 2t \langle x, z \rangle + z^2 \geqslant 0 \tag{8.0.20}$$

p 的最小值在 $\bar{t} = \langle x, z \rangle / \|x^2\|$ 取得,如果在公式(8.0.20)中插上 $\bar{t}$,就得到 Cauchy-Schwarz 不等式(4.3.79)。

- 根据 $(\|x\|z \pm \|z\|x)^2 \geqslant 0$ 得到 $2\|x\|^2 \|z\|^2 + 2\|x\|\|z\| \langle x, z \rangle \geqslant 0$,从中得到 Cauchy-Schwarz 不等式(4.3.79)。

$\ominus$ 在实数域上定义了 Gram 矩阵,因此与 Hermitian 矩阵和转置矩阵的概念重合。

可以立即发现当 x 与 z 共线时是不等式成立的唯一情况。

10. 由于 k 是个内核，所以 Gram 矩阵满足
$$K = \begin{pmatrix} k(x,x) & k(x,z) \\ k(z,x) & k(z,z) \end{pmatrix} \geqslant 0 \tag{8.0.21}$$
因此 $\forall \kappa = 1, \cdots, \ell : \sigma_\kappa \geqslant 0$（见练习 8）$\det K = \prod_{\kappa=1}^{\ell} \sigma_\kappa \geqslant 0$。最终产生 $K = k(x,x)k(z,z) - k(x,z)k(z,x) \geqslant 0$，公式(4.3.80)直接满足。

12. 由于 $\forall p \in \mathbb{N}_0 : a_p \geqslant 0$ 可以定义 $\sqrt{a_p}$，有
$$k(x,z) = \sum_{n=0}^{\infty} a_n \cos(n(x-z))$$
$$= \sum_{n=0}^{\infty} (a_n \cos(nx)\cos(nz) + a_n \sin(nx)\sin(nz)) = \langle \phi(x), \phi(z) \rangle_\sigma \tag{8.0.22}$$
其中特征匹配定义为
$$\phi(y) := (1, \cos(y), \sin(y), \cdots, \cos(py), \sin(py) \cdots)' \tag{8.0.23}$$
得出结论 k 是个内核，注意这只是由公式(4.3.60)定义的扩展的实例，其中 $\forall n \in \mathbb{N}_0 : \sigma_n = \sqrt{a_n}$。特征 $\phi(y)$ 是 K_∞ 的一个特征向量。

13. 根据内核的定义
$$k = \langle \phi, \phi \rangle = \left\langle \sum_{i=1}^{n} \alpha_i \phi_i, \sum_{j=1}^{n} \alpha_j \phi_j \right\rangle = \sum_{i=1}^{n} \sum_{j=1}^{n} \alpha_i \alpha_j \langle \phi_i, \phi_j \rangle = \sum_{i=1}^{n} \sum_{j=1}^{n} \alpha_i \alpha_j \delta_{i,j} k_i$$
$$= \sum_{i=1}^{n} \alpha_i^2 k_i$$
当 $\mu = \alpha_i^2$ 时完成证明。因此，新内核是内核集合 $\{k_i, i=1, \cdots, n\}$ 的锥组合。

15. 我们需要在第一个论点（双线性）和正定性中证明对称性、线性。
- （对称性）由内核对称性立刻得到 $\langle u, v \rangle_k = \langle v, u \rangle_k$ 的对称性。
- （双线性）它在第一个论点（对称性交换属性）中由同质性和线性组成
  - （同质性）
  $$\langle \alpha u, v \rangle_k = \sum_{h=1}^{\ell_u} \sum_{\kappa=1}^{\ell_v} \alpha \alpha_h^u \alpha_\kappa^v k(x_h^u, x_\kappa^v) = \alpha \sum_{h=1}^{\ell_u} \sum_{\kappa=1}^{\ell_v} \alpha_h^u \alpha_\kappa^v k(x_h^u, x_\kappa^v) = \alpha \langle u, v \rangle_k$$
  - （在第一个论点上的线性）令 $w(x) = \sum_{j=1}^{\ell_w} \alpha_j^w k(x, x_j^w)$，那么可以将 $v + w$ 表示为
  $$v + w = \sum_{r=1}^{\ell_v + \ell_w} \alpha_r k(x, z_r), \text{ 其中 } r = 1, \cdots, \ell_v + \ell_w \text{ 是索引 } h, \kappa \text{ 的有序序列的一个重新编号，因此 } z_r^{v+w} = [r \leqslant \ell_v] x_\kappa^v + [r > \ell_v] x_j^w \text{ 且 } \alpha_r^{v+w} = [r \leqslant \ell_v] \alpha_h^v + [r > \ell_v] \alpha_j^w, \text{ 同时}$$
  $$\langle u, v+w \rangle_k = \sum_{h=1}^{\ell_u} \sum_{r=1}^{\ell_v + \ell_w} \alpha_h^u \alpha_r^{v+w} k(x_h^u, z_r^{v+w})$$
  $$= \sum_{h=1}^{\ell_u} \sum_{r=1}^{\ell_v + \ell_w} \alpha_h^u ([r \leqslant \ell_v] \alpha_h^v + [r > \ell_v] \alpha_j^w) k(x_h^u, [r \leqslant \ell_v] x_\kappa^v$$
  $$+ [r > \ell_v] x_j^w)$$

$$= \sum_{h=1}^{\ell_u}\sum_{\kappa=1}^{\ell_v} \alpha_h^u \alpha_\kappa^v k(x_h^u, x_\kappa^v) + \sum_{h=1}^{\ell_u}\sum_{j=1}^{\ell_v} \alpha_h^u \alpha_j^w k(x_h^u, x_j^w)$$

$$= \langle u,v \rangle_k + \langle u,w \rangle_k$$

- (非负定性)如果 $\mathcal{T}_k \geqslant 0$ 那么 $\forall \ell \in \mathbb{N}$ Gram 矩阵 $K_\ell \geqslant 0$。因此，

$$\langle u,u \rangle_k = \sum_{h=1}^{\ell}\sum_{\kappa=1}^{\ell} \alpha_h \alpha_\kappa k(x_h, x_\kappa) \geqslant 0$$

其陈述了 $\langle \cdot, \cdot \rangle_k$ 的非负定性。而且，如果不等式严格意义满足，那么 $\langle u,u \rangle_k = 0 \Rightarrow u = 0$。有趣的是，$\langle \cdot, \cdot \rangle_k$ 的特殊再生性质使得在不等式严格意义不满足的情况下也可以得出上述结论。当使用再生属性和 Cauchy-Schwarz 不等式时(见练习10)，$\forall x \in \mathcal{X}$ 得到

$$|u(x)|^2 = |\langle k(\cdot,x), u(\cdot) \rangle|^2 \leqslant k(x,x)\langle u,u \rangle| = 0 \Rightarrow u(\cdot) = 0$$

16. 考虑函数 $f_1(x) = (x'_1 x)^2$ 和 $f_2(x) = (x'_2 x)^2$，我们可以使用 Gram-Schmidt 正交归一化方法构造正交集。有[⊖] $h_1 = f_1$，$u_1 = h_1 / \|h_1\|$，$h_2 = f_2 - \langle f_2, u_1 \rangle u_1$ 以及 $u_2 = h_2 / \|h_2\|$。那么 $\|h_1\|^2 = \langle (x'_1 x)^2, (x'_1 x)^2 \rangle = (x'_1 x_1)^2 = x_1^4$，因此

$$u_1 = \frac{(x'_1 x)^2}{x_1^2} \tag{8.0.24}$$

现在

$$h_2 = (x'_2 x)^2 - \left\langle (x'_2 x)^2, \frac{(x'_1 x)^2}{x_1^2} \right\rangle \frac{(x'_1 x)^2}{x_1^2} = (x'_2 x)^2 - \frac{(x'_1 x_2)^2}{x_1^4}(x'_1 x)^2$$

且

$$\|h_2\|^2 = \left\langle (x'_2 x)^2 - \frac{(x'_1 x_2)^2}{x_1^4}(x'_1 x)^2, (x'_2 x)^2 - \frac{(x'_1 x_2)^2}{x_1^4}(x'_1 x)^2 \right\rangle$$

$$= \langle (x'_2 x)^2, (x'_2 x)^2 \rangle - \left\langle (x'_2 x)^2, \frac{(x'_1 x_2)^2}{x_1^4}(x'_1 x)^2 \right\rangle - \left\langle \frac{(x'_1 x_2)^2}{x_1^4}(x'_1 x)^2, (x'_2 x)^2 \right\rangle$$

$$+ \left\langle \frac{(x'_1 x_2)^2}{x_1^4}(x'_1 x)^2, \frac{(x'_1 x_2)^2}{x_1^4}(x'_1 x)^2 \right\rangle = x_2^4 - \frac{(x'_1 x_2)^4}{x_1^4}$$

因此

$$u_2 = \frac{x_1^4 (x'_2 x)^2 - (x'_1 x_2)^2 (x'_1 x)^2}{x_1^4 x_2^4 - (x'_1 x_2)^4} \tag{8.0.25}$$

最后，由公式(8.0.24)和(8.0.25)分别给定的 u_1 和 u_2 形成了一个正交集合。

18. (P1) 使用 Cauchy-Schwarz 不等式，有 $|\delta_x(f) - \delta_x(g)| = |\langle f-g, k_x \rangle_k^0| \leqslant \sqrt{k(x,x)} \|f-g\|_k^0$。

(P2) 采用逐点收敛于 0 的 Cauchy 序列 $\langle f_n \rangle$，由于 $\langle f_n \rangle$ 是 Cauchy 序列，总是能找到一个常数 C 对所有 $n \in \mathbb{N}$ 满足 $\|f_n\|_k^0 < C$，对所有 $\varepsilon > 0$ 总是能找到一个 N_1 因而对所有 n，$m > N_1$ $\|f_n - f_m\|_k^0 < \varepsilon / 2C$。令 $f_{N_1}(x) = \sum_{i=1}^{r} \alpha_i k(x, x_i)$。选择 N_2，因而对所有 $i = 1, \cdots, r$ 和所有 $n \geqslant N_2$ 有 $|f_n(x_i)| < \varepsilon / (2r|\alpha_i|)$。所以对所有 $n \geqslant \max\{N_1, N_2\}$ 得出结论 $\|f_n\|_k^0 \leqslant$

⊖ 为简单起见，我们将 $\langle \cdot, \cdot \rangle_k$ 中的 k 舍去。

$|\langle f_n - f_{N_1}, f_n\rangle_k^0| + |\langle f_{N_1}, f_n\rangle_k^0| \leqslant \|f_n - f_{N_1}\|_k^0 \|f_n\|_k^0 + \sum_{i=1}^r |\alpha_i f_n(x_i)| < \varepsilon_o$

19. 考虑一个 $\mathscr{H}_k$ 上的 Cauchy 序列 $\langle f_n\rangle$，评估函数在 $\mathscr{H}_k$ 中也是连续的，因此对于所有 $x \in \mathscr{X}$，序列 $\langle f_n(x)\rangle$ 收敛于一个点 $f(x) = \lim_{n\to\infty} f_n(x)$。我们自问是否函数 $f(x)$ 仍在 $\mathscr{H}_k$ 上，为了理解，对于每个 n 考虑一个近似函数 $g_n \in \mathscr{H}_k^0$ 满足 $\|f_n - g_n\|_k < 1/n$；由于 $\mathscr{H}_k^0$ 在 $\mathscr{H}_k$ 中密集，所以总能实现。这个近似序列逐点收敛于 f，因为 $|g_n(x) - f(x)| \leqslant |g_n(x) - f_n(x)| + |f_n(x) - f(x)| = |\delta_x(g_n - f_n)| + |f_n(x) - f(x)|$，由于 δ_x 在 $\mathscr{H}_k$ 上的连续性，其中第一项变为 0。而且，$\langle g_n\rangle$ 是一个 Cauchy 序列：$\|g_m - g_n\|_k^0 = \|g_m - g_n\|_k \leqslant \|g_m - f_m\|_k + \|f_m - f_n\|_k + \|f_n - g_n\|_k \leqslant 1/m + 1/n + \|f_m - f_n\|_k$。我们必须要说明的最后一点是，定义为 $\langle g_n\rangle$ 的限制函数的 f 也是在 $\|\cdot\|_k$ 范式的一个限制值：这是因为 $\mathscr{H}_k$ 中 $\mathscr{H}_k^0$ 的密集性。此时可以得出结论：f_n 收敛于 $\|\cdot\|_k$ 范式的 f：$\|f_n - f\|_k \leqslant \|f_n - g_n\|_k + \|g_n - f\|_k \leqslant 1/n + \|g_n - f\|_k$。

21. 令 $\alpha_\kappa := y_\kappa \lambda_\kappa$，所以公式(4.2.23)可以被重写为

$$f^\star(x) = \sum_{\kappa=1}^\ell \alpha_\kappa k(x, x_\kappa) + b \tag{8.0.26}$$

其中 $k(x, x_\kappa) = \langle \phi(x), \phi(x_\kappa)\rangle$。令 $\hat{\phi}(x) := (\phi'(x), 1)'$ 并且定义

$$\hat{k}(x, x_\kappa) := \langle \hat{\phi}(x), \hat{\phi}(x_\kappa)\rangle_+ = \langle \phi(x), \phi(x_\kappa)\rangle + 1$$

可以很容易发现 $\langle \cdot, \cdot\rangle_+$ 是一个内积，这实际上是假设 $\langle \cdot, \cdot\rangle$ 是内积的直接结果。从公式(8.0.26)得到

$$f^\star(x) = \sum_{\kappa=1}^\ell \alpha_\kappa k(x, x_\kappa) + b = \sum_{\kappa=1}^{\ell+1} \alpha_\kappa \hat{k}(x, x_\kappa) \tag{8.0.27}$$

其中 $\alpha_{\ell+1} := b$，最后可以得出结论：偏差的存在对应于附加的虚拟样本 $x_{\ell+1}$ 使得 $\hat{k}(x_{\ell+1}, x_{\ell+1}) = 1$。

22. 使用公式(4.3.82)进行监督学习的问题在于 K_ℓ 通常是病态的，因此相应的问题是不适应的。这在线性核的情况下显而易见，其中 $K_\ell = XX'$ 或 $\hat{K}_\ell = \hat{X}\hat{X}'$，其中也存在偏差项（见练习 21）。特别是在这种情况下，只有有足够的样本时，$K_\ell = XX' > 0$，否则 K_ℓ 不可逆。通往特征空间的通道可以使 $K_\ell > 0$，但这通常与病态调节相互作用。在多项式核的情况下，这与 Vandermonde 矩阵的病态调节问题有关（也可以参考关于气压与高度的相关性的回归的样本）。

25. 我们的证明限制在 $X = \mathbb{R}$ 的情况，注意到 $B_0(u) := \left[|u| \leqslant \frac{1}{2}\right]$ 是个内核（见练习 14），$B_n(\cdot)$ 的傅里叶逆变换是

$$\hat{B}_n(\omega) = \mathscr{F}\left(\bigotimes_{i=1}^n \left[|u| \leqslant \frac{1}{2}\right]\right) = \prod_{i=1}^n \mathscr{F}\left(\left[|u| \leqslant \frac{1}{2}\right]\right) = \operatorname{sinc}^{n+1}\left(\frac{\omega}{2}\right) \tag{8.0.28}$$

其中 $\operatorname{sinc}(\alpha) := \frac{\sin\alpha}{\alpha}$。如果限制 n 为奇数，得出结论 $\hat{B}_n(\omega) \geqslant 0$ 因为 $n+1$ 是偶数，因此 $\operatorname{sinc}^{n+1}\left(\frac{\omega}{2}\right) \geqslant 0$。根据 $\hat{B}_n(\omega) \geqslant 0$ 得出结论，$B_n(\|x - z\|)$ 是个内核（见练习 24）。

27. 由于 k_1 和 k_2 是内核，有 $k_1(x, z) = \langle \phi_1(x), \phi_1(z)\rangle$ 且 $k_2(x, z) = \langle \phi_2(x), \phi_2(z)\rangle$。

- $k(x, z) = k_1(x, z) + k_2(x, z)$。
  由于 k_1 和 k_2 是内核，$\forall \ell \in \mathbb{N} \, \forall u \in \mathbb{R}^\ell : u'K_1u \geqslant 0$, $u'K_2u \geqslant 0$，因此有 $u'Ku = u'(K_1+K_2)u = u'K_1u + u'K_2u \geqslant 0$，从中得出结论，$k$ 是个内核。
- $k(x, z) = \alpha k_1(x, z)$。使用类似的论据，$u'k(x, z)u = u'(\alpha K_1)u = \alpha'k_1\alpha$。
- $k(x, z) = k_1(x, z) \cdot k_2(x, z)$。两个非负矩阵的 Hadamard 积也是非负的。

4.4 节

1. 根据练习 21 中所给出的解答一样，我们可以重新定义内核 $\hat{k}(x, x_\kappa) = 1 + k(x, x_\kappa)$，以便直接使用在公式(4.4.85)中给出的 $\|f\|^2$ 的定义，在这一情况下，可以得到 $f_{\hat{k}} = f_k + \sum_{\kappa=1}^{\ell} \sum_{h=1}^{\ell} \alpha_h \alpha_\kappa$。

3. 从欧拉-拉格朗日方程出发，得到了驻点必须满足微分方程
$$2f(x)f'(x)(1-f'(x)) - f^2(x)f''(x) + f(x)(1-f'(x))^2 = 0 \quad (8.0.29)$$
可以迅速地得到 $\forall a \in (-1, +1)$，函数族 $\{f_a(\cdot) \mid f_a(x) := [x \geqslant a]x\}$ 满足欧拉-拉格朗日方程。但唯一满足边界条件的是 $f(x) = [x \geqslant 0]x$。现在想看看是否有解永远不会越过零点，使得 $\forall x \in [-1, +1] : f(x) \neq 0$。微分方程简化为 $f(x)f''(x) + (f')^2 - 1 = 0$。通解是 $f(x) = \pm\sqrt{2c_2x + c_2^2 - c_1 + x^2}$。当施加边界条件时发现 $\bar{f}(x) = \sqrt{\frac{1}{2}x - \frac{1}{2} + x^2}$，这一函数不能在 $[-1..+1]$ 被定义，因为对 $x \in [-1..\frac{1}{2})$，有 $\frac{1}{2x} - \frac{1}{2} + x^2 < 0$。因此，我们的结论是 C^1 中没有解。这个最小化问题对机器学习任务有一定的启发。假设 x 是一个时间变量。函数的最小化(4.4.107)包括发现一个信号 f，该信号具有较小的"能量" $f^2(x)$ 和一个值 $f'(x)$（越接近 1 越好）。有趣的是，最小 $f(x) = [x \geqslant 0]x$ 的发现是在注意到公式(8.0.29)呈现一种隐式形式时出现的，这种形式通过强制 $f(x) = 0$ 或 $f(x) = x$ 来满足。

4. 考虑在 $\sigma = 1$ 的条件下。高斯函数的导数与厄米特多项式，因为我们有
$$H_n(x) = (-1)^n e^{x^2} \frac{\mathrm{d}^n}{\mathrm{d}x^n} e^{-x^2} \quad (8.0.30)$$
因为 Hermite 数字为 $H_n = H_n(0) = (1-[n \bmod 2 = 0])(-1)^{n/2} n! / \left(\frac{1}{2}n\right)$，有
$$\lim_{x \to 0} Lg = \sum_{\kappa=0}^{\infty} (-1)^\kappa \frac{1}{\kappa! 2^\kappa} \frac{\mathrm{d}^{2\kappa}g}{\mathrm{d}^{2\kappa}}\bigg|_{x=0} = \sum_{\kappa=0}^{\infty} \frac{(-1)^\kappa}{\kappa! 2^\kappa} \cdot H_{2\kappa}(0)$$
$$= \sum_{\kappa=0}^{\infty} \frac{(-1)^\kappa}{\kappa! 2^\kappa} \cdot \frac{(-1)^\kappa (2\kappa)!}{\kappa!} = \sum_{\kappa=0}^{\infty} \frac{(2\kappa)!}{(\kappa!)^2 2^\kappa} = \sum_{\kappa=0}^{\infty} \frac{(2\kappa)_\kappa}{\kappa! 2^\kappa}$$
$$= \sum_{\kappa=0}^{\infty} \frac{2\kappa(2\kappa-1)\cdots\kappa}{2\kappa(2\kappa-2)\cdots 2} = \infty$$
这与 g 是关于 L 的格林函数是一致的。

5. 这个证明可以用矛盾来立即证明。令 L 为多项式格林函数的任意候选正则化算子 k。显然，因为 k 的规律，有 $Lk \neq \delta$。

6. 从附录 B 中我们可以很容易地看到 $P^\star = P = \frac{\mathrm{d}^2}{\mathrm{d}x^2}$，因此 $L = \frac{\mathrm{d}^4}{\mathrm{d}x^4}$。最后有 $\frac{\mathrm{d}^4}{\mathrm{d}x^4}|x|^3 = \delta(x)$。

5.1 节

1. 隐藏层中两个相等神经元的贡献总是可以表示为 $w_{o,1}\sigma(wx)+w_{o,2}\sigma(wx)=(w_{o,1}+w_{o,2})\sigma(wx)=w_{o,e}\sigma(wx)$。同一性告诉我们两个隐藏单元 1 和 2 可以用 e 代替，其中连接输出的权重 $w_{o,2}$ 在等效神经元(equivalent neuron)中由 $w_{o,e}=w_{o,1}+w_{o,2}$ 确定。

2. 我们知道公式(5.1.6)收敛于 $(W-I)\hat{x}=0$ 的任意解，现有 $\hat{x}_1=\alpha u$，$\hat{x}_2=\alpha Wu$，…，$\hat{x}_{t+1}=\alpha \hat{W}^t u$。因此在收敛的情况下有 $\hat{x}^*=\lim\limits_{t\to\infty}\hat{x}_t \propto u$。

3. 由于 W_1 和 W_2 可同时对角化，存在 P 满足 $W_1=P\mathrm{diag}(\omega_{1,i})P^{-1}$ 和 $W_2=P\mathrm{diag}(\omega_{2,i})P^{-1}$。因此 $y=W_2W_1x=P\,\mathrm{diag}(\omega_{2,i})P^{-1}P\,\mathrm{diag}(\omega_{1,i})P^{-1}=P\,\mathrm{diag}(\omega_{2,i})\mathrm{diag}(\omega_{1,i})P^{-1}=P\,\mathrm{diag}(\omega_{2,i}\omega_{1,i})P^{-1}$。很明显由于 $\mathrm{diag}(\omega_{2,i}\omega_{1,i})=\mathrm{diag}(\omega_{1,i}\omega_{2,i})$，所以 W_1 和 W_2 是可交换的。因为 W_1 和 W_2 都是可逆的，有 $W_2^{-1}y=W_1x$ 和 $W_1^{-1}y=W_2x$。综上所述，得到 $y=(W_1^{-1}+W_2^{-1})^{-1}(W_1+W_2)x$。

4. 我们将公式(5.1.10)的级联重写为
$$y(x)=\ln(1+\beta\exp(1-\ln(1+\beta\exp(1-x))))$$
$$=\ln(1+\beta\exp(\ln e-\ln(1+\beta\exp(1-x))))$$
$$=\ln\left(1+\beta\exp\left(\ln\frac{e}{1+\beta\exp(1-x)}\right)\right)=\ln\left(1+\beta\frac{e}{1+\beta\exp(1-x)}\right)$$
$$=\ln\frac{1+\beta e+\beta\exp(1-x)}{1+\beta\exp(1-x)}$$

有 $\lim\limits_{x\to-\infty}y(x)=0$ 且 $\lim\limits_{x\to+\infty}y(x)=\ln(1+\beta e)$。现在如果 $\beta=\dfrac{e-1}{e}$ 就得到 $\lim\limits_{x\to+\infty}y(x)=\ln(1+\beta e)=1$。因此 $y(\cdot)$ 的渐近表现与 sigmoid 函数的渐近表现相同。对于 $x=0$ 我们得到 $y(x)=\ln\left(2-\dfrac{1}{e}\right)\simeq 0.49$，仅为接近挤压函数的 0.5。对于较小的 x 有
$$y(x)=\ln\frac{1+\beta e+\beta\exp(1-x)}{1+\beta\exp(1-x)}=\ln\left(1+\frac{\beta e}{1+\beta\exp(1-x)}\right)$$
$$\simeq \frac{\beta e}{1+\beta\exp(1-x)}$$
$$=\frac{e-1}{1+\dfrac{e}{e-1}\exp(1-x)}$$

它在 $x=0$ 时的导数为 $y'(0)=\dfrac{e^2(e-1)^2}{(e^2+e-1)^2}\simeq 0.263$，这非常接近 0.25，即 $x=0$ 时 sigmoid 函数的导数值。该值以及 $y(0)$ 表示相对于 sigmoid 函数的情况缺乏对称性，这种对称性破坏的原因是什么？

6. 5.1.2 节已经给出了级联中没有折叠的证据，考虑一下它在 $\mathbb{C}$ 中的解释。已证明公式 $w_2\cdot e^{w_1x}=w_3x$ 表示指数函数下无折叠。此公式可以重写为 $w_2\cdot(\cos(w_1x)+i\sin(w_1x))=w_3x$ 至少要求加上 $\cos(w_2\cdot(\cos(w_1x))=\cos(w_3x)$。这种情况探讨了在正弦函数情况下级联的折叠。显然该条件不适用于所有 $x\in\mathbb{R}$。

7. 考虑级联 $y=\sigma(w_2\sigma(w_1x+b_1)+b_2)$，有
$$\frac{\partial}{\partial x}\sigma(w_2\sigma(w_1x+b_1)+b_2)=w_2w_1\sigma'(a_2)\sigma'(a_1)$$

它永远不会在 $x \in \mathbb{R}$ 上翻转符号，因此得出级联结构的单调性。

8. 一个相似的级联可以递归描述为 $y_1 := (w_1 x + b_1)^2 + c_1$ 且 $y_{n+1} = (w_{n+1} y_n + b_n)^2 + c_n$。我们有 $y_1 = w_1^2 x^2 + 2 w_1 b_1 x + (b_1^2 + c_1)$，从中可以发现任意 $a_2 \geqslant 0$ 的二次多项式都可以实现。令 $p_2(x) := a_2 x^2 + a_1 x + a_0$ 为给定的多项式，然后需要解 $w_1^2 = a_2$，$2 w_1 b_1 = a_2$ 和 $b_1^2 + c_1 = a_2$，得到了 $w_1 = \pm \sqrt{a_2}$，$b_1 = \frac{1}{2}$ 和 $c_1 = a_2 - \frac{1}{4}$。显然，没有级联单元能够实现 $a_2 < 0$ 的多项式。注意，随着我们增加要实现的多项式的度可以看到计算能力降低。给定任意多项式 $p_n(x) = \sum_{\kappa=0}^{n} a_\kappa x^\kappa$，有 $y_{n+1}(x) = w_{n+1}^2 y_n^2(x) + 2 w_{n+1} b_n y_n(x) + (b_n^2 + c_n)$。当由 n 变为 $n+1$ 时，级联的系数数量增加了 3，而相应的度数增加一倍！因此得出结论，通过这种二次级联可以实现的多项式空间非常有限。

9. 为了评估学习的难度，我们使用两种不同的输出编码讨论分离表面，当使用单热编码时，对于每个类，分离表面的确定被简化为发现由公式(5.3.41)定义的区域。因此学习的目的是构建分离表面，其引入了由给定单个类形成的一定程度的复杂性。设 $x_{1,o}$ 和 $x_{2,o}$ 为网络的两个输出，采用布尔编码时分离表面定义为

$$\forall x \in \mathscr{C}_3 \bigcup \mathscr{C}_4 : x_{1,o} = f_1(w, x) > \delta$$
$$\forall x \in \mathscr{C}_2 \bigcup \mathscr{C}_4 : x_{2,o} = f_2(w, x) > \delta$$

由于分离面涉及集合的并集，因此复杂程度明显增加。很容易发现随着类数量的增加，这个问题变得越来越确切。

5.2 节

1. 重写公式(5.2.12)。

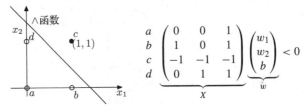

设 $\hat{w}, \tilde{w} \in \mathscr{W}_\wedge = \{w : Xw < 0\}$ 属于解空间且令 $\alpha \in [0, 1]$。这样⊖就有 $X \hat{w} < 0$ 和 $X \tilde{w} < 0$。现考虑 $w = \alpha \hat{w} + (1 - \alpha) \tilde{w}$，所以 Xw 可以被重写为 $Xw = X(\alpha \hat{w} + 1(1 - \alpha) \tilde{w}) = \alpha \underbrace{X \hat{w}}_{<0} + (1 - \alpha) \underbrace{X \tilde{w}}_{<0} < 0$，从中我们得出 $\mathscr{W}_\wedge$ 明显是凸集。

2. 或函数是线性分离的，我们可以参照练习 1 的分析。

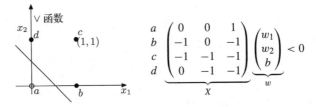

⊖ 注意 $X \neq \hat{X}$，因为正样本的符号是以上述不等式的方式设置的。

很明显，$w_u=w_v=1$，$b=-\frac{1}{2}$ 是一个解，且 $\mathscr{W}_\vee$ 凸性的证明完全参照对 $\mathscr{W}_\wedge$ 的证明。

10. 我们可以用符号函数代替阶跃函数，即 $H(a)=(1+\mathrm{sign}(a))/2$。假设有 $a_2=H(wx_1+b)$，它可以被替换为

$$a_2=\frac{1+\mathrm{sign}(wx_1+b)}{2}=\frac{1}{2}+\mathrm{sign}\left(\frac{w}{2}x_1+\frac{b}{2}\right)=\mathrm{sign}\left(\frac{w}{2}x_1+\frac{1+b}{2}\right)$$

因此等价符号网络的权重为 $w_s=\frac{1}{2}$，$b_s=\frac{1+b}{2}$。Heaviside 网络(左)及相应的符号网络如下图所示。

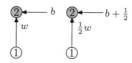

11. (1)区域 $\mathscr{X}$ 的位置是分离表面的定义和给定条件 $f(w,x)\geqslant 0$ 共同作用的结果。注意到配置 $w_{6,3}=w_{6,4}=w_{6,5}=1$ 和 $b_6=-5/2$ 将 $\wedge$ 函数分配给神经元 6。因此 $\mathscr{X}$ 的定界来自 w_3、w_4 和 w_5 的符号。

(2)根据练习 5.4-9，平面中的线数为 $L_3=1+3(3+1)/2=7$

12. 我们开始注意到，图 5.8 的 LTU 的完美实现明显导致一旦稍微改变输入就无法构造奇偶校验谓词。例如，仅当 $\sum_{\kappa=1}^{4}x_\kappa=1$ 时才联合触发单元 5 和 6，这导致只有输入为实数的完美编码才能返回正确的解⊖。这对解的权重空间有副作用，其在 $\mathbb{R}^d$ 中具有空值。为了赋予解稳健性，不失一般性关注单元 5 和 6。令 $\delta\in\left(0..\frac{1}{2}\right)$，如果替代 $x_5=H\left(\sum_{\kappa=1}^{4}x_\kappa-1\right)\to H\left(\sum_{\kappa=1}^{4}x_\kappa-(1-\delta)\right)$，$x_6=H\left(1-\sum_{\kappa=1}^{4}x_\kappa\right)\to H\left(1-\delta-\sum_{\kappa=1}^{4}x_\kappa\right)$，那么网络仍返回相同的解。该解面临输入的稳健性，并且权重空间不再是 $\mathbb{R}$ 中的空值，关于凸性问题的答案留给读者。

5.3 节

3. 我们假设域 $\mathscr{X}$ 被划分为 $n=\left\lceil\frac{\mathrm{vol}(\mathscr{X})}{p^d}\right\rceil$ 个超立方体。由于 f 满足利普希茨条件，如果我们考虑一个通用框体的中间点 x_m 就得到 $\|f(x)-f(x_m)\|<K\|x-x_m\|$，其中 K 是利普希茨常数。设 $\varepsilon>0$ 是我们想要达到的精度，也就是说，强力近似方案必须对所有具有边 p 的超立方体满足 $\|f(x)-f(x_m)\|<\varepsilon$ 的条件。如果加上 $\|f(x)-f(x_m)\|<K\|x-x_m\|\leqslant Kp\sqrt{d}=K\sqrt{d}\left(\frac{\mathrm{vol}(\mathscr{X})}{n}\right)^{1/d}<\varepsilon$，就得到

$$n>\mathrm{vol}(\mathscr{X})\left(\frac{K\sqrt{d}}{\varepsilon}\right)^d \tag{8.0.31}$$

因此，节点(超立方体)的数量随着 $\mathscr{X}$ 的维度呈指数增长，这对应于说明精度为 $O(1/n)^d$。

4. 我们证明 $f^\star(x_k^m)=f(x_k^m)$，对于 $n=1$ 可以很快发现 $f^\star(x_1^m)=(f(x_1^m)-f(x_0^m))$

⊖ 当然在实践中是不可能的！

$H(x_1^m - x_1) = f(x_1^m)$。现在假设通过归纳法，$f^\star(x_{k-1}^m) = \sum_{i=1}^{k-1}(f(x_i^m) - f(x_{i-1}^m))H(x_k^m - x_i)$。这样有

$$f^\star(x_k^m) = \sum_{i=1}^{k}(f(x_i^m) - f(x_{i-1}^m))H(x_k^m - x_i)$$

$$= f(x_k^m) - f(x_{k-1}^m))H(x_k^m - x_k) + \underbrace{\sum_{i=1}^{k-1}(f(x_i^m) - f(x_{i-1}^m))H(x_k^m - x_i)}_{f^\star(x_{k-1}^m)}$$

$$= f(x_k^m) - f^\star(x_{k-1}^m) + f^\star(x_{k-1}^m) = f(x_k^m)$$

准确性分析留给学生。

5. 我们对证明进行了深入分析并让读者提供正式证明。假设使用 $\sigma(a) = e^{-a^2/2}$，此外假设我们使用两个不同的隐藏单元，因此同位线不平行。在那种情况下，任何与一条分离线不平行的方向产生一个增长没有上限的激活函数 $a_i = w_{i,1}x_1 + w_{i,2}x_2 + b_i$。因此相应的输出 $\sigma(a)$ 很快消失，从而定义了有界域。

7. 如果设置了 $H = p \cdot q$，那么就会简化为证明

$$(q!)^p \leqslant (pq)! \tag{8.0.32}$$

对于 $p=1$，该属性可以被简单地验证。而且，很容易证明它也适用于任意 q 及 $p=2$。在这种情况下，不等式变为 $(q!)^2 \leqslant (2q)!$。当注意到⊖

$$\underbrace{q^2 \cdot (q-1)^2 \cdots 2^2 \cdot 1^2}_{(q!)^2} \leqslant \underbrace{\overbrace{2q \cdot (2q-1) \cdots (q+1)}^{>q!} \cdot \overbrace{q \cdots 2 \cdot 1}^{q!}}_{(2q)!}$$

就可以立即验证。现在，为了证明对于任意 q 及 $p > 2$ 的性质，使用不等式（见文献[198]，52 页）

$$\forall q \geqslant 1: \frac{q^q}{e^{q-1}} \leqslant q! \leqslant \frac{q^{q+1}}{e^{q-1}}$$

得到

$$(q!)^p \leqslant \frac{q^{pq+p}}{e^{pq}-p} \leqslant \frac{q^p}{e^{1-p}p^{pq}} \frac{(pq)^{pq}}{e^{pq}-1} = \alpha(p,q) \frac{(pq)^{pq}}{e^{pq}-1} \tag{8.0.33}$$

其中 $\alpha(p, q) := \frac{q^p}{e^{1-p}p^{pq}}$。现在我们对 $p > 2$ 证明 $\alpha < 1$。设 $\mathscr{Q} := [3..\infty) \times [1..\infty)$ 并考虑 α 的扩展

$$\varphi(x, y) := \frac{y^x}{e^{1-x}x^{xy}} = \exp(x \ln y - 1 + x - xy \ln x) = e^{\psi(x,y)}$$

其中 $\varphi: \mathscr{Q} \to \mathbb{R}$ 且 $\psi: \mathscr{Q} \to \mathbb{R}: \psi(x, y) := x \ln y - 1 + x - xy \ln x$。有 $\partial_x \psi = \ln y + 1 - y \ln x - y$ 且 $\partial_y \psi = \frac{x}{y} - x \ln x$。对于 $x \geqslant 3$，$\partial_x \psi = \ln y + 1 - y \ln x - y \leqslant \ln y + 1 - y \leqslant 0$ 且 $\partial_y \psi = \frac{x}{y} - x \ln x \leqslant x - x \ln x < 0$。对于 $(x, y) = (3, 1)$ 有 $\psi(3, 1) = -1 + 3 - 3 \ln 3 < 0$，因此 $\phi(3, 1) < 1$。因为 $\forall (x, y) \in \mathscr{Q}: \partial_x \varphi < 0$，$\partial_y \varphi < 0$ 且 $\varphi(3, 1) < 1$，得出结论 $\forall (x, y) \in Q: \varphi(x, y) < 1$。限制为 α 时，从公式(8.0.33)得到

⊖ 请读者通过考虑 q 的任何值，通过 p 上的归纳法证明该性质。

$$(q!)^p \leqslant \frac{q^{pq+p}}{e^{pq-p}} \leqslant \frac{q^p}{e^{1-p}p^{pq}} \frac{(pq)^{pq}}{e^{pq}-1} = \alpha(p,q) \frac{(pq)^{pq}}{e^{pq}-1} \leqslant \frac{(pq)^{pq}}{e^{pq}-1} \leqslant (pq)! \quad (8.0.34)$$

完成了证明[⊖]。

5.4 节

1. 我们对 $\mathscr{X}=\mathbb{R}$ 给出证明，有 $(u*v)(t)=\int_{-\infty}^{+\infty}u(t-\tau)v(\tau)\mathrm{d}\tau$。令 $\alpha=t-\tau$，然后

$$(u*v)(t) = \int_{-\infty}^{+\infty}u(t-\tau)v(\tau)\mathrm{d}\tau = -\int_{+\infty}^{-\infty}v(t-\alpha)u(\alpha)\mathrm{d}\alpha = (v*u)(t)$$

典型的证明依赖于由傅里叶变换引起的 $*$ 和 $\cdot$ 之间的同构，有 $\widehat{(u*v)}=\hat{u}\cdot\hat{v}=\hat{v}\cdot\hat{u}=\widehat{(v*u)}$。最后，对于离散卷积，考虑公式(8.0.36)时遵循交换律。

2. 如果 $\mathscr{D}_Z=[1,\cdots,n_i]\times[1,\cdots,n_j]$，那么对所有的 $(m,n)\in\mathscr{D}_Z$ 定义

$$y_{m,n} = \sum_{h=1}^{n_i}\sum_{\kappa=1}^{n_j}h_{m-h,n-\kappa}v_{h,\kappa} \quad (8.0.35)$$

这是由于对 $v_{h,\kappa}$ 从 $\mathbb{N}^2$ 到 $\mathscr{D}_Z$ 的定义限制所致。注意

$$y_{m,n} = \sum_{h=1}^{n_i}\sum_{\kappa=1}^{n_j}h_{m-h,n-\kappa}v_{h,\kappa} = \sum_{h=1}^{\infty}\sum_{\kappa=1}^{\infty}h_{m-h,n-\kappa}v_{h,\kappa}^{\infty}$$

其中对于 $(h,\kappa)\in\mathscr{D}_Z$ 有 $v_{h,\kappa}^{\infty}=v_{h,\kappa}$，否则有 $v_{h,\kappa}^{\infty}=0$。

为了建立计算的连续和离散设置之间的关系，我们简单注意到对 $\mathscr{X}$ 的采样 $[\mathscr{X}]$ 产生 $z=\Delta\odot(m,n)$ 和 $u=\Delta\odot(h,\kappa)$，其中 $\Delta:=(\Delta_i,\Delta_j)$ 且 $\mathrm{side}(\mathscr{X})=(n_i\Delta_i,n_j\Delta_j)'$。因此有

$$y(z) = \int_{\mathscr{X}}h(z-u)v(u)\mathrm{d}u$$

$$\simeq \Delta_i\Delta_j\sum_{i_u=1}^{n_i}\sum_{j_u=1}^{n_j}\underbrace{h((m-h)\Delta_i,(n-\kappa)\Delta_j)}_{h_{m-h,n-\kappa}}\underbrace{v(h\Delta_j,\kappa\Delta_j)}_{v_{h,\kappa}}$$

$$\propto \sum_{i_u=1}^{n_i}\sum_{j_u=1}^{n_j}h_{m-h,n-\kappa}v_{h,\kappa} \quad (8.0.36)$$

4. 我们有 $u*v|_{[-1..1]}(z)=\int_{-1}^{+1}(z-\alpha)(1-\alpha)\mathrm{d}\alpha=2z+\frac{2}{3}$，同时有 $v*u|_{[-1..1]}(z)=\int_{-1}^{+1}(z-1+\alpha)\alpha\mathrm{d}\alpha=\frac{2}{3}$。因此 $u*v|_{[-1..1]}(z)\neq v*u|_{[-1..1]}(z)$。

8. 算法需要计算

$$y_{m,n} = \sum_{h=1}^{n_i}\sum_{j=1}^{n_j}h_{m-h,n-\kappa}v_{h,\kappa} = \sum_{h=1}^{n_i}\sum_{j=1}^{n_j}h_{h,\kappa}v_{m-h,n-\kappa}$$

其中每当 $\forall(h,\kappa)\in\mathbb{N}^2\setminus\mathscr{D}_Z:v_{h,k}=0$ 时出现交换性(见练习 1 和 4)。由于我们使用分布式扩展 $h=\delta$ 的卷积滤波器，因此仅在感受野中有 $h_{h,\kappa}\neq 0$。

10. 现在可以推广到任意数量的线。当我们添加第 n 条线 $(n>0)$ 时，这会最多增加区域数量 $1+\kappa$ 个，其中 $\kappa=n-1$ 是最后一条线与前 $n-1$ 条线的最大交点数。这是因为新线每次与之前的线相交时都会分割旧区域。因此有 $L_0=1$ 和 $L_n=L_{n-1}+n$。即有

⊖ Alessandro Betti 提出了证明的想法。

$$L_n = 1 + \frac{n(n+1)}{2} \qquad (8.0.37)$$

5.5 节

3. 公式(5.5.79)的证明可以通过使用拉格朗日余数的泰勒展开来给出。存在 $a_1 \in (a, a+h)$ 和 $a_2 \in (a-h, a)$ 满足

$$\sigma(a+h) = \sigma(a) + h\sigma^{(1)}(a) + \frac{h^2}{2}\sigma^{(2)}(a) + \frac{h^3}{3!}\sigma^{(3)}(a_1)$$

$$\sigma(a-h) = \sigma(a) - h\sigma^{(1)}(a) + \frac{h^2}{2}\sigma^{(2)}(a) - \frac{h^3}{3!}\sigma^{(3)}(a_2)$$

因此有

$$\frac{\sigma(a+h) - \sigma(a-h)}{2h} = \sigma^{(1)}(a) + \frac{h^2}{6}\frac{\sigma^{(3)}(a_1) + \sigma^{(3)}(a_2)}{2}$$

在 $\sigma^{(3)}$ 的连续性条件下，存在 $\tilde{a} \in [a-h..a+h]$ 满足，因此 $\frac{\sigma^{(3)}(a_1) + \sigma^{(3)}(a_2)}{2} = \sigma^{(3)}(\tilde{a})$。因此我们最终得到公式(5.5.79)。练习的第二部分留给读者，期望证明导数的非对称近似产生一个 $O(h)$ 的误差，这个误差明显高于对称近似得到的误差！

7. 我们讨论 $\sigma = \tanh$，$\sigma = \text{logistic}$ 及 $\sigma = (\cdot)_+$ 的情况。

(i) 如果 $\sigma = \tanh$，我们可以发现所有的神经元返回空输出，即，$\forall i \in \mathbb{N}: x_i = 0$。从公式(5.5.82)我们发现 $g_{\kappa ij} = 0$，其中用 $g_{\kappa ij} = 0$ 替换 $g_{\kappa ij}^o = 0$，因为只有一个输出。

(ii) 如果 $\sigma = \text{logistic}$，那么 $x_{\kappa j} = \frac{1}{2}$。考虑输出层的权重，另外因为只有一个输出单元，可以用 $\delta_{\kappa i}$ 代替 $\delta_{\kappa i}^0$。有 $\delta_{\kappa o} = \sigma'\left(\frac{1}{2}\right)\left(\frac{1}{2} - y_\kappa\right) = \frac{1}{4}\left(\frac{1}{2} - y_\kappa\right)$，因此如果 $y_\kappa = 0$，那么 $\delta_{\kappa o} = \frac{1}{8}$，否则 $\delta_{\kappa o} = -\frac{1}{8}$。最后，$g_{\kappa o i} = \delta_{\kappa o} x_{\kappa i} = \frac{1}{16}\text{sign}\left(\frac{1}{2} - y_\kappa\right)$。对于所有其他层，$g_{\kappa ij} = 0$，因为从公式(5.5.84)中立即发现 $\delta_{\kappa ij} = 0$。

(iii) 如果 $\sigma = (\cdot)_+$，我们可以得出与(i)相同的结论。

13. 驻点条件为

$$\frac{\partial E}{\partial w_1} = \delta_b + \delta_c = 0 \qquad (8.0.38)$$

$$\frac{\partial E}{\partial w_2} = \delta_d + \delta_c = 0 \qquad (8.0.39)$$

$$\frac{\partial E}{\partial b} = \delta_a + \delta_b + \delta_c + \delta_d = 0 \qquad (8.0.40)$$

可以发现 $w_1 = w_2 = 1$ 且 $b = -1$ 是驻点配置，将在下面说明。考虑由 $w_1 = w_2 = 1$ 定义的任何线。显然由于对称性，有 $\delta_b = \delta_d$。从公式(8.0.40)迅速得到 $\delta_a = \delta_c$ 也成立。该条件与 $\delta_b = \delta_d$ 配对，表征驻点配置 $w_1 = w_2 = 1$ 和 $b = -1$。它是最小值、鞍点还是最大值？配置如果是 $w_1 = -w_2$ 和 $b = 0$ 会怎样？还有其他驻点吗？

14. 令神经元输出表示为 $y = \sigma(w_1 x_1 + w_2 x_2 + b)$。完美加载训练集需要 $\sigma(b) = \underline{d}$ 的解且 $\sigma(w_1 + b) = \overline{d}$，很明显负载问题独立于 w_2。而且我们需要选择 $b < 0$，$w_1 > 0$ 且 $|w_1| > |b|$。选择 $w_2 = 0$ 遵循简约原则并产生分离线 $w_1 x_1 + b = 0$。现在 MMP（最大间隔问题）通

过分离线 $2x_1-1=0$ 清楚地求解,其对应于 1D 无限空间 $\mathscr{W}=\{\alpha\in\mathbb{R}:(w_1,b)=\alpha(2,-1)\}$,其产生 $\underline{d}=\sigma(-\beta)$ 和 $\overline{d}=\sigma(\beta)$,其中 $\beta\in\mathbb{R}^+$。因此对于要求解的 MMP,必须根据阈值 0.5 的对称结构来选择目标。

5.7 节

2. 假设改变 $w_{3,1}$ 和 $w_{3,2}$ 以便获得与单元 3 相关的分离线 w 的旋转,如下所示。

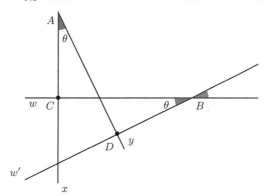

我们希望看到对应于此改变的激活函数 a_3 的更改。激活函数与点到 w 的距离成比例。考虑点 A,当以角度 θ 旋转 w 时,距离从 $\overline{AC}$ 变为 $\overline{AD}$,因此变化为

$$\overline{AD}-\overline{AC}=\frac{\overline{AC}+\overline{BC}\tan\theta}{\cos\theta}-\overline{AC}=\underbrace{\overline{AC}\left(\frac{1}{\cos\theta}-1\right)}_{u(\theta)}+\underbrace{\overline{BC}\sin\theta}_{v(\theta)}$$

变化 $\overline{AD}-\overline{AC}$ 依赖于两项 $u(\theta)$ 和 $v(\theta)$。当注意到

$$\lim_{\theta\to 0}\frac{u(\theta)}{v(\theta)}=2\frac{\overline{AC}}{\overline{BC}}\cdot\lim_{\theta\to 0}\frac{1-\cos\theta}{\sin2\theta}=0$$

时,证明完成。

4. 假设有一个具有多个输出的 OHL 网络,其中每个输出都连接到它自己的隐藏单元。这与具有一个输出单元的 c 分离网络相对应,为此我们知道误差函数是局部最小的。该简化假设产生与单个局部最小网络相关联的函数总和的误差函数。现在可以看到梯度和 Hessian 函数的分析,局部最小误差函数的总和也是局部最小误差函数。

6. 考虑整流函数与二次函数配对(当将其与不同的损失函数配对时可以产生类似的结论)。假设以下条件成立:$(a_{\kappa i})'_+ +((a_{\kappa i})_+ -d_\kappa)=0$。如果 $a_{\kappa i}>0$ 得到 $(a_{\kappa i})_+=d_\kappa$(完美匹配)。如果 $a_{\kappa i}\leqslant 0$,那么上述条件不会对神经元的激活施加任何限制。对于对数概率 sigmoid(和双曲正切)转移函数,这是非常不同的。因为在这种情况下,条件 $\Delta=0$ 表征驻点使得唯一的稳定点是全局最小值。尽管在饱和配置中存在小的移动,但仍然存在从鞍点和最大值中逃脱的启发式动力。这是一个重要的点,因为它表明权重的某些初始化可能会使学习过程也停留在线性可分的示例中。在单个神经元的情况下也会发生这种情况!该特性表明,以 sigmoid 函数和整流函数为特征的岭神经元之间存在重要差异,这反映了它们在错误初始化下恢复的不同可能性。

7. 关于输出单元的偏置项的梯度为

$$\frac{\partial E}{\partial b_0}=1'\Delta_2=\sum_{k=1}^{\ell}\delta_{o,\kappa}=\frac{1}{4}\Big(\sum_{\kappa\in\mathscr{P}}0-\overline{d}+\sum_{\kappa\in\mathscr{N}}0-\underline{d}\Big)=-\overline{d}|\mathscr{P}|-\underline{d}|\mathscr{N}|$$

因此当且仅当处理平衡训练集时 $\frac{\partial E}{\partial b_0}=0$，其中 $|\mathcal{N}|=|\mathcal{P}|$ 且 $\underline{d}=-\overline{d}$。如果不是这种情况，则输出偏置项有助于梯度。现在除了输出之外，所有神经输出都是空的，但独立于输入。设 x_0 是在驻点达到的普通输出。因而有 $(x_0-\overline{d})|\mathcal{P}|+(x_o-\underline{d})|\mathcal{N}|=0$，即，

$$x_0 = -\frac{\overline{d}|\mathcal{P}|+\underline{d}|\mathcal{N}|}{|\mathcal{P}|+|\mathcal{N}|}$$

8. 公式(3.2.53)及对单个神经元的相应分析，足以得出结论。

13. 我们区分均匀分布和高斯分布的情况。

(i) 均匀分布：我们直接从它的定义 $\sigma_W^2 = \int_{-w}^{+w} \omega^2 \mathrm{d}\omega = \frac{2}{3}w^3$ 计算 σ_W^2。

(ii) 正态分布：令 $w=\beta\sigma_W$ 且 $\gamma>4$。然后可以生成与归一化条件 $\int_{-w}^{+w} \frac{1}{\sqrt{2\pi}}e^{-\omega^2/2\sigma_W^2}\mathrm{d}\omega = 2\mathrm{erf}(w) \simeq 1$ 一致的高斯分布。

6.1 节

1. 基于向量形式的抽象解释没有直接解决问题，却大大简化了符号和解。可以通过考虑三个函数 $f_1(x)=\hat{W}_1'\hat{x}$，$f_2(y)=\hat{W}_2'\hat{y}$ 和 $f_3(x)=\hat{W}_3'\hat{x}$ 来重述线性一致性，其中矩阵 $\hat{W}_i$，$i=1,2,3$ 匹配一致性条件 $\hat{W}_3=\hat{W}_1\hat{W}_2$。最佳拟合可以表示为如练习 3.1-2 中讨论的，通过最小化 $\frac{1}{2}(\|Y-\hat{X}\hat{W}_1\|_F^2+\|Z-\hat{Y}\hat{W}_2\|_F^2+\|Z-\hat{X}\hat{W}_3\|_F^2)$，其受到矩阵约束 $\hat{W}_3=\hat{W}_1\hat{W}_2$ 的影响。这里 $\|A\|_F^2=\mathrm{tr}(A'A)$ 是实值矩阵 A 的 Frobenius 范数。由于约束可以很容易地结合到目标函数中的简单性质，从而将问题简化为

$$E(\hat{W}_1,\hat{W}_2) = \frac{1}{2}(\|Y-\hat{X}\hat{W}_1\|_F^2+\|Z-\hat{Y}\hat{W}_2\|_F^2+\|Z-\hat{X}\hat{W}_1\hat{W}_2\|_F^2)$$

的无约束最小化。可以使用练习 3.1-2 中的结果评估此函数的梯度以便在经过一些计算后发现

$$\partial_{\hat{W}_1} E(\hat{W}_1,\hat{W}_2) = \hat{X}'\hat{X}\hat{W}_1-\hat{X}'Y+(\hat{X}'\hat{X}\hat{W}_1\hat{W}_2-\hat{X}'Z)\hat{W}_2'$$

$$\partial_{\hat{W}_2} E(\hat{W}_1,\hat{W}_2) = \hat{Y}'\hat{Y}\hat{W}_2-\hat{Y}'Z+\hat{W}_1'(\hat{X}'\hat{X}\hat{W}_1\hat{W}_2-\hat{X}'Z)$$

3. 求 $f_1(x_1)$ 和 $f_2(x_2)$ 相当于求解方程 $\alpha^2-s\alpha+p=0$，其中 $s=f_1(x_1)+f_2(x_2)$，$p=f_1(x_1)\cdot f_2(x_2)$ 且 $s=2p$。因此我们得到 $\alpha=p\pm\sqrt{p^2-p}$。由于 $f_1(x_1), f_2(x_2)\in [0..1]$，我们只有在 $p=0$ 或 $p=1$ 时才得到实数解，它们分别对应 $f_1(x_1)=f_2(x_2)=0$ 或 $f_1(x_1)=f_2(x_2)=1$。

4. 显然，当函数采用接近布尔目标的值时，它们都表达了相等的概念。基本上，每当 $f_1(x_1)\simeq 0$ 且 $f_2(x_2)\simeq 0$ 或是 $f_1(x_1)\simeq 1$ 且 $f_2(x_2)\simeq 1$ 时，有 $f_1(x_1)-2f_1(x_1)f_2(x)+f_2(x_2)\simeq (f_1(x_1)-f_2(x_2))^2$。但是注意当偏离类布尔值时，约束的表现是非常不同的。在 $f_1(x_1)=f_2(x_2)=1/2$ 的极端情况下，由于得到 $f_1(x_1)-2f_1(x_1)f_2(x)+f_2(x_2)=1/2$，因此公式(6.1.8)的约束未验证。相反，约束 $(f_1(x_1)-f_2(x_2))^2=0$ 明显满足。约束 $f_1(x_1)=f_2(x_2)$ 实际上是最一般的等价陈述，它产生任意实数对，而公式(6.1.8)的约束却具有决定性的意味！

8. 假设 $r\in\mathbb{N}_n$ 表示棋盘的行索引，而 $x,y\in\mathbb{N}_n$ 用于定位皇后的位置(例如，在经典

棋盘中，$n=8$，$x=13$ 对应于第二行和第五列）。位置 x 上的皇后属于行 r 的情况用 $x \triangleright r$ 表示。此外，假设每当皇后位于 x 处且定义了 $\mathrm{IN}(x,r) \Leftrightarrow x \triangleright r$ 和 $\mathrm{DIFF}(x,y) \Leftrightarrow x \neq y$ 时 $p(x)=\mathrm{T}$。现在 $\neg \exists y \mathrm{IN}(y,r) \wedge \mathrm{DIFF}(x,y) \wedge P(y) \equiv \forall y \neg \mathrm{IN}(y,r) \vee \neg \mathrm{DIFF}(x,y) \vee \neg P(y)$，因此

$$\forall r \exists x \; \mathrm{IN}(x,r) \wedge P(x) \wedge [\neg \exists y \; \mathrm{IN}(y,r) \wedge \mathrm{DIFF}(x,y) \wedge P(y)]$$
$$\Leftrightarrow \quad \forall r \exists x \; \mathrm{IN}(x,r) \wedge P(x) \wedge [\forall y \neg \mathrm{IN}(y,r) \vee \neg \mathrm{DIFF}(x,y) \vee \neg P(y)]$$
$$\Leftrightarrow \quad \forall r \exists x \forall y \mathrm{IN}(x,r) \wedge P(x) \wedge [\neg \mathrm{IN}(y,r) \vee \neg \mathrm{DIFF}(x,y) \vee \neg P(y)]$$

最终得到逻辑约束

$$\forall r \forall y \exists x \quad \mathrm{IN}(x,r) \wedge P(x) \wedge [\neg \mathrm{IN}(y,r) \vee \neg \mathrm{DIFF}(x,y) \vee \neg P(y)] \quad (8.0.41)$$

其为 CNF。此外所有量词都已移至公式的开头，即为前束范式（prenex normal form）。有趣的是，不仅任何公式都可以表示为 CNF，并且它的量词总是可以移到开头。显然，非攻击条件还需要对棋盘的列和对角线进行类似的约束。

9. 只要注意到给定 $f \in \mathscr{F}$，考虑到等距约束 $\Psi(f)=0$ 就足够了，其中

$$\Psi(f) := \int_{\mathscr{X}} \sum_{\kappa=1}^{\ell} \delta(x-x_\kappa) V(x_\kappa, y_\kappa, f(x)) \mathrm{d}x = \sum_{\kappa=1}^{\ell} V(x_\kappa, y_\kappa, f(x_\kappa)) \quad (8.0.42)$$

它曾被软处理，与监督学习相对应。

10. 为了观察这样的表现，令 $(u)_+ := \max\{0, u\}$。那么单边约束 $\check{\phi}_i(x, f(x)) \geqslant 0$ 等价于 $(-\check{\phi}_i(x, f(x)))_+ = 0$，也等价于 $((-\check{\phi}_i(x, f(x)))_+)^2 = 0$。在应用拉格朗日乘数（见 6.1.3 节）的经典理论处理这种等价时需要谨慎，因为它需要某些在进行这种变换时可能会丢失的属性。例如，将单侧约束 $\check{\phi}_i(x, f(x)) \geqslant 0$ 简化为相应的双边约束 $(-\check{\phi}_i(x, f(x)))_+ = 0$ 可能导致可微性的丧失。因此，将理论结果从双边约束的情况直接扩展到单边约束并不总是可行的。

12. 整体的二阶不匹配度是

$$\frac{1}{4}((y_1 - f_1(\overline{x}))^2 + (y_2 - f_2(\overline{x}))^2) + \frac{1}{2} \int_{\mathscr{X}} (f_1(x)(1-f_2(x)))^2 \mathrm{d}x$$

虽然第一部分涉及相同 $\overline{x}$ 上的监督对，但第二部分是逻辑类约束。显然，它们的软实现需要表示相应的置信，因为它可能在域的不同点上有质的不同。基本上这种置信可以被认为是判断后续约束验证的权重。

15. 显然，约束 ψ 和 ψ_α 定义了相同的函数空间，因此它们对学习问题生成了相同的最优解。尤其是满足欧拉-拉格朗日方程：

$$Lf(x) + \lambda(x) \nabla_f \psi(x, f(x)) = 0$$
$$Lf(x) + \lambda_\alpha(x) \nabla_f (\alpha(x) \psi(x, f(x))) = 0 \quad (8.0.43)$$

从中得到 $\forall x \in \mathscr{X}: (\lambda(x) - \alpha(x) \lambda_\alpha(x)) \nabla_f \psi(x, f(x)) = 0$。由于 $\nabla_f \psi(x, f(x)) \neq 0$，得出结论 $\lambda_\alpha(x) = \lambda(x)/\alpha(x)$。

16. 有

$$\omega_\psi = -2\lambda(\psi_1(x, f(x))(1,1)' + \psi_2(x, f(x))(1,2)' + \psi_3(x, f(x))(2,3)')$$
$$(8.0.44)$$

对于较大的 λ 值有 $\psi_3(x, f(x)) = \psi_1(x, f(x)) + \psi_2(x, f(x))$，因此得到 $\omega_\psi = -2\lambda(\psi_1(x, f(x))(1,1)' + \psi_2(x, f(x))(1,2)' + (\psi_1(x, f(x)) + \psi_2(x, f(x)))(2,3)') = -2\lambda(\psi_1(x, f(x))(3,4)' + \psi_2(x, f(x))(3,5)')$。注意对于较大的 λ 值，与 $\{\psi_1, \psi_2\}$ 相关的解和与 $\{\psi_1,$

ψ_2, ψ_3}相关的解几乎相同。即使很难,最后的约束也可以通过总结前两个来得出,在最后一种情况下,反力在所有约束之间共享。它的共享方式由公式(8.0.44)给出。

17. 为了证明等价,只需采用非负函数 $\alpha_{2,1} = \dfrac{f_3^2}{f_1^2+f_2^2}$ 和 $\alpha_{3,1} = \left(\dfrac{f_3}{f_1 f_2}\right)^2$ 即可,因为可以立刻得到 $\check{\psi}_2 = \alpha_{2,1}\check{\psi}_1$ 和 $\check{\psi}_3 = \alpha_{3,1}\check{\psi}_1$。

18. 如果在 ψ 中替换 $f_1^2 - f_2^2 = (f_1+f_2)(f_1-f_2)$ 和 $f_1 - f_2 = 1 + f_4$,则得到 $f_1 + f_2 + f_1 f_4 + f_2 f_4 - f_3 = 0$,即,$\{\psi_1, \psi_2\} \models \overline{\psi}$。

6.2 节

1. 该论证无效,使用反驳树。

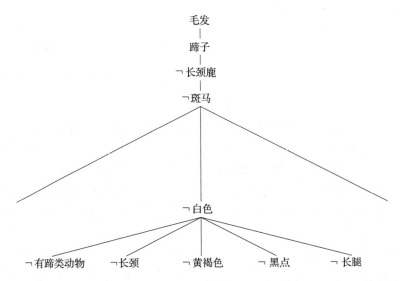

在反驳树中,从毛发到¬斑马的起始链来自使用德摩根定理后加入前提和否定结论。可以很容易地看到一些路径无法通过伪造来关闭。例如,¬长腿、¬长颈、¬长颈鹿、¬黄褐色和¬黑点上的路径是开放的,它们只能在有蹄类动物∧长腿∧长颈∧¬黄褐色∧黑点为真时关闭,这实际上告知我们缺少识别长颈鹿的特征。为了使命题(6.2.93)成立,我们可以丰富 KB 以限制可接受动物的类别。

3. 我们分别检查 T_P、T_G 和 $T_Ł$。

- T_P 显然符合交换律和结合律。至于单调性有,如果$(x \leqslant \overline{x}) \wedge (y \leqslant \overline{y})$ 则 $T_P(x, y) = xy \leqslant \overline{x}\,\overline{y} = T_P(\overline{x}, \overline{y})$。最后,p-范数满足边界条件,因为有 $T_P(x, 1) = x \cdot 1 = x$。
- T_G 显然符合交换律和结合律。至于单调性有,如果$(x \leqslant \overline{x}) \wedge (y \leqslant \overline{y})$ 则 $T_G(x, y) = \min\{x, y\} \leqslant \min\{\overline{x}, \overline{y}\}$。最后 $T_G(x, 1) = x$。
- $T_Ł$ 显然符合交换律和结合律。至于单调性有,如果$(x \leqslant \overline{x}) \wedge (y \leqslant \overline{y})$ 则 $x + y \leqslant \overline{x} + \overline{y}$,从中可以立即得出结论。最后 $T_Ł(x, 1) = \max\{1+x-1, 0\} = x$。

5.(简述)不,它们不等价。虽然公式(6.2.74)假定每个人都有父亲,但公式(6.2.73)也不适用。当然可以用这样的方式修改公式(6.2.73)来说明如下存在性:$\forall x \forall y\, \text{Person}(x) \wedge \text{Person}(y) \wedge \exists y \text{FatherOf}(x, y) \Rightarrow \text{Male}(y)$。将该公式转换为实值约束也可以通过斯柯林化再次简化,或者可以将通用分类器和存在分类器分别转换为搜索函数的下级和上级。

8. 我们从 $T_p(x, y) = x \cdot y$ 开始。如果 $x \neq 0$，有 $(x \Rightarrow y) = \sup\{z \mid T(x, z) \leqslant y\} = \sup\{z \mid x \cdot z \leqslant y\} = y/x$。如果 $x = 0$，那么 $\sup\{z \mid x \cdot z \leqslant y\} = 1$。注意无论 y 如何，这都满足。特别地，如果 $y = 0$ 则 $x \Rightarrow y$ 返回 $\neg x = 1$，如果 $x = 1$ 且 $y = 0$ 则 $\sup\{z \mid x \cdot z \leqslant y\} = 0$。综上所述，$p$-范数返回 $\neg 0 = 1$ 和 $\neg 1 = 0$。基本上，它在处理确定值时是对合的。然而，对于 $x \in (0, 1)$，对合属性 $\neg \neg x$ 无效。在此情况下，$\neg x = 0$ 然后 $\neg \neg x = 1$。关于 Gödel t-范数，$(x \Rightarrow y) = \sup\{z \mid T(x, z) \leqslant y\} = \sup\{z \mid \min\{x, z\} \leqslant y\} = y$。就像 p-范数一样，很容易发现对合失败。最后，对于 Łukasiewicz t-范数 $(x \Rightarrow y) = \sup\{z \mid T(x, z) \leqslant y\} = \sup\{z \mid \max\{x + z - 1, 0\} \leqslant y\} = 1 - x + y$。在这种情况下，对于 $y = 0$，$x \Rightarrow y$ 产生 $1 - x$ 和 $1 - (1 - x) = x$，即对合成立。

9. 设 $\varphi: [0..1] \rightarrow [l..h]$ 是从 $[0..1]$ 到 $[l..h]$ 的双射。

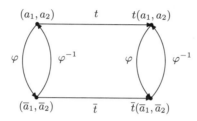

这样 $\forall \bar{a}_1, \bar{a}_2 \in [l, h]$，有 $\bar{t}(\bar{a}_1, \bar{a}_2) = \varphi(t(\varphi^{-1}(\bar{a}_1), \varphi^{-1}(\bar{a}_2)))$，即，

$$\bar{t}(\cdot, \cdot) = \varphi \circ t \cdot (\varphi^{-1}(\cdot), \varphi^{-1}(\cdot)) \tag{8.0.45}$$

现在考虑由 $l = -1$ 和 $h = -1$ 定义的区间。在这种情况下，函数 φ 由 $\bar{a} = \varphi(a) = 2a - 1$ 定义，这显然是一个双曲线图，它也返回 $a = \varphi^{-1}(\bar{a}) = (1 + \bar{a})/2$。如果考虑 p-范数那么

$$\bar{t}(\bar{a}_1, \bar{a}_2) = 2 \frac{1 + \bar{a}_1}{2} \frac{1 + \bar{a}_2}{2} - 1 = \frac{(1 + \bar{a}_1)(1 + \bar{a}_2)}{2} - 1 \tag{8.0.46}$$

同样对于 $\neg$ 运算符，函数 $t_\neg(a) = 1 - a$ 遵循变换

$$\overline{t_\neg}(\bar{a}) = (\varphi \circ t_\neg \circ \varphi^{-1})(\bar{a}) = 2\left(1 - \frac{1 + \bar{a}}{2}\right) - 1 = -\bar{a} \tag{8.0.47}$$

现在考虑 Łukasiewicz 逻辑且探讨强析取 $\oplus$ 的转变，即 $a_1 \oplus a_2 = \min\{1, a_1 + a_2\}$。它的重新映射产生

$$\bar{a}_1 \oplus \bar{a}_2 = 2\min\left\{1, \frac{1 + \bar{a}_1}{2} + \frac{1 + \bar{a}_2}{2}\right\} - 1 = 2\min\left\{1, 1 + \frac{\bar{a}_1 + \bar{a}_2}{2}\right\} - 1 \tag{8.0.48}$$

10. 根据德摩根定律 $a \vee b = \neg(\neg a \wedge \neg b)$，因此根据上述结果，$a \vee b \rightsquigarrow = 1 - (1 - a)(1 - b)/2$，因此可以很容易得到 $a_1 \Leftrightarrow a_2 \rightsquigarrow a_1 a_2 - (1 - a_1^2)(1 - a_2^2)/8$。

13. 从弱析取开始，设 $0 \leqslant \mu \leqslant 1$ 且 $x_1, x_2 \in \mathscr{X}$。那么 $\forall x = \mu x_1 + (1 - \mu)x_2$ 有

$$(\psi_1 \vee \psi_2)(x) = \max\{\psi_1(x), \psi_2(x)\}$$
$$= \max\{\psi_1(\mu x_1 + (1 - \mu)x_2), \psi_2(\mu x_1 + (1 - \mu)x_2)\}$$
$$\leqslant \max\{\mu\psi_1(x_1) + (1 - \mu)\psi_1(x_2), \mu\psi_2(x_1) + (1 - \mu)\psi_2(x_2)\}$$
$$\leqslant \mu\max\{\psi_1(x_1) + \psi_2(x_1)\} + (1 - \mu)\max\{\psi_1(x_2) + \psi_2(x_2)\}$$
$$= \mu(\psi_1 \vee \psi_2)(x_1) + (1 - \mu)(\psi_1 \vee \psi_2)(x_2)$$

注意在考虑 $\psi_1 \vee \psi_2 = \neg(\neg \psi_1 \wedge \neg \psi_2)$ 时也可以得出结论。由于 ψ_1, ψ_2 是凸的，$\neg \psi_1, \neg \psi_2$ 是凹的，因此依靠 6.2.4 节中关于凹陷闭合的结果得出结论。同样关于 $\psi_1 \otimes \psi_2$ 的凸性的结论来自 $\psi_1 \otimes \psi_2 = \neg(\neg \psi_1 \oplus \neg \psi_2)$。

14. 只需注意$(\neg \psi_1 \vee \psi_2) \rightarrowtail \neg \psi_3 = (\psi_1 \wedge \neg \psi_2) \oplus \neg \psi_3$，这显然是在$(\wedge, \oplus)^*$上。有趣的是，$(\neg \psi_1 \vee \psi_2) \rightarrowtail \neg \psi_3$ 不是 Horn 子句。

6.3 节

1. 对于任意$n>0$，令$b_n := [n>0](a_{n+1} - a_n)$。这是一个伸缩序列，有$\sum_{n=0}^{m} b_n = a_{m+1} - a_0$，可以通过

$$B(z) = \sum_{n \geqslant 0} z^n b_n = \sum_{n \geqslant 0} z^n (a_{n+1} - a_n) = z^{-1} \sum_{n \geqslant 0} z^{n+1} a_{n+1} - A(z)$$
$$= (z^{-1} - 1) A(z) - a_0$$

计算生成函数$B(z)$，现在有

$$\lim_{\mathbb{R} \ni z \to 1} B(z) = \sum_{n \geqslant 0} b_n = \lim_{n \to \infty} a_n - a_0 = \lim_{\mathbb{R} \ni z \to 1} (z^{-1} - 1) A(z) - a_0$$

最终，我们得出结论

$$\lim_{n \to \infty} a_n = \lim_{\mathbb{R} \ni z \to 1} \frac{1-z}{z} A(z)$$

公式(6.3.113)直接遵循。

2. 假设$s(z, x) = wz + ux$，其中$w, u \in \mathbb{R}$。然后两个节点的状态公式的转移函数是$z_1 = wz_2 + ux_1$ 和 $z_2 = wz_1 + ux_2$。我们通过探索$z_1(t+1) = wz_2(t) + ux_1$，$z_2(t+1) = wz_1(t) + ux_2$ 的收敛性来确定解，这可以重写为

$$\begin{bmatrix} z_1 \\ z_2 \end{bmatrix}(t+1) = \begin{pmatrix} 0 & w \\ w & 0 \end{pmatrix} \begin{bmatrix} z_1 \\ z_2 \end{bmatrix}(t) + u \begin{bmatrix} x_1 \\ x_2 \end{bmatrix}$$

如果设置$z := \begin{bmatrix} z_1 \\ z_2 \end{bmatrix}$，$A := \begin{pmatrix} 0 & w \\ w & 0 \end{pmatrix}$，$U := \begin{pmatrix} \mu & 0 \\ 0 & \mu \end{pmatrix}$和$x := \begin{bmatrix} x_1 \\ x_2 \end{bmatrix}$，则有

$$z(t+1) = Az(t) + Ux \tag{8.0.49}$$

现在根据$\rho(W) < 1$，可以很容易发现$\rho(A) < 1$，因为 eigen$(A) = \{-w, w\}$，因此该线性系统渐近稳定。设$z_0 = 0$，如果计算序列的生成函数，就得到$zZ(z) = AZ(z) + (1-z)^{-1}Ux$。因此得到

$$Z(z) = \frac{(zI - A)^{-1} Ux}{1 - z}$$

如果使用最终值定理(见练习1)，最后得到

$$\lim_{\mathbb{R} \ni z \to 1} (1-z) Z(z) = \lim_{t \to \infty} z(t) = (I - A)^{-1} Ux$$

得出结论，它也是 BIBO(有界输入有界输出)稳定的，这使得相应的约束被很好地定义。显然如果$|w| > 1$，则系统(8.0.49)不稳定且关系约束不适合。

3. 约束的满足产生：

$$z_1 = \frac{d^2 + 3d + 2}{d^2 + 2d + 2} \tag{8.0.50}$$

$$z_2 = \frac{2d^2 + 2d + 2}{d^2 + 2d + 2} \tag{8.0.51}$$

$$z_3 = \frac{d + 2}{d^2 + 2d + 2} \tag{8.0.52}$$

可以立即得到 $z_1+z_2+z_3=3$。当 $\sum_{v\in\mathscr{V}}z_v=|\mathscr{V}|$ 时详细分析在文献[47]中给出。

7. 根据公式(6.3.108)得到

$$W_G = A \bowtie (W_1, W_2)$$

$$\times \begin{bmatrix} 0 & 0 & 0 & 0 & 0 & 0 & w_{1,1,1} & w_{1,2,1} \\ 0 & 0 & 0 & 0 & 0 & 0 & w_{2,1,1} & w_{2,2,1} \\ w_{1,1,1} & w_{1,2,1} & 0 & 0 & 0 & 0 & 0 & 0 \\ w_{2,1,1} & w_{2,2,1} & 0 & 0 & 0 & 0 & 0 & 0 \\ 0 & 0 & w_{1,1,1} & w_{1,2,1} & 0 & 0 & 0 & 0 \\ 0 & 0 & w_{2,1,1} & w_{2,2,1} & 0 & 0 & 0 & 0 \\ 0 & 0 & w_{1,1,1} & w_{1,2,1} & w_{1,1,2} & w_{1,2,2} & 0 & 0 \\ 0 & 0 & w_{2,1,1} & w_{2,2,1} & w_{2,1,2} & w_{2,2,2} & 0 & 0 \end{bmatrix}$$

8. A 的任何特征值 λ 都满足 $Av=\lambda v$。令 $\alpha\in\mathbb{R}$，然后得到 $(\alpha A)v=(\alpha\lambda)v$。设 $M>0$ 使得 $|\lambda|\leqslant M$。如果选择 $\alpha|\alpha<1/M$，那么得出结论 $\rho(\alpha A)<1$。

6.4 节

1. 从拉普拉斯经典的不同表示开始，有

$$(\Delta q)(v) = \frac{1}{2}\sum_{e\vdash v}\frac{1}{\sqrt{d}}\left(\frac{\partial}{\partial e}\sqrt{d}\,\frac{\partial q}{\partial e}\right)\Big|_v = \frac{1}{2\sqrt{d}}\sum_{e\vdash v}\left(\frac{\partial}{\partial e}\sqrt{d}\,\frac{\partial q}{\partial e}\right)\Big|_v$$

$$= \frac{1}{2\sqrt{d}}\sum_{e\vdash v}\sqrt{\frac{w_{u,v}}{d_v}}\left(\sqrt{d}\,\frac{\partial q}{\partial e}\right)\Big|_v - \sqrt{\frac{w_{u,v}}{d_u}}\left(\sqrt{d}\,\frac{\partial q}{\partial e}\right)\Big|_v$$

$$= \frac{1}{2\sqrt{d}}\sum_{e\vdash v}\sqrt{w_{u,v}}\left(\frac{\partial q}{\partial e}\Big|_v - \frac{\partial q}{\partial e}\Big|_u\right) = \frac{1}{\sqrt{d}}\sum_{e\vdash v}\sqrt{w_{u,v}}\,\frac{\partial q}{\partial e}\Big|_v$$

$$= \frac{1}{\sqrt{d}}\sum_{e\vdash v}\left(\frac{w_{u,v}}{\sqrt{d_v}}q_v - \frac{w_{u,v}}{\sqrt{d_u}}q_u\right) = q_v - \sum_{e\vdash v}\frac{w_{u,v}}{d_u d_v}q_u$$

现在有

$$R_d = \frac{1}{2}\sum_{v\in\mathscr{V}}\|\nabla q_v\|^2 = \sum_{u\in\mathscr{V}}\sum_{e\vdash v}\left(\frac{\partial q}{\partial e}\Big|_v\right)^2 = \frac{1}{2}\sum_{u\in\mathscr{V}}\sum_{e\vdash v}\left(\sqrt{\frac{w_{u,v}}{d_v}}q_v - \sqrt{\frac{w_{u,v}}{d_u}}q_u\right)^2$$

$$= \frac{1}{2}\sum_{v\in\mathscr{V}}\sum_{e\vdash v}\left(\frac{\omega_{u,v}}{d_v}q_v^2 + \frac{\omega_{u,v}}{d_u}q_u^2 - 2\frac{\omega_{u,v}}{d_u d_v}q_u q_v\right)$$

$$= \frac{1}{2}\sum_{v\in\mathscr{V}}q_v^2 + \frac{1}{2}\sum_{u\in\mathscr{V}}\sum_{v\in\mathscr{V}}\frac{\omega_{u,v}}{d_u}q_u^2 - \sum_{v\in\mathscr{V}}\frac{\omega_{u,v}}{d_u d_v}q_u q_v$$

$$= \sum_{v\in\mathscr{V}}\left(q_v^2 - \sum_{e\vdash v}\frac{\omega_{u,v}}{d_u d_v}q_u q_v\right)$$

从中我们最终得出结论

$$\langle q, \Delta q\rangle = q'\Delta q = \frac{1}{2}\sum_{v\in\mathscr{V}}\|\nabla q_v\|^2 = R_d$$

2. 基于练习1的结论，定义

$$S_q = (I-L)q = \sum_{e \vdash v} \frac{w_{u,v}}{d_u d_v} q_u$$

所以公式(6.4.122)可以重写为$(I-S)q = \alpha(q)$，即

$$q_v = \sum_{e \vdash v} \frac{w_{u,v}}{d_u d_v} q_u + \alpha(q) \tag{8.0.53}$$

其中设置 $\alpha(q) := (1/\mu_d) \sum_{\psi \in \mathscr{C}_\psi} \frac{\partial}{\partial q} V_\psi(q)$。为了重现随机游走，假设 $w_{u,v} \equiv 1$，所以 $d_u = |\mathrm{pa}(u)|$。然后根据公式(8.0.53)得到

$$(Sq)_v = \frac{1}{|\mathrm{pa}(v)|} \sum_{u \in \mathrm{pa}(v)} \frac{q_u}{\mathrm{pa}(u)} \tag{8.0.54}$$

其产生了随机游走。

4. 当使用定义时，有
- （交换律）
$$k(\mathscr{X}_i, \mathscr{X}_j) = \langle P\beta(\cdot, \mathscr{X}_i), P\beta(\cdot, \mathscr{X}_j) \rangle = \langle P\beta(\cdot, \mathscr{X}_j), P\beta(\cdot, \mathscr{X}_i) \rangle = k(\mathscr{X}_j, \mathscr{X}_i)$$
当然，在将集合简化为单点的情况下也保持对称性。
- （非负性）由于 g 是格林函数，同时是一个内核函数，则存在一个特征映射 ϕ 满足 $\forall x, z: g(x, z) = \langle \phi(x), \phi(z) \rangle$。我们区分了三种情况：

(i) $\mathrm{vol}(\mathscr{X}_i) > 0$，$\mathrm{vol}(\mathscr{X}_j) > 0$。根据 k 的定义有

$$k(\mathscr{X}_i, \mathscr{X}_j) = \int_\mathscr{X} \int_\mathscr{X} g(x,z) \mathbb{1}_{\mathscr{X}_i}(z) \mathbb{1}_{\mathscr{X}_j}(x) \mathrm{d}x \mathrm{d}z$$

$$= \int_\mathscr{X} \int_\mathscr{X} \langle \phi(x), \phi(z) \rangle \mathbb{1}_{\mathscr{X}_i}(z) \mathbb{1}_{\mathscr{X}_j}(x) \mathrm{d}x \mathrm{d}z$$

$$= \int_\mathscr{X} \int_\mathscr{X} \langle \phi(x) \mathbb{1}_{\mathscr{X}_j}(x), \phi(z) \mathbb{1}_{\mathscr{X}_i}(z) \rangle \mathrm{d}x \mathrm{d}z$$

$$= \left\langle \int_\mathscr{X} \phi(x) \mathbb{1}_{\mathscr{X}_j}(x) \mathrm{d}x, \int_\mathscr{X} \phi(z) \mathbb{1}_{\mathscr{X}_i}(z) \mathrm{d}z \right\rangle$$

$$= \langle \Phi(\mathscr{X}_i), \Phi(\mathscr{X}_j) \rangle$$

其中 $\Phi(\mathscr{X}_i) := \int_\mathscr{X} \phi(x) \mathbb{1}_{\mathscr{X}_i}(x) \mathrm{d}x$ 且 $\Phi(\mathscr{X}_j) := \int_\mathscr{X} \phi(x) \mathbb{1}_{\mathscr{X}_j}(x) \mathrm{d}x$。

(ii) $\mathrm{vol}(\mathscr{X}_i) > 0$，$X_j = \{x_j\}$。在此情况下有

$$k(\mathscr{X}_i, \mathscr{X}_j) = \int_\mathscr{X} \int_\mathscr{X} g(x,z) \delta(x - x_i) \mathbb{1}_{\mathscr{X}_j}(z) \mathrm{d}x \mathrm{d}z$$

$$= \int_\mathscr{X} \int_\mathscr{X} \langle \phi(x), \phi(z) \rangle \delta(x - x_i) \mathbb{1}_{\mathscr{X}_j}(z) \mathrm{d}x \mathrm{d}z$$

$$= \left\langle \int_\mathscr{X} \phi(x) \delta(x - x_i) \mathrm{d}x, \int_\mathscr{X} \phi(z) \mathbb{1}_{\mathscr{X}_j}(z) \mathrm{d}z \right\rangle$$

$$= \langle \phi(x_i), \Phi(\mathscr{X}_j) \rangle$$

(iii) $\mathscr{X}_i = \{x_i\}$，$\mathscr{X}_j = \{x_j\}$。在此情况下有

$$k(x_i, x_j) = \int_\mathscr{X} \int_\mathscr{X} g(x,z) \delta(x - x_i) \delta(z - x_i) \mathrm{d}x \mathrm{d}z$$

$$= \int_\mathscr{X} \int_\mathscr{X} \langle \phi(x), \phi(z) \rangle \delta(x - x_i) \delta(z - x_i) \mathrm{d}x \mathrm{d}z$$

$$= \left\langle \int_{\mathcal{X}} \phi(x)\delta(x-x_i)\mathrm{d}x, \int_{\mathcal{X}} \phi(z)\delta(z-x_j)\mathrm{d}x \right\rangle$$

$$= \langle \phi(x_i), \phi(x_j) \rangle$$

最后，由(i)、(ii)和(iii)表示的特征映射因子分解保证了非负定性。

11. 这是线性约束 $Af(x)=b(x)$ 下监督学习问题的一个特例。在这种情况下，有 $A(x)=(1,\cdots,1)$ 和 $b(x)=1$。然而，为了保证 $\langle Pf, Pf \rangle$ 的存在，$b(x)$ 需要在 $x\to\infty$ 时消失。选择 $b(x)=[\|x\|\leqslant B]+[\|x\|>B]e^{-\frac{\|x\|}{\sigma^2}}$，其中 $B>0$ 可以任意选择。当考虑到 $L=\sum_{\kappa=1}^{k}(-1)^{\kappa}\rho_{\kappa}\nabla^{2\kappa}$ 时，拉格朗日乘数的公式(6.4.148)产生

$$\lambda(x) = \frac{1}{n}Lb(x) + \frac{1}{n\ell}\sum_{\kappa=1}^{\ell}\sum_{j=1}^{n}(\overline{f}_j(x)-y_{\kappa})\delta(x-x_{\kappa}) \tag{8.0.55}$$

现在有

$$f_j^{\star}(x) = \frac{1}{n}[\|x\|\leqslant B]g*\rho_0 + \frac{1}{n}[\|x\|>B]g*((L-\rho_0)e^{-\frac{\|x\|}{\sigma^2}})$$

$$+ \frac{1}{n\ell}\sum_{\kappa=1}^{\ell}\sum_{j=1}^{n}(\overline{f}_j(x)-y_{\kappa})g(x-x_{\kappa})$$

$$= [\|x\|\leqslant B]\left(c + \sum_{\kappa=1}^{\ell}\lambda_{j\kappa}g(x-x_{\kappa})\right)$$

$$+ \frac{1}{n}[\|x\|>B]g*((L-\rho_0)e^{-\frac{\|x\|}{\sigma^2}}) \tag{8.0.56}$$

因此，在由 $[\|x\|\leqslant B]$ 定义的球中，解是由移位核扩展给出的。因此，学习可以基于普通的核方法的数学和算法架构。

12. 请参阅基于 Fredholm 内核(Fredholm Kernel)的解决方案(见文献[136])。

16. 不，并不会。当考虑到正处理的是由一组断开的顶点组成的图时，就了解可以使用练习 15 的解决方案。

19. 该解决方案基于我们仍然使用反向传播链式规则——这产生了空间局部性——并且在 RTRL 中定义的项 $\zeta_{t,i,j,k}$ 退化为 $\zeta_{t,i,k}=\frac{\partial z_{t,i}}{\partial w_{i,k}}$。细节可以参考文献[154, 140, 32]。

附录 A
Machine Learning: A Constraint-Based Approach

有限维的约束优化

支持向量机(SVM)是最流行的机器学习方法,其中表征和学习涉及拉格朗日乘数。该理论依赖于经典的约束优化,即问题

$$\min_{w \in \mathscr{W}} p(w)$$
$$\mathscr{W} = \{w \in \mathbb{R} \mid (h(w) = 0) \wedge (g(w) \geqslant 0)\} \tag{A.0.1}$$

的解。在 MMP 中,简约函数是 $p(w) = w^2$,而 g 代表 ℓ 单边约束 $g_\kappa(w) = y_\kappa \hat{w}' \hat{\phi}(x_\kappa) - 1 \geqslant 0$, $\kappa = 1, \cdots, \ell$, 没有双边约束 $h(w) = 0$。

这个问题有一个基于拉格朗日方法优化的优质解。对解的第一个见解来自区分最小值位于内部或边界的情况,其中约束是有效的——至少其中一个。显然如果没有有效约束,可以通过加上 $\nabla p(w) = 0$ 来解决问题,以便通过检查高阶导数来确定需要分类的驻点。当最小值位于边界时,事情会变得更加复杂。拉格朗日乘数来自确定位于边界上的驻点的巧妙想法。假定只有一个(双边)约束是有效的——$h(w) = 0$。用 $w^\star$ 表示 $\mathscr{W}$ 边界 $\partial \mathscr{W}$ 上的驻点,得到 $\nabla h(w^\star)$ 与在 $w^\star$ 上的面 $h(w) = 0$ 的切线正交。设 τ 是在 $w^\star$ 上的面 $h(w) = 0$ 的切线平面上的向量,当且仅当 $\langle \nabla p(w^\star), \tau \rangle = 0$ 时,沿着 τ 定义的方向的任何 p 都不可行,而仅在 $\nabla p(w^\star)$ 正交 τ 时才可以。因此由于 $\nabla h(w^\star)$ 和 $\nabla p(w^\star)$ 都与 τ 正交,所以它们共线。这意味着存在 $\mu \in \mathbb{R}$ 满足

$$\nabla p(w^\star) + \mu \nabla h(w^\star) = 0 \tag{A.0.2}$$

如果两个或多个约束同时有效怎么办?令 $h_1(x) = 0$ 和 $h_2(x) = 0$ 都有效,考虑它们的交集产生的域。用 $\mathscr{H}_1 = \{w \mid h_1(w) = 0\}$ 和 $\mathscr{H}_2 = \{w \mid h_2(w) = 0\}$ 表示约束定义的域。只要在 $w^\star$ 上 τ 正交于 $\mathscr{H}_1 \cap \mathscr{H}_2$, $\langle \nabla p(w^\star), \tau \rangle = 0$ 为真。在前一种情况下,正交性条件与 $\mathscr{H} = \{w \mid h(w) = 0\}$ 在 $w^\star$ 处单义地定义正交方向,其实际上是 $\nabla h(w^\star)$ 和 $\nabla p(w^\star)$ 的方向。显然,交叉域 $\mathscr{H}_1 \cap \mathscr{H}_2$ 通常会缩小可行集,因此当将 $h_2(x) = 0$ 加到第一个约束 $h_1(x) = 0$ 时, $\mathscr{H}_1 \cap \mathscr{H}_2$ 会小于 $\mathscr{H}_1$,另一方面正交空间增加。特别给定 $w^\star \in \mathscr{H}_1 \cap \mathscr{H}_2$ 的正交空间定义为

$$\bot(\mathscr{H}_1 \cap \mathscr{H}_2) = \{w \mid w = \beta_1 \nabla h_1(w^\star) + \beta_2 \nabla h_2(w^\star), \mu_1, \mu_2 \in \mathbb{R}\} \tag{A.0.3}$$

当考虑到 $w^\star$ 为可行点时可以迅速理解,切线 v 必须与 $\nabla h_1(w^\star)$ 和 $\nabla h_2(w^\star)$ 正交。最后, $\nabla p(w^\star) \in \bot(\mathscr{H}_1 \cap \mathscr{H}_2)$,即存在 $\mu_1, \mu_2 \in \mathbb{R}$ 满足

$$\nabla p(w^\star) + \mu_1^\star \nabla h_1(w^\star) + \mu_2^\star \nabla h_2(w^\star) = 0 \tag{A.0.4}$$

总之,一个或多个约束增加了正交空间的维度,其对应于约束的数量。显然这适用于任何数量的联合有效限制。此外,该属性不限于双边约束,它也适用于单边约束以防它们变得有效。如果引入拉格朗日

$$\mathcal{L}(w, \mu, \lambda) := p(w) + \sum_{h=1}^{n} \mu_h g_h(w) + \sum_{\kappa=1}^{\ell} \lambda_\kappa g_\kappa(w) \tag{A.0.5}$$

那么先前的驻点条件可以转换成条件 $\nabla \mathcal{L}(w^\star, \mu^\star, \lambda^\star) = 0$,注意这种情况只能说明是驻

点,并没有提供有关其类型的任何信息。现在在单边约束有效的情况下考虑 $g(w) \geqslant 0$。拉格朗日乘数是 $\mathcal{L}(w,\lambda) = p(w) + \lambda g(w)$,因此对最小值的搜索仍然需要满足 $\nabla \mathcal{L}(w,\lambda) = 0$。有趣的是,我们处理单边约束的事实提供了关于驻点 $w^\star$ 的性质的额外信息。分析 $w^\star$ 是最小值的情况,由于 $g(w) \geqslant 0$,可以迅速发现在以 $w^\star$ 为中心的半径 ε 的任何球 $\mathcal{B}(w^\star, \varepsilon)$ 中,$\nabla_w g(w)$ 指向可行集 $\mathcal{G} = \{w \mid g(w) \geqslant 0\}$ 内部。由于 $w^\star$ 是最小值,同时 $\nabla_w p(w^\star)$ 指向内部,因此 $\langle \nabla_w g(w^\star), \nabla_w p(w^\star) \rangle \geqslant 0$。因为还有 $\nabla p(w^\star) + \lambda \nabla g(w^\star) = 0$,就可以得出结论 $\lambda \leqslant 0$。因此对于双边约束,拉格朗日乘数是实数,对于单边约束 $g(w) \geqslant 0$,我们得到了额外的信息——关于 λ 的符号约束。

在对偶空间(dual space)中求解[注]$\nabla \mathcal{L}(w,\lambda) = 0$ 取得了实质性进展。SVM 的情况是使得权重 w 和拉格朗日乘数 λ 之间的分离成为可能的重要问题的一个很好的例子。在这种情况下,拉格朗日公式只能通过函数 $\theta(\lambda) = \mathcal{L}(w, \lambda)$ 以拉格朗日乘数来重写。通常类似的函数 θ 可能难以确定,因为在 $\mathcal{L}(w, \lambda)$ 中消除 w 时出现困难。但一般来说,可以定义

$$\theta(\lambda) = \inf_{w \in \mathcal{W}} \mathcal{L}(w, \lambda) \tag{A.0.6}$$

很明显,情况 $\forall w \in \mathcal{W}: \theta(\lambda) = \mathcal{L}(w, \lambda)$ 只是上述定义的一个特例。在处理最小值时,可以建立 θ 的基本上界。注意到对于任何最小值 $\lambda \leqslant 0$ 且对于任何可行点 w,得到 $g(w) \geqslant 0$。这些条件产生 $\lambda g(w) \leqslant 0$,因此对于任何 λ,有

$$\theta(\lambda) = \inf_{w \in \mathcal{W}} \mathcal{L}(w, \lambda) = \inf_{w \in \mathcal{W}} (p(w) + \lambda g(w)) \leqslant \inf_{w \in \mathcal{W}} p(w) \tag{A.0.7}$$

这产生

$$\sup_{\lambda \leqslant 0} \theta(\lambda) \leqslant \inf_{w \in \mathcal{W}} p(w) \tag{A.0.8}$$

有意思的是,$\sup_{\lambda \leqslant 0} \theta(\lambda)$ 变成 $\inf_{w \in \mathcal{W}} p(w)$ 的一个近似,但一般来说,原始问题 $\inf_{w \in \mathcal{W}} p(w)$ 和对偶 $\sup_{\lambda \leqslant 0} \theta(\lambda)$ 边界之间存在正差异,这被称为对偶间隙(duality gap)。只要这个间隙为空,对 $\inf_{w \in \mathcal{W}} p(w)$ 的搜索就可以方便地用确定对偶边界的问题 $\sup_{\lambda \leqslant 0} \theta(\lambda)$ 来代替。当检查不等式 (A.0.7) 时,注意到如果 $\lambda g(w) = 0$,最终得到一个空对偶间隙,即 $\sup_{\lambda \leqslant 0} \theta(\lambda) = \inf_{w \in \mathcal{W}} p(w)$。因此,充分条件

$$\begin{aligned} \nabla \mathcal{L}(w, \lambda) &= 0 \\ \lambda g(w) &= 0 \\ \lambda &\leqslant 0 \end{aligned} \tag{A.0.9}$$

被称为 Karush-Kuhn-Tucker(KTT)条件,保证了对偶间隙为空。如练习 1 和 2 所示,通常不需要 KKT 条件。

然而,KKT 适用于与由公式(4.2.17)定义的 MMP 相关联的优化问题,这使我们得出结论:没有对偶间隙。现在,查看 $(w^\star, \lambda^\star)$ 中的 $\mathcal{L}$。可以立即发现这一点是 $\mathcal{L}$ 的鞍点,它实际上是沿着 $w^\star$ 移动时的最小值,也是当朝向任何 λ_κ 方向移动时的最大值。

[注] 当总结拉格朗日乘数的贡献时,从公式(A.0.3)得出的分析显然也适用于双边和单边约束共同存在的情况。为简单起见,这里我们限制在单个单边约束的情况下。

附录 B

Machine Learning: A Constraint-Based Approach

正则算子

可以在基于差分算子的正则化框架内很好地表现内核机。这里介绍差分和伪差分算子。在学习问题上加上"平滑解"f的一种自然方法是想到简约原理的一种特殊表达形式，该原理依赖于限制f的快速变化。

在最简单的$f: \mathscr{X} \subset \mathbb{R} \to \mathbb{R}$且$f \in L^2(\mathscr{X})$的例子下，可以引入指数

$$\mathcal{R} = \int_{\mathscr{X}} [f'(x)]^2 dx = \int_{\mathscr{X}} \frac{d}{dx} f(x) \cdot \frac{d}{dx} f(x) dx = \int_{\mathscr{X}} Pf(x) \cdot Pf(x) dx = \langle f', f' \rangle$$
$$= \|f\|_P^2$$

指数$\|f\|_P^2 \geq 0$是$L^2(\mathscr{X})$的半范数。它具有范数的所有性质，除了$\|f\|_P = 0$并不意味着$f \equiv 0$的事实，因为这也明确地适用于常数函数$f(x) \equiv c$。在$\mathscr{X} = \mathbb{R}$的情况下，可以很快发现这种测量f的简约程度的方法对f的渐近行为创造了强大的条件。如果$\mathscr{X} = [a..b]$，那么

$$\int_a^b [f'(x)]^2 dx = \int_a^b \frac{d}{dx} f(x) \cdot df(x) = [f^2(x)]_a^b - \int_a^b f''(x) \cdot f(x) dx$$

如果$f(a) = f(b) = 0$那么

$$\int_a^b [f'(x)]^2 dx = \int_a^b f''(x) \cdot f(x) dx = \left\langle f, -\frac{d}{dx} \frac{d}{dx} f \right\rangle = \langle f, P^\star P f \rangle \quad (B.0.1)$$

其中$P^\star := -d/dx$是$P = d/dx$的伴随算子。有趣的是，一旦假设边界条件为f在其边界上为空，那么$\|f\|_P$与$L = P^\star P = -d^2/dt^2$有关。现在考虑$\mathscr{X} \subset \mathbb{R}^d$的情况，其中用$P = \nabla$代替$P = d/dx$。与$d = 1$的情况一样，仍假设来分析$L^2(\mathscr{X})$中的函数。假设$f, u \in L^2(\mathscr{X})$，有

$$\nabla \cdot (u \nabla f) = \nabla f \cdot \nabla u + u \nabla^2 f$$

现在就像单维度的情况一样，假设边界条件为u在$\mathscr{X}$的边界$\partial \mathscr{X}$上消失。然后得到

$$\int_{\mathscr{X}} \nabla f \cdot \nabla u dx = \int_{\mathscr{X}} (\nabla \cdot (u \nabla f) - u \nabla^2 f) dx$$
$$= \int_{\partial \mathscr{X}} u \nabla f \cdot dS - \int_{\mathscr{X}} u \nabla^2 f dx = -\int_{\mathscr{X}} u \nabla^2 dx$$

可以重写为

$$\langle \nabla f, \nabla u \rangle = \langle u, -\nabla \cdot \nabla f \rangle = \langle u, \nabla^\star \nabla f \rangle$$

因此$\nabla^\star = -\nabla$，对$f = u$有

$$\langle \nabla f, \nabla f \rangle = \langle f, -\nabla^2 f \rangle \quad (B.0.2)$$

当然，与$P = d/dx$一样，明确地归纳了公式(B.0.1)的上述$\|f\|_P$的表达式在函数f在其边界上同为空的情况下成立。

现在，考虑$P = \Delta = \nabla^2$的例子。有趣的是，可以通过调用$P = \nabla$发现的结果来分析这种情况。给定$u, v \in L^2(\mathscr{X})$，如果在$\partial \mathscr{X}$上$(\nabla u = 0) \wedge (\nabla u = 0)$，那么有

$$\langle \nabla u, \nabla v \rangle = -\langle \nabla^2 u, v \rangle$$

如果用 v 替换 u，得到 $\langle \nabla v, \nabla u \rangle = -\langle \nabla^2 v, u \rangle$。由于 $\langle \nabla u, \nabla v \rangle = \langle \nabla v, \nabla u \rangle$，得到 $\langle \nabla^2 u, v \rangle = \langle \nabla^2 v, u \rangle$，即 Δ 是自伴的。因此，可以确定 $\|f\|_\Delta^2$，因为

$$\langle \Delta f, \Delta f \rangle = \langle f, \Delta(\Delta f) \rangle = \langle f, \Delta^2 f \rangle = \langle f, \nabla^4 f \rangle$$

当然只要在 $\partial \mathcal{X}$ 上 $\nabla f = 0$ 就成立。现在，有趣的是考虑高阶微分算子时会发生什么。涉及 P^m 中出现的周期性结构是至关重要的，从 $P = \nabla$ 和 $P^2 = \nabla \cdot \nabla$ 开始，自然定义 $P^3 = \nabla(\nabla \cdot \nabla)$，因此序列

$$P^0 = I, P^1 = \nabla, P^2 = \nabla \cdot \nabla, P^3 = \nabla \nabla \cdot \nabla, P^4 = \nabla \cdot \nabla \nabla \cdot \nabla, \cdots$$

令 $a_k \in \mathbb{R}^+$，其中 $\kappa \in \mathbb{N}_m$，然后考虑

$$\odot_m^e = \sum_{h=0}^{m/2} a_{2h} \nabla^{2h} \quad 且 \quad \odot_m^o = \sum_{h=0}^{m/2} a_{2h+1} \nabla \nabla^{2h}$$

其中对于 $h = 0, \cdots, m$，$P^{2h} = \Delta^h = \nabla^{2h}$ 且 $P^{2h+1} = \nabla \nabla^{2h}$。算子 $\odot_m^e$ 促成

$$\langle \odot_m^e f, \odot_m^e f \rangle = \left\langle \sum_{h=0}^{m/2} a_{2h} \nabla^{2h} f, \sum_{\kappa=0}^{m/2} a_{2\kappa} \nabla^{2\kappa} f \right\rangle = \sum_{h=0}^{m/2} \sum_{\kappa=0}^{m/2} a_{2h} a_{2\kappa} \langle \nabla^{2\kappa} f, \nabla^{2h} f \rangle$$

$$= \sum_{h=0}^{m/2} \sum_{\kappa=0}^{m/2} a_{2h} a_{2\kappa} \langle f, \nabla^{2\kappa} \nabla^{2h} f \rangle = \sum_{h=0}^{m/2} \sum_{\kappa=0}^{m/2} a_{2h} a_{2\kappa} \langle f, \nabla^{2(h+\kappa)} f \rangle$$

同样，对于 $\odot_m^o$ 有

$$\langle \odot_m^o f, \odot_m^o f \rangle = \left\langle \sum_{h=0}^{m/2} a_{2h+1} \nabla \nabla^{2h} f, \sum_{\kappa=0}^{m/2} a_{2\kappa+1} \nabla \nabla^{2\kappa} f \right\rangle$$

$$= \sum_{h=0}^{m/2} \sum_{\kappa=0}^{m/2} a_{2h+1} a_{2\kappa+1} \langle \nabla \nabla^{2h} f, \nabla \nabla^{2\kappa} f \rangle$$

$$= -\sum_{h=0}^{m/2} \sum_{\kappa=0}^{m/2} a_{2h+1} a_{2\kappa+1} \langle \nabla^{2h} f, \nabla \cdot \nabla \nabla^{2\kappa} f \rangle$$

$$= -\sum_{h=0}^{m/2} \sum_{\kappa=0}^{m/2} a_{2h+1} a_{2\kappa+1} \langle f, \nabla^{2h} \nabla^{2(\kappa+1)} f \rangle$$

$$= -\sum_{h=0}^{m/2} \sum_{\kappa=0}^{m/2} a_{2h+1} a_{2\kappa+1} \langle f, \nabla^{2(h+\kappa+1)} f \rangle$$

根据定义，这些算子产生范式

$$\|f\|_{\odot_m}^2 := \|f\|_{\odot_m^e}^2 + \|f\|_{\odot_m^o}^2$$

下列命题帮助确定 $\odot_m$ 的伴随。

命题 1 设 $u, v \in C^{2n}(\mathcal{X} \subset \mathbb{R}^d, \mathbb{R})$ 使得 $\forall n \in \mathbb{N}$ 且 $\forall x \in \partial \mathcal{X}$，$\nabla^n u(x) = v(x) = 0$。如果 $h = 2n$，那么 $(P^h)^\star = P^h$，且如果 $h = 2n+1$，那么 $(P^h)^\star = -\nabla \cdot \overline{\nabla}^{2n}$，其中 $\overline{\nabla} \doteq \nabla \nabla$。

证明 注意到这个命题对于 $h = 0$ 是明显可证的，在这种情况下，P^h 减少为恒等。然后分别讨论偶数和奇数项。证明对于偶数(even)项 P^{2n} 是 Hermitian，证明是通过对 n 的归纳给出的。

- 归纳基础。对于 $n = 1$，$P^2 = \nabla^2$ 且 P^2 是自伴随的。
- 归纳步骤。由于 ∇^2 是自伴随的(归纳基础)，由于归纳假设 $\langle \nabla^{2(n-1)} u, v \rangle = \langle u, \nabla^{2(n-1)} v \rangle$，同时由于在边界 $\partial \mathcal{X}$ 上的条件，有 $\langle \nabla^{2n} u, v \rangle = \langle \nabla^2(\nabla^{2(n-1)} u), v \rangle =$

$$\langle \nabla^{2(n-1)} u, \nabla^2 v \rangle = \langle u, \nabla^{2(n-1)} \nabla^2 v \rangle = \langle u, \nabla^{2n} v \rangle。$$

现在对于偶数项证明 $(\nabla^{2n+1})^\star = -\nabla \cdot \overline{\nabla}^{2n}$。

- 归纳基础。对于 $n=0$，有 $P^1 = \nabla$ 且 $\nabla^\star = -\nabla$。
- 归纳步骤。得到 $\langle \nabla^{2n+1} u, v \rangle = \langle \nabla \nabla^{2n} u, v \rangle = \langle \nabla^{2n} u, -\nabla \cdot v \rangle = \langle u, -\nabla^{2n} \nabla \cdot v \rangle = \langle u, -\nabla \cdot \overline{\nabla}^{2n} v \rangle$。 □

推论 1 设 $u, v: \mathscr{X} \subset \mathbb{R}^d \to \mathbb{R}$ 是两个解析函数，使得 $\forall h \in \mathbb{N}$ 和 $\forall x \in \partial \mathscr{X}$，$\nabla^{2h} u(x) = v(x) = 0$。那么

$$(\odot_m^e)^\star = \odot_m = \sum_{h=0}^{m/2} a_{2h} \nabla^{2h} \quad \text{and} \quad (\odot_m^o)^\star = -\sum_{h=0}^{m/2} a_{2h+1} \nabla \cdot \overline{\nabla}^{2h} \quad (B.0.3)$$

证明 对于 $m = 2r$，给出满足假设的任何两个函数，根据命题 1 有

$$\langle \odot_m u, v \rangle = \left\langle \sum_{h=0}^{r} a_{2h} \nabla^{2h} u, v \right\rangle = \left\langle u, \sum_{h=0}^{m} a_{2h} \nabla^{2h} v \right\rangle = \langle u, \odot_m^\star v \rangle$$

同样，对于 $m = 2r+1$ 有

$$\langle \odot_m u, v \rangle = \left\langle \sum_{h=0}^{r} a_{2h+1} \nabla^{2h+1} u, v \right\rangle = \left\langle u, -\sum_{h=0}^{r} a_{2h+1} \nabla \cdot \overline{\nabla}^{2h} v \right\rangle = \langle u, \odot_m^\star v \rangle$$

对于偶数和奇数整数的 $\odot_m^e$ 和 $\odot_m^o$ 的明确定义与相应的伴随算子 $(\odot_m^e)^\star$ 和 $(\odot_m^o)^\star$ 可用来计算

$$\langle \odot_m f, \odot_m f \rangle = \sum_{h=0}^{m/2} (a_{2h}^2 \langle \nabla^{2h} f, \nabla^{2h} f \rangle + a_{2h+1}^2 \langle \nabla \nabla^{2h} f, \nabla \nabla^{2h} f \rangle) \quad \square$$

推论 2 设 m 是个偶数，那么

$$\langle \odot_m f, \odot_m f \rangle = \langle f, (\odot_m^\star \odot_m) f \rangle = \left\langle f, \sum_{h=0}^{m+1} (-1)^h a_h^2 \nabla^{2h} f \right\rangle$$

证明 直接应用上述命题到 $\odot_m$，

$$\langle \odot_m f, \odot_m f \rangle = \sum_{h=0}^{m/2} (a_{2h}^2 \langle \nabla^{2h} f, \nabla^{2h} f \rangle + a_{2h+1}^2 \langle \nabla \nabla^{2h} f, \nabla \nabla^{2h} f \rangle)$$

$$= \sum_{h=0}^{m/2} (a_{2h}^2 \langle f, \nabla^{4h} f \rangle + a_{2h+1}^2 \langle f, -\nabla^{4h+2} f \rangle)$$

$$= \left\langle f, \sum_{h=0}^{m+1} (-1)^h a_h^2 \nabla^{2h} f \right\rangle$$

现在讨论一个更普遍的案例

$$\diamond_m = \sum_{h=0}^{m} a_h \left(\frac{\partial}{\partial x_1} + \frac{\partial}{\partial x_2} + \cdots + \frac{\partial}{\partial x_d} \right)^h = \sum_{h=0}^{m} a_h D^h = \sum_{h=0}^{m} a_h \sum_{|\alpha|=h} \frac{h!}{\alpha!} \left(\frac{\partial}{\partial x} \right)^\alpha \quad (B.0.4)$$

其中 $|\alpha| = \alpha_1 + \alpha_2 + \cdots + \alpha_d$。 □

推论 2 考虑公式 (B.0.4) 给出的微分算子，那么

$$(\diamond_m)^\star = \sum_{h=0}^{m} (-1)^h a_h \sum_{|\alpha|=h} \frac{h!}{\alpha!} \left(\frac{\partial}{\partial x} \right)^\alpha \quad (B.0.5)$$

证明 由于算子之和的伴随是伴随的总和，可以限制为算子 ∂_x^α 的证明，所以只需要证明 $(\partial_x^\alpha)^\star = (-1)^{|\alpha|} \partial_x^\alpha$。对于 $|\alpha| = 0$，是明显可证的。对于 $|\alpha| > 0$，在算子作用的空间的某些规律条件下，总能写出 $\partial_x^\alpha = \partial_{x_{i_1}} \partial_{x_{i_2}} \cdots \partial_{x_{i_{|\alpha|}}}$，其中索引 $i_1, \cdots, i_{|\alpha|}$ 属于 $\{1, 2, \cdots,$

$d\}$,例如,$\partial_{x_1}^{|\alpha|} = \partial_{x_1}\partial_{x_1}\cdots\partial_{x_1}$。从这可以立即看出

$$\langle \partial_{x_{i_1}} \partial_{x_{i_2}} \cdots \partial_{x_{i_{|\alpha|}}} u, v\rangle = (-1)^{|\alpha|} \langle u, \partial_{x_{i_1}} \partial_{x_{i_2}} \cdots \partial_{x_{i_{|\alpha|}}} v\rangle$$

证明结束。 □

令 $\mathscr{M}$ 为长度在 0 和 m 之间的 d 维多索引集合,$\mathscr{M}=\{\alpha=(\alpha_1,\cdots,\alpha_d)\,|\,0\leqslant|\alpha|\leqslant m\}$,那么 $\diamond_m = \sum_{\alpha\in\mathscr{M}} b_\alpha \partial_x^\alpha$,并且从 $\diamond_m$ 得到的正则化项是

$$\langle \diamond_m f, \diamond_m f\rangle = \left\langle \sum_{\alpha\in\mathscr{M}} b_\alpha \partial_x^\alpha f, \sum_{\beta\in\mathscr{M}} b_\beta \partial_x^\beta f \right\rangle = \sum_{\alpha\in\mathscr{M}}\sum_{\beta\in\mathscr{M}} (-1)^{|\alpha|} b_\alpha b_\beta \langle f, \partial_x^\alpha \partial_x^\beta f\rangle$$

以上关于微分算子的讨论可以至少丰富两个不同的方向。首先,我们可以考虑无穷多个微分项($m\to\infty$),其次可以用函数 $a_k: \mathscr{X}\to\mathbb{R}$ 替换 a_k 系数。

附录 C
Machine Learning：A Constraint-Based Approach

变 分 计 算

当我上高中时，我的物理老师——他的名字叫 Bader 先生——在物理课结束后一天叫我下来，说："你看起来很无聊。我想告诉你一些有趣的事情。"然后他告诉我一些令我着迷的东西，从那以后，我就总是着迷。每当这一主题出现时，我都会努力研究。

Richard Feynman

C.1 函数和变化

让我们通过一些例子来描述功能和相关的经典问题。

例 1 让 $f \in \mathcal{F} := C^1(A$ 为实数，B 为实数$)$ 而且考虑

$$\mathcal{L}(f) = \int_{x_1}^{x_2} \sqrt{1 + (y'(x))^2} \, dx \tag{C.1.1}$$

$\forall x \in A$ 都满足 $y(x) = f(x)$。$\mathcal{L}_1$ 被称为函数，并在 f 所属的功能空间 $\mathcal{F}$ 上运行。人们可能对于确定 $\mathcal{L}_1(f)$ 何时在 $\mathcal{F}((x_1, y_1), (x_2, y_2)) = \{f \in \mathcal{F}: y(x_1) = y_1, y(x_2) = y_2\}$ 中获得最低值感兴趣。

例 2 让我们考虑从 $y_1 > y_2$ 开始最小化从 $P_1 = (x_1, y_1)$ 下降到 $P_2 = (x_2, y_2)$ 的时间的问题，当由 $y(x) = f(x)$ 描述从曲线滑动时。很显然，

$$\mathcal{L}_2(f) = \frac{1}{\sqrt{2g}} \int_{x_1}^{x_2} \frac{\sqrt{1 + (y'(x))^2}}{\sqrt{y_1 - y(x)}} \, dx \tag{C.1.2}$$

这被称为最速降线问题。

例 3 让我们来考虑

$$\mathcal{L}_3(f) = \int_{x_1}^{x_2} \sqrt{1 + y'(x)^2 + z'(x)^2} \, dx \tag{C.1.3}$$

$$\phi(x, y, z) = 0 \tag{C.1.4}$$

我们现在必须在约束 $\phi(x, y, z) = 0$ 下确定 $z = f(x, y)$。这对应于接近测地线问题，其中包括在给定任意两个点 $P_1 \equiv (x_1, y_1, z_1)$ 和 $P_2 \equiv (x_2, y_2, z_2)$ 的情况下，确定 $\phi(x, y, z) = 0$ 表面上的最小路径。

例 4 另一个受约束问题的很好的例子是找到一个封闭的曲线 $\gamma := (x(t), y(t))$，$t \in [t_1, t_2)$，拥有最大面积 $\mathcal{L}_4(\gamma) = 2\mathcal{A}(S_\gamma)$ 和一个给定的长度 L，即

$$\mathcal{L}_4(\gamma) = \int_{t_1}^{t_2} (x(t) \dot{y}(t) - \dot{x}(t) y(t)) \, dt \tag{C.1.5}$$

$$L(\gamma) = \int_{t_1}^{t_2} \sqrt{\dot{x}(t)^2 + \dot{y}(t)^2} \, dt \tag{C.1.6}$$

这称为等周问题。

现在，L 是 γ 的周长，$\tau = (\dot{x}(t), \dot{y}(t))'$ 是相关的切线向量。我们还可以看到，$\mathcal{L}_4(\gamma)$ 是由相同曲线的边界确定的 S_γ 表面积。让 $n := (0, 0, 1)'$，让我们考虑字段 $u = \frac{1}{2}(-y, x,$

$0)'$。我们有 $\nabla \times u = (0, 0, 1)'$。通过斯托克斯定理,

$$\begin{aligned}\mathcal{A}(\mathcal{S}_\gamma) &= \int_{\mathcal{S}_\gamma} (0,0,1)' \cdot (0,0,1) \mathrm{d}s \\ &= \int_{\mathcal{S}_\gamma} \nabla \times u \cdot n \mathrm{d}s \\ &= \oint_\gamma u \cdot \tau \mathrm{d}l \\ &= \frac{1}{2}\int_{t_1}^{t_2} (-y(t), x(t), 0)'(\dot{x}(t), \dot{y}(t), 0) \mathrm{d}t \\ &= \frac{1}{2}\int_{t_1}^{t_2} (x(t)\dot{y}(t) - \dot{x}(t)y(t)) \mathrm{d}t\end{aligned}$$

因此,我们最终的问题就是确定曲线 $\gamma := (x(t), y(t))$,$t \in [t_1, t_2]$,具有规定长度 $L(\gamma)$ 的同时具有最大面积 $\mathcal{A}(\mathcal{S}_\gamma)$。

这些经典的问题是像以下这些更广泛的函数的例子

$$\int_{x_1}^{x_2} F(x, y(x), y'(x)) \mathrm{d}x$$

$$\int_{x_1}^{x_2} F(x, y(x), y'(x), \cdots, y^{(n)}(x)) \mathrm{d}x$$

$$\int_{x_1}^{x_2} F(x, y_1(x), \cdots, y_n(x), y'_1(x), \cdots, y'_n(x)) \mathrm{d}x$$

$$\int\int_D F\left(x, y, z(x,y), \frac{\partial z}{\partial x}, \frac{\partial y}{\partial z}\right) \mathrm{d}x \mathrm{d}y$$

在最后几个例子中,它们与辅助条件配对。

在函数优化中,明确我们操作的精确的函数空间是非常重要的。例如,

$$\int_{x_1}^{x_2} F(x, y, y') \mathrm{d}x$$

$$\int_{x_1}^{x_2} F(x, y, y', y'') \mathrm{d}x$$

公式涉及的函数空间可能会有所不同,因为在第一种情况下,很可能会假设在 $C^1(\mathbb{R}, \mathbb{R})$ 中工作,而在第二个中,可能的空间是 $C^2(\mathbb{R}, \mathbb{R})$。

C.2 变化的基本概念

定义 1 U 和 W 是巴拿赫空间且 $U \subset V$ 是一个 V 的开放集。函数 $F: V \to W$ 在 $x \in U$ 处是 Frechet 可微的,如果存在线性有界运算符 $A_x: U \to W$ 使得

$$\lim_{h \to 0} \frac{\| f(x+h) - f(x) - A_x(h) \|_W}{\| h \|_V} = 0$$

此处的限制是指在通常意义上定义在度量空间的函数的限制。这也是对多变量情况下实值函数导数的一般概念的概括。基本上,当处理有限维空间时,Frechet 导数对应于雅可比矩阵。

导数的另一个相关概念直接探讨了方向变化。

定义 2 函数 $f: V \to W$ 是 Gateaux 可微的,若 f 承认 x 在所有方向上的方向导数,

也就是说，如果存在 $g: U \subset V \rightarrow W$ 使得
$$g(h) = \lim_{\alpha \to 0} \frac{f(x+\alpha h) - f(x)}{h}$$

如果 f 在 x 上是 Frechet 可微的，那么它也是 Gateaux 可微的，并且 g 只是线性运算符 $A = Df(x)$。然而，相反的情况并不成立。这可以用反例来证明。

例 5 若 $f: \mathbb{R} \to \mathbb{R}$, $x \to |x|$，这个函数在 $x=0$ 处是 Gateaux 可微的，由于
$$\lim_{\alpha \to 0} \frac{|0+\alpha h| - |0|}{\alpha} = |h|$$

在这种情况下，存在 $g(h) = |h|$ 意味着 f 是 Gateaux 可微的，但是由于 $g(h)$ 非线性，$|x|$ 并不是 Frechet 可微的。基本上，在传统意义上，这个函数在零点是不可导的。

例 6 函数 $f(x, y)$ 在零点 $(0, 0)$ 处为空，否则，
$$f(x, y) = \frac{x^3}{x^2 + y^2}$$

我们马上可以得出结论，f 在 $(0, 0)$ 处不是 Frechet 可微的。线性运算符是在 $(x, y) \neq (0, 0)$ 处的梯度，

$$\frac{\partial f}{\partial x} = \frac{x^4 + 3x^2 y^2}{(x^2+y^2)^2}$$

$$\frac{\partial f}{\partial y} = -\frac{2yx^3}{(x^2+y^2)^2}$$

现在
$$\lim_{x \to (0,0)} \frac{x^4 + 3x^2 y^2}{(x^2+y^2)^2}$$

不存在。若通过 $x \to 0$，趋近 $(0, 0)$，那么 $\partial f/\partial x \to 0$；而 $y \to 0$ 时，$\partial f/\partial x \to 1$。有趣的是，$f$ 在 $(0, 0)$ 处是 Gateaux 可微的。令 $h=(a, b)$，有
$$g(a,b) = \lim_{\alpha \to 0} \frac{1}{\alpha} \left(\frac{(x+\alpha a)^3}{(x+\alpha a)^2 + (y+\alpha b)^2} - \frac{x^3}{x^2+y^2} \right)$$

现在，很容易得出当 $(a, b) \neq (0, 0)$ 时，$g(0, 0) = 0$，
$$g(a,b) = \frac{a^3}{a^2+b^2}$$

是在 (x, y) 方向上任何 $(x, y) \neq (0, 0)$ 处的方向导数，由于
$$\frac{1}{(x^2+y^2)^2} \left\langle (x^4+3x^2 y^2, -2yx^3), (x,y)' \right\rangle = \frac{x^3}{x^2+y^2}$$

值得注意的是，函数 g 是非线性的，这就是为什么 f 只是 Gateaux 可微的，而不是 Frechet 可微的。

例 7 函数 f 在零点 $(0, 0)$ 处为空，否则，
$$f(x,y) = \frac{2xy}{\sqrt{x^2+y^2}}$$

现在我们可以得出 f 在 $(0, 0)$ 处是 Gateaux 可微的；若 $h=(a, b)$，则有
$$g(a,b) = 2 \frac{ab}{\sqrt{a^2+b^2}}$$

但是 f 不是 Frechet 可微的，因为 g 是非线性的并且在 $(0, 0)$ 处梯度不存在。

为了理解导数的这些扩展的概念，我们需要分析 $\|\cdot\|_V$ 和 $\|\cdot\|_W$ 的含义。为了我们的目的，$\|\cdot\|_W$ 通常是欧几里得规范的 $\mathbb{R}^n$，而 $\|\cdot\|_V$ 是一个函数空间和一些指标引入需要的解释。已知两个函数 f_1 和 f_2，我们可以使用 p-范数，

$$\|f_1 - f_2\|_p := \sqrt[p]{\int_V (f_1(x) - f_2(x))^p \mathrm{d}x}$$

当 $p \to \infty$ 时，这一范数减少到

$$\max_{x \in V} |f_1(x) - f_2(x)|$$

在变分演算中，人们可能会对涉及不同阶导数的函数之间的距离的不同方法感兴趣，即

$$d_Q(f_1, f_2) = \sum_{q=1}^{Q} \max_{x \in V} |f_1^q(x) - f_2^q(x)|$$

因此，我们讨论弱导数和强导数取决于我们使用的规范类型。强导数只涉及 $\max_{x \in V} |f_1(x) - f_2(x)|$，而弱导数涉及 $d_Q(f_1, f_2)$。显然，任何强可微的函数都是弱可微的，但相反的情况并不成立。在变分演算中遇到的最常见的问题中，至少假定一阶弱导数。

强极值和弱极值的相关概念取决于函数之间的紧密程度。处理第一顺序弱极值的概念是很常见的，这意味着在给定点（函数）的极值处，需要确保极值处邻域中的属性仅仅依靠 C^1 中的变化来移动。

C.3 欧拉-拉格朗日方程

我们从被称为变分微积分的基本引理开始。

引理 1 给定 $g \in C^1([x_1, x_2], \mathbb{R})$，让我们假设 $\forall h \in C^1([x_1, x_2], \mathbb{R})$ 在以下条件成立：

$$\int_{x_1}^{x_2} g(x) h(x) \mathrm{d}x = 0 \tag{C.3.7}$$

然后 $\forall x \in [x_1, x_2]: g(x) = 0$。

证明 证明是矛盾的。我们假设存在 $g \neq 0$ 这样就会得到

$$\int_{x_1}^{x_2} g(x) h(x) \mathrm{d}x = 0$$

继续假设 $\forall h \in C^1([x_1, x_2], \mathbb{R})$。设 $\hat{x} \in [x_1, x_2]$ 使得 $g(\hat{x}) \neq 0$，并且对于 $\sigma > 0$ 我们选择 $h(x) = \mathbb{1}(\sigma - |x - \hat{x}|)/\sigma = [\sigma - |x - \hat{x}|]/\sigma$。然后有

$$\lim_{\sigma \to 0} \frac{1}{\sigma} \int_{x_1}^{x_2} g(x) \cdot \mathbb{1}(\sigma - |x - \hat{x}|) \mathrm{d}x = 0$$

这是不可能的，除非 $g \notin C^1([x_1, x_2], \mathbb{R})$，这样的话就与假设相矛盾了。 □

备注 1 如果我们将 g, h 作为希尔伯特空间 $\mathcal{F}$ 的元素，而 $\int_{x_1}^{x_2} g(x) h(x) \mathrm{d}x$ 的值就是 $\langle g, h \rangle$ 的内积，那么条件 (C.3.7) 可以重写为 $\forall h \in \mathcal{F}: \langle g, h \rangle = 0$。引理表明了 $g = 0$ 是内积的一个典型的属性。

定理 1 我们考虑

$$\mathcal{I}[y] := \int_{x_1}^{x_2} F(x, y(x), y'(x)) \mathrm{d}x \tag{C.3.8}$$

则 $F \in C^1([x_1, x_2], \mathbb{R}, \mathbb{R})$，然后有

$$F_y(x,y(x),y'(x)) - \frac{\mathrm{d}}{\mathrm{d}x}F_{y'}(x,y(x),y'(x)) = 0 \tag{C.3.9}$$

这是极值的必要条件。

证明 假设 $h \in C^1([x_1, x_2], \mathbb{R})$ 对 $\varepsilon < 0$，使得 $h(x_1) = h(x_2) = 0$，并考虑对应的 $y + \varepsilon h$，我们得到

$$\frac{1}{\varepsilon}\delta \mathcal{I}[y] = \frac{1}{\varepsilon}(\mathcal{I}[y+\varepsilon h] - \mathcal{I}[y])$$

$$= \frac{1}{\varepsilon}\int_{x_1}^{x_2}(F(x,y(x)+\varepsilon h(x),y'(x)+\varepsilon h'(x)) - F(x,y(x),y'(x)))\mathrm{d}x$$

$$= \frac{1}{\varepsilon}\int_{x_1}^{x_2}F_y(x,y(x),y'(x))h(x)\mathrm{d}x + \frac{1}{\varepsilon}\int_{x_1}^{x_2}F_{y'}(x,y(x),y'(x))h'(x)\mathrm{d}x$$

现在，如果我们分别进行合并，我们就会获得

$$\int_{x_1}^{x_2}F_{y'}(x,y(x),y'(x))h'(x)\mathrm{d}x = |F_{y'}(x,y(x),y'(x))h(x)|_{x_1}^{x_2}$$

$$- \int_{x_1}^{x_2}\frac{\mathrm{d}}{\mathrm{d}x}F_{y'}(x,y(x),y'(x))h(x)\mathrm{d}x$$

$$= -\int_{x_1}^{x_2}\frac{\mathrm{d}}{\mathrm{d}x}F_{y'}(x,y(x),y'(x))h(x)\mathrm{d}x$$

因此，由于引理 1，根据条件

$$\frac{1}{\varepsilon}\delta \mathcal{I}[y] = \int_{x_1}^{x_2}\left(F_y(x,y(x),y'(x)) - \frac{\mathrm{d}}{\mathrm{d}x}F_{y'}(x,y(x),y'(x))\right)h(x)\mathrm{d}x = 0$$

从而提出了断言。 $\square$

x 独立性。每当 $F(x, y, y') = F(y, y')$ 时，我们有：

$$F_y - \frac{\mathrm{d}}{\mathrm{d}x}F_{y'} = F_y - F_{yy'} \cdot y' - F_{y'y'} \cdot y'' = 0$$

从而得到

$$y'F_y - F_{yy'} \cdot [y']^2 - F_{y'y'} \cdot y'y'' = 0$$

进一步有

$$\frac{\mathrm{d}}{\mathrm{d}x}(F - y'F_{y'}) = 0$$

最后，这意味着存在 $C \in \mathbb{R}$ 这样的情况，于是有

$$F - y'F_{y'} = C \tag{C.3.10}$$

将这些应用于前面的例子。我们首先考虑例 C.1.1。当我们应用欧拉-拉格朗日方程后，得到

$$\frac{y''}{\sqrt{1+(y'(x))^2}} = 0$$

得到 $y(x) = mx + q$ 其中 m 和 q 可以通过强化来确定给定两个顶点 (x_1, y_1) 和 (x_2, y_2) 在规定范围内的解，即得到一条直线。现在，我们考虑公式(C.1.2)中的函数，为了不失去一般性，我们将 P_1 放置在轴中心，将 y 反方向放置。然后我们得到

$$\mathcal{I}_1[y(x)] := \frac{1}{\sqrt{2g}}\int_{x_1}^{x_2}\frac{\sqrt{1+y'(x)^2}}{\sqrt{y}}\mathrm{d}x$$

$$y(0) = 0$$
$$y(x_2) = y_2$$

从公式(C.3.10)我们得到

$$\frac{\sqrt{1+[y']^2}}{\sqrt{y}} - \frac{[y']^2}{\sqrt{y(1+[y']^2)}} = C$$

也就是说有 $y(1+[y']^2) = C_1$,其中 $C_1 := C^{-2}$。为了解决上述这个微分方程,我们假设 $y' \cdot \tan t = 1$。则有

$$y = C_1 \sin^2 t = \frac{C_1}{2}(1 - \cos 2t)$$

和

$$\frac{\mathrm{d}y}{y'} = 2C_1 \sin t \cos t \cdot \tan t \mathrm{d}t = 2C_1 \sin^2 t \mathrm{d}t = C_1(1 - \cos 2t)\mathrm{d}t$$

因此,我们得到参数方程

$$x = \frac{C_1}{2}(2t - \sin 2t) + C_2$$
$$y = \frac{C_1}{2}(1 - \cos 2t)$$

施加额外条件 $y(0) = x(0) = 0$ 和 $x(\tau) = x_2$,于是最后得到

$$x = \frac{C_1}{2}(\tau - \sin \tau)$$
$$y = \frac{C_1}{2}(1 - \cos \tau)$$

最后,从条件 $y(\tau) = y_2$ 和 $x(\tau) = x_2$ 我们可以确定 C_1 和 τ,有趣的是,得到的轨迹是由半径为 $C_1/2$ 的圆形成的摆线的一部分。

C.4 附属条件的变化问题

现在我们考虑一个极端问题

$$\mathcal{J}[x, y_1, \cdots, y_p] = \int_{x_1}^{x_2} F(x, y_1, \cdots, y_p, y'_1, \cdots, y'_p)\mathrm{d}x \tag{C.4.11}$$

在约束 $\varphi_i(x, y_1, \cdots, y_p) = 0$,$i = 1, \cdots, q$ 和 $q < p$ 下。基于有限维度,我们构造了相关的函数

$$\mathcal{J}^\star := \int_{x_1}^{x_2} \left(F + \sum_{i=1}^{q} \lambda_j(x) \cdot \varphi_i\right)\mathrm{d}x = \int_{x_1}^{x_2} F^\star \mathrm{d}x \tag{C.4.12}$$

其中 $\lambda_i : [x_1, x_2] \to \mathbb{R}$。我们面对的不是原始的约束问题,而是确定相关无约束函数 $\mathcal{J}^\star$ 的极值。我们可以直接写下 $\mathcal{J}^\star$ 的欧拉-拉格朗日方程如下:

$$F^\star_{y_j} - \frac{\mathrm{d}}{\mathrm{d}x} F^\star_{y'_j} = 0, \quad j = 1, \cdots, p \tag{C.4.13}$$
$$\varphi_i = 0, \quad i = 1, \cdots, q$$

对于任意给出的 x,在 $p+q$ 中的变量 y_j 和 λ_i 能够唯一被确认的情况下,我们得到 $p+q$ 的方程。请注意,就公式(C.4.13)的解决方案的存在而言,可以理解引入函数作为乘数的需要。以这种方式确定的解决方案也是原始的问题的解决方案。当添加 $\partial F^\star / \partial \lambda_j = 0$ 后,

我们得到 $\varphi_i=0$, $i=1,\cdots,q$, 因此, 得到 $\mathcal{J}^\star=\mathcal{J}$。因此, 上述欧拉-拉格朗日方程确定了 $\mathcal{J}^\star$ 的极值, 也确定了 $\mathcal{J}$ 的极值。但是先前的描述不允许我们去总结任何解决原始约束的问题的方法, 这个方法同时也是公式(C.4.13)这个问题的解决方案。

定理 2 让我们假设 $\forall x\in(x_1,x_2)$, 这样我们可以找到 q 函数[①]的排列, 从而使得雅克比不是奇异的, 即

$$\frac{D(\varphi_1,\cdots,\varphi_q)}{D(y_1,\cdots,y_q)}\neq 0 \tag{C.4.14}$$

存在一组函数 $\lambda_i(x)$, $i=1,\cdots,q$, 使得在约束条件 $\varphi_i(x,y_1,\cdots,y_p)=0$, $i=1,\cdots,q$ 和 $q<p$ 的条件下, 极值函数(C.4.11)可以被确定为 $\mathcal{J}^\star$ 的极值。特别地, 函数 λ_i 和 y_j 都可以通过求解公式(C.4.13)来确定。

证明 设 $h_j\in C^1([x_1,x_2],\mathbb{R})$, $\varepsilon>0$ 使得 $h_j(x_1)=h_j(x_2)=0$ 并考虑与 $y+\varepsilon h$ 相关的 Gateaux 导数。我们已经证明了任何关于 $\mathcal{J}$ 的极值必须满足

$$\int_{x_1}^{x_2}\sum_{j=1}^{p}(F_{y_j}-\frac{\mathrm{d}}{\mathrm{d}x}F_{y_j'})h_j\cdot\mathrm{d}x=0 \tag{C.4.15}$$

现在, 与无约束优化问题不同的是, 因为约束的存在, 且 h_j 不是独立的, 我们不能使用基础变分微积分的引理。事实上它们必须符合

$$\frac{\partial\varphi}{\partial h}=\lim_{\varepsilon\leftarrow 0}\frac{1}{\varepsilon}(\varphi(x,y_1+\varepsilon h_1,\cdots,y_p+\varepsilon y_p)-\varphi(x,y_1,\cdots,y_p))=0$$

即

$$\sum_{j=1}^{p}\frac{\partial\varphi_i}{\partial y_j}\cdot h_j=0, \quad i=1,\cdots,q$$

因此, 只有 $p-q$ 的变量 h_j 是独立的, 而其他的则受限于满足上述等式。现在, 让我们考虑一组 q 函数的 λ_i, 得到

$$\left\langle\lambda,\sum_{j=1}^{p}\frac{\partial\varphi}{\partial y_j}\cdot h_j\right\rangle=\int_{x_1}^{x_2}\lambda_i(x)\sum_{j=1}^{p}\frac{\partial\varphi_i}{\partial y_j}h_j\cdot\mathrm{d}x=0$$

总结公式(C.4.15), 我们得到

$$\int_{x_1}^{x_2}\sum_{j=1}^{p}\left(F_{y_j}-\frac{\mathrm{d}}{\mathrm{d}x}F_{y_j'}+\lambda_i\sum_{j=1}^{p}\frac{\partial\varphi_i}{\partial y_j}\right)h_j\cdot\mathrm{d}x$$

$$=\int_{x_1}^{x_2}\sum_{j=1}^{p}\left(F_{y_j}^\star-\frac{\mathrm{d}}{\mathrm{d}x}F_{y_j'}^\star\right)h_j\cdot\mathrm{d}x=0$$

其中

$$F^\star:=F+\sum_{i=1}^{q}\lambda(x)\cdot\varphi_i$$

现在, $\forall x\in(x_1,x_2)$, 我们选择 $\lambda_i(x)$, $i=1,\cdots,q$, 于是有

$$F_{y_j}^\star-\frac{\mathrm{d}}{\mathrm{d}x}F_{y_j'}^\star=0, \quad j=1,\cdots,q \tag{C.4.16}$$

有趣的是, $\forall x\in(x_1,x_2)$, 是 λ_i 的线性方程组, 因此, 我们将其重新改写为

$$\sum_{i=1}^{q}\frac{\partial\varphi_i}{\partial y_j}\lambda_i(x)=\frac{\mathrm{d}}{\mathrm{d}x}F_{y_j'}-F_{y_j} \tag{C.4.17}$$

[①] 为了不失去一般性, 同时也为了简单起见, 对第一个 $q<p$ 的函数进行编号。

从假设的公式(C.4.15)中，得到了一种独特的解决方案
$$\lambda_1(x), \lambda_2(x), \cdots, \lambda_q(x)$$
这减少了对下列式子的极值的搜索：
$$\int_{x_1}^{x_2} \sum_{j=q+1}^{p} \left(F_{y_j}^{\star} - \frac{\mathrm{d}}{\mathrm{d}x} F_{y_j'}^{\star} \right) h_j \cdot \mathrm{d}x = 0$$
现在，$h_{q+1}, \cdots, h_p$，都是独立变量，因此，我们可以使用变分微积分的基本定理，得到
$$F_{y_j}^{\star} - \frac{\mathrm{d}}{\mathrm{d}x} F_{y_j'}^{\star} = 0, \quad j = q, \cdots, p$$
最后，这些公式和公式(C.4.16)一起，证明了公式(C.4.13)。

附录 D

Machine Learning: A Constraint-Based Approach

符号索引

除非另有说明，没有任何其他说明的字母具有以下含义：

κ	非负整数算术表示
j, k, m, n	整数算术表示
x, y	实数算数表示
$\mathrm{x}, \mathrm{y}, \mathrm{z}$	二进制算数表示
f	整数、实数或是复数函数（任务）
ψ	整数、实数或是复数函数（约束）
$\mathscr{X}, \mathscr{Y}$	集合
X, Y	随机变量
$\mathbf{X}, \mathbf{Y}$	矩阵
$\mathbb{N}, \mathbb{R}, \mathbb{C}$	自然数、实数和复数集

形式符号	意义	在哪里定义
a_n	向量中第 n 个元素	
A_{nm}	矩阵 n 行 m 列的元素	
$[x..y]$	闭区间，$\{a \mid x \leqslant a \leqslant y\}$	
$(x..y)$	开区间，$\{a \mid x < a < y\}$	
$[x..y)$	半开区间，$\{a \mid x \leqslant a < y\}$	
$(x..y]$	半闭区间，$\{a \mid x < a \leqslant y\}$	
$[R]$	关系 R 的特征函数——如果关系为真则表示为 1，如果 R 为假则为 0	§1.1.4
δ_{jk}	克罗内克函数，$[j=k]$	§1.1.1
$\|\mathscr{X}\|$	基数，$\mathscr{X}$ 中元素的个数	
$\partial \mathscr{X}$	$\mathscr{X}$ 的界	
$\langle X_n \rangle$	无限序列 $X_0, X_1, X_2, \ldots$	
$\|x\|_p$	L^p 范式，$\left(\sum_{i=1}^{n}\|x_i\|^p\right)^{1/p}$	
$\|x\|_\infty$	最大范式，$\max_i \|x_i\|$	
$\langle \cdot, \cdot \rangle_{\mathscr{H}}$	希尔伯特或准希尔伯特空间 $\mathscr{H}$ 上的内积	
$\|f\|_{\mathscr{H}}$	$\mathscr{H}$ 上的范式，$\sqrt{\langle f, f \rangle_{\mathscr{H}}}$	
$\|f\|_P$	算子 P 的范式，$\|Pf\|$	
$k(x, y)$	内核，x 和 y 的对称半正定函数	§4.2.1
$\mathscr{H}_k^0$	内核 k 上的准希尔伯特空间	§4.3.3
$\langle \cdot, \cdot \rangle_k^0$	$\mathscr{H}_k^0$ 上的内积	§4.3.3
$\|f\|_k^0$	$\mathscr{H}_k^0$：$\sqrt{\langle f, f \rangle_k^0}$ 上的范式	

(续)

形式符号	意义	在哪里定义
$\mathscr{H}_k$	内核 k 上的希尔伯特空间	§4.3.3
$\langle \cdot, \cdot \rangle_k$	$\mathscr{H}_k$ 上的内积	§4.3.3
$\|f\|_k$	$\mathscr{H}_k$ 上的范式，$\sqrt{\langle f, f \rangle_k}$	
$\mathscr{N}_f$	函数 $f: \mathscr{X} \to \mathscr{Y}$，$\{x \in \mathscr{X} \mid f(x)=0\}$ 的内核	
$\mathscr{R}_f$	函数 $f: \mathscr{X} \to \mathscr{Y}$，$\{y \in \mathscr{Y} \mid y=f(x)\}$ 的成像空间	
rank A	矩阵 A 的秩	
$\lfloor x \rfloor$	x 的下限，最大整数函数	
$\lceil x \rceil$	x 的上限，最小整数函数	
$\lfloor x \rceil$	取整 x，最近整数函数	§1.2.1
$x \bmod y$	取模函数，$x[y=0]+(x-y\lfloor x/y \rfloor)[y \neq 0]$	
$\mathscr{S} \setminus \mathscr{T}$	差集，$\{s \mid s \text{ 在 } \mathscr{S} \text{ 中但不在 } \mathscr{T} \text{ 中}\}$	
$a'b$	a 与 b 的内积，$a'b = \sum_{i=1}^{n} a_i b_i$	
A'	矩阵 A 的转置，$(A')_{nm} = A_{mn}$	
$\log_b x$	x 以 b 为底的对数（对 $x>0$，$b>0$ 且 $b \neq 1$），即 y 满足 $b^y = x$	
$\ln x$	自然对数，$\log_e x$	
$\log x$	以 2 为底的对数，$\log_2 x$	
$\exp x$	x 的指数函数，$e^x = \sum_{k=0}^{\infty} x^k/k!$	
$f'(x)$	f 在 x 处的一阶导数	
$f''(x)$	f 在 x 处的二阶导数	
$f^{(n)}(x)$	f 在 x 处的 n 阶导数	
$\frac{\partial f}{\partial x_i}(x)$	x 上 f 沿 x_i 的偏导	
$\partial_{x_i} f(x)$	$\frac{\partial f}{\partial x_i}(x)$	
$\partial_i f(x)$	$\partial_{x_i} f(x)$	
$\nabla f(x)$	f 在 x 处的梯度，$(\nabla f(x))_i = \partial_i f(x)$	
$\nabla^2 f(x)$	f 在 x 处的拉普拉斯算子，$\nabla^2 f(x) = \sum_{i=1}^{n} \partial_i^2 f(x)$	
$\nabla \cdot f(x)$	f 在 x 处的散度，$\nabla \cdot f(x) = \sum_{i=1}^{n} \partial_i f_i(x)$	
$\hat{f}(\xi)$	f 的傅里叶变换，$\frac{1}{(2\pi)^d} \int_{\mathbb{R}^d} f(x) \exp(-ix'\xi)$	
$f \circ g$	f 和 g 的合成，$(f \circ g)(x) = f(g(x))$	
$f * g$	f 和 g 的卷积，$(f * g)(x) = \int_{\mathbb{R}^d} f(z)g(x-z)dz$	
$\bigotimes_{i=1}^{n} f_i$	n 重卷积，$f_1 * f_2 * \cdots * f_n$	§4.3.4
$\dot{x}$	$x(t)$ 的一阶时间导数，$x'(t)$	
$\ddot{x}$	$x(t)$ 的二阶时间导数，$x''(t)$	
F_n	斐波那契数，$n[n \leqslant 1] + (F_{n-1} + F_{n-2})[n>1]$	§1.2.1
$\Gamma(x)$	gamma 函数，$\int_0^{\infty} e^{-t} t^{x-1} dt$	§1.1.4
ϕ	黄金比例，$(1+\sqrt{5})/2$	§1.2.1

(续)

形式符号	意 义	在哪里定义
$x^{\overline{k}}$	递进阶乘，$x(x+1)\cdots(x+k-1)$	
$x^{\underline{k}}$	递减阶乘，$x(x-1)\cdots(x-k+1)$	
$\|\alpha\|$	α 多重索引长度，如果 $\alpha=\alpha_1\alpha_2\cdots\alpha_d$ 则为 $\alpha_1+\alpha_2+\alpha_d$	
$\alpha!$	$\alpha=\alpha_1\alpha_2\cdots\alpha_d$ 阶乘，即 $\alpha_1!\ \alpha_2!\ \cdots\alpha_d!$	
x^α	$x=(x_1,\cdots,x_d)$ 的 $\alpha=\alpha_1\alpha_2\cdots\alpha_d$ 幂，即 $x_1^{\alpha_1}x_2^{\alpha_2}\cdots x_d^{\alpha_d}$	
$F\begin{pmatrix}a, b\\c\end{pmatrix} z$	高斯超几何函数，$\sum_{k\geq 0}(a^{\overline{k}}b^{\overline{k}},z^k)/(c^{\overline{k}}k!)$	
$O(f(n))$	当变量 $n\to\infty$，$f(n)$ 的时间复杂度的渐近上界	
$\Omega(f(n))$	当变量 $n\to\infty$，$f(n)$ 的时间复杂度的渐近下界	
$\Theta(f(n))$	当变量 $n\to\infty$，$f(n)$ 的时间复杂度的渐近紧界	
$\mathscr{X}^{\#}$	集合 $\mathscr{X}$ 的离散取样	§1.1.1
$H(x)$	阶跃函数，$[x\geq 0]$	§3.2
$\mathrm{softmax}_i(x_1,\cdots,x_n)$	softmax 函数，$\exp x_i / \sum_{j=1}^{n}\exp x_j$	§1.3.3
$\delta(x)$	狄拉克函数，$\langle\delta,f\rangle=f(0)$	
$:=$	定义为	
$\neg x$ 或 $\overline{x}$	补，$1-x$	
$x\wedge y$	交，$x\cdot y$	
$x\vee y$	或	
$x\oplus y$	异或，$(x+y)\bmod 2$	
$x\Rightarrow y$	蕴含，$\neg x\vee y$	
$x\Leftrightarrow y$	等价，$(x\Rightarrow y)\wedge(y\Rightarrow x)$	
$x\otimes y$	强连接，$\max\{0, x+y-1\}$	§6.2.4
$x_1,\cdots,x_n\vdash c$	形式推导，$(x_1\wedge\cdots\wedge x_n)\Rightarrow c$	
$x_1,\cdots x_n\models c$	环境中的推导	§6.1.4
$x_1,\cdots,x_n\models^\star c$	简化推导	§6.1.4
$u\odot v$	阿达马积，$(u\odot v)_i = u_i v_i$	
$\mathcal{G}\sim(\mathscr{V},\mathscr{A})$	顶点集 $\mathscr{V}$ 和边集 $\mathscr{A}$ 的图	
$u\text{———}v$	连接 u 和 v 的边	
$u\text{———}\!\!\rightarrow v$	连接 u 到 v 的 $\mathscr{A}$ 上的有向边	
$pa(v)$	v 的父节点，$\{u\in\mathscr{V}\mid u\text{———}\!\!\rightarrow v\in\mathscr{A}\}$	
$ch(v)$	v 的子节点，$\{u\in\mathscr{V}\mid v\text{———}\!\!\rightarrow u\in\mathscr{A}\}$	
▌	算法或是代理的结束	§3.4.1

推荐阅读

模式识别：数据质量视角

作者：W. 霍曼达 等 ISBN：978-7-111-64675-4 定价：79.00元

深度强化学习：学术前沿与实战应用

作者：刘驰 等 ISBN：978-7-111-64664-8 定价：99.00元

对抗机器学习：机器学习系统中的攻击和防御

作者：Y. 沃罗贝基克 等 ISBN：978-7-111-64304-3 定价：69.00元

数据流机器学习：MOA实例

作者：A. 比费特 等 ISBN：978-7-111-64139-1 定价：79.00元

R语言机器学习（原书第2版）

作者：K. 拉玛苏布兰马尼安 等 ISBN：978-7-111-64104-9 定价：119.00元

终身机器学习（原书第2版）

作者：陈志源 等 ISBN：978-7-111-63212-2 定价：79.00元

推荐阅读

模式识别

作者：吴建鑫 ISBN：978-7-111-64389-0 定价：99.00元

吴建鑫教授是模式识别与计算机视觉领域的国际知名专家，不仅学术造诣深厚，还拥有丰富的教学经验。这本书是他的用心之作，内容充实、娓娓道来，既是优秀的教材，也是出色的自学读物。该书英文版将由剑桥大学出版社近期出版。特此推荐。

——周志华（南京大学人工智能学院院长，欧洲科学院外籍院士）

模式识别是从输入数据中自动提取有用的模式并将其用于决策的过程，一直以来都是计算机科学、人工智能及相关领域的重要研究内容之一。本书介绍模式识别中的基础知识、主要模型及热门应用，使学生掌握模式识别的基本原理、实际应用以及最新研究进展，培养学生在本学科中的视野与独立解决任务的能力，为学生在模式识别的项目开发及相关科研活动打好基础。

神经网络与深度学习

作者：邱锡鹏 书号：978-7-111-64968-7 定价：149.00元

近十年来，得益于深度学习技术的重大突破，人工智能领域得到迅猛发展，取得了许多令人惊叹的成果。邱锡鹏教授撰写的《神经网络和深度学习》是国内出版的第一部关于深度学习的专著。邱教授在自然语言处理、深度学习领域做出了许多业界领先的工作，他所讲授的同名课程深受学生们的好评，该课程的讲义也在网上广为流传。本书是基于他多年来研究、教学第一线的丰富经验撰写而成，内容详尽，叙述严谨，图文并茂，通俗易懂。确信一定会得到广大读者的喜爱。强烈推荐！

——李航（字节跳动AI Lab Director，ACL Fellow，IEEE Fellow）

邱锡鹏博士是自然语言处理领域的优秀青年学者，对近年来广为使用的神经网络与深度学习技术有深入钻研。这本书是他认真写就，对该领域初学者大有裨益。

——周志华（南京大学计算机系主任、人工智能学院院长，欧洲科学院外籍院士）

本书是深度学习领域的入门教材，系统地整理了深度学习的知识体系，并由浅入深地阐述了深度学习的原理、模型以及方法，使得读者能全面地掌握深度学习的相关知识，并提高以深度学习技术来解决实际问题的能力。